J. Betten

Kontinuumsmechanik

Springer

*Berlin
Heidelberg
New York
Barcelona
Hongkong
London
Mailand
Paris
Tokio*

J. Betten

Kontinuumsmechanik

Elastisches und inelastisches Verhalten
isotroper und anisotroper Stoffe

2., erweiterte Auflage
mit 106 Abbildungen, 20 Tabellen
und 250 Übungsaufgaben

 Springer

Univ.-Professor Dr. Josef Betten
RWTH Aachen
Lehr- und Forschungsgebiet:
Mathematische Modelle in der Werkstoffkunde
Templergraben 55
52056 Aachen
E-mail: betten@mmw.rwth-aachen.de

ISBN 3-540-42043-6 2. Aufl. Springer-Verlag Berlin Heidelberg New York
ISBN 3-540-56646-5 1. Aufl. Springer-Verlag Berlin Heidelberg New York

Die Deutsche Bibliothek – CIP-Einheitsaufnahme
Betten, Josef:
Kontinuumsmechanik : ein Lehr- und Arbeitsbuch / Josef Betten.
 - 2., erw. Aufl. - Berlin ; Heidelberg; New York ; Barcelona ; Hongkong ;
London ; Mailand ; Paris ; Tokio : Springer, 2001
  ISBN 3-540-42043-6

Dieses Werk ist urheberrechtlich geschützt. Die dadurch begründeten Rechte, insbesondere die der Übersetzung, des Nachdrucks, des Vortrags, der Entnahme von Abbildungen und Tabellen, der Funksendung, der Mikroverfilmung oder der Vervielfältigung auf anderen Wegen und der Speicherung in Datenverarbeitungsanlagen, bleiben, auch bei nur auszugsweiser Verwertung, vorbehalten. Eine Vervielfältigung dieses Werkes oder von Teilen dieses Werkes ist auch im Einzelfall nur in den Grenzen der gesetzlichen Bestimmungen des Urheberrechtsgesetzes der Bundesrepublik Deutschland vom 9. September 1965 in der jeweils geltenden Fassung zulässig. Sie ist grundsätzlich vergütungspflichtig. Zuwiderhandlungen unterliegen den Strafbestimmungen des Urheberrechtsgesetzes.

Springer-Verlag Berlin Heidelberg New York
ein Unternehmen der BertelsmannSpringer Science+Business Media GmbH

http://www.springer.de

© Springer-Verlag Berlin Heidelberg 1993, 2001
Printed in Germany

Die Wiedergabe von Gebrauchsnamen, Handelsnamen, Warenbezeichnungen usw. in diesem Werk berechtigt auch ohne besondere Kennzeichnung nicht zu der Annahme, dass solche Namen im Sinne der Warenzeichen- und Markenschutz-Gesetzgebung als frei zu betrachten wären und daher von jedermann benutzt werden dürften.
Sollte in diesem Werk direkt oder indirekt auf Gesetze, Vorschriften oder Richtlinien (z.B. DIN, VDI, VDE) Bezug genommen oder aus ihnen zitiert worden sein, so kann der Verlag keine Gewähr für Richtigkeit, Vollständigkeit oder Aktualität übernehmen. Es empfiehlt sich, gegebenenfalls für die eigenen Arbeiten die vollständigen Vorschriften oder Richtlinien in der jeweils gültigen Fassung hinzuzuziehen.

Einbandgestaltung: medio Technologies AG, Berlin
Satz: Daten vom Autor
Gedruckt auf säurefreiem Papier   SPIN: 10835180   7/3020/M - 5 4 3 2 1 0

Vorwort zur zweiten Auflage

Die Neuauflage stellt eine wesentliche Erweiterung der ursprünglichen Fassung dar, die sich auf eine Einteilung der *Kontinuumsmechanik* in *Elasto-*, *Plasto-* und *Kriechmechanik* beschränkte.

In der vorliegenden Auflage wird zusätzlich das lineare und nichtlineare Verhalten *viskoser Stoffe* (*Fluide*) in Kapitel 7 behandelt. Fluide mit Gedächtnis (*memory fluids*) werden kurz in Kapitel 8 besprochen. Einen breiteren Raum nehmen *viskoelastische Stoffe* (Kapitel 9) ein. Auch darin wird *lineares* und *nichtlineares* Verhalten gegenübergestellt und beispielsweise mit experimentellen Untersuchungen aus der Literatur an Beton, Glas etc. verglichen. In Kapitel 10 wird eine Einführung in die *lineare* und *nichtlineare Viskoplastizitätstheorie* gegeben, deren Behandlung aus Platzgründen nicht auf den notwendigen Umfang ausgedehnt werden konnte. Zu erwähnen sind auch neuere experimentelle Ergebnisse aus eigenem Hause.

Alle bisherigen Kapitel wurden übernommen, allerdings mit teilweise umfangreichen Ergänzungen mit neueren Forschungsergebnissen aus eigenen Untersuchungen. Das gilt auch für die Lösungen der bisherigen und neu hinzu gekommenen Übungsaufgaben. Hierbei wurde wieder großer Wert auf die Deutung der Ergebnisse gelegt, damit Studierende lernen, ihre Lösungen kritisch zu betrachten, was häufig in der Praxis nicht genug gepflegt wird.

Meine Lehrveranstaltungen werden nicht nur von „ordentlich" eingeschriebenen Studierenden der RWTH Aachen besucht (→Vorwort zur ersten Auflage), sondern auch von ERASMUS-Stipendiat(Inn)en (seit 1995) und seit WS 2000/2001 von Studierenden des Masterstudienganges *Simulation Techniques in Mechanical Engineering*. Für diese Studierenden ist *Kontinuumsmechanik* ein Pflichtprüfungsfach. Aufgrund des umfangreichen Stoffangebotes in der vorliegenden Neuauflage werden den Studierenden Prüfungsschwerpunkte bekannt gegeben.

Durch die Neuauflage werden nicht nur Hörer meiner Lehrveranstaltungen an der RWTH Aachen angesprochen, sondern auch Teilnehmer von Schulungsseminaren z.B. in ANSYS oder ABAQUS. So führe ich zusammen mit Herrn Prof. MATZENMILLER (Kassel) seit 1994 ein Seminar über *viskoelastisches* und *viskoplastisches Verhalten* (*Inelastizität*) verschiedener Werkstoffe bei der Firma CAD-FEM (ANSYS) in München und Stuttgart durch.

Ebenso seien Weiterbildungsmaßnahmen (→Vorwort zur ersten Auflage) und Gastvorlesungen erwähnt, für die das vorliegende Buch grundlegend ist.

Allen Lesern und Rezensenten, die meine Erstauflage kritisch durchgearbeitet haben, möchte ich für einige Anregungen und Verbesserungsvorschläge danken. Gedankt sei Herrn cand. ing. F. MURA, der mit unermüdlicher Sorgfalt und großem Geschick die reproduktionsreife Vorlage erstellte.

Die gesamte redaktionelle Koordination lag in den Händen von Herrn Dipl.-Ing. U. NAVRATH, der diese Aufgabe auch schon bei der Erstellung der Bücher *Finite Elemente für Ingenieure 1 und 2* mit höchstem Einsatz übernahm. Seine Kompetenz war für mich unverzichtbar. Ihm gilt mein besonderer Dank.

Dem Springer-Verlag, insbesondere Frau E. HESTERMANN-BEYERLE, Frau M. LEMPE, Herrn Dr. D. MERKLE und Herrn Dr. H. RIEDESEL, sei gedankt für die Aufnahme meines Manuskriptes und die verständnisvolle und vorbildliche Zusammenarbeit, die ich auch bei der Drucklegung der ersten Auflage und meiner Bücher *Finite Elemente für Ingenieure 1 und 2* als angenehm empfand.

Aachen, im Herbst 2001   Josef Betten

Vorwort zur ersten Auflage

Das vorliegende Buch ist aus Vorlesungen und Übungen hervorgegangen, die ich seit mehr als zwanzig Jahren vornehmlich für Studierende ingenieurwissenschaftlicher Fachrichtungen mit abgeschlossenem Vorexamen an der RWTH Aachen halte. Im Studiengang *Grundlagen des Maschinenwesens* ist die Lehrveranstaltung *Elastizitäts- und Plastizitätslehre* auch Pflichtprüfungsfach im Hauptdiplom. Als Ergänzung zu dieser Lehrveranstaltung werden von mir Vorlesungen mit Übungen angeboten, in denen numerische Methoden, z.B. FEM, Übertragungsverfahren, Mehrzielmethode etc., behandelt werden.

Der erwähnte Studiengang wurde im Wintersemester 1969/70 an der RWTH Aachen eingerichtet. Nach anfänglich geringen Prüfungsmeldungen ist das Interesse an diesem Studiengang ständig gestiegen. Im Vergleich zu den anderen Studienrichtungen der Fakultät für Maschinenwesen gehört die Studienrichtung *Grundlagen des Maschinenwesens* derzeit zu den zahlenmäßig stärksten Fachrichtungen.

Meine Lehrveranstaltung *Elastizitäts- und Plastizitätslehre* habe ich damals speziell für die Belange der erwähnten Fachrichtung angelegt, d.h., bei der Stoffauswahl konnte ich die Vorexamenskenntnisse in Mathematik und Mechanik voraussetzen und einen Bezug zu anderen Lehrveranstaltungen (wie Strömungsmechanik, Tensorrechnung, numerische Mathematik) berücksichtigen. Durch ständige Veränderungen habe ich mich bemüht, eine optimale Stoffauswahl zu finden, die dem Studierenden einen möglichst tiefen Einblick in die Grundlagen der modernen *Kontinuumsmechanik* und in praxisnahe Aufgaben der *Elasto-*, *Plasto-* und *Kriechmechanik* verschaffen soll. Zur Festigung des Stoffes werden an gegebenen Stellen Übungsaufgaben eingeblendet, deren Lösungen in einem gesonderten Kapitel vollständig ausgearbeitet sind.

Neben dem Zweck eines Vorlesungsmanuskriptes soll das vorliegende Buch auch Doktoranden und bereits in der Praxis tätigen Ingenieuren bei der Behandlung von Problemen der *Elasto-*, *Plasto-* und *Kriechmechanik* das Literaturstudium erleichtern und die wichtigsten Grundlagen bereitstellen. Mit diesen Grundlagen wird auch der Anwender von FEM-Programmen konfrontiert. So werden in der ABAQUS-Version 4-6 beispielsweise die Programme CONSTITUTIVE THEORIES, ELASTIC BEHAVIOUR, PLASTICITY MODELS und CREEP angeboten, in denen auch große Verformungen (*geometrische Nichtlinearitäten*) berücksichtigt werden können. Somit muß der Anwender solcher FEM-Programme u.a. mit der *Theorie endlicher Verzerrungen* vertraut sein, die im vorliegenden Buch ausführlich behandelt wird.

Als mathematisches Hilfsmittel wird die *Tensorrechnung* benutzt, ohne die wohl kaum ein Einblick in die Grundlagen der modernen *Kontinuumsmechanik* vermittelt werden kann. In den meisten Büchern der Elasto-, Plasto- und Kriechmechanik oder allgemein der Kontinuumsmechanik findet man eine Einführung in die Tensorrechnung. Hierauf ist jedoch im vorliegenden Buch aus Platzgründen verzichtet worden. Im Kapitel D werden lediglich einige Grundlagen zur Tensorrechnung in krummlinigen Koordinaten zusammengestellt. Darüber hinaus führe ich Lehrveranstaltungen über Tensorrechnung im Winter- und Sommersemester mit jeweils zwei Vorlesungs- und Übungsstunden für Studierende des Studienganges *Grundlagen des Maschinenwesens* durch: In der Vorlesung *Tensorrechnung für Ingenieure I*, die 1977 in Buchform vom Vieweg-Verlag herausgegeben wurde, behandle ich CARTESIsche Tensoren, während in *Tensorrechnung für Ingenieure II* allgemeine Koordinatensysteme zugrundegelegt werden, die schiefwinklig und/oder krummlinig sein können, und der „absolute Differentialkalkül" besprochen wird. Eine wesentliche Erweiterung des Vieweg-Buches wurde 1987 vom Teubner-Verlag unter dem Titel *Tensorrechnung für Ingenieure* herausgegeben. Darin werden vertiefend Tensorfunktionen behandelt, die auch Gegenstand von Vorlesungen waren, die ich im Juli 1984 in Udine (CISM) und im Juli 1986 in Bad Honnef (Physikzentrum) gehalten habe. An diesen Veranstaltungen waren auch meine Kollegen BOEHLER (Grenoble), RIVLIN (Bethlehem,U.S.A.) und SPENCER (Nottingham) beteiligt. Die „Lecture Notes" zu diesen Vorlesungen sind unter dem Titel *Applications of Tensor Functions in Solid Mechanics* (edited by J.P.BOEHLER) im Springer-Verlag 1987 erschienen und geben dem Leser einen umfassenden Überblick über die Anwendungen der *Tensorrechnung* in der *Kontinuumsmechanik*. Mithin besteht ein genügend großes Angebot zum Erlernen des Tensorkalküls.

Die wohl wichtigste Anwendung der Darstellungstheorie von Tensorfunktionen liegt im Aufstellen von Stoffgleichungen (*constitutive equations*), die in der Elasto,- Plasto- und Kriechmechanik eine zentrale Rolle einnehmen. Im Hinblick auf den zunehmenden Einsatz von Werkstoffen, die sich nicht linearelastisch und nicht isotrop verhalten oder bei denen große Verformungen auftreten, sind Tensorfunktionen von grundlegender

Bedeutung für die Kontinuumsmechanik. Neben rein phänomenologischen Betrachtungen der klassischen Kontinuumsmechanik dürfen auch werkstoffwissenschaftliche Gesichtspunkte in einer *Materialtheorie* nicht fehlen, da ein realer Werkstoff eine Gefügestruktur aufweist und da sich im Werkstoff Schädigungen ausbreiten (*evolutional equations*), die beispielsweise durch Bildung von Poren an Korngrenzen entstehen.

Trotz dieser realen Gegebenheiten kann die Materialtheorie nicht auf Methoden der Kontinuumsmechanik verzichten. Daher ist es zu begrüßen, daß die *Gesellschaft für Angewandte Mathematik und Mechanik* (GAMM) auf der Jahrestagung in Krakau am 1. April 1991 den GAMM-Fachausschuß *Materialtheorie* unter dem Vorsitz meiner Kollegen ZIEGLER (Wien) und BRUHNS (Bochum) eingesetzt hat, in den Kontinuumstheoretiker, Werkstoffwissenschaftler und Festkörperphysiker berufen worden sind, um durch Vorträge, Diskussionen und Erfahrungaustausch zwischen den einzelnen Standpunkten neue Brückenschläge zu versuchen.

Die interdisziplinäre Aufgabe des GAMM-Fachauschusses besteht darin, „die physikalisch-chemisch orientierten neuesten Erkenntnisse der Materialwissenschaften über die mathematischen Methoden der Mustererkennung und der Funktionalanalysis mit den thermodynamisch fundierten Materialgleichungen der Kontinuumsmechanik der Festkörperphase zu verknüpfen. Materialseitig sollen keine Einschränkungen getroffen werden, d.h., es werden metallische und nichtmetallische Baustoffe und Verbundwerkstoffe sowie Keramiken auf allgemeiner Basis zu behandeln sein. Die Arbeit des Fachausschusses wird darauf gerichtet sein, den stark gesteigerten Rechenleistungen adäquate Stoffgleichungen moderner Werkstoffe anzupassen. Als wichtiges Nebenprodukt soll in der *Lehre der Mechanik* diese Abweichung vom HOOKEschen Körper entsprechend aufbereitet einfließen" (vom Fachausschuß verfaßter Text).

Das vorliegende Buch und auch die oben erwähnten Lehrveranstaltungen könnten ebenfalls einen Beitrag in der *Lehre der Mechanik* leisten.

Von der *Gesellschaft für Angewandte Mathematik und Mechanik* (GAMM) und auch von der *Society for Industrial and Applied Mathematics* (SIAM) werden Beiträge zur mathematischen Weiterbildung für Ingenieure sehr begüßt. Hierzu zählen Seminare und Lehrgänge (Kontaktstudium) in Wuppertal (Technische Akademie) und in Düsseldorf (VDI-Bildungswerk), in denen die praktische Anwendung der Tensorrechnung auf Probleme der Elasto-, Plasto- und Kriechmechanik im Vordergrund steht. Im vorliegenden Buch konnten auch Erfahrungen aus Kompaktkursen (40 bis 60 Std.) mit dem Thema *Mathematical Modelling of Materials Behaviour* berücksichtigt werden, die ich gemeinsam mit meinen wissenschaftlichen Mitarbeitern, den Herren Eng.(M.Sc.) L. DA COSTA, Dipl.-Math. W. HELISCH und Dipl.-Ing. R. SCHUMACHER, an der Universität Kaiserslautern (1991) und an der portugiesischen Universidade da Beira Interior in Covilhã (1992) gehalten habe. In Kaiserslautern nahmen Studierende der Studienrichtung *Technomathematik* und vom DAAD finanziell geförderte Studenten aus verschiedenen Ländern („European Consortium for Mathematics in Industry") teil. In Portugal nahmen neben Studenten und Doktoranden auch Ingenieure der Praxis teil. Derartige Veranstaltungen sind auch künftig geplant, wobei das vorliegende Buch als wichtige Grundlage dient.

Allen Rezensenten und Lesern, die sich die Mühe gemacht haben, meine bisherigen Bücher über *Tensorrechnung* und *Kontinuumsmechanik* zu begutachten, möchte ich danken. Ihre Bemerkungen habe ich weitgehend berüchsichtigen können. Mein Dank gilt auch den Studierenden meiner Vorlesungen und Übungen, deren Kritik für mich besonders wichtig und aufschlußreich ist.

Gedankt sei an dieser Stelle Herrn Dipl.-Ing. C. MEYDANLI, der mit unermüdlicher Sorgfalt und großem Geschick die reproduktionsreife Vorlage auf einem PC-486 erstellte. Gleichermaßen möchte ich Herrn A. HERBST, dem Leiter des Zeichenbüros, danken, der die Bilder sorgfältig und termingerecht angefertigt bzw. koordiniert hat.

Dem Springer-Verlag, insbesondere Frau E. HESTERMANN-BEYERLE und Herrn Dr. H. RIEDESEL, sei gedankt für die bereitwillige Aufnahme meines Manuskriptes und die angenehme und verständnisvolle Zusammenarbeit.

Aachen, im März 1993   Josef Betten

Inhalt

A Einführung 1

B Allgemeine Grundlagen der Kontinuumsmechanik 25

1 Kinematische Grundlagen 27

   1.1 Körper- und raumbezogene Darstellung von Feldgrößen
       und ihre materielle Zeitableitung 27
   1.2 Verschiebungsvektor, -dyade, Deformationsgradient
       in LARANGE- und EULER-Koordinaten 32
   1.3 Verzerrungs- und Metriktensoren 37
   1.4 Geometrische Deutung kleiner Verzerrungen 44
   1.5 Anwendung des polaren Zerlegungstheorems
       auf den Deformationsgradienten 49
   1.6 Logarithmische Verzerrungstensoren
       als isotrope Tensorfunktionen 55
   1.7 Zur Bestimmung der Hauptdehnungen 59
   1.8 Gestaltänderung und Volumenänderung 61
   1.9 Kontinuitätsbedingung 63
   1.10 Zerlegung des Geschwindigkeitsgradiententensors 64
   1.11 Kompatibilitätsbedingungen 68

2 Statische Grundlagen 71

   2.1 Spannungsvektor 71
   2.2 CAUCHYscher Spannungstensor 73
   2.3 MOHRsche Spannungskreise 79
   2.4 Gleichgewichtsbedingungen, Bewegungsgleichungen
       eines Kontinuums 84
   2.5 Spannungstensoren nach PIOLA-KIRCHHOFF 87
   2.6 Spannungen im schadhaften Kontinuum 92

C Stoffgleichungen 103

3 Elastisches Verhalten isotroper und anisotroper Stoffe 105

   3.1 Elastizitätstensor, elastisches Potential 107

3.2 Thermoelastizität 114
3.3 Lösungsmethoden der Elastizitätstheorie 119

4 Plastisches Verhalten isotroper und anisotroper Stoffe 135

4.1 Theorie des plastischen Potentials......................................138
4.2 Konvexität von Fließbedingungen 141
4.3 Thermodynamische Betrachtungen 154
4.4 Spezielle Stoffgleichungen...158
4.5 Plastisches Potential und Tensorfunktionen im Vergleich 164
4.6 Charakteristikenverfahren und Gleitlinienfelder 178
4.7 Elastisch-plastische Probleme 187

5 Kriechverhalten isotroper und anisotroper Stoffe....................199

5.1 Primäres Kriechverhalten 199
5.2 Sekundäres Kriechverhalten...200
5.3 Tertiäres Kriechverhalten 210

6 Kriechverhalten elastisch-plastischer Hochdruckbehälter 219

6.1 Beschreibung der Kinematik 219
6.2 Inkompressibles Kriechverhalten 222
6.3 Spannungsfeld 224
6.4 Numerische Auswertung 226

7 Viskose Stoffe 233

7.1 Lineare viskose Fluide..233
7.2 Nichtlineare viskose Fluide 240

8 Fluide mit Gedächtnis...243

8.1 Einfaches Beispiel (MAXWELL-Fluid) 243
8.2 Allgemeines Prinzip 244
8.3 Normalspannungseffekte..248

9 Viskoelastische Stoffe..249

9.1 Lineare Viskoelastizitätstheorie 249
9.2 Nichtlineare Viskoelastizitätstheorie..................................255
9.3 Spezielle viskoelastische Modelle......................................255
   9.3.1 Kriechspektren und Kriechfunktionen für die KELVIN-Kette....256
   9.3.2 Kriechverhalten nach dem Wurzel t-Gesetz 267
   9.3.3 Kriechen als diffusionsgesteuerter Vorgang................271

Inhalt XIII

9.3.4 Relaxationsspektren und Relaxationsfunktionen
für die MAXWELL-Kette 276
9.3.5 Relaxationsverhalten nach dem Wurzel t-Gesetz 280
9.3.6 Mechanische Hysterese rheologischer Körper 282

10 Viskoplastische Stoffe 289

10.1 Lineare Viskoplastizitätstheorie 289
10.2 Nichtlineare Viskoplastizitätstheorie 292
10.3 Viskoplastisches Verhalten metallischer Werkstoffe 294

D Allgemeine (krummlinige) Koordinaten 297

11.1 Einige Grundlagen zur Tensorrechnung
in allgemeinen Koordinaten 297
11.2 Konforme Abbildungen 311

E Darstellungstheorie von Tensorfunktionen 335

12.1 Skalarwertige Tensorfunktionen; Invariantentheorie 335
12.2 Tensorwertige Tensorfunktionen 341
  12.2.1 Darstellung der Funktion $f_{ij}\,(X_{pq},\,Y_{pq},\,A_{pqrs})$
  mit symmetrischen Argumenttensoren 344
  12.2.2 Darstellung der Funktion $f_{ij}\,(X_{pq},\,Y_{pq},\,Z_{pq})$
  mit drei symmetrischen Argumenttensoren zweiter Stufe 345
  12.2.3 Symmetrischer und nicht-symmetrischer
  Argumenttensor zweiter Stufe 346
  12.2.4 Trennung der Tensor-Veränderlichen 347
  12.2.5 Interpolationsmethoden für tensorwertige Funktionen 349
  12.2.6 Darstellung über Hilfstensoren 351

F Lösungen der Übungsaufgaben 353

G Literaturverzeichnis 507

H Sachverzeichnis 529

I Anhang 545

A.1 Eigenwertproblem 545
A.2 LAGRANGEsche Multiplikatorenmethode 550
A.3 Kombinatorik 554

A Einführung

Die lineare *Elastizitätstheorie* kann auf eine mehr als 300-jährige Geschichte zurückblicken: Im Jahre 1678 machte HOOKE die Feststellung *ut tensio sic vis*, die er bereits zwei Jahre zuvor in Form eines Anagramms (ceiiinosssttuv) traf. Danach sind Längenänderung und Last proportional. Die geschichtliche Weiterentwicklung kann man beispielsweise bei TIMOSHENKO (1953), TRUESDELL (1968), TIMOSHENKO / GOODIER (1970), SZABÓ (1976, 1977), verfolgen.

Im Gegensatz zur Elastizitätstheorie ist die *Plastizitätstheorie* viel jüngeren Ursprungs: Im Jahre 1864 veröffentlichte TRESCA eine Hypothese, nach der Metalle zu fließen beginnen (*TRESCAsche Fließbedingung*), wenn die größte Schubspannung einen kritischen Wert erreicht hat (*Schubspannungshypothese*). Erste theoretische Untersuchungen von *Stoffgleichungen* der Plastizitätstheorie gehen auf DE SAINT VENANT und LEVY (1870) zurück, die anstelle des *HOOKEschen Gesetzes* eine Beziehung zwischen Verzerrungsänderungen und Spannungen einführten, um das plastische Verhalten *isotroper* Stoffe beschreiben zu können. Mit einer Arbeit von MISES (1913) erfährt die Plastizitätstheorie entscheidende Impulse zur Weiterentwicklung. In dieser Arbeit findet man u.a. die *MISESsche Fließbedingung*, die auch schon von HUBER (1904) aufgestellt wurde. Die Namen HUBER und MISES werden häufig mit der *Gestaltänderungsenergiehypothese* in Verbindung gebracht, obwohl MISES keine physikalische Deutung beabsichtigte. Weitere Literaturhinweise zur Entwicklung der Plastizitätstheorie findet man beispielsweise bei HILL (1950), PRAGER / HODGE (1954), LIPPMANN / MAHRENHOLTZ (1967), RECKLING (1967), OLSZAK (1976), BRUHNS (1978), LIPPMANN (1981), CHAKRABARTY (1987, 2000), BERTRAM (1989), LUBLINER (1990), KREIßIG (1992), SKRZYPEK (1993), DAHL et al. (1993), ALTENBACH / ALTENBACH (1994), ALTENBACH et al. (1995), LEMAITRE / CHABOCHE (1998), HAN / REDDY (1999), BETTEN (2001c), HAUPT (2000) und PAWELSKI / PAWELSKI (2000). Besondere Beachtung muss auch dem Buch von ŻYCZKOWSKI (1981) geschenkt werden, in dem mehr als 3000 Literaturstellen angegeben sind.

Die phänomenologische *Elasto-*, *Plasto-* und *Kriechmechanik* sind Teilgebiete der *Kontinuumsmechanik*, in der mathematische Modelle zur Beschreibung des mechanisch-thermischen Verhaltens von Werkstoffen aufgestellt werden, die als Kontinuum aufgefasst werden, d.h. als eine „stetige" Anhäufung von *materiellen Punkten*. Die Aufgabe besteht somit darin, den *Spannungs-* und *Verzerrungszustand* sowie die *Verschiebungen* in allen Punkten eines Körpers bei vorgeschriebenen Randbedingungen zu bestimmen. Die Lösung dieser *Randwertprobleme* erfolgt nach den Methoden der Elastizitäts- und Plastizitätstheorie. Für die Ingenieurpraxis liegt eine weitere Aufgabe darin, aus den ermittelten Spannungen und Verformungen eine Aussage über den Beanspruchungszustand im Werkstoff zu gewinnen (*Anstrengungshypothesen*).

Die Plastomechanik ist für die mechanische Umformtechnik von grundlegender Bedeutung (LIPPMANN / MAHRENHOLTZ, 1967; ISMAR / MAHRENHOLTZ, 1979; DAHL et al., 1993; PAWELSKI / PAWELSKI, 2000), da sie die Berechnung plastischer Formänderungsvorgänge (wie Walzen, Ziehen, Pressen etc.) ermöglicht. Weitere Anwendungen findet man u.a. in der Kunststofftechnik, Bodenmechanik, Kriechmechanik, Schneemechanik.

Das mechanische Verhalten eines Körpers ist elastisch, wenn seine Verformungen bei Entlastung sofort, d.h. zeitunabhängig verschwinden. Man spricht auch von *reversibler Verformung*. Das wirkliche Werkstoffverhalten weicht jedoch mehr oder weniger stark von dieser Idealvorstellung ab. Tatsächlich hängt die Höhe der *Elastizitätsgrenze* von der Beobachtungsgenauigkeit ab. Je feinfühliger die Messmethode ist, desto mehr ergibt sich die Elastizitätsgrenze zu null; denn selbst kleinste Verformungen sind mit *irreversiblen Vorgängen* verbunden, wie die Dämpfungsmessungen zeigen (Energieverbrauch infolge *Werkstoffdämpfung*; *inelastische, thermische Effekte* (FREUDENTHAL, 1955; BESSELING / GIESSEN, 1994)).

Die *Werkstoffdämpfung* kommt durch eine *mechanische Hysterese* im Spannungs-Dehnungs-Koordinatensystem zum Ausdruck. Die mechanische Hysterese rheologischer Körper wird bei BETTEN (1972b) diskutiert. Beispielsweise erhält man für den dynamisch beanspruchten *KELVIN-Körper*, den man durch Parallelschaltung von linearer Feder (*HOOKEscher Körper*) und linearem Dämpfer (*NEWTONscher Körper*) charakterisieren kann, eine Ellipse als Hysterese. Ihr Inhalt stellt die pro Belastungszyklus dissipierte Energie dar. Vertiefend wird die lineare und nichtlineare *Werkstoffdämpfung* in Verbindung mit eigenen Experimenten in der Vorlesung (BETTEN, 1969) behandelt.

Nach einem Vorschlag von HAUPT (1992) kann man aufgrund des experimentellen Befundes vier Kategorien von Materialantworten unterscheiden: das *geschwindigkeitsunabhängige* bzw. *-abhängige Materialverhalten* jeweils *ohne* und *mit Hystereseeigenschaften*. Damit werden *vier* unterschiedliche Formen der *Materialtheorie* in Verbindung gebracht, nämlich die Theorien der *Elastizität*, der *Plastizität*, der *Viskoelastizität* und der

A Einführung

Viskoplastizität. Aus dieser Zuordnung müsste man schließen, dass der KELVIN-Körper als ein typischer Vertreter der linearen Viskoelastizität *keine* Hystereseeigenschaft besitzt, was aber im Widerspruch zur Untersuchung von BETTEN (1972b) und Ziffer 9.3.6 steht. Allerdings geht die lineare *Viskoelastizität* für langsame Prozesse asymptotisch in die lineare Elastizität über. Daher ordnet HAUPT (1992) dieses Modell in die Kategorie „Geschwindigkeitsabhängiges Verhalten **ohne statische** H*ystereseeigenschaften*" ein.

Im vorliegenden Buch ist zunächst (Kapitel 3 bis 6) die „Dreiereinteilung" *Elasto-, Plasto-* und *Kriechmechanik* gewählt, die auch sehr einleuchtend ist, da sie der Einteilung in *geschwindigkeitsunabhängiges* und *-abhängiges Materialverhalten* entspricht. Das *Kriechen* existiert innerhalb von zwei Kategorien, nämlich in der *Viskoelastizität* und in der *Viskoplastizität* (Kapitel 9 und 10).

Oberhalb der makroskopischen *Elastizitätsgrenze* haben die Verformungen auch einen makroskopisch bestimmbaren irreversiblen Anteil. Dieses *inelastische Verhalten* kann sich – pauschal gesehen – *zeitunabhängig* oder *zeitabhängig* zeigen. Im ersten Fall ist nur die Reihenfolge der Belastungszustände maßgeblich, nicht jedoch die Geschwindigkeit, mit der diese Zustände durchlaufen werden. Dieses *geschwindigkeitsunabhängige* Werkstoffverhalten wird *plastisch* (nach dem griechischen Verb πλ´ασσειν) genannt. Im zweiten Fall treten ebenfalls bleibende Verformungen auf, die jedoch von der Geschwindigkeit der Zustandsänderungen abhängig sind. Als Beispiele seien *Kriech-* und *Relaxationsvorgänge* erwähnt.

Aufschluss über das (zeitunabhängige) elastisch-plastische Verhalten eines Werkstoffs gibt der genormte Zugversuch (DIN 50 145 / EN 10 002). Bild A1 zeigt typische Spannungs-Dehnungs-Diagramme, wenn Be- und Entlastung quasistatisch und isotherm bei Raumtemperatur erfolgen. Im linken Teil des Bildes A1 ist das Spannungs-Dehnungs-Diagramm eines Werkstoffs mit ausgeprägter *Streckgrenze* skizziert, die man beispielsweise bei St 37 beobachten kann. Mit Erreichen der *Zugfließgrenze* $\sigma = \sigma_F$ tritt *Fließen* ein, d.h., die Dehnung $\varepsilon = {}^e\varepsilon + {}^p\varepsilon$ nimmt bei konstanter Spannung zu. Dabei bleibt der elastische Anteil konstant (${}^e\varepsilon = \varepsilon_F$). Erst oberhalb der *LÜDERS-Dehnung* ε_L nimmt die Spannung mit der Dehnung monoton zu. Dann wächst auch der elastische Anteil ${}^e\varepsilon$ wieder an. Für Werkstoffe, die keinen *Streckgrenzeneffekt* aufweisen, wie etwa hochfeste Stähle, muss eine *Fließspannung* σ_F als Ersatz für eine ausgeprägte Streckgrenze definiert werden. Man wählt die Spannung, die zum Erreichen einer vereinbarten bleibenden Dehnung ε_0 notwendig ist, wie im rechten Teil des Bildes A1 angedeutet. Gewöhnlich schreibt man eine bleibende Dehnung ε_0 von 0,2% vor und bezeichnet die zugehörige Spannung als $\sigma_{0,2}$-Grenze ($\sigma_F \equiv \sigma_{0,2}$). Die frühere Bezeichnung $\sigma_{0,2}$ wird nach EN 10 002 durch $R_{p0,2}$ ersetzt. Eine andere Festlegung erfolgt durch die Tangentenneigung, die im *Fließpunkt* 50% des Wertes an der *Proportionalitätsgrenze* betragen soll. Dieser Punkt wird als *JOHNSONs scheinbare Elastizitätsgrenze* bezeichnet und ist in Bild A1 durch „J" markiert.

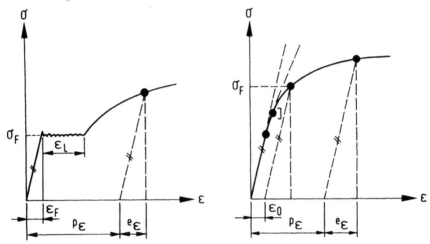

Bild A1 Elastisch-plastisches Werkstoffverhalten bei einachsiger Beanspruchung

Bei wiederholten Be- und Entlastungen ohne Belastungsumkehr kann das Verhalten metallischer Werkstoffe etwa durch den schematischen Verlauf in Bild A2 charakterisiert werden. Man erkennt, dass Zwischenentlastungen das plastische Verhalten kaum beeinflussen. Nach jeder durchlaufenen *Hysteresisschleife*, deren Inhalt die pro Belastungszyklus *dissipierte Energie* darstellt, erreicht man die Werkstoffcharakteristik, die sich auch bei kontinuierlicher Belastung ergeben würde. Man beobachtet ferner, dass die *Proportionalitätsgrenzen* $P_0, P_1, P_2, \ldots, P_n$ und *Fließgrenzen* $F_0, F_1, F_2, \ldots, F_n$ ansteigen, d.h., nach jeder Wiederbelastung setzt die plastische Verformung bei einer höheren Spannung $\sigma_{F_n} > \sigma_{F_{n-1}}$ ein. Diese Erscheinung nennt man *Werkstoffverfestigung infolge plastischer Verformung*.

Eine bei Belastungsumkehr häufig zu beobachtende Erscheinung ist in Bild A2 b veranschaulicht und wird als *BAUSCHINGER-Effekt* bezeichnet (BAUSCHINGER, 1886). Der Übergang vom elastischen in den plastischen Bereich erfolgt nach Umkehr der Belastungsrichtung bei einem betrags-

A Einführung

mäßig geringeren Wert als nach einer Wiederbelastung im gleichen Richtungssinn. Mithin gilt: $\left|\sigma_{F_1}^*\right| < \left|\sigma_{F_1}\right|$.

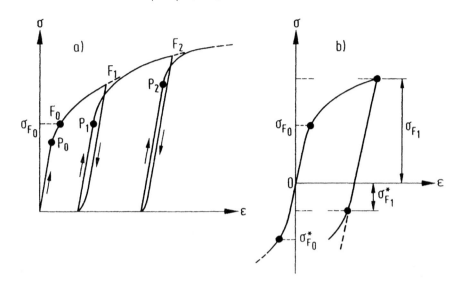

Bild A2 Werkstoffverhalten bei Be-und Entlastungen
a) mit gleichsinniger Belastungsrichtung, b) mit Belastungsumkehr

Eine Vielzahl von experimentellen Untersuchungen zur Begründung der Plastizitätstheorie wurde beispielsweise von MASSONET et al. (1979) durchgeführt. Einen sehr umfangreichen Überblick über experimentelle Ergebnisse findet man auch bei IKEGAMI (1975).

Um den Rechenaufwand zu verringern, wird man häufig stark vereinfachte Werkstoffmodelle zu Grunde legen. So kann je nach Problemstellung beispielsweise die *Werkstoffverfestigung* vernachlässigt werden. In manchen Fällen wird man eine lineare Verfestigung annehmen. Bei großen plastischen Verformungen, wie sie etwa beim Warmwalzen auftreten, wird man die elastischen Verzerrungen unberücksichtigt lassen und das Werkstoffverhalten bis zum Beginn der plastischen Formänderung als starr ansehen, d.h., der *Elastizitätsmodul* E im HOOKEschen Gesetz $^e\varepsilon = \sigma/E$ wird unendlich groß angenommen. Beim Kaltwalzen kann je nach Stichabnahme diese Vereinfachung nicht immer getroffen werden. Dieses gilt insbesondere für das Nachwalzen, das u.a. der Verbesserung der Oberfläche und der Maßhaltigkeit des Endproduktes dient. In Bild A3 sind einige vereinfachte Werkstoffmodelle gegenübergestellt.

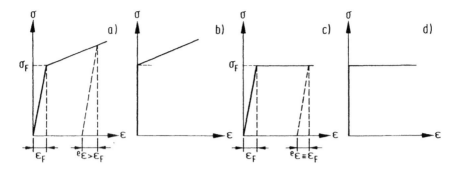

Bild A3 Vereinfachte Werkstoffmodelle **a)** linearelastisch - linear verfestigend; **b)** starr -linear verfestigend; **c)** linearelastisch - idealplastisch; **d)** starr idealplastisch

Eine wesentliche Vereinfachung ist die Annahme der *Inkompressibilität* der plastischen Verformungsanteile, die bei den meisten metallischen Werkstoffen vorausgesetzt werden kann. Von dieser Vereinfachung sind u.a. porige Metalle, gesinterte Werkstoffe, heterogene Gusswerkstoffe und makromolekulare Stoffe ausgenommen, die sich ausgeprägt *plastisch kompressibel* verhalten (BETTEN 1978, 1982d; BETTEN et al., 1982). Die elastische Verformung ist bei fast allen Werkstoffen (mit Ausnahme von Gummi; *rubber-like-materials*) mit einer elastischen *Volumenänderung* von gleicher Größenordnung verbunden.

Die elastisch-plastischen Formänderungen stellen einen thermodynamischen Prozess dar (PHILLIPS, 1974; ZIEGLER, 1977), wobei die plastischen Anteile als *irreversibel* anzusehen sind. Die plastische Verzerrungsarbeit wird fast vollständig in Wärme umgesetzt (*dissipiert*). Nur ein geringer Teil wird zur Änderung der inneren Struktur verbraucht (*latente Energie*) und wirkt sich auf die Verfestigung aus (LEHMANN, 1974). Mithin nehmen thermodynamische Gesichtspunkte eine zentrale Bedeutung ein (PARKUS / SEDOV, 1968). Trotzdem werden derartige Überlegungen häufig nicht in Betracht gezogen, wie beispielsweise in der klassischen Elastizitätstheorie. Die Bewegung des Kontinuums wird dann *isotherm* angenommen, und die Temperatur spielt nur die Rolle eines konstanten Parameters. Auch im Folgenden sollen aus Platzgründen die rein mechanischen Gesichtspunkte im Vordergrund stehen.

Aufschluss über das zeitabhängige Verhalten geben Kriechkurven $\varepsilon = \varepsilon(t)$. Eine typische Kriechkurve mit der Temperatur T als Parameter ist in Bild A4 dargestellt.

Bei vielen Werkstoffen beobachtet man drei Bereiche, die nach ANDRADE (1910) als *primäres*, *sekundäres* und *tertiäres Kriechen* bezeichnet werden (Bild A4). Beim *Primärkriechen* (Bereich I) überwiegt die Verfes-

A Einführung

tigung, und die Kriechgeschwindigkeit $\dot{\varepsilon}_K = \dot{\varepsilon}$ nimmt ab (*verzögertes Kriechen*). Im *sekundären Kriechbereich* befinden sich Verfestigung und Entfestigung im Gleichgewicht (stationäres Kriechen), während im *tertiären Stadium* die Entfestigung überwiegt, bis der Kriechbruch eintritt. In diesem Bereich treten auch Kriechschädigungen auf (*creep damage*). Je nach Größe der angelegten Spannung kann die spontane Dehnung ε_0 rein elastisch sein oder aus einem elastischen und plastischen Anteil bestehen:

$$\varepsilon_0 = \sigma_0/E(T) + {}^p\varepsilon(\sigma_0, T) \ .$$

Die *Kriechdehnung* $\varepsilon_K = \varepsilon - \varepsilon_0$ ist für Werkstoffe, die durch Kriechkurven gemäß Bild A4 charakterisiert sind, proportional t^κ, wobei im primären Stadium $\kappa < 1$, im sekundären Stadium $\kappa = 1$ und im tertiären Stadium $\kappa > 1$ angesetzt werden kann.

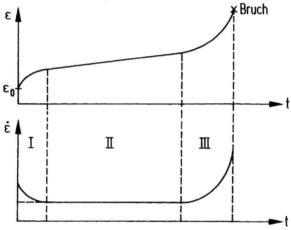

Bild A4 Typische Kriechkurve eines metallischen Werkstoffes

Die *Kriechdehnung*, d.h. die „viskose Komponente" ε_K der Gesamtdehnung $\varepsilon(t)$, basiert bei metallischen Werkstoffen auf thermisch aktivierten Vorgängen, z.B. Klettern von Stufenversetzungen. Die dadurch bedingte Temperaturabhängigkeit kann durch eine ARRHENIUS-Funktion (1898) berücksichtigt werden, so dass man das Kriechen metallischer Werkstoffe bei hohen Temperaturen durch den Ansatz

$$\dot{\varepsilon} = A\,f(\sigma, T) \cdot \exp(-Q_K/RT)$$

beschreiben kann. Darin sind A eine „strukturabhängige" Größe, Q_K die Aktivierungsenergie des Kriechens und R die allgemeine Gaskonstante.

Die Funktion f(σ, T) lässt sich durch $[\sigma/E(T)]^n$ ausdrücken, wobei der Exponent n für viele Werkstoffe zwischen 4 und 8 liegt. Bei den meisten Metallen hat sich eine gute Übereinstimmung zwischen der *Aktivierungsenergie* Q_K *des Kriechens* und der *Aktivierungsenergie* Q_D *der Selbstdiffusion*

$$D = D_0 \cdot \exp(-Q_D/RT)$$

gezeigt. Hieraus wird von BETTEN (1971b) gefolgert, dass Kriechen bei *homologen Temperaturen* von 0,4 bis 0,5 ein *diffusionsgesteuerter Vorgang* ist (Ziffer 9.3.3). Für Bauteile, wie beispielsweise Turbinenschaufeln, Hochdruckbehälter, Heißdampfleitungen, die mit solch hohen Temperaturen beaufschlagt werden, sind Untersuchungen zum Kriechverhalten von grundlegender Bedeutung.

Für technische Anwendungen wird das obige Kriechgesetz meistens in der „kompakten" Form

$$\dot{\varepsilon} = K\sigma^n \quad \text{mit} \quad K = K(T) \quad \text{und} \quad n = n(T)$$

verwendet, die als *NORTON-BAILEYsches Kriechgesetz* bekannt ist (NORTON, 1929) und sich für den sekundären Kriechbereich gut bewährt hat. Kriechfaktor K und Kriechexponent n können im einachsigen Kriechversuch bequem ermittelt werden und liegen für viele Werkstoffe vor.

In Bild A4 ist der sekundäre Kriechbereich (II) sehr stark ausgeprägt. Spezielle Werkstoffe, z.B. $\frac{1}{2}\text{Cr}\frac{1}{2}\text{Mo}\frac{1}{4}\text{V}$, zeigen jedoch verschwindend kleine Sekundärbereiche, so dass dann das *NORTON-BAILEYsche Kriechgesetz* an Bedeutung verliert (BROWN et al., 1986; BETTEN, 1991a). Stattdessen wird das so genannte *Θ-projection-concept* von BROWN et al. (1986) vorgeschlagen:

$$\varepsilon_K = \varepsilon(t) - \varepsilon_0 = \Theta_1[1 - \exp(-\Theta_2 t)] + \Theta_3[\exp(\Theta_4 t) - 1],$$

das eine „primäre" und „tertiäre Komponente" enthält

Für *strukturell stabile* Bereiche, in denen keine Strukturänderungen auftreten, die das mechanische Verhalten des Werkstoffs merklich beeinflussen, hat sich die Einführung einer *mechanischen Zustandsgleichung*

$$f(\sigma, \varepsilon, \dot{\varepsilon}, T; \text{Stoffwerte}) = 0$$

sehr bewährt. Darin sind dynamische (σ), kinematische ($\varepsilon, \dot{\varepsilon}$) und thermische (T) Variable miteinander verknüpft. Die mechanischen Variablen ($\sigma, \varepsilon, \dot{\varepsilon}$) sind im allgemeinen tensorielle Größen. Die Anwendung einer mechanischen Zustandsgleichung für die Beschreibung mechanischer Ver-

A Einführung

suche wurde zuerst von LUDWIK (1909) vorgeschlagen. Jedoch wurden erst ein paar Jahrzehnte später praktische Versuche an Metallen, insbesondere im Zusammenhang mit der Erforschung der Beziehungen zwischen Dehnungs- und Kriechversuchen (ZENER / HOLLOMON, 1946), unternommen, bei denen Spannung, Dehnung und Dehnungsgeschwindigkeit miteinander verknüpft sind. Weitere Anwendungen einer *mechanischen Zustandsgleichung* („The Mechanical Equation of State") werden beispielsweise von LUBAHN und FELGAR (1961) angegeben. Erfolgreich wird eine mechanische Zustandsgleichung auch bei TROOST et al. (1973) zur analytischen Beschreibung des Einschnürvorganges eines Zugstabes aus austenitischem Stahl X 8 CrNiMoNb 16 16 unter konstanter Last bei Raumtemperatur in Verbindung mit eigenen Experimenten eingesetzt. Von BETTEN / EL-MAGD (1977) wird auf der Basis einer mechanischen Zustandsgleichung das Kriechverhalten dünnwandiger Behälter allgemein untersucht. Darin sind die Lösungen so aufgebaut, dass sie für den Kugelbehälter, den zylindrischen Behälter und das zylindrische Rohr gelten. Es wird unterschieden zwischen Behältern mit geregeltem Innendruck und Behältern ohne Druckregelung.

Ein paar einfache Anwendungsbeispiele für eine mechanische Zustandsgleichung seien im Folgenden diskutiert. Nimmt man konstante Dehnungsgeschwindigkeit an, so erhält man bei einachsigem Spannungszustand eine mechanische Zustandsgleichung der Form $\varepsilon = \varepsilon(\sigma, T)$, woraus das vollständige Differential

$$d\varepsilon = \left(\frac{\partial \varepsilon}{\partial \sigma}\right)_T d\sigma + \left(\frac{\partial \varepsilon}{\partial T}\right)_\sigma dT$$

folgt, das man auch gemäß

$$d\varepsilon = \frac{1}{M} d\sigma + \alpha \, dT$$

ausdrücken kann. Darin ist M ein Tangentenmodul, der einer isotherm aufgenommenen *Fließkurve* entnommen werden kann. Im elastischen Bereich stimmt M mit dem *isothermen* Elastizitätsmodul E überein. Der Parameter α ist der lineare thermische Ausdehnungskoeffizient. Der Begriff *Fließkurve* (im Gegensatz zu *Fließortkurve*) wird eingehend in Ziffer 4.2 erklärt. Bei TROOST et al. (1973) wird die Fließkurve als mechanische Zustandsgleichung gedeutet.

Ein linear-elastischer Stab zwischen starren Wänden (l = const. $\Rightarrow d\varepsilon = 0$) erfährt infolge einer Temperaturerhöhung um $\Delta T = T_1 - T_0$ eine Spannungserhöhung σ, die man folgendermaßen ermittelt:

$$\frac{1}{E}d\sigma + \alpha dT = 0 \quad \Rightarrow \quad \sigma = -\int_{T_0}^{T_1} E(T) \cdot \alpha(T) dT.$$

Nimmt man näherungsweise $E(T) \cdot \alpha(T) \approx$ konst. an, so erhält man: $\sigma = -E \alpha \Delta T$. Für unlegierten Stahl mit $E = 2{,}1 \cdot 10^5$ N/mm² und $\alpha = 1{,}1 \cdot 10^{-5}$/K würde sich bei einer Temperaturerhöhung von $\Delta T = 100$ K eine Spannungserhöhung von $\sigma = -231$ N/mm² ergeben. Der Betrag der *Wärmespannung* ist wegen thermischer und mechanischer Nachgiebigkeit der Wände tatsächlich geringer: $\sigma = -\eta E \alpha \Delta T$ mit $\eta < 1$.

Durch mechanische Arbeit ($\sigma d\varepsilon$) erfährt ein mechanisch beanspruchter Festkörper eine Temperaturerhöhung, die ihrerseits eine thermische Ausdehnung zur Folge hat. Somit ist die Dehnung eine Funktion der angelegten Spannung und der sich einstellenden Temperatur, d.h., die mechanische Zustandsgleichung hat die Form $\varepsilon = \varepsilon(\sigma, T)$. In Verbindung mit dem *ersten Hauptsatz der Thermodynamik*,

$$c\,dT = dQ + \sigma d\varepsilon \quad \text{bzw.} \quad dQ = c\,dT - \sigma d\varepsilon,$$

erhält man im adiabatischen Fall ($dQ = 0$) folgende Differentialgleichung:

$$\left. \begin{array}{l} dQ = 0 \Rightarrow c\,dT = \sigma d\varepsilon \\ \varepsilon = \varepsilon(\sigma, T) \Rightarrow d\varepsilon = \dfrac{d\sigma}{E} + \alpha dT \end{array} \right\} \Rightarrow d\varepsilon = \frac{d\sigma}{E} + \frac{\alpha}{c}\sigma d\varepsilon,$$

die man nach Trennung der Variablen (σ, ε) unter Berücksichtigung der Randbedingung $\sigma(\varepsilon = 0) = 0$ zu

$$\sigma = \frac{c}{\alpha}\left[1 - \exp\left(-\frac{\alpha E}{c}\varepsilon\right)\right]$$

integrieren kann. Darin ist c die spezifische Wärme je Volumeneinheit. Durch Reihenentwicklung der Exponentialfunktion erhält man:

$$\sigma = E\varepsilon\left(1 - \frac{\alpha E}{2c}\varepsilon \pm \ldots\right).$$

Nimmt man für Stahl etwa $\alpha E/2c \approx 0{,}3$ an, so erhält man bei einer elastischen Dehnung von $\varepsilon \approx 10^{-3}$ die Beziehung $\sigma = 0{,}9997\,E\varepsilon$, d.h., thermoelastische Effekte können makroskopisch vernachlässigt werden. Bei großen plastischen Verformungen hingegen können thermische Effekte im Allgemeinen nicht vernachlässigt werden (ESTRIN, 1986).

A Einführung

Ein sinnvoller Ansatz für eine *mechanische Zustandsgleichung*, die auch die Dehnungsgeschwindigkeit enthält, ist durch ein Potenzgesetz

$$\sigma = A\varepsilon^N (\dot{\varepsilon}/\kappa)^M$$

gegeben. Darin könnte A durch eine *ARRHENIUS-Funktion* dargestellt werden, während κ eine zur Normierung eingeführte Dehnungsgeschwindigkeit ist. Aus dem Potenzansatz erhält man durch Trennung der Veränderlichen (ε, t) die Gleichung

$$\varepsilon^{N/M} d\varepsilon = B\sigma^{1/M} dt ,$$

woraus bei zeitunabhängiger Spannung durch Integration unter Berücksichtigung des Anfangswertes $\varepsilon(t=0) = 0$ die Lösung

$$\boxed{\varepsilon = K\sigma^{1/(M+N)} t^{M/(M+N)}}$$

folgt, die man als Kriechgesetz deuten kann. Bei niedrigen Temperaturen (*unterhalb der homologen Temperatur*) überwiegt die Verfestigung, während der Geschwindigkeitseinfluss ($\dot{\varepsilon}$) gering ist, so dass N » M angenommen werden kann. Damit erhält man die Beziehung

$$\varepsilon = K\sigma^{1/N} t^{M/N} \quad \text{mit} \quad M/N < 1 ,$$

die man häufig zur Beschreibung des primären Kriechbereiches heranzieht, in dem die Verfestigung überwiegt (ODQUIST / HULT, 1962; RIEDEL, 1987; BETTEN et al., 1989; BETTEN / BUTTERS, 1990).

Mit steigender Temperatur nimmt die Entfestigung zu, d.h., *oberhalb der homologen Temperatur* wirken Erholung und Rekristallisation der Verfestigung entgegen. Da diese Vorgänge zeitabhängig sind, wird man bei hohen Temperaturen einen stärkeren Einfluss von $\dot{\varepsilon}$ erwarten, so dass man M » N annehmen kann. Damit erhält man:

$$\varepsilon = K\sigma^{1/M} t \Rightarrow \dot{\varepsilon} = K\sigma^{1/M} \equiv K\sigma^n ,$$

d.h., der Kriechexponent n im *NORTON-BAILEYschen Kriechgesetz* stimmt mit dem Kehrwert des Geschwindigkeitsexponenten M in der oben angenommenen mechanischen Zustandsgleichung überein. Das NORTON-BAILEYsche Kriechgesetz hat sich zur Beschreibung des sekundären Kriechbereiches in vielen technischen Anwendungen bewährt.

Das zeitabhängige Verhalten von Festkörpern und Flüssigkeiten wird in der Rheologie anschaulich durch mechanische Modelle beschrieben (Kapitel 7 bis 10). Der Unterschied zwischen *Festkörper* und *Flüssigkeit* kann am einfachsten an zwei klassischen Beispielen erläutert werden.

So wird das mechanische Verhalten eines *HOOKEschen Festkörpers* im einachsigen Zugversuch (Spannung σ) durch das HOOKEsche Gesetz $\sigma = E\varepsilon$, bzw. im Torsionsversuch (Schubspannung τ) durch das Gesetz $\tau = G\gamma$ beschrieben, während eine *NEWTONsche Flüssigkeit* im Scherversuch durch das Gesetz $\tau = \eta\dot{\gamma}$ charakterisiert ist.

Der *HOOKEsche Festkörper* wird kinematisch durch die Dehnung ε bzw. durch die Scherung γ beschrieben und durch die Stoffkonstanten E (Elastizitätsmodul) bzw. G (Gleitmodul) charakterisiert, während die *NEWTONsche Flüssigkeit* durch die Schergeschwindigkeit $\dot{\gamma}$ kinematisch bestimmt ist, wobei die Scherviskosität η eine Konstante ist.

Die in vielen technischen Prozessen zu verarbeitenden Stoffe zeigen häufig ein viel komplexeres mechanisches Verhalten. Auch wenn diese Stoffe technisch als zusammenhängende Materie, d.h. als Kontinuum behandelt werden können, reichen die klassischen Materialhypothesen, wie beispielsweise der HOOKEsche und der NEWTONsche Ansatz, bei weitem nicht aus, das mechanische Verhalten von realen *Festkörpern* und *Flüssigkeiten* zu beschreiben. So muss man beispielsweise bei großen elastischen Verformungen, wie sie etwa bei Autoreifen auftreten, *geometrische Nichtlinearitäten* berücksichtigen. Das führt auf die Theorie endlicher Verzerrungen, in der der klassische Verzerrungstensor durch andere Tensoren ersetzt wird, die beispielsweise mit den Namen LAGRANGE, EULER oder HENCKY verbunden sind. Die *Theorie endlicher Verzerrungen* ist in den Ziffern 1.3 bis 1.6 ausführlich dargestellt.

Neben *geometrischen Nichtlinearitäten* sind auch *physikalische Nichtlinearitäten* zu berücksichtigen, da reale Stoffe auch bei festgelegter Temperatur ein nichtlineares Verhalten zwischen den statischen Größen (Spannungen) und den kinematischen Größen (Verzerrungen bzw. Verzerrungsgeschwindigkeiten) aufweisen (BETTEN, 1985a). Das HOOKEsche Gesetz kann dann durch die Beziehung

$$\varepsilon = \sigma/E + k(\sigma/E)^n$$

erweitert werden, die auf RAMBERG und OSGOOD (1943) zurückgeht. Eine modifizierte Darstellung ist durch

$$\varepsilon = \sigma/E + k(\sigma/\sigma_F)^n$$

gegeben (BETTEN, 1989b). Darin ist σ_F die *Zugfließspannung*.

Zur Überprüfung der RAMBERG-OSGOOD-Beziehung und ihrer modifizierten Form wurden eigene Zugversuche an Aluminiumproben bei Raumtemperatur durchgeführt. Die experimentellen Ergebnisse im Vergleich mit den genannten Spannungs-Dehnungsbeziehungen sind in den Bildern A5a,b veranschaulicht.

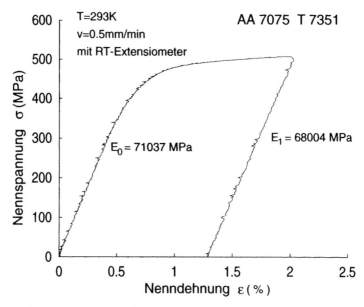

Bild A5a Quasistatischer Zugversuch an einer Aluminiumprobe

Der Vergleich in Bild A5b zeigt sehr deutlich, dass die modifizierte Form wesentlich besser mit dem Experiment in Einklang gebracht werden kann als die RAMBERG-OSGOOD-Beziehung. Diesen Unterschied könnte man folgendermaßen erklären. Beide Beziehungen weichen vom HOOKEschen Anteil σ/E um einen nichtlinearen Term ab, der den verfestigenden plastischen Anteil zum Ausdruck bringen soll. Daher ist es naheliegend, in diesem Term als Bezugswert die *Fließspannung* σ_F zu wählen und **nicht** den *E-Modul* wie in der RAMBERG-OSGOOD-Beziehung.

Die Spannungserhöhung oberhalb der Fließgrenze infolge nichtlinearer Verfestigung kann durch die einfache Beziehung

$$\sigma = \sigma_F + k\varepsilon_{pl}^n$$

ausgedrückt werden, die in Bild A5c mit den experimentellen Daten aus Bild A5a verglichen ist.

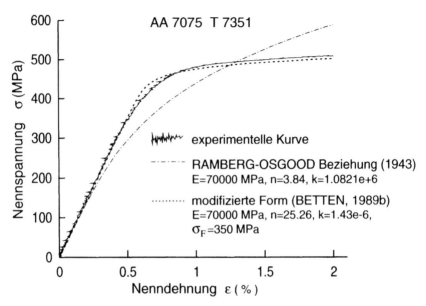

Bild A5b Vergleich der RAMBERG-OSGOOD-Beziehung und ihre modifizierte Form mit dem Experiment bei Raumtemperatur

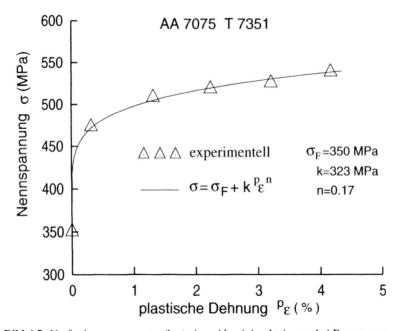

Bild A5c Verfestigungsparameter (k,n) einer Aluminiumlegierung bei Raumtemperatur

A Einführung

Die in Bild A5c angegebenen Verfestigungsparameter k = 323 MPa und n = 0.17 sind unter Berücksichtigung der experimentellen Daten aus Bild A5a mit Hilfe des *nichtlinearen MARQARDT-LEVENBERG-Algorithmus* und der Software MAPLE V, Release 5, bestimmt worden. Dieses Programm wurde auch eingesetzt zur Bestimmung der in Bild A5b angegebenen Parameter. Für derartige Auswertungen ist auch die Software *Sigma-Plot* sehr hilfreich und anwenderfreundlich, die ebenfalls den Algorithmus von MARQARDT-LEVENBERG verwendet.

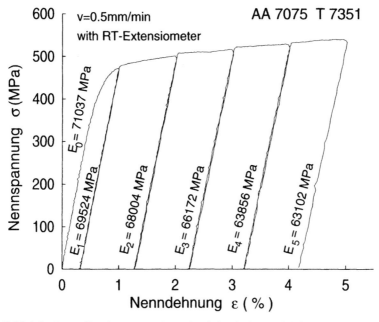

Bild A6a Be-und Entlastungen einer Aluminiumlegierung bei Raumtemperatur

Bei wiederholten Be-und Entlastungen kann das Verhalten metallischer Werkstoffe schematisch durch Bild A2 ausgedrückt werden. Eigene Experimente an der Aluminiumlegierung AA 7075 T 7351 zeigen ein Verhalten, wie in Bild A6a dargestellt. Man erkennt, dass nach jeder *Be- und Entlastung* der *effektive E-Modul* abnimmt, was häufig zur Vereinfachung nicht berücksichtigt wird. Dieser *Festigkeitsverlust* kann als Schädigung interpretiert werden, die nach jeder Be-und Entlastung anwächst und durch die *Schädigungsparameter*

$$\omega := 1 - E_n / E_0 \quad \text{bzw.} \quad \omega^* := 1 - \sqrt{E_n / E_0}$$

ausgedrückt werden kann (Bild A6b).

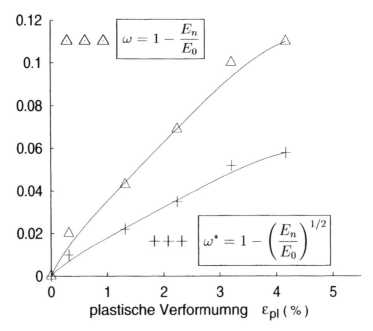

Bild A6b Evolution der Schädigung nach Be- und Entlastungen von Aluminium gemäß Bild A6a

Man beachte, dass die Zeichen ΔΔΔ und +++ gerechnete Werte nach den eingetragenen Formeln angeben, wobei E_i, $i = 0,1,2,...,n$, experimentelle Daten aus Bild A6a sind. Die durchgezogenen Linien in Bild A6b stellen *kubische BÉZIER-Spline-Kurven* dar (BÉZIER, 1972; ENGELN-MÜLLGES / REUTTER, 1993).

Die lineare Abnahme des E-Moduls mit der Schädigung, $E_n = (1-\omega)E_0$, basiert auf der Hypothese von der *Dehnungs-Äquivalenz* (*hypothesis of strain-equivalence*), während man die Beziehung $\omega^* = 1 - \sqrt{E_n / E_0}$ aus der Annahme von der *Energie-Äquivalenz* (*hypothesis of energy equivalence*) herleitet. Die genannten Hypothesen sind grundlegend für die *Schädigungsmechanik* (CHOW / LU, 1992; GROSS, 1996; ZHENG / BETTEN, 1996; SKRZYPEK / GANCZARSKI, 1999; BETTEN, 2001c) und können folgendermaßen erläutert werden. In Bild A7a wird eine geschädigte Zugprobe mit der *Nennspannung* σ beansprucht, wodurch eine Dehnung ε hervorgerufen wird. Im Gegensatz dazu ist in Bild A7b eine (*fiktive*) ungeschädigte Probe dargestellt, die unter der Belastung durch die *aktuelle (net-stress) Spannung* $\hat{\sigma} = \sigma/(1-\omega)$ eine Dehnung $\hat{\varepsilon} = \hat{\sigma}/E_0$ erfährt.

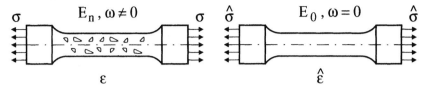

Bild A7 Geschädigte und ungeschädigte Zugprobe

Die Hypothese von der *Dehnungs-Äquivalenz* besagt, dass in einer mit der Nennspannung σ belasteten geschädigten Zugprobe (Bild A7a) **dieselbe** Dehnung hervorgerufen wird wie in einer *(fiktiven)* ungeschädigten Probe (Bild A7b), die mit der *aktuellen Spannung* $\hat{\sigma}$ beansprucht wird:

$$\left.\begin{array}{c} \varepsilon \stackrel{!}{=} \hat{\varepsilon} \\ \varepsilon = \sigma/E_n \quad \text{und} \quad \hat{\varepsilon} = \hat{\sigma}/E_0 \\ \text{mit} \quad \hat{\sigma} = \sigma/(1-\omega) \end{array}\right\} \Rightarrow \boxed{E_n = (1-\omega)E_0}.$$

Entsprechend kann die Hypothese von der *elastischen Formänderungsenergiedichte-Äquivalenz* mit den Bezeichnungen nach Bild A7a,b folgendermaßen formuliert werden:

$$\left.\begin{array}{c} \sigma\varepsilon \stackrel{!}{=} \hat{\sigma}\hat{\varepsilon} \\ \varepsilon = \sigma/E_n \quad \text{und} \quad \hat{\varepsilon} = \hat{\sigma}/E_0 \\ \text{mit} \quad \hat{\sigma} = \sigma/(1-\omega^*) \end{array}\right\} \Rightarrow \boxed{E_n = (1-\omega^*)^2 E_0}.$$

Schließlich besagt die Hypothese von der *Spannungs-Äquivalenz*, dass in einer geschädigten Probe, die um die Nenndehnung ε gedehnt wird, *dieselbe* Spannung erzeugt wird wie in einer *(fiktiven)* ungeschädigten Probe, die um die kleinere Dehnung $\hat{\varepsilon} = (1-\omega)\varepsilon$ gedehnt wird:

$$\left.\begin{array}{c} \sigma \stackrel{!}{=} \hat{\sigma} \\ \sigma = E_n\varepsilon \quad \text{und} \quad \hat{\sigma} = E_0\hat{\varepsilon} \\ \text{mit} \quad \hat{\varepsilon} = (1-\omega)\varepsilon \end{array}\right\} \Rightarrow \boxed{E_n = (1-\omega)E_0}.$$

Die Hypothesen von der *Dehnungs-* und *Spannungs-Äquivalenz* setzen voraus, dass die *Querdehnungszahl* **nicht** von der Schädigung beeinflusst wird ($\hat{\nu} \equiv \nu$). Im Gegensatz dazu beobachtet man bei vielen Werkstoffen neben dem Abnehmen des E-Moduls auch eine Zunahme der Querdehnungszahl ($\hat{\nu} > \nu$) mit der Verformung. Mithin haben diese Hypothesen nur beschränkte Gültigkeit, so dass man der Hypothese von der *Energie-Äquivalenz* den Vorzug geben sollte (BETTEN, 1969, 1970b; MURAKAMI / KAMIYA, 1997; SKRZYPEK / GANCZARSKI, 1999).

Bei Flüssigkeiten kann die *physikalische Nichtlinearität* durch Modifikation des NEWTONschen Ansatzes gemäß dem Potenzgesetz $\tau = K\dot{\gamma}^m$ oder gemäß

$$\tau = \eta(\dot{\gamma})\dot{\gamma} \quad \text{mit} \quad \eta(\dot{\gamma}) = K\dot{\gamma}^{m-1}$$

zum Ausdruck gebracht werden, wodurch eine *nicht-NEWTONsche Flüssigkeit* beschrieben werden kann (Bild A8).

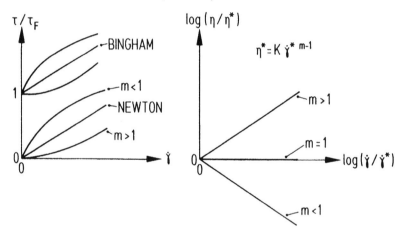

Bild A8 Verhalten von Festkörpern und Fluiden bei einfacher Scherbeanspruchung

Man nennt das Verhalten, das mit m >1 ausgedrückt wird *dilatant*; mit steigender Schergeschwindigkeit nimmt hierbei die Viskosität zu (*shear thickening*; Bild A8). Als Beispiel sei nasser Sand erwähnt. Bei geringer Schergeschwindigkeit ist der Zwischenraum zwischen den Sandkörnern völlig mit Wasser gefüllt, so dass das Wasser als Schmiermittel wirkt. Bei größerer Schergeschwindigkeit reißt die Wasserumhüllung auf, so dass die Schmierwirkung abnimmt und der Widerstand, d.h. die Schubspannung, zunimmt (progressives Verhalten). Mit Zunahme der Viskosität geht eine

A Einführung

Volumenzunahme einher. Dieser *Dilatanz-Effekt* wird von REYNOLDS (1885) am Beispiel des *Sandstrandeffektes* erklärt. Dilatante Stoffe sind selten. Ein weiteres Beispiel ist suspendierte Stärke.

Bei Stoffen mit $m < 1$ nimmt die Viskosität mit steigender Schergeschwindigkeit ab (*shear thinning*; Bild A8). Solche Stoffe nennt man *strukturviskos* oder auch *pseudoplastisch*. Dieses Verhalten zeigt sich beispielsweise bei Lösungen und Schmelzen von Hochpolymeren und anderen makromolekularen Substanzen sowie bei Suspensionen mit länglichen Partikeln, z.B. bei Kautschuken wie Polyamid oder bei Polymerlösungen wie Polyacrylamid in Wasser. Im Ruhezustand und bei kleinen Schergeschwindigkeiten sind die Moleküle stark miteinander verkettet und setzen daher einer Scherung zunächst großen Widerstand entgegen. Mit zunehmender Schergeschwindigkeit richten sich die Moleküle aus, und der Widerstand gegen Scherung nimmt ab. So kommt das degressive Verhalten zustande. Experimentell aufgenommene *Viskositätskurven* $\eta = \eta(\dot\gamma)$ findet man beispielsweise für Polymerschmelzen von LAUN (1979) oder auch in dem Buch von BÖHME (1981) mit weiteren Literaturhinweisen.

In die Klasse der *nicht-NEWTONschen Fluide* werden auch Fluide mit Gedächtnis eingestuft (Kapitel 8). Die auf ein fluides Teilchen zum augenblicklichen Zeitpunkt einwirkenden Reibspannungen hängen bei solchen Stoffen nicht nur vom momentanen Bewegungszustand ab, sondern darüber hinaus auch noch von der Bewegung des Fluides in der Vergangenheit (*memory fluid*). Als einfaches Beispiel sei ein *MAXWELL-Fluid* erwähnt, dessen Modell durch Reihenschaltung aus der HOOKEschen Feder und dem NEWTONschen Dämpfungszylinder entsteht. Unter Berücksichtigung des *BOLTZMANNschen Superpositionsprinzips* erhält man die Beziehung

$$\tau(t) = \frac{\eta}{\lambda} \int_{-\infty}^{t} \exp[-(t-\Theta)/\lambda]\dot\gamma(\Theta)d\Theta ,$$

die das Verhalten des MAXWELL-Fluides bei Scherströmung beschreibt. Darin sind η die Scherviskosität, $\lambda \equiv \eta/G$ eine konstante *Relaxationszeit* und Θ ein Zeitpunkt in der Vorgeschichte. Die Konstante $G \equiv \eta/\lambda$ ist der Gleitmodul und kennzeichnet den HOOKEschen Anteil. Aufgrund der Exponentialfunktion ist der Einfluss auf $\tau(t)$, den ein $\dot\gamma(\Theta)$ aus geraumer Vorgeschichte ausübt, geringer als ein $\dot\gamma$, das erst kürzlich wirksam ist. Die Exponentialfunktion wirkt wie ein zeitlich sich abschwächender Gewichtsfaktor. Somit lässt das Gedächtnis nach. Man spricht von *fading memory*.

Das obige Integral ist ein *Hereditary-Integral*; es gehört zur Klasse der *linearen Funktionale* ($\dot{\gamma}$ kommt linear vor). Die Funktion

$$K(t - \Theta) = G \cdot \exp[-(t - \Theta)/\lambda]$$

heißt *Kernfunktion*. Sie ist charakteristisch für das betrachtete Fluid. Bei *fading memory* muss sie für $\Theta \to -\infty$ verschwinden:

$$\lim_{\Theta \to -\infty} K(t - \Theta) = 0 \quad \Rightarrow \quad \textit{fading memory}.$$

Betrachtet man als Sonderfall eine Scherströmung mit $\dot{\gamma}$ = konst., die zum Zeitpunkt t = 0 beginnt, so erhält man aus dem *Hereditary-Integral* die einfache Beziehung

$$\tau(t) = \frac{\eta}{\lambda} \dot{\gamma} \cdot \exp\left(-\frac{t}{\lambda}\right) \int_0^t \exp\left(\frac{\Theta}{\lambda}\right) d\Theta = \eta \dot{\gamma} \left[1 - \exp\left(-\frac{t}{\lambda}\right)\right]$$

mit folgenden Grenzwerten:

$$\tau = \eta \dot{\gamma} \quad \text{(NEWTON)}$$

für $t \gg \lambda$ bzw. $G \equiv \eta/\lambda \to \infty$ (starrer HOOKEscher Anteil) und

$$\tau = G\gamma \quad \text{(HOOKE)}$$

für $t \ll \lambda$ bzw. $\eta \equiv G\lambda \to \infty$ (starrer NEWTONscher Anteil).

Das kleine Beispiel bezieht sich nur auf eine Scherströmung bzw. Scherung. Eine Verallgemeinerung führt auf *tensorwertige Funktionale* (Ziffer 8.2), mit denen man das Stoffverhalten unter Berücksichtigung der Deformationsvorgeschichte beschreiben kann (BETTEN, 1969, 1991c; HAUPT, 2000).

Stoffe, die erst nach Überwinden einer endlichen Scherspannung, der so genannten Fließgrenze τ_F, zu fließen beginnen, nennt man *viskoplastisch*. Auch hier unterscheidet man lineares Verhalten,

$$\tau = \tau_F + \eta_B \dot{\gamma},$$

für den *BINGHAM-Körper* („plastische Viskosität" η_B), der sich oberhalb der Fließgrenze wie eine NEWTONsche Flüssigkeit verhält (Bild A8), und nichtlineares Verhalten:

$$\tau = \tau_F + \eta_B(\dot{\gamma})\dot{\gamma}.$$

Beispiele sind Mörtel, Zahnpasta, Talg, Farben, Fette, Ton, Erz.

A Einführung

Die hier skizzierte scharfe Trennung zwischen „Festkörper" – kinematisch beschrieben durch eine (zeitunabhängige) Deformation – und „Flüssigkeit" – kinematisch beschrieben durch eine Deformationsgeschwindigkeit – ist nicht immer eindeutig möglich. So wird beispielsweise das Kriechverhalten von Festkörpern kinematisch durch eine Kriechgeschwindigkeit beschrieben.

In DIN 13342 wird folgende Definition vorgeschlagen:

> Flüssigkeiten und Gase, die heute unter dem Begriff *Fluide* zusammengefasst werden, setzen im Gegensatz zu festen Körpern langsamen Formänderungen nur geringen Widerstand entgegen. Er ist umso kleiner, je langsamer die aufgeprägte Formänderung vor sich geht. Daraus lässt sich folgern, dass die auftretenden Tangentialspannungen bei langsamen Formänderungen klein und im Ruhezustand null sind.

Fluide kann man somit als solche Körper definieren, die im Ruhezustand keine Schubspannungen aufnehmen können. Jede, noch so kleine Schubspannung hat eine Formänderung, d.h. Bewegung, zur Folge. Demnach ist der *BINGHAM-Körper* **kein** *Fluid*, wird aber im Schrifttum häufig als BINGHAM-Fluid bezeichnet und in die Gruppe der nicht-NEWTONschen Fluide eingeordnet. Hingegen ist der *MAXWELL-Körper* ein Fluid, während der *KELVIN-Körper* als Festkörper anzusehen ist. Um solchen Streitfragen oder Verwechslungen aus dem Wege zu gehen, sollte man allgemeiner von *rheologischen Körpern* sprechen.

BINGHAM (1925) selbst spricht vom *Fließen von Festkörpern*. In der Einleitung zu den Proceedings of the „First Plasticity Symposium" in Lafayette College (1924) schreibt er u.a.:

> Our discussion of plasticity therefore concerns itself with the ´flow of solids´. The Greek philosopher HERAKLITUS was literally correct when he said that ´everything flows´ (Panta rhei). It is therefore necessary to limit our discussion by excluding the flow of those things which we are accustomed to refer to as fluids, i.e., the pure liquids and gases. But the circle of our lives is not concerned principally with the fluids, even air and water, but with plastic materials. Our very bodies, the food we eat, and the materials which we fashion in our industries are largely plastic solids. Investigation leads us to the belief that plasticity is made up of two fundamental properties which have been made ´yield value´ and ´mobility´, the former being dependent upon the shearing stress required to start the deformation and the mobility being proportional to the rate of deformation after the yield value has been exceeded.

In vielen Industriezweigen, z.B. in der chemischen Industrie, in der Kunststofftechnik oder in der Verfahrenstechnik, werden Ingenieure des allgemeinen Maschinenbaus oder speziell der Verfahrenstechnik heute mehr denn je mit Problemen der Rheologie konfrontiert. Die zentrale Aufgabe besteht darin, *Materialgleichungen* aufzustellen, die das rheologische Verhalten von realen Stoffen unter Betriebsbedingungen beschreiben. Hierbei wird rein empirisches Vorgehen immer mehr abgelöst durch mathematische Modellierung auf der Basis der Kontinuumsmechanik. Hierzu bemerkt AVULA (1987):

> The validity of a model should not be judged by mathematical rationality alone; nor it should be judged purely by empirical validation at the cost of mathematical and scientific principles. A combination of rationality and empiricism (logic and pragmatism) should be used in the validation.
>
> Experimental observations and measurements are generally accepted to constitute the backbone of physical sciences and engineering because of the physical insight they offer to the scientist for formulating the theory. The concept that are developed from observations are used as guides for the design of new experiments, which in turn are used for validation of the theory. Thus, experiments and theory have a hand-in-hand relationship.

Ergänzend sollte man hierzu erwähnen, dass man häufig geneigt ist, experimentelle Ergebnisse mit der Wirklichkeit zu identifizieren (BETTEN, 1973a). Man muss jedoch bedenken, dass Messfehler und Messmethoden die Güte experimenteller Daten bestimmen. Nur „zuverlässige" experimentelle Daten können zur Überprüfung theoretischer Ergebnisse herangezogen werden. Ausführlich gehen BLECHMAN, MYSKIS und PANOVKO (1984) oder auch FEYNMAN (1965) auf die Analyse und Interpretation mathematischer Ergebnisse ein.

Wie bereits oben erwähnt, besitzen *viskoplastische* Stoffe eine *Fließgrenze*, d.h., sie können erst oberhalb einer *Fließspannung* zu fließen beginnen. Ihr Verhalten ist geschwindigkeitsabhängig. Die geschwindigkeitsunabhängige Plastizität ist für hinreichend kleine Prozessgeschwindigkeiten ein asymptotischer Grenzfall der Viskoplastizität (HAUPT et al., 1991).

In den letzten Jahrzehnten ist das Interesse an der *Viskoplastizitätstheorie* infolge neuerer experimenteller und theoretischer Untersuchungen in den Vordergrund gerückt. Nachdem BINGHAM (1922) das erste starr-viskoplastische Modell für den Spezialfall der einachsigen Schiebung bildete, sind eine Vielzahl von *Viskoplastizitätstheorien* entwickelt worden (Kapitel 10).

Die bisher entwickelten Theorien lassen sich in zwei Gruppen aufteilen, und zwar in die Gruppe von HOHENEMSER und PRAGER (1932), PERZYNA (1966), PHILLIPS und WU (1973), CHABOCHE (1977), EISENBERG und YEN (1981) und in die Gruppe von BODNER und PARTOM (1975), HART (1976), MILLER (1976), LIU und KREMPL (1979). Der wesentliche Unter-

A Einführung

schied beider Gruppen liegt darin, dass die erste Gruppe, aufbauend auf den Grundgedanken der Plastizitätstheorie, eine Fließfunktion einführt, während sich bei der zweiten Gruppe zeigt, dass eine solche Funktion zur Entwicklung einer *Viskoplastizitätstheorie* nicht notwendig ist. Bei KREMPL (1987) findet man einen ausführlichen Überblick über die verschiedenen viskoplastischen Modelle. Ferner sei auch auf die Bücher von CRISTESCU und SULICIU (1982), SOBOTKA (1984), KRAWIETZ (1986) und HAUPT (2000) hingewiesen.

Zur Beschreibung des viskoplastischen Verhaltens von Bauteilen sind numerische Rechenverfahren, insbesondere *Finite-Elemente-Methode*, unverzichtbar. Somit findet man in der Literatur auch eine Vielzahl von Beispielen, auf die aber aus Platzgründen nicht näher eingegangen werden kann. Im Folgenden seien nur ein paar Untersuchungen aus eigenem Hause erwähnt. Von SHIN (1990) wird ein leistungsfähiges Finite-Elemente-Programm unter Berücksichtigung der *werkstoffbedingten Anisotropie* und der *tensoriellen Nichtlinearität* entwickelt. Die Vorteile dieses Programms gegenüber ABAQUS können in folgenden Punkten zusammengefasst werden:

Tensorielle Nichtlinearitäten können erfasst werden.

- ❑ Der Einfluss unterschiedlicher Druck- und Zugfließgrenzen kann berücksichtigt werden
- ❑ Das Programm arbeitet bei gleicher Genauigkeit wesentlich schneller als ABAQUS.

Weitere Vorteile werden an den bei SHIN (1990) und BETTEN / SHIN (1991, 1992) diskutierten Anwendungsbeispielen aus dem Ingenieurbereich deutlich. Behandelt werden dickwandige Zylinder, dünnwandige Kreiszylinderschalen und rotierende Scheiben.

Darüber hinaus werden *viskoplastische* Probleme auch in anderen Programmen behandelt, z.B. in ANSYS. Hierzu führen BETTEN und MATZENMILLER seit 1994 jährlich spezielle Seminare *Viskoelastizität* und *Viskoplastizität* bei der Softwarefirma CAD-FEM in Grafing/München und Leinfelden-Echterdingen/Stuttgart durch.

B Allgemeine Grundlagen der Kontinuumsmechanik

In der Kontinuumsmechanik werden skalare Funktionen wie Dichte und Temperatur, vektorwertige Funktionen wie Verschiebung, Geschwindigkeit und Beschleunigung sowie tensorwertige Funktionen zweiter Stufe (Verzerrungstensoren, Spannungstensoren) betrachtet. Die genannten Funktionen sind *Feldgrößen*, die ortsabhängig sind und im *instationären* Fall auch von der Zeit abhängen. Von diesen Funktionen wird *Stetigkeit* und stetige *Differenzierbarkeit* (genügend oft) in allen Variablen vorausgesetzt.

In diesem Kapitel werden rechtwinklig CARTESIsche *Koordinatensysteme* verwendet, und für tensorielle Feldgrößen wird meistens die Indexschreibweise benutzt. So drückt man beispielsweise den Geschwindigkeitsvektor, der in symbolischer Schreibweise durch Fettdruck[1] $\mathbf{v}$ gekennzeichnet wird und im dreidimensionalen EUKLIDschen Raum die Koordinaten v_1, v_2, v_3 besitzt, kurz durch v_i aus . Entsprechendes gilt z.B. für den Spannungstensor $\boldsymbol{\sigma}$, für den in der Indexschreibweise σ_{ij} geschrieben wird. In der Literatur findet man beide Schreibweisen. So sollte man auch mit beiden Schreibweisen vertraut sein. Die symbolische Schreibweise verdeutlicht den vom Koordinatensystem unabhängigen physikalischen Gehalt einer Beziehung zwischen den Feldgrößen. Zum Herleiten von Formeln und beim Lösen von Übungsaufgaben bietet jedoch die Indexschreibweise meistens größere Vorteile, insbesondere bei Tensoren, deren Stufenzahl größer als zwei ist. In der *Kontinuumsmechanik* kommen hauptsächlich *Materialtensoren* vierter Stufe vor, die das Stoffverhalten anisotroper Werkstoffe charakterisieren. In der Literatur findet man häufig die Redeweisen „Vektor v_i", „Tensor zweiter Stufe A_{ij}" oder „Tensor vierter Stufe A_{ijkl}". Richtig muss es heißen: „Die Koordinaten v_i des Vektors $\mathbf{v}$", „Die Koordinaten A_{ij} des Tensors zweiter Stufe $\mathbf{A}$" oder „Die Koordinaten A_{ijkl} des Tensors vierter Stufe $\mathbf{A}$". Das Symbol $\mathbf{A}$ allein gibt jedoch

---

[1] Da man „Fettdruck" in Vorlesungen auf der Tafel oder dem Overhead-Projektor schlecht von der Normalschrift unterscheiden kann, benutze ich in Vorlesungen die Schreibweisen $\vec{v}$ für Vektoren und $\tilde{\sigma}$ für Tensoren.

keinen Aufschluss über die Art (Stufenzahl) des Tensors, was die ungenaue Ausdrucksweise entschuldigen möge. Einzelheiten zur Tensorrechnung mit zahlreichen Übungsaufgaben und vollständig ausgearbeiteten Lösungen findet man beispielsweise bei BETTEN (1987a). Zu erwähnen seien auch die Literaturangaben bei BETTEN (1987a) und die Bücher von LIPPMANN (1993), IBEN (1995), SCHADE (1997), PAPASTAVRIDIS (1999).

Zur Schreibweise *CARTESIsche Koordinatensysteme* sei folgendes bemerkt.

In Leyden erschien 1637 von René DESCARTES das Werk *Discours de la méthode pour bien conduire sa raison et chercher la vérité dans les sciences*. Ein Anhang von 100 Seiten trägt den Titel: *La Géométrie*. Darin sind die Grundgedanken der DESCARTESschen (*analytischen*) *Geometrie* entwickelt.

Die *latinisierte* Form für den Namen René DESCARTES ist Renatus CARTESIUS. Mithin müsste man konsequent schreiben: CARTESIUSsche *Koordinatensysteme*.

In Anlehnung an die englische Bezeichnung *rectangular* **cartesian** *coordinates* wird hier von der o.g. konsequenten Schreibweise abgewichen und die Bezeichnung CARTESIsche *Koordinatensysteme* gewählt.

Kartesisch bedeutet svw. *kartesianisch*. Der *Kartesianismus* (auch *Cartesianismus*) ist die Philosophie von DESCARTES.

1 Kinematische Grundlagen

Als kinematische Größen kommen u.a. der *Verschiebungsvektor* u, der Geschwindigkeitsvektor v und verschiedene *Verzerrungstensoren* in Betracht, die im Folgenden diskutiert werden.

1.1 Körper- und raumbezogene Darstellung von Feldgrößen und ihre materielle Zeitableitung

Zur Beschreibung der Bewegung eines Kontinuums unterscheidet TRUESDELL (1977) vier Methoden. Vielfach werden jedoch nur zwei Möglichkeiten angegeben:

❑ die Lagrangesche (körperbezogene),

❑ die Eulersche (raumbezogene)

Darstellung. So kann beispielsweise ein instationäres Temperaturfeld in den Formen

$$T = T(a_1, a_2, a_3, t), \qquad T = T(x_1, x_2, x_3, t) \qquad (1.1a,b)$$

beschrieben werden. Darin sind die a_i, i = 1,2,3, die *LAGRANGEschen Koordinaten*, die ein bestimmtes Teilchen im Kontinuum charakterisieren, d.h. einem bestimmten Teilchen (als „Namen") zugeordnet werden; denn sie geben die Lage des betrachteten Teilchens zum Zeitpunkt t = 0 an (Anfangslage) und sind daher bezeichnend für ein bestimmtes Teilchen. Mithin ist auch die Bezeichnung *materielle* oder *substantielle Koordinaten* sinnvoll. Zum Zeitpunkt t > 0 befindet sich das Teilchen mit den „Anfangsdaten" a_i in der Augenblickslage x_i. Diese augenblicklichen Koordinaten des betrachteten Teilchens hängen natürlich von seiner Ausgangslage z.Z. t = 0 ab und sind für jedes Teilchen eines Kontinuums verschieden. Mithin gilt:

$$x_i = x_i(a_p, t), \quad i, p = 1, 2, 3. \qquad (1.2a)$$

Hierdurch wird bereits die *Bewegung* des Kontinuums beschrieben, bei der infolge einer Deformation die einzelnen Teilchen (a_p) entlang *Bahnlinien* zu einem Zeitpunkt t > 0 den Ort x_i erreichen, wie in Bild 1.1 angedeutet.

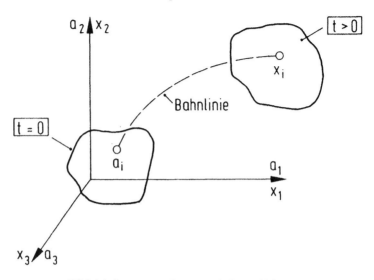

Bild 1.1 Bewegung eines materiellen Teilchens

Für die Bahnlinien ist t Kurvenparameter und a_i Scharparameter. Die Bewegung (1.2a) kann als Abbildung der *Anfangskonfiguration* (t = 0) auf die augenblickliche Konfiguration (t > 0) gedeutet werden. Unter der *Konfiguration* eines Körpers versteht man eine stetige und umkehrbar eindeutige Zuordnung von Ortsvektoren x_i zu den materiellen Teilchen a_i, d.h. eine topologische Abbildung der materiellen Punkte auf Raumpunkte, $x_i = x_i(a_p)$, mit der eindeutigen Umkehrung $a_i = a_i(x_p)$. Durch eine derartige Abbildung, die man auch als *Homöomorphismus* bezeichnet, ist sichergestellt, dass sich benachbarte Punkte auch stets an benachbarten Orten befinden, dass sich ein Teilchen nicht an mehreren Orten befinden kann und dass ein Ort nicht gleichzeitig von mehreren Teilchen eingenommen wird (*Axiom der Kontinuität*). Eine stetige zeitliche Aufeinanderfolge von Konfigurationen führt auf die *Bewegung* (1.2a), deren Inversion

$$a_i = a_i(x_p, t), \quad i, p = 1, 2, 3 \tag{1.2b}$$

nur dann möglich ist, wenn die *JACOBIsche Determinante* (*Funktionaldeterminante*)

1.1 Körper- und raumbezogene Darstellung

$$J := \det(\partial x_i / \partial a_j) \quad (1.3)$$

stets positiv ist. Prinzipiell dürfte die Funktionaldeterminante auch stets negativ sein. Da jedoch die JACOBIsche (1.3) zwei entsprechende Volumenelemente der Konfiguration $t = 0$ und $t > 0$ gemäß $dV = J\, dV_0$ in Beziehung setzt und somit zum Zeitpunkt $t = 0$ den Wert $J = 1$ besitzt, kann sie als stetige Funktion der Zeit nur positiv sein. Der Fall $J = 0$ muss ausgeschlossen werden, da ein Volumenelement nicht verschwinden kann.

Im Gegensatz zur *substantiellen Betrachtungsweise* (1.2a) werden bei der *lokalen Beschreibungsweise* (1.2b) EULERsche Koordinaten x_i, $i = 1,2,3$, als unabhängige Veränderliche benutzt. Nach (1.2b) sieht ein Beobachter, der ständig am Platz x_i steht, zum Zeitpunkt t ein Teilchen „namens" a_i seinen Standort passieren.

Die Beschreibungsart (1.2b) ist eine *duale Form* von (1.2a) und umgekehrt, d.h., die eine Art geht durch Vertauschen der Kernbuchstaben ($x \leftrightarrow a$) aus der anderen hervor. Zum Zeitpunkt $t = 0$ sind beide Betrachtungsweisen identisch:

$$x_i = x_i(a_p, t=0) \equiv a_i, \qquad a_i = a_i(x_p, t=0) \equiv x_i. \quad (1.4a,b)$$

Das Differenzieren von Feldgrößen nach der Zeit spielt eine wichtige Rolle in der Kontinuumsmechanik. Dabei können die Feldgrößen in LAGRANGEscher oder EULERscher Form gegeben sein. Ist beispielsweise das Temperaturfeld in der *körperbezogenen* Schreibweise

$$T = T(a_i, t) \quad (1.5a)$$

gegeben, so erhält man die *raumbezogene* Form durch Einsetzen der Abbildung (1.2b):

$$T = T[a_i(x_p, t), t] = T^*(x_i, t). \quad (1.5b)$$

Darin ist das Symbol T^* benutzt, um zu betonen, dass die funktionale Form in der EULERschen Schreibweise nicht notwendig dieselbe ist wie in der LAGRANGEschen Form.

Die zeitliche Änderung der Temperatur, die ein Teilchen des deformierbaren (bewegenden) Kontinuums erfährt, wird *substantielle* oder *materielle Zeitableitung* genannt und wird unterschiedlich bezeichnet:

$$\dot{T} \equiv dT/dt \equiv DT/Dt \equiv \left[\partial T(a_i, t)/\partial t\right]_{a_i}. \quad (1.6a)$$

Darin deutet der angeheftete Index a_i an, dass die LAGRANGEschen Koordinaten konstant gehalten werden. Die Temperaturänderung (1.6a) wird von einem Beobachter gemessen, der sich mit einem Teilchen bewegt und ein Thermometer ständig in dasselbe Teilchen taucht. Für jedes Teilchen muss somit ein mitfahrendes Thermometer zur Verfügung gestellt werden, um das *Temperaturfeld* zu messen.

Falls die Temperatur in raumbezogener Schreibweise dargestellt ist, ergibt sich für die *materielle Zeitableitung* die additive Zerlegung:

$$\frac{dT}{dt} = \frac{\partial T(x_i,t)}{\partial t} + \dot{x}_k \frac{\partial T(x_i,t)}{\partial x_k} \ . \tag{1.6b}$$

Darin ist $\dot{x}_i \equiv dx_i/dt$ der *Geschwindigkeitsvektor* v_i. Die EINSTEINsche *Summationsvereinbarung* ist in (1.6b) und auch im Folgenden zu berücksichtigen, wonach über einen doppelt auftretenden Index in einem Produkt oder allgemein in einem Monom stets zu summieren ist, wenn nicht ausdrücklich das Gegenteil bemerkt ist. Der erste Term in (1.6b) ist die *lokale Zeitableitung*, die von einem ortsfesten Beobachter registriert wird und deshalb auch durch $\left[\partial T(x_i,t)/\partial t\right]_{x_i}$ ausgedrückt werden könnte im Gegensatz zu (1.6a). Der zweite Term in (1.6b) wird *konvektive Änderung* genannt, da er den Beitrag darstellt, den das Teilchen infolge seiner Bewegung erfährt. Auch wenn das Temperaturfeld von der Zeit nicht abhängt, $T = T(x_i)$, ist die materielle Änderung nach der Zeit im Allgemeinen von null verschieden und reduziert sich dann auf den konvektiven Anteil. Für einen mit dem Teilchen mitbewegten Beobachter ändert sich die Temperatur im *stationären* Fall mit der Zeit deshalb, weil er seinen Ort zeitlich ändert und weil die Temperatur an verschiedenen Orten unterschiedlich ist.

Die additive Aufspaltung der *materiellen Zeitableitung* gemäß (1.6b) nimmt in symbolischer Schreibweise die Form

$$dT/dt = \partial T/\partial t + \mathbf{v} \cdot \text{grad} \ T \tag{1.6b*}$$

an, die auch bei Benutzung krummliniger Koordinaten gültig ist.

Formal lässt sich die materielle Zeitableitung (1.6a,b) auch auf *tensorielle Feldgrößen*

$$T_{ij\ldots} = T_{ij\ldots}(a_p,t); \qquad T_{ij\ldots} = T_{ij\ldots}(x_p,t) \tag{1.7a,b}$$

beliebiger Stufenzahl anwenden:

$$\dot{T}_{ij\ldots} \equiv dT_{ij\ldots}/dt = \partial T_{ij\ldots}(a_p,t)/\partial t \ , \tag{1.8a}$$

1.1 Körper- und raumbezogene Darstellung

$$\dot{T}_{ij...} \equiv \frac{dT_{ij...}}{dt} = \frac{\partial T_{ij...}(x_p,t)}{\partial t} + \dot{x}_q \frac{\partial T_{ij...}(x_p,t)}{\partial x_q} \ . \tag{1.8b}$$

Unter Berücksichtigung von $\dot{x}_i \equiv v_i$ liest man aus (1.8b) den *Operator*

$$\frac{d}{dt} = \frac{\partial}{\partial t} + v_p \frac{\partial}{\partial x_p} \quad \text{bzw.} \quad \frac{d}{dt} = \frac{\partial}{\partial t} + \mathbf{v} \cdot \nabla_x \tag{1.9}$$

ab, der zur Ermittlung der *materiellen Zeitableitung* von tensoriellen Feldgrößen beliebiger Stufenzahl benutzt werden kann, die in raumbezogenen Koordinaten gegeben sind.

Übungsaufgaben

1.1.1 Man untersuche die ebene Bewegung $x_1 = a_1 + a_2(e^t - 1)$, $x_2 = a_1(e^{-t} - 1) + a_2$, $x_3 = a_3$ auf ihre „kinematische" Zulässigkeit hin. Darin seien die a_i LAGRANGEsche und die x_i EULERsche Koordinaten. Die Zeit t im Argument der Exponentialfunktion sei „dimensionslos", d.h. auf eine Referenzzeit bezogen.

1.1.2 Man überprüfe, ob die Transformation $x_1 = a_1 e^t + a_3(e^t - 1)$, $x_2 = a_2 + a_3(e^t - e^{-t})$, $x_3 = a_3$ eine Bewegung darstellen kann.

1.1.3 Aus dem Prinzip von der Erhaltung der Masse ermittle man das Dichtefeld $\rho = \rho(x_i, t)$ eines Kontinuums, wenn das Feld $\rho_0 = \rho_0(a_i)$ zum Zeitpunkt $t = 0$ gegeben ist. Man diskutiere auch das inverse Ergebnis, das man durch Vertauschen von ($\rho \leftrightarrow \rho_0$) und ($x \leftrightarrow a$) erhält.

1.1.4 In einem Kontinuum sei das Temperaturfeld in raumbezogener Schreibweise gemäß $T = T_0(x_1 + x_2)$ gegeben. Die Bewegung sei durch $x_1 = a_1 + m\,t\,a_2$, $x_2 = a_2$, $x_3 = a_3$ charakterisiert. Darin seien T_0 und m vorgegebene Werte.
a) Man gebe das Temperaturfeld in körperbezogener Schreibweise an.
b) Man bestimme die materielle Zeitableitung des Temperaturfeldes in beiden Schreibweisen. Welche Besonderheit ist zu bemerken?

1.1.5 Wie Ü 1.1.4, jedoch mit der Bewegung nach Ü 1.1.1.

1.1.6 Man ermittle die materielle Zeitableitung der JACOBIschen Determinante.

1.1.7 Gesucht ist der Zusammenhang zwischen einem Flächenelement in der Anfangskonfiguration und dem entsprechenden Element in der aktuellen Konfiguration. Die Umkehrung ist ebenfalls anzugeben.

1.1.8 Man ermittle die materielle Zeitableitung **a)** eines Volumenelementes, **b)** eines Oberflächenelementes, **c)** eines Linienelementes.

1.1.9 Man ermittle die materielle Zeitableitung folgender Integrale (*Transporttheoreme*):

a) $\mathbf{P}(t) = \iiint\limits_V \mathbf{p}(\mathbf{x},t)\,dV,$ b) $\Phi_{ij\ldots}(t) = \iint\limits_S A_{ij\ldots p}(\mathbf{x},t)\,dS_p,$

c) $\Gamma_{ij\ldots}(t) = \int\limits_C B_{ij\ldots p}(\mathbf{x},t)\,dx_p.$

Darin sind **p, A, B** Tensorfelder beliebiger Stufenzahl.

1.1.10 Man wende die in Ü 1.1.9 formulierten *Transporttheoreme* auf folgende Integrale an:

a) $V(t) = \iiint\limits_V dV,$ b) $\Phi(t) = \iint\limits_S A_i(\mathbf{x},t)\,dS_i,$ c) $F(t) = \int\limits_{a(t)}^{b(t)} f(x,t)\,dx.$

Weitere vollständig ausgearbeitete Übungen findet man bei BETTEN (1987a).

1.2 Verschiebungsvektor, -dyade, Deformationsgradient in LAGRANGE- und EULER-Koordinaten

Im unbelasteten Zustand nimmt ein Körper eine bestimmte Lage im Raum ein. Infolge einer Belastung werden die materiellen Teilchen ihre Lage im Raum verändern, d.h., sie erleiden Verschiebungen, die man durch den Verschiebungsvektor u ausdrücken kann. Die Komponenten dieses Vektors ermittelt man aus der Differenz zwischen den Ortskoordinaten eines Teilchens während und vor der Belastung. Die Gesamtheit der Verschiebungsvektoren eines belasteten Körpers kennzeichnet den Verschiebungszustand, der durch Translation, Rotation und Verzerrung (Verformung, Formänderung) charakterisiert ist. Dabei entspricht die Translation und Rotation der Bewegung eines starren Körpers.

In Bild 1.2 ist ein Körper im unbelasteten Zustand, d.h. zur Zeit t = 0, durch die materielle Punktmenge $\{P_K\}$ und im belasteten Zustand (t > 0) durch die materielle Punktmenge $\{\tilde{P}_K\}$ gekennzeichnet.

Infolge der Belastung nimmt der materielle Punkt P_K eine um den Verschiebungsvektor $\mathbf{u} = \mathbf{x} - \mathbf{a}$ veränderte Lage ein. Dieser Bewegungsvorgang kann durch LAGRANGEsche oder EULERsche Koordinaten beschrieben werden.

1.2 Verschiebungsvektor, -dyade, Deformationsgradient

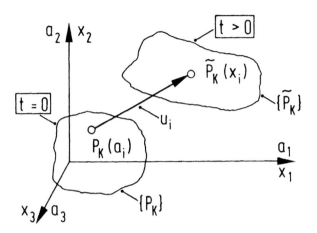

Bild 1.2 Verschiebungsvektor

Der Verschiebungsvektor kann gemäß

$$u_i = u_i(a_p,t) = x_i(a_1,a_2,a_3,t) - a_i \tag{1.10a}$$

in LAGRANGEschen Koordinaten a_i dargestellt werden oder in Abhängigkeit von EULERschen Koordinaten x_i angegeben werden:

$$u_i = u_i(x_p,t) = x_i - a_i(x_1,x_2,x_3,t). \tag{1.10b}$$

Das dyadische Produkt aus *Nabla-Operator*, den man körper- und raumbezogen definieren kann

$$(\nabla_i)_L \equiv (\partial_i)_L := \partial/\partial a_i, \qquad \nabla_i \equiv \partial_i := \partial/\partial x_i, \tag{1.11a,b}$$

und Verschiebungsvektor (1.10a,b) führt auf die *Gradientendyade des Verschiebungsfeldes* (*Verschiebungsdyade, Verschiebungsgradient*) in LAGRANGE-Koordinaten:

$$(u_{i,j})_L \equiv (\partial_j)_L u_i := \partial u_i/\partial a_j = \partial x_i/\partial a_j - \delta_{ij}, \tag{1.12a}$$

bzw. in EULERschen Koordinaten:

$$u_{i,j} \equiv \partial_j u_i := \partial u_i/\partial x_j = \delta_{ij} - \partial a_i/\partial x_j. \tag{1.12b}$$

Neben dem *Verschiebungsgradienten* spielt auch der *Deformationsgradient*

$$F_{ij} := \partial x_i / \partial a_j, \qquad F_{ij}^{(-1)} := \partial a_i / \partial x_j \qquad (1.13a,b)$$

eine fundamentale Rolle. Mit dieser Definition kann (1.12a,b) gemäß

$$\partial u_i / \partial a_j = F_{ij} - \delta_{ij}, \qquad \partial u_i / \partial x_j = \delta_{ij} - F_{ij}^{(-1)} \qquad (1.14a,b)$$

und die *JACOBIsche Determinante* (1.3) gemäß

$$J = \det(F_{ij}), \qquad J^{(-1)} = \det\left(F_{ij}^{(-1)}\right) \qquad (1.15a,b)$$

ausgedrückt werden. Zur anschaulichen Interpretation des Deformationsgradienten (1.13a,b) betrachte man zu einem festen Zeitpunkt t > 0 einen Linienelementvektor $ds \triangleq dx_i$, der zwei benachbarte materielle Punkte miteinander verbindet (Differenzvektor) und wegen (1.2a,b) durch

$$dx_i = \frac{\partial x_i}{\partial a_j} da_j \equiv F_{ij} da_j, \qquad da_i = \frac{\partial a_i}{\partial x_j} dx_j \equiv F_{ij}^{(-1)} dx_j \qquad (1.16a,b)$$

bzw. in symbolischer Schreibweise durch

$$d\mathbf{s} = \mathbf{F} d\mathbf{s}_0, \qquad d\mathbf{s}_0 = \mathbf{F}^{-1} d\mathbf{s} \qquad (1.17a,b)$$

dargestellt werden kann (Bild 1.3).

Aus Bild 1.3 wird deutlich, dass ein Linienelementvektor während der Bewegung eine *Translation*, *Rotation* und *Streckung* (bzw. Stauchung) erfährt. Der Bewegungsvorgang ist somit durch den *Deformationsgradienten* (1.13a,b) charakterisiert, den man zusammenfassend folgendermaßen definieren kann:

> Der Deformationsgradient ist ein *Doppelfeldtensor* zweiter Stufe und bildet einen Linienelementvektor $d\mathbf{s}_0 \triangleq da_i$, der zwei infinitesimal benachbarte materielle Punkte in der Referenzkonfiguration (t = 0) verbindet, auf den Linienelementvektor $d\mathbf{s} \triangleq dx_i$ ab, der dieselben materiellen Punkte in der aktuellen Konfiguration (t > 0) verbindet.

Im Allgemeinen ist der *Deformationsgradient* (1.13a) abhängig vom betrachteten Teilchen, d.h. von den LAGRANGEschen Koordinaten a_i. Falls jedoch die Bewegung (1.2a) eine Linearkombination in den Anfangskoordinaten a_i ist, hat der Deformationsgradient für alle materiellen Punkte dasselbe Matrizenschema. Dieser Sonderfall kennzeichnet eine *homogene* oder *affine Deformation* (Ü 1.2.1/1.2.2).

1.2 Verschiebungsvektor, -dyade, Deformationsgradient

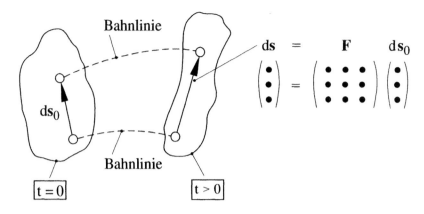

Bild 1.3 Zur Veranschaulichung des Deformationsgradienten

Der *Deformationsgradient* ist im Allgemeinen nicht symmetrisch. Die Symmetrie ist nur bei fehlender Starrkörperbewegung gegeben. Auf die Zerlegung des Deformationsgradienten in Starrkörperbewegung und Verzerrung wird in Ziffer 1.5 näher eingegangen.

Übungsaufgaben

1.2.1 Man lege die Bewegungen nach Ü 1.1.1 und Ü 1.1.2 zugrunde und ermittle
a) den Verschiebungsvektor, b) den Verschiebungsgradient, c) den Deformationsgradient in LAGRANGEschen und EULERschen Koordinaten.

1.2.2 Ein Verschiebungsfeld sei durch eine lineare Transformation $u_i = T_{ij} a_j$ gegeben. Darin ist der Operator **T** nur eine Funktion der Zeit, so dass zu einem bestimmten Zeitpunkt jedes Teilchen mit den Anfangskoordinaten a_i dieselbe Verschiebung erleidet (*homogenes Verschiebungsfeld*).

a) Man zeige, dass damit der Bewegungsvorgang als affine Abbildung gedeutet werden kann.

b) Man ermittle den Deformationsgradienten und seine Inversion.

1.2.3 Man ermittle den *Affinor* A_{ij} in der linearen Transformation $x_i = A_{ij} a_j$, wenn zwei homogene Verschiebungsfelder $u'_i = S_{ij} a_j$ und $u''_i = T_{ij} x'_j$ aufeinander folgen. Darin seien die Verschiebungsdyaden **S** und **T** klein, so dass die Überschiebung $T_{ik} S_{kj}$ gegenüber δ_{ij} vernachlässigt werden kann.

1.2.4 Es sei $\mathbf{F}$ ein nichtsymmetrischer Deformationsgradient und $\mathbf{F}^T$ seine Transposition. Man zeige, dass der „rechte" und „linke" CAUCHY-GREEN-Tensor $\mathbf{C} = \mathbf{F}^T\mathbf{F}$ und $\mathbf{B} = \mathbf{F}\mathbf{F}^T$ stets symmetrisch und positiv definit sind.

1.2.5 Man leite $d\mathbf{s} = \mathbf{F}\,d\mathbf{s}_0$ aus einer TAYLOR-Entwicklung her, erläutere den Operatorcharakter des Deformationsgradienten $\mathbf{F}$ und untersuche das Bild einer differentiell kleinen Kugel $da_i\,da_i = ds_0^2$, das durch $\mathbf{F}$ vermittelt wird.

1.2.6 Eine orthogonale Koordinatentransformation in der Referenzkonfiguration ist durch die Richtungskosinusse $a_{ij} = \cos(a_i^*, a_j)$ charakterisiert. Unabhängig davon soll in der aktuellen Konfiguration eine Koordinatentransformation durch die Richtungskosinusse $b_{ij} = \cos(x_i^*, x_j)$ gekennzeichnet sein. Man ermittle das Transformationsgesetz für die Koordinaten des Deformationsgradienten und seiner Inversion.

1.2.7 Man leite die Beziehung $dV = \det(\mathbf{F})\,dV_0$ her. Darin ist dV_0 das Volumen eines Elementarquaders.

1.2.8 Man ermittle das Längenverhältnis $\lambda \equiv |d\mathbf{s}|/|d\mathbf{s}_0|$ aus dem Deformationsgradienten (Bild 1.3).

1.2.9 Zwei Linienelementvektoren da_i und db_i der Referenzkonfiguration schließen einen Winkel α_0 ein. Gesucht ist der Winkel α, den die entsprechenden Linienelementvektoren der aktuellen Konfiguration einschließen.

1.2.10 Eine ebene Bewegung sei durch $x_1 = a_1 - \alpha(t)a_2^2$, $x_2 = a_2 + \beta(t)a_1^2$, $x_3 = a_3$ mit $\alpha(0) = \beta(0) = 0$ gegeben. Man ermittle die Verschiebungsdyade, den Deformationsgradienten und die JACOBIsche Determinante.

1.2.11 Gegeben sei das Verschiebungsfeld $u_1 = a_1 a_2^2$, $u_2 = a_2 a_3^2$, $u_3 = a_3 a_1^2$. Man zerlege den Deformationsgradienten additiv in einen symmetrischen und einen antimetrischen Anteil. Welchen Wert nimmt die JACOBIsche Determinante an?

1.2.12 Ein Verschiebungsfeld $u_i = T_{ij}a_j$ sei a) durch $T_{ij} = \alpha(t)\,a_i a_j$ und b) durch $T_{ij} = \beta(t)\,\varepsilon_{kij}a_k/2$ mit $\alpha(0) = \beta(0) = 0$ charakterisiert. Man ermittle den Deformationsgradienten. Welche Symmetrieeigenschaft besitzt er?

1.3 Verzerrungs- und Metriktensoren

Wie unter Ziffer 1.2 erläutert, ist es sinnvoll, zur Beschreibung des Bewegungsvorganges in einem Kontinuum den Deformationsgradienten heranzuziehen. Da er jedoch auch die Starkörperbewegung beinhaltet, muss diese getrennt werden, um einen Zugang zu *Verzerrungstensoren* zu finden. Dieses kann durch *polare Zerlegung* des Deformationsgradienten in ein Produkt erfolgen, worauf in Ziffer 1.5 näher eingegangen wird. Im Folgenden sollen die Quadrate eines Linienelementes des Kontinuums im belasteten und unbelasteten Zustand miteinander verglichen werden, d.h., die Differenz der Abstandsquadrate zweier infinitesimal benachbarter Punkte (Bild 1.3) in der aktuellen Konfiguration ($\to ds^2$) und in der Referenzkonfiguration ($\to ds_0^2$) stellen ein geeignetes *Verzerrungsmaß* dar:

$$ds^2 - ds_0^2 = dx_i\, dx_i - da_i\, da_i \,, \tag{1.18}$$

das Aufschluss über den Verzerrungszustand in unmittelbarer Umgebung eines betrachteten Punktes geben kann. Eine *Starrkörperbewegung* ist notwendig und hinreichend dadurch gekennzeichnet, dass dieses Maß für jeden Punkt in einem Körper verschwindet. Man kann (1.18) in LAGRANGEschen und EULERschen Koordinaten ausdrücken. Das führt auf den *LAGRANGEschen* und *EULERschen Verzerrungstensor*.

Unter Berücksichtigung von (1.16a) kann ds^2 gemäß

$$ds^2 = dx_i dx_i = g_{jk}\, da_j da_k \tag{1.19}$$

ausgedrückt werden, wenn man einen *Maßtensor*

$$g_{jk} := \left(\partial x_i / \partial a_j\right)\left(\partial x_i / \partial a_k\right) \equiv F_{ij} F_{ik} \tag{1.20}$$

definiert, der die *Metrik* des verformten Kontinuums bezüglich der LAGRANGEschen Koordinaten bestimmt. Unter Metrik wird also die Festlegung einer Längenmessung in einer Mannigfaltigkeit (Raum) verstanden. In der GAUSSschen Flächentheorie werden die Koordinaten des Maßtensors (1.20) auch mit *Fundamentalgrößen erster Art* bezeichnet. Wegen der *positiven Definitheit* (Ü 1.2.4) der quadratischen Form (1.19) sind sämtliche *Hauptwerte* des *Maßtensors* (1.20) positiv.

Das Abstandsquadrat in der Referenzkonfiguration kann unter Berücksichtigung der Austauschregel durch

$$ds_0^2 = da_i\, da_i = \delta_{jk}\, da_j da_k \tag{1.21}$$

ausgedrückt werden, so dass mit (1.19) das Verzerrungsmaß (1.18) in LAGRANGEschen Koordinaten durch die Form

$$\mathrm{d}s^2 - \mathrm{d}s_0^2 = (g_{jk} - \delta_{jk})\mathrm{d}a_j\mathrm{d}a_k \equiv 2\lambda_{jk}\mathrm{d}a_j\mathrm{d}a_k \qquad (1.22)$$

festgelegt ist. Darin wird der Tensor

$$\lambda_{ij} := \frac{1}{2}(g_{ij} - \delta_{ij}) = \frac{1}{2}\left(\frac{\partial x_k}{\partial a_i}\frac{\partial x_k}{\partial a_j} - \delta_{ij}\right) \qquad (1.23)$$

LAGRANGEscher Verzerrungstensor genannt. Er ist *symmetrisch* ($\lambda_{ij} = \lambda_{ji}$) und kann wegen (1.12a), d.h. wegen

$$(\partial x_k/\partial a_i)(\partial x_k/\partial a_j) = (\partial u_k/\partial a_i + \delta_{ki})(\partial u_k/\partial a_j + \delta_{kj})$$
$$= (\partial u_k/\partial a_i)(\partial u_k/\partial a_j) + \underbrace{\delta_{jk}\partial u_k/\partial a_i}_{\partial u_j/\partial a_i} +$$
$$+ \underbrace{\delta_{ik}\partial u_k/\partial a_j}_{\partial u_i/\partial a_j} + \underbrace{\delta_{ik}\delta_{jk}}_{\delta_{ij}}$$

in den Koordinaten des Verschiebungsvektors gemäß

$$\lambda_{ij} = \frac{1}{2}\left(\frac{\partial u_i}{\partial a_j} + \frac{\partial u_j}{\partial a_i} + \frac{\partial u_k}{\partial a_i}\frac{\partial u_k}{\partial a_j}\right) \qquad (1.24)$$

dargestellt werden. Eine andere Darstellung geht unmittelbar aus (1.23) hervor, wenn man den Deformationsgradienten (1.13a) benutzt:

$$\lambda_{ij} = \frac{1}{2}(F_{ki}F_{kj} - \delta_{ij}) \quad \text{bzw.} \quad \boldsymbol{\lambda} = \frac{1}{2}(\mathbf{F}^T\mathbf{F} - \boldsymbol{\delta}). \qquad (1.25\text{a,b})$$

Darin ist der Tensor

$$F_{ki}F_{kj} = C_{ij} \equiv g_{ij} \quad \text{bzw.} \quad \mathbf{F}^T\mathbf{F} = \mathbf{C} \equiv \mathbf{g} \qquad (1.26\text{a,b})$$

unter dem Namen *rechter CAUCHY-GREEN-Tensor* bekannt (Ü 1.2.4).

Aus der Darstellung (1.24) liest man ab, dass der *LAGRANGEsche Verzerrungstensor* in den partiellen Ableitungen $\partial u_i/\partial a_j$, d.h. in den Koordinaten der Verschiebungsdyade (1.12a), nicht linear ist. Man spricht von *geometrischer Nichtlinearität*, die man bei *endlichen Verzerrungen* nicht vernach-

1.3 Verzerrungs- und Metriktensoren

lässigen darf. In vielen FEM-Programmen, z.B. ABAQUS, ANSYS, COSMOS, NASTRAN etc., wird die *geometrische Nichtlinearität* berücksichtigt, so dass der Anwender solcher Rechenprogramme mit der *Theorie endlicher Verzerrungen* vertraut sein sollte.

Analog zum LAGRANGEschen Verzerrungstensor (1.24) leitet man den EULERschen Verzerrungstensor her, indem man zunächst (1.21) durch EULERsche Koordinaten ausdrückt:

$$ds_0^2 = da_i\, da_i = h_{jk}\, dx_j\, dx_k \ . \tag{1.27}$$

Darin ist

$$h_{jk} := (\partial a_i/\partial x_j)(\partial a_i/\partial x_k) \equiv F_{ij}^{(-1)} F_{ik}^{(-1)} \tag{1.28}$$

ein *Maßtensor*, der die Metrik des unverformten Kontinuums bezüglich der EULERschen Koordinaten bestimmt.

Das Abstandsquadrat in der aktuellen Konfiguration wird durch

$$ds^2 = dx_i\, dx_i = \delta_{jk}\, dx_j\, dx_k \tag{1.29}$$

ausgedrückt, so dass mit (1.27) das Verzerrungsmaß (1.18) in EULERschen Koordinaten durch die Beziehung

$$\boxed{ds^2 - ds_0^2 = (\delta_{jk} - h_{jk})dx_j\, dx_k \equiv 2\eta_{jk}\, dx_j\, dx_k} \tag{1.30}$$

festgelegt ist. Darin wird der symmetrische Tensor

$$\eta_{ij} := \frac{1}{2}(\delta_{ij} - h_{ij}) = \frac{1}{2}\left(\delta_{ij} - \frac{\partial a_k}{\partial x_i}\frac{\partial a_k}{\partial x_j}\right) \tag{1.31}$$

EULERscher Verzerrungstensor genannt. Man kann ihn auf eine zu (1.24) analoge Form bringen, wenn man (1.12b) berücksichtigt:

$$\begin{aligned}(\partial a_k/\partial x_i)(\partial a_k/\partial x_j) &= (\delta_{ik} - \partial u_k/\partial x_i)(\delta_{jk} - \partial u_k/\partial x_j)\\ &= \underbrace{\delta_{ik}\delta_{jk}}_{\delta_{ij}} - \underbrace{\delta_{ik}\,\partial u_k/\partial x_j}_{\partial u_i/\partial x_j} - \underbrace{\delta_{jk}\,\partial u_k/\partial x_i}_{\partial u_j/\partial x_i} +\\ &\quad + (\partial u_k/\partial x_i)(\partial u_k/\partial x_j)\, .\end{aligned}$$

Mithin findet man:

$$\boxed{\eta_{ij} = \frac{1}{2}\left(\frac{\partial u_i}{\partial x_j} + \frac{\partial u_j}{\partial x_i} - \frac{\partial u_k}{\partial x_i}\frac{\partial u_k}{\partial x_j}\right)}. \qquad (1.32)$$

Eine andere Darstellung geht unmittelbar aus (1.31) hervor, wenn man den *Deformationsgradienten* (1.13b) benutzt:

$$\eta_{ij} = \frac{1}{2}\left(\delta_{ij} - F_{ki}^{(-1)} F_{kj}^{(-1)}\right) \quad \text{bzw.} \quad \boldsymbol{\eta} = \frac{1}{2}\left[\boldsymbol{\delta} - (\mathbf{F}^{-1})^T \mathbf{F}^{-1}\right]. \quad (1.33\text{a,b})$$

Darin ist der Tensor $(\mathbf{F}^{-1})^T \mathbf{F}^{-1}$ gemäß

$$(\mathbf{F}^{-1})^T \mathbf{F}^{-1} = (\mathbf{F}\mathbf{F}^T)^{-1} \equiv \mathbf{B}^{-1} \qquad (1.34)$$

ausdrückbar, so dass für den Metriktensor (1.28) gilt:

$$h_{ij} = F_{ki}^{(-1)} F_{kj}^{(-1)} \equiv B_{ij}^{(-1)} \quad \text{bzw.} \quad \mathbf{h} = (\mathbf{F}^{-1})^T \mathbf{F}^{-1} \equiv \mathbf{B}^{-1}. \quad (1.35\text{a,b})$$

Der Tensor $\mathbf{B} = \mathbf{F}\mathbf{F}^T$ wird *linker CAUCHY-GREEN-Tensor* genannt (Ü 1.2.4).

Zur besseren Übersicht sind die oben diskutierten *Verzerrungs-* und *Metriktensoren* in Tabelle 1.1 zusammengestellt.

Die Umgebung eines Punktes wird verzerrt, wenn der Abstand mindestens zweier Punkte in dieser Umgebung geändert wird. Mithin führt der Vergleich der Metriktensoren (Tabelle 1.1) auf Tensoren, die zur Beschreibung des Verzerrungszustandes geeignet sind. Eine *Starrkörperbewegung* ist durch $ds_0^2 \equiv ds^2$ (für alle Punkte) gekennzeichnet. Dann stimmen alle Metriktensoren mit dem *Einstensor* $\boldsymbol{\delta}$ überein, so dass die Verzerrungstensoren $\boldsymbol{\lambda}$ und $\boldsymbol{\eta}$ verschwinden.

Bei kleinen Verzerrungen können in (1.24) und (1.32) die *geometrischen Nichtlinearitäten* vernachlässigt werden. Das führt auf den *infinitesimalen LAGRANGEschen Verzerrungstensor*

$$\ell_{ij} = \left(\partial u_i/\partial a_j + \partial u_j/\partial a_i\right)/2 = (F_{ij} + F_{ji})/2 - \delta_{ij} \qquad (1.36\text{a})$$

und den *infinitesimalen EULERschen Verzerrungstensor*

$$\varepsilon_{ij} = \left(\partial u_i/\partial x_j + \partial u_j/\partial x_i\right)/2 \equiv (u_{i,j} + u_{j,i})/2. \qquad (1.36\text{b})$$

Letzterer wird auch als *klassischer Verzerrungstensor* bezeichnet.

1.3 Verzerrungs- und Metriktensoren

Tabelle 1.1 Verzerrungs- und Metriktensoren

		Darstellung	
		LAGRANGE	EULER
Metrik	verzerrtes Kontinuum	$ds^2 = g_{ij} da_i da_j$	$ds^2 = \delta_{ij} dx_i dx_j$
	unverzerrtes Kontinuum	$ds_0^2 = \delta_{ij} da_i da_j$	$ds_0^2 = h_{ij} dx_i dx_j$
Metriktensor	verzerrtes Kontinuum	$g_{ij} \equiv C_{ij} = F_{ki} F_{kj}$ $\mathbf{C} = \mathbf{F}^T \mathbf{F}$	δ_{ij}
	unverzerrtes Kontinuum	δ_{ij}	$h_{ij} \equiv B_{ij}^{(-1)} = F_{ki}^{(-1)} F_{kj}^{(-1)}$ $\mathbf{B} = \mathbf{F}\mathbf{F}^T$
Verzerrungstensor		$\lambda_{ij} = \frac{1}{2}(g_{ij} - \delta_{ij})$ $\boldsymbol{\lambda} = \frac{1}{2}(\mathbf{C} - \boldsymbol{\delta})$	$\eta_{ij} = \frac{1}{2}(\delta_{ij} - h_{ij})$ $\boldsymbol{\eta} = \frac{1}{2}(\boldsymbol{\delta} - \mathbf{B}^{-1})$

Bei kleinen Verzerrungen braucht man nicht zwischen LAGRANGEscher und EULERscher Beschreibungsweise zu unterscheiden, so dass die „linearisierten" Verzerrungstensoren (1.36a,b) näherungsweise übereinstimmen. Sie stellen die symmetrischen Anteile in der *additiven Zerlegung* der *Verschiebungsgradienten* (1.12a,b) dar:

$$(u_{i,j})_L = (u_{(i,j)})_L + (u_{[i,j]})_L = \ell_{ij} + \alpha_{ij}, \qquad (1.37a)$$

$$u_{i,j} = u_{(i,j)} + u_{[i,j]} = \varepsilon_{ij} + \omega_{ij}. \qquad (1.37b)$$

Darin sind

$$\alpha_{ij} \equiv (u_{[i,j]})_L = (\partial u_i/\partial a_j - \partial u_j/\partial a_i)/2, \qquad (1.38a)$$

$$\omega_{ij} \equiv u_{[i,j]} = (\partial u_i/\partial x_j - \partial u_j/\partial x_i)/2 \qquad (1.38b)$$

die antisymmetrischen Anteile der additiven Zerlegung (1.37a,b). Unter Berücksichtigung dieser additiven Zerlegungen können der LAGRANGEsche (1.24) und der EULERsche Verzerrungstensor (1.32) gemäß

$$\lambda_{ij} = \ell_{ij} + (\ell_{ki} + \alpha_{ki})(\ell_{kj} + \alpha_{kj})/2, \qquad (1.39a)$$

$$\eta_{ij} = \varepsilon_{ij} - (\varepsilon_{ki} + \omega_{ki})(\varepsilon_{kj} + \omega_{kj})/2 \qquad (1.39b)$$

ausgedrückt werden, d.h., sie sind auch abhängig von den antisymmetrischen Anteilen α_{ij} und ω_{ij}. Weiterhin kann man aus den Darstellungen (1.39a,b) schließen, dass im Allgemeinen bei verschwindenden symmetrischen Anteilen ($\ell_{ij} = \varepsilon_{ij} = 0_{ij}$) die Verzerrungstensoren λ und η von null verschieden sind ($\lambda_{ij} = \alpha_{ki}\alpha_{kj}/2$, $\eta_{ij} = \omega_{ik}\omega_{kj}/2$). Das Verschwinden der „linearisierten" Tensoren (1.36a,b) hat im Allgemeinen keine alleinige Starrkörperbewegung zur Folge, die durch $\lambda_{ij} = \eta_{ij} \equiv 0_{ij}$ gekennzeichnet ist (Ü 1.3.9). Umgekehrt kann eine Starrkörperbewegung keine Verzerrung bewirken. Die „linearisierten" Tensoren (1.36a,b) werden jedoch durch eine Starrkörperbewegung beeinflusst. So erhält man durch die in Ü 1.3.9 angegebene Rotation aus (1.36a,b) mit (1.14a,b) beispielsweise die Werte

$$\ell_{11} = \partial u_1/\partial a_1 = F_{11} - 1 = -(1 - \cos\varphi) = \ell_{22}$$

und

$$\varepsilon_{11} = \partial u_1/\partial x_1 = 1 - F_{11}^{(-1)} = 1 - \cos\varphi = \varepsilon_{22},$$

die nur bei kleinem Winkel φ verschwinden. Somit stellen die symmetrischen Tensoren $\ell_{ij} = \ell_{ji}$ und $\varepsilon_{ij} = \varepsilon_{ji}$ auch keine Verzerrungstensoren bei endlichen Verformungen dar. Nur für genügend kleine Verschiebungsgradienten (z.B. $u_{k,i}u_{k,j} \ll u_{i,j}$) können diese Tensoren als Verzerrungstensoren interpretiert werden ($\Rightarrow \ell_{ij} \approx \lambda_{ij} \approx \varepsilon_{ij} \approx \eta_{ij}$). Zusammenfassend kann also festgelegt werden:

> Jeder Tensor zweiter Stufe lässt sich immer additiv in einen symmetrischen und antisymmetrischen Anteil zerlegen. Bei kleinen Verzerrungen entspricht die additive Aufspaltung der Verschiebungsgradienten (1.37a,b) in ihren symmetrischen und antisymmetrischen Anteil einer Zerlegung in eine „reine" *Streckung (Verzerrung)* und in eine „reine" *Drehung*. Bei endlichen Deformationen ist diese Aufspaltung additiv nicht mehr möglich; an ihre Stelle tritt eine *multiplikative (polare) Zerlegung* der allgemeinen Deformation in eine *Streckung* mit nachfolgender *Drehung* oder umgekehrt in eine *Drehung* und anschließender *Streckung*.

Die *multiplikative Zerlegung* entspricht dem *polaren Zerlegungstheorem*, auf das in Ziffer 1.5 näher eingegangen wird.

Übungsaufgaben

1.3.1 Man weise den Tensorcharakter des LAGRANGEschen und EULERschen Verzerrungsmaßes nach.

1.3.2 Die Nenndehnung $\varepsilon := (ds - ds_0)/ds_0$ ist durch den LAGRANGEschen bzw. EULERschen Verzerrungstensor auszudrücken. Man bestimme daraus die Dehnungen in den Richtungen, die in der Anfangs- bzw. Augenblickslage mit den Richtungen der Koordinatenachsen übereinstimmen. Ferner diskutiere man die Ergebnisse für kleine Verzerrungen.

1.3.3 Die *relative Streckung* $s := (ds^2 - ds_0^2)/(2\, ds_0^2)$ drücke man durch den LAGRANGEschen und EULERschen Verzerrungstensor aus. Entsprechende Beziehungen stelle man für $\tilde{s} := (ds^2 - ds_0^2)/(2\, ds^2)$ auf. Welche Näherungen ergeben sich bei kleinen Dehnungen ($\varepsilon \ll 1$)?

1.3.4 Man drücke die Gleitung $\gamma_{12} := \pi/2 - \psi_{12}$ bzw. $\tilde{\gamma}_{12} := \tilde{\psi}_{12} - \pi/2$ durch die Koordinaten $\lambda_{12}, \lambda_{11}, \lambda_{22}$ des LAGRANGEschen Verzerrungstensors bzw. durch die Koordinaten $\eta_{12}, \eta_{11}, \eta_{22}$ des EULERschen Verzerrungstensors aus. Welche Vereinfachung erhält man bei kleinen Verzerrungen?

1.3.5 Man beschreibe den Verzerrungszustand eines Zugstabes in LAGRANGEschen und EULERschen Koordinaten.

1.3.6 Man benutze die Metriktensoren aus Tabelle 1.1 und untersuche das Bild einer Kugel vom infinitesimalen Radius ds_0, das bei endlichen Verzerrungen entsteht. Danach kehre man die Aufgabe um und suche die Ausgangsfigur, die infolge großer Verzerrungen auf eine Kugel vom Radius ds abgebildet wird. Welche Näherung erhält man bei kleinen Verzerrungen?

1.3.7 Man zeige, dass bei kleinen Verzerrungen der LAGRANGEsche und EULERsche Verzerrungstensor mit dem klassischen Verzerrungstensor übereinstimmen.

1.3.8 Eine Bewegung ist durch $x_1 = \kappa a_1 - \gamma a_2 + \beta a_3$, $x_2 = \gamma a_1 + \kappa a_2 - \alpha a_3$, $x_3 = -\beta a_1 + \alpha a_2 + \kappa a_3$ charakterisiert. Man ermittle den Deformationsgradienten, die JACOBIsche Determinante, den Metriktensor g_{ij}, den LAGRANGEschen Verzerrungstensor und diskutiere die Sonderfälle $\kappa = 0$ und $\kappa = 1$. Wann liegt im Falle $\kappa = 1$ eine Starrkörperbewegung vor?

1.3.9 Gegeben ist die ebene Bewegung $x_1 = a_1 \cos\varphi - a_2 \sin\varphi$, $x_2 = a_1 \sin\varphi + a_2 \cos\varphi$, $x_3 = a_3$. Man ermittle den Deformationsgradienten, die JACOBIsche Determinante, den Metriktensor g_{ij} und den LAGRANGEschen Verzerrungstensor. Die Ergebnisse sollen kurz erläutert werden.

1.3.10 Man zeige allgemein, dass bei verschwindenden LAGRANGEschen und EULERschen Verzerrungstensoren die Deformationsgradienten $\mathbf{F}$ und $\mathbf{F}^{-1}$ orthonormiert sind.
 Man wende diesen Sachverhalt auf die ebene Bewegung $x_1 = Aa_1 + Ba_2$, $x_2 = Ca_1 + Da_2$, $x_3 = a_3$ an und stelle die Bedingungen für die Parameter A, B, C, D auf, so dass eine starre Drehung vorliegt.

1.3.11 Für die Bewegung $x_1 = a_1 + \alpha a_2$, $x_2 = a_2 + \beta a_3$, $x_3 = a_3 + \gamma a_1$ ermittle man den Deformationsgradienten, den LAGRANGEschen und den EULERschen Verzerrungstensor. Man bestimme auch die infinitesimalen Tensoren (1.36a,b). Wann stimmen alle Verzerrungstensoren näherungsweise überein? Schließlich diskutiere man noch den Sonderfall $\alpha = \beta = \gamma = 0$.

1.3.12 Die Bewegung $x_1 = Aa_1$, $x_2 = Ba_2$, $x_3 = Ca_3$ verlaufe *isochor*. Welche Bedingung müssen die Konstanten A, B, C erfüllen? Man gebe auch den LAGRANGEschen und EULERschen Verzerrungstensor an. Wann liegt eine Starrkörperbewegung vor?

1.3.13 Man diskutiere die Bewegung

$$x_1 = \frac{1}{\sqrt{6}}(a_1 + 2a_2 + a_3), \quad x_2 = \frac{1}{\sqrt{3}}(a_1 - a_2 + a_3), \quad x_3 = \frac{1}{\sqrt{2}}(a_1 - a_3).$$

1.3.14 Man zeige, dass die Bewegung $x_1 = Aa_1 + Ba_2$, $x_2 = a_2/A$, $x_3 = a_3$ *isochor* verläuft.

1.3.15 Man lege das Verschiebungsfeld aus Ü 1.2.2 zugrunde und ermittle den LAGRANGEschen Verzerrungstensor. Welche Vereinfachung ergibt sich bei kleinen Verschiebungen?

1.3.16 Man benutze die Indexschreibweise und weise die Beziehung (1.34) nach.

1.4 Geometrische Deutung kleiner Verzerrungen

In der Theorie kleiner Verzerrungen werden *geometrische Nichtlinearitäten* vernachlässigt, wie bereits am Ende von Ziffer 1.3 im Zusammenhang mit dem *klassischen Verzerrungstensor* (1.36b) erläutert wurde. Im Folgenden soll eine geometrische Deutung für die Koordinaten des *klassischen Verzerrungstensors*

$$\varepsilon_{ij} = \begin{pmatrix} \varepsilon_{11} & \varepsilon_{12} & \varepsilon_{13} \\ & \varepsilon_{22} & \varepsilon_{23} \\ \text{symm.} & & \varepsilon_{33} \end{pmatrix} \equiv \begin{pmatrix} \varepsilon_{11} & \gamma_{12}/2 & \gamma_{13}/2 \\ & \varepsilon_{22} & \gamma_{23}/2 \\ \text{symm.} & & \varepsilon_{33} \end{pmatrix} \quad (1.40)$$

1.4 Geometrische Deutung kleiner Verzerrungen

gegeben werden. Aufgrund der Symmetrie sind nur sechs Koordinaten wesentlich, die man als *Dehnungen* (ε_{11}, ε_{22}, ε_{33}) und *Gleitungen* (γ_{12}, γ_{23}, γ_{31}) deuten kann. Diesen Sachverhalt kann man an einem verformten Elementarquader in der Nachbarschaft eines Punktes P_0 veranschaulichen (Bild 1.4).

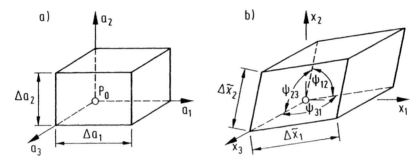

Bild 1.4 Elementarquader: a) unverformt, b) verformt

Aus dem Elementarquader mit den Kantenlängen Δa_1, Δa_2, Δa_3 entsteht als *affines* Abbild ein Parallelepiped mit den Kanten $\Delta \tilde{x}_1, \Delta \tilde{x}_2, \Delta \tilde{x}_3$. Ihre Projektionen auf die entsprechenden Koordinatenachsen sind Δx_1, Δx_2, Δx_3. Aus den ursprünglich rechten Winkeln zwischen den Kanten des Quaders sind infolge der Verformung die Winkel ψ_{12}, ψ_{23}, ψ_{31} zwischen den Kanten des Parallelepipeds entstanden. Die Verformung kann also durch die Dehnungen der drei Kanten ($\Delta \tilde{x}_1 \approx \Delta x_1$ etc.)

$$\varepsilon_{11} := \frac{\Delta x_1 - \Delta a_1}{\Delta a_1}, \quad \varepsilon_{22} := \frac{\Delta x_2 - \Delta a_2}{\Delta a_2}, \quad \varepsilon_{33} := \frac{\Delta x_3 - \Delta a_3}{\Delta a_3} \quad (1.41)$$

und die drei *Gleitungen*, d.h. die „Abweichungen vom rechten Winkel"

$$\gamma_{12} := \pi/2 - \psi_{12}, \quad \gamma_{23} := \pi/2 - \psi_{23}, \quad \gamma_{31} := \pi/2 - \psi_{31} \quad (1.42)$$

charakterisiert werden. Die so definierten sechs Verformungsgrößen stehen mit den Koordinaten des Verschiebungsvektors u_i in einem Zusammenhang, den man aus Bild 1.5 entnehmen kann. Dazu betrachte man eine Kante Δa_1 des Elementarquaders, die in $\Delta \tilde{x}_1$ mit der Projektion Δx_1 übergeht. Diese Projektion kann gemäß

$$\Delta x_1 = \Delta a_1 + (u_1)_{Q_0} - (u_1)_{P_0} \quad (1.43)$$

zerlegt werden. Darin kann weiterhin die Verschiebung des Punktes Q_0 in x_1-Richtung durch eine TAYLOR-Reihe um den Punkt P_0 ausgedrückt werden:

$$(u_1)_{Q_0} = (u_1)_{P_0} + (\partial u_1/\partial a_1)_{P_0} \Delta a_1 + \cdots \qquad (1.44)$$

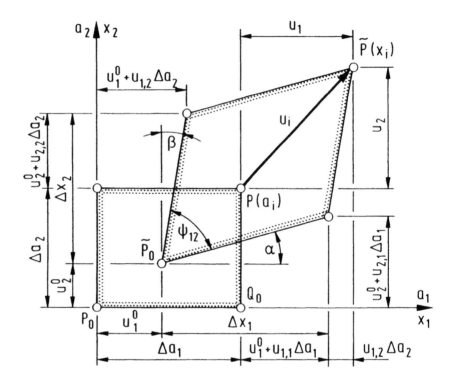

Bild 1.5 Aufriß des verformten Quaders

Da P_0 und Q_0 infinitesimal benachbarte Punkte sind, können in der Entwicklung (1.44) Glieder höherer Ordnung vernachlässigt werden. Bei kleinen Verzerrungen kann man näherungsweise $\partial u_i/\partial a_j \approx \partial u_i/\partial x_j \equiv u_{i,j}$ annehmen (Ü 1.3.7), so dass man die Dehnungen (1.41) schließlich gemäß

$$\boxed{\varepsilon_{11} = u_{1,1} \quad \varepsilon_{22} = u_{2,2} \quad \varepsilon_{33} = u_{3,3}} \qquad (1.45)$$

ausdrücken kann.

In der Verallgemeinerung von (1.44) kann der in Bild 1.5 eingetragene Verschiebungsvektor durch die TAYLOR-Entwicklungen

1.4 Geometrische Deutung kleiner Verzerrungen

$$u_i = u_i^0 + (\partial u_i/\partial a_j)\Delta a_j + \cdots = u_i(a_j) \, , \quad (1.46a)$$

$$u_i = u_i^0 + (\partial u_i/\partial x_j)\Delta x_j + \cdots = u_i(x_j) \quad (1.46b)$$

zerlegt werden, in denen man aufgrund der unmittelbaren Nachbarschaft ($\Delta a_j \to da_j$) Glieder höherer Ordnung vernachlässigt. Bei kleinen Verzerrungen kann man in (1.46a) näherungsweise $\partial u_i/\partial a_j \approx \partial u_i/\partial x_j \equiv u_{i,j}$ setzen, wie bereits erwähnt. Nach Bild 1.5 wird die Gleitung (1.42) folgendermaßen ausgedrückt:

$$\gamma_{12} := \pi/2 - \psi_{12} = \alpha + \beta$$
$$\tan\alpha = u_{2,1}(\Delta a_1/\Delta x_1), \quad \tan\beta = u_{1,2}(\Delta a_2/\Delta x_2) \, . \quad (1.47)$$

Bei kleinen Verzerrungen gilt die Näherung

$$\Delta a_1/\Delta x_1 = 1/(1+\varepsilon_{11}) \approx 1 - \varepsilon_{11} \, .$$

Damit wird:

$$\tan\alpha = u_{2,1} - u_{2,1}\varepsilon_{11} \approx u_{2,1} \, ,$$

so dass man bei kleinen Winkeln α und β wegen $\tan\alpha \approx \alpha$ schließlich $\alpha \approx u_{2,1}$ und $\beta \approx u_{12}$ folgern kann. Mithin ist die *Gleitung* (1.47) durch

$$\boxed{\gamma_{12} = u_{1,2} + u_{2,1} = 2\varepsilon_{12}} \quad (1.48)$$

ausdrückbar. Entsprechend findet man $\gamma_{23} = 2\varepsilon_{23}$ und $\gamma_{31} = 2\varepsilon_{31}$, wie in (1.40) angedeutet. Auf das Ergebnis (1.48) wird auch in Ü 1.3.4 hingewiesen und betont, dass γ_{12} nicht als Koordinate eines Tensors gedeutet werden kann, sondern lediglich ein Maß für die mit einer Gleitung verbundenen Winkeländerung darstellt. Hingegen ist ε_{12} Koordinate eines Tensors (Ü 1.4.1).

Wie in Ziffer 1.3 erwähnt, können die additiven Zerlegungen (1.37a,b) der Verschiebungsgradienten (1.12a,b) als Aufspaltung in *Drehung* und *Verzerrung* interpretiert werden, wenn die Koordinaten der Verschiebungsgradienten genügend klein sind. Dann führen auch die TAYLOR-Entwicklungen (1.46a,b) auf die Aufspaltungen

$$u_i = u_i^0 + \alpha_{ij}\Delta a_j + \ell_{ij}\Delta a_j \, , \quad (1.49a)$$

$$u_i = u_i^0 + \omega_{ij}\Delta x_j + \varepsilon_{ij}\Delta x_j, \qquad (1.49b)$$

die *additive Zerlegungen* des Verschiebungsvektors in *Starrkörperbewegung* und *Verzerrung* bedeuten. So ist beispielsweise $\omega_{12} = (u_{1,2} - u_{2,1})/2 = (\beta - \alpha)/2$ für die *Starrkörperbewegung* eines Elementes (Bild 1.5) maßgeblich. Da der Tensor (1.38b) schiefsymmetrisch ist ($\omega_{ij} = -\omega_{ji}$), kann ihm ein *dualer Vektor* ω_i zugeordnet werden, und es gilt:

$$\boxed{\omega_i = -\varepsilon_{ijk}\omega_{jk}/2} \quad \Leftrightarrow \quad \boxed{\omega_{ij} = -\varepsilon_{ijk}\omega_k}. \qquad (1.50)$$

Darin ist ε_{ijk} der *Permutationstensor* dritter Stufe. Weiterhin kann man den *dualen Vektor* ω durch den *Rotor des Verschiebungsfeldes* ausdrücken:

$$\boxed{\omega_i = \frac{1}{2}\varepsilon_{ijk}\nabla_j u_k} \quad \text{bzw.} \quad \boxed{\omega = \frac{1}{2}\operatorname{rot}\mathbf{u} \equiv \frac{1}{2}\nabla\times\mathbf{u}}. \qquad (1.51)$$

Die Zusammenhänge (1.50) und (1.51) werden in Ü 1.4.6 bestätigt.

Übungsaufgaben

1.4.1 Man weise den Tensorcharakter des klassischen Verzerrungstensors nach.

1.4.2 Man leite die Beziehung (1.48) her, indem man den Winkel ψ_{12} in Bild 1.5 durch das Skalarprodukt der entsprechenden Kantenvektoren ausdrücke.

1.4.3 Ein Quadrat werde zu einer Raute verformt. Man zeige, dass
a) die Starrkörperrotation $\omega_{21} = (\alpha - \beta)/2$ mit der Drehung der Diagonalen identifiziert werden kann,
b) die infinitesimale Schubverzerrung ε_{12} als Dehnung der Diagonalen gedeutet werden kann. Zur Vereinfachung nehme man unter „b)" an, dass die Seitenlängen erhalten bleiben.

1.4.4 Gegeben sei das Verschiebungsfeld $u_1 = K\,a_1$, $u_2 = u_3 = 0$ mit $K = 10^{-3}$. Man ermittle die Dehnung der Diagonalen eines Quadrates der Kantenlänge a unter der Benutzung des Verzerrungstensors und auf geometrische Art.

1.4.5 Man zeige, dass bei genügend kleinem Verschiebungsgradienten eine *additive Zerlegung* des Deformationsgradienten in Starrkörperbewegung und Verzerrung möglich ist. Welche *multiplikative Zerlegung* ist hiermit vereinbar?

1.4.6 Man bestätige die Beziehungen (1.50) und (1.51).

1.4.7 Die Differenz der Verschiebungen zweier unmittelbar benachbarter Punkte wird durch den *relativen Verschiebungsvektor* du_i ausgedrückt. Man zerlege diesen Vektor in eine TAYLOR-Reihe, und zwar in LAGRANGEscher und EULERscher Darstellung. Welche Deutungen ergeben sich bei infinitesimalem Verschiebungsfeld?

1.4.8 Gegeben sei das Verschiebungsfeld $u_1 = \varepsilon_{11} a_1 + \beta a_2$, $u_2 = \alpha a_1 + \varepsilon_{22} a_2$, $u_3 = 0$. Darin seien ε_{11}, ε_{22}, α und β konstante und kleine Werte. Man ermittle den klassischen Verzerrungstensor (1.36b), den Rotationstensor (1.38b) und den dualen Vektor (1.50). Für spezielle Werte der Konstanten gebe man die wichtigsten Sonderfälle an.

1.4.9 Gegeben sei das Verschiebungsfeld $u_1 = -Cx_2 + Bx_3$, $u_2 = Cx_1 - Ax_3$, $u_3 = -Bx_1 + Ax_2$ mit kleinen Parametern A, B, C. Man ermittle den klassischen Verzerrungstensor, den Rotationstensor und Rotationsvektor.

1.4.10 Ein ebener Deformationszustand sei durch das Verschiebungsfeld $u_1 = u_2 = K(a_2 - a_1)$, $u_3 = 0$ charakterisiert. Man ermittle den Deformationsgradienten, den LAGRANGEschen und klassischen Verzerrungstensor, den Rotationstensor und seinen dualen Vektor. Welche mechanisch sinnvolle Zerlegung des Deformationsgradienten ist bei genügend kleinen K-Werten möglich? Schließlich ermittle man für kleine K-Werte die Dehnung in Richtung $e_i = (3/5, 4/5, 0)$.

1.5 Anwendung des polaren Zerlegungstheorems auf den Deformationsgradienten

In der *Theorie endlicher Deformationen* ist die *multiplikative Zerlegung* des Deformationsgradienten in „reine" *Streckung* (*Verzerrung*) und „reine" *Drehung* von grundlegender Bedeutung. Hierauf wurde bereits am Ende der Ziffer 1.3 hingewiesen.

Analog der polaren Darstellung $z = r \exp(i\varphi)$ einer komplexen Zahl gibt es für den Deformationsgradienten eine Produktzerlegung gemäß dem *polaren Zerlegungstheorem*. Danach existieren zwei eindeutige Zerlegungen von **F**:

$$\boxed{\mathbf{F} = \mathbf{R}\mathbf{U} \triangleq R_{ik} U_{kj} = F_{ij}} \text{ und } \boxed{\mathbf{F} = \mathbf{V}\mathbf{R} \triangleq V_{ik} R_{kj} = F_{ij}}, \quad (1.52\text{a,b})$$

wobei **R** ein *eigentlich orthogonaler Tensor*[1],

$$\mathbf{R}^T\mathbf{R} = \mathbf{R}\mathbf{R}^T = \boldsymbol{\delta} \triangleq \delta_{ij} = R_{ki}R_{kj} = R_{ik}R_{jk}; \quad \det(R_{ij}) = 1, \quad (1.53)$$

und **U**, **V** zwei *symmetrische positiv definite Tensoren* sind mit:

$$\mathbf{U}^2 = \mathbf{F}^T\mathbf{F} \equiv \mathbf{C} \quad \text{und} \quad \mathbf{V}^2 = \mathbf{F}\mathbf{F}^T \equiv \mathbf{B}. \quad (1.54\text{a,b})$$

Die Tensoren **C** und **B** werden *rechter* und *linker* CAUCHY-GREEN*Tensor* genannt. Sie wurden bereits in Tabelle 1.1 benutzt. Ihre Symmetrie und *positive Definitheit* wird in Ü 1.2.4 gezeigt. Die *charakteristischen Zahlen* eines *positiv definiten Tensors* sind alle positiv, so dass die Tensoren $\mathbf{U} = \mathbf{C}^{1/2}$ und $\mathbf{V} = \mathbf{B}^{1/2}$ definiert werden können, die häufig *Rechts-Streck-Tensor* und *Links-Streck-Tensor* genannt werden. Sie besitzen dieselben (positiven) Hauptwerte, wie in Ü 1.5.5 gezeigt wird.

Der Begriff der *Definitheit eines Tensors* ist folgendermaßen definiert:

Eine Tensorquadrik $Q(\mathbf{x}) = \mathbf{x}^T\mathbf{A}\,\mathbf{x}$, bzw. der zugehörige symmetrische Tensor $\mathbf{A} \in \Re n \times n$, heißt *positiv definit* bzw. *negativ definit*, falls aus $\mathbf{x} \neq \mathbf{0}$ stets $Q(\mathbf{x}) > 0$ bzw. $Q(\mathbf{x}) < 0$ folgt. Entsprechend sind alle *charakteristischen Zahlen* des Tensors *positiv* bzw. *negativ*. Die *Tensorquadrik* heißt *indefinit*, wenn sie sowohl positive als auch negative Werte annimmt. Schließlich heißt sie *positiv* bzw. *negativ semidefinit*, wenn stets $Q(\mathbf{x}) \geq 0$ bzw. $Q(\mathbf{x}) \leq 0$ gilt.

Beispielsweise ist die *kinetische Energie* $E = \frac{1}{2}\boldsymbol{\omega}^T\mathbf{J}\boldsymbol{\omega}$ und damit der *Trägheitstensor* **J** eines rotierenden starren Körpers *positiv definit*. Die Tensorquadrik $E(\boldsymbol{\omega})$ bezeichnet man als POINSOT*sches Trägheitsellipsoid* (BETTEN, 1987a).

Die Beziehungen (1.54a,b) folgen unmittelbar aus den Zerlegungen (1.52a,b), wenn man annimmt, dass der Tensor **R** orthogonal ist (1.53):

$$\mathbf{F}^T\mathbf{F} \triangleq F_{ki}F_{kj} = \underbrace{R_{kp}R_{kq}}_{\delta_{pq}}\underbrace{U_{pi}}_{U_{ip}}U_{qj} = U_{ip}U_{pj} \equiv U_{ij}^{(2)} \triangleq \mathbf{U}^2,$$

---

[1] Die Inversion $\mathbf{R}^{-1}$ eines orthogonalen Tensors **R** stimmt mit der Transposition $\mathbf{R}^T$ überein, woraus man die Orthonormierungsbedingungen $\mathbf{R}^T\mathbf{R} = \mathbf{R}\mathbf{R}^T = \boldsymbol{\delta}$ folgern kann (BETTEN, 1987a). Man unterscheidet „*eigentlich (proper) orthogonal*" und „*uneigentlich (improper) orthogonal*" je nach Vorzeichen der Determinante (±1).

1.5 Anwendung des polaren Zerlegungstheorems

$$FF^T \triangleq F_{ik}F_{jk} = V_{ip}\underbrace{V_{jq}}_{V_{qj}}\underbrace{R_{pk}R_{qk}}_{\delta_{pq}} = V_{ip}V_{pj} \equiv V^{(2)}_{ij} \triangleq V^2.$$

Definiert man umgekehrt die invertierbaren Tensoren **U** und **V** gemäß (1.54a,b), so folgert man aus den Zerlegungen (1.52a,b), d.h. aus $R = F U^{-1}$ bzw. $R = V^{-1}F$ unmittelbar die *Orthonormierungsbedingungen* (1.53) unter Berücksichtigung der Symmetrien $U = U^T$ und $V = V^T$:

$$R^T R = (V^{-1}F)^T V^{-1}F = F^T \underbrace{V^{-1}V^{-1}}_{V^{-2}=(F^T)^{-1}F^{-1}} F = F^T(F^T)^{-1}F^{-1}F = \delta,$$

$$RR^T = FU^{-1}(FU^{-1})^T = F\underbrace{U^{-1}U^{-1}}_{U^{-2}=F^{-1}(F^T)^{-1}}F^T = FF^{-1}(F^T)^{-1}F^T = \delta.$$

Schließlich kann aus der Zerlegung (1.52a) unmittelbar die Zerlegung (1.52b) gefolgert werden, wenn man die Orthogonalität (1.53) des Tensors **R** und die Symmetrie $U = U^T$ voraussetzt (Ü 1.5.3). Zum Nachweis der Eindeutigkeit der Zerlegungen (1.52a,b) sei auf Ü 1.5.4 verwiesen.

Das *polare Zerlegungstheorem* kann recht anschaulich gedeutet werden. Dazu ersetzt man den *Deformationsgradienten* in (1.16a) durch seine polaren Zerlegungen (1.52a,b), so dass die Abbildung eines Linienelementvektors (Bild 1.3) als Hintereinanderschaltung von *Streckung* und *Rotation* bzw. *Rotation* und *Streckung* gedeutet werden kann:

$$\left.\begin{array}{l} d\xi_i = U_{ij}da_j \\ dx_i = R_{ij}d\xi_j \end{array}\right\} \Rightarrow \boxed{dx_i = R_{ip}U_{pj}da_j} \qquad (1.55a)$$

$$\left.\begin{array}{l} d\eta_i = R_{ij}da_j \\ dx_i = V_{ij}d\eta_j \end{array}\right\} \Rightarrow \boxed{dx_i = V_{ip}R_{pj}da_j} . \qquad (1.55b)$$

Diese Transformationen sind in Bild 1.6 veranschaulicht.

Im linken Teil des Bildes 1.6 wird der Vektor d**a** zunächst vermöge der linearen Transformation **U** auf den Vektor dξ abgebildet, der infolge **R** eine starre Drehung erfährt. Abschließend wird eine Verschiebung von P_0 nach P vorgenommen. Alternativ kann dieselbe Bewegung, d.h. die Abbildung d**x** = **F** d**a** durch Hintereinanderschalten von *Translation* ($P_0 \to P$), *Rotation* infolge **R** und *Streckung* vermöge des linearen Operators **V** zusammengesetzt werden, wie im rechten Teil des Bildes 1.6 angedeutet. Die Translation ändert einen materiellen Vektor und auch seine rechtwinkligen Komponenten bezüglich eines gemeinsamen Koordinatensystems nicht. In *krummlinigen Koordinaten* ändern sich jedoch die *ko-* und *kontravarianten Komponenten* eines Vektors bei einer Translation.

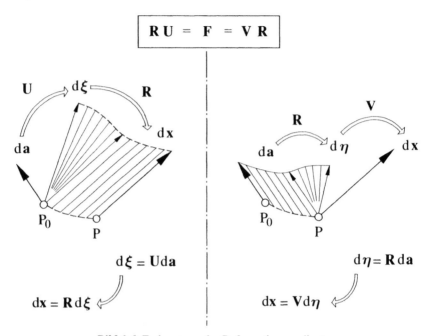

Bild 1.6 Zerlegungen des Deformationsgradienten

Die allgemeine Bezeichnung *Streckung*, die man für die linearen Transformationen U und V verwendet, ist einleuchtend, wenn man das *polare Zerlegungstheorem* (1.52a,b) an der Bewegung eines Elementarquaders erläutert, dessen Kanten mit den Hauptachsen des Tensors U zusammenfallen, wie in den Bildern 1.7a,b angedeutet.

Der Quader wird zunächst vermöge U in den Hauptrichtungen m_I, m_{II}, m_{III} gestaucht bzw. gedehnt (Streckung) und danach durch starre Drehung R in die Endlage gebracht, wenn man die Zerlegung $F = R U$ betrachtet. Die zur besseren Übersicht vorgenommene Translation hat in dieser Betrachtung keine Bedeutung. In der Zerlegung $F = V R$ erfährt der Quader (nach der Translation) zunächst die starre Drehung und anschließend Stauchungen bzw. Dehnungen in den Hauptrichtungen n_I, n_{II}, n_{III} des Tensors V, wie in Bild 1.7b verdeutlicht.

1.5 Anwendung des polaren Zerlegungstheorems

Die in den Bildern 1.7a,b gestrichelt eingezeichneten Körper sind Zwischenabbildungen.

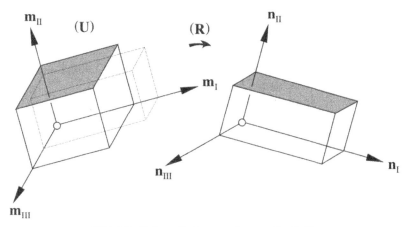

Bild 1.7a Polares Zerlegungstheorem $F = R\, U$

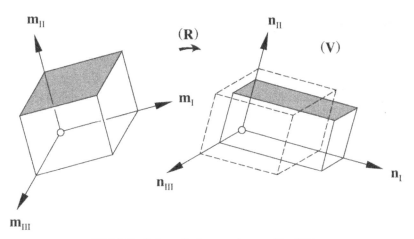

Bild 1.7b Polares Zerlegungstheorem $F = V\, R$

Die Tensoren U und V besitzen dieselben Hauptwerte; jedoch sind ihre Hauptachsen infolge R gegeneinander verdreht:

$$\boxed{n_i^{(\alpha)} = R_{ij} m_j^{(\alpha)} \quad ; \quad \alpha = I, II, III}, \tag{1.56}$$

wie in Ü 1.5.6 nachgewiesen wird.

Zusammenfassend kann man den Bildern 1.6 und 1.7a,b entnehmen, dass die linearen Operatoren **U** und **V** im Allgemeinen allen Linienvektoren d**a** in P_0 und d**η** in P neben einer Längenänderung auch eine Richtungsänderung verleihen. Hiervon sind Linienelementvektoren in den Hauptrichtungen $m_i^{(\alpha)}$, $n_i^{(\alpha)}$, α = I, II, III, der Tensoren **U**, **V** ausgenommen. Diese Vektoren erfahren durch **U** bzw. **V** nur Längenänderungen, während ihre starre Drehung durch **R** hervorgerufen wird.

Übungsaufgaben

1.5.1 Man zeige, dass der Tensor **R** in den polaren Zerlegungen (1.52a,b) *eigentlich orthogonal* ist. Welche Folgerung ergibt sich hieraus?

1.5.2 Man erläutere die Bezeichnung *polare* Zerlegung.

1.5.3 Unter Voraussetzung der Orthogonalität (1.53) und der Symmetrie $\mathbf{U} = \mathbf{U}^T$ folge man aus der Zerlegung (1.52a) die Zerlegung (1.52b). Die Rechnung führe man in Matrizen- und Indexschreibweise durch.

1.5.4 Man zeige, dass die Zerlegungen (1.52a,b) *eindeutig* sind.

1.5.5 Man zeige, dass die Tensoren **U** und **V** der Zerlegungen (1.52a,b) dieselben Hauptwerte besitzen.

1.5.6 Aus der Tatsache, dass die Hauptwerte des Tensors **V** mit den Hauptwerten des Tensors **U** übereinstimmen, folgere man die Beziehung (1.56). Umgekehrt schließe man von (1.56) auf übereinstimmende Hauptwerte.

1.5.7 Man leite einen Zusammenhang zwischen dem „rechten" und „linken" CAUCHY-GREEN-Tensor (1.54a,b) her.

1.5.8 Man wende auf die Bewegung $x_1 = \sqrt{3}a_1$, $x_2 = 2a_2$, $x_3 = \sqrt{3}a_3 - a_2$ das polare Zerlegungstheorem an.

1.5.9 Man diskutiere das polare Zerlegungstheorem bei kleinen Verzerrungen und Rotationen.

1.5.10 Man wende das polare Zerlegungstheorem auf die Scherbewegung $x_1 = a_1 + Ka_2$, $x_2 = Ka_1 + a_2$, $x_3 = a_3$ an. Welche Einschränkung gilt für K?

1.6 Logarithmische Verzerrungstensoren als isotrope Tensorfunktionen

Zur Beschreibung der endlichen Verformung eines Zugstabes der Anfangslänge ℓ_0 und der augenblicklichen Länge ℓ wird die *effektive Dehnung*

$$\varepsilon_{\text{eff}} := \int_{\ell_0}^{\ell} \frac{d\ell^*}{\ell^*} = \ln \frac{\ell}{\ell_0} \equiv \ln(1+\varepsilon) \quad (1.57)$$

benutzt, die man auch als *wahre Dehnung, natürliche Dehnung* oder *logarithmische Dehnung* bezeichnet und die von LUDWIK (1909) eingeführt wurde. Als tensorielle Verallgemeinerungen von (1.57) sind die Definitionen

$$\boxed{\mathbf{G} := \ln \mathbf{U}} \quad , \quad \boxed{\mathbf{H} := \ln \mathbf{V}} \quad (1.58\text{a,b})$$

naheliegend. Diese Funktionen haben einen Sinn, da die symmetrischen Tensoren $\mathbf{U}$ und $\mathbf{V}$, die durch (1.54a,b) bestimmt werden, *positiv definit* sind (Ü 1.2.4) und somit nur positive reelle Hauptwerte besitzen. Da nach Ü 1.5.5 die Tensoren $\mathbf{U}$ und $\mathbf{V}$ dieselben Hauptwerte haben, stimmen auch die entsprechenden Werte G_I, H_I usw. überein. Unter Berücksichtigung von (1.25b), (1.33b) und (1.54a,b) lassen sich die Argumente in (1.58a,b) auch gemäß $\mathbf{U} = \sqrt{\boldsymbol{\delta} + 2\boldsymbol{\lambda}}$ und $\mathbf{V} = 1/\sqrt{\boldsymbol{\delta} - 2\boldsymbol{\eta}}$ ausdrücken, so dass für die Hauptwerte

$$U_I = \sqrt{1 + 2\lambda_I} \text{ usw.,} \quad V_I = 1/\sqrt{1 - 2\eta_I} \text{ usw.} \quad (1.59\text{a,b})$$

gilt. In (1.57) ist $\varepsilon = \Delta\ell/\ell_0$ die *Nenndehnung* eines Zugstabes. In Ü 1.3.2 werden Nenndehnungen von Linienelementvektoren in ihrer Anfangs- bzw. Endlage betrachtet und durch den LAGRANGEschen bzw. EULERschen Verzerrungstensor ausgedrückt. Wendet man diese Zusammenhänge, d.h. die Beziehungen (*) und (**) aus Ü 1.3.2 auf die in den Bildern 1.7a,b eingetragenen Hauptrichtungen $\mathbf{m}_I$ usw. der Anfangslage (vor der Drehung) und die Hauptrichtungen $\mathbf{n}_I$ usw. der Endlage (nach der Drehung) an, so erhält man in Verbindung mit (1.59a,b) die Hauptwerte

$$U_I = 1 + \varepsilon_I \equiv \left(\frac{\ell}{\ell_0}\right)_{\mathbf{m}_I} \quad , \quad V_I = 1 + \varepsilon_I \equiv \left(\frac{\ell}{\ell_0}\right)_{\mathbf{n}_I} \quad . \quad (1.60\text{a,b})$$

Die Hauptwerte der Tensoren **U** und **V** in den polaren Zerlegungen (1.52a,b) können somit als „Hauptstreckungen" gedeutet werden, die vor der Drehung (Anfangslage; Bild 1.7a) bzw. nach der Drehung (Endlage; Bild 1.7b) erfolgen. Mit den „Hauptstreckungen" (1.60a,b) erhält man aus (1.58a,b) die Hauptdehnungen $G_I = H_I = \ln(1+\varepsilon_I)$, die im Sinne von (1.57) *effektive Dehnungen* sind. Somit sind die Definitionen (1.58a,b) naheliegend, die oben nur im Hauptachsensystem diskutiert wurden. Die Darstellung als *isotrope Tensorfunktion* wird im Folgenden erörtert.

Es sei $Y_{ij} = f_{ij}(\mathbf{X}) = Y_{ji}$ eine tensorwertige Funktion von einem symmetrischen Argumenttensor $(X_{ij} = X_{ji})$; dann kann aufgrund des HAMILTON-CAYLEYschen Theorems eine Polynomdarstellung dieser Funktion nur vom Höchstgrad n = 2 in **X** sein:

$$Y_{ij} = \varphi_0 \delta_{ij} + \varphi_1 X_{ij} + \varphi_2 X_{ij}^{(2)}. \tag{1.61}$$

Darin sind φ_0, φ_1, φ_2 skalarwertige Funktionen der *Integritätsbasis*, d.h. der *irreduziblen Invarianten* des Argumenttensors **X**, die man durch seine Hauptwerte ausdrücken kann. Eine tensorwertige Funktion $Y_{ij} = f_{ij}(\mathbf{X})$ wird *isotrop* genannt, wenn sie die Bedingung der *Form-Invarianz*

$$a_{ip} a_{jq} Y_{pq} = f_{ij}(a_{ip} a_{jq} X_{pq}) \triangleq \mathbf{f}(\mathbf{a X a}^T) = \mathbf{a Y a}^T \tag{1.62}$$

unter irgendeiner *orthogonalen Transformation* **a** erfüllt. Die Funktion (1.61) erfüllt diese Bedingung und ist somit eine *isotrope Tensorfunktion*. Die Definition einer isotropen Tensorfunktion kann auch folgendermaßen formuliert werden:

> Eine tensorwertige Funktion von einem symmetrischen Argumenttensor ist dann und nur dann eine isotrope Tensorfunktion, wenn sie sich in der Form (1.61) darstellen lässt.

Die logarithmischen Verzerrungstensoren (1.58a,b) lassen sich in der Standartform (1.61) darstellen:

$$\boxed{G_{ij} = \sum_{\nu=0}^{2} \varphi_\nu U_{ij}^{(\nu)}} \quad , \quad \boxed{H_{ij} = \sum_{\nu=0}^{2} \varphi_\nu V_{ij}^{(\nu)}} \tag{1.63a,b}$$

und sind somit *isotrope Tensorfunktionen*. Die Bestimmung der skalaren Funktionen φ_ν erfolgt durch Einsetzen der *LUDWIK-Dehnungen* $G_I = H_I = \ln U_I$ in (1.63):

1.6 Logarithmische Verzerrungstensoren als isotrope Tensorfunktionen

$$\left.\begin{aligned} \ln U_I &= \varphi_0 + \varphi_1 U_I + \varphi_2 U_I^2, \\ \ln U_{II} &= \varphi_0 + \varphi_1 U_{II} + \varphi_2 U_{II}^2, \\ \ln U_{III} &= \varphi_0 + \varphi_1 U_{III} + \varphi_2 U_{III}^2. \end{aligned}\right\} \quad (1.64)$$

Die Auflösung dieses linearen Gleichungssystems nach der CRAMERschen Regel führt auf das Ergebnis:

$$\varphi_0 = \sum_{\alpha=I}^{III} \omega_\alpha U_{(\alpha+I)} U_{(\alpha+II)} \ln U_\alpha \qquad (1.65a)$$

$$\varphi_1 = -\sum_{\alpha=I}^{III} \omega_\alpha (U_{(\alpha+I)} + U_{(\alpha+II)}) \ln U_\alpha \qquad (1.65b)$$

$$\varphi_2 = \sum_{\alpha=I}^{III} \omega_\alpha \ln U_\alpha \qquad (1.65c)$$

Darin sind zur Abkürzung die von den Funktionswerten $\ln U_\alpha$ unabhängigen Produkte ω_α gemäß

$$\omega_\alpha := \prod_{\substack{\beta=I \\ \beta \neq \alpha}}^{III} 1/(U_\alpha - U_\beta) \qquad (1.66)$$

definiert. Eine andere Darstellung als (1.63) ist durch

$$G_{ij} = \sum_{\alpha=I}^{III} {}^\alpha L_{ij} \ln U_\alpha \qquad (1.67)$$

gegeben mit den Tensorpolynomen

$${}^\alpha L_{ij} := \omega_\alpha \left(U_{ik} - U_{(\alpha+I)} \delta_{ik} \right)\left(U_{kj} - U_{(\alpha+II)} \delta_{kj} \right). \qquad (1.68)$$

Diese Darstellung ist eine tensorielle Erweiterung der *LAGRANGEschen Interpolationsformel* (Ziffer 12.2.5). Bei dieser Betrachtungsweise werden die Hauptwerte U_α, $\alpha = I, II, III$ als „Stützstellen" und die LUDWIK-Dehnungen $G_\alpha = \ln U_\alpha$ als vorgeschriebene „Stützwerte" aufgefasst. Wegen (1.66) können die skalaren Funktionen φ_ν nur bei unterschiedlichen Hauptwerten $U_I \neq U_{II} \neq U_{III} \neq U_I$ in der angegebenen Weise (1.65a,b,c) bestimmt werden. Fallen zwei Hauptwerte zusammen, etwa $U_I = U_{II} \neq U_{III}$, so ist die Ableitung an der entsprechenden „Stützstelle" mit heranzuziehen (Ziffer 12.2.5). Sind alle drei Hauptwerte gleich, $U_I = U_{II} = U_{III} \equiv U$, so ist **U** ein Kugeltensor $U_{ij} = U\,\delta_{ij}$, so dass sich der *logarithmische Verzerrungstensor* zu $G_{ij} = \delta_{ij} \ln U$ vereinfacht.

Wie oben gezeigt, lassen sich die *logarithmischen Verzerrungstensoren* (1.58a,b) gemäß (1.63a,b) in der Standartform (1.61) einer isotropen Tensorfunktion darstellen. Man hätte auch zuerst die Bedingung (1.62) der Form-Invarianz für den tensorwertigen Logarithmus **Y** = ln **X** nachweisen können (Ü 1.6.4), um daraus auf die Darstellung (1.61) schließen zu können (Ü 1.6.5).

Schließlich sei noch folgendes vermerkt. Gegenüber anderen Verzerrungstensoren (Tabelle 1.1) bieten die *logarithmischen Verzerrungstensoren* (1.58a,b), auch HENCKYsche *Verzerrungstensoren* genannt (SEDOV, 1966; LEHMANN, 1972), den Vorteil, dass sie sich additiv in *Volumenänderungen* und *Gestaltänderungen* aufspalten lassen (Ü 1.6.1). Diese Aufspaltung entspricht einer Tensorzerlegung in *Deviator* und *Kugeltensor*. Darin ist der Deviator für die *Gestaltänderung* und der Kugeltensor für die *Volumenänderung* verantwortlich. Dieser Sachverhalt wird auch in einigen Übungsaufgaben bei BETTEN (1987a) verdeutlicht.

Übungsaufgaben

1.6.1 Man bilde die Spur eines logarithmischen Tensors **Y** = ln **X** und wende das Ergebnis auf die logarithmischen Verzerrungstensoren (1.58a,b) an. Welche Schlußfolgerung ergibt sich?

1.6.2 Man formuliere die effektiven Dehnungen bei ebener zylindrischer Aufweitung.

1.6.3 Aus der Übereinstimmung der Hauptwerte (1.59a,b) folgere man die Ergebnisse aus Ü 1.3.5.

1.6.4 Man zeige, dass die Funktion **G** = ln **U** die Bedingung (1.62) der Form-Invarianz erfüllt.

1.6.5 Aus der Bedingung (1.62) der Form-Invarianz folgere man die Darstellung (1.61).

1.6.6 Man formuliere den logarithmischen Verzerrungstensor **G** = ln **U** für die Blechbiegung. Welche Vereinfachung ergibt sich bei inkompressiblem Werkstoffverhalten?

1.6.7 Es seien $\left(U_\alpha^{2m} - 1\right)/(2m) = f(U_\alpha)$, α = I, II, III, Hauptdehnungen mit $f(1) = 0$, $f'(1) = 1$. Man diskutiere die Fälle $m = \pm 1$, $m = 1/2$ und $m = 0$.

1.7 Zur Bestimmung der Hauptdehnungen

Gesucht werden die Richtungen (Hauptrichtungen), in denen die Dehnungen extremal werden. Zur Lösung dieses *Hauptachsenproblems* (BETTEN, 1987a) kann man folgendermaßen vorgehen. Betrachtet man beispielsweise den klassischen Verzerrungstensor, so gilt aufgrund seines Tensorcharakters (Ü 1.4.1):

$$\varepsilon^*_{ij} = a_{ip} a_{jq} \varepsilon_{pq}. \tag{1.69}$$

Daraus erhält man z.B. für $i = j = 1$ den Wert

$$\begin{aligned}\varepsilon^*_{11} &= \varepsilon_{11} a^2_{11} + \varepsilon_{22} a^2_{12} + \varepsilon_{33} a^2_{13} + \\ &\quad + 2\varepsilon_{12} a_{11} a_{12} + 2\varepsilon_{13} a_{11} a_{13} + 2\varepsilon_{23} a_{12} a_{13}.\end{aligned} \tag{1.70}$$

Aufgrund der *Orthonormierungsbedingungen* $a_{ik} a_{jk} = \delta_{ij}$ besteht zwischen den Richtungskosinussen (a_{11}, a_{12}, a_{13}) in (1.70) der Zusammenhang

$$a^2_{11} + a^2_{12} + a^2_{13} - 1 = 0. \tag{1.71}$$

Die Richtung (a_{11}, a_{12}, a_{13}), für die ε^*_{11} extremal wird, kann aus der Forderung

$$\partial \varepsilon^*_{11}/\partial a_{11} = \partial \varepsilon^*_{11}/\partial a_{12} = \partial \varepsilon^*_{11}/\partial a_{13} = 0 \tag{1.72}$$

bestimmt werden. Dabei ist der Zusammenhang (1.71) als Nebenbedingung zu erfüllen. In (1.70) kann a_{13} wegen (1.71) eliminiert werden, so dass dann ε^*_{11} nur noch eine Funktion von zwei Variablen (a_{11}, a_{12}) ist, für die man die Extremwerte zu bestimmen hat. Diese Vorgehensweise ist umständlich. Eleganter ist die *LAGRANGEsche Multiplikatorenmethode*. Danach geht man von einer Funktion (Anhang)

$$\Phi := \varepsilon^*_{11} - \varepsilon\left(a^2_{11} + a^2_{12} + a^2_{13} - 1\right) \tag{1.73}$$

aus, in der die unbestimmte Konstante ε als *LAGRANGEscher Multiplikator* bezeichnet wird. Die Extremalwerte dieser Funktion fallen mit denen von

(1.70) zusammen, wenn (1.71) erfüllt wird. Somit fordert man $\partial\Phi/\partial a_{11} = \partial\Phi/\partial a_{12} = \partial\Phi/\partial a_{13} = 0$ und erhält unter Berücksichtigung von (1.70) das homogene lineare Gleichungssystem (Anhang):

$$\left.\begin{array}{rcl}(\varepsilon_{11}-\varepsilon)a_{11} + \varepsilon_{12}a_{12} + \varepsilon_{13}a_{13} &=& 0 \\ \varepsilon_{12}a_{11} + (\varepsilon_{22}-\varepsilon)a_{12} + \varepsilon_{23}a_{13} &=& 0 \\ \varepsilon_{13}a_{11} + \varepsilon_{23}a_{12} + (\varepsilon_{33}-\varepsilon)a_{13} &=& 0 \end{array}\right\} \quad (1.74)$$

Wegen der Nebenbedingung (1.71) ist die triviale Lösung $a_{11} = a_{12} = a_{13} = 0$ auszuschließen, so dass nach der CRAMERschen Regel die Koeffizientendeterminante in (1.74) verschwinden muss. Das führt auf eine kubische Gleichung, die so genannte *charakteristische Gleichung*

$$\boxed{\varepsilon^3 - J_1\varepsilon^2 - J_2\varepsilon - J_3 = 0} \quad (1.75)$$

des Verzerrungstensors ε_{ij} zur Bestimmung der *charakteristischen Zahlen* (Hauptwerte) $\varepsilon_I, \varepsilon_{II}, \varepsilon_{III}$. Die Größen

$$J_1 := \varepsilon_{kk}, \quad J_2 := -\varepsilon_{i[i]}\varepsilon_{j[j]}, \quad J_3 := \varepsilon_{i[i]}\varepsilon_{j[j]}\varepsilon_{k[k]} \quad (1.76\text{a,b,c})$$

sind die irreduziblen Invarianten des Verzerrungstensors. Die eingeklammerten Indizes in (1.76b,c) unterliegen der *Alternierungsvorschrift* (Ü 1.7.1). Man kann die Invarianten (1.76a,b,c) als *Spur, negative Summe der Hauptminoren* und *Determinante* des quadratischen Schemas (ε_{ij}) deuten.

Im Hauptachsensystem erhält man die Ausdrücke

$$J_1 = \varepsilon_I + \varepsilon_{II} + \varepsilon_{III}, \quad -J_2 = \varepsilon_I\varepsilon_{II} + \varepsilon_{II}\varepsilon_{III} + \varepsilon_{III}\varepsilon_I, \quad J_3 = \varepsilon_I\varepsilon_{II}\varepsilon_{III},$$

die man als *elementare symmetrische Funktionen* der drei Hauptdehnungen deuten kann (BETTEN, 1987a). Jede symmetrische (d.h. von der Nummerierung der Variablen unabhängige) Funktion der drei Hauptdehnungen $\varepsilon_I, \varepsilon_{II}, \varepsilon_{III}$ ist eine Invariante, die man durch $J_1, -J_2$ und J_3 darstellen kann. Daher nennt man diese drei Größen die *elementaren symmetrischen Funktionen*. Sie bilden das *irreduzible Invariantensystem* des Tensors (ε_{ij}) zweiter Stufe (BETTEN, 1987a).

Im Gegensatz zu (1.76b) definieren viele Autoren die quadratische Invariante J_2 als positive Summe der Hauptminoren. Dann muss in (1.75) vor J_2

1.8 Gestaltänderung und Volumenänderung

ein positives Vorzeichen stehen. Für Anwendungen in der Plastomechanik ist die hier gewählte Definition jedoch zweckmäßiger.

Übungsaufgaben

1.7.1 Man führe die Alternierung in (1.76b,c) aus. Das Ergebnis gebe man auch in symbolischer Schreibweise an.

1.7.2 Man zeige, dass ein LAGRANGEscher Multiplikator in (1.73) mit einem Extremwert von (1.70) übereinstimmt.

1.7.3 Man ermittle die Hauptdehnungen ε_I, ε_{II} und deren Richtungen aus den Messdaten ε_0, ε_{45}, ε_{90}, die mit Hilfe einer „45°-Rosette" experimentell bestimmt wurden.

1.7.4 Mit einer „Delta-Rosette" werden an einem Punkt die Dehnungen $\varepsilon_0 \equiv \varepsilon_{11}$, ε_{60}, ε_{120} gemessen. Man ermittle ε_{22} und ε_{12}.

1.7.5 Gesucht ist die Transformationsmatrix (a_{ij}), die einen Tensor (A_{ij}) auf Hauptachsen transformiert.

1.8 Gestaltänderung und Volumenänderung

Die Verformung eines Volumenelementes setzt sich aus einer *Gestaltänderung* (*Distorsion*) und einer *Volumenänderung* (*Dilatation*) zusammen. Je nach Werkstoff und Beanspruchungszustand kann die eine oder andere Art überwiegen. Durch die additive Aufspaltung des Verzerrungstensors in *Deviator* und *Kugeltensor* gemäß

$$\varepsilon_{ij} = \varepsilon'_{ij} + \frac{1}{3}\varepsilon_{kk}\delta_{ij} \qquad (1.77)$$

ist eine Trennung von Gestaltänderung ($\to \varepsilon'_{ij}$) und Volumendilatation ($\to \varepsilon_{kk}$) möglich. Um das zu zeigen, wird die *Volumendehnung* eines Elementarwürfels der Kantenlänge „1" infolge eines *hydrostatischen Beanspruchungszustandes* untersucht. Eine solche Beanspruchung ist dadurch gekennzeichnet, dass keine Gleitungen und damit verbundene Gestaltänderungen auftreten.

Im unverformten Zustand hat der betrachtete Würfel das Volumen $V_0 = 1$. Infolge einer Volumendilatation verformt er sich zu einem Quader mit den Kantenlängen $(1 + \varepsilon_I)$, $(1 + \varepsilon_{II})$, $(1 + \varepsilon_{III})$, so dass für das Endvolumen

$$V = (1+\varepsilon_I)(1+\varepsilon_{II})(1+\varepsilon_{III}) = 1 + \varepsilon_I + \varepsilon_{II} + \varepsilon_{III} + \cdots \quad (1.78)$$

und für den Volumenzuwachs

$$\Delta V = V - V_0 = \varepsilon_I + \varepsilon_{II} + \varepsilon_{III} + \cdots \quad (1.79)$$

gilt. Die Punkte stehen für Glieder, die von zweiter ($-J_2$) und dritter (J_3) Ordnung klein sind und bei kleinen Verzerrungen vernachlässigt werden können.

Entsprechend der *Nenndehnung* $\varepsilon := \Delta\ell/\ell_0$ eines Zugstabes kann die Nenndehnung eines Volumens definiert werden:

$$\varepsilon_{Vol} := \Delta V/V_0 , \quad (1.80)$$

die sich wegen (1.79), $V_0 = 1$ und unter Berücksichtigung von (1.76a,b,c) durch

$$\varepsilon_{Vol} = J_1 - J_2 + J_3 \quad (1.81)$$

ausdrücken lässt und nur bei kleinen Verzerrungen ($J_2 \to 0$, $J_3 \to 0$) mit der Spur (1.76a) des Verzerrungstensors gleichgesetzt werden kann.

Analog der effektiven Längsdehnung (1.57) kann auch eine *effektive Volumendehnung* formuliert werden:

$$(\varepsilon_{Vol})_{eff} := \int_{V_0}^{V} \frac{dV^*}{V^*} = \ln\frac{V}{V_0} = \ln(1+\varepsilon_I)(1+\varepsilon_{II})(1+\varepsilon_{III}), \quad (1.82a)$$

$$\boxed{(\varepsilon_{Vol})_{eff} = (\varepsilon_I)_{eff} + (\varepsilon_{II})_{eff} + (\varepsilon_{III})_{eff} \equiv (\varepsilon_{kk})_{eff}} . \quad (1.82b)$$

Dieser Zusammenhang gilt uneingeschränkt auch bei großen Verformungen. Aus obigen Ergebnissen schließt man, dass die Aufspaltung in *Deviator* und *Kugeltensor* nur dann gleichbedeutend ist mit einer additiven Trennung in *Gestaltänderung* [$\to (\varepsilon'_{ij})_{eff}$] und *Volumenänderung* [$\to (\varepsilon_{kk})_{eff}$], wenn entgegen (1.77) der effektive, d.h. der *logarithmische Verzerrungstensor* benutzt wird (Ziffer 1.6). In diesem Zusammenhang sei auch auf Ü 2.3.5 bei BETTEN (1987a) hingewiesen.

Übungsaufgaben

1.8.1 Man verifiziere den Zusammenhang (1.81).

1.8.2 Man drücke die effektive Volumendehnung (1.82a,b) durch die Hauptwerte des LAGRANGEschen bzw. EULERschen Verzerrungstensors aus. Welche Ergebnisse erhält man bei kleinen Verzerrungen?

1.8.3 Wie unterscheidet sich die Spur des LAGRANGEschen Verzerrungstensors von der effektiven Volumendehnung?

1.8.4 Gegeben ist das Verschiebungsfeld $u_1 = K(a_1^2 + a_2^2)$, $u_2 = K(2a_1a_2 + a_1^2)$, $u_3 = Ka_3^2$. Für $K = 10^{-1}$, 10^{-2} und 10^{-3} vergleiche man die Volumennenndehnung (1.81) mit der effektiven Volumendehnung (1.82) im Punkte $P = (1, 1, 1)$.

1.9 Kontinuitätsbedingung

Die *Kontinuitätsbedingung* folgt aus dem Prinzip von der Erhaltung der Masse

$$m = \iiint_V \rho \, dV = \text{const.}, \quad (1.83)$$

die zum Zeitpunkt t im *Kontrollraum* (BETTEN, 1987a) mit dem Volumen V enthalten ist (Ü 1.1.3). Danach bewirkt eine durch die Begrenzungsfläche S eines Kontrollraumes ($n_i \, dS$ orientiertes Oberflächenelement) sekündlich abfließende Masse, die man nach dem *GAUSSschen Satz* durch

$$\iint_S \rho v_i n_i \, dS = \iiint_V \partial_i (\rho v_i) \, dV \quad (1.84)$$

ausdrücken kann (v_i Geschwindigkeitsvektor; $\rho = \rho(x_i, t)$ Dichtefeld des Kontinuums; $\partial_i \equiv \partial/\partial x_i$), eine sekündliche Dichteabnahme des gesamten Kontrollraumes („Verdünnung"):

$$-\frac{\partial m}{\partial t} = -\iiint_V \frac{\partial \rho}{\partial t} dV, \quad (1.85)$$

so dass als *Massenbilanz* angeschrieben werden kann:

$$\iint_S \rho v_i n_i \, dS = -\frac{\partial m}{\partial t} = -\iiint_V \frac{\partial \rho}{\partial t} dV. \quad (1.86)$$

In Verbindung mit dem GAUSSschen Satz[2] (1.84) folgt aus (1.86):

$$\iiint\limits_V [\partial \rho/\partial t + \partial_i(\rho v_i)] dV = 0. \tag{1.87}$$

Dieser Ausdruck gilt auch für einen beliebig kleinen Kontrollraum, d.h., der Kontrollraum kann auf einen Punkt zusammengezogen werden, so dass man für jeden Punkt folgern kann:

$$\boxed{\partial \rho/\partial t + \partial_i(\rho v_i) = 0} \quad \text{bzw.} \quad \boxed{\partial \rho/\partial t + \text{div}(\rho\, v) = 0}. \tag{1.88a}$$

Diese Beziehung stellt die *Kontinuitätsbedingung* dar, die man auch durch

$$\boxed{\dot\rho/\rho + \partial_i v_i = 0} \quad \text{bzw.} \quad \boxed{\dot\rho/\rho + \text{div}\, v = 0} \tag{1.88b}$$

ausdrücken kann.

Übungsaufgaben

1.9.1 Mit den Ergebnissen aus Ü 1.1.3 und Ü 1.1.6 leite man die Kontinuitätsbedingung her.

1.9.2 Man leite das natürliche *Verzerrungsinkrement* $(d\varepsilon_{ij})_{eff} = D_{ij} dt$ aus der Kontinuitätsbedingung her. Der Tensor $D_{ij} = (\partial_i v_j + \partial_j v_i)/2$ wird *Verzerrungsgeschwindigkeitstensor* genannt (Ziffer 1.10).

1.9.3 Gegeben sei das Geschwindigkeitsfeld $v_i = K x_i/r^n$ mit $r = \sqrt{x_k x_k}$ und $K = \text{const}$. Man ermittle $\dot\rho/\rho$. Für welches n liegt Inkompressibilität vor?

1.9.4 Eine Bewegung ist durch $v_1 = K(x_1^2 - x_2^2)/r^n$, $v_2 = 2K x_1 x_2/r^n$, $v_3 = 0$ beschrieben. Man bestimme n so, dass Inkompressibilität gegeben ist.

1.10 Zerlegung des Geschwindigkeitsgradiententensors

In Bild 1.8 sind die Geschwindigkeiten benachbarter Partikel in den Punkten P und Q eingetragen. Die Richtungen der Vektoren verlaufen tangenti-

---

[2] Zur Anwendung des GAUSSschen Satzes kann eine Zerlegung des Kontrollraumes in endlich viele *regulär* begrenzte Teilvolumina erforderlich sein (BETTEN, 1987a).

1.10 Zerlegung des Geschwindigkeitsgradiententensors

al zu den Stromlinien, die sich nur bei *stationärer* Bewegung ($\partial v_i / \partial t = 0_i$) mit den Bahnlinien decken.

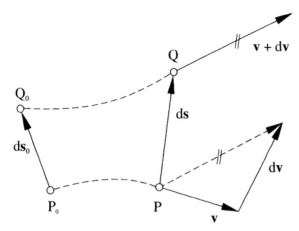

Bild 1.8 Relativgeschwindigkeit d**v**

Die *Relativgeschwindigkeit* eines Partikels im Punkte Q gegenüber einem benachbarten Teilchen in P kann durch

$$dv_i = (\partial v_i / \partial x_j) dx_j \equiv L_{ij} dx_j \qquad (1.89)$$

ausgedrückt werden. Darin sind die partiellen Ableitungen in P zu bestimmen. Der durch (1.89) definierte Tensor L_{ij} wird *Geschwindigkeitsgradiententensor* genannt. Als Tensor zweiter Stufe lässt er sich additiv in einen symmetrischen und schiefsymmetrischen Anteil gemäß

$$L_{ij} = L_{(ij)} + L_{[ij]} \equiv D_{ij} + W_{ij} \qquad (1.90)$$

zerlegen, und damit wird $dv_i = D_{ij} dx_j + W_{ij} dx_j$. Der symmetrische Anteil

$$D_{ij} = \left(\partial v_i / \partial x_j + \partial v_j / \partial x_i \right)/2 \equiv (v_{i,j} + v_{j,i})/2 \qquad (1.91)$$

wird *Verzerrungsgeschwindigkeitstensor* (*rate-of-deformation tensor*) oder auch *Streckgeschwindigkeitstensor* (*stretching tensor*) genannt. In der Literatur werden auch die Bezeichnungen d_{ij}, V_{ij} und $\dot{\varepsilon}_{ij}$ benutzt. Letztere erweckt jedoch den Eindruck, als ob D_{ij} die zeitliche Ableitung des klassischen Verzerrungstensors ε_{ij} wäre, was bei großen Verzerrungen nicht der Fall ist (Ü 1.10.1). Der schiefsymmetrische Anteil in (1.90),

$$W_{ij} = \left(\partial v_i / \partial x_j - \partial v_j / \partial x_i \right)/2, \qquad (1.92)$$

wird *Drehgeschwindigkeitstensor* (*spin tensor* oder *vorticity tensor*) genannt.

Die physikalische Deutung von **D** und **W** als *Verzerrungsgeschwindigkeit* und *Drehgeschwindigkeit* ist auch bei großen Verformungen möglich. Dass D_{ij} in der *additiven Zerlegung* (1.90) allein für die Verzerrungsgeschwindigkeit verantwortlich ist, weist man nach, indem man die zeitliche Änderung des Längenquadrates $(ds)^2 = dx_j dx_j$ in der Umgebung eines Punktes P (Bild 1.8) ermittelt:

$$\frac{d}{dt}[(ds)^2] = 2dx_i \frac{d}{dt}(dx_i) = 2dx_i \frac{\partial v_i}{\partial a_k} da_k = 2dx_i \frac{\partial v_i}{\partial x_j} \frac{\partial x_j}{\partial a_k} da_k.$$

Wegen $\partial v_i / \partial x_j \equiv v_{i,j}$ und $(\partial x_j / \partial a_k) da_k = dx_j$ folgt weiter:

$$\frac{d}{dt}[(ds)^2] = 2dx_i v_{i,j} dx_j \equiv 2L_{ij} dx_i dx_j = 2(D_{ij} + W_{ij}) dx_i dx_j.$$

Da der Tensor **W** schiefsymmetrisch ist ($W_{ij} = -W_{ji}$), verschwindet der Term $W_{ij} dx_i dx_j$ identisch, so dass schließlich das Ergebnis

$$\boxed{\frac{d}{dt}[(ds)^2] = 2D_{ij} dx_i dx_j} \qquad (1.93)$$

gefunden wird. Dieses besagt, dass in der Umgebung eines betrachteten Punktes P (Bild 1.8) die zeitliche Änderung des Abstandsquadrates zu einem benachbarten Partikel Q allein durch den Tensor $D_{ij} = D_{ij}(x_p;t)$ bestimmt wird. Im Sonderfall $D_{ij} = 0_{ij}$ liegt in der Umgebung von P eine Starrkörperbewegung vor, die durch den Tensor W_{ij} beherrscht wird. Aus diesem Grunde wird ein Geschwindigkeitsfeld *drehungsfrei* (*irrotational*) genannt, wenn der *Spintensor* (1.92) überall im Feld verschwindet.

Aufgrund der *Schiefsymmetrie* ($W_{ij} = -W_{ji}$) kann dem Tensor (1.92) ein *dualer Vektor* **w** zugeordnet werden, und es gilt:

$$\boxed{w_i = -\varepsilon_{ijk} W_{jk}/2} \Leftrightarrow \boxed{W_{ij} = -\varepsilon_{ijk} w_k}. \qquad (1.94)$$

Weiterhin kann man den dualen Vektor **w** der *Winkelgeschwindigkeit* durch den *Rotor des Geschwindigkeitsfeldes* ausdrücken:

1.10 Zerlegung des Geschwindigkeitsgradiententensors 67

$$\boxed{w_i = \frac{1}{2}\varepsilon_{ijk}\nabla_j v_k} \quad \text{bzw.} \quad \boxed{\mathbf{w} = \frac{1}{2}\operatorname{rot}\mathbf{v} \equiv \frac{1}{2}\nabla\times\mathbf{v}}. \quad (1.95)$$

Mit (1.94) und (1.95) vergleiche man die analogen Zusammenhänge (1.50) und (1.51), die in Ü 1.4.6 bestätigt werden.

Übungsaufgaben

1.10.1 Man vergleiche die *materielle Zeitableitung* des *infinitesimalen LAGRANGE-schen Verzerrungstensors* (1.36a) und des *klassischen Verzerrungstensors* (1.36b) mit dem *Verzerrungsgeschwindigkeitstensor* (1.91).

1.10.2 Ein Bewegungsvorgang im Kontinuum ist gegeben durch $x_1 = a_1$, $x_2 = [(a_2 + a_3)e^t + (a_2 - a_3)e^{-t}]/2$, $x_3 = [(a_2 + a_3)e^t - (a_2 - a_3)e^{-t}]/2$. Man ermittle den Geschwindigkeitsvektor in der LAGRANGEschen und EULERschen Form. Wie unterscheidet sich die materielle Zeitableitung des klassischen Verzerrungstensors von dem Verzerrungsgeschwindigkeitstensor? Ebenfalls untersuche man diesen Unterschied für die Bewegung nach Ü 1.1.2.

1.10.3 Man ermittle die materielle Zeitableitung des Verzerrungsmaßes $ds^2 - ds_0^2$ in LAGRANGEschen und EULERschen Koordinaten. Die Ergebnisse benutze man zu einem Vergleich mit dem *Geschwindigkeitsgradiententensor*. Ferner gebe man an, wann eine *Starrkörperbewegung* vorliegt.

1.10.4 Man leite die Beziehung $\mathbf{L} = \dot{\mathbf{F}}\mathbf{F}^{-1}$ her.

1.10.5 Man deute die Koordinaten des Geschwindigkeitsgradiententensors geometrisch.

1.10.6 Gegeben ist das ebene Geschwindigkeitsfeld $v_1 = x_1/(1+t)$, $v_2 = x_2$, $v_3 = 0$. Man ermittle *Bahn-* und *Stromlinie*, die zum Zeitpunkt $t = t_0$ durch den Punkt (A_1, A_2, A_3) verlaufen.

1.10.7 Die durch $d^\nu(ds^2)/dt^\nu = {}^\nu A_{ij}dx_i dx_j$ definierten symmetrischen Tensoren ${}^\nu A_{ij}$, $\nu = 0, 1, 2, \ldots, \mu$ heißen *RIVLIN-ERICKSEN-Tensoren*. Man leite eine Rekursionsformel zu ihrer Bestimmung her. Welche Tensoren erhält man speziell für $\nu = 0$, $\nu = 1$ und $\nu = 2$?

1.10.8 Man wende die *OLDROYDsche Zeitableitung* auf den *EULERschen Verzerrungstensor* an.

1.11 Kompatibilitätsbedingungen

Die physikalische Bedeutung der Verträglichkeitsbedingungen besteht darin, dass in einem Kontinuum benachbarte Elemente vor, während und nach der Belastung fugenlos zusammenpassen. Berührungsflächen benachbarter Elementarquader dürfen infolge einer Deformation nicht auseinanderklaffen[3]. Der Zusammenhang kann nur bewahrt werden, wenn die Verzerrungen gewissen Bedingungen genügen, d.h. *verträglich* sind mit Verzerrungen von Nachbarelementen. Derartige *Verträglichkeitsbedingungen* sollen im Folgenden bei kleinen Verzerrungen in einem einfach zusammenhängenden Gebiet hergeleitet werden.

Dazu wird der *klassische Verzerrungstensor* betrachtet, dessen Koordinaten bei bekanntem, stetig differenzierbarem Verschiebungsfeld aus (1.36b) eindeutig bestimmt werden können. Ist hingegen der Verzerrungstensor bekannt (z.B. über Stoffgleichungen aus dem Spannungstensor), so ist das Verschiebungsfeld nicht eindeutig aus der Umkehrung bestimmbar, da der Verschiebungsvektor **u** im Gegensatz zum Verzerrungstensor ε auch die Starrkörperbewegung beinhaltet. Um durch Integration aus den 6 partiellen Differentialgleichungen (1.36b) die 3 Koordinaten des Verschiebungsvektors bestimmen zu können, müssen *Integrabilitätsbedingungen* aufgestellt werden. Dieses geschieht durch Elimination der Verschiebungen in (1.36b). Durch Differenzieren und Vertauschen von Indizes erhält man:

$$\varepsilon_{ij,kl} = (u_{i,jkl} + u_{j,ikl})/2,$$
$$\varepsilon_{kl,ij} = (u_{k,lij} + u_{l,kij})/2,$$
$$\varepsilon_{jl,ik} = (u_{j,lik} + u_{l,jik})/2,$$
$$\varepsilon_{ik,jl} = (u_{i,kjl} + u_{k,ijl})/2,$$

woraus unmittelbar die gesuchten *Verträglichkeitsbedingungen* (*Integrabilitätsbedingungen*)

$$\boxed{\varepsilon_{ij,kl} + \varepsilon_{kl,ij} - \varepsilon_{ik,jl} - \varepsilon_{jl,ik} = 0_{ijkl}} \quad (1.96)$$

folgen, denen die Koordinaten des Verzerrungstensors genügen müssen[4].

---

[3] Hierauf ist auch bei Finite-Elemente-Rechnungen, d.h. bei der Wahl von Näherungsansätzen für die Problemunbekannten (Verschiebungen) im Innern eines finiten Elementes zu achten, etwa in Form von Polynomen (Interpolationspolynome, shape functions).

[4] Die Kompatibilitätsbedingungen (1.96) folgen auch aus der Vorstellung, dass der verzerrte Raum (wie der unverzerrte) *euklidisch* ist, in dem der RIEMANNsche Krümmungstensor verschwinden muss.

1.11 Kompatibilitätsbedingungen

Da 4 freie Indizes vorhanden sind, besteht das System (1.96) aus 81 partiellen Differentialgleichungen. Schreibt man (1.96) aus, so stellt man fest, dass einige identisch sind und andere aufgrund der Symmetrien $\varepsilon_{ij,kl} = \varepsilon_{ji,kl} = \varepsilon_{ij,lk}$ ineinander übergehen. So zeigt man, dass nur 6 Gleichungen wesentlich sind (Ü 1.11.1):

$$\left.\begin{aligned} R_{11} &\equiv \varepsilon_{22,33} + \varepsilon_{33,22} - 2\varepsilon_{23,23} = 0 \\ R_{22} &\equiv \varepsilon_{33,11} + \varepsilon_{11,33} - 2\varepsilon_{31,31} = 0 \\ R_{33} &\equiv \varepsilon_{11,22} + \varepsilon_{22,11} - 2\varepsilon_{12,12} = 0 \\ R_{12} = R_{21} &\equiv \varepsilon_{23,13} + \varepsilon_{13,23} - \varepsilon_{12,33} - \varepsilon_{33,12} = 0 \\ R_{23} = R_{32} &\equiv \varepsilon_{13,12} + \varepsilon_{12,13} - \varepsilon_{23,11} - \varepsilon_{11,23} = 0 \\ R_{31} = R_{13} &\equiv \varepsilon_{12,23} + \varepsilon_{23,12} - \varepsilon_{13,22} - \varepsilon_{22,13} = 0, \end{aligned}\right\} \quad (1.97)$$

die man *ST. VENANTsche Kompatibilitätsbedingungen* nennt und durch $R_{ij} = R_{ji} = 0_{ij}$ ausdrücken kann. Diese 6 *notwendigen* und *hinreichenden* Bedingungen gewährleisten die Existenz der Verschiebungen u_i in einem einfach zusammenhängenden Gebiet; jedoch ist die Eindeutigkeit nicht gesichert, da immer eine Starrkörperbewegung überlagert werden kann, die das Verschiebungsfeld ändert, aber das Verzerrungsfeld nicht beeinflusst. Die in (1.97) definierten Größen R_{ij} können als Koordinaten eines symmetrischen Tensors zweiter Stufe (*Inkompatibilitätstensor*) aufgefasst werden:

$$\boxed{R_{ij} := \varepsilon_{ipr}\varepsilon_{jqs}\varepsilon_{pq,rs}}, \quad (1.98)$$

dessen Divergenz der *Nullvektor* ist:

$$\boxed{R_{ij,j} = 0_i} \quad \Rightarrow \quad \left\{\begin{aligned} R_{11,1} + R_{12,2} + R_{13,3} &= 0 \\ R_{21,1} + R_{22,2} + R_{23,3} &= 0 \\ R_{31,1} + R_{32,2} + R_{33,3} &= 0, \end{aligned}\right\} \quad (1.99)$$

wie in Ü 1.11.2 nachgewiesen wird. In der RIEMANNschen Geometrie sind die Identitäten (1.99) als *BIANCHI-Formeln* bekannt. Aufgrund dieser Identitäten stellt (1.97) kein System von 6 unabhängigen Gleichungen dar. Es muss jedoch betont werden, dass weder die Bedingungen

$$R_{11} = R_{22} = R_{33} = 0 \quad (1.100a)$$

allein, noch

$$R_{12} = R_{23} = R_{13} = 0 \quad (1.100b)$$

allein hinreichend sind, die *Kompatibilität* der Verzerrungen zu sichern. Man kann zeigen (WASHIZU, 1957), dass die Bedingungen (1.100a) automatisch im Innern eines einfach zusammenhängenden Gebietes erfüllt sind, wenn sie am Rande nicht verletzt sind und die Bedingungen (1.100b) im Innern erfüllt werden. Umgekehrt gilt auch: Die Bedingungen (1.100b) sind im Innern automatisch erfüllt, wenn sie am Rande nicht verletzt sind und wenn die Bedingungen (1.100a) im Innern erfüllt werden.

Formal können die *Verträglichkeitsbedingungen* (1.97) auch für den Geschwindigkeitsgradiententensor (1.91) benutzt werden, wenn man die Koordinaten ε_{ij} formal durch D_{ij} ersetzt. Wenn man sich jedoch unmittelbar mit differenzierbaren Geschwindigkeitsfeldern befasst, sind die Kompatibilitätsbedingungen unerheblich.

Übungsaufgaben

1.11.1 Man leite $R_{33} = 0$ in (1.97) her. Wie kann (1.97) allgemein hergeleitet werden?

1.11.2 Man leite die *BIANCHI-Identitäten* (1.99) her.

1.11.3 Ein ebener Verzerrungszustand sei durch $\varepsilon_{11} = a\,(x_1^2 - x_2^2)$, $\varepsilon_{22} = a x_1 x_2$, $\varepsilon_{12} = b x_1 x_2$ charakterisiert. Welcher Zusammenhang muss zwischen a und b bestehen? Man bestimme ferner das ebene Verschiebungsfeld $u_1(x_1, x_2)$, $u_2(x_1, x_2)$. Das Ergebnis ist zu diskutieren.

1.11.4 Eine längs der x_1- und x_2-Achse fest eingespannte Rechteckplatte werde durch Aufbringen einer äußeren Last beansprucht. Auf der Basis von Dehnungsmessungen werden die Ansätze $\varepsilon_{11} = a\,(x_1^2 x_2 + x_2^3)$, $\varepsilon_{22} = b x_1 x_2^2$ vorgeschlagen, die auf ihre Kompatibilität hin zu überprüfen sind. Ferner ermittle man das Verschiebungsfeld und die Gleitung γ_{12}.

1.11.5 Gegeben sei $\varepsilon_{ij} = K \begin{pmatrix} 2x_1 & x_1 + 2x_2 & 0 \\ & 2x_1 & 0 \\ \text{symm.} & & 2x_3 \end{pmatrix}$ mit einer genügend kleinen Konstanten K, so dass die Verzerrungen klein sind. Man untersuche die Kompatibilität und gebe das Verschiebungsfeld an.

1.11.6 Man untersuche, ob $\varepsilon_{11} = K\,(x_1^2 + x_2^2)$, $\varepsilon_{22} = K x_2^2$, $\varepsilon_{12} = K x_1 x_2$ ein mögliches ebenes Verzerrungsfeld ist. Das Verschiebungsfeld ermittle man so, dass das Element im Koordinatenursprung keine Verschiebung und keine Drehung erfahre.

2 Statische Grundlagen

Als statische Größen kommen der *Spannungsvektor* **p** und analog zu den Verzerrungstensoren (Ziffer 1.3) auch verschiedene *Spannungstensoren* in Betracht, die im Folgenden kurz diskutiert werden. Dagegen sollen *Momentenspannungen* vernachlässigt werden, die im COSSERAT-*Kontinuum* als Reaktion auf eine aufgezwungene Gitterkrümmung (maßgeblich ist der „Versetzungsanteil" der Gitterkrümmung) berücksichtigt werden.

2.1 Spannungsvektor

Auf einen Körper können räumlich verteilte Volumenkräfte und an der Oberfläche verteilte Flächenlasten wirken, zu denen auch Einzelkräfte zählen. Hierdurch werden im Innern des Körpers Spannungen hervorgerufen, die den Beanspruchungszustand charakterisieren. In jedem Punkt eines beanspruchten Körpers herrscht im allgemeinen ein anderer *Spannungszustand*, den man durch den Spannungstensor als Feldgröße beschreibt. Der Zugang zu dieser Größe erfolgt über den *Spannungsvektor*, der als Grenzwert $\mathbf{p} := \lim_{\Delta S \to 0} \frac{\Delta \mathbf{P}}{\Delta S} = d\mathbf{P}/dS$ definiert ist. Darin ist $\Delta \mathbf{P}$ die auf eine gedachte Schnittfläche ΔS, die einen betrachteten Punkt enthält, wirkende resultierende Schnittkraft. Somit hat der Spannungsvektor die Dimension einer Spannung [Kraft/Fläche]. Infolge der Lastverteilung über ΔS müsste neben der resultierenden Kraft auch ein Moment ($\to$ *Momentenspannungen*) berücksichtigt werden, das jedoch beim Grenzübergang $\Delta S \to dS$ verschwinden soll. In diesem Zusammenhang sei auf Spezialliteratur (JAUZEMIS, 1967) verwiesen. Jeder gedachten Schnittfläche ΔS an einer betrachteten Stelle im Körper ist ein anderer Spannungsvektor zugeordnet, so dass zu der Orts- und Zeitabhängigkeit auch die Abhängigkeit von der Normalenrichtung des Flächenelementes kommt. Mithin bilden die Spannungsvektoren kein Vektorfeld im eigentlichen Sinne. Die Gesamtheit aller Spannungsvektoren, die durch Drehung eines Flächenelementes ΔS entsteht, kennzeichnet den *Spannungszustand* im betrachteten Punkt. Es genügt jedoch, drei Spannungsvektoren bezüglich dreier orthogonaler Flächen herauszugreifen. Man kann nämlich zeigen, dass auf diese Weise die Spannungen in jedem beliebig orientierten Flächenelement durch den betrachteten Punkt angegeben werden können (Ziffer 2.2). In Bild 2.1 sind drei Flächenelemente senkrecht zu den Koordinatenachsen skizziert und die zugehörigen Spannungsvektoren durch $^1\mathbf{p}, {}^2\mathbf{p}, {}^3\mathbf{p}$ gekennzeichnet.

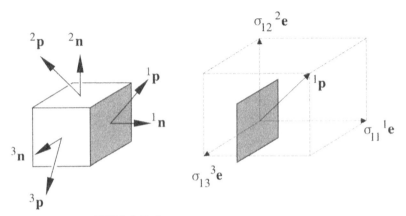

Bild 2.1 Zerlegung von Spannungsvektoren

Die Zerlegung der drei einzelnen Spannungsvektoren in jeweils drei Komponenten parallel zu den Koordinatenachsen erfolgt gemäß:

$$\left.\begin{array}{l} {}^1\mathbf{p} = \sigma_{11}{}^1\mathbf{e} + \sigma_{12}{}^2\mathbf{e} + \sigma_{13}{}^3\mathbf{e} \\ {}^2\mathbf{p} = \sigma_{21}{}^1\mathbf{e} + \sigma_{22}{}^2\mathbf{e} + \sigma_{23}{}^3\mathbf{e} \\ {}^3\mathbf{p} = \sigma_{31}{}^1\mathbf{e} + \sigma_{32}{}^2\mathbf{e} + \sigma_{33}{}^3\mathbf{e}. \end{array}\right\} \quad (2.1)$$

Diese drei Zerlegungen kann man auch folgendermaßen zusammenfassen:

$$^i\mathbf{p} = \sigma_{i1}{}^1\mathbf{e} + \sigma_{i2}{}^2\mathbf{e} + \sigma_{i3}{}^3\mathbf{e} \equiv \sigma_{ij}{}^j\mathbf{e}. \quad (2.1^*)$$

Darin sind σ_{ij}, i,j = 1, 2, 3 die Koordinaten des *Spannungstensors*. Jedem der drei Spannungsvektoren sind drei Koordinaten des Spannungstensors zugeordnet:

$$^1\mathbf{p} = (\sigma_{11}, \sigma_{12}, \sigma_{13}), \quad {}^2\mathbf{p} = (\sigma_{21}, \sigma_{22}, \sigma_{23}), \quad {}^3\mathbf{p} = (\sigma_{31}, \sigma_{32}, \sigma_{33}).$$

Diese Zuordnung kann man auch gemäß $^i\mathbf{p} = (\sigma_{i1}, \sigma_{i2}, \sigma_{i3})$ zusammenfassen oder durch $^i p_j = \sigma_{ij}$ ausdrücken. Man erkennt, dass der erste Index von σ_{ij} die Lage der Schnittebene und der zweite die Richtung der Komponente eines Spannungsvektors angibt.

In der Literatur werden die drei (verschiedenen) Basisvektoren durch die Schreibweise $e_i, i = 1,2,3$, symbolisiert. Im Gegensatz dazu kennzeichnet A_i, i = 1,2,3, die drei Koordinaten eines einzelnen Vektors **A**. Daher ist es sinnvoll, die übliche Schreibweise durch $^1e,...,^3e$ zu ersetzen (Bild 2.1), wobei die Linkszeiger als Unterscheidungsmerkmal benutzt werden. Die insgesamt neun Koordinaten der drei Basisvektoren lassen sich dann analog zu A_i gemäß $^1e_i,...,^3e_i$, i = 1,2,3 ausdrücken.

Übungsaufgaben

2.1.1 Man zeige, dass die Summe der Quadrate der drei Spannungsvektoren (2.1) unabhängig von der Orientierung der Koordinatenebenen ist.

2.1.2 Ein Zugstab mit der Querschnittsfläche F werde durch eine Längskraft vom Betrage P belastet. Man zerlege den Spannungsvektor einer um α geneigten Fläche in eine Normal- und Tangentialkomponente.

2.2 CAUCHYscher Spannungstensor

In der Werkstoffprüfung unterscheidet man *Nennspannung* (Kraft / Anfangsquerschnitt eines Zugstabes) und *wahre Spannung* (Kraft / Momentanquerschnitt). Der CAUCHYsche Spannungstensor ist in diesem Sinne ein *wahrer Spannungstensor*, der durch EULERsche Koordinaten ausgedrückt wird. Es ist naheliegend, den *Spannungszustand* in der EULERschen Betrachtungsweise zu formulieren. Dazu wird in Bild 2.2 ein differentielles *Tetraeder* in der Nachbarschaft eines Punktes der augenblicklichen Konfiguration betrachtet.

Für das Kräftegleichgewicht in x_1-Richtung gilt:

$$p_1 dS = \sigma_{11} n_1 dS + \sigma_{21} n_2 dS + \sigma_{31} n_3 dS,$$

so dass man in zyklischer Reihenfolge erhält:

$$\left.\begin{array}{l} p_1 = \sigma_{11} n_1 + \sigma_{21} n_2 + \sigma_{31} n_3 \\ p_2 = \sigma_{12} n_1 + \sigma_{22} n_2 + \sigma_{32} n_3 \\ p_3 = \sigma_{13} n_1 + \sigma_{23} n_2 + \sigma_{33} n_3 \end{array}\right\} \text{ bzw. } \boxed{p_i = \sigma_{ji} n_j} . \quad (2.2)$$

Nach dieser Beziehung kann der *Spannungsvektor* für ein beliebiges Flächenelement dS durch einen betrachteten Punkt eindeutig aus dem Spannungstensor σ_{ij} ermittelt werden. Damit ist gezeigt, dass der Spannungszustand in einem betrachteten Punkt eindeutig durch den *Spannungstensor* beschrieben wird. Mathematisch stellt die fundamentale Beziehung der Kontinuumsmechanik (2.2) eine lineare Abbildung des Vektors n_i auf den Vektor p_i dar mit σ_{ji} als linearem Operator, d.h. als Tensor zweiter Stufe (BETTEN, 1987a). Die einander entsprechenden Vektoren p_i und n_i in Bild 2.2 werden durch den Spannungstensor miteinander verknüpft.

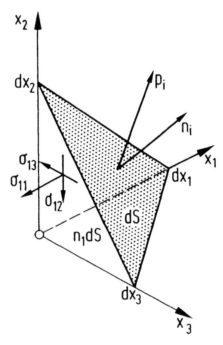

Bild 2.2 Differentielles Tetraeder, Normalenvektor n_i und Spannungsvektor p_i

Wendet man (2.1) auf die achsennormalen Flächen des Tetraeders in Bild 2.2 an, so findet man zwischen (2.1) und (2.2) eine Verknüpfung, d.h., man kann den Vektor p_i gemäß

$$p_i = {}^1p_i n_1 + {}^2p_i n_2 + {}^3p_i n_3 \qquad (2.3)$$

2.2 Cauchyscher Spannungstensor

zerlegen, wie in Ü 2.2.1 nachgewiesen wird. Wegen $\sigma_{ji} = {}^j p_i$ erhält man (2.3) auch unmittelbar aus (2.2).

Multipliziert man (2.3) mit dS, so erkennt man, dass die zu den drei achsennormalen Flächen (Bild 2.1) gehörenden Kraftvektoren ${}^1 p_i \, n_1 \, dS, \ldots,$ ${}^3 p_i \, n_3 \, dS$ mit dem Kraftvektor $p_i \, dS$ der vierten Fläche des differentiell kleinen Tetraeders (Bild 2.2) im Gleichgewicht stehen.

Als *Vorzeichenregel* für die Koordinaten des *Spannungstensors* wird Folgendes vereinbart (Bild 2.3).

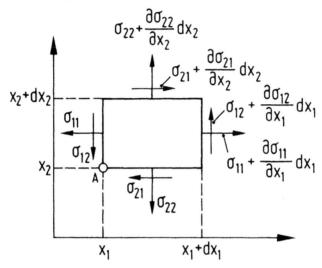

Bild 2.3 Positive Spannungen

Eine *Normalspannung* (z.B. σ_{11} oder σ_{22}) im Punkt $A(x_1, x_2)$ ist dann positiv, wenn ein Element in der Nachbarschaft von A auf Zug beansprucht wird. Eine *Schubspannung* (z.B. σ_{12}) ist dann positiv, wenn durch sie eine positive Gleitung hervorgerufen wird, d.h. wenn der rechte Winkel im Punkt A des Elementes infolge Schubbelastung abnimmt. In Bild 2.3 sind alle Spannungen positiv.

Man kann auch folgende Formulierung wählen: Spannungen sind *positiv*, wenn sie auf *positiven Schnittufern* in *positive* Richtungen zeigen, bzw. auf *negativen Schnittufern* in *negative* Richtungen zeigen. Andernfalls sind sie negativ.

Ein Schnittufer ist positiv, wenn auf ihm die nach außen gerichtete Flächennormale in die positive Koordinatenrichtung weist. So sind in Bild 2.3

die Flächen x_1 = const. und x_2 = const. negative Schnittufer, während die gegenüberliegenden Flächen positive Schnittufer darstellen.

Im *klassischen Kontinuum* wird die Gleichheit paarweise zugeordneter Schubspannungen gefordert (*BOLTZMANN-Axiom*, z.B. $\sigma_{12} = \sigma_{21}$), d.h., der *CAUCHYsche Spannungstensor* ist symmetrisch:

$$\sigma_{ij} = \sigma_{ji} \Rightarrow \sigma_{ij} = (\sigma_{ij} + \sigma_{ji})/2. \qquad (2.4)$$

An jeder Kante eines infinitesimal kleinen Quaders innerhalb eines beanspruchten Körpers sind die zugeordneten Schubspannungen gleicher Größe entweder beide zur Kante hin (Bild 2.3) oder beide von ihr weggerichtet. Die Symmetrie (2.4) folgt auch aus dem Momentengleichgewicht (Ziffer 2.4), wenn keine weiteren Spannungen existieren, wie beispielsweise *Momentenspannungen* im *COSSERAT-Kontinuum* mit $\sigma_{ij} \neq \sigma_{ji}$.

Analog zur Aufspaltung (1.77) des Verzerrungstensors ist die Zerlegung des Spannungstensors

$$\sigma_{ij} = \sigma'_{ij} + \frac{1}{3}\sigma_{kk}\delta_{ij} \qquad (2.5)$$

in *Deviator* (σ'_{ij}) und *Kugeltensor* häufig sehr nützlich, z.B. in der Plastomechanik. Der *Deviator* unterscheidet sich vom Tensor selbst nur in den Elementen der Hauptdiagonale ($\sigma'_{11} \neq \sigma_{11}, \ldots, \sigma'_{12} \equiv \sigma_{12}, \ldots$).

Ein *hydrostatischer Spannungszustand* ist dadurch gekennzeichnet, dass ein Volumenelement durch einen allseitig gleichen Druck p (*hydrostatischer Druck*) beansprucht wird. Dann ist der Spannungstensor ein *Kugeltensor*,

$$\sigma_{ij} = -p\delta_{ij}, \qquad (2.6)$$

so dass der Deviator verschwindet.

Die fundamentale Beziehung (2.2) geht mit (2.6) über in $p_i = -pn_i$, d.h., der Spannungsvektor p_i fällt in diesem Fall für jedes beliebig gedrehte Schnittelement in die Richtung des Normalenvektors n_i, und jedes Achsensystem ist ein *Hauptachsensystem*. Die *CAUCHYsche Spannungsquadrik*

$$\sigma_{ij}x_ix_j = 1 \qquad (2.7)$$

stellt dann eine Kugel dar (→*Kugeltensor*).

Ein hydrostatischer Spannungszustand (2.6) hat nur eine Volumenänderung zur Folge, wenn das Kontinuum *isotrop* ist, d.h. gleiche Festigkeitseigenschaften in allen Richtungen aufweist. Dann ist auch der Deviator allein für die *Gestaltänderung* verantwortlich. Darin liegt die physikalische

2.2 Cauchyscher Spannungstensor

Bedeutung der Zerlegung (2.5). Es muss jedoch betont werden, dass in einem *anisotropen* Werkstoff ein *hydrostatischer Spannungszustand* sehr wohl eine *Gestaltänderung* verursachen kann.

Die Symmetrie (2.4) des CAUCHYschen Spannungstensors ist von grundlegender Bedeutung für die *Hauptachsentransformation*, die im Folgenden kurz behandelt werden soll. Gesucht sind *Hauptrichtungen*, die dadurch charakterisiert sind, dass die Vektoren p_i und n_i in Bild 2.2 kollinear sind. In einer so gefundenen Fläche sind keine Schubspannungen wirksam. Mithin erhält man mit (2.2) und (2.4) aus der Forderung der *Kollinearität*:

$$\left.\begin{array}{l} p_i \stackrel{!}{=} \sigma n_i \equiv \sigma \delta_{ij} n_j \\ p_i = \sigma_{ij} n_j \end{array}\right\} \implies \boxed{(\sigma_{ij} - \sigma \delta_{ij}) n_j = 0_i} \quad . \tag{2.8}$$

Aufgrund der CRAMERschen Regel hat das homogene lineare Gleichungssystem (2.8) nur dann eine nichttriviale Lösung für n_1, n_2, n_3, wenn seine Koeffizientendeterminante verschwindet. Das führt analog zu (1.75) auf die *charakteristische Gleichung* des CAUCHYschen Spannungstensors:

$$\det(\sigma_{ij} - \sigma \delta_{ij}) \equiv 0 \implies \boxed{\sigma^3 - J_1 \sigma^2 - J_2 \sigma - J_3 = 0} \quad , \tag{2.9}$$

in der die Invarianten J_1, J_2, J_3 durch Vertauschen von ε mit σ in (1.76a,b,c) gegeben sind (Ü 1.7.1 / Ü 2.2.2).

Die Lösungen der kubischen Gleichung (2.9) sind die *charakteristischen Zahlen*, d.h. die *Hauptwerte* σ_I, σ_{II} und σ_{III} des Spannungstensors. Mit diesen Werten erhält man aus dem Gleichungssystem (2.8) die *Eigenrichtungen* (*Hauptrichtungen*) n_i^α, $\alpha = I, II, III$, gemäß

$$\boxed{\left(\sigma_{ij} - \sigma_{(\alpha)} \delta_{ij}\right) n_j^{(\alpha)} = 0_i \; ; \quad n_k^{(\alpha)} n_k^{(\alpha)} = 1; \quad \alpha = I, II, III} \quad . \tag{2.10}$$

Darin unterliegt die eingeklammerte Marke α nicht der Summationsvorschrift für Indexpaare. Die Nebenbedingung $n_k n_k = 1$ in (2.10) ist aufgrund der Homogenität des Gleichungssystems (2.8) erforderlich. Zu jedem aus (2.9) bestimmten σ_α, $\alpha = I, II, III$, erhält man aus dem Gleichungssystem (2.10) ein Zahlentripel n_j^α, $j = 1, 2, 3$. Diese drei Zahlen legen, als Richtungskosinusse aufgefasst, die dem Hauptwert σ_α entsprechende *Eigenrichtung* des *Spannungstensors* fest. Die *Eigenvektoren* stimmen mit den *Zeilenvektoren* der Transformationsmatrix überein, die den Spannungstensor auf *Diagonalform* transformiert, wie in Ü 1.7.5 gezeigt. Man beachte ebenfalls die Übungen Ü 3.2.5 und Ü 3.2.8 bei BETTEN (1987a).

Unter Voraussetzung der Symmetrie (2.4) lassen sich die folgenden beiden Sätze beweisen (BETTEN, 1987a):

❑ Ein symmetrischer Tensor zweiter Stufe besitzt nur reelle Hauptwerte.

❑ Für drei voneinander verschiedene Hauptwerte

$$\sigma_I \neq \sigma_{II} \neq \sigma_{III} \neq \sigma_I$$

sind die Hauptrichtungen eindeutig bestimmt und paarweise orthogonal, falls der Tensor symmetrisch ist.

Weitere Bemerkungen zur Hauptachsentransformation mit einer Vielzahl von gelösten Übungsaufgaben findet man beispielsweise bei BETTEN (1987a) und im Anhang.

Übungsaufgaben

2.2.1 Man weise die Beziehung (2.3) nach.

2.2.2 Man wende die *Hauptachsentransformation* **a)** auf die *Diagonalform* $\sigma_{ij} = \text{diag}\{\sigma_I, \sigma_{II}, \sigma_{III}\}$, **b)** auf den *Spannungsdeviator* an.

2.2.3 Man beweise die *Reziprozitätsbeziehung* $p_i^* n_i = p_i n_i^*$ als Folge der *Symmetrie* des CAUCHYschen Spannungstensors. Darin sind n_i, n_i^* die Orientierungen zwei beliebiger Flächenelemente durch einen Punkt und p_i, p_i^* die entsprechenden Spannungsvektoren. Man überprüfe die Beziehung auch am Tetraeder in Bild 2.2.

2.2.4 Einem hydrostatischen Spannungszustand $\sigma_{ij} = \sigma\delta_{ij}$ werde eine Torsion überlagert (Schubspannung $\sigma_{12} = 2\sigma$). Man ermittle im Punkte $Q(\sqrt{3}/2, 1/2, 1)$ den Spannungsvektor bezüglich einer Ebene, die den Zylinder $x_1^2 + x_2^2 = 1$ tangiert.

Weitere Übungsaufgaben, die man an dieser Stelle anschließen könnte, findet man bei BETTEN (1987a) mit folgender Kennzeichnung: Ü 2.1.2 / Ü 2.1.5 (*Tensorcharakter* des CAUCHYschen Spannungstensors), Ü 2.1.4 / Ü 3.3.5 (*Oktaederspannungen*), Ü 2.3.6 / Ü 2.3.7 (*CAUCHYsche Spannungsquadrik*), Ü 2.3.8 / Ü 2.3.9 / Ü 2.3.10 / Ü 3.1.4 / Ü 3.3.3 / Ü 3.3.6 / Ü 5.5.6 (*Spannungsdeviator*), Ü 3.2.2 / Ü 3.2.7 (*Hauptachsentransformation* für Spannungszustände), Ü 6.1.5 (*Hauptspannungstrajektorien*), Ü 6.2.22 (*JAUMANNsche Spannungsgeschwindigkeit*).

2.3 MOHRsche Spannungskreise

Mit Hilfe der *MOHRschen Spannungskreise* wird eine zweidimensionale graphische Darstellung *räumlicher Spannungszustände* möglich. Zur Entwicklung dieser Methode wird im betrachteten Punkt P ein Koordinatensystem gewählt, das der Hauptachsenorientierung des Spannungszustandes entspricht (Bild 2.4).

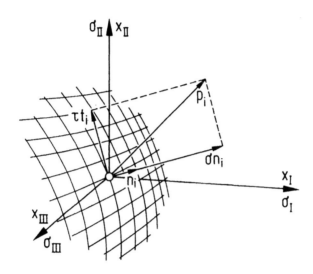

Bild 2.4 Zerlegung des Spannungsvektors

In Bild 2.4 sind n_i und t_i Einsvektoren, die normal und tangential zu einem Flächenelement dS liegen, so dass wegen $n_i t_i = 0$ aus der Zerlegung

$$p_i = \sigma n_i + \tau t_i \qquad (2.11)$$

durch Überschieben mit n_i und unter Berücksichtigung der fundamentalen Beziehung (2.2) die Koordinate

$$\sigma = p_i n_i = \sigma_{ji} n_j n_i \equiv \sigma_{ij} n_i n_j \qquad (2.12)$$

folgt. Im *Hauptachsensystem* lautet (2.12):

$$\sigma = \sigma_I n_I^2 + \sigma_{II} n_{II}^2 + \sigma_{III} n_{III}^2 \,. \qquad (2.13)$$

Aus Bild 2.4 oder Gleichung (2.11) folgert man einerseits:

$$p_i p_i = \sigma^2 + \tau^2, \qquad (2.14)$$

andererseits findet man mit (2.2):

$$p_i p_i = \sigma_{ji}\sigma_{ki} n_j n_k = \sigma_I^2 n_I^2 + \sigma_{II}^2 n_{II}^2 + \sigma_{III}^2 n_{III}^2. \qquad (2.15)$$

Die Beziehungen (2.13) bis (2.15) und $n_i n_i = 1$ führen auf das lineare Gleichungssystem

$$\left.\begin{array}{r}\sigma_I^2 n_I^2 + \sigma_{II}^2 n_{II}^2 + \sigma_{III}^2 n_{III}^2 = \sigma^2 + \tau^2 \\ \sigma_I n_I^2 + \sigma_{II} n_{II}^2 + \sigma_{III} n_{III}^2 = \sigma \\ n_I^2 + n_{II}^2 + n_{III}^2 = 1\end{array}\right\} \qquad (2.16)$$

in den Quadraten der Richtungskosinusse mit der Lösung (Ü 2.3.1):

$$n_I^2 = \frac{(\sigma - \sigma_{II})(\sigma - \sigma_{III}) + \tau^2}{(\sigma_I - \sigma_{II})(\sigma_I - \sigma_{III})}, \qquad (2.17a)$$

$$n_{II}^2 = \frac{(\sigma - \sigma_{III})(\sigma - \sigma_I) + \tau^2}{(\sigma_{II} - \sigma_{III})(\sigma_{II} - \sigma_I)}, \qquad (2.17b)$$

$$n_{III}^2 = \frac{(\sigma - \sigma_I)(\sigma - \sigma_{II}) + \tau^2}{(\sigma_{III} - \sigma_I)(\sigma_{III} - \sigma_{II})}. \qquad (2.17c)$$

Diese Gleichungen beinhalten die *MOHRschen Kreise*, die in der „Spannungsebene" (σ-τ-Ebene) dargestellt werden (Bild 2.5).

Die Größen

$$\tau_I := (\sigma_{II} - \sigma_{III})/2, \quad \ldots, \quad \tau_{III} := (\sigma_I - \sigma_{II})/2 \qquad (2.18)$$

werden *Hauptschubspannungen* genannt, deren Summe aufgrund der Definition verschwindet und deren Größen den Radien der MOHRschen Kreise entsprechen. Die Hauptschubspannungen wirken an Ebenen, die gegenüber den *Hauptspannungsebenen* um $\pi/4$ geneigt sind. Diese Winkel haben in Bild 2.5 den doppelten Wert.

Indiziert man die Hauptnormalspannungen wie in Bild 2.5 entsprechend $\sigma_I > \sigma_{II} > \sigma_{III}$, was keine Einschränkung der Allgemeinheit bedeutet, so ist der Nenner in (2.17a) positiv. Da außerdem $n_I^2 \geq 0$ gilt, muss auch der Zähler in (2.17a) positiv sein, woraus man

$$[\sigma - (\sigma_{II} + \sigma_{III})/2]^2 + \tau^2 \geq [(\sigma_{II} - \sigma_{III})/2]^2 \qquad (2.19a)$$

folgern kann.

2.3 Mohrsche Spannungskreise

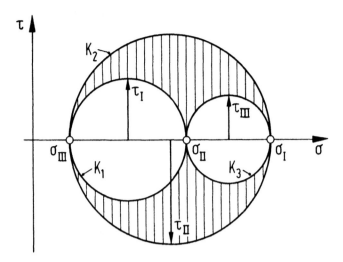

Bild 2.5 MOHRsche Spannungskreise K_1, K_2, K_3

Danach liegen Spannungsbildpunkte (σ,τ), die einen Spannungsvektor (Bild 2.4) in der σ–τ–Ebene charakterisieren, entweder **auf** dem Kreis K_1 oder **außerhalb** von K_1. Entsprechende Überlegungen führen von (2.17b,c) zu:

$$[\sigma - (\sigma_{III} + \sigma_I)/2]^2 + \tau^2 \leq [(\sigma_{III} - \sigma_I)/2]^2, \qquad (2.19b)$$

$$[\sigma - (\sigma_I + \sigma_{II})/2]^2 + \tau^2 \geq [(\sigma_I - \sigma_{II})/2]^2. \qquad (2.19c)$$

Nach (2.19b) liegen Spannungsbildpunkte **auf** dem Kreis K_2 oder **innerhalb** von K_2, während (2.19c) von Punkten (σ,τ) erfüllt wird, die **auf** dem Kreis K_3 oder **außerhalb** von K_3 liegen. Mithin wird durch (2.19a,b,c) das in Bild 2.5 *schraffierte* Gebiet erfasst, d.h., der Spannungszustand in einem Körperpunkt P (Bild 2.4) wird in Bild 2.5 durch Punkte der schraffierten Fläche charakterisiert.

Die CAUCHYsche *Spannungsquadrik* (2.7) nimmt im Hauptachsensystem die Form $\sigma_I x_I^2 + \sigma_{II} x_{II}^2 + \sigma_{III} x_{III}^2 = 1$ an. Daraus erkennt man, dass Hauptachsen geometrische Symmetrieachsen darstellen. Auch enthalten die Beziehungen (2.13) bis (2.15) nur die Quadrate der Richtungskosinusse, so dass σ und τ ihre Werte für alle Richtungen beibehalten, die man aus n_i durch Spiegelungen an Koordinatenebenen erhalten kann. Mithin genügt es, die verschiedensten Stellungen n_i eines Flächenelementes dS durch die Lage von Punkten auf einer Einskugel im ersten Oktanten des Hauptachsensystems ($n_I \geq 0, ..., n_{III} \geq 0$) zu charakterisieren, wie in Bild 2.6 angedeutet. Darin wird die Lage eines Punktes Q durch drei Kreisbögen DE, GH und LM festgelegt, auf denen jeweils **ein** Richtungskosinus von n_i konstant ist:

$$n_I \equiv n_1 = \cos\varphi_1 \quad \text{auf DE}, ..., n_3 = \cos\varphi_3 \quad \text{auf LM}.$$

Die Grenzlagen sind:

$$n_1 = \cos\pi/2 = 0 \quad \text{auf AC}, ..., n_3 = \cos\pi/2 = 0 \quad \text{auf BC}.$$

In Verbindung mit (2.19a,b,c) heißt das: Punkte, die auf dem Kreisbogen AC in Bild 2.6 liegen, wie beispielsweise G und L, stellen in Bild 2.5 Punkte des Kreises K_1 dar usw.

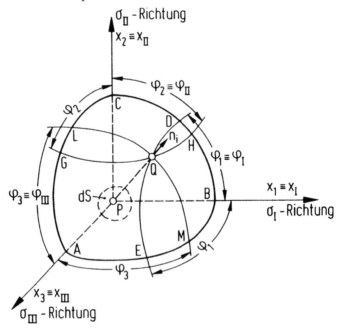

Bild 2.6 Erster Oktant einer Einskugel um P

Somit kann jedem Punkt Q auf der Einskugel in Bild 2.6, der die Stellung eines Flächenelementes dS charakterisiert („Lageplan"), ein Punkt q der MOHRschen „Spannungsebene" (σ,τ) zugeordnet werden, wie in Bild 2.7 gezeigt.

2.3 Mohrsche Spannungskreise 83

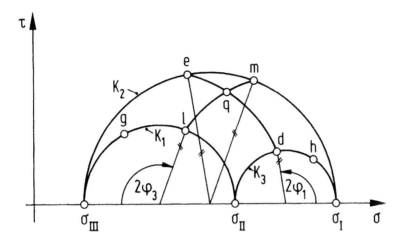

Bild 2.7 Zur Konstruktion des Punktes q(σ,τ) in der MOHRschen „Spannungsebene"

Man beachte: Da Viertelkreise des Bildes 2.6 auf Halbkreise in Bild 2.7 abgebildet werden, müssen entsprechende Winkel in Bild 2.7 gegenüber dem Lageplan (Bild 2.6) doppelt eingetragen werden.

Das MOHRsche Verfahren dient zur graphischen Ermittlung der in einer beliebig gestellten Schnittfläche dS wirkenden Spannungen (σ,τ) aus den gegebenen Hauptspannungen (σ_I, σ_{II}, σ_{III}).

In gleicher Weise kann dieses Verfahren auch zur graphischen Beschreibung des Verzerrungszustandes in einem Punkt herangezogen werden, wenn man in obigen Bildern „σ" durch „ε" und „τ" durch „γ/2" ersetzt (→*MOHRsche Dehnungskreise*). Schließlich sei noch Folgendes bemerkt. Auch wenn die Spannungen σ, τ sehr einfach aus den Formeln (2.13) bis (2.15) analytisch ermittelt werden können, geben die MOHRschen Kreise doch einen sehr anschaulichen Überblick über den Spannungszustand in einem betrachteten Körperpunkt. Dies gilt insbesondere bei *ebenen Spannungszuständen* (Ü 2.3.2), für die auch die *Hauptachsen* und *Hauptspannungen* graphisch ermittelt werden können, wenn σ_{11}, σ_{22} und σ_{12} gegeben sind. Bei räumlichen Spannungszuständen können Hauptachsen und Hauptwerte jedoch nicht aus den Koordinaten des Spannungstensors σ_{ij} graphisch ermittelt werden, da die charakteristische Gleichung (2.9) im räumlichen Fall kubisch ist und somit im allgemeinen nicht graphisch gelöst werden kann.

Übungsaufgaben

2.3.1 Man ermittle aus (2.16) die Lösung (2.17).

2.3.2 Man wende das *MOHRsche Verfahren* auf den *ebenen Spannungszustand* an.

2.3.3 Mit Hilfe der *LAGRANGEschen Multiplikatorenmethode* untersuche man die Koordinaten (σ,τ) des Spannungsvektors (2.11) auf ihre Extremwerte hin und gebe auch die entsprechenden Richtungen an.

2.3.4 Man zeige für alle Spannungsvektoren:

a) $\sigma_I \geq \sigma \geq \sigma_{III}$, wenn $\sigma_I \geq \sigma_{II} \geq \sigma_{III}$;

b) $|\sigma_I| \geq |\mathbf{p}| \geq |\sigma_{III}|$, wenn $|\sigma_I| \geq |\sigma_{II}| \geq |\sigma_{III}|$.

2.3.5 Man drücke die zweite *Deviatorinvariante* durch *Hauptschubspannungen* aus und deute das Ergebnis geometrisch.

2.3.6 Der Spannungszustand an einem Punkt ist durch $\sigma_{11} = 4$, $\sigma_{22} = -4$, $\sigma_{33} = 2$, $\sigma_{12} = 3$, $\sigma_{13} = \sigma_{23} = 0$ gegeben. Man ermittle die Koordinaten (σ,τ), die Größe und Richtung des Spannungsvektors bezüglich der Oktaederfläche im ersten Oktanten (Bild 2.6). Man vergleiche auch die Ergebnisse mit den Aussagen in Ü 2.3.4 und stelle einen Bezug zu den Invarianten J_1 und J_2' her.

2.3.7 Man zeige, dass die Richtung des Spannungsvektors mit der Richtung des Gradientenvektors an die CAUCHYsche Spannungsquadrik übereinstimmt.

2.4 Gleichgewichtsbedingungen, Bewegungsgleichungen eines Kontinuums

Kräfte, die auf einen Körper wirken, können an seiner Oberfläche und / oder an jedem Volumenelement angreifen.[1] Man unterscheidet somit zwischen *Oberflächenkräften*

$$dP_i = p_i dS \qquad (2.20)$$

(dS Oberflächenelement) und *Volumenkräften* (Massenkräften)

$$dF_i = f_i dV \qquad (2.21)$$

(f_i Dichte der Volumenkraft, dV Volumenelement). Zu den Oberflächen-

---

[1] Bei „dynamischen" Problemen sind im Sinne von NEWTON oder D´ALEMBERT auch *Beschleunigungskräfte* zu berücksichtigen, z.B. die *Zentrifugalkraft* bzw. *Fliehkraft*.

2.4 Gleichgewichtsbedingungen, Bewegungsgleichungen

kräften zählt man Kräfte, die auf Flächen der Körperbegrenzung und auf Schnittflächen (Schnittkräfte) wirken. Als Volumenkraft (volumenhafte Fernwirkung auf einen Körper durch Magnetfelder, Gravitationsfelder, Schwerefelder etc.) kann beispielsweise die *Schwerkraft*

$$dF_i = g_i \, dm = \rho g_i \, dV \qquad (2.22)$$

wirken. Dann wäre die *Volumenkraftdichte* $f_i = \rho \, g_i$ in (2.21) zu setzen.

Das Gleichgewicht verlangt, dass die Summe aller Kräfte auf den Nullvektor führt:

$$\iiint_V f_i \, dV + \iint_S p_i \, dS = 0_i. \qquad (2.23)$$

Für die weitere Rechnung wird der GAUSSsche Satz (1.84) benötigt, den man auch auf ein Dyadenfeld (hier Spannungsfeld) anwenden kann:

$$\iint_S \sigma_{ji} n_j \, dS = \iiint_V \sigma_{ji,j} \, dV. \qquad (2.24)$$

Damit kann unter Berücksichtigung der fundamentalen Beziehung (2.2) das Kräftegleichgewicht (2.23) auch durch

$$\iiint_V (f_i + \sigma_{ji,j}) \, dV = 0_i \qquad (2.25)$$

ausgedrückt werden. Weiterhin gilt (2.25) auch für einen beliebig kleinen *Kontrollraum*, d.h., der Kontrollraum kann auf einen Punkt zusammengezogen werden, so dass für jeden Punkt im Kontinuum die *Gleichgewichtsbedingungen*

$$\boxed{\sigma_{ji,j} + f_i = 0_i} \qquad (2.26)$$

erfüllt sein müssen. Darin ist $\sigma_{ji,j} \equiv \partial \sigma_{ji}/\partial x_j$ die *Divergenz des Spannungstensors*, die bei fehlenden Massenkräften verschwindet.

Bei „dynamischen" Problemen müssen neben den Volumenkräften (2.21) noch *Trägheitskräfte* (D´ALEMBERTsche „Zusatzkräfte")

$$dT_i = -\ddot{x}_i \, dm \Rightarrow T_i = -\iiint_V \rho \ddot{x}_i \, dV \qquad (2.27)$$

in (2.23) bzw. in (2.25) berücksichtigt werden, so dass in Ergänzung zu (2.26) die *Bewegungsgleichungen*

$$\boxed{\sigma_{ji,j} + f_i = \rho \ddot{x}_i} \qquad (2.28)$$

folgen,[2] die eine lokale Form der *Impulsbilanz*

$$\iint_S \sigma_{ji} n_j dS + \iiint_V f_i dV = \frac{d}{dt} \iiint_V \rho v_i dV \qquad (2.29)$$

darstellt. In dieser *Bilanzgleichung* für den Impuls ist ρv_i die *Impulsdichte*. Die Dichte der Volumenkraft f_i kann als Dichte der Impulszufuhr gedeutet werden, während $-\sigma_{ji}$ die Rolle des *Impulsflusses* spielt. Die Impulsbilanz (2.29) ist die Erweiterung des zweiten NEWTONschen Gesetzes der Punktmechanik auf ein Kontinuum und sagt aus, dass die zeitliche Änderung des Impulses in einem materiellen Volumen V gleich der auf den Körper wirkenden Kraft ist, die in eine auf die Begrenzungsfläche S wirkende Oberflächenkraft und in die auf die Teilchen innerhalb von V wirkende Volumenkraft aufgespalten werden kann.

Schließlich sei noch auf das *Momentengleichgewicht* hingewiesen, woraus im klassischen Kontinuum bei fehlenden *Momentenspannungen* die *Symmetrie des CAUCHYschen Spannungstensors* resultiert. Diese Herleitung wird ausführlich unter Ü 7.2.9 bei BETTEN (1987a) diskutiert.

Übungsaufgaben

2.4.1 Man untersuche, ob das Spannungsfeld $\sigma_{11} = A(x_1^2 - x_2^2) + x_2^2$, $\sigma_{12} = Bx_1 x_2$, $\sigma_{22} = C(x_2^2 - x_1^2) + x_1^2$, $\sigma_{23} = \sigma_{31} = 0$, $\sigma_{33} = D(x_1^2 + x_2^2)$ bei fehlenden Volumenkräften *statisch zulässig* sein kann.

2.4.3 Es sei $\sigma_{ij} = \begin{pmatrix} x_1 + x_2 & \sigma_{12}(x_1, x_2) & 0 \\ & x_1 - 2x_2 & 0 \\ \text{symm.} & & x_2 \end{pmatrix}$. Man ermittle σ_{12}, wenn keine Volumenkräfte vorhanden sind und der Nullpunkt spannungsfrei ist. Ferner be-

---

[2] Da die Bewegungsgleichungen (2.28) aus dem Kräftegleichgewicht hergeleitet sind, haben Momentenspannungen (m_i) auf sie keinen Einfluss. Mithin gilt (2.28) auch für ein COSSERAT-*Kontinuum*. Im Gegensatz dazu wird die Symmetrie des Spannungstensors aus dem Momentengleichgewicht, $\varepsilon_{ijk}\sigma_{jk} + m_i = 0_i$, bei Vernachlässigung der Momentenspannungen ($m_i = 0_i$) gefolgert.

bestimme man im Punkt P (1,1,0) die Spannungsvektoren bezüglich der Flächen x_1 = const. und x_2 = const.

2.4.2 In einem Kontinuum herrsche überall ein hydrostatischer Spannungszustand. Es sei $p = p(x_i; t)$ das Feld des hydrostatischen Druckes. Man gebe die Bewegungsgleichungen in Index- und symbolischer Schreibweise an.

2.4.4 Man zeige, dass ein ebener Spannungszustand durch $\sigma_{11} = F_{,22} + \kappa$, $\sigma_{22} = F_{,11} + \kappa$, $\sigma_{12} = -F_{,12}$ beschrieben werden kann. Darin ist $F = F(x_1, x_2)$ eine *Spannungsfunktion*, während κ ein Potentialfeld sei, so dass $\mathbf{f} = -\text{grad}\,\kappa$ gelte.

2.4.5 Es sei f_i keine Ortsfunktion. Man leite in Analogie zu Ü 1.11.1 mit $R_{33} = 0$ eine Kompatibilitätsbedingung für den ebenen Spannungszustand her.

2.4.6 Es sei T_{ij} ein symmetrisches Tensorfeld. Man untersuche, ob der Ansatz $\sigma_{ij} = \varepsilon_{ipr}\varepsilon_{jqs}T_{pq,rs}$ *statisch zulässig* ist. Welche Vereinfachung ergibt sich, wenn T_{33} allein von null verschieden ist?

2.4.7 Man leite die CAUCHYschen Bewegungsgleichungen (2.28) aus der *Impulsbilanz* (2.29) her.

2.5 Spannungstensoren nach PIOLA-KIRCHHOFF

Neben verschiedenen Verzerrungstensoren (Ziffern 1.3 und 1.6) sind auch verschiedene Definitionen für Spannungstensoren möglich. Eine übersichtliche Zusammenstellung findet man beispielsweise bei MACVEAN (1968). Es ist sicherlich naheliegend, zur Beurteilung des Spannungszustandes Flächenelemente und zugehörige Schnittkräfte in der augenblicklichen Konfiguration zu betrachten. Das führt auf eine EULERsche Beschreibungsweise von Spannungsvektoren und Spannungstensor, wie in den Ziffern 2.1 und 2.2 dargestellt. Die Statik des Kontinuums (Ziffern 2.3 und 2.4) lässt sich sehr einfach in EULERschen Koordinaten beschreiben. Zur Beschreibung des Bewegungszustandes sind jedoch LAGRANGEsche Koordinaten geeigneter, insbesondere dann, wenn die Randbedingungen auf den Anfangszustand bezogen sind. In der Elastomechanik gibt man der LAGRANGEschen Schreibweise den Vorzug, da der Anfangszustand ein natürlicher Bezugszustand ist, in den ein elastischer Körper nach jeder Belastung zurückkehrt.

In Stoffgleichungen werden Spannungs- und Verzerrungstensoren miteinander verknüpft, und zwar beide Größen in LAGRANGEscher oder EULERscher Form. Darüber hinaus dürfen auch nur solche Spannungs- und

Verzerrungstensoren miteinander kombiniert werden, die durch die *Elementararbeit* $dW = \sigma_{ji}\,d\varepsilon_{ij}/\rho$ auch physikalisch einander zugeordnet sind.

Im Folgenden werden der „erste" und „zweite" *PIOLA-KIRCHHOFF-Tensor* als zwei alternative Spannungstensoren angegeben, die den Spannungszustand in LAGRANGEschen Koordinaten beschreiben.

Der *CAUCHYsche Spannungstensor* ($\sigma_{ij} = \sigma_{ji}$), der auch „wahrer" oder *EULERscher Spannungstensor* genannt wird, ist durch die Beziehung (2.2) oder auch durch die Formel

$$\boxed{dP_i = \sigma_{ji}\,dS_j} \qquad (2.30)$$

definiert. Darin ist dP_i ein aktueller Kraftvektor, der auf ein orientiertes Flächenelement $dS_j = n_j dS$ als Schnittkraft wirkt (Bild 2.8).

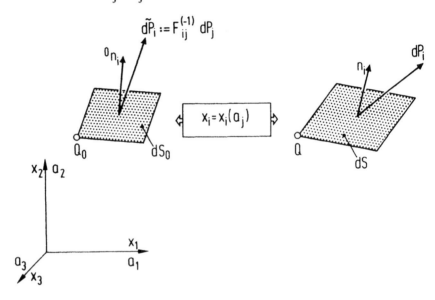

Bild 2.8 Transformierter ($d\tilde{P}_i$) und aktueller (dP_i) Kraftvektor

Bezieht man den aktuellen Kraftvektor dP_i auf das Ausgangsflächenelement $d^0S_i = {}^0n_i\,dS_0$, so erhält man den *ersten PIOLA-KIRCHHOFF-Tensor*, der somit analog zu (2.30) durch die Formel

$$\boxed{dP_i = T_{ji}\,d^0S_j} \qquad (2.31)$$

2.5 Spannungstensoren nach Piola-Kirchhoff

definiert ist. Er wird auch *Nennspannungstensor* oder *LAGRANGEscher Spannungstensor* genannt und ist im Allgemeinen nicht symmetrisch[3] ($T_{ij} \neq T_{ji}$). Mit den Ergebnissen aus Ü 1.1.7 und Ü 1.1.3 findet man die Beziehung

$$d^0 S_j = (\rho/\rho_0) F_{pj} dS_p. \qquad (2.32)$$

Darin ist F_{pj} der *Deformationsgradient*, der durch (1.16) bzw. (1.17) definiert ist. Setzt man (2.32) in (2.31) ein, so erhält man im Vergleich mit (2.30) einen Zusammenhang zwischen dem CAUCHYschen Spannungstensor σ und dem „ersten" PIOLA-KIRCHHOFF-Tensor T gemäß

$$\boxed{\sigma_{ij} = \frac{\rho}{\rho_0} F_{ik} T_{kj}} \quad \text{bzw.} \quad \boxed{\sigma = \frac{\rho}{\rho_0} FT}. \qquad (2.33a)$$

Die Umkehrung erhält man durch Überschieben mit $F_{pi}^{(-1)}$ und anschließender Umindizierung zu:

$$\boxed{T_{ij} = \frac{\rho_0}{\rho} F_{ik}^{(-1)} \sigma_{kj}} \quad \text{bzw.} \quad \boxed{T = \frac{\rho_0}{\rho} F^{-1} \sigma}. \qquad (2.33b)$$

Unter Beachtung der Symmetrie $\sigma_{ij} = (\sigma_{ij} + \sigma_{ji})/2$ des CAUCHYschen Spannungstensors können die Beziehungen (2.33a,b) auch gemäß

$$\sigma_{ij} = \frac{1}{2} \frac{\rho}{\rho_0} (F_{ip} \delta_{jq} + \delta_{iq} F_{jp}) T_{pq} \equiv \frac{\rho}{\rho_0} k_{ijpq} T_{pq} \qquad (2.34a)$$

$$T_{ij} = \frac{1}{2} \frac{\rho_0}{\rho} (F_{ip}^{(-1)} \delta_{jq} + F_{iq}^{(-1)} \delta_{jp}) \sigma_{pq} \equiv \frac{\rho_0}{\rho} K_{ijpq} \sigma_{pq} \qquad (2.34b)$$

dargestellt werden. Man erkennt, dass die so definierten vierstufigen Tensoren k und K nur bezüglich zweier Indizes symmetrisch sind:

$$k_{ijpq} = k_{jipq}, \qquad K_{ijpq} = K_{ijqp}, \qquad (2.35)$$

---

[3] Analog zum Deformationsgradienten (Bild 1.3) ist der „erste" PIOLA-KIRCHHOFF-Tensor ein *Doppelfeldtensor*, der den aktuellen Kraftvektor auf die Anfangskonfiguration bezieht.

d.h., der *erste PIOLA-KIRCHHOFF-Tensor* ist nicht symmetrisch ($T_{ij} \neq T_{ji}$).

Dieser Umstand erschwert die Formulierung von Stoffgleichungen. Darüber hinaus ist der Tensor **T** nicht *objektiv* (Ü 3.1.2). Bei der Aufstellung von Stoffgleichungen darf das *Prinzip der materiellen Objektivität* **nicht** verletzt werden (Kapitel C). Daher ist eine Modifikation des Tensors **T** notwendig. Dazu wird ein fiktiver transformierter Kraftvektor

$$d\tilde{P}_i := F_{ij}^{(-1)} dP_j \quad (2.36)$$

eingeführt (Bild 2.8), der in gleicher Weise aus dem aktuellen Kraftvektor dP_i entsteht, wie ein Linienelementvektor ds_0 der **Ausgangs**konfiguration durch Transformation mit dem entsprechenden Linienelementvektor ds der **aktuellen** Konfiguration zusammenhängt, nämlich gemäß (1.16b) bzw. (1.17b).

Mit dem so eingeführten Kraftvektor wird analog zu (2.30) und (2.31) über die Formel

$$\boxed{d\tilde{P}_i = \tilde{T}_{ji} d^0 S_j} \quad (2.37)$$

ein „Pseudo-Spannungstensor" $\tilde{T}_{ij}$ definiert, den man auch den *zweiten PIOLA-KIRCHHOFF-Tensor* nennt. Die Beziehungen (2.31), (2.36) und (2.37) führen auf den Zusammenhang

$$\boxed{\tilde{T}_{ji} = F_{ik}^{(-1)} T_{jk}} \quad \Longleftrightarrow \quad \boxed{T_{ji} = F_{ik} \tilde{T}_{jk}} \quad (2.38)$$

zwischen dem „ersten" und „zweiten" PIOLA-KIRCHHOFF-Tensor, woraus man mit (2.33a,b) schließlich die Verknüpfung

$$\boxed{\tilde{T}_{ij} = \frac{\rho_0}{\rho} F_{ip}^{(-1)} F_{jq}^{(-1)} \sigma_{pq}} \quad \Longleftrightarrow \quad \boxed{\sigma_{ij} = \frac{\rho}{\rho_0} F_{ip} F_{jq} \tilde{T}_{pq}} \quad (2.39)$$

zwischen dem „zweiten" PIOLA-KIRCHHOFF-Tensor und dem CAUCHYschen Spannungstensor erhält. In (2.39) erkennt man die Symmetrie $\tilde{T}_{ij} = \tilde{T}_{ji}$. Darüber hinaus ist der „zweite" PIOLA-KIRCHHOFF-Tensor *objektiv*, wie in Ü 3.1.2 nachgewiessen wird. Der Zusammenhang (2.39) kann als „Transformationsgesetz" gedeutet werden, das den *CAUCHYschen Spannungstensor* (EULERsche Beschreibungsweise des Spannungszustan-

2.5 Spannungstensoren nach Piola-Kirchhoff

des) in den *zweiten PIOLA-KIRCHHOFF-Tensor* (LAGRANGEsche Beschreibungsweise des Spannungszustandes) überführt und umgekehrt. Dieser „Übergang" erfolgt durch den *Deformationsgradienten* **F**.

In Ergänzung zu (2.39) erhält man auch die Darstellung

$$\boxed{\tilde{T}_{ij} = \frac{\rho_0}{\rho} F^{(-1)}_{ijpq} \sigma_{pq}} \Longleftrightarrow \boxed{\sigma_{ij} = \frac{\rho}{\rho_0} F_{ijpq} \tilde{T}_{pq}} , \quad (2.40)$$

wenn man einen *Deformationsgradiententensor* vierter Stufe einführt:

$$F_{ijpq} := (F_{ip} F_{jq} + F_{iq} F_{jp})/2 , \quad (2.41)$$

der die Symmetrieeigenschaften

$$F_{ijpq} = F_{jipq} = F_{ijqp} \quad (2.42)$$

besitzt und in der angegebenen Weise (2.41) aus dem *Deformationsgradienten* F_{ij} gebildet werden kann. Man findet (2.40) mit (2.41), wenn man von (2.34a,b) ausgeht und (2.38) berücksichtigt (Ü 2.5.2).

Die Bedingungen (2.42) sind auch vereinbar mit den Symmetrien $\sigma_{ij} = \sigma_{ji}$ und $\tilde{T}_{ij} = \tilde{T}_{ji}$. Eine weitere Symmetrieeigenschaft des Tensors (2.41), nämlich $F_{ijpq} = F_{pqij}$, ist nur dann gegeben, wenn der *Deformationsgradient* symmetrisch ist ($F_{ij} = F_{ji}$), d.h. bei fehlender Starrkörperbewegung (Ü 1.5.10).

Neben den oben diskutierten Möglichkeiten (2.30), (2.31) und (2.37) lassen sich weitere Spannungstensoren definieren. So können beispielsweise Bezugsflächenelemente gewählt werden, die durch alleinige Streckung **U** oder Rotation **R** der polaren Zerlegungen (1.52a,b) aus einem Flächenelement dS_0 hervorgehen (Ü 2.5.9).

Übungsaufgaben

2.5.1 Man zeige, dass sich die PIOLA-KIRCHHOFF-Tensoren vom CAUCHYschen Spannungstensor kaum unterscheiden, wenn die Verformungen klein sind

2.5.2 Man leite (2.40) mit (2.41) her.

2.5.3 Es sei $F_{ijpq} := (F_{ip}F_{jq} + F_{iq}F_{jp})/2$ ein „Deformationsgradiententensor" vierter Stufe. Man bilde seine Inversion.

2.5.4 Man überprüfe den Tensorcharakter der PIOLA-KIRCHHOFF-Tensoren. Wie verhält sich der in Ü 2.5.3 definierte Tensor vierter Stufe?

2.5.5 Man formuliere Spannungsvektoren in LAGRANGEscher Schreibweise.

2.5.6 Man formuliere die Gleichgewichtsbedingungen (2.26) und die Bewegungsgleichungen (2.28) in der LAGRANGEschen Beschreibungsweise.

2.5.7 Man entwickle aus der Bewegungsgleichung (2.28) die Energiegleichung.

2.5.8 Die Spannungsleistung $\iiint_V D_{ij}\sigma_{ji}\, dV$ im verformten Körper (Volumen V) beziehe man auf die Anfangskonfiguration (V_0). Welche *konjugierten Variablen* ergeben sich?

2.5.9 Man definiere einen weiteren Spannungstensor.

2.5.10 Man ermittle die „Dichte" der Spannungsleistung eines hydrostatischen Spannungszustandes.

2.6 Spannungen im schadhaften Kontinuum

Aufgrund ihres strukturellen Charakters sind Schädigungen in einem Kontinuum im Allgemeinen richtungsabhängig und können somit bei mehraxialer Beanspruchung **nur** *tensoriell* erfasst werden. Beispielsweise hat die Orientierung von feinen Rissen ein anisotropes makroskopisches Verhalten zur Folge.

Im *tertiären Kriechbereich* treten wachsende Schäden auf, die schließlich den Kriechbruch verursachen. Der Kriechprozeß von Metallen im tertiären Stadium ist gekennzeichnet durch die Ausbildung von mikroskopischen Rissen und durch Porenbildung an Korngrenzen.

Zur Berücksichtigung von Werkstoffschädigungen, die sich im tertiären Kriechstadium ausbilden, führen MURAKAMI / OHNO (1981) und BETTEN (1981b) einen symmetrischen Tensor zweiter Stufe ein. Ebenso benutzt RABOTNOV (1968) einen symmetrischen Tensor zweiter Stufe und definiert einen symmetrischen *net-stress Tensor* $\hat{\sigma}$ durch eine lineare Transformation

$$\sigma_{ij} = \Omega_{ijkl}\hat{\sigma}_{kl}. \tag{2.43}$$

Darin nimmt er den vierstufigen Tensor Ω als symmetrisch an. Von BETTEN (1982b) wird jedoch gezeigt, dass der Tensor Ω in (2.43) nur symmetrisch bezüglich des ersten Indexpaares (ij) ist, nicht aber bezüglich des zweiten (kl), d.h., der *net-stress Tensor* ist im anisotropen Schadenszustand nicht symmetrisch. Bei BETTEN (1982b) wird ein *net-stress Tensor* konstruiert, der in einen symmetrischen und einen antisymmetrischen Teil zerlegt werden kann, wobei nur der symmetrische Anteil mit dem von

2.6 Spannungen im schadhaften Kontinuum

RABOTNOV eingeführten *net-stress Tensor* übereinstimmt. Zum Nachweis dieser Zusammenhänge geht BETTEN (1982b) von einem schiefsymmetrischen *Kontinuitätstensor* dritter Stufe (ψ_{ijk}) aus, formuliert ein System von *Bivektoren* für CAUCHYs Tetraeder, das sich in einem geschädigten Zustand befindet, und erhält schließlich einen *Schadenstensor* zweiter Stufe, der bezüglich des zugrundegelegten Koordinatensystems *Diagonalgestalt* hat.

Ein von den Vektoren **X** und **Y** aufgespanntes Parallelogramm kann im dreidimensionalen Raum durch

$$S_i = \varepsilon_{ijk} X_j Y_k \equiv \{\mathbf{X} \times \mathbf{Y}\}_i \tag{2.44a}$$

oder in der dualen Form

$$S_{ij} = \varepsilon_{ijk} S_k \quad \Longleftrightarrow \quad S_i = \varepsilon_{ijk} S_{jk}/2 \tag{2.44b}$$

dargestellt werden (*Plangröße*). Aus den Beziehungen (2.44a,b) entnimmt man unmittelbar die Zerlegung

$$S_{ij} = 2! \, X_{[i} Y_{j]} \equiv \begin{vmatrix} X_i & X_j \\ Y_i & Y_j \end{vmatrix} . \tag{2.45}$$

Solch ein alternierendes Produkt zweier Vektoren **X** und **Y** wird *einfacher Bivektor* **S** genannt, der drei wesentliche, nicht verschwindende Koordinaten S_{23}, S_{31}, S_{12} besitzt. Die Absolutwerte dieser Koordinaten sind die Projektionen der betrachteten Parallelogrammfläche auf die Koordinatenebenen $x_1 = \text{const.}$, $x_2 = \text{const.}$, $x_3 = \text{const.}$ Somit kann der zweistufige Tensor (2.45) als *Flächenvektor* (*Plangröße*) gedeutet werden, dessen Richtung und Richtungssinn durch das Kreuzprodukt (2.44a) festgelegt sind.

Ein differentiell kleines Tetraeder (Bild 2.2) in einem ungeschädigten Kontinuum kann durch das System von *Bivektoren*

$$\left. \begin{aligned} d^1 S_i &= -\varepsilon_{ijk} (dx_2)_j (dx_3)_k /2, \\ d^2 S_i &= -\varepsilon_{ijk} (dx_3)_j (dx_1)_k /2, \\ d^3 S_i &= -\varepsilon_{ijk} (dx_1)_j (dx_2)_k /2, \\ d^4 S_i &= \varepsilon_{ijk} [(dx_1)_j - (dx_3)_j][(dx_2)_k - (dx_3)_k]/2 \end{aligned} \right\} \tag{2.46}$$

charakterisiert werden (Bild 2.9a), wobei die Summe auf den Nullvektor führt:

$$\boxed{d^1S_i + d^2S_i + d^3S_i + d^4S_i = 0_i} \quad , \tag{2.47}$$

d.h., **die orientierte Oberfläche des Tetraeders ist null**[4].

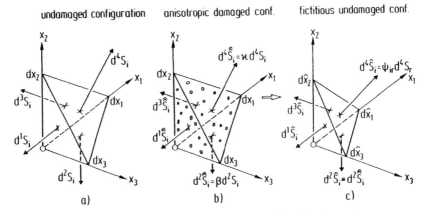

Bild 2.9 Systeme von Bivektoren **a)** ungeschädigte Konfiguration, **b)** anisotrop geschädigte Konfiguration **c)** fiktive ungeschädigte Konfiguration

Dasselbe Tetraeder kann im geschädigten Zustand (Bild 2.9b) durch das folgende System von *Bivektoren* charakterisiert werden:

$$\left.\begin{aligned}
d^1\hat{\hat{S}}_i &= -\alpha_{ijk}(dx_2)_j(dx_3)_k/2 & &\equiv \alpha d^1S_i \ , \\
d^2\hat{\hat{S}}_i &= -\beta_{ijk}(dx_3)_j(dx_1)_k/2 & &\equiv \beta d^2S_i \ , \\
d^3\hat{\hat{S}}_i &= -\gamma_{ijk}(dx_1)_j(dx_2)_k/2 & &\equiv \gamma d^3S_i \ , \\
d^4\hat{\hat{S}}_i &= \frac{1}{2}\kappa_{ijk}[(dx_1)_j-(dx_3)_j][(dx_2)_k-(dx_3)_k] &&\equiv \kappa d^4S_i \ .
\end{aligned}\right\} \tag{2.48}$$

Darin sind $\alpha_{ijk} \equiv \alpha\varepsilon_{ijk}, \ldots, \gamma_{ijk} \equiv \gamma\varepsilon_{ijk}$ vollständig schiefsymmetrische Tensoren dritter Stufe mit den wesentlichen Koordinaten $\alpha_{123} \equiv \alpha$, $\beta_{123} \equiv \beta$, $\gamma_{123} \equiv \gamma$. Man erkennt, dass sich die Vektoren $d^1\hat{\hat{S}}_i,\ldots,d^4\hat{\hat{S}}_i$ in Bild 2.9b nur in ihren Längen von den entsprechenden Vektoren der schadlosen

---

[4] Ebenso ist die orientierte Oberfläche eines jeden geschlossenen Polyeders null. Dieser Satz gilt sowohl für konvexe als auch nicht konvexe Polyeder.

2.6 Spannungen im schadhaften Kontinuum

Konfiguration (Bild 2.9a) unterscheiden, nicht jedoch in ihren Richtungen. Mithin wird ihre Vektorsumme im allgemeinen nicht verschwinden:

$$\boxed{d^1\hat{S}_i + d^2\hat{S}_i + d^3\hat{S}_i + d^4\hat{S}_i \neq 0_i}. \tag{2.49}$$

Eine Ausnahme ist der *isotrope* Schadenszustand mit $\alpha = \beta = \gamma = \kappa$ oder der *schadlose* Zustand mit $\alpha = \beta = \gamma = \kappa = 1$ gemäß (2.47).

Weiterhin wird in Bild 2.9c eine fiktive ungeschädigte Konfiguration betrachtet, die durch das System von *Bivektoren*

$$\left.\begin{aligned} d^1\hat{\hat{S}}_i &= -\varepsilon_{ijk}(d\hat{x}_2)_j(d\hat{x}_3)_k/2 \equiv d^1\hat{\hat{S}}_i, \\ d^2\hat{\hat{S}}_i &= -\varepsilon_{ijk}(d\hat{x}_3)_j(d\hat{x}_1)_k/2 \equiv d^2\hat{\hat{S}}_i, \\ d^3\hat{\hat{S}}_i &= -\varepsilon_{ijk}(d\hat{x}_1)_j(d\hat{x}_2)_k/2 \equiv d^3\hat{\hat{S}}_i, \\ d^4\hat{\hat{S}}_i &= \varepsilon_{ijk}[(d\hat{x}_1)_j - (d\hat{x}_3)_j][(d\hat{x}_2)_k - (d\hat{x}_3)_k]/2, \end{aligned}\right\} \tag{2.50}$$

charakterisiert ist, wobei analog zu (2.47) die Vektorsumme wieder verschwindet:

$$\boxed{d^1\hat{\hat{S}}_i + d^2\hat{\hat{S}}_i + d^3\hat{\hat{S}}_i + d^4\hat{\hat{S}}_i = 0_i}. \tag{2.51}$$

Die drei *Flächenvektoren* $d^1\hat{\hat{S}}_i, \ldots, d^3\hat{\hat{S}}_i$ in (2.50) sind identisch den entsprechenden Vektoren der geschädigten Konfiguration. Der vierte Vektor $d^4\hat{\hat{S}}_i$ hat denselben Betrag wie $d^4\hat{S}_i$; er unterscheidet sich von d^4S_i nach Länge und Richtung. Daher sind die beiden Vektoren $d^4\hat{\hat{S}}_i$ und d^4S_i durch einen linearen Operator zweiter Stufe (Tensor zweiter Stufe) miteinander verknüpft:

$$\boxed{d^4\hat{\hat{S}}_i = \psi_{ir}d^4S_r}. \tag{2.52}$$

Vergleicht man die Systeme der Bivektoren (2.46), (2.48) und (2.50) miteinander, so erhält man unter Berücksichtigung der Gleichungen (2.47) und (2.51) in Verbindung mit der Transformation (2.52) die Beziehung

$$\begin{aligned}\psi_{ir}\varepsilon_{rjk}[(dx_2)_j(dx_3)_k + (dx_3)_j(dx_1)_k + (dx_1)_j(dx_2)_k] = \\ = \alpha_{ijk}(dx_2)_j(dx_3)_k + \beta_{ijk}(dx_3)_j(dx_1)_k + \gamma_{ijk}(dx_1)_j(dx_2)_k,\end{aligned} \tag{2.53}$$

worin die Überschiebung $\psi_{ir}\varepsilon_{rjk}$ auf einen *Kontinuitätstensor* dritter Stufe führt:

$$\psi_{ir}\varepsilon_{rjk} \equiv \psi_{ijk} = \psi_{i[jk]}, \qquad (2.54)$$

der *schiefsymmetrisch* bezüglich des eingeklammerten Indexpaares [jk] ist.

Wegen $\alpha_{ijk} \equiv \alpha\varepsilon_{ijk}$ usw. sind die Terme auf der rechten Seite in (2.53) Vektoren mit den Beträgen $\left|2d^1\hat{S}_i\right| = \alpha_{1jk}(dx_2)_j(dx_3)_k$ usw. (Ü 2.6.4) und mit den Richtungen der Basisvektoren $^1e_i, {}^2e_i, {}^3e_i$ des rechtwinkligen kartesischen Koordinatensystems. Somit kann die Beziehung (2.53) in Verbindung mit (2.54) in der Form

$$\psi_{ijk}[(dx_2)_j(dx_3)_k + \cdots] = {}^1e_i\alpha_{1jk}(dx_2)_j(dx_3)_k + \cdots, \qquad (2.55)$$

geschrieben werden, aus der man unmittelbar die Zerlegung

$$\psi_{ijk} = {}^1e_i\alpha_{1jk} + {}^2e_i\beta_{2jk} + {}^3e_i\gamma_{3jk} \qquad (2.56a)$$

entnimmt, bzw. wegen $\alpha_{1jk} = \alpha\varepsilon_{1jk}$ etc. auch:

$$\psi_{ijk} = \alpha\,{}^1e_i\varepsilon_{1jk} + \beta\,{}^2e_i\varepsilon_{2jk} + \gamma\,{}^3e_i\varepsilon_{3jk}. \qquad (2.56b)$$

In Analogie zu (2.44b) findet man aus (2.54) die *duale Form*

$$\psi_{ijk} \equiv \psi_{i[jk]} = \varepsilon_{jkr}\psi_{ir} \quad\Longleftrightarrow\quad \psi_{ir} = \varepsilon_{rjk}\psi_{ijk}/2 \qquad (2.57)$$

und schließlich die *Diagonalform*

$$\psi_{ij} = \psi_{ipq}\varepsilon_{jpq}/2 = \mathrm{diag}\{\alpha,\beta,\gamma\}. \qquad (2.58a)$$

Setzt man (2.56b) in (2.58a) ein und beachtet man $\delta_{1j} \equiv {}^1e_j$ etc., so erkennt man, dass der *Kontinuitätstensor* zweiter Stufe in *Dyaden* zerlegt werden kann, die man aus den Basisvektoren bildet:

$$\psi_{ij} = \alpha\left\{{}^1\mathbf{e}\otimes{}^1\mathbf{e}\right\}_{ij} + \beta\left\{{}^2\mathbf{e}\otimes{}^2\mathbf{e}\right\}_{ij} + \gamma\left\{{}^3\mathbf{e}\otimes{}^3\mathbf{e}\right\}_{ij}. \qquad (2.58b)$$

Die Beziehungen (2.57) und (2.58a) sind in Bild 2.10 veranschaulicht (BETTEN, 1983).

Im linken Teil des Bildes 2.10 wird der schiefsymmetrische Charakter des Kontinuitätstensors dritter Stufe gemäß (2.54) deutlich. Die drei wesentlichen Koordinaten α, β, γ dieses Tensors sind die Bruchteile der tra-

2.6 Spannungen im schadhaften Kontinuum

genden Querschnittsflächen x_1 = const., x_2 = const., x_3 = const. des Tetraeders in Bild 2.9b. Diese Werte werden experimentell an Proben ermittelt, die man aus den drei orthogonalen Richtungen x_1, x_2, x_3 einem Werkstoff entnommen hat.

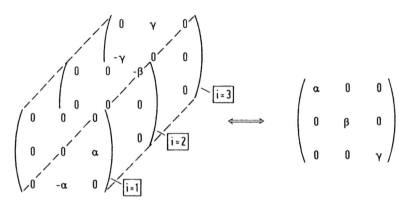

Bild 2.10 Dualer Kontinuitätstensor

Schädigungen können sich bisweilen auch isotrop ausbilden, wie es von JOHNSON (1960) an der Aluminiumlegierung R.R.59 beobachtet wurde. Für solche Spezialfälle ($\alpha = \beta = \gamma \equiv \psi$) ist der Kontinuitätstensor zweiter Stufe ein Kugeltensor:

$$\psi_{ijk} = \psi \varepsilon_{jkr} \delta_{ir} = \psi \varepsilon_{ijk} \Longleftrightarrow \psi_{ir} = \psi \varepsilon_{rjk} \varepsilon_{ijk} = \psi \delta_{ir}, \qquad (2.59)$$

während der dreistufige Kontinuitätstensor im Gegensatz zu (2.54) vollständig schiefsymmetrisch wird ($\psi_{ijk} \equiv \psi_{[ijk]}$).

Anstelle des *Kontinuitätstensors* (2.54) kann ein *Schadenstensor* ω eingeführt werden, der gemäß

$$\omega_{ijk} := \varepsilon_{ijk} - \psi_{ijk}, \qquad \omega_{ij} := \delta_{ij} - \psi_{ij} \qquad (2.60a,b)$$

definiert ist und durch die duale Beziehung

$$\omega_{ijk} \equiv \omega_{i[jk]} = \varepsilon_{jkr} \omega_{ir} \Longleftrightarrow \omega_{ir} = \varepsilon_{rjk} \omega_{ijk}/2 \qquad (2.60)$$

charakterisiert werden kann.

Der CAUCHYsche Spannungstensor σ_{ij} in Bild 2.11a ist durch die Beziehung (2.2) oder auch durch die Formel (2.30) definiert.

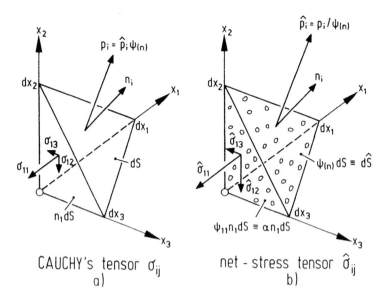

Bild 2.11 Spannungstensor a) im ungeschädigten b) im geschädigten Kontinuum

In gleicher Weise kann der *aktuelle net-stress Tensor* $\hat{\sigma}_{ij}$ in Bild 2.11b definiert werden (BETTEN, 1982b):

$$\hat{p}_i \psi_{(n)} = \psi_{jk} \hat{\sigma}_{ki} n_j, \quad d\hat{P}_i = p_i dS = \hat{\sigma}_{ji} d\hat{S}_j, \quad (2.61a,b)$$

wobei die Flächenelemente dS und $d\hat{S}$ in Bild (2.11a,b) von demselben Kraftvektor beaufschlagt werden ($dP_i \equiv d\hat{P}_i$), so dass man in Verbindung mit (2.52) die Transformation

$$\boxed{\sigma_{ij} = \psi_{ir} \hat{\sigma}_{rj}} \quad (2.62)$$

erhält.

Analog (2.43) kann der Zusammenhang (2.62) auch durch die Transformation

$$\sigma_{ij} = (\psi_{ip} \delta_{jq} + \delta_{iq} \psi_{jp}) \hat{\sigma}_{pq}/2 \equiv \varphi_{ijpq} \hat{\sigma}_{pq}, \quad (2.63a)$$

$$\hat{\sigma}_{ij} = (\psi_{ip}^{(-1)} \delta_{jq} + \psi_{iq}^{(-1)} \delta_{jp}) \sigma_{pq}/2 \equiv \Phi_{ijpq} \sigma_{pq} \quad (2.63b)$$

2.6 Spannungen im schadhaften Kontinuum

ersetzt werden, wenn man die vierstufigen Tensoren $\boldsymbol{\varphi}$ und $\boldsymbol{\Phi}$ einführt, die wie (2.35a,b) nur bezüglich zweier Indizes symmetrisch sind:

$$\varphi_{ijpq} = \varphi_{jipq}, \quad \Phi_{ijpq} = \Phi_{ijqp}, \quad (2.64a,b)$$

wodurch die Symmetrie $\sigma_{ij} = \sigma_{ji}$ und die „Nichtsymmetrie" $\hat{\sigma}_{ij} \neq \hat{\sigma}_{ji}$ zum Ausdruck kommt.

Beispielsweise kann der Tensor (2.64a) gemäß

$$\varphi_{ijpq} = (\psi_{ip}\delta_{jq} + \delta_{iq}\psi_{jp} + \psi_{iq}\delta_{jp} + \delta_{ip}\psi_{jq})/4 + \\ + (\psi_{ip}\delta_{jq} + \delta_{iq}\psi_{jp} - \psi_{iq}\delta_{jp} - \delta_{ip}\psi_{jq})/4 \quad (2.65)$$

in einen symmetrischen und einen schiefsymmetrischen Teil zerlegt werden (BETTEN, 1982b), wobei der symmetrische Anteil mit dem von RABOTNOV (1968) eingeführten Tensor $\boldsymbol{\Omega}$ gemäß (2.43) übereinstimmt.

Die „Nichtsymmetrie" des *aktuellen net-stress Tensors* $\hat{\sigma}_{ij} \neq \hat{\sigma}_{ji}$, die im anisotropen Schadensfall (2.58a,b), (2.62) auch durch

$$\hat{\sigma}_{12}/\hat{\sigma}_{21} = \beta/\alpha, \quad \hat{\sigma}_{23}/\hat{\sigma}_{32} = \gamma/\beta, \quad \hat{\sigma}_{31}/\hat{\sigma}_{13} = \alpha/\gamma \quad (2.66)$$

zum Ausdruck kommt, ist ein Nachteil, der sich bei der Formulierung von *Materialgleichungen* für den *tertiären Kriechbereich* auswirkt. Daher wird von BETTEN (1983) ein *symmetrischer Pseudo-net-stress Tensor* **t** eingeführt, der durch die Transformation

$$t_{ij} = (\hat{\sigma}_{ik}\psi_{kj}^{(-1)} + \psi_{ki}^{(-1)}\hat{\sigma}_{jk})/2 \quad (2.67)$$

definiert ist und wegen (2.63b) aus dem CAUCHYschen Spannungstensor $\boldsymbol{\sigma}$ gemäß

$$t_{ij} = C_{ijpq}^{(-1)}\sigma_{pq} \quad (2.68)$$

hervorgeht. Darin ist

$$C_{ijpq}^{(-1)} \equiv \left(\psi_{ip}^{(-1)}\psi_{jq}^{(-1)} + \psi_{iq}^{(-1)}\psi_{jp}^{(-1)}\right)/2 \quad (2.69)$$

ein *symmetrischer* Tensor vierter Stufe:

$$C_{ijpq}^{(-1)} = C_{jipq}^{(-1)} = C_{ijqp}^{(-1)} = C_{pqij}^{(-1)}. \quad (2.70)$$

Im ungeschädigten Zustand ($\psi_{ij} = \delta_{ij}$) stimmt t_{ij} mit σ_{ij} überein, während bei vollständiger Schädigung ($\psi_{ij} = 0_{ij}$) der Tensor (2.69) und damit auch t_{ij} singulär werden.

Die inverse Transformation (2.68) ist durch

$$\sigma_{ij} = C_{ijpq} t_{pq} \qquad (2.71)$$

gegeben (Ü 2.5.3), wobei

$$C_{ijpq} \equiv (\psi_{ip}\psi_{jq} + \psi_{iq}\psi_{jp})/2 \qquad (2.72)$$

ein *Kontinuitätstensor* vierter Stufe ist, der dieselben Symmetrieeigenschaften besitzt wie (2.70). Aufgrund dieser Symmetrieeigenschaften kann der Tensor (2.72) als 6×6 Matrix dargestellt werden, die wegen (2.58a,b) die Diagonalgestalt

$$C_{ijpq} = \mathrm{diag}\{C_{1111}, C_{2222}, C_{3333}, C_{1212}, C_{2323}, C_{3131}\}, \qquad (2.73a)$$

$$C_{ijpq} = \mathrm{diag}\{\alpha^2, \beta^2, \gamma^2, \alpha\beta/2, \beta\gamma/2, \gamma\alpha/2\} \qquad (2.73b)$$

besitzt, so dass die Koordinaten des *Pseudo-net-stress Tensors* (2.68) durch

$$\left.\begin{array}{lll} t_{11} = \sigma_{11}/\alpha^2, & t_{12} = \sigma_{12}/(\alpha\beta), & t_{13} = \sigma_{13}/(\alpha\gamma), \\ t_{21} = t_{12}, & t_{22} = \sigma_{22}/\beta^2, & t_{23} = \sigma_{23}/(\beta\gamma), \\ t_{31} = t_{13}, & t_{32} = t_{23}, & t_{33} = \sigma_{33}/\gamma^2, \end{array}\right\} \qquad (2.74)$$

gegeben sind.

Um den „formal" eingeführten Tensor (2.67) bzw. (2.68) auch mechanisch interpretieren zu können, wird in (2.61b) der *aktuelle net-stress Tensor* $\hat{\sigma}$ über (2.62) durch CAUCHYs Tensor σ ersetzt, so dass wegen $d\hat{P}_i \equiv dP_i$ die Beziehung

$$dP_i = \sigma_{ji}\psi_{jr}^{(-1)} d\hat{S}_r \qquad (2.75a)$$

folgt, die wegen (2.71) und (2.72) auch durch

$$dP_i = \psi_{ip} t_{pr} d\hat{S}_r \qquad (2.75b)$$

2.6 Spannungen im schadhaften Kontinuum

ausgedrückt werden kann. Eine Überschiebung mit $\psi_{ki}^{(-1)}$ führt dann auf $\psi_{ki}^{(-1)} dP_i = t_{kr} d\hat{S}_r$ oder nach Vertauschen von Indizes auf:

$$\psi_{ik}^{(-1)} dP_k \equiv d\tilde{P}_i = t_{ji} d\hat{S}_j . \qquad (2.76)$$

Damit ist der *Pseudo-net-stress Tensor* **t** in analoger Weise wie der *aktuelle net-stress Tensor* $\hat{\sigma}$ gemäß (2.61b) oder wie der CAUCHYsche Spannungstensor **σ** gemäß (2.30) definiert (BETTEN, 1983):

Der symmetrische Tensor **t** verknüpft über die Lineartransformation (2.76) einen Flächenelementvektor $d\hat{S}_j$ des „geschädigten" Kontinuums mit einem *Pseudo-Kraftvektor*

$$d\tilde{P}_i := \psi_{ik}^{(-1)} dP_k . \qquad (2.77)$$

Dieser „Pseudo-Kraftvektor" stimmt im „ungeschädigten" Zustand ($\psi_{ij} = \delta_{ij}$) mit dem aktuellen Kraftvektor dP_i überein und wird bei vollständiger Schädigung ($\psi_{ij} = 0_{ij}$) singulär.

Schließlich sei noch auf eine formale Analogie zwischen dem *Pseudo-net-stress Tensor* t_{ij} und dem *zweiten PIOLA-KIRCHHOFF-Tensor* $\tilde{T}_{ij}$ hingewiesen, die man erkennt, wenn man (2.37) mit (2.76) und (2.36) mit (2.77) vergleicht. Man muss wohl nicht betonen, dass $d\tilde{P}_i$ in (2.36), (2.37) und in (2.76), (2.77) unterschiedliche Bedeutung hat, so dass man dieselbe Bezeichnung $d\tilde{P}_i$ belassen kann.

Übungsaufgaben

2.6.1 Man weise (2.47) nach.

2.6.2 Man stelle die Gleichgewichtsbedingungen für ein schadhaftes Kontinuum auf. Dabei sollen Massenkräfte unberücksichtigt bleiben.

2.6.3 Aus der Symmetrie $\sigma_{ij} = \sigma_{ji}$ des CAUCHYschen Spannungstensors leite man Zerlegungen des *net-stress Tensors* $\hat{\sigma}_{ij}$ her.

2.6.4 Man zeige: $\left| d^1\hat{S}_i \right| = \alpha_{1jk} (dx_2)_j (dx_3)_k / 2$.

C Stoffgleichungen

Ergänzend zu den Ausführungen in der Einführung sei zum Thema *Stoffgleichungen* noch Folgendes bemerkt.

Die Erfahrung lehrt, dass sich verschiedene Stoffe unter denselben äußeren Kraftfeldern unterschiedlich verformen. Mithin können Bilanzgleichungen als Differential- oder Funktionalgleichungen noch nicht ausreichen, den Bewegungszustand eines Kontinuums zu bestimmen. Die fehlenden Gleichungen sind *Materialgleichungen* (*constitutive equations*), die bei rein mechanischer Beschreibung des rheologischen Verhaltens von Stoffen einen Zusammenhang zwischen den im Kontinuum wirkenden Spannungen und Verzerrungen bzw. Verzerrungsgeschwindigkeiten darstellen.

Bei der Formulierung von Materialgleichungen muss das *Prinzip der materiellen Objektivität* (*principle of material frame-indifference*) beachtet werden (TRUESDELL / NOLL, 1965; MÜLLER, 1973; BETTEN, 1998; HAUPT, 2000), d.h., Beobachter, die sich unterschiedlich bewegen, müssen aus einer Materialgleichung auf ein und denselben Spannungszustand schließen können. Eine Materialgleichung muss somit *form-invariant* gegenüber einer starren Drehung und Translation des Bezugssystems sein (ERINGEN, 1975).

Weiterhin ist vom rein mechanischen Standpunkt aus das *Prinzip des Determinismus* hervorzuheben. Danach ist der aktuelle Spannungszustand in einem materiellen Punkt durch die Vorgeschichte der Bewegung des materiellen Körpers eindeutig bestimmt. Dieses Prinzip wird stark eingeschränkt durch das *Prinzip der lokalen Wirkung*, wonach der Spannungszustand in einem materiellen Punkt nur von der Bewegungsgeschichte einer kleinen Umgebung dieses Punktes beeinflusst wird und nicht von der Bewegung aller Körperpunkte.

Weitere Forderungen sind *thermodynamisch* begründet, z.B. die Verträglichkeit mit der *Entropieungleichung* (TRUESDELL / NOLL, 1965; MALVERN, 1969; MÜLLER, 1973; HAUPT, 1995, 1996).

Materialien sind im Sinne der Kontinuumsmechanik als mathematische Modelle anzusehen, die das mechanische Verhalten von realen Stoffen unter definierten äußeren Bedingungen näherungsweise beschreiben. Somit ist ein Material durch seine Materialgleichungen definiert, z.B. *HOO-*

KEscher Festkörper, NEWTONsche Flüssigkeit, MAXWELL-Fluid, KELVIN-Festkörper, BINGHAM-Körper. Da die Kontinuumsmechanik eine phänomenologische Theorie ist, gehört es nicht zu ihrer Aufgabe, Materialeigenschaften der Kontinua durch die atomistische Struktur der Materie zu erklären. Derartige Überlegungen sind Gegenstand der kinetischen Theorie der Gase oder Flüssigkeiten oder der Festkörperphysik.

Ein sehr bemerkenswerter Überblick über die Geschichte der Entwicklung von Materialgleichungen wird von TRUESDELL (1980) mit ergänzenden Literaturhinweisen gegeben.

In den letzten 40 Jahren etwa ist das Interesse an der Entwicklung phänomenologischer Theorien zur Beschreibung des mechanischen Verhaltens von Stoffen, die *nichtlinearen Stoffgesetzen* gehorchen, ständig gestiegen. Diese Frage wird auch künftig im Mittelpunkt des Interesses von Kontinuumstheoretikern, Physikern, Ingenieurwissenschaftlern etc. stehen (ASTARITA, 1979).

Zur mathematischen Formulierung von Materialgleichungen bieten sich Tensorfunktionen als Hilfsmittel an (BETTEN, 1998, 2001c), wovon auch in den nächsten Kapiteln Gebrauch gemacht wird.

3 Elastisches Verhalten isotroper und anisotroper Stoffe

Ein elastischer Körper ist durch die Materialgleichung

$$\sigma_{ij} = f_{ij}(\partial x_p / \partial a_q) \qquad (3.1)$$

definiert, die im unverformten Zustand des Körpers auf den Nulltensor führt. In (3.1) ist f_{ij} eine tensorwertige Funktion vom Deformationsgradienten (1.13a), für die wegen $\sigma_{ij} = \sigma_{ji}$ auch $f_{ij} = f_{ji}$ gelten muss. Berücksichtigt man das *Prinzip der materiellen Objektivität*, so ergibt sich für die Darstellung der Stoffgleichung (3.1) eine Einschränkung, die man folgendermaßen finden kann. Ein ruhender Beobachter beschreibt den Bewegungsvorgang des Materials durch den Deformationsgradienten (1.13a). Die Bewegung des Bezugssystems eines bewegten Beobachters sei durch eine zeitabhängige Drehung $\mathbf{Q}(t)$ und eine Translation $\mathbf{C}(t)$ gekennzeichnet, so dass von ihm aus eine Bewegung

$$\overline{x}_i(a_p, t) = Q_{ij}(t) x_j(a_p, t) + C_i(t) \qquad (3.2)$$

beobachtet wird. Durch Differentiation erhält man aus (3.2) einen *Deformationsgradienten* $\overline{F}_{ij} := \partial \overline{x}_i / \partial a_j$, der mit (1.13a) gemäß

$$\overline{F}_{ij} = Q_{ip} F_{pj} \qquad (3.3)$$

zusammenhängt. Diesen Deformationsgradienten würde der bewegte Beobachter in (3.1) einsetzen, um den Spannungstensor $\boldsymbol{\sigma}$ zu ermitteln. Somit stellt jeder Beobachter einen anderen Deformationsgradienten fest, d.h., der *Deformationsgradient ist nicht objektiv*, was mathematisch durch (3.3) zum Ausdruck kommt.[1] Hingegen muss man vom Spannungstensor *Objektivität* verlangen:

$$\overline{\sigma}_{ij} \stackrel{!}{=} \sigma_{ij}^* = Q_{ip} Q_{jq} \sigma_{pq} , \qquad (3.4)$$

---

[1] Man erhält (3.3) auch aus Ü 1.2.6, wenn man $a_{ij} \equiv \delta_{ij}$ und $b_{ij} \equiv Q_{ij}$ setzt. Die *Objektivität* einiger Tensoren wird ausführlich in Ü 3.1.2 diskutiert.

d.h., der *CAUCHYsche Spannungstensor* ist ein *objektiver Tensor*. Die vom bewegten Beobachter ermittelten Spannungskoordinaten σ_{ij}^* sind durch das Transformationsgesetz eines Tensors zweiter Stufe mit den Spannungskoordinaten σ_{ij} verknüpft, die der ruhende Beobachter feststellt. Mithin schließen beide Beobachter auf ein und denselben Spannungszustand. Für die Materialgleichung (3.1) findet man somit aufgrund der *materiellen Objektivität* wegen (3.3) und (3.4) die Einschränkung:

$$Q_{ik}Q_{jl}f_{kl}(F_{pq}) \equiv f_{ij}(Q_{pr}F_{rq}) \quad , \tag{3.5}$$

die als Bedingung der *Form-Invarianz* für die tensorwertige Funktion $f_{ij}(F_{pq})$ angesehen werden kann.

Eine weitere Einschränkung für die tensorwertige Funktion f_{ij} in (3.1) ergibt sich bei *isotropem* Stoffverhalten. Dann müssen die aus (3.1) ermittelten Spannungen unabhängig von der Anfangslage („Orientierung") des Körpers sein, der infolge $F_{ij} = \partial x_i / \partial a_j$ eine Deformation erfährt. Mithin muss im isotropen Sonderfall die Einschränkung

$$f_{ij}(F_{pr}Q_{rq}) \stackrel{!}{=} f_{ij}(F_{pq}) \tag{3.6}$$

gefordert werden. Ersetzt man darin den Deformationsgradienten durch seine polare Zerlegung (1.52a,b), so folgt man mit der Wahl $\mathbf{Q} = \mathbf{R}^T$ die Materialgleichung

$$\sigma_{ij} = f_{ij}(V_{pq}), \tag{3.7}$$

die analog (1.61) als *isotrope Tensorfunktion* darstellbar ist:

$$\sigma_{ij} = f_{ij}(V_{pq}) = \varphi_0 \delta_{ij} + \varphi_1 V_{ij} + \varphi_2 V_{ij}^{(2)} \tag{3.8}$$

und die Bedingung der *Form-Invarianz* (1.62) erfüllt. In (3.8) sind φ_0, φ_1, φ_2 im Allgemeinen skalarwertige Funktionen der *irreduziblen Invarianten* des Argumenttensors $\mathbf{V}$. Man kann sie durch elastische Konstanten ausdrücken (Ü 3.1.4).

Der dritte Term auf der rechten Seite in (3.8) charakterisiert den *second-order-Effekt* und wird reguliert durch die skalarwertige Funktion φ_2. Die tensorwertige Größe $V_{ij}^{(2)} \equiv V_{ik}V_{kj}$ ist das Quadrat des Tensors V_{ij} und darf nicht mit V_{ij}^2, dem Quadrat **einer** Tensorkoordinate, verwechselt werden (BETTEN, 1987a). Symbolisch wird $V_{ij}^{(2)}$ durch $\mathbf{V}^2$ ausgedrückt.

Weitere Terme müssen in der Stoffgleichung (3.8) **nicht** berücksichtigt werden, da nach dem *HAMILTON-CAYLEYschen Theorem* jede v-te Potenz (v > 2) eines Tensors zweiter Stufe durch seine zweite, erste und nullte Potenz ausgedrückt werden kann. Den Beweis findet man beispielsweise bei BETTEN (1987a). Dort und in Ziffer 12.1 wird auch eine Erweiterung für einen Tensor vierter Stufe diskutiert.

Die Stoffgleichung (3.8) ist allgemein gültig für *isotrope elastische* Stoffe, die sich *nichtlinear* verhalten. Die *physikalische Nichtlinearität* wird durch φ_2 bestimmt.

Weiterhin kann man aus der Darstellung (3.8) entnehmen, dass die Tensoren $\boldsymbol{\sigma}$ und $\mathbf{V}$ gemeinsame Hauptachsen besitzen, also *koaxial* sind. Die *Koaxialität* von Spannungs- und Verzerrungstensor gehört mit zum Wesen der *Isotropie*.

In der *Elastizitätstheorie endlicher Verzerrungen* wird anstelle der EULERschen Beschreibungsweise des Stoffverhaltens gemäß (3.8) häufig auch eine LAGRANGEsche Beschreibungsweise benutzt, die sich auf den spannungsfreien Körper im unverzerrten Zustand bezieht, d.h., es werden *PIOLA-KIRCHHOFF-Tensoren* und der *LAGRANGEsche Verzerrungstensor* oder der „rechte" *CAUCHY-GREEN-Tensor* (1.26) benutzt. Um einen tieferen Einblick in die Elastizitätstheorie endlicher Verzerrungen zu gewinnen, sei beispielsweise auf TRUESDELL / NOLL (1965), SPENCER (1970), RIVLIN (1970, 1977), WANG / TRUESDELL (1973) und CARLSON / SHIELD (1982) verwiesen.

3.1 Elastizitätstensor, elastisches Potential

In der *linearen Elastizitätstheorie* werden in Verallgemeinerung des HOOKEschen Gesetzes ($\sigma = E\varepsilon$) aus dem Jahre 1678 der *CAUCHYsche Spannungstensor* und der *klassische Verzerrungstensor* durch die lineare Transformation

$$\boxed{\sigma_{ij} = E_{ijkl}\varepsilon_{kl}} \quad \Leftrightarrow \quad \boxed{\varepsilon_{ij} = E_{ijkl}^{(-1)}\sigma_{kl}} \quad (3.9a,b)$$

miteinander verknüpft. Darin ist E_{ijkl} (bzw. seine Inversion $E_{ijkl}^{(-1)}$) als linearer Operator zu deuten, d.h. als Tensor 4-ter Stufe, der eine lineare

Abbildung zwischen Spannungs- und Verzerrungstensor vermittelt (BETTEN, 1987a). Man nennt ihn den *Elastizitätstensor*, der die mechanischen Stoffeigenschaften eines elastischen Kontinuums beinhaltet. Durch die Wahl des klassischen Verzerrungstensors in (3.9) bleiben *geometrische Nichtlinearitäten* unberücksichtigt. Die Linearität zwischen Spannungen und Verzerrungen gemäß (3.9) bedeutet *physikalische Linearität*.

Als Tensor 4-ter Stufe besitzt der Elastizitätstensor insgesamt 81 Koordinaten, so dass man das verallgemeinerte HOOKEsche Gesetz (3.9) als lineares Gleichungssystem, bestehend aus 9 linearen Gleichungen mit 9×9 = 81 Koeffizienten, auffassen kann. Dieses Gleichungssystem reduziert sich wegen $\sigma_{ij} = \sigma_{ji}$ und $\varepsilon_{ij} = \varepsilon_{ji}$ auf 6 unabhängige Gleichungen mit 6 unabhängigen Variablen, so dass nur 6×6 = 36 Koordinaten des Elastizitätstensor wesentlich sind, d.h., der Elastizitätstensor ist symmetrisch bezüglich der beiden ersten und der beiden letzten Indizes:

$$E_{ijkl} = E_{jikl} = E_{ijlk}.$$

Die Anzahl der 36 Konstanten kann noch weiter reduziert werden, wenn man die Existenz eines quadratischen *elastischen Potentials* (*Formänderungsenergiedichte*)

$$\Pi_\varepsilon = \frac{1}{2} E_{ijkl} \varepsilon_{ij} \varepsilon_{kl} \qquad (3.10)$$

voraussetzt, woraus durch Differentiation $\partial \Pi_\varepsilon / \partial \varepsilon_{ij}$ unmittelbar die Stoffgleichung (3.9a) folgt. Ohne Einschränkung der Allgemeinheit kann in (3.10) die Symmetrie $E_{ijkl} = E_{klij}$ angenommen werden, so dass der Elastizitätstensor schließlich durch die Symmetrieeigenschaften

$$E_{ijkl} = E_{jikl} = E_{ijlk} = E_{klij} \qquad (3.11)$$

ausgezeichnet ist und somit nur 21 wesentliche Koordinaten besitzt (Ü 3.1.6).

Addiert man zur *Formänderungsenergiedichte* (3.10) die *spezifische Ergänzungsarbeit*

$$\Pi_\sigma = \frac{1}{2} D_{ijkl} \sigma_{ij} \sigma_{kl} \quad \text{mit} \quad D_{ijkl} \equiv E_{ijkl}^{(-1)}, \qquad (3.12)$$

so erhält man den Ausdruck

$$\Pi = \Pi(\sigma_{ij}, \varepsilon_{ij}) = \Pi_\sigma + \Pi_\varepsilon = \sigma_{ij} \varepsilon_{ji}, \qquad (3.13)$$

der analog dem inneren Produkt zweier Vektoren eine *simultane Invariante* der beiden Tensoren $\boldsymbol{\sigma}$ und $\boldsymbol{\varepsilon}$ ist.

3.1 Elastizitätstensor, elastisches Potential

Setzt man in (3.12) die lineare Transformation (3.9a) ein, so erhält man wegen

$$E_{ijkl}^{(-1)} E_{klrs} = (\delta_{ir}\delta_{js} + \delta_{is}\delta_{jr})/2$$

die Übereinstimmung $\Pi_\varepsilon = \Pi_\sigma$ für linear-elastisches Verhalten (BETTEN, 1987a).

Die Aufspaltung $\Pi = \Pi_\sigma + \Pi_\varepsilon$ in (3.13) kann auch bei *nichtlinearem Verhalten* vorgenommen werden (BETTEN, 1977a). Dann setzt man für die elastische *Formänderungsenergiedichte* (3.10) verallgemeinernd an:

$$\Pi_\varepsilon = E_{ij}\varepsilon_{ij} + \frac{1}{2}E_{ijkl}\varepsilon_{ij}\varepsilon_{kl} + \frac{1}{3}E_{ijklmn}\varepsilon_{ij}\varepsilon_{kl}\varepsilon_{mn} + \cdots, \quad (3.14)$$

woraus die Stoffgleichungen $\sigma_{ij} = \partial \Pi_\varepsilon / \partial \varepsilon_{ij}$ zu

$$\sigma_{ij} = E_{ij} + E_{ijkl}\varepsilon_{kl} + E_{ijklmn}\varepsilon_{kl}\varepsilon_{mn} + \cdots \quad (3.15)$$

folgen. Entsprechend wird man für die Ergänzungsarbeit ansetzen:

$$\Pi_\sigma = D_{ij}\sigma_{ij} + \frac{1}{2}D_{ijkl}\sigma_{ij}\sigma_{kl} + \frac{1}{3}D_{ijklmn}\sigma_{ij}\sigma_{kl}\sigma_{mn} + \cdots, \quad (3.16)$$

woraus die inversen Stoffgleichungen $\varepsilon_{ij} = \partial \Pi_\sigma / \partial \sigma_{ij}$ zu

$$\varepsilon_{ij} = D_{ij} + D_{ijkl}\sigma_{kl} + D_{ijklmn}\sigma_{kl}\sigma_{mn} + \cdots \quad (3.17)$$

folgen (BETTEN, 1977a, 1987a). Die Tensoren E_{ij} und D_{ij} in (3.15) und (3.17) können als *Eigenspannungen* und *Vorverformungen* gedeutet werden.

Um die Symmetrie des Spannungstensors $\sigma_{ij} = \sigma_{ji}$ zu erhalten, muss man fordern, dass die Tensoren E_{ij}, E_{ijkl}, E_{ijklmn} in (3.15) symmetrisch bezüglich der ersten beiden Indizes ij sind. Die Symmetrie $\sigma_{ij} = \sigma_{ji}$ ist a priori gewährleistet, wenn man die Rechenregel („Stoffregel")

$$\sigma_{ij} = \left(\partial \Pi_\varepsilon / \partial \varepsilon_{ij} + \partial \Pi_\varepsilon / \partial \varepsilon_{ji}\right)/2 \quad (3.18)$$

benutzt, die man auch für andere Spannungs- und Verzerrungstensoren formal übernehmen kann. Auch lässt sich das elastische Potential Π_ε als skalarwertige Funktion durch die *irreduziblen Hauptinvarianten* (1.76a,b,c) oder alternativ durch die *Grundinvarianten*

$$S_1 \equiv \varepsilon_{kk}, \quad S_2 \equiv \varepsilon_{ij}\varepsilon_{ji}, \quad S_3 \equiv \varepsilon_{ij}\varepsilon_{jk}\varepsilon_{ki} \quad (3.19\text{a,b,c})$$

ausdrücken, wenn das Material *isotrop* ist:

$$\Pi_\varepsilon = \Pi_\varepsilon(S_1, S_2, S_3). \tag{3.20}$$

Ersetzt man beispielsweise in (3.19) den klassischen Verzerrungstensor ε formal durch den „endlichen" Verzerrungstensor **V**, so erhält man aus (3.20) über die Rechenregel (3.18) unmittelbar die Stoffgleichung (3.8) mit den Identitäten:

$$\varphi_0 \equiv \frac{\partial \Pi_\varepsilon}{\partial S_1}, \quad \varphi_1 \equiv 2\frac{\partial \Pi_\varepsilon}{\partial S_2}, \quad \varphi_3 \equiv 3\frac{\partial \Pi_\varepsilon}{\partial S_3}, \tag{3.21a,b,c}$$

wie in Ü 3.1.7 nachgewiesen wird. Durch Eliminieren des *elastischen Potentials* Π_ε erhält man aus (3.21) nach Ü 3.1.8 die Bedingungen:

$$2\frac{\partial \varphi_0}{\partial S_2} = \frac{\partial \varphi_1}{\partial S_1}, \quad 3\frac{\partial \varphi_1}{\partial S_3} = 2\frac{\partial \varphi_2}{\partial S_2}, \quad 3\frac{\partial \varphi_0}{\partial S_3} = \frac{\partial \varphi_2}{\partial S_1}, \tag{3.22}$$

die vom Standpunkt der *Darstellungstheorie isotroper Tensorfunktionen* erfüllt sein müssen, wenn ein elastisches Potential (3.20) angenommen wird, d.h., im isotropen Fall ist die Annahme eines *elastischen Potentials* (3.20) mit der Darstellungstheorie tensorwertiger Funktionen (3.8) verträglich, wenn die Bedingungen (3.22) zusätzlich erfüllt werden. Somit könnte man die Bedingungen (3.22) als *Verträglichkeitsbedingungen* oder auch als *Integrabilitätsbedingungen* bezeichnen. Die Bedingungen (3.22) sind beispielsweise erfüllt, wenn $\varphi_0 = \varphi_0(S_1)$, $\varphi_1 = \varphi_1(S_2)$ und $\varphi_2 = \varphi_2(S_3)$ gilt. Dann kann das elastische Potential (3.20) wegen (3.21) in der Form

$$\Pi = \Pi(S_1, S_2, S_3) = \pi_1(S_1) + \pi_2(S_2) + \pi_3(S_3) \tag{3.23}$$

dargestellt werden mit beliebigen skalaren Funktionen π_1, π_2, π_3.

Ausführlich wird der *anisotrope Fall* am Beispiel des plastischen Potentials in Ziffer 4.5 behandelt.

Der Elastizitätstensor 4-ter Stufe in den linearen Elastizitätsgleichungen (3.9a) erfüllt das Transformationsgesetz

$$E^*_{ijkl} = a_{ip}a_{jq}a_{kr}a_{ls}E_{pqrs} \tag{3.24}$$

unter irgendeiner orthogonalen Transformation $a_{ik}a_{jk} = \delta_{ij}$. Mithin sind die Stoffeigenschaften *richtungsabhängig* ($E^*_{ijkl} \neq E_{ijkl}$), d.h., der linearelastische Körper, der durch die Materialgleichung (3.9) definiert ist, verhält sich *anisotrop*. Er ist *homogen*, wenn die Stoffeigenschaften *ortsunabhän-*

3.1 Elastizitätstensor, elastisches Potential

gig sind: $\partial E_{ijkl}/\partial x_p = 0_{ijklp}$. Im *isotropen* Sonderfall muss man fordern, dass die Koordinaten des Elastizitätstensors richtungsunabhängig werden: $E^*_{ijkl} \equiv E_{ijkl}$. Dann kann man den Elastizitätstensor durch den KRONECKER-Tensor darstellen in Kombinationen wie $\delta_{ij}\delta_{kl}$, $\delta_{ik}\delta_{lj}$ etc. Wegen der Symmetrien $\delta_{ij} = \delta_{ji}$, $\delta_{kl} = \delta_{lk}$, $\delta_{ij}\delta_{kl} = \delta_{kl}\delta_{ij}$ verbleiben von den 4! Möglichkeiten nur $P_4 = \dfrac{4!}{2!\,2!\,2!} = 3$ Permutationen ohne Wiederholungen.

Mithin nimmt der Elastizitätstensor im isotropen Sonderfall die Form

$$E_{ijkl} = \lambda\delta_{ij}\delta_{kl} + \mu\delta_{ik}\delta_{jl} + \kappa\delta_{il}\delta_{jk}$$

an, mit der man aus (3.24) die geforderte Identität $E^*_{ijkl} \equiv E_{ijkl}$ erhält. Weiterhin kann aufgrund der Symmetrieeigenschaften (3.11) die Übereinstimmung $\mu \equiv \kappa$ gezeigt werden (BETTEN, 1987a), so dass der *isotrope Elastizitätstensor* schließlich durch

$$E_{ijkl} = \lambda\delta_{ij}\delta_{kl} + \mu(\delta_{ik}\delta_{jl} + \delta_{il}\delta_{jk}) \qquad (3.25)$$

ausgedrückt werden kann. Mit diesem Ansatz erhält man aus (3.9a) das verallgemeinerte *HOOKEsche Gesetz* für den *isotropen Körper*:

$$\boxed{\sigma_{ij} = \lambda\varepsilon_{kk}\delta_{ij} + 2\mu\varepsilon_{ij}} \qquad . \qquad (3.26)$$

Die zwei unabhängigen Konstanten λ und μ werden *LAMÉsche Konstanten* genannt. Sie werden experimentell aus Grundversuchen bestimmt:

$$\lambda = \nu E/[(1+\nu)(1-2\nu)], \qquad \mu \equiv G = E/[2(1+\nu)], \qquad (3.27\text{a,b})$$

wie in Ü 3.1.9 erläutert. In (3.27) bedeuten ν die *elastische Querzahl*, E der *Elastizitätsmodul*[2] und G der *Gleitmodul*. Mit (3.27a,b) kann (3.26) auch in der Form

$$\boxed{\sigma_{ij} = \dfrac{E}{1+\nu}\left(\varepsilon_{ij} + \dfrac{\nu}{1-2\nu}\varepsilon_{kk}\delta_{ij}\right)} \qquad (3.28\text{a})$$

---

[2] auch YOUNGscher Modul (1807) genannt, wurde aber bereits von EULER (1760) benutzt (TRUESDELL, 1968; SZABÓ, 1977).

geschrieben werden. Die Inversion findet man, indem man zunächst die Verjüngung (i=j) bildet:

$$\sigma_{jj} = E\varepsilon_{kk}/(1-2\nu) \Rightarrow \varepsilon_{kk} = (1-2\nu)\sigma_{jj}/E$$

und die Spur ε_{kk} in (3.28a) durch σ_{kk} ausdrückt:

$$\boxed{\varepsilon_{ij} = \frac{1+\nu}{E}\left(\sigma_{ij} - \frac{\nu}{1+\nu}\sigma_{kk}\delta_{ij}\right)} \quad . \tag{3.28b}$$

Im *Hauptachsensystem* erhält man daraus das lineare Gleichungssystem:

$$\left.\begin{array}{l} E\varepsilon_I = \sigma_I - \nu(\sigma_{II} + \sigma_{III}) \\ E\varepsilon_{II} = \sigma_{II} - \nu(\sigma_{III} + \sigma_I) \\ E\varepsilon_{III} = \sigma_{III} - \nu(\sigma_I + \sigma_{II}) \end{array}\right\} \tag{3.29}$$

Man beachte darin die zyklische Vertauschung der römischen Indizes von links nach rechts und von oben nach unten.

Neben dem E-Modul, der im einachsigen Zugversuch bestimmt wird, kann auch ein *Volumenelastizitätsmodul* E_{Vol} definiert werden, den man bei *hydrostatischer Beanspruchung* (2.6) feststellt. Dafür erhält man aus (3.28b):

$$\varepsilon_{ij} = -(1-2\nu)\delta_{ij}p/E \Rightarrow \varepsilon_{kk} = 3(1-2\nu)\sigma_m/E . \tag{3.30}$$

Darin ist $\sigma_m \coloneqq \sigma_{kk}/3 = -p$ als mittlere Spannung (*Volumenspannung*) und $\varepsilon_{kk} = \varepsilon_{Vol}$ als *Volumendehnung* anzusehen, so dass bei hydrostatischer Beanspruchung das HOOKEsche Gesetz lautet:

$$\frac{E}{3(1-2\nu)}\varepsilon_{Vol} \equiv E_{Vol}\varepsilon_{Vol} = \sigma_m. \tag{3.31}$$

Damit ist der *Volumenelastizitätsmodul* E_{Vol} definiert, der in der Literatur meistens als *Kompressionsmodul* K bezeichnet wird:

$$K \equiv E_{Vol} = E/[3(1-2\nu)] . \tag{3.32}$$

Entgegen der Beschreibung der Anisotropie über Stofftensoren verschiedener Stufenzahl gemäß (3.15) kann die Materialgleichung als tensorwertige Funktion

$$\sigma_{ij} = f_{ij}(\varepsilon_{pq}, E_{pqrs}) \tag{3.33}$$

3.1 Elastizitätstensor, elastisches Potential

mit zwei Argumenttensoren (Verzerrungstensor ε zweiter Stufe und Stofftensor E vierter Stufe) angesetzt werden. Vorschläge für die Darstellung einer derartigen tensorwertigen Funktion findet man bei BETTEN (1982b, 1983, 1998). Die formale Übertragung auf den vorliegenden Fall (3.33) ist z.B. durch

$$\sigma_{ij} = \frac{1}{2} \sum_{\kappa,\mu,\rho} \varphi_{[\kappa,\mu,\rho]} \left(\varepsilon_{ik}^{(\kappa)} E_{kjpq}^{(\mu)} \varepsilon_{pq}^{(\rho)} + \varepsilon_{jk}^{(\kappa)} E_{kipq}^{(\mu)} \varepsilon_{pq}^{(\rho)} \right) \\ \text{mit } \kappa,\rho = 0,1,2; \quad \mu = 0,1,2,\ldots,5 \qquad (3.34)$$

gegeben, wobei der Sonderfall $\kappa = 0$, $\mu = \rho = 1$, $\varphi_{[0,1,1]} = 1$ dem linearen Verhalten (3.9a) entspricht. Allgemeinere Darstellungen als (3.34) werden von BETTEN (1998) diskutiert.

Zum Abschluß dieser Ziffer sei noch die lineare Materialgleichung

$$\boxed{\tilde{T}_{ij} = E_{ijkl}\lambda_{kl}} \qquad (3.35)$$

erwähnt, die den zweiten *PIOLA-KIRCHHOFF-Tensor* (2.39) mit dem *LAGRANGEschen Verzerrungstensor* (1.24) verknüpft (*konjugierte Variable*), d.h., es werden *Feldtensoren* benutzt, die sich auf die *natürliche* (spannungsfreie) Konfiguration des elastischen Körpers beziehen. Die Stoffgleichung (3.35) bezieht die *geometrische Nichtlinearität* ein, während die *physikalische Nichtlinearität* unberücksichtigt bleibt. Bei kleinen Verzerrungen geht (3.35) zwanglos in (3.9a) über.

Übungsaufgaben

3.1.1 Welche Folgerungen ergeben sich aus dem Prinzip der materiellen Objektivität für die elastische Stoffgleichung (3.1)?

3.1.2 Man überprüfe folgende Tensoren auf ihre materielle Objektivität hin:
  a) den Geschwindigkeitsvektor,
  b) den Verzerrungsgeschwindigkeitstensor und den Spintensor,
  c) die materielle Zeitableitung des CAUCHYschen Spannungstensors, die JAUMANNsche und die konvektive Spannungsgeschwindigkeit,
  d) den LAGRANGEschen Verzerrungstensor,
  e) die materielle Zeitableitung des LAGRANGEschen Verzerrungstensors,
  f) den EULERschen Verzerrungstensor,
  g) die materielle Zeitableitung des EULERschen Verzerrungstensors,
  h) die OLDROYDsche Zeitableitung des EULERschen Verzerrungstensors,
  i) den „zweiten" PIOLA-KIRCHHOFF-Tensor,
  j) den „ersten" PIOLA-KIRCHHOFF-Tensor.

3.1.3 Man benutze (3.5) und zeige, dass durch eine Starrkörperbewegung des Materials keine Spannung hervorgerufen wird.

3.1.4 Man ermittle aus (3.8) lineare elastische Stoffgleichungen für kleine Verzerrungen.

3.1.5 Man folgere aus (3.6) die Einschränkung (3.7).

3.1.6 Man weise die Symmetrie $E_{ijkl} = E_{klij}$ des Elastizitätstensors nach.

3.1.7 Man leite aus (3.20) die Stoffgleichungen (3.8) her und weise (3.21a,b,c) nach.

3.1.8 Man leite die Integrabilitätsbedingungen (3.22) her.

3.1.9 Man ermittle die LAMÉschen Konstanten aus dem Experiment.

3.1.10 Man zerlege die Stoffgleichungen (3.9a) und (3.26) je in eine deviatorische und eine skalare Funktion.

3.1.11 Als maßgebliche Größe für die Werkstoffanstrengung eines isotropen Körpers lege man die *elastische Formänderungsenergiedichte* zugrunde und stelle Formeln für die *Vergleichsspannung* σ_V und die *Vergleichsdehnung* ε_V auf. Welchen Sonderfall erhält man für $\nu = 1/2$?

3.1.12 Aus der *elastischen Gestaltänderungsenergiedichte* leite man eine Beziehung für die Vergleichsspannung her. Der Werkstoff sei isotrop.

3.1.13 Man beschreibe linearelastisches *orthotropes* Verhalten. Welche Koordinaten besitzt der Elastizitätstensor und seine Inversion im *isotropen* Fall?

3.1.14 Man ermittle experimentell die Hauptspannungen an der Oberfläche eines Bauteils. Ferner gebe man die Vergleichsspannung nach der *Gestaltänderungsenergiehypothese* an. Der Werkstoff sei isotrop und verhalte sich linearelastisch.

3.1.15 Ein linearelastischer Werkstoff verhalte sich *transversal isotrop*. Man bestimme die Anzahl der voneinander unabhängigen Stoffwerte.

3.1.16 Man diskutiere linearelastisches *inkompressibles* Verhalten.

3.2 Thermoelastizität

Infolge einer Temperaturänderung $\theta = T - T_0$ [mit T_0 als Temperatur des Körpers im spannungsfreien Zustand (Referenztemperatur)] wird sich ein Linienelement $ds_0 = \sqrt{da_i da_i}$ gemäß dem linearen *Wärmeausdehnungskoeffizienten*

$$\alpha := \frac{ds - ds_0}{ds_0} \frac{1}{\theta} \qquad (3.36)$$

3.2 Thermoelastizität

(Dehnung pro Grad Temperaturerhöhung) auf die Länge $ds = (1 + \alpha\theta) \, ds_0$ ausdehnen, wenn dieser Vorgang unbehindert erfolgt, d.h. wenn benachbarte Linienelemente, die auch eine *Wärmedehnung* erfahren, sich nicht gegenseitig behindern und dadurch *Wärmespannungen* $(\sigma_{ij})_\theta = \sigma_{ij}(\theta)$ hervorrufen. Bleibt die Temperatur gleichmäßig verteilt, werden keine Wärmespannungen erzeugt, während eine ungleichförmige Temperaturverteilung eine gegenseitige Behinderung benachbarter Volumenelemente zur Folge hat.

In einem *homogenen* und *isotropen* Körper ist α weder vom Ort noch von der Richtung des Linienelementes ds_0 abhängig. In der linearen Theorie nimmt man an, dass α von der Temperaturänderung nicht beeinflusst wird, wohl aber von der Referenztemperatur T_0 abhängt, d.h., es können nur kleine Temperaturänderungen berücksichtigt werden. Mithin kann man die unbehinderte *isotrope Wärmedehnung* durch den Kugeltensor

$$(\varepsilon_{ij})_\theta = \alpha\theta\delta_{ij} \tag{3.37}$$

zum Ausdruck bringen. Im *anisotropen* Fall kann ein *Wärmeausdehnungstensor* α_{ij} gemäß $du_i = \theta \, \alpha_{ij} \, da_j$ definiert werden, d.h., anstelle von (3.37) tritt die *anisotrope Wärmedehnung*

$$(\varepsilon_{ij})_\theta = \theta \alpha_{ij}. \tag{3.38}$$

Bezeichnet man mit $(\varepsilon_{ij})_\sigma$ die Verzerrungen infolge des Spannungsfeldes, so kann der klassische Verzerrungstensor nach dem *Superpositionsprinzip* additiv gemäß

$$\boxed{\varepsilon_{ij} = (\varepsilon_{ij})_\sigma + (\varepsilon_{ij})_\theta} \tag{3.39}$$

zerlegt werden, so dass man mit den linearen Beziehungen (3.9b) und (3.38) die Stoffgleichung

$$\boxed{\varepsilon_{ij} = E_{ijkl}^{(-1)} \sigma_{kl} + \theta\alpha_{ij}} \tag{3.40a}$$

erhält. Durch Überschieben mit E_{pqij} und anschließender Umindizierung findet man die Inversion (Ü 3.2.1):

$$\boxed{\sigma_{ij} = E_{ijkl}\varepsilon_{kl} - \theta\beta_{ij}} \, , \tag{3.40b}$$

in der
$$\beta_{ij} := E_{ijkl}\alpha_{kl} \quad (3.41)$$
definiert ist.

Im isotropen Sonderfall mit (3.25) bis (3.28) und mit (3.37) gehen die Stoffgleichungen (3.40a,b) wegen $\beta_{ij} = (3\lambda + 2\mu)\,\alpha\,\delta_{ij}$ über in:

$$\varepsilon_{ij} = \frac{1}{2\mu}\left(\sigma_{ij} - \frac{\lambda}{3\lambda + 2\mu}\sigma_{kk}\delta_{ij}\right) + \alpha\theta\delta_{ij} \quad , \quad (3.42a)$$

$$\sigma_{ij} = 2\mu\varepsilon_{ij} + \lambda\varepsilon_{kk}\delta_{ij} - (3\lambda + 2\mu)\alpha\theta\delta_{ij} \quad . \quad (3.42b)$$

Mit den **6** geometrischen Beziehungen (1.36b), den **3** Bewegungsgleichungen (2.28) und den **6** linearen Stoffgleichungen (3.42a) oder (3.42b) stehen 15 Gleichungen zur Verfügung, die 15 unbekannte Größen (3 Verschiebungen, 6 Verzerrungen, 6 Spannungen) enthalten, wenn man θ als bekannt voraussetzt. Es ist zweckmäßig, durch Elimination entsprechender Größen ein Gleichungssystem aufzustellen, das beispielsweise nur die Verschiebungen oder nur die Spannungen enthält. Im Folgenden soll ein Gleichungssystem in den Verschiebungen aufgestellt werden. Um Schreibarbeit zu sparen, sollen nicht die Bewegungsgleichungen (2.28) zugrunde gelegt werden, sondern die „statischen" Gleichgewichtsbedingungen (2.26) ohne Volumenkräfte, d.h., die Divergenz des Spannungstensors sei der Nullvektor ($\sigma_{ji,j} = 0_i$). Damit folgt aus (3.42b) zunächst:

$$2\mu\varepsilon_{ji,j} + \lambda\varepsilon_{kk,i} - (3\lambda + 2\mu)\alpha\theta_{,i} = 0_i$$

und in Verbindung mit (1.36b) und (3.27a,b) schließlich:

$$(1 - 2\nu)\Delta u_i + u_{k,ki} = 2\alpha(1+\nu)\theta_{,i} \quad . \quad (3.43)$$

Darin ist $\Delta \equiv \partial^2/\partial x_j \partial x_j$ der LAPLACE-Operator. Dieses System von drei (i=1,2,3) partiellen Differentialgleichungen in den Koordinaten u_i des Verschiebungsvektors ist *linear* und *inhomogen*. Aufgrund der Linearität kann die allgemeine Lösung nach dem *Superpositionsprinzip* aus der homogenen und einer partikulären Lösung gefunden werden. Die homogene Lösung entspricht dem isothermen Fall ($\theta\equiv 0$). Zum Auffinden einer partiku-

3.2 Thermoelastizität

lären Lösung kann eine indirekte Methode benutzt werden, nach der man ein *elastisch-thermisches Verschiebungspotential* $\Phi = \Phi(x_p)$ gemäß

$$\partial \Phi / \partial x_i = u_i \qquad (3.44)$$

einführt. Damit geht (3.43) über in:

$$\frac{\partial}{\partial x_i}\left(\Delta\Phi - \frac{1+\nu}{1-\nu}\alpha\theta\right) = 0_i,$$

so dass eine Integration auf die *POISSONsche Differentialgleichung*

$$\Delta\Phi = (1+\nu)\alpha\theta/(1-\nu) + f(\theta) \qquad (3.45a)$$

führt. Darin ist $f(\theta)$ eine Integrationsfunktion, die man hier nicht berücksichtigen muss,

$$\boxed{\Delta\Phi = \alpha\theta(1+\nu)/(1-\nu)} \,, \qquad (3.45b)$$

da man nur irgendeine partikuläre Lösung sucht, die mit einer geeigneten isothermen Lösung ($\theta \equiv 0$) *superponiert* wird, so dass die vorgeschriebenen Randbedingungen erfüllt werden.

Die Stoffgleichungen (3.42b) lassen sich in Φ ausdrücken, wenn man (1.36b), (3.27a,b) und (3.44) einsetzt:

$$\sigma_{ij} = \frac{E}{1+\nu}\left[\frac{\partial^2\Phi}{\partial x_i \partial x_j} + \frac{1}{1-2\nu}(\nu\Delta\Phi - (1+\nu)\alpha\theta)\delta_{ij}\right], \qquad (3.46)$$

bzw. mit (3.45b) auch:

$$\boxed{\sigma_{ij} = E\big(\partial^2\Phi/\partial x_i \partial x_j - \Delta\Phi\delta_{ij}\big)/(1+\nu)} \,. \qquad (3.47)$$

Die einzelnen Koordinaten des Spannungstensors ermittelt man nach (3.47) zu:

$$\sigma_{11} = -\frac{E}{1+\nu}\left(\frac{\partial^2\Phi}{\partial x_2^2} + \frac{\partial^2\Phi}{\partial x_3^2}\right), \quad \ldots, \quad \sigma_{31} = \frac{E}{1+\nu}\frac{\partial^2\Phi}{\partial x_3 \partial x_1}.$$

Diese Lösung erfüllt im Allgemeinen **nicht** die Randbedingungen, da die POISSONsche Differentialgleichung (3.45b) zugrunde gelegt wurde, die nur eine partikuläre Lösung für Φ liefert.

In dieser Ziffer konnten aus Platzgründen nur ein paar dürftige Bemerkungen zum Thema *Thermoelastizität* gemacht werden. In der Literatur findet man eine Fülle von wertvollen Beiträgen. So sei beispielsweise auf die Bücher von MELAN / PARKUS (1953) und PARKUS (1959, 1976) hingewiesen, die hervorragend zum Selbststudium geeignet sind und viele praktische Anwendungsbeispiele enthalten. Eine ausführliche Darstellung zur anisotropen Thermoelastizität wurde bereits von NOWACKI (1962) gegeben. Weiterhin seien die Untersuchungen von SOKOLNIKOFF (1956), BOLEY / WEINER (1960), FREUDENTHAL et al. (1964), FUNG (1965), TIMOSHENKO / GOODIER (1970) sowie NOWACKI (1971), erwähnt. Ein sehr umfangreicher Überblick mit mehr als 130 Literaturstellen wird von TAUCHERT (1975) gegeben oder auch von HERRMANN / DONG / HAUCK (1997) mit ca. 100 Literaturhinweisen und von HERRMANN (1997) mit 143 Literaturstellen.

Übungsaufgaben

3.2.1 Man leite (3.40b) durch Inversion aus (3.40a) her.

3.2.2 Gesucht ist ein Temperaturfeld, das in einem orthotropen und isotropen elastischen Körper keine Wärmespannungen erzeugt.

3.2.3 Man weise $\Delta\Delta\Phi = 0$ für das elastisch-thermische Verschiebungspotential nach, wenn ein ebenes stationäres Temperaturfeld vorliegt. Der Werkstoff sei isotrop.

3.2.4 Man ermittle den Spannungszustand in einem isotropen Stab, der durch eine Normalkraft N, ein Biegemoment M und ein Temperaturfeld T bzw. $\theta = T-T_0$ belastet wird.

3.2.5 Ein linearelastisch isotroper Quader unterliege einer homogenen Temperaturänderung θ. Man ermittle Spannungen und Verzerrungen im Quader, wenn
  a) in x_1- und x_2-Richtung die Ausdehnung vollständig behindert ist, in x_3-Richtung keine Behinderung stattfindet,
  b) nur in x_1-Richtung die Ausdehnung vollständig behindert wird.

3.2.6 Man formuliere $(\varepsilon_{ij})_\theta$ für große Wärmedehnungen im anisotropen und isotropen Fall.

3.2.7 Analog zu (3.43) leite man eine Differentialgleichung für u_i bei Anisotropie und Homogenität her.

3.2.8 Analog zu (3.43) leite man eine Differentialgleichung für σ_{ij} bei Isotropie her. Der Werkstoff verhalte sich mechanisch und thermisch homogen.

3.2.9 Man diskutiere die Balkenbiegung bei thermischer Belastung.

3.2.10 Ein einseitig eingespannter Balken der Länge ℓ mit rechteckigem Querschnitt b·h werde thermisch belastet. Die Temperatur auf der Oberseite sei T_2, die der Unterseite T_1. Gesucht ist die maximale Durchbiegung. Die Temperaturverteilung sei in x_2 linear und in x_1 konstant.

3.3 Lösungsmethoden der Elastizitätstheorie

Die Aufgabe der Elastizitätstheorie besteht im Wesentlichen darin, die *Kinematik* und die *Statik* eines elastischen Kontinuums unter dem Einfluss von *kinematischen* und / oder *statischen Randbedingungen* zu beschreiben. Diese Aufgabe ist gelöst, wenn die drei Koordinaten des *Verschiebungsvektors*, die sechs wesentlichen Koordinaten eines *Verzerrungstensors* und die sechs wesentlichen Koordinaten eines symmetrischen *Spannungstensors*, d.h. insgesamt 15 unbekannte Feldgrößen, unter Berücksichtigung der vorgeschriebenen Randbedingungen ermittelt worden sind.

Zur Bestimmung dieser 15 Unbekannten stehen auch 15 Gleichungen zur Verfügung, und zwar sechs geometrische Beziehungen (kinematische Grundgleichungen), z.B. (1.24), (1.32) oder (1.36b), drei Gleichgewichtsbedingungen (statische Grundgleichungen), z.B. (2.26), Ü 2.5.6 oder Ü 2.6.2, sechs Stoffgleichungen (kinetische Grundgleichungen), z.B. (3.8), (3.9), (3.15), (3.26) oder (3.35).

Hinzu kommen die *statischen Randbedingungen* für vorgeschriebene Oberflächenkräfte

$$dP_i = \sigma_{ji} n_j dS \quad \text{bzw.} \quad p_i = \sigma_{ji} n_j \tag{3.48}$$

mit $n_i dS = dS_i$ als orientiertes Oberflächenelement und die *kinematischen Randbedingungen* für vorgeschriebene Oberflächenverschiebungen

$$u_i(x_p = R_p) = (u_i)_R \tag{3.49}$$

mit $x_p = R_p$ als Ortsvektor, der die Randkontur des elastischen Körpers beschreibt.

Mit den aufgezählten Gleichungen in Verbindung mit den zu erfüllenden Randbedingungen könnten grundsätzlich alle Aufgaben der Elastizitätstheorie behandelt werden. Man wird jedoch im Allgemeinen kaum nach dieser direkten Methode vorgehen, sondern vielmehr, insbesondere bei speziellen Problemen, *indirekte Lösungsmethoden* benutzen, die beispielsweise das Problem auf die Bestimmung einer *Potential-* oder *Bipotentialfunktion* zurückführen (LEIPHOLZ, 1968; MUSKHELISHVILI, 1953).

Weiterhin kann der Umfang einer Aufgabe dadurch eingeschränkt werden, dass beispielsweise nur nach dem *Spannungs-* und *Verzerrungsfeld* gefragt ist. Dann sind nur 12 unbekannte Feldgrößen ($\sigma_{ij} = \sigma_{ji}$, $\varepsilon_{ij} = \varepsilon_{ji}$) zu ermitteln, wozu drei Gleichgewichtsbedingungen, sechs Stoffgleichungen und drei Kompatibilitätsbedingungen herangezogen werden können. In diesem Fall interessiert man sich also nicht für die Verschiebungen, die über die Kompatibilitätsbedingungen eliminiert sind. Die *kinematische Zulässigkeit* des Verzerrungsfeldes und die Existenz eines eindeutigen Verschiebungsfeldes sind somit automatisch gesichert.

Sind nur Spannungs- und Verschiebungsfeld von Interesse, so werden insgesamt neun Gleichungen für die neun Unbekannten ($\sigma_{ij} = \sigma_{ji}$, u_i) benötigt, die mit den drei Gleichgewichtsbedingungen (2.26) und den über (1.36b) durch u_i ausgedrückten sechs Stoffgleichungen zur Verfügung stehen.

Im Folgenden soll gezeigt werden, wie man aus den aufgezählten Grundgleichungen für verschiedene Randwertprobleme spezielle Gleichungssysteme herleiten kann. So kann die *erste Randwertaufgabe*, bei der kinematische Randbedingungen (3.49) vorgeschrieben sind, auf die Lösung eines Differentialgleichungssystems für den Verschiebungsvektor zurückgeführt werden. Bei *Isotropie* erhält man dieses System, wenn man in (3.26) den Verzerrungstensor (1.36b) einsetzt:

$$\sigma_{ij} = \mu(u_{i,j} + u_{j,i}) + \lambda u_{k,k} \delta_{ij}$$

und die Spannungen σ_{ij} über die Gleichgewichtsbedingungen (2.26) eliminiert:

$$\boxed{\mu u_{i,kk} + (\mu + \lambda)u_{k,ki} + f_i = 0_i} \quad . \tag{3.50}$$

Symbolisch wird dieses Gleichungssystem in der Form

$$\boxed{\mu \Delta \mathbf{u} + (\mu + \lambda) \operatorname{grad} \operatorname{div} \mathbf{u} + \mathbf{f} = \mathbf{0}} \tag{3.50*}$$

geschrieben. Das System (3.50) geht auf LAMÉ-NAVIER zurück. Es gestattet in Verbindung mit den kinematischen Randbedingungen (3.49) eine Bestimmung des Verschiebungsfeldes, woraus dann der Verzerrungstensor (1.36b) gebildet werden kann und über die Stoffgleichung (3.26) schließlich auch das Spannungsfeld bekannt ist.

3.3 Lösungsmethoden der Elastizitätstheorie

Bei fehlenden Volumenkräften vereinfacht sich (3.50) zu der Differentialgleichung

$$\mu u_{i,kk} + (\mu + \lambda) u_{k,ki} = 0_i \, , \qquad (3.51)$$

aus der die *Bipotentialgleichung*

$$\boxed{\Delta\Delta u_i = 0_i} \qquad (3.52)$$

gefolgert werden kann (Ü 3.3.1). Viele Probleme der Elastizitätstheorie lassen sich auf Bipotentialgleichungen (*biharmonische Differentialgleichungen*) zurückführen.

Die *zweite Randwertaufgabe*, bei der die vorgeschriebenen statischen Randbedingungen (3.48) zu erfüllen sind, kann auf ein System partieller Differentialgleichungen in den Spannungen σ_{ij} zurückgeführt werden. Man erhält dieses System analog der Vorgehensweise in Ü 3.2.8 aus den Gleichungen (1.96), (3.28b) und (2.26) zu:

$$\boxed{(1+\nu)\sigma_{ij,kk} + \sigma_{kk,ij} = -(1+\nu)\left[f_{i,j} + f_{j,i} + \nu f_{k,k} \delta_{ij}/(1-\nu)\right]} \, . \qquad (3.53)$$

Aufgrund der Symmetrie in i und j umfasst (3.53) insgesamt 6 Kompatibilitätsbedingungen, die auf MICHELL (1900) zurückgehen. Für den Sonderfall f_i = const. oder θ = const. erhält man aus (3.53) oder aus Ü 3.2.8 die *BELTRAMI-Gleichungen* (1892):

$$\boxed{(1+\nu)\sigma_{ij,kk} + \sigma_{kk,ij} = 0_{ij}} \, . \qquad (3.54)$$

Durch Spurbildung (i=j) erhält man aus (3.53) bzw. (3.54):

$$\Delta \sigma_{jj} \equiv \sigma_{jj,kk} = -\frac{(1+\nu)}{(1-\nu)} f_{k,k} \qquad \text{bzw.} \qquad \Delta \sigma_{kk} = 0 \qquad (3.55\text{a,b})$$

und damit aus (3.28a) auch:

$$\Delta \varepsilon_{kk} = -\frac{1-2\nu}{E}\frac{1+\nu}{1-\nu} f_{k,k} \qquad \text{bzw.} \qquad \Delta \varepsilon_{kk} = 0 \qquad (3.56\text{a,b})$$

Wendet man auf die BELTRAMI-Gleichungen (3.54) den LAPLACE-Operator $\Delta \equiv \partial^2/\partial x_p \partial x_p$ an, so findet man unter Berücksichtigung von (3.55b) die *Bipotentialgleichung*

$$\boxed{\Delta\Delta\sigma_{ij} = 0_{ij}} \qquad (3.57)$$

und damit wegen (3.28a), (3.56b) auch:

$$\boxed{\Delta\Delta\varepsilon_{ij} = 0_{ij}} \quad . \qquad (3.58)$$

Die Ergebnisse (3.55b), (3.56b), (3.57) und (3.58) besagen, dass in einem linearelastischen isotropen Körper die linearen Invarianten σ_{kk} und ε_{kk} *harmonische Funktionen* sind, während die Spannungs- (σ_{ij}) und Verzerrungskoordinaten (ε_{ij}) *biharmonische Funktionen* sind, wenn die Koordinaten der Körperkraft f_i konstant sind.

Schließlich sei noch auf die *dritte Randwertaufgabe* hingewiesen, die dann gestellt ist, wenn gemischte Randbedingungen vorliegen, d.h. wenn sowohl statische als auch kinematische Randbedingungen zu erfüllen sind.

Die Randwertprobleme der Elastizitätstheorie können sehr kompliziert sein, so dass in vielen Fällen keine geschlossenen Lösungen gefunden werden können. In der linearen Elastizitätstheorie (*physikalische* und *geometrische Linearität*) kann häufig das *Superpositionsprinzip* weiterhelfen, wenn die Randbelastungen von den Verschiebungen unabhängig sind, d.h. Randbedingungen am unverformten Körper angesetzt werden können. Aufgrund der Linearität der Differentialgleichungen können homogene Lösungen, die man bei Vernachlässigung der Körperkräfte ($f_i = 0_i$) findet, mit partikulären Lösungen superponiert werden, wie auch im Zusammenhang mit (3.43) bereits erwähnt. Weiterhin können auch die Randbelastungen sinnvoll aufgeteilt werden, so dass man auf Teilaufgaben stößt, die leichter gelöst werden können und deren Lösungen zur Gesamtlösung zusammengesetzt werden.

Das Auffinden von Lösungen kann dadurch erleichtert werden, dass man die Randbedingungen nur näherungsweise einhält, indem man äußere Belastungen durch äquivalente Kräfte (mit derselben resultierenden Kraftwirkung) ersetzt. Diese Vorgehensweise basiert auf dem *SAINT-VENANTschen Prinzip* (MATSCHINSKI, 1959), wonach äquivalente Kraftsysteme, die innerhalb eines Bereiches angreifen, dessen Abmessungen klein sind gegenüber den Körperabmessungen, in hinreichender Entfernung von diesen „Störstellen" nahezu gleiche Spannungen und gleiche Verzerrungen hervorrufen. Bei BETTEN (1968) wird auch eine Anwendung dieses Prinzips in der Plastomechanik erwähnt.

Elegant lassen sich Probleme der Elastizitätstheorie häufig indirekt durch Einführen von Hilfsfunktionen lösen. Das können *Verschiebungs-*

3.3 Lösungsmethoden der Elastizitätstheorie

funktionen zur Ermittlung des Verschiebungsfeldes oder *Spannungsfunktionen* zur Berechnung der Spannungen sein. Als Beispiel sei das *elastisch-thermische Verschiebungspotential* (3.44) erwähnt.

Ein anderes Beispiel ist die *Torsionsfunktion* $\Phi = \Phi(x_1,x_2)$, aus der man die Schubspannungen im tordierten Querschnitt eines Stabes gemäß $\sigma_{31} = \partial\Phi/\partial x_2$ und $\sigma_{32} = -\partial\Phi/\partial x_1$ ermitteln kann. Auch die *Torsionsfunktion* genügt analog (3.45a,b) einer *POISSON*schen Differentialgleichung: $\Delta\Phi = -2G\,D$, wie in Ü 3.3.3 nachgewiesen wird[3].

Für die Durchbiegungsfläche $w = w(x_1,x_2)$ einer vorgespannten *Membran* erhält man eine ähnliche Differentiagleichung (*Membrangleichnis*), wie in Ü 3.3.5 näher erläutert wird.

Bei einer *Quetschströmung* zwischen zwei Platten, die mit der Geschwindigkeit v gegeneinander bewegt werden, baut sich der Druck $p = p(x_1,x_2)$ auf, der ebenfalls einer POISSONschen Differentialgleichung gehorcht: $\Delta p = -12\eta v/h^3$. Darin sind η die *dynamische Zähigkeit* des "*gequetschten*" Flüssigkeitsfilmes und h der Plattenabstand. Diese Differentialgleichung ist grundlegend für die *hydrodynamische Schmierungstheorie* (RIENÄCKER, 1995).

Nur für wenige Stabquerschnitte (*Kreis, Ellipse* und *gleichseitiges Dreieck*) existieren analytisch geschlossene Lösungen der *POISSONschen Differentialgleichung* (Ü 3.3.4), so dass man bei anderen Querschnitten auf Näherungsverfahren angewiesen ist. Dazu werden von BETTEN (1997/98) für Rechteckquerschnitte verschiedene Verfahren ausführlich diskutiert und gegenübergestellt, z.B. *RITZ-Verfahren, GALERKIN-Verfahren, Finite-Elemente-Methode* etc..

Eine Spannungsfunktion, die bei ebenen Problemen erfolgreich benutzt wird, soll im Folgenden behandelt werden.

Für die Anwendungen sind *ebene Probleme* der Elastomechanik von großer Bedeutung. Man unterscheidet ebene Spannungsprobleme (z.B. *Scheibenprobleme*, Beanspruchung von *Blechen*) mit $\sigma_{3j} \equiv 0_j$ und ebene Verzerrungsprobleme (z.B. Verformung von dünnen und breiten Blechen beim *Kaltwalzen*, Verformung einer *Sperrmauer*) mit $\varepsilon_{3j} \equiv 0_j$. Beim ebenen Spannungszustand hat man nur zwei Gleichgewichtsbedingungen (2.26) zu erfüllen:

---

[3] Es muss wohl nicht betont werden, dass die Torsionsfunktion Φ nicht mit der elastisch-thermischen Verschiebungsfunktion Φ in (3.45a,b) verwechselt werden darf, obwohl beide Funktionen hier mit dem selben Buchstaben bezeichnet werden.

$$\boxed{\sigma_{11,1} + \sigma_{21,2} = -f_1} \quad \boxed{\sigma_{12,1} + \sigma_{22,2} = -f_2} \quad . \qquad (3.59a,b)$$

Aus den Stoffgleichungen (3.28a,b) ergeben sich für ebenen Verzerrungszustand die Spannungen $\sigma_{31} = \sigma_{32} = 0$ und $\sigma_{33} = \nu\,(\sigma_{11}+\sigma_{22}) \neq 0$, so dass wie beim ebenen Spannungszustand nur drei Spannungen (σ_{11}, σ_{22}, σ_{12}) ermittelt werden müssen. Zu den Gleichgewichtsbedingungen (3.59a,b) kommt noch eine dritte Gleichung hinzu, $\sigma_{33,3} = -f_3$, aus der man beispielsweise für $f_3 = 0$ entnimmt, dass die Normalspannung σ_{33} keine Funktion von x_3 ist, und da die Schubspannungen σ_{31} und σ_{32} in einer Fläche $x_3 = $ const. verschwinden, ist überdies die x_3-Richtung eine *Hauptrichtung*, so dass für $f_3 = 0$ gilt: $\sigma_{33} \equiv \sigma_{III} = \sigma_{III}(x_1, x_2)$.

Zur Lösung ebener Spannungs- und Verzerrungsprobleme genügt es also, die drei unbekannten Spannungen σ_{11}, σ_{22} und σ_{12} zu bestimmen. Dazu stehen zunächst die zwei Gleichgewichtsbedingungen (3.59a,b) als statische Grundgleichungen zur Verfügung, die man folgendermaßen behandeln kann.

Die *Kontinuitätsbedingung* bei ebener stationärer Bewegung,

$$\partial v_1/\partial x_1 + \partial v_2/\partial x_2 = 0, \qquad (3.60)$$

wird identisch erfüllt durch Einführen einer *Stromfunktion* ψ mit

$$\partial\psi/\partial x_1 = -v_2, \quad \partial\psi/\partial x_2 = v_1. \qquad (3.61)$$

Man kann beide Gleichgewichtsbedingungen (3.59a,b) auf eine zu (3.60) analoge Form bringen, wenn man definiert (Ü 2.4.4):

$$f_i := -\partial\kappa/\partial x_i. \qquad (3.62)$$

Damit geht das System (3.59a,b) über in:

$$\sigma_{ji,j} - \kappa_{,i} = 0_i \quad \Rightarrow \quad \begin{cases} \partial(\sigma_{11} - \kappa)/\partial x_1 + \partial\sigma_{21}/\partial x_2 = 0 & (3.63a) \\ \partial\sigma_{12}/\partial x_1 + \partial(\sigma_{22} - \kappa)/\partial x_2 = 0. & (3.63b) \end{cases}$$

In Analogie zu (3.60), (3.61) sind die Gleichgewichtsbedingungen (3.63a,b) identisch erfüllt, wenn zwei *Stromfunktionen* ψ, χ eingeführt werden, so dass gilt:

$$\sigma_{11} - \kappa = \partial\psi/\partial x_2, \qquad \sigma_{21} = -\partial\psi/\partial x_1, \qquad (3.64a)$$

$$\sigma_{21} = -\partial\chi/\partial x_2, \qquad \sigma_{22} - \kappa = \partial\chi/\partial x_1. \qquad (3.64b)$$

3.3 Lösungsmethoden der Elastizitätstheorie

Die Gleichungen (3.64a,b) können über eine *AIRYsche Spannungsfunktion* $F = F(x_1, x_2)$ gemäß

$$\chi = \partial F/\partial x_1, \quad \psi = \partial F/\partial x_2 \tag{3.65}$$

kombiniert werden, d.h., die Gleichungen (3.63a,b) sind identisch erfüllt für:

$$\boxed{\sigma_{11} - \kappa = F_{,22} \quad \sigma_{12} = -F_{,12} \quad \sigma_{22} - \kappa = F_{,11}} \,. \tag{3.66}$$

Darin verschwindet das Potential κ bei fehlenden Volumenkräften ($f_i = 0_i$). Unter dieser Voraussetzung findet man in Ü 2.4.6 eine Verallgemeinerung auf den 3-dimensionalen Fall.

Durch Eliminieren der AIRYschen Spannungsfunktion in (3.66) findet man eine Verträglichkeitsbedingung (Ü 2.4.5) in den Spannungen

$$\boxed{\sigma_{11,11} + \sigma_{22,22} + 2\sigma_{12,12} = \kappa_{,11} + \kappa_{,22} \equiv \Delta\kappa} \,, \tag{3.67}$$

durch die bei ebenen Problemen die Gleichgewichtsbedingungen (3.59a,b) a priori erfüllt werden. Falls die Volumenkraft keine Ortsfunktion ist oder die Divergenz $f_{i,i}$ verschwindet, gilt $\Delta\kappa = 0$, d.h., κ ist dann eine harmonische Funktion.

In der Bedingung (3.67) kommt das Stoffverhalten nicht zum Ausdruck. Man kann sie also für elastisch oder auch plastisch verformte Körper bei ebenen Problemen heranziehen. Für linearelastisches isotropes Verhalten erhält man bei *ebenem Spannungszustand* ($\sigma_{3j} \equiv 0_j$) aus (3.28a,b) folgende von null verschiedene Verzerrungen:

$$\left.\begin{array}{l} \varepsilon_{11} = (\sigma_{11} - \nu\sigma_{22})/E, \quad \varepsilon_{22} = (\sigma_{22} - \nu\sigma_{11})/E, \\ \varepsilon_{33} = -\nu(\sigma_{11} + \sigma_{22})/E, \quad \varepsilon_{12} = (1+\nu)\sigma_{12}/E. \end{array}\right\} \tag{3.68a}$$

Für den *ebenen Verzerrungszustand* ($\varepsilon_{3j} \equiv 0_j$) mit $\sigma_{33} = \nu(\sigma_{11}+\sigma_{22})$ findet man entsprechend:

$$\left.\begin{array}{l} \varepsilon_{11} = \left[(1-\nu^2)\sigma_{11} - \nu(1+\nu)\sigma_{22}\right]/E, \\ \varepsilon_{22} = \left[(1-\nu^2)\sigma_{22} - \nu(1+\nu)\sigma_{11}\right]/E, \\ \varepsilon_{12} = (1+\nu)\sigma_{12}/E. \end{array}\right\} \tag{3.68b}$$

Die *Kompatibilitätsbedingung* $\varepsilon_{11,22} + \varepsilon_{22,11} = 2\varepsilon_{12,12}$ führt mit (3.68a,b) auf die Beziehungen:

$$\sigma_{11,22} + \sigma_{22,11} - \nu(\sigma_{11,11} + \sigma_{22,22}) = 2(1+\nu)\sigma_{12,12}, \quad (3.69a)$$

$$(1-\nu^2)(\sigma_{11,22} + \sigma_{22,11}) - \nu(1+\nu)(\sigma_{11,11} + \sigma_{22,22}) = 2(1+\nu)\sigma_{12,12}, (3.69b)$$

die man zur Elimination von $\sigma_{12,12}$ in (3.67) einsetzt, so dass für den *ebenen Spannungszustand* der Zusammenhang

$$\Delta(\sigma_{11} + \sigma_{22}) = (1+\nu)\Delta\kappa \quad (3.70a)$$

gilt und für den *ebenen Verzerrungszustand* die Beziehung

$$\Delta(\sigma_{11} + \sigma_{22}) = \Delta\kappa/(1-\nu) \quad (3.70b)$$

gefunden wird. Darin ist $\Delta := \partial^2/\partial x_1^2 + \partial^2/\partial x_2^2$ der LAPLACE-Operator für den ebenen Fall. Aus (3.66) folgert man $\sigma_{11} + \sigma_{22} = \Delta F + 2\kappa$, so dass die Beziehungen (3.70a,b) schließlich auf die Differentialgleichungen

$$\boxed{\Delta\Delta F = -(1-\nu)\Delta\kappa} \quad \boxed{\Delta\Delta F = -(1-2\nu)\Delta\kappa/(1-\nu)} \quad (3.71a,b)$$

führen, denen die AIRYsche *Spannungsfunktion* bei *ebenem Spannungs-* bzw. bei *ebenem Verzerrungszustand* genügen muss. Falls κ eine *harmonische Funktion* ist ($\Delta\kappa = 0$), wird F eine *biharmonische Funktion*, die der *Bipotentialgleichung*

$$\boxed{\Delta\Delta F \equiv F_{,1111} + 2F_{,1122} + F_{,2222} = 0} \quad (3.72)$$

genügt (Ü 3.2.3). In diesem Fall sind die Probleme des ebenen Spannungs- und des ebenen Verzerrungszustandes identisch, d.h., jede Lösung der *Bipotentialgleichung* (3.72) führt über (3.66) auf die Spannungswerte σ_{11}, σ_{22}, σ_{12}, die für beide Probleme identisch sind, aber gemäß (3.68a,b) zu unterschiedlichen Verzerrungen ε_{11}, ε_{22}, ε_{12} führen. Auf die Unterschiede in σ_{33} bzw. ε_{33} ist bereits hingewiesen worden.

Zur Lösung der *Bipotentialgleichung* (3.72) kann eine direkte Methode (NEOU, 1957) benutzt werden, die von einem Polynomansatz

$$F = \sum_{m=0}^{\infty} \sum_{n=0}^{\infty} C_{mn} x_1^m x_2^n \quad (3.73)$$

ausgeht und damit wegen (3.66) für $\kappa = 0$ auf folgende Spannungen führt:

3.3 Lösungsmethoden der Elastizitätstheorie

$$\sigma_{11} = \sum_{m=0}^{\infty} \sum_{n=2}^{\infty} n(n-1)C_{mn} x_1^m x_2^{n-2}, \qquad (3.74a)$$

$$\sigma_{22} = \sum_{m=2}^{\infty} \sum_{n=0}^{\infty} m(m-1)C_{mn} x_1^{m-2} x_2^n, \qquad (3.47b)$$

$$\sigma_{12} = -\sum_{m=1}^{\infty} \sum_{n=1}^{\infty} mn C_{mn} x_1^{m-1} x_2^{n-1}. \qquad (3.74c)$$

Der Polynomansatz (3.73) ist nur dann mit (3.72) verträglich, wenn die Bedingung

$$\sum_{m=2}^{\infty} \sum_{n=2}^{\infty} \left[(m+2)(m+1)m(m-1)C_{m+2;n-2} + 2m(m-1)n(n-1)C_{mn} + \right.$$

$$\left. + (n+2)(n+1)n(n-1)C_{m-2;n+2}\right] x_1^{m-2} x_2^{n-2} = 0 \qquad (3.75)$$

unabhängig von x_1 und x_2 erfüllt wird, d.h. wenn der eckige Klammerausdruck in (3.75) zum Verschwinden gebracht wird. Dann besteht ein Zwang zwischen jeweils drei Koeffizienten. Beispielsweise folgt für $m = 2$ und $n = 4$ der Zusammenhang $C_{42} + 2C_{24} + 15C_{06} = 0$. Darüber hinaus müssen die Randbedingungen erfüllt werden. Es ist zweckmäßig, in (3.73) bzw. in (3.74a,b,c) dimensionslose Koordinaten x_1, x_2 zu verwenden. Dann haben alle Koeffizienten C_{mn} die Dimension einer Spannung.

Neben Polynomansätzen (3.73) sind auch Kombinationen aus folgenden Funktionen möglich:

$$\cos\lambda x_1 \cosh\lambda x_2 \,; \quad \cosh\lambda x_1 \cos\lambda x_2 \,; \quad x_1 \cos\lambda x_1 \cosh\lambda x_2 \,;$$

$$x_1 \cosh\lambda x_1 \cos\lambda x_2 \,; \quad x_2 \cos\lambda x_1 \cosh\lambda x_2 \,; \quad x_2 \cosh\lambda x_1 \cos\lambda x_2.$$

Die *Bipotentialgleichung* (3.72) kann als EULER-LAGRANGEsche *Differentialgleichung* aufgefasst werden, die einem *Funktional* zugeordnet ist, wie von BETTEN (1997/98, Ü 5.4.1) nachgewiesen wird. Mithin kann zur Lösung das RAYLEIGH-RITZ-*Verfahren* herangezogen werden, da dieses Verfahren die Existenz eines Funktionals voraussetzt (BETTEN, 1997/98).

Ebene Probleme können häufig durch komplexe Funktionen sehr vorteilhaft dargestellt werden (MUSKHELISHVILI, 1953). So sind auch Real- und Imaginärteil einer *holomorphen Funktion* (Ziffer 11.2)

$$f(z) = \varphi(x_1, x_2) + i\Phi(x_1, x_2) \qquad (3.76)$$

der komplexen Veränderlichen $z = x_1 + ix_2$ Lösungen der Bipotentialgleichung (3.72); denn φ und Φ sind aufgrund der *CAUCHY-RIEMANN*schen *Differentialgleichungen*

$$\partial \varphi / \partial x_1 = \partial \Phi / \partial x_2, \qquad \partial \varphi / \partial x_2 = -\partial \Phi / \partial x_1 \qquad (3.77\text{a,b})$$

harmonische Funktionen ($\Delta \varphi = \Delta \Phi = 0$), und man stellt fest: Sind φ und Φ *Potentialfunktionen* (harmonische Funktionen), so sind

$$F = x_1 \varphi + \Phi, \quad F = \varphi + x_2 \Phi, \quad F = \varphi + (x_1^2 + x_2^2)\Phi \qquad (3.78\text{a,b,c})$$

biharmonische Funktionen. In jeder der drei Formen (3.78a,b,c) lässt sich eine *Bipotentialfunktion* $F = F(x_1, x_2)$ durch Potentialfunktionen $\varphi(x_1, x_2)$ und $\Phi(x_1, x_2)$ darstellen (Ü 3.3.7).

Weiterhin lässt sich jede *biharmonische Funktion* durch zwei *holomorphe Funktionen* $f(z)$ und $g(z)$ einer komplexen Veränderlichen z gemäß der *Formel von GOURSAT*,

$$F = \text{Re}\{\overline{z} f(z) + g(z)\}, \qquad (3.79)$$

ausdrücken (Ü 3.3.14). Darin ist „Re" die Abkürzung für „Realteil".
Aus (3.79) folgert man dann wegen (3.66) für $\kappa = 0$ die Spannungsformeln (Ü 3.3.14):

$$\sigma_{11} + \sigma_{22} = 2\left[f'(z) + \overline{f'(z)}\right] = 4\,\text{Re}\{f'(z)\}, \qquad (3.80\text{a})$$

$$\sigma_{22} - \sigma_{11} + 2i\sigma_{12} = 2[\overline{z} f''(z) + g'(z)], \qquad (3.80\text{b})$$

die auf KOLOSOW zurückgehen (MUSKHELISHVILI, 1953).

Für viele Anwendungen ist u.a. der Übergang zu Polarkoordinaten (r, φ) wichtig. Dann werden aus einer *AIRY*schen *Spannungsfunktion* $F = F(r, \varphi)$ die Spannungen gemäß

$$\sigma_{rr} = \frac{1}{r^2}\frac{\partial^2 F}{\partial \varphi^2} + \frac{1}{r}\frac{\partial F}{\partial r}, \qquad \sigma_{\varphi\varphi} = \frac{\partial^2 F}{\partial r^2}, \qquad \sigma_{r\varphi} = -\frac{\partial}{\partial r}\left(\frac{1}{r}\frac{\partial F}{\partial \varphi}\right) \qquad (3.81)$$

ermittelt, und es gilt:

$$\Delta F \equiv \frac{\partial^2 F}{\partial r^2} + \frac{1}{r}\frac{\partial F}{\partial r} + \frac{1}{r^2}\frac{\partial^2 F}{\partial \varphi^2} = \sigma_{rr} + \sigma_{\varphi\varphi}, \qquad (3.82)$$

d.h., in der Bipotentialgleichung $\Delta\Delta F = 0$ ist der *LAPLACE-Operator* gemäß

3.3 Lösungsmethoden der Elastizitätstheorie

$$\Delta = \frac{\partial^2}{\partial r^2} + \frac{1}{r^2}\frac{\partial^2}{\partial \varphi^2} + \frac{1}{r}\frac{\partial}{\partial r} \qquad (3.83)$$

einzusetzen (Ü 3.3.11).

Bei der Behandlung von Randwertproblemen der Elastomechanik muss die Frage der *Eindeutigkeit der Lösungen* diskutiert werden. Hierzu dienen das *Superpositionsprinzip* und *der Satz von* CLAPEYRON

$$2\iiint_V \Pi_\varepsilon dV = \iint_S p_i u_i dS + \iiint_V f_i u_i dV. \qquad (3.84)$$

Dieser Satz gilt für einen linear-elastischen Körper, der sich unter gegebenen Oberflächen- und Volumenkräften im Gleichgewicht befindet. Nach (3.84) stimmt dann die doppelte Verzerrungsenergie mit der Arbeit überein, die von den Oberflächen- und Volumenkräften bei den entsprechenden Verschiebungen vom Ausgangs- in den Endzustand, d.h. vom unverformten Zustand in den Gleichgewichtszustand verrichtet wird. Dieser Satz wird in Ü 3.3.16 bewiesen. Der in Ü 3.3.17 geführte Beweis der Eindeutigkeit gilt nur bei geometrischer und physikalischer Linearität. Weitere Bemerkungen zur *Eindeutigkeit elastischer Lösungen* findet man beispielsweise bei SOKOLNIKOFF (1956), GREEN / ZERNA (1968), GREEN / ADKINS (1970), ATKIN / FOX (1980) und HAHN (1985).

Neben den in dieser Ziffer besprochenen Lösungsmethoden seien *Integraltransformationen* erwähnt, die mit Erfolg zur Lösung von elastizitätstheoretischen Problemen benutzt werden können (JUNG, 1950; SNEDDON, 1951).

Sehr bedeutend sind auch *Energiemethoden*, auf die aus Platzgründen nicht eingegangen werden konnte. Im Schrifttum findet man hierzu eine Vielzahl von wertvollen Beiträgen, von denen nur einige genannt werden sollen (LANGHAAR, 1962; KOITER, 1973; WASHIZU, 1975; WEMPNER, 1981; BUGGISCH et al., 1981; ESCHENAUER / SCHNELL, 1981; ESCHENAUER et al. (1997) und BETTEN, 1997/98). Schließlich sei noch auf *numerische Methoden* hingewiesen, die in den letzten Jahren an Bedeutung gewonnen haben (HAHN, 1975; ZIENKIEWICZ, 1975, 1979; GALLAGHER, 1976; ODEN / REDDY, 1976; STANLEY, 1976; SCHWARZ, 1980; BETTEN, 1997/98).

In der Elasto-, Plasto- und Kriechmechanik (oder allgemein in der Kontinuumsmechanik) wird heute am häufigsten die *Finite-Elemente-Methode* (FEM) als Näherungsverfahren mit großem Erfolg eingesetzt. Die FEM zeichnet sich durch große Flexibilität aus. Ein wesentliches Merkmal der FEM ist, dass zunächst für jedes Element eine Lösung aufgestellt werden kann (z.B. Kraft-Verschiebungs-Charakteristik oder Steifigkeitscharakteristik). Danach erfolgt der „Zusammenbau" zur Lösung für die „Gesamtstruktur". Das komplexe Problem zerfällt in die Betrachtung kleinerer und einfacherer Teilprobleme. Zur Formulierung der Elementeigenschaften bieten sich die *direkte Methode*, die *Variationsmethode* (*Extremalprinzipien*), die *Methode der gewichteten Residuen*, die *Energiebilanzmethode* an. Bei Problemen der Strukturmechanik stehen meistens das *Prinzip der virtuellen Verschiebungen* oder das *Prinzip vom Minimum der potentiellen Energie* im Vordergrund. Weitere Prinzipien sind beispielsweise bei STEIN / WUNDERLICH (1973), WEMPNER (1981), HUEBNER / THORNTON (1982), REDDY (1984), SHAMES / DYM (1985), MEISSNER / MENZEL (1989), COOK et al. (1989) und BETTEN (1997/98) zusammengestellt. Somit sind auch im Hinblick auf die FEM die Energiemethoden von größter Bedeutung.

Aufgrund der großen Flexibilität wird die *Finite-Elemente-Methode* erfolgreich auch bei der Auslegung von Bauteilen aus *Verbundwerkstoffen* (*composite materials*) eingesetzt. Aus Platzgründen kann auf die Fülle der wertvollen Beiträge zum Thema *Verbundwerkstoffe* nicht näher eingegangen werden. Stellvertretend seien nur die Werke von EHRENSTEIN (1992), DANIEL / ISHAI (1994), ALTENBACH et al. (1996), CHAWLA (1998) sowie JONES (1999) erwähnt, in denen man zahlreiche Literaturstellen finden kann.

Im Folgenden sei als Beispiel aus eigenem Hause ein *Höchstdruckbehälter* für gasbetriebene Fahrzeuge beschrieben.

Zur Verringerung der Umweltbelastung können Fahrzeuge, insbesondere LKWs und Busse, mit *Gasantrieb* ausgerüstet werden. Sie emittieren weniger Schadstoffe und sind geräuschärmer. Künftige gesetzliche Vorschriften, z.B. die kalifornische Forderung nach Emissionsfreiheit, lassen sich mit *wasserstoffbetriebenen* Fahrzeugen viel leichter erfüllen als mit konventionellen Kraftstoffen. Ähnlich wie bei *batteriebetriebenen* Fahrzeugen ist auch bei *gasbetriebenen* Fahrzeugen die Energiespeicherung problematisch, da man bei konventioneller Bauweise von Behältern großes Bauvolumen benötigt, um einigermaßen akzeptable Reichweiten zu erzielen. Es gilt, die Reichweite – also den Energieinhalt des Tanks – zu erhöhen und gleichzeitig das *Gewicht* und die *Größe* des Behälters zu reduzieren. Der *Energieinhalt* kann gesteigert werden, wenn das Gas durch höheren Druck stärker komprimiert wird. Das *Gewicht* kann durch die Bauweise, d.h. durch Verbundbauweise aus *faserverstärkten Kunststoffen* (FVK) stark reduziert werden. Unter faserverstärkten Kunststoffen versteht man Glasfasern, Kohlefasern oder Aramidfasern, die in eine Matrix aus Polyester-, Epoxid- oder Phenolharz eingebettet sind. Der Werkstoffverbund aus Faser und Matrix ist *anisotrop*, d.h., die Materialeigenschaften sind richtungsabhängig.

3.3 Lösungsmethoden der Elastizitätstheorie

Ein für den Einbau in Personenkraftwagen geeigneter Behälter, der die Forderungen nach geringem Bauvolumen bei größtmöglicher Gasspeicherung erfüllt, ist in Bild 3.1 dargestellt.

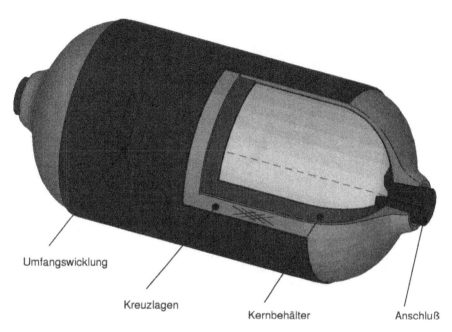

Bild 3.1 Höchstdruckbehälter für einen gasbetriebenen PKW

Dieser Behälter hat eine Länge von 65 cm und einen Durchmesser von 30 cm. Zur Abdichtung besitzt er einen inneren dünnen Mantel aus hochfestem Stahl oder Kunststoff, den so genannten „Liner". Dieser Mantel ist umhüllt mit einem Laminat aus mehreren Schichten von FVK, der so genannten „Armierung". Ein Ausschnitt einer solchen Armierung ist in Bild 3.2 skizziert (BETTEN et al., 1997, 1998; LOURES da COSTA, 1997; BETTEN / KRIEGER, 1999, BETTEN, 2000).

Die Aufgabe besteht u.a. darin, eine optimale Wicklung der Fasern und Versagenskriterien zu finden, so dass die Beanspruchbarkeit des Behälters zuverlässig vorausgesagt werden kann. Zur Lösung dieser Aufgabe sind neue Computerprogramme (Software) entwickelt und umfassende numerische Auswertungen durchgeführt worden (BETTEN et al., 1997; LOURES da COSTA, 1997).

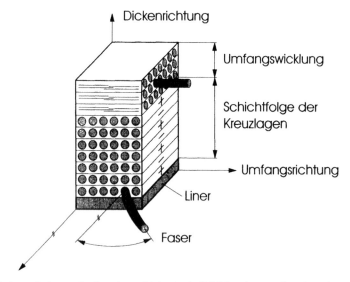

Bild 3.2 Ausschnitt aus der Laminatschicht des in Bild 3.1 dargestellten Hybridbehälters

Trotz der Vorzüge, die in vielen Anwendungen aus dem Ingenieurbereich die FEM bietet, darf man jedoch nicht verkennen, dass bisweilen, insbesondere bei einfachen Randkonturen, andere Methoden, wie z.B. *FDM, Übertragungsmatrizen, Mehrzielmethode, Charakteristikenverfahren* etc., wesentlich wirtschaftlicher eingesetzt werden können (BETTEN, 1997/98).

Zur Lösung von Aufgaben (**nicht nur**) der Kontinuumsmechanik haben in den letzten Jahren *"mathematische Formelmanipulations-Programme"*, mit denen interaktiv gearbeitet werden kann, immer mehr an Bedeutung gewonnen. Mit Hilfe solcher *"Formelmanipulationssysteme"* (FMS) ist es möglich, Berechnungen mit unausgewerteten Ausdrücken (Symbolen) durchzuführen.

Die so genannte *Computer-Algebra* ist in den letzten Jahren verstärkt entwickelt worden – MAPLE etwa seit Anfang der 80-er Jahre. Weitere Programme sind MATHCAD (basierend auf MAPLE), MATHEMATICA, MACSYMA, REDUCE, AXIOM etc., die ebenfalls sehr leistungsstark und anwenderfreundlich sind. Je nach Einsatzgebiet bietet das eine oder andere System mehr oder weniger Vorteile.

Beispielsweise werden von BETTEN (1997/98) Aufgaben aus der *Wärmeübertragung, elektrische* und *hydraulische Netzwerke, Schwingungsaufgaben, Variationsaufgaben, gewöhnliche* und *partielle Differentialgleichungen* etc. etc. mit Hilfe der MAPLE-Software gelöst.

3.3 Lösungsmethoden der Elastizitätstheorie

Zur Lösung einer Vielzahl von Aufgaben aus der *Umformtechnik* benutzen H. und O. PAWELSKI (2000) die Software MATHEMATICA.

Beide Programme, MAPLE / MATHEMATICA, werden zur Lösung von Ingenieuraufgaben von BELTZER (1995) benutzt.

Übungsaufgaben

3.3.1 Man folgere aus (3.51) die Bipotentialgleichung (3.52).

3.3.2 Man schreibe für $f_i = -\partial\Phi/\partial x_i$ mit $\Delta\Phi = 0$ die MICHELL-Gleichung (3.53) an und bilde die Spur.

3.3.3 Man zeige, dass die Torsion eines linearelastischen Stabes durch die POISSONsche *Differentialgleichung* $\Delta\Phi = -2GD$ beschrieben werden kann. Darin ist Φ die *Torsionsfunktion* mit $\sigma_{31} = \partial\Phi/\partial x_2$ und $\sigma_{32} = -\partial\Phi/\partial x_1$. Ferner sind G der Gleitmodul und $D \equiv \vartheta/\ell$ die Drillung mit dem Verdrehwinkel ϑ und der Stablänge ℓ. Eine freie Verwölbung der Stabquerschnitte sei zugelassen. Wie kann diese *Verwölbung* beschrieben werden?

3.3.4 Man ermittle die *Torsionsfunktion* für Kreis-, Ellipsen- und Dreiecksquerschnitt.

3.3.5 Gesucht ist das *Torsionsmoment*.

3.3.6 Man ermittle die Fortpflanzungsgeschwindigkeit ebener elastischer Longitudinal- und Transversalwellen. Der Werkstoff sei isotrop.

3.3.7 Man zeige, dass (3.78c) biharmonisch ist, wenn φ und Φ *harmonische Funktionen* sind.

3.3.8 Man skizziere zu folgenden AIRYschen *Spannungsfunktionen* die Problemstellung:

a) $F = \sigma_I x_2^2/2$, b) $F = (\sigma_I x_2^2 + \sigma_{II} x_1^2)/2$, c) $F = -\tau_R x_1 x_2$, d) $F = C x_1 x_2^3$.

Darin seien σ_I, σ_{II}, τ_R und C konstante Größen.

3.3.9 Gesucht ist das Spannungsfeld in einem Kragbalken, der am freien Ende mit einer Last P belastet wird.

3.3.10 Man zeige, dass $F = \{3Q[x_1 x_2 - x_1 x_2^3/(3a)^2] + P x_2^3\}/(4a)$ eine AIRYsche *Spannungsfunktion* ist. Welches Problem wird erfaßt?

3.3.11 Für die Anwendungen ist die Benutzung der AIRYschen *Spannungsfunktion* in *allgemeinen (krummlinigen) Koordinaten* von Bedeutung. Daher transformiere man den LAPLACE-Operator $\Delta \equiv \partial^2/\partial x_1^2 + \partial^2/\partial x_2^2$ auf ein allgemeines System

$\xi^1 = \xi^1(x_1, x_2)$, $\xi^2 = \xi^2(x_1, x_2)$. Als Beispiel zeige man (3.83) und gebe den Sonderfall der Axialsymmetrie an. Schließlich gebe man Δ bei *konformen Abbildungen* an.

3.3.12 Man zeige, dass sich der Spannungszustand im elastischen isotropen Halbraum, der durch eine Schneidenlast P belastet ist, durch die *AIRYsche Spannungsfunktion* F(r, φ) = Cr φ cosφ darstellen läßt. Wie groß ist die Konstante C?

3.3.13 Gesucht ist die *AIRYsche Spannungsfunktion* für rotationssymmetrische Probleme. Die Lösung wende man auf einen *dickwandigen Hohlzylinder* (Innenradius a, Außenradius b) an, der durch konstanten Innendruck p und Außendruck q belastet wird.

3.3.14 Man leite die Formel (3.79) von GOURSAT her.

3.3.15 Ein Werkstoff verhalte sich *orthotrop*. Welcher Gleichung muss die AIRYsche Spannungsfunktion bei Vernachlässigung von Volumenkräften genügen? Die Rechnung führe man für ebenen Spannungs- und Verzerrungszustand durch und überprüfe auch jeweils den Übergang zum isotropen Sonderfall.

3.3.16 Man beweise den *Satz von CLAPEYRON* (3.84).

3.3.17 Man zeige, dass die Lösungen der linearen Elastizitätstheorie eindeutig sind.

3.3.18 Man beweise das *MAXWELLsche Reziprozitätstheorem*.

3.3.19 Unter Benutzung des *Prinzips der virtuellen Verschiebungen* stelle man die *Steifigkeitsmatrix* einer Einzelfeder auf.

3.3.20 Man ermittle die Steifigkeitsmatrix eines elastischen finiten Stabelementes unter Verwendung des *ersten Satzes von CASTIGLIANO*.

3.3.21 Gegeben ist ein einseitig eingespannter kreisförmiger Balken ($0 \leq \varphi \leq \pi/2$), der am freien Ende ($\varphi = 0$) gegen die r-Richtung durch eine Einzellast P belastet wird. Innen- und Außenkonturen seien durch r = a und r = b gekennzeichnet. Der Querschnitt sei rechteckförmig [c × (b – a)]. Die Einzellast P sei auf die Querschnittsbreite c bezogen. Im Einzelnen ermittle man:
  a) die *AIRYsche Spannungsfunktion* F = F(r,φ), indem man von einem für die Aufgabenstellung geeigneten Produktansatz F = f(r) g(φ) ausgehe,
  b) das Spannungsfeld,
  c) eine *graphische Darstellung* der Spannungsverteilung

4 Plastisches Verhalten isotroper und anisotroper Stoffe

Wesentliche Merkmale des plastischen Verhaltens, wie Zeitunabhängigkeit, Abhängigkeit von der Verformungsgeschichte, Fließen, sind bereits in der Einführung besprochen worden. Die Bilder A1, A2 und A3 vermitteln einen kurzen Überblick über das plastische Verhalten eines Werkstoffes unter einachsiger Belastung und dienen zur Erläuterung von Begriffen wie *Fließspannung, Verfestigung* und *BAUSCHINGER-Effekt*. Weiterhin zeigen die Bilder A5 und A6 das *elastisch-plastische* Verhalten von Aluminium AA 7075 T 7351 nach eigens durchgeführten Experimenten.

Bei *mehraxialer Werkstoffbeanspruchung* wird in der Plastomechanik die Existenz einer *Fließbedingung* angenommen, die bei *Isotropie* in der Form

$$F = F(\sigma_{ij}) = C_F \qquad (4.1a)$$

bzw. in Hauptachsendarstellung gemäß

$$F = F(\sigma_I, \sigma_{II}, \sigma_{III}) = C_F \qquad (4.1b)$$

ausgedrückt werden kann. Die *Fließbedingung* stellt einen Zusammenhang zwischen den Spannungen bei Fließbeginn dar. Plastische Formänderungen können nur auftreten, wenn die Fließbedingung erfüllt ist. Die Konstante C_F in (4.1a,b) wird durch einen Werkstoffkennwert (*Fließgrenze* σ_F) ausgedrückt, der aus dem einachsigen Grundversuch (Bilder A1, A2, A3) bestimmt wird.

Die *Fließbedingung* kann anschaulich im Hauptspannungsraum durch eine *Fließfläche* dargestellt werden (Bild 4.1).

Spannungszustände, deren Bildvektoren (σ_I, σ_{II}, σ_{III}) innerhalb der Fließfläche liegen, sind elastisch. Bei einem *idealplastischen Werkstoff* können nur Spannungsumlagerungen, d.h. neutrale Spannungsänderungen auftreten: Form und Lage der Fließfläche bleiben erhalten. Dagegen geht nach Erreichen des Fließzustandes (*Fließbeginn*) die *Fließfläche* eines sich verfestigenden Werkstoffes in die *Verfestigungsfläche*

$$\Phi = \Phi(\sigma_{ij}, {}^p\varepsilon_{ij}; k) = 0 \tag{4.2}$$

über (${}^p\varepsilon_{ij}$ plastischer Anteil des Verzerrungstensors ε_{ij}; $k = k({}^p\varepsilon_{ij})$ Verfestigungsparameter).

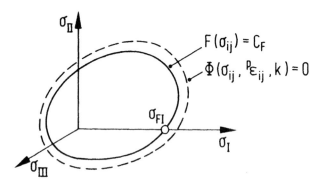

Bild 4.1 Fließfläche (———) und Verfestigungsfläche (– – –)

Die analytische Form der Verfestigungsfläche ist wesentlich komplizierter als diejenige der Fließfläche, da sie nicht nur vom jeweiligen Spannungszustand, sondern auch noch vom zugehörigen Verzerrungszustand (${}^p\varepsilon_{ij}$) abhängt. Darüber hinaus ist der Verfestigungsparameter k u.a. eine Funktion von den vorausgegangenen Belastungs- und Verformungszuständen. d.h. von der *Verfestigungsgeschichte*. Die Verfestigungsfläche (4.2) in Bild 4.1 kann ihre Größe (*isotrope Verfestigung*), ihre Gestalt (*anisotrope Verfestigung*) und ihre Lage (*kinematische Verfestigung*) ändern. Auf diese Modellvorstellungen soll hier nicht näher eingegangen werden; es sei nur auf einige bedeutende Literaturstellen hingewiesen (BALTOV / SAWCZUK, 1965; JOHNSON / MELLOR, 1973; IKEGAMI, 1975; PHILLIPS / LEE, 1979; MASSONET et al., 1979; ZYCZKOWSKY, 1981; LEHMANN, 1982; DAFALIAS, 1983; BOEHLER, 1985).

Zur Darstellung (4.1b) muss noch ergänzt werden, dass im *isotropen* Fall keine der drei Hauptachsen I, II, III eine Vorzugsrichtung darstellt und somit alle 3! Permutationen in I, II, III keinen Einfluss auf die Fließbedingung haben dürfen. Mithin muss man fordern:

$$F(\sigma_I, \sigma_{II}, \sigma_{III}) = \ldots = F(\sigma_{III}, \sigma_{II}, \sigma_I). \tag{4.3}$$

Dieser Forderung wird genügt, wenn man zur Darstellung von (4.1b) die *elementaren symmetrischen Funktionen*

$$\sigma_I + \sigma_{II} + \sigma_{III} \equiv J_1, \quad (4.4a)$$

$$\sigma_I\sigma_{II} + \sigma_{II}\sigma_{III} + \sigma_{III}\sigma_I \equiv -J_2, \quad (4.4b)$$

$$\sigma_I\sigma_{II}\sigma_{III} \equiv J_3 \quad (4.4c)$$

benutzt (WEYL, 1939/1946), d.h. wenn man (4.1b) in der Form

$$\boxed{F(J_1, J_2, J_3) = C_F} \quad (4.5)$$

darstellt.

Die *elementaren symmetrischen* Funktionen sind die Koeffizienten des *charakteristischen Polynoms*

$$P_3(\lambda) = (\lambda - \sigma_I)(\lambda - \sigma_{II})(\lambda - \sigma_{III}) \equiv \lambda^3 - J_1\lambda^2 - J_2\lambda - J_3. \quad (4.6)$$

Man kann sie analog (1.76a,b,c) gemäß

$$J_1 \coloneqq \sigma_{kk}, \quad J_2 \coloneqq -\sigma_{i[i]}\sigma_{j[j]}, \quad J_3 \coloneqq \sigma_{i[i]}\sigma_{j[j]}\sigma_{k[k]} \quad (4.7a,b,c)$$

ausdrücken. Alle symmetrischen Funktionen von σ_I, σ_{II}, σ_{III} können durch die elementaren symmetrischen Funktionen (4.4a,b,c) ausgedrückt werden. Die Invarianten J_1, J_2, J_3 stellen ein irreduzibles System dar, auch *Basis* oder *Integritätsbasis* genannt (SCHUR, 1968), durch die alle Invarianten von σ ausgedrückt werden können. Beispielsweise ist die symmetrische Funktion $\sigma_I^2 + \sigma_{II}^2 + \sigma_{III}^2 = S_2$ durch $S_2 = 2J_2 + J_1^2$ ausdrückbar. Für $\sigma_I^3 + \sigma_{II}^3 + \sigma_{III}^3 = S_3$ gilt entsprechendes: $S_3 = 3J_3 + 3J_1J_2 + J_1^3$. Ein anderes Beispiel ist: $\sigma_I^4 + \sigma_{II}^4 + \sigma_{III}^4 = S_4 = 4J_1J_3 + 4J_1^2J_2 + 2J_2^2 + J_1^4$. Danach kann die symmetrische Funktion S_4 in der angegebenen Weise durch die *elementaren symmetrischen Funktionen* (4.4a,b,c) ausgedrückt werden (BETTEN, 1987a).

Für *anisotrope* Stoffe stellt man je nach Probenlage unterschiedliche Fließgrenzen fest, z.B.: $\sigma_{F_I} \neq \sigma_{F_{II}} \neq \sigma_{F_{III}} \neq \sigma_{F_I}$. Zur Charakterisierung der plastischen Anisotropie kann allgemein ein Tensor vierter Stufe als *Materialtensor* eingeführt werden und anstatt (4.1a) das *Fließkriterium*

$$F(\sigma_{ij}; A_{ijkl}) = 1 \quad (4.8)$$

benutzt werden (BETTEN, 1982d, 1983b, 1988a). Das Hauptproblem bei der Darstellung der skalarwertigen Funktion F in (4.8) besteht in dem Auffinden eines irreduziblen Invariantensystems (*Integritätsbasis*) des gesamten Invariantensystems der gegebenen Tensorvariablen σ_{ij}, A_{ijkl}. Diese *Integritätsbasis* besteht aus den irreduziblen Invarianten der einzelnen Argumenttensoren und aus dem System der *Simultaninvarianten*. BETTEN (1982a, 1987a, 1998) geht näher auf die Konstruktion einer solchen Integritätsbasis ein (Anhang).

Die so dargestellte Funktion F in (4.8) wird *isotrope Tensorfunktion* genannt und genügt der *Invarianz-Bedingung*

$$F(a_{ip}a_{jq}\sigma_{pq}; a_{ip}a_{jq}a_{kr}a_{ls}A_{pqrs}) \equiv F(\sigma_{ij}; A_{ijkl}) \quad (4.9)$$

unter irgendeiner orthogonalen Substitution ($a_{ik}a_{jk} = \delta_{ij}$). Für isotrope Stoffe vereinfacht sich die *Invarianz-Bedingung* (4.9) zu:

$$F(a_{ip}a_{jq}\sigma_{pq}) \equiv F(\sigma_{ij}), \quad (4.10)$$

die mit der Darstellung (4.5) vereinbar ist.

Entgegen (4.8) mit (4.9) kann die *Anisotropie* auch durch „Modifikation" der Invarianz-Bedingung (4.10) berücksichtigt werden, indem man die allgemeine Transformation **a** durch eine ihrer Untergruppen **s** (ebenfalls mit $s_{ik}s_{jk} = \delta_{ij}$) ersetzt, die kennzeichnend für die Symmetrieeigenschaften des Werkstoffs ist (SMITH, 1962; SMITH et al., 1963; WINEMAN / PIPKIN, 1964). Die Aufgabe besteht dann darin, anstelle von (4.4a,b,c) bzw. (4.7a,b,c) ein auf die Symmetrietransformation **s** (*Kristallklasse*) zugeschnittenes Invariantensystem zu finden. Somit grenzen die metallographischen Symmetrieeigenschaften eines anisotropen Stoffes die möglichen Abhängigkeiten der skalaren Funktion F in (4.1a) von den Spannungen σ_{ij} ein.

4.1 Theorie des plastischen Potentials

Die Theorie des plastischen Potentials (HILL, 1950; MISES, 1928; BETTEN, 1979b) ergibt sich aus dem Prinzip der größten spezifischen *Dissipationsleistung*. Danach stellt sich der tatsächliche Spannungszustand σ_{ij} bei einem vorgegebenen plastischen Verformungsinkrement $d^p\varepsilon_{ij}$ so ein, dass die *dissipative plastische Arbeit*

$$d^p\tilde{A} = \tilde{\sigma}_{ij} d^p\varepsilon_{ij} \quad (4.11)$$

4.1 Theorie des plastischen Potentials

maximal wird. Darin ist $\tilde{\sigma}_{ij}$ ein vom tatsächlichen Spannungszustand σ_{ij} abweichender plastischer Zustand, der wie σ_{ij} die Fließbedingung (4.1a) erfüllt:

$$F(\tilde{\sigma}_{ij}) = F(\sigma_{ij}) = C_F = \text{const.}, \quad (4.12)$$

die eine statische Grundgleichung darstellt und den plastischen Zustand anzeigt (*Plastizitätsbedingung*). Bei der Extremwertbildung für die plastische Arbeit (4.11) spielt die Fließbedingung (4.12) die Rolle einer Nebenbedingung, so dass man nach der LAGRANGEschen Multiplikatorenmethode (Extremwert mit Nebenbedingung) erhält (Anhang):

$$\partial\left[\tilde{\sigma}_{kl} d^p\varepsilon_{kl} - F(\tilde{\sigma}_{kl})d\Lambda\right]/\partial\tilde{\sigma}_{ij} = 0_{ij}. \quad (4.13)$$

Darin ist $d\Lambda \geq 0$ ein *LAGRANGEscher Multiplikator*. Nach dieser Methode ergibt sich die *Fließregel*

$$d^p\varepsilon_{ij} = \left[\partial F(\tilde{\sigma}_{kl})/\partial\tilde{\sigma}_{ij}\right]d\Lambda \quad \text{mit} \quad \tilde{\sigma}_{ij} = \sigma_{ij}, \quad (4.14)$$

die erfüllt ist, wenn $\tilde{\sigma}_{ij}$ die tatsächliche Spannung σ_{ij} ist. Die Funktion $F = F(\sigma_{ij})$ wird *plastisches Potential* genannt.

Vom Werkstoff wird postuliert, dass er sich plastisch stabil verhält, was durch das DRUCKERsche *Stabilitätskriterium* (DRUCKER, 1949a, 1951, 1959)

$$(\sigma_{ij} - {}^0\sigma_{ij})d^p\varepsilon_{ij} \geq 0 \quad (4.15)$$

ausgedrückt werden kann. Darin ist ${}^0\sigma_{ij}$ der Tensor eines Ausgangszustandes im Innern des Fließkörpers oder auf dem Fließkörper. Die *Werkstoffstabilität* wird in Bild 4.2 veranschaulicht.

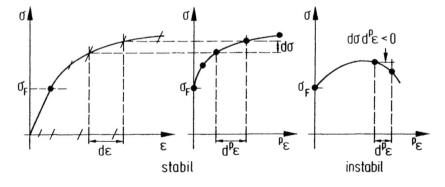

Bild 4.2 Stabiles und instabiles Werkstoffverhalten

Aufgetragen sind in Bild 4.2 *wahre Spannungen* und *natürliche Dehnungen*. Das *Verfestigungskriterium* dσdε > 0, das in Bild 4.2 durch einen monotonen Anstieg der Werkstoffcharakteristik zum Ausdruck kommt, kann folgendermaßen verallgemeinert werden:

$$d\sigma_{ij} d\varepsilon_{ij} > 0 \text{ bei Belastung (Arbeit positiv),} \quad (4.16a)$$

$$d\sigma_{ij}(d\varepsilon_{ij} - d^e\varepsilon_{ij}) \geq 0 \text{ bei Belastungzyklus (Arbeit nicht negativ).} \quad (4.16b)$$

Wegen $d\varepsilon_{ij} = d^e\varepsilon_{ij} + d^p\varepsilon_{ij}$ kann man auch

$$d\sigma_{ij} d^p\varepsilon_{ij} \geq 0 \quad (4.16c)$$

schreiben. Das Kriterium (4.15) ist eine Anwendung von (4.16c) bei beginnender plastischer Verformung (*Fließbeginn*).

Übungsaufgaben

4.1.1 Es sei σ'_{ij} der *Spannungsdeviator* aus (2.5). Man zeige, dass mit dem *plastischen Potential* F = F(σ'_{ij}) *plastische Inkompressibilität* verbunden ist.

4.1.2 Man stelle eine Fließbedingung für einen *plastisch inkompressiblen isotropen* Werkstoff auf, der sich gegenüber Zug- und Druckbeanspruchung *symmetrisch* verhält. Man bestimme ihre Form in der σ_I-σ_{II}-Ebene.

4.1.3 Nach der Vorstellung von TRESCA (1864) tritt Fließen von Metallen ein, wenn die maximale Schubspannung τ_{max} einen kritischen Wert, die Schubfließgrenze $k \equiv \tau_F$, erreicht hat (*Schubspannungshypothese*). Man stelle diese so genannte *TRESCAsche Fließbedingung* in der σ_I-σ_{II}-Ebene dar.

4.1.4 Man gebe eine allgemeine Formulierung der TRESCAschen Fließbedingung an.

4.1.5 Ein isotropes Blech werde elastisch zweiachsig auf Zug belastet. Man gebe die Vergleichsspannung nach der *Gestaltänderungsenergiehypothese* an, wenn das Blech in II-Richtung so belastet wird, dass die Verformung ε_{II} verschwindet. Wie groß sind die Spannungen bei Fließbeginn, wenn sich der Werkstoff plastisch inkompressibel verhält. Man gebe auch die Lage des „Vektors" $d^p\varepsilon_{ij}$ der plastischen Verzerrungsinkremente im Hauptspannungsraum an.

4.1.6 Bei räumlichem Spannungszustand ($\sigma_I; \sigma_{II} = \sigma_{III}$) und einachsiger Verformung ($\varepsilon_I; \varepsilon_{II} = \varepsilon_{III} = 0$) ist mit Hilfe der linearen Elastizitätsgleichungen nach HOOKE und Gestaltsänderungsenergiehypothese die Vergleichsspannung σ_V durch die Hauptspannungen auszudrücken. Man diskutiere die Beispiele $\nu = 1/3$ und $\nu = 1/2$.

4.1.7 Eine Welle werde auf Biegung (Biegemoment M) und Torsion (Torsionsmoment $M_t = M_b$ beansprucht. Man bestimme das Durchmesserverhältnis d_T/d_M bei gleicher Werkstoffanstrengung ($\sigma_{VT} \stackrel{!}{=} \sigma_{VM}$) aus den Hypothesen von TRESCA (Index T) und MISES (Index M).

4.2 Konvexität von Fließbedingungen

In der Theorie des *plastischen Potentials* (Ziffer 4.1) spielt auch die Frage der *Konvexität von Fließkörpern* eine entscheidende Rolle, da im Hinblick auf die *Fließregel* (4.14) und das *Stabilitätskriterium* (4.15) von vornherein alle Äquipotentialflächen (4.1a) bzw. (4.2) ausscheiden, die auch nur bereichsweise *konkav* sind (BETTEN, 1979a). Bei der Aufstellung einer Fließbedingung entscheidet somit die *Konvexität* über die Zulässigkeit einer *Fließbedingung* (FREUDENTHAL / GOU, 1969; SOBOTKA, 1969; SAYIR, 1970; ZIEGLER et al., 1973; BETTEN, 1976c, 1979a;).

Um diesen Sachverhalt zu veranschaulichen, sei zunächst der Begriff der *Konvexität* definiert: Ein Körper (und damit seine Oberfläche) ist dann *konvex*, wenn er zu je zwei Punkten (Randpunkte einbegriffen) auch deren Verbindungsgerade ganz enthält. Andernfalls ist er *konkav*. In diesem Sinne können *konvexe* Körper auch als Eikörper bezeichnet werden (Bild 4.3).

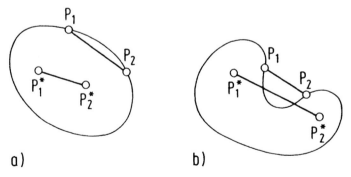

Bild 4.3 a) überall konvexer **b)** teilweise konkaver Körper

Diese Definition der *Konvexität* lässt sich unmittelbar auf den *Fließkörper* mit der *Fließfläche* als Oberfläche im 9-dimensionalen Spannungsraum übertragen, wenn man das *Stabilitätskriterium* (4.15) bei beginnender plastischer Verformung (*Fließbeginn*) zugrundelegt. Darin ist σ_{ij} der Tensor des augenblicklichen Spannungszustandes (Fließbeginn) mit dem Spannungsbildpunkt P_1 und $^0\sigma_{ij}$ der Tensor des Ausgangsspannungszustandes mit dem Bildpunkt P_0 im Innern des *Fließkörpers* (Bild 4.4) bzw. auf dem Fließkörper.

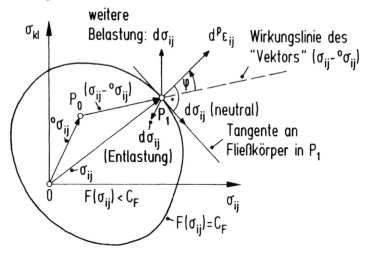

Bild 4.4 Konvexer Körper im 9-dimensionalen Spannungsraum

Da der Spannungstensor symmetrisch ist ($\sigma_{ij} = \sigma_{ji}$) und somit nur 6 wesentliche Koordinaten aufweist, kann die Fließfläche (4.1a) als 5-dimensionale *Hyperfläche* im 6-dimensionalen Spannungsraum dargestellt werden, z.B. in der Form:

$$\sigma_{11} = \sigma_{11}(\sigma_{22}, \sigma_{33}, \sigma_{12}, \sigma_{23}, \sigma_{31}; C_F) \ . \tag{4.17}$$

In diesem Sinne sind die Tensoren σ_{ij}, $^0\sigma_{ij}$ und ($\sigma_{ij} - {^0\sigma_{ij}}$) als „6-dimensionale Vektoren" im 6-dimensionalen Spannungsraum anzusehen.

In der *Fließregel* (4.14) kann somit

$$\partial F / \partial \sigma_{ij} \mathrel{\hat=} (\mathrm{grad})_\sigma F \equiv \nabla_\sigma F \tag{4.18}$$

als „6-dimensionaler Gradientenvektor" im 6-dimensionalen Spannungsraum aufgefasst werden. Da ein Gradientenvektor immer senkrecht auf der

4.2 Konvexität von Fließbedingungen

Niveaufläche steht, hat auch der „6-dimensionale Vektor" $d^P\varepsilon_{ij}$ aufgrund der *Fließregel* (4.14) diese Richtung, wie in Bild 4.4 eingezeichnet (Ü 4.2.1).

Das *Stabilitätskriterium* (4.15) enthält das skalare Produkt der *Hypervektoren* $(\sigma_{ij} - {}^0\sigma_{ij})$ und $d^P\varepsilon_{ij}$:

$$(\sigma_{ij} - {}^0\sigma_{ij})d^P\varepsilon_{ij} = \left|\sigma_{ij} - {}^0\sigma_{ij}\right|\left|d^P\varepsilon_{ij}\right|\cos\varphi \geq 0 \quad (4.19)$$

so dass daraus gefolgert werden muss, dass der Winkel φ in Bild 4.4 stets kleiner oder höchstens gleich π/2 sein darf:

$$\sphericalangle\left\{(\sigma_{ij} - {}^0\sigma_{ij}), d^P\varepsilon_{ij}\right\} \equiv \varphi \leq \pi/2. \quad (4.20)$$

Diese Bedingung ist nur dann überall erfüllt, wenn die *Fließhyperfläche konvex* ist.

Für eine teilweise *konkave Fließhyperfläche* kann je nach Lage des Ausgangsspannungszustandes im konkaven Bereich die Bedingung (4.20) und damit das Stabilitätskriterium (4.15) verletzt sein, wie Bild 4.5 veranschaulicht: Im Punkt P_1 ist $\varphi > \pi/2$ und damit $(\sigma_{ij} - {}^0\sigma_{ij})d^P\varepsilon_{ij} < 0$.

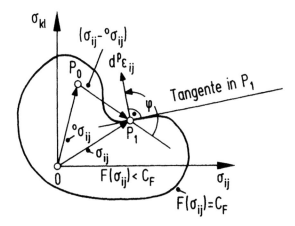

Bild 4.5 Bereichsweise konkaver Fließkörper im 9-dimensionalen Spannungsraum

Analytisch wird die *Konvexität* von *Fließkörpern* bzw. *Fließbedingungen* am einfachsten im 3-dimensionalen Hauptspannungsraum (σ_I, σ_{II}, σ_{III}) bzw. im *Deviatorraum* (Spannungsdeviator σ'_{ij} mit den Hauptwerten $\sigma'_I, \sigma'_{II}, \sigma'_{III}$) überprüft (BETTEN, 1979a). Der *Fließort* für *plastisch*

144 4 Plastisches Verhalten isotroper und anisotroper Stoffe

inkompressible Werkstoffe wird auch bei *Anisotropie* stets ein senkrecht zu den Oktaederebenen $\sigma_{kk}/3 \equiv \sigma_0 = $ const. erstreckter Zylinder (bzw. Prisma) sein, der durch seine Querschnittsform, also durch seine konvexe Schnittkurve (*Fließortkurve*) mit irgendeiner Oktaederebene $\sigma_0 = -p$ (p *hydrostatischer Druck*) bestimmt ist. Somit genügt es bei *plastisch inkompressiblen* Werkstoffen, die *Konvexität* in der Oktaederebene nachzuprüfen. Dazu wird eine *Transformationsmatrix* benutzt, die das Hauptachsensystem auf ein „Oktaedersystem" transformiert (Ü 2.2.8 bei BETTEN (1987a)). Mit den Bezeichnungen gemäß Bild 4.6 lautet diese Transformationsmatrix:

$$a_{ij} = \begin{pmatrix} n_1 & n_2 & n_3 \\ t_1 & t_2 & t_3 \\ s_1 & s_2 & s_3 \end{pmatrix} = \begin{pmatrix} 1/\sqrt{3} & 1/\sqrt{3} & 1/\sqrt{3} \\ -1/\sqrt{6} & -1/\sqrt{6} & 2/\sqrt{6} \\ 1/\sqrt{2} & -1/\sqrt{2} & 0 \end{pmatrix}, \quad (4.21)$$

woraus die Koordinatentransformation

$$y = a_{2j}\sigma_j \equiv t_1\sigma_I + t_2\sigma_{II} + t_3\sigma_{III} \quad (4.22a)$$

$$-x = a_{3j}\sigma_j \equiv s_1\sigma_I + s_2\sigma_{II} + s_3\sigma_{III} \quad (4.22b)$$

bzw.

$$x = (\sigma_{II} - \sigma_I)/\sqrt{2}, \qquad y = 2[\sigma_{III} - (\sigma_I + \sigma_{II})/2]/\sqrt{6} \quad (4.23a,b)$$

folgt, welche die Koordinaten des *Hauptspannungsraumes* (σ_I, σ_{II}, σ_{III}) auf die *Oktaederebene* (x-y-Ebene) transformiert.

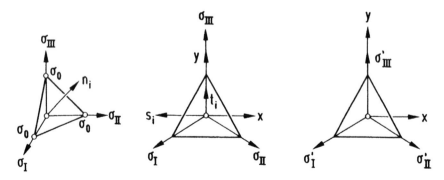

Bild 4.6 Oktaederebene im Hauptspannungsraum und im Deviatorraum

Ersetzt man in (4.23a,b) die Hauptspannungen durch ihre Deviatoren

$$\sigma_I = \sigma'_I + \sigma_{kk}/3 \equiv \sigma'_I - p \text{ usw.,} \quad (4.24)$$

4.2 Konvexität von Fließbedingungen

so erhält man die Koordinaten der Oktaederebene im Deviatorraum (Bild 4.6):

$$x = (\sigma'_{II} - \sigma'_I)/\sqrt{2}, \qquad y = \sqrt{3/2}\,\sigma'_{III}. \tag{4.25a,b}$$

Unter Berücksichtigung der Deviatoreigenschaft $\sigma'_{kk} \equiv 0$ erhält man aus (4.25a,b) die Umkehrtransformation

$$\left.\begin{aligned}
\sigma'_I &= \sigma_I + p = -\left(x + y/\sqrt{3}\right)/\sqrt{2}, \\
\sigma'_{II} &= \sigma_{II} + p = \left(x - y/\sqrt{3}\right)/\sqrt{2}, \\
\sigma'_{III} &= \sigma_{III} + p = \sqrt{2/3}\,y,
\end{aligned}\right\} \tag{4.26}$$

mit der die *Fließortkurve* in der Oktaederebene in der Form $y = y(x)$ ermittelt wird. Die Grenze der *Konvexität* ist dann erreicht, wenn an mindestens einer Stelle x die Krümmung der *Fließortkurve*, d.h. die zweite Ableitung y'' verschwindet. Legt man beispielsweise *Isotropie* zugrunde, so ist das *plastische Potential inkompressibler* Werkstoffe von der Form

$$F = (J'_2, J'_3). \tag{4.27}$$

Darin sind

$$J'_2 = \left(\sigma'^2_I + \sigma'^2_{II} + \sigma'^2_{III}\right)/2, \qquad J'_3 = \sigma'_I \sigma'_{II} \sigma'_{III} \tag{4.28a,b}$$

die zweite und dritte *Invariante des Spannungsdeviators*, die über die Transformation (4.26) in x-y-Koordinaten ausgedrückt werden können:

$$J'_2 = (x^2 + y^2)/2, \qquad J'_3 = -(x^2 - y^2/3)\,y/\sqrt{6}. \tag{4.29a,b}$$

Damit ergibt sich durch zweimaliges Differenzieren der Fließbedingung $F(J'_2, J'_3) = \text{const.}$ bei verschwindender zweiter Ableitung $y'' = 0$ schließlich die Grenzbedingung der *Konvexität* für alle *plastischen Potentiale* der Form (4.27) zu:

$$\frac{\partial^2 F}{\partial J'^2_2}(x + y'y)^2 + \frac{\partial F}{\partial J'_2}(1 + y'^2) + \frac{1}{6}\frac{\partial^2 F}{\partial J'^2_3}\left[(x^2 - y^2)y' + 2xy\right]^2 =$$

$$= \sqrt{\frac{2}{3}}\,\frac{\partial F}{\partial J'_3}[y + (2x - y'y)y']. \tag{4.30}$$

Für *anisotrope* Stoffe wird von BETTEN (1979a) eine entsprechende Grenzbedingung gefunden, die (4.30) als Sonderfall enthält.

Im Folgenden sollen einige Beispiele behandelt werden, die *Isotropie*, *Anisotropie*, plastische *Inkompressibilität* und *Kompressibilität* unterscheiden.

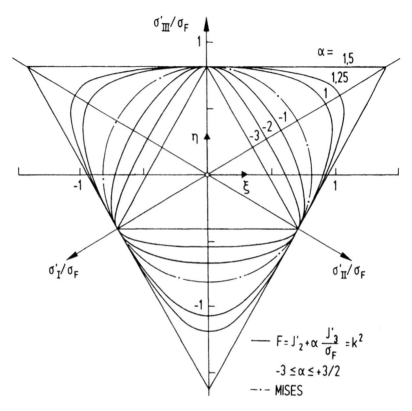

Bild 4.7 Fließortkurven in der Deviatorebene $\sigma'_I + \sigma'_{II} + \sigma'_{III} = 0$
(ξ-η-Ebene); $\xi \equiv x/\sigma_F$, $\eta \equiv y/\sigma_F$; Ansatz (4.31)

Der einfachste Ansatz für ein plastisches Potential der Form (4.27) ist die Linearkombination

$$F = J'_2 + \alpha J'_3/\sigma_F \qquad (4.31)$$

(σ_F Zugfließgrenze als Bezugswert), die zur Beschreibung des plastischen Fließens isotroper inkompressibler Stoffe bei unterschiedlichem Verhalten gegenüber Zug- und Druckbeanspruchung[1] geeignet ist. Setzt man diesen Ansatz in die Grenzbedingung der *Konvexität* (4.30) ein, so erhält man für

---
[1] Unterschiedliche Zug- und Druckfließgrenzen beruhen u.a. auf dem *BAUSCHINGER-Effekt*.

4.2 Konvexität von Fließbedingungen

die „konvex-gefährdeten" Stellen ($x = 0$, $y = \sqrt{2/3}\sigma_F$) bzw. entlang der Linie $y = x/\sqrt{3}$ die „kritischen" Parameterwerte $\alpha_{krit} = 3/2$ bzw. $\alpha_{krit} = -3$. Mithin wird der Gültigkeitsbereich des Ansatzfreiwertes α in der Linearkombination (4.31) durch

$$-3 \leq \alpha \leq 3/2 \qquad (4.32)$$

eingegabelt. In Bild 4.7 ist der Ansatz (4.31), d.h. die Fließbedingung $F = k^2$ mit k als *Schubfließgrenze*, dargestellt.

Zu jedem Ansatzfreiwert (4.32) druckt der Rechner für jeden Schnitt $\xi \equiv x/\sigma_F = $ const. drei reelle Lösungen einer kubischen Gleichung aus. Jeweils zwei Lösungen liegen auf einer konvexen geschlossenen Kurve, während die dritte Lösung auf einem Kurvenast liegt, der sich asymptotisch der *Konvexitätsgrenze* $\alpha = -3$ bzw. $\alpha = 3/2$ nähert. Aus Konvexitätsgründen können nur die geschlossenen Kurven um den Ursprung (Bild 4.7) als *Fließortkurven* zugelassen werden.

Für das DRUCKERsche Potential (DRUCKER, 1949b)

$$F = J_2'^3 + \alpha J_3'^2 \qquad (4.33)$$

erhält man aus der Bedingung (4.30) mit (4.29a,b) die „kritischen" Parameterwerte $\alpha_{krit} = -9/4$ und $\alpha_{krit} = 27/8$, wenn man (4.30) auf die am meisten „konvex-gefährdeten" Stellen anwendet, die entweder durch $y = 0$ und $y = x/\sqrt{3}$ oder durch $y = \sqrt{3}x$ und $x = 0$ gekennzeichnet sind (BETTEN, 1979a). Mithin wird der Gültigkeitsbereich des Ansatzfreiwertes α in (4.33) durch

$$-9/4 \leq \alpha \leq 27/8 \qquad (4.34)$$

eingegabelt. In Bild 4.8 sind die „kritischen" *Fließortkurven* $F = k^6$ des Ansatzes (4.33) dargestellt.

Der Rechner muss bei eingegebenem Ansatzfreiwert (4.34) für jeden Schnitt $\xi = $ const. eine algebraische Gleichung 6-ten Grades lösen. Dabei liegen jeweils zwei reelle Lösungen auf einer konvexen geschlossenen Kurve um den Ursprung.

Bei orthogonaler Anisotropie (*Orthotropie*) inkompressibler Stoffe wird meist die quadratische *Fließbedingung* (HILL-*Bedingung*)

$$H_I(\sigma_{II} - \sigma_{III})^2 + H_{II}(\sigma_{III} - \sigma_I)^2 + H_{III}(\sigma_I - \sigma_{II})^2 = 1 \qquad (4.35a)$$

bzw.

$$H_I(\sigma'_{II} - \sigma'_{III})^2 + H_{II}(\sigma'_{III} - \sigma'_I)^2 + H_{III}(\sigma'_I - \sigma'_{II})^2 = 1 \qquad (4.35b)$$

benutzt (HILL, 1950), die als Sonderfall in der *Fließbedingung*

$$F = A_{ijkl}\sigma'_{ij}\sigma'_{kl}/2 = \sigma_F^{*2}/3 \qquad (4.36)$$

enthalten ist.

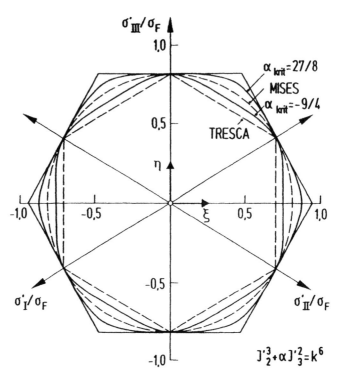

Bild 4.8 Fließortkurven in der Deviatorebene $\sigma'_I + \sigma'_{II} + \sigma'_{III} = 0$
(ξ-η-Ebene); $\xi \equiv x/\sigma_F$, $\eta \equiv y/\sigma_F$; Ansatz (4.33)

Darin ist σ_F^* ein beliebiger Bezugswert, z.B. die *Zugfließgrenze* in I-Richtung ($\sigma_F^* = \sigma_{F_I}$). Bei Isotropie ist $A_{ijkl} = (\delta_{ik}\delta_{jl} + \delta_{il}\delta_{jk})/2$ ein *isotroper Tensor vierter Stufe*. Dann geht (4.36) in die *MISESsche Fließbedingung* $F = J'_2 = k^2 = \sigma_F^2/3$ über. Durch Koeffizientenvergleich erhält man aus (4.35b) und (4.36) einen Zusammenhang zwischen den Koordinaten des Tensors A_{ijkl} und den HILL-Koeffizienten H_I, H_{II}, H_{III} gemäß:

4.2 Konvexität von Fließbedingungen

$$A_{1111} = 2(H_{II} + H_{III})\sigma_F^{*2}/3,$$
$$A_{2222} = 2(H_{III} + H_I)\sigma_F^{*2}/3, \qquad (4.37a)$$
$$A_{3333} = 2(H_I + H_{II})\sigma_F^{*2}/3,$$

$$A_{1122} = -\frac{2}{3}H_{III}\sigma_F^{*2},$$
$$A_{1133} = -\frac{2}{3}H_{II}\sigma_F^{*2}, \qquad (4.37b)$$
$$A_{2233} = -\frac{2}{3}H_I\sigma_F^{*2},$$

Daraus liest man unmittelbar ab:

$$\left.\begin{array}{l} A_{1122} = -(\ A_{1111} + A_{2222} - A_{3333})/2, \\ A_{1133} = -(\ A_{1111} - A_{2222} + A_{3333})/2, \\ A_{2233} = -(-A_{1111} + A_{2222} + A_{3333})/2, \end{array}\right\} \qquad (4.38)$$

d.h., im Hauptachsensystem sind bei *Orthotropie* nur drei Koordinaten (A_{1111}, A_{2222}, A_{3333}) wesentlich. Diese lassen sich durch die Fließgrenzen σ_{F_I}, $\sigma_{F_{II}}$ und $\sigma_{F_{III}}$ ausdrücken, die man in drei einachsigen Zugversuchen ($\sigma_I = \sigma_{F_I}$, $\sigma_{II} = \sigma_{III} = 0$), ($\sigma_I = 0$, $\sigma_{II} = \sigma_{F_{II}}$, $\sigma_{III} = 0$) und ($\sigma_I = \sigma_{II} = 0$, $\sigma_{III} = \sigma_{F_{III}}$) ermittelt. Dazu benutzt man (4.35a) und (4.37a):

$$A_{1111} = (2/3)\left(\sigma_F^*/\sigma_{F_I}\right)^2, \ \dots, \ A_{3333} = (2/3)\left(\sigma_F^*/\sigma_{F_{III}}\right)^2. \qquad (4.39a)$$

Hiermit folgt aus (4.38):

$$\left.\begin{array}{l} A_{1122} = -\sigma_F^{*2}\left(\ 1/\sigma_{F_I}^2 + 1/\sigma_{F_{II}}^2 - 1/\sigma_{F_{III}}^2\right)/3, \\ A_{1133} = -\sigma_F^{*2}\left(\ 1/\sigma_{F_I}^2 - 1/\sigma_{F_{II}}^2 + 1/\sigma_{F_{III}}^2\right)/3, \\ A_{2233} = -\sigma_F^{*2}\left(-1/\sigma_{F_I}^2 + 1/\sigma_{F_{II}}^2 + 1/\sigma_{F_{III}}^2\right)/3. \end{array}\right\} \qquad (4.39b)$$

Im *isotropen* Sonderfall mit $\sigma_{F_I} = \sigma_{F_{II}} = \sigma_{F_{III}} = \sigma_F^* \equiv \sigma_F$ gilt nach (4.39a,b):

$$A_{1111} = A_{2222} = A_{3333} = 2/3 \quad \text{und} \quad A_{1122} = A_{1133} = A_{2233} = -1/3,$$

so dass man aus (4.37b) die Werte $H_I = H_{II} = H_{III} = 1/(2\sigma_F^2)$ ermittelt. Damit geht die HILL-Bedingung (4.35a) unmittelbar in die *MISESsche Fließbedingung*

$$(\sigma_{II} - \sigma_{III})^2 + (\sigma_{III} - \sigma_I)^2 + (\sigma_I - \sigma_{II})^2 = 2\sigma_F^2 \qquad (4.40)$$

über (Ü 4.1.2).

Für Bleche, die zum *Tiefziehen* verwendet werden, strebt man den isotropen Zustand in der Blechebene (I-II-Ebene) an (*transversale Isotropie*; senkrecht zur Blechnormalen isotrop), um die gefürchtete *Zipfelbildung* zu vermeiden. Dann dürfen sich die Eigenschaften bei einer beliebigen Drehung um die Blechnormale (III-Achse) nicht ändern (BETTEN, 1976c). Insbesondere müssen dann die Fließgrenzen σ_{F_I} und $\sigma_{F_{II}}$ übereinstimmen und können mit σ_F^*, d.h. mit der Zugfließgrenze σ_F in der isotropen Blechebene, identifiziert werden. Mit dieser Vorstellung vereinfachen sich die Beziehungen (4.39a,b) zu:

$$A_{1111} = A_{2222} = 2/3, \quad A_{3333} = (2/3)\left(\sigma_F/\sigma_{F_{III}}\right)^2, \qquad (4.41a)$$

$$A_{1122} = -\frac{2}{3}\left[1 - \frac{1}{2}\left(\frac{\sigma_F}{\sigma_{F_{III}}}\right)^2\right], \quad A_{1133} = A_{2233} = -\frac{1}{3}\left(\frac{\sigma_F}{\sigma_{F_{III}}}\right)^2. \quad (4.41b)$$

Somit ist nur noch ein Anisotropieparameter, nämlich das Verhältnis $\sigma_F/\sigma_{F_{III}}$, maßgeblich. Wegen (4.41a,b) stimmen nach (4.37a,b) auch die Werte H_I und H_{II} überein, so dass die Fließbedingung (4.35a) bei ebenem Spannungszustand ($\sigma_{III} = 0$) übergeht in:

$$\sigma_I^2 + \sigma_{II}^2 - (2 - A_{3333}/A_{1111})\sigma_I\sigma_{II} = \sigma_F^2 . \qquad (4.42)$$

Darin kann das Verhältnis A_{3333}/A_{1111} durch den sogenannten R-Wert ausgedrückt werden (BETTEN, 1976c):

$$A_{3333}/A_{1111} = 2/(1+R) , \qquad (4.43)$$

so dass damit (4.42) in die bekannte Beziehung (BACKOFEN et al., 1962)

4.2 Konvexität von Fließbedingungen

$$\boxed{\sigma_I^2 + \sigma_{II}^2 - 2R\sigma_I\sigma_{II}/(1+R) = \sigma_F^2} \qquad (4.44)$$

übergeht, die mittels der Transformation (4.23a,b) in der *Oktaederebene* in Bild 4.9 dargestellt ist.

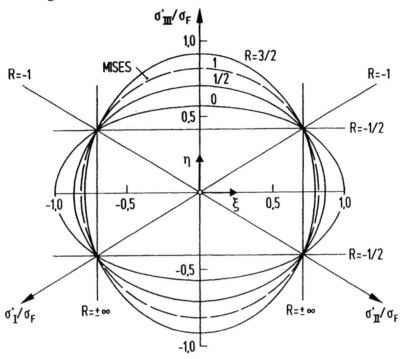

Bild 4.9 Fließortkurven bei transversaler Isotropie

Dazu setzt man in (4.23a,b) aufgrund des ebenen Spannungszustandes $\sigma_{III} = 0$ und erhält:

$$\sigma_I = -(x+\sqrt{3}y)/\sqrt{2} \quad \text{und} \quad \sigma_{II} = (x-\sqrt{3}y)/\sqrt{2}$$

Mit diesen Werten geht (4.44) in die Ellipsengleichung

$$(\xi/A)^2 + (\eta/B)^2 = 1 \qquad (4.44^*)$$

über. Darin hängen die Achsabschnitte vom R-Wert ab gemäß

$$A = \sqrt{(1+R)/(1+2R)} \quad \text{und} \quad B = \sqrt{(1+R)/3} .$$

Bei Isotropie (R = 1) folgt der *MISES-Kreis* mit dem Radius $A = B = \sqrt{2/3}$, der in Bild 4.9 gestrichelt eingezeichnet ist.

Von BETTEN (1979a) wird gezeigt, dass die Grenze der *Konvexität* für R = -1, R = -1/2 und R = ±∞ erreicht wird (Bild 4.9). Der vollständig isotrope Fall ist durch $\sigma_{F_{III}} = \sigma_F$, d.h. nach (4.43) durch R = 1, gekennzeichnet (*MISES-Kreis*).

Bei *plastischer Kompressibilität* muss für *Isotropie* die erste Invariante $J_1 = \sigma_{kk}$ in einem *plastischen Potential* mitberücksichtigt werden. Als Beispiel sei das Potential

$$F = \alpha J_1^2 + J_2 \quad \text{bzw.} \quad F = \kappa J_1^2/3 + J_2' \qquad (4.45)$$

gewählt (BETTEN, 1975a). Darin wird die *plastische Kompressibilität* durch den Ansatzfreiwert $\kappa \equiv 3\alpha - 1$ reguliert, der im Bereich $\kappa = <0, 1/2>$ liegt. In Bild 4.10 sind auf der Grundlage von (4.45) *Fließflächen* in der Form (BETTEN, 1975a)

$$\rho = \sqrt{(2/3)\left[1 + \kappa\left(1 - 9p^2/\sigma_F^2\right)\right]} \qquad (4.46)$$

dargestellt (Ü 4.2.2). Darin ist p der *hydrostatische Druck*.

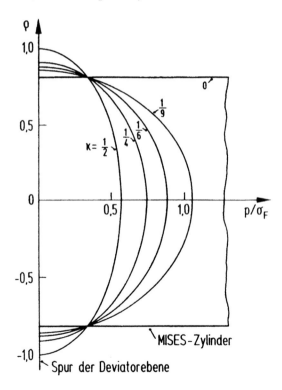

Bild 4.10 Konvexe Fließkörper kompressibler Werkstoffe

4.2 Konvexität von Fließbedingungen

Aus (4.45) folgt, dass aufgrund der *Konvexität* der Ansatzfreiwert κ nicht negativ sein darf (Bild 4.10).

Bei ebenem Spannungszustand ($\sigma_{III} = 0$) bestimmt man zwar die Grenze der Konvexität zunächst bei κ = -1/4, womit die Fließbedingung F = k^2 mit F nach (4.45) dann formal dem TRESCAschen *Kriterium* entspricht, aus anderen Gründen (BETTEN, 1975a) aber müssen negative κ-Werte stets ausgeschlossen werden.

Wendet man das *plastische Potential* (4.45) auf den zweiachsigen Spannungszustand (σ_I, σ_{II}, 0) an, so erhält man die *Fließbedingung*

$$\boxed{\sigma_I^2 + \sigma_{II}^2 - (1+2\kappa)\sigma_I\sigma_{II}/(1+\kappa) = \sigma_F^2} \quad (4.47)$$

für *isotrope, plastisch kompressible Bleche* (κ ≠ 0), die formal identisch ist mit der Fließbedingung (4.44) *anisotroper, plastisch inkompressibler Bleche* (R ≠ 1), d.h., numerisch ermittelt man für entsprechende κ- und R-Werte *identische Fließorte*. Mithin kann aus experimentell bestimmten Fließorten (*Statik*) allein nicht festgestellt werden, ob beispielsweise ein gewalztes Blech *anisotrop* und *inkompressibel* ist oder sich *isotrop* und *kompressibel* verhält. Diese Entscheidung kann nur in Verbindung mit der *Kinematik*, d.h. über im Versuch ermittelte Querdehnungen, getroffen werden (BETTEN, 1975a). Weitere Gesichtspunkte werden von BETTEN (1977c) diskutiert. Schließlich sei noch auf die Untersuchung von BETTEN (1976c) hingewiesen, in der *Fließortkurven* für *Titan-Bleche* vorgeschlagen werden.

> Im Gegensatz zu einer *Fließortkurve* (Bilder 4.7 und 4.8) versteht man unter einer *Fließkurve* den Zusammenhang zwischen wahrer Spannung und dem plastischen Anteil der wahren Dehnung. In der Umformtechnik spricht man auch von „k_f-Kurven", die gemäß $k_f = k_f(\varphi, \dot{\varphi}, T)$ bei TROOST et al. (1973) und BETTEN / EL-MAGD (1977) als *mechanische Zustandsgleichung* gedeutet werden. Darin bezeichnet man k_f als *Formänderungsfestigkeit* und φ als *Formänderung*, die mit dem plastischen Anteil der wahren Dehnung übereinstimmt. In der Literatur findet man eine Vielzahl von experimentell aufgenommenen „k_f-Kurven", z.B. bei FRITSCH / SIEGEL (1965), VOLLMER (1969) und DOEGE et al. (1986). Bei niedrigen Temperaturen (*unterhalb der homologen Temperatur*) überwiegt die Verfestigung, während der Geschwindigkeitseinfluss ($\dot{\varphi}$) gering ist (→ *Kaltfließkurve*). Dagegen wirken bei hohen Temperaturen (*oberhalb der homologen Temperatur*) Erholung und Rekristallisation der Verfestigung entgegen. Da diese Vorgänge zeitabhängig sind, wird man bei hohen Temperaturen einen stärkeren Einfluss von $\dot{\varphi}$ erwarten.

Macht man einen Ansatz etwa in der Form $k_f = A\varphi^n (\dot\varphi/\kappa)^m$, wobei A eine *ARRHENIUS-Funktion* darstellen soll und κ eine zur Normierung eingeführte *Formänderungsgeschwindigkeit* ist, so kann die Wechselwirkung zwischen den temperaturabhängigen Exponenten n und m pauschal folgendermaßen ausgedrückt werden:

bei niedrigen Temperaturen n >> m,

bei hohen Temperaturen n << m.

Weiterführende Erörterungen findet man beispielsweise bei ILSCHNER (1973) und HENSGER (1982).

Übungsaufgaben

4.2.1 Man zeige, dass der „Vektor" $d^p\varepsilon_{ij}$ senkrecht auf der Fließfläche steht. Wie groß ist der „transformierte Vektor" $\tau_\alpha = A_{\alpha\beta}\sigma_\beta \hat{=} A_{ijkl}\sigma_{kl} = \tau_{ij}$, wenn das plastische Potential die Tensorquadrik $F = A_{\alpha\beta}\sigma_\alpha\sigma_\beta/2$ im Spannungsraum darstellt?

4.2.2 Man lege das plastische Potential (4.45) zugrunde und stelle die Fließbedingung $F = C_F$ in der Oktaederebene dar.

4.2.3 Man stelle die *TRESCAsche Fließbedingung* (Ü 4.1.4) in der Oktaederebene dar.

4.2.4 Man stelle die *HILL-Bedingung* (4.35a,b) in der Oktaederebene dar. Welche Vereinfachung ergibt sich bei *transversaler Isotropie* für ein Blech?

4.2.5 Man weise (4.32) und (4.34) nach.

4.2.6 Das plastische Potential sei eine homogene Funktion vom Grade r. Man drücke die plastische Arbeit durch das plastische Potential aus und benutze eine Fließbedingung vom Grade r.

4.3 Thermodynamische Betrachtungen

In den Ziffern 4.1 und 4.2 ist die *Theorie des plastischen Potentials* vom rein mechanischen Gesichtspunkt aus betrachtet, wonach die *Fließfläche* im Spannungsraum eine *konvexe* Fläche darstellen muss und der „Vektor" der plastischen Verzerrungsinkremente $d^p\varepsilon_{ij}$ (bzw. der plastischen Ver-

4.3 Thermodynamische Betrachtungen

zerrungsgeschwindigkeiten d$^P\varepsilon_{ij}$) in jedem ihrer Punkte normal zu einer Stützfläche und nach außen gerichtet sein muss. Dieser Sachverhalt ergibt sich aus dem *Prinzip der größten spezifischen Dissipationsleistung* unter Einbeziehung einer *Fließbedingung* (*Plastizitätsbedingung*) als Nebenbedingung und aus dem Postulat der *Werkstoffstabilität*.

Betrachtet man die Deformation eines Kontinuums als *thermodynamischen Vorgang* (ZIEGLER, 1961, 1962, 1970, 1977; JAUZEMIS, 1967 LEHMANN, 1974; BETTEN 1979b), so kann die *Plastizitätstheorie* mit dem *zweiten Hauptsatz* in Einklang gebracht werden, wenn man neben dem Postulat der *Werkstoffstabilität* (4.15) noch zusätzlich die Forderung

$$\sigma_{ij} d^P\varepsilon_{ij} \geq 0 \quad \text{bzw.} \quad \sigma_{ij} d^P\dot\varepsilon_{ij} \geq 0 \tag{4.48}$$

stellt, wonach die *Dissipationsleistung* nicht negativ sein darf (ZIEGLER, 1970).

Der *zweite Hauptsatz* der *irreversiblen Thermodynamik* kann so formuliert werden, dass die Zunahme der *spezifischen Entropie* eines Systems (z.B. eines *Kontinuums*) sich additiv aus der *Entropiezufuhr* d^{a}s von außen und der spezifischen *Entropieproduktion* d^{i}s im Innern zusammensetzt:

$$ds = d^a s + d^i s . \tag{4.49}$$

Dabei wird

$$d^i s \geq 0 \tag{4.50}$$

postuliert, wobei das Gleichheitszeichen für einen *reversiblen* und das „Größer"-Zeichen für einen *irreversiblen* Vorgang gilt (ZIEGLER, 1961, 1962). Die Forderung d^{i}s ≥ 0 ist eine verschärfte Form des von CLAUSIUS formulierten *zweiten Hauptsatzes* für einen *Kreisprozess* (CLAUSIUS, 1854):

$$\oint d^i s \geq 0 . \tag{4.51}$$

Für die Zunahme der *spezifischen Entropie* ds gilt (ZIEGLER, 1970):

$$\rho\, ds = \left(\sigma_{ij} d^P\varepsilon_{ij} - q_{k,k}\, dt\right)/T . \tag{4.52}$$

Darin ist der erste Anteil der *Entropieproduktion* an das Auftreten plastischer Verformungen gebunden und stimmt bis auf den Faktor 1/T (*absolute Temperatur* T) mit der dissipativen *mechanischen Arbeit* d^{P}A = $\sigma_{ij} d^P\varepsilon_{ij}$ überein. Der zweite Term enthält den Vektor des *Wär-*

mestromes q_k. Dieser Anteil der *Entropiezunahme* kann vermöge der Identität

$$(q_k/T)_{,k} = (T q_{k,k} - q_k T_{,k})/T^2 \qquad (4.53)$$

gemäß

$$-(q_{k,k}/T)dt = -\left\{q_k T_{,k}/T^2 + (q_k/T)_{,k}\right\}dt \qquad (4.54)$$

ausgedrückt werden und stellt die *Entropieproduktion* infolge des Wärmeausgleichs im Innern und die *Entropiezufuhr* infolge des Wärmeflusses von außen dar. Mithin gilt für die *Entropiezunahme*:

$$\frac{ds}{dt} \equiv \dot{s} = \frac{1}{\rho T}\sigma_{ij}{}^p\dot{\varepsilon}_{ij} - \frac{q_k}{\rho T^2}T_{,k} - \frac{1}{\rho}\left(\frac{q_k}{T}\right)_{,k} = {}^i\dot{s} + {}^a\dot{s} \qquad (4.55)$$

bzw. für die innere (*irreversible*) *Entropieproduktion*:

$${}^i\dot{s} = \frac{1}{\rho T}\sigma_{ij}{}^p\dot{\varepsilon}_{ij} - \frac{q_k}{\rho T^2}T_{,k} \geq 0. \qquad (4.56)$$

Aus den Beziehungen (4.55) und (4.56) liest man unmittelbar die *GIBBS-DUHEM-Ungleichung*

$$\rho\dot{s} + (q_k/T)_{,k} \geq 0 \qquad (4.57)$$

ab (BECKER / BÜRGER, 1975). Für die Grenzfälle des *adiabatischen* ($q_k = 0$) und *isothermen* ($T_{,k} = 0$) Vorganges ist nach (4.56) die *Dissipationsarbeit* $\sigma_{ij}d\,{}^p\varepsilon_{ij}$ der *Entropieproduktion* d^is proportional, so dass das *Prinzip der größten Dissipationsleistung* als Sonderfall des *Prinzips vom Maximum der spezifischen Entropieproduktion* aufgefasst werden kann (ZIEGLER, 1961, 1966). Damit ist auch die Forderung (4.48) erfüllt, die besagt, dass die *Dissipationsleistung* nicht negativ sein darf. Diese Forderung hat zur Folge, dass die Verschiebung der *Fließfläche* eines sich *verfestigenden* Werkstoffes beschränkt bleibt, und zwar derart, dass der Ursprung des Spannungsraumes immer im *Fließkörper* enthalten ist. Andernfalls würde die Bedingung (4.48) verletzt, und bei der Entlastung würde auf eine rein elastische Verformung ein „Rückwärtsfließen" folgen (ZIEGLER, 1970). Dieses *plastische Rückfließen* dürfte wohl bei den meisten Stoffen nicht auftreten. Zur Erläuterung des obigen Sachverhaltes sei ein elastisch-plastischer Körper mit linearer Verfestigung unter einachsiger Belastung betrachtet (Bild 4.11).

4.3 Thermodynamische Betrachtungen

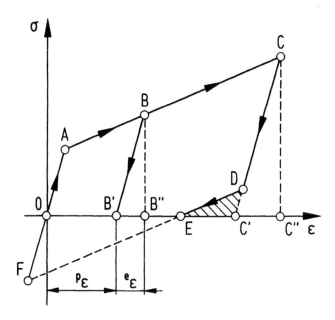

Bild 4.11 Elastisch-plastischer Körper mit linearer Verfestigung

In Bild 4.11 ist $\overline{OB'}$ der plastische und $\overline{B'B''}$ der elastische Anteil der zum Punkt B gehörenden Gesamtverformung. Von der bei der Belastung bis B geleisteten Arbeit (Trapez OABB″) geht der Anteil OABB′ in Wärme über, während das Dreieck BB″B′ der elastischen Energie entspricht, die bei der Entlastung wieder frei wird. Bei einer Belastung bis zum Punkt C und anschließender Entlastung wird man nicht die bleibende Dehnung $\overline{OE}$ als *plastische Dehnung* $^p\varepsilon$ ansehen, sondern die Strecke $\overline{OC'}$, da der *elastische Verzerrungsanteil* dem *HOOKEschen Gesetz* gehorcht und somit der Strecke $\overline{C'C''}$ entspricht. Die elastische *Verzerrungsenergie* wird durch das Dreieck CC″C′ ausgedrückt, während das Dreieck DC′E eine direkte Umwandlung von Wärme in *mechanische Energie* und damit einen Verstoß gegen den *zweiten Hauptsatz* darstellt, d.h., die Bedingung $\sigma d\,^p\varepsilon \geq 0$ wird auf dem Wege $\overline{DE}$ verletzt. Für den *Kreisprozess* OACDFO ist die *Dissipationsarbeit* allerdings nicht negativ und damit (4.51) erfüllt. Der Strecke $\overline{DE}$ entspricht dagegen einer negativen *Dissipationsarbeit* und damit einem Verstoß gegen Bedingung (4.50).

Entgegen obigen Überlegungen wird von PHILLIPS et al. (1974) die Existenz „negativer plastischer Verzerrungen" experimentell nachgewiesen. Mithin muss der Ursprung des Spannungsraumes nicht immer im *Fließkörper* enthalten sein.

4.4 Spezielle Stoffgleichungen

Im Folgenden sollen als Beispiele einige spezielle *Stoffgleichungen* der Plastomechanik aufgezählt werden.

Legt man das quadratische *plastische Potential*

$$F = J'_2 = \sigma'_{ij}\sigma'_{ji}/2 \tag{4.58}$$

zugrunde, das *Isotropie*, plastische *Inkompressibilität* und *symmetrisches Verhalten gegenüber Zug- und Druckbeanspruchung* $[F(-\sigma_{ij}) = F(\sigma_{ij})]$ beinhaltet (Ü 4.1.2), so ermittelt man aus der Fließregel (4.14) die *LE-VY-MISES-Gleichungen*

$$\boxed{d^P\varepsilon_{ij} = \sigma'_{ij}d\Lambda} \tag{4.59}$$

mit den *Hauptwerten*

$$d^P\varepsilon_I = 2d\Lambda[\sigma_I - (\sigma_{II} + \sigma_{III})/2]/3 \quad \text{etc.}$$

Die Hauptwerte $d^P\varepsilon_{II}$, $d^P\varepsilon_{III}$ ergeben sich analog (3.29) durch zyklische Vertauschung der römischen Indizes. Bei der Herleitung von (4.59) wurde die Ableitung

$$\partial\sigma'_{pq}/\partial\sigma_{ij} = \delta_{pi}\delta_{qj} - \delta_{ij}\delta_{pq}/3 \tag{4.60a}$$

gemäß Ü 4.1.1 benutzt. Man kann auch die Ableitung

$$\partial\sigma'_{pq}/\partial\sigma_{ij} = (\delta_{pi}\delta_{qj} + \delta_{pj}\delta_{qi})/2 - \delta_{ij}\delta_{pq}/3 \tag{4.60b}$$

verwenden, die im Gegensatz zu (4.60a) den Symmetrieeigenschaften $\sigma'_{pq} = \sigma'_{qp}$ und $\sigma_{ij} = \sigma_{ji}$ gerecht wird.

Aufgrund des Ansatzes (4.58) ist die *plastische Volumenkonstanz* identisch erfüllt: $d^P\varepsilon_{kk} = \sigma'_{kk}d\Lambda \equiv 0$. Der Proportionalitätsfaktor $d\Lambda$ in (4.59) wird aus dem einachsigen *Vergleichsspannungszustand*

$$(\sigma_{ij})_V = \text{diag}\{\sigma_V, 0, 0\}, \quad (\sigma'_{ij})_V = \sigma_V \text{diag}\{2/3, -1/3, -1/3\} \tag{4.61}$$

mit

4.4 Spezielle Stoffgleichungen

$$\left(d^P\varepsilon_{ij}\right)_V = d^P\varepsilon_V \text{ diag}\{1, -\nu_p, -\nu_p\} \qquad (4.62)$$

und $\nu_p = 1/2$ zu

$$d\Lambda = (3/2) d^P\varepsilon_V / \sigma_V \qquad (4.63)$$

bestimmt. Die *plastische Querzahl* $\nu_p = 1/2$ ergibt sich aus (4.62) unmittelbar aus der *plastischen Volumenkonstanz* $d^P\varepsilon_{kk} = 0$.

Für *idealplastisches Werkstoffverhalten* ist in (4.63) die *Vergleichsspannung* σ_V durch die konstante *Fließspannung* σ_F zu ersetzen. Bei *Verfestigung* kann der *plastische Tangentenmodul*

$$T_p = T_p(\sigma_V) := d\sigma_V / d^P\varepsilon_V \qquad (4.64)$$

eingeführt werden, so dass (4.63) für isotrop verfestigende Werkstoffe auch gemäß

$$d\Lambda = (3/2) d\sigma_V / (T_p \sigma_V) \qquad (4.65)$$

ausgedrückt werden kann.

Der Proportionalitätsfaktor (4.63) kann auch nach der Hypothese von der Äquivalenz der *plastischen Dissipationsarbeit* (reine Gestaltänderung bei plastischer Volumenkonstanz) bestimmt werden, nach der erst dann ein dem allgemeinen Spannungszustand äquivalenter Vergleichsspannungszustand vorliegt, wenn die *mechanische Arbeit* $\sigma_V d^P\varepsilon_V$ des Vergleichszustandes mit der *dissipierten Energie* $\sigma_{ij} d^P\varepsilon_{ij}$ übereinstimmt:

$$\boxed{\sigma_{ij} d^P\varepsilon_{ij} \stackrel{!}{=} \sigma_V d^P\varepsilon_V} \qquad . \qquad (4.66)$$

Setzt man in dieses Postulat die LEVY-MISES-Gleichungen (4.59) ein, so erhält man unter Berücksichtigung der *Fließbedingung* $\sigma'_{ij}\sigma'_{ij} = 2\sigma_V^2/3$ die gesuchte Beziehung (4.63).

Nach der *Schubspannungshypothese* von TRESCA tritt plastisches Fließen von Metallen unter der Bedingung $\sigma_{max} - \sigma_{min} = \sigma_F$ ein (Ü 4.1.3). Für den Spannungszustand ($\sigma_I > \sigma_{II} > \sigma_{III}$) kann man somit vom plastischen Potential

$$F = \sigma_I - \sigma_{III} \qquad (4.67)$$

ausgehen, mit dem aus der *Fließregel* (4.14) die *Stoffgleichungen*

$$d^P\varepsilon_I = d\Lambda, \quad d^P\varepsilon_{II} = 0, \quad d^P\varepsilon_{III} = -d\Lambda \qquad (4.68)$$

folgen, d.h., die plastische Volumenkonstanz ist erfüllt. Darüber hinaus folgt ebene Formänderung, so dass die TRESCAsche Fließbedingung für plastisch inkompressible Werkstoffe bei ebener Verformung, wie etwa beim Bandwalzen isotroper metallischer Werkstoffe, geeignet sein kann.

Falls die elastischen Verzerrungsanteile $^e\varepsilon$ in der Größenordnung der plastischen Anteile $^P\varepsilon$ liegen, spricht man von elastisch-plastischer Verformung mit den Gesamtverformungsschritten

$$d\varepsilon_{ij} = d^e\varepsilon_{ij} + d^P\varepsilon_{ij} \qquad (4.69)$$

einer *Deformationszuwachstheorie* bzw. mit den Gesamtverformungen

$$\varepsilon_{ij} = {}^e\varepsilon_{ij} + {}^P\varepsilon_{ij} \qquad (4.70)$$

einer *Deformationstheorie*. Berücksichtigt man die elastischen Anteile durch das HOOKEsche Gesetz (3.26), das nach Ü 3.1.10 gemäß $\sigma'_{ij} = 2G\varepsilon'_{ij}$ ausgedrückt werden kann, und die plastischen Anteile durch die LEVY-MISES-Gleichungen (4.59), so erhält man im Rahmen einer *Deformationszuwachstheorie* die PRANDTL-REUSS-*Gleichungen*

$$\boxed{d\varepsilon'_{ij} = d^e\varepsilon'_{ij} + d^P\varepsilon'_{ij} = d\sigma'_{ij}/(2G) + \sigma'_{ij}d\Lambda} \qquad (4.71)$$

und im Rahmen einer *Deformationstheorie* die HENCKY-*Gleichungen*

$$\boxed{\varepsilon'_{ij} = \left[1/(2G) + \Lambda^*\right]\sigma'_{ij}} \qquad (4.72)$$

mit $\Lambda^* = (3/2)\,{}^P\varepsilon_V/\sigma_V$ im Gegensatz zu (4.63). Von BETTEN (1975b) werden *Deformationszuwachstheorie* („strain incremental theory") und *Deformationstheorie* („total strain theory") unter Einbeziehung von Versuchsergebnissen miteinander verglichen. Dabei werden auch Effekte höherer Ordnung (*secon-order effects*), *Anisotropieeinflüsse* oder auch *Eigenspannungen* mit in Erwägung gezogen.

Es muss betont werden, dass die *additive Aufspaltung* der Gesamtverformungen gemäß (4.70) nur näherungsweise bei nicht allzu großen elastischen und plastischen Verformungen gilt. Sind diese groß, so kann man zwar die Verschiebungen *additiv* in elastische und plastische Anteile aufspalten, nicht jedoch die Verzerrungen, da letztere nichtlineare Ausdrücke in den Verschiebungen sind. Es besteht die Möglichkeit, den Deformati-

4.4 Spezielle Stoffgleichungen

onsgradienten (1.13a,b) gemäß $F_{ij} = {}^eF_{ik}\,{}^pF_{kj}$ *multiplikativ* in einen elastischen und einen plastischen Anteil zu zerlegen. Diese Zerlegung enthält bei kleinen Verzerrungen die additive Aufspaltung (4.70) als Näherung. Um das zu zeigen, kann man im Sinne von Ü 1.5.9 die Näherung ${}^eF_{ij} = \delta_{ij} + {}^e\varepsilon_{ij} + {}^e\omega_{ij}$ für den elastischen Anteil und die entsprechende Näherung für den plastischen Anteil ${}^pF_{ij}$ benutzen, so dass man $F_{ij} = \delta_{ij} + {}^e\omega_{ij} + {}^p\omega_{ij} + {}^e\varepsilon_{ij} + {}^p\varepsilon_{ij}$ als Näherung erhält. Man kann die Aufspaltung $F_{ij} = {}^eF_{ik}\,{}^pF_{kj}$ in (1.25a) einsetzen, so dass man für den *LAGRANGEschen Verzerrungstensor* die Zerlegung

$$\boxed{\lambda_{ij} = {}^pF_{ri}\,{}^e\lambda_{rs}\,{}^pF_{sj} + {}^p\lambda_{ij}}$$

erhält. Darin kann bei kleinen Verzerrungen λ durch ε ersetzt werden (Ü 1.3.7) und ferner die Näherung ${}^pF_{ij} = \delta_{ij} + {}^p\varepsilon_{ij} + {}^p\omega_{ij}$ im Sinne von Ü 1.5.9 benutzt werden, so dass schließlich die *additive Zerlegung* (4.70) als Näherung folgt.

In diesem Zusammenhang sei auf die Untersuchungen von LEE (1967, 1969, 1981), FREUND (1970), GREEN / NAGHDI (1971), HOLSAPPLE (1973), NAGHDI / TRAPP (1974), OSIAS / SNEDDON (1974), NEMAT-NASSER (1979, 1982) und LUBARDA / LEE (1981) hingewiesen.

Aufgrund der Zusammenhänge (BETTEN, 1987a)

$$J_2' = J_2 + J_1^2/3, \qquad J_3' = J_3 + J_1 J_2/3 + 2J_1^3/27 \qquad (4.73\text{a,b})$$

kann das *plastische Potential* $F = F(J_1, J_2, J_3)$ *isotroper* Werkstoffe auch allgemein in der Form

$$F = F(J_1, J_2', J_3') \qquad (4.74)$$

angesetzt werden. Das hat den Vorteil, dass *Volumendehnung* und *Gestaltänderung* sehr einfach getrennt werden können; denn wendet man die *Fließregel* (4.14) auf das *plastische Potential* (4.74) an, so erhält man die *Stoffgleichung*

$$\boxed{d\,{}^p\varepsilon_{ij} = \left[(\partial F/\partial J_1)\delta_{ij} + (\partial F/\partial J_2')\sigma_{ij}' + (\partial F/\partial J_3')\sigma_{ij}''\right]d\Lambda}, \qquad (4.75)$$

in der der erste Teil für die *Volumendehnung* verantwortlich ist, während die übrigen Terme die *Gestaltänderung* beschreiben. In (4.75) sind

$$\sigma'_{ij} \equiv \partial J'_2/\partial\sigma_{ij}, \qquad \sigma''_{ij} \equiv \partial J'_3/\partial\sigma_{ij} \qquad (4.76\text{a,b})$$

spurlose Tensoren, so dass die *Volumendehnung* durch den einfachen Ausdruck $d\,{}^P\varepsilon_{kk} = 3(\partial F/\partial J_1)d\Lambda$ angegeben werden kann. Wegen $J'_3 = \sigma'_{ij}\sigma'_{jk}\sigma'_{ki}/3$ ermittelt man den Tensor (4.76b) zu:

$$\sigma''_{ij} = \sigma'^{(2)}_{ij} - \frac{1}{3}\sigma'^{(2)}_{rr}\delta_{ij} \equiv \left(\sigma'^{(2)}_{ij}\right)', \qquad (4.77)$$

d.h., dieser Tensor kann als „Deviator des Quadrates des Spannungsdeviators" gedeutet werden.

Verwendet man im anisotropen Fall das quadratische *plastische Potential* aus (4.36),

$$F = A_{pqrs}\sigma'_{pq}\sigma'_{rs}/2, \qquad (4.78)$$

so liefert die *Fließregel* (4.14) unter Berücksichtigung von (4.60a,b) und der „üblichen" Symmetrieeigenschaften eines *Tensors vierter Stufe* [analog (3.11)] die Stoffgleichung

$$d\,{}^P\varepsilon_{ij} = \left(A_{ijpq} - \frac{1}{3}A_{rrpq}\delta_{ij}\right)\sigma'_{pq}d\Lambda \equiv A_{\{ij\}pq}\sigma'_{pq}d\Lambda. \qquad (4.79)$$

Darin ist $A_{\{ij\}pq}$ ein Tensor vierter Stufe, der bezüglich der eingeklammerten Indizes deviatorisch ist: $A_{\{kk\}pq} \equiv 0_{pq}$, so dass die *plastische Volumenkonstanz* ($d\,{}^P\varepsilon_{kk}$) a priori gegeben ist. Weitere Beispiele dieser Art findet man bei BETTEN (1977b). Im *isotropen* Sonderfall mit $A_{ijpq} = (\delta_{ip}\delta_{jq} + \delta_{iq}\delta_{jp})/2$ geht der Tensor $A_{\{ij\}pq}$ unmittelbar in (4.60b) und somit auch die Stoffgleichung (4.79) unmittelbar in die LEVY-MISES-Gleichung (4.59) über.

Übungsaufgaben

4.4.1 Man lege das plastische Potential (4.45) zugrunde und ermittle:
a) Fließbedingung, **b)** Stoffgleichungen, **c)** Volumendehnung, **d)** plastische Querzahlen.

4.4.2 Man ermittle den Tensor (4.76b).

4.4.3 Aus dem plastischen Potential $F = \alpha J_1 + \sqrt{J'_2}$ ermittle man Fließbedingung und Stoffgleichung. Welche Einschränkung ergibt sich für den Parameter α?

4.4 Spezielle Stoffgleichungen

4.4.4 Man ermittle aus (4.31) die Stoffgleichungen und die plastischen Querzahlen. Welche Querzahl folgt aus (4.75)?

4.4.5 Man lege (4.31) zugrunde und ermittle das Verhältnis aus Schubfließgrenze und Zugfließgrenze.

4.4.6 Aus den PRANDTL-REUSS-Gleichungen (4.71) ermittle man die elastisch-plastische Querzahl. Man gebe auch einige Sonderfälle an.

4.4.7 Man ermittle Stoffgleichungen für orthotropes, plastisch inkompressibles Verhalten. Welche plastischen Querzahlen ergeben sich?

4.4.8 Aus dem plastischen Potential $F = C_{ijkl}\sigma_{ij}\sigma_{kl}/2$ leite man Stoffgleichungen her, die isochores Verhalten beschrieben.

4.4.9 Man leite Fließbedingung, Stoffgleichungen und Querzahlen für ein Tiefziehblech her. Der Werkstoff verhalte sich plastisch inkompressibel.

4.4.10 Man lege die *Konsistenzbedingung* (4.2) zugrunde und ermittle den Proportionalitätsfaktor $d\Lambda$ in der Fließregel (4.14).

4.4.11 Man lege das quadratische plastische Potential $F = J'_2$ zugrunde und stelle eine Beziehung für die Vergleichsdehnung auf.

4.4.12 Zur experimentellen Überprüfung von Stoffgleichungen führt man nach LODE die dimensionslosen Kenngrößen

$$L_\sigma \equiv 3\sigma'_{II}/(\sigma'_I - \sigma'_{III}) \quad \text{und} \quad L_\varepsilon \equiv 3 d\,{}^p\varepsilon'_{II}/(d\,{}^p\varepsilon'_I - d\,{}^p\varepsilon'_{III})$$

ein und vergleicht in der Darstellung $L_\sigma = \Phi(L_\varepsilon)$ Theorie und Experiment. Man zeige, dass die LEVY-MISES-Gleichungen (4.59) einen linearen Zusammenhang der *LODE-Parameter* zur Folge haben.

4.4.13 Ein Werkstoff werde auf Zug (σ) und Torsion (τ) beansprucht. Man ermittle die TRESCAsche und die MISESsche Fließbedingung.

4.4.14 Man zeige, dass die elastische Gestaltänderungsenergiedichte durch die MISESsche Vergleichsspannung ausgedrückt werden kann.

4.4.15 Man überlagere Torsion (τ) mit hydrostatischem Druck (p) und zeige, dass nach MISES und TRESCA plastisches Fließen vom hydrostatischen Druck unabhängig ist.

4.4.16 Welcher Spannungszustand herrscht bei ebenem plastischem Fließen, wenn das Werkstoffverhalten durch die LEVY-MISES-Gleichungen charakterisiert werden kann?

4.4.17 Man gehe vom plastischen Potential $F = \alpha J_1 + \frac{1}{3}\kappa J_1^2 + J'_2$ aus und ermittle Stoffgleichung, Vergleichsspannung und Fließbedingung.

4.4.18 Man diskutiere formale Anwendungen von Fließbedingungen auf schwingende Beanspruchung (Versagenskriterien).

4.4.19 Gesucht ist die Winkelgeschwindigkeit einer rotierenden Scheibe mit beliebigem Profil, die zum vollplastischen Zustand und zum Bruch führt. Man benutze eine lineare (modifizierte) Fließbedingung, die „zwischen" MISES und TRESCA liegt.

4.4.20 Ein gekrümmter „Plattenstreifen" werde „vollplastisch" durch ein Moment M gebogen. Gesucht ist der Spannungs- und Verformungszustand und das angelegte Moment. Voraussetzungen: 1) Die Breite L sei groß, so dass ebene Verformung vorausgesetzt werden kann. 2) Querkraftfreie Biegung. 3) Die plastischen Verformungsanteile seien groß gegenüber den elastischen. 4) Man benutze die MISES-Fließbedingung.

4.5 Plastisches Potential und Tensorfunktionen im Vergleich

In der klassischen Plastizitätstheorie wird die *Fließregel* (4.14) zum Auffinden von Stoffgleichungen benutzt. Darin ist das *plastische Potential* F eine skalarwertige Funktion nur vom CAUCHYschen Spannungstensor und von skalaren Parametern, wenn der Werkstoff *isotrop* ist. Die Darstellung des plastischen Potentials erfolgt dann wie in (4.5) durch die *elementaren symmetrischen Funktionen* (4.4a,b,c) oder alternativ durch die *irreduziblen Grundinvarianten* S_1, S_2, S_3 gemäß

$$F = F(S_\lambda), \quad \text{mit} \quad S_\lambda := \operatorname{tr}\boldsymbol{\sigma}^\lambda \equiv \sigma_{kk}^{(\lambda)}, \quad \lambda = 1, 2, 3. \tag{4.80}$$

In Verbindung mit der Fließregel (4.14) erhält man die Stoffgleichung

$$d\,{}^p\varepsilon_{ij} = \left[(\partial F/\partial S_1)\delta_{ij} + 2(\partial F/\partial S_2)\sigma_{ij} + 3(\partial F/\partial S_3)\sigma_{ij}^{(2)}\right]d\Lambda. \tag{4.81}$$

Anstelle der Theorie des plastischen Potentials kann der Tensor $d\,{}^p\varepsilon_{ij}$ der *plastischen Verzerrungsinkremente* analog zu (3.8) als symmetrische tensorwertige Funktion eines symmetrischen Tensors zweiter Stufe dargestellt werden:

$$d\,{}^p\varepsilon_{ij} = f_{ij}(\sigma_{pq}) = \varphi_0 \delta_{ij} + \varphi_1 \sigma_{ij} + \varphi_2 \sigma_{ij}^{(2)}. \tag{4.82}$$

Der Vergleich mit (4.81) führt analog zu (3.21a,b,c) auf die Identitäten:

4.5 Plastisches Potential und Tensorfunktionen im Vergleich

$$\varphi_0 \equiv (\partial F/\partial S_1)d\Lambda, \quad \varphi_1 \equiv 2(\partial F/\partial S_2)d\Lambda, \quad \varphi_2 \equiv 3(\partial F/\partial S_3)d\Lambda. \quad (4.83)$$

Durch Elimination des plastischen Potentials F erhält man aus (4.83) die Bedingungen

$$2\frac{\partial \varphi_0}{\partial S_2} = \frac{\partial \varphi_1}{\partial S_1}, \quad 3\frac{\partial \varphi_1}{\partial S_3} = 2\frac{\partial \varphi_2}{\partial S_2}, \quad 3\frac{\partial \varphi_0}{\partial S_3} = \frac{\partial \varphi_2}{\partial S_1}, \quad (4.84)$$

die formal mit (3.22) übereinstimmen und vom Standpunkt der *Darstellungstheorie isotroper Tensorfunktionen* erfüllt sein müssen, wenn ein *plastisches Potential* (4.80) angenommen wird, d.h., im isotropen Fall ist die Annahme eines plastischen Potentials mit der Darstellungstheorie tensorwertiger Funktionen *kompatibel*, wenn die Bedingungen (4.84) zusätzlich erfüllt werden (*Verträglichkeitsbedingungen, Integrabilitätsbedingungen*).

Die Forderungen (4.84) können beispielsweise erfüllt werden, wenn man

$$\varphi_0 = \varphi_0(S_1), \quad \varphi_1 = \varphi_1(S_2), \quad \varphi_2 = \varphi_2(S_3) \quad (4.85)$$

annimmt. Dann kann das *plastische Potential* (4.80) wegen (4.83) in der Form

$$F = F(S_1, S_2, S_3) = g_1(S_1) + g_2(S_2) + g_3(S_3) \quad (4.86)$$

dargestellt werden mit beliebigen skalaren Funktionen g_1, g_2, g_3.

Die Bedingungen (3.22) werden in Ü 3.1.8 nachgewiesen. Der Nachweis der formal identischen *Verträglichkeitsbedingungen* (4.84) ist umfangreicher, da im Gegensatz zu (3.21a,b,c) in (4.83) der LAGRANGEsche *Multiplikator* $d\Lambda$ den Nachweis erschwert. Die Identitäten (4.83) können auch in der Form

$$\partial F/\partial S_1 \equiv \varphi_0 L, \quad \partial F/\partial S_2 \equiv \varphi_1 L/2, \quad \partial F/\partial S_3 \equiv \varphi_2 L/3 \quad (4.87)$$

geschrieben werden, wobei

$$L \equiv 1/d\Lambda = L(S_1, S_2, S_3) \quad (4.88)$$

im Allgemeinen eine skalarwertige Funktion der *Integritätsbasis* S_λ in (4.80) ist. Das *plastische Potential* F in (4.87) kann eliminiert werden, wenn die $\binom{3}{2}$ Übereinstimmungen

$$\frac{\partial^2 F}{\partial S_1 \partial S_2} = \frac{\partial^2 F}{\partial S_2 \partial S_1}, \quad \frac{\partial^2 F}{\partial S_1 \partial S_3} = \frac{\partial^2 F}{\partial S_3 \partial S_1}, \quad \frac{\partial^2 F}{\partial S_2 \partial S_3} = \frac{\partial^2 F}{\partial S_3 \partial S_2} \quad (4.89)$$

berücksichtigt werden (Vertauschbarkeit der Differentiationsreihenfolge). Dabei wird angenommen, dass das plastische Potential mindestens zur Klasse K_2 und die skalare Funktion (4.88) mindestens zur Klasse K_1 gehört.[2] Setzt man (4.87) in (4.89) ein, so erhält man ein lineares Gleichungssystem in den partiellen Ableitungen $\partial L/\partial S_\lambda \equiv L_{,\lambda}$ mit $\lambda = 1, 2, 3$ zu:

$$\left.\begin{aligned}\varphi_1 L_{,1} - 2\varphi_0 L_{,2} + 0 &= \left[2(\varphi_0)_{,2} - (\varphi_1)_{,1}\right]L \\ \varphi_2 L_{,1} + 0 - 3\varphi_0 L_{,3} &= \left[3(\varphi_0)_{,3} - (\varphi_2)_{,1}\right]L \\ 0 + 2\varphi_2 L_{,2} - 3\varphi_1 L_{,3} &= \left[3(\varphi_1)_{,3} - 2(\varphi_2)_{,2}\right]L\end{aligned}\right\} \quad (4.90)$$

Auf der rechten Seite in (4.90) sind die Abkürzungen $(\varphi_0)_{,2} \equiv \partial\varphi_0/\partial S_2$, $(\varphi_2)_{,2} \equiv \partial\varphi_2/\partial S_2$ etc. benutzt.

Da die Koeffizientendeterminante in (4.90) verschwindet,

$$\begin{vmatrix} \varphi_1 & -2\varphi_0 & 0 \\ \varphi_2 & 0 & -3\varphi_0 \\ 0 & 2\varphi_2 & -3\varphi_1 \end{vmatrix} = 0, \quad (4.91)$$

kann man zunächst annehmen, dass auch die rechte Seite in (4.90) verschwindet (homogenes Gleichungssystem), woraus unmittelbar die Bedingungen (4.84) folgen. Die getroffene Annahme ist jedoch nicht notwendig, so dass (4.84) nur *hinreichende* Bedingungen darstellen. Wendet man die *CRAMERsche Regel* jedoch auf das inhomogene Gleichungssystem (4.90) an, so kann wegen (4.91) die *hinreichende* und *notwendige Verträglichkeitsbedingung*

$$\boxed{\left(3\frac{\partial\varphi_1}{\partial S_3} - 2\frac{\partial\varphi_2}{\partial S_2}\right)\varphi_0 + \left(\frac{\partial\varphi_2}{\partial S_1} - 3\frac{\partial\varphi_0}{\partial S_3}\right)\varphi_1 + \left(2\frac{\partial\varphi_0}{\partial S_2} - 2\frac{\partial\varphi_1}{\partial S_1}\right)\varphi_2 = 0} \quad (4.92)$$

gefolgert werden (Ü 4.5.1), die (4.84) als Sonderfall enthält.

Für kompliziertere Fälle als (4.80) ist die klassische Theorie des plastischen Potentials nicht verträglich mit der Darstellungstheorie tensorwertiger Funktionen. So fanden beispielsweise MURAKAMI / SAWCZUK (1979), dass unter Einbeziehung der *Vorverformung* die klassische *Fließregel* (4.14) nur unvollständige Stoffgleichungen liefert. Im Hinblick auf expe-

---

[2] Das Symbol K_n kennzeichnet die Klasse der Funktionen, die zusammen mit ihren ersten n partiellen Ableitungen stetig sind.

4.5 Plastisches Potential und Tensorfunktionen im Vergleich

rimentelle Ergebnisse und basierend auf thermodynamischen Überlegungen schlägt LEHMANN (1972, 1982) eine erweiterte Form der klassischen *Fließregel* (4.14) vor. Von BETTEN (1985b,c) werden anisotrope Stoffe betrachtet und geeignete Modifikationen der klassischen Fließregel (4.14) diskutiert. Darüber hinaus werden von BETTEN (1985c) notwendige und hinreichende Bedingungen aufgestellt, unter denen die modifizierte Theorie mit der Darstellungstheorie tensorwertiger Funktionen verträglich ist.

Für „orientierte" Stoffe mit einer Vorzugsrichtung, die durch den Vektor **v** gekennzeichnet ist (*transversale Isotropie*), kann ein symmetrischer Tensor zweiter Stufe aus dem dyadischen Produkt $\mathbf{A} = \mathbf{v} \otimes \mathbf{v}$ erzeugt werden. Die Stoffgleichung kann dann als *Tensorpolynom* in zwei Argumenttensoren dargestellt werden:

$$d\,{}^p\varepsilon_{ij} = f_{ij}(\sigma_{pq}, A_{pq}) = \sum_{\lambda,\nu=0}^{2} \varphi_{[\lambda,\nu]} G_{ij}^{[\lambda,\nu]}, \qquad (4.93)$$

wobei die $[\lambda,\nu]$ verschiedenen symmetrischen *Tensorgeneratoren*

$$G_{ij}^{[\lambda,\nu]} = \frac{1}{2}\left(M_{ij}^{[\lambda,\nu]} + M_{ji}^{[\lambda,\nu]}\right) \qquad (4.94)$$

aus Matrizenprodukten der Form

$$M_{ij}^{[\lambda,\nu]} \equiv \sigma_{ik}^{(\lambda)} A_{kj}^{(\nu)}, \quad \lambda,\nu = 0,1,2 \qquad (4.95)$$

gebildet werden. Darin stellen λ, ν in runden Klammern Exponenten dar, während die Kombination λ, ν in eckigen Klammern Marken bedeuten, die verschiedene Größen bezeichnen. Die Koeffizienten $\varphi_{[\lambda,\nu]}$ in (4.93) sind skalarwertige Funktionen der *Integritätsbasis*, deren Elemente durch Bildung aller irreduziblen Spuren der Matrizenprodukte (4.95) gefunden werden:

$$M_{rr}^{[\lambda,\nu]} \equiv \sigma_{pq}^{(\lambda)} A_{qp}^{(\nu)} \quad \text{mit} \quad \begin{cases} \lambda,\nu = 1,2 \\ \lambda = 0 \Rightarrow \nu = 1,2,3 \\ \nu = 0 \Rightarrow \lambda = 1,2,3. \end{cases} \qquad (4.96a)$$

Dafür kann man auch schreiben:

$$\left.\begin{array}{l} S_\lambda \equiv \operatorname{tr}\boldsymbol{\sigma}^\lambda, \quad T_\nu \equiv \operatorname{tr}\mathbf{A}^\nu, \quad \lambda,\nu = 1,2,3, \\[4pt] \Omega_1 \equiv \operatorname{tr}\boldsymbol{\sigma}\mathbf{A}, \quad \Omega_2 \equiv \operatorname{tr}\boldsymbol{\sigma}\mathbf{A}^2, \quad \Omega_3 \equiv \operatorname{tr}\mathbf{A}\boldsymbol{\sigma}^2, \quad \Omega_4 \equiv \operatorname{tr}\boldsymbol{\sigma}^2\mathbf{A}^2. \end{array}\right\} \quad (4.96b)$$

Alle anderen Invarianten sind *redundant*. Die Einschränkungen für die Exponenten λ, ν in (4.96a,b) können aus dem *HAMILTON-CAYLEYschen Theorem* gefolgert werden, **wonach jede ν-te Potenz eines Tensors zweiter Stufe durch seine zweite, erste und nullte Potenz ausgedrückt werden kann**, so dass $\lambda < 3$ für $\nu \neq 0$ und $\nu < 3$ für $\lambda \neq 0$ gefordert werden muss. Das führt von (4.96a) auf die *simultanen Invarianten* $\Omega_1,...,\Omega_4$. Ist einer der beiden Exponenten null, so kann der andere bis drei laufen. Man erhält dann die irreduziblen *Grundinvarianten* S_λ bzw. T_ν der einzelnen Argumenttensoren σ bzw. **A**.

Von den zehn irreduziblen Invarianten (4.96a,b) sind im Hinblick auf die *Fließregel* (4.14) nur die sieben spannungsabhängigen Invarianten für das *plastische Potential* wesentlich:

$$F = F\left(M_{rr}^{[\lambda,\nu]}\right) \text{ mit } \left\{\begin{array}{l} \lambda,\nu = 1,2 \\ \nu = 0 \Rightarrow \lambda = 1,2,3. \end{array}\right\} \qquad (4.97)$$

Damit liefert die *Fließregel* (4.14) die *Stoffgleichung*

$$d^p\varepsilon_{ij} = d\Lambda \sum_{\lambda,\nu} \frac{\partial F}{\partial M_{rr}^{[\lambda,\nu]}} Q_{ijpq}^{[\lambda]} A_{qp}^{(\nu)} \text{ mit } \left\{\begin{array}{l} \lambda,\nu = 1,2 \\ \nu = 0 \Rightarrow \lambda = 1,2,3. \end{array}\right\} \quad (4.98)$$

Darin sind die λ verschiedenen vierstufigen Tensoren $\mathbf{Q}^{[\lambda]}$ gemäß

$$Q_{pqij}^{[\lambda]} \equiv \frac{\partial \sigma_{pq}^{(\lambda)}}{\partial \sigma_{ij}} = \sum_{\alpha=0}^{\lambda-1} \frac{1}{2}\left[\sigma_{pi}^{(\alpha)}\sigma_{qj}^{(\lambda-1-\alpha)} + \sigma_{pj}^{(\alpha)}\sigma_{qi}^{(\lambda-1-\alpha)}\right] \quad (4.99)$$

definiert (Ü 4.5.2). Sie besitzen die folgenden Symmetrieeigenschaften:

$$Q_{pqij}^{[\lambda]} = Q_{qpij}^{[\lambda]} = Q_{pqji}^{[\lambda]} = Q_{ijpq}^{[\lambda]}. \qquad (4.100)$$

In (4.99) erkennt man, dass der Exponent λ nicht null sein kann, was in (4.97) zum Ausdruck kommt. Vergleicht man die Stoffgleichungen (4.93) und (4.98) miteinander, so stellt man fest, dass die Darstellung (4.93) aus **neun** *Tensorgeneratoren* (4.94) besteht, während (4.98) nur **sieben** Terme enthält, d.h., im anisotropen Fall liefert die Theorie des *plastischen Potentials* nur unvollständige Stoffgleichungen, selbst wenn das plastische Potential allgemein angesetzt wird.

Zur Diskussion des Werkstoffverhaltens kann es nützlich sein, die Stoffgleichung (4.93) in der *kanonischen Form* (Hauptform, „mustergültige" Form)

4.5 Plastisches Potential und Tensorfunktionen im Vergleich

$$d\,^{p}\varepsilon_{ij} = {}^{0}H_{ijkl}\delta_{kl} + {}^{1}H_{ijkl}\sigma_{kl} + {}^{2}H_{ijkl}\sigma_{kl}^{(2)} \qquad (4.101)$$

darzustellen. Darin sind die vierstufigen tensorwertigen Funktionen

$$^{0}H_{ijkl} \equiv \varphi_{[0,0]} m_{ijkl}^{(0)} + \varphi_{[0,1]} m_{ijkl} + \varphi_{[0,2]} m_{ijkl}^{[2]} \qquad (4.102a)$$

$$^{1}H_{ijkl} \equiv \varphi_{[1,0]} m_{ijkl}^{(0)} + \varphi_{[1,1]} m_{ijkl} + \varphi_{[1,2]} m_{ijkl}^{[2]} \qquad (4.102b)$$

$$^{2}H_{ijkl} \equiv \varphi_{[2,0]} m_{ijkl}^{(0)} + \varphi_{[2,1]} m_{ijkl} + \varphi_{[2,2]} m_{ijkl}^{[2]} \qquad (4.102c)$$

mit den symmetrischen Tensoren $\mathbf{m}^{[\nu]}$, $\nu = 0,1,2$, vierter Stufe

$$m_{ijkl}^{[\nu]} \equiv \frac{1}{4}\left(A_{ik}^{(\nu)}\delta_{jl} + A_{il}^{(\nu)}\delta_{jk} + \delta_{ik}A_{jl}^{(\nu)} + \delta_{il}A_{jk}^{(\nu)}\right) \qquad (4.103)$$

eingeführt (BETTEN, 1985b,c). Speziell erhält man aus (4.103) für $\nu = 0$ den *Einstensor* vierter Stufe:

$$m_{ijkl}^{[0]} \equiv m_{ijkl}^{(0)} \equiv m_{ijpq}m_{pqkl}^{(-1)} = \frac{1}{2}\left(\delta_{ik}\delta_{jl} + \delta_{il}\delta_{jk}\right) = m_{ijpq}^{(-1)}m_{pqkl}. \qquad (4.104)$$

Die *kanonische Form* (4.101) besteht aus drei Termen, die man als Beiträge **nullter**, **erster** und **zweiter Ordnung** im Spannungstensor σ deuten kann. Diese Beiträge werden beeinflusst durch die tensorwertigen Funktionen ^{0}H, ^{1}H und ^{2}H.

Zum Auffinden der kanonischen Form (4.101) werden folgende Identitäten für *Tensorgeneratoren* eingeführt (BETTEN, 1985b):

Sind $\mathbf{X}$ und $\mathbf{Y}$ zwei symmetrische Tensoren zweiter Stufe ($X_{ij} = X_{ji}$, $Y_{ij} = Y_{ji}$), so gelten die Identitäten

$$\left\{\left(\mathbf{X}^{\lambda}\mathbf{Y}^{\nu} + \mathbf{Y}^{\nu}\mathbf{X}^{\lambda}\right)/2\right\}_{ij} \equiv \eta_{ijkl}^{[\nu]} X_{kl}^{(\lambda)} \equiv \xi_{ijkl}^{[\lambda]} Y_{kl}^{(\nu)} \qquad (4.105)$$

für beliebige Werte λ und ν, wobei die Symbole $\xi_{ijkl}^{[\lambda]}$ und $\eta_{ijkl}^{[\nu]}$ symmetrische Tensoren vierter Stufe darstellen, die man aus den gegebenen Argumenttensoren $\mathbf{X}$ und $\mathbf{Y}$ nach folgendem Bildungsgesetz erhält:

$$\xi_{ijkl}^{[\lambda]} \equiv \frac{1}{4}\left(X_{ik}^{(\lambda)}\delta_{jl} + X_{il}^{(\lambda)}\delta_{jk} + \delta_{ik}X_{jl}^{(\lambda)} + \delta_{il}X_{jk}^{(\lambda)}\right), \qquad (4.106a)$$

$$\eta^{[\nu]}_{ijkl} \equiv \frac{1}{4}\left(Y^{(\nu)}_{ik}\delta_{jl} + Y^{(\nu)}_{il}\delta_{jk} + \delta_{ik}Y^{(\nu)}_{jl} + \delta_{il}Y^{(\nu)}_{jk}\right). \tag{4.106b}$$

Darin sind λ und ν in runden Klammern Exponenten, während auf der linken Seite λ und ν in eckige Klammern gesetzt wurden, um anzudeuten, dass λ und ν unterschiedliche Tensoren bezeichnen.

Ähnlich wie in (4.101) kann auch die Stoffgleichung (4.98), die auf dem *plastischen Potential* basiert, auf eine *kanonische Form* gebracht werden:

$$\boxed{d\,^{p}\varepsilon_{ij} = {}^{0}h_{ijkl}\delta_{kl} + {}^{1}h_{ijkl}\sigma_{kl} + {}^{2}h_{ijkl}\sigma^{(2)}_{kl}}, \tag{4.107}$$

wobei die vierstufigen *tensorwertigen Funktionen* ^{0}h, ^{1}h und ^{2}h unter Berücksichtigung von (4.103) folgendermaßen definiert sind (BETTEN, 1985b,c):

$$^{0}h_{ijkl} \equiv \left(\frac{\partial F}{\partial S_1}m^{(0)}_{ijkl} + \frac{\partial F}{\partial \Omega_1}m_{ijkl} + \frac{\partial F}{\partial \Omega_2}m^{[2]}_{ijkl}\right)d\Lambda, \tag{4.108a}$$

$$^{1}h_{ijkl} \equiv 2\left(\frac{\partial F}{\partial S_2}m^{(0)}_{ijkl} + \frac{\partial F}{\partial \Omega_3}m_{ijkl} + \frac{\partial F}{\partial \Omega_4}m^{[2]}_{ijkl}\right)d\Lambda, \tag{4.108b}$$

$$^{2}h_{ijkl} \equiv 3\left(\frac{\partial F}{\partial S_3}m^{(0)}_{ijkl} + \quad 0 \quad + \quad 0 \quad\right)d\Lambda. \tag{4.108c}$$

Bei beginnender plastischer Verformung kann der Vektor **v** ohne Einschränkung der Allgemeinheit als Einsvektor angesehen werden (BOEHLER / SAWCZUK, 1976, 1977). Dann hat der Exponent ν in (4.95) nur die Werte $\nu = 0$ und $\nu = 1$. Die Anzahl der *Tensorgeneratoren* (4.94) in der Stoffgleichung (4.93) wird damit von **neun** auf **sechs** reduziert, d.h., die vierstufigen tensorwertigen Funktionen (4.102a,b,c) können zu

$$^{0}H_{ijkl} \equiv \varphi_{[0,0]}m^{(0)}_{ijkl} + \varphi_{[0,1]}m_{ijkl}, \tag{4.109a}$$

$$^{1}H_{ijkl} \equiv \varphi_{[1,0]}m^{(0)}_{ijkl} + \varphi_{[1,1]}m_{ijkl}, \tag{4.109b}$$

$$^{2}H_{ijkl} \equiv \varphi_{[2,0]}m^{(0)}_{ijkl} + \varphi_{[2,1]}m_{ijkl}, \tag{4.109c}$$

vereinfacht werden. Darüber hinaus wird die Anzahl der *irreduziblen Invarianten* (4.96a,b) von **zehn** auf **fünf** reduziert,

4.5 Plastisches Potential und Tensorfunktionen im Vergleich

$$S_\lambda \equiv \operatorname{tr} \sigma^\lambda, \quad \lambda = 1,2,3, \quad \Omega_1 \equiv \operatorname{tr} \sigma \mathbf{A}, \quad \Omega_3 \equiv \operatorname{tr} \mathbf{A} \sigma^2, \quad (4.110)$$

wenn man v als *Einsvektor* betrachtet.

Die *tensorwertigen Funktionen* vierter Stufe (4.108a,b,c), die mit dem *plastischen Potential* (4.97) zusammenhängen, reduzieren sich dann auf:

$$^0 h_{ijkl} \equiv \left(\frac{\partial F}{\partial S_1} m_{ijkl}^{(0)} + \frac{\partial F}{\partial \Omega_1} m_{ijkl} \right) d\Lambda , \quad (4.111a)$$

$$^1 h_{ijkl} \equiv 2 \left(\frac{\partial F}{\partial S_2} m_{ijkl}^{(0)} + \frac{\partial F}{\partial \Omega_3} m_{ijkl} \right) d\Lambda , \quad (4.111b)$$

$$^2 h_{ijkl} \equiv 3 \left(\frac{\partial F}{\partial S_3} m_{ijkl}^{(0)} + \mathbf{0} \right) d\Lambda . \quad (4.111c)$$

Vergleicht man die Tensoren (4.108a,b,c) mit den entsprechenden Größen (4.102a,b,c) oder auch (4.111a,b,c) mit (4.109a,b,c), so erkennt man, dass die skalaren Funktionen $\varphi_{[2,1]}$ und $\varphi_{[2,2]}$ in (4.102c) oder $\varphi_{[2,1]}$ in (4.109c) nicht durch das *plastische Potential* (4.97) ausgedrückt werden können, d.h., im *anisotropen* Fall liefert die Theorie des *plastischen Potentials* mit ihrer klassischen *Fließregel* (4.14) nur unvollständige *Stoffgleichungen*, auch wenn das plastische Potential in der allgemeinen Form $F = F(\sigma_{ij}, A_{ij})$ angesetzt wird. Darüber hinaus enthält die Funktion (4.108c) oder auch die Funktion (4.111c) keine Terme mit m_{ijkl} und $m_{ijkl}^{[2]}$, d.h., der *Anisotropietensor* **A** in (4.103) leistet keinen Beitrag zum *second-order-Effekt*, der in der *Stoffgleichung* (4.107) durch die tensorwertige Funktion (4.108c) bzw. (4.111c) beeinflusst wird. Infolgedessen muss die klassische *Fließregel* (4.14) modifiziert werden.

Von BETTEN (1985b) werden geeignete Modifikationen vorgeschlagen und diskutiert. Wählt man die modifizierte Form

$$d^P \varepsilon_{ij} = (\partial F / \partial \sigma_{ij} + \alpha \, m_{ijkl} \, \partial F / \partial A_{kl}) d\Lambda , \quad (4.112)$$

so ist die Theorie des *plastischen Potentials* mit der Darstellungstheorie *tensorwertiger Funktionen* verträglich, wenn zusätzliche Bedingungen erfüllt werden. Von BETTEN (1985c) werden in Erweiterung von (4.92) für den *anisotropen* Fall *Verträglichkeitsbedingungen* aufgestellt, die notwendig und hinreichend sind.

Für den Spezialfall der *plastischen Inkompressibilität* wird man zweckmäßigerweise das *plastische Potential* in der Form $F = F(\sigma'_{ij}, A_{ij})$ ansetzen und die „verträgliche" *Fließregel*

$$d^P\varepsilon_{ij} = \left(\partial F/\partial\sigma_{ij} + \alpha\ m_{\{ij\}kl}\,\partial F/\partial A_{kl}\right)\,d\Lambda \qquad (4.113)$$

benutzen. Darin ist der vierstufige Tensor

$$m_{\{ij\}kl} \equiv m_{ijkl} - \frac{1}{3}m_{rrkl}\delta_{ij} = m_{ijkl} - \frac{1}{3}\delta_{ij}A_{kl} \qquad (4.114)$$

deviatorisch bezüglich der eingeklammerten freien Indizes {ij}. Mit (4.113) ist die *plastische Volumenkonstanz* ($d^P\varepsilon_{kk} = 0$) a priori erfüllt (Ü 4.5.4).

Obige Ergebnisse können auch für *perforierte* oder *geschädigte Materialien* verwendet werden, wenn man in (4.103) den zweistufigen Tensor A_{ij} durch einen *Perforationstensor* (LITEWKA / SAWCZUK, 1981) oder einen *Schadenstensor* (MURAKAMI / OHNO, 1981; BETTEN, 1981b, 1983) ersetzt, die beide symmetrische Tensoren zweiter Stufe sind.

Allgemeiner als in (4.93) läßt sich die *Anisotropie* durch einen *Tensor vierter Stufe* mit den üblichen Symmetrieeigenschaften

$$A_{ijkl} = A_{jikl} = A_{ijlk} = A_{klij} \qquad (4.115)$$

beschreiben. Dann ist die Stoffgleichung eine tensorwertige Funktion der Form

$$d^P\varepsilon_{ij} = f_{ij}(\sigma_{pq}, A_{pqrs})\,, \qquad (4.116)$$

die unter irgendeiner *orthonormierten Transformation* die Bedingung der *Form-Invarianz*

$$a_{ik}a_{jl}f_{kl}(\sigma_{pq}, A_{pqrs}) \equiv f_{ij}(a_{pt}a_{qu}\sigma_{tu}, a_{pt}a_{qu}a_{rv}a_{sw}A_{tuvw}) \qquad (4.117)$$

erfüllen muss. Eine geeignete (zulässige) Darstellung der Stoffgleichung (4.116) ist durch die Linearkombination

$$d^P\varepsilon_{ij} = \sum_{\lambda,\mu,\nu}\varphi_{[\lambda,\mu,\nu]}G_{ij}^{[\lambda,\mu,\nu]} \qquad (4.118)$$

mit [λ,μ,ν] verschiedenen symmetrischen *Tensorgeneratoren*

$$G_{ij}^{[\lambda,\mu,\nu]} = \frac{1}{2}\left(M_{ij}^{[\lambda,\mu,\nu]} + M_{ji}^{[\lambda,\mu,\nu]}\right) \qquad (4.119)$$

4.5 Plastisches Potential und Tensorfunktionen im Vergleich

gegeben. Darin erfüllen die Matrizenprodukte

$$M_{ij}^{[\lambda,\mu,\nu]} \equiv \sigma_{ik}^{(\lambda)} A_{kjpq}^{(\mu)} \sigma_{pq}^{(\nu)} \quad (4.120)$$

die geforderte Bedingung (4.117) der *Form-Invarianz*. Im Sinne des HA-MILTON-CAYLEYschen *Theorems* für Tensoren zweiter und vierter Stufe (BETTEN, 1982a) sind auf der rechten Seite in (4.120) die Potenzen λ, $\nu = 0,1,2$ und $\mu = 0,1,2,...,5$ möglich. Für $\mu = 0$ ist jedoch zu beachten, dass die Kombinationen $[\lambda,0,\nu]$ in λ und ν symmetrisch sind und (wiederum aufgrund des HAMILTON-CAYLEYschen *Theorems*) der Einschränkung $\lambda + \nu \leq 2$ unterliegen. Mithin sind 3 *irreduzible* Kombinationen $[\lambda,0,\nu]$ möglich, so dass insgesamt 48 Matrizenprodukte der Form (4.120) ohne Wiederholungen gebildet werden können, die in Tabelle 4.1 aufgelistet sind.

Tabelle 4.1 Tensorgeneratoren für Isotropie ($\mu=0$) und Anisotropie ($\mu\neq0$)

$\mu = 0; M_{ij}^{[\lambda,0,\nu]}$ mit $\lambda + \nu \leq 2$				$\mu = 1,2,...,5; \quad M_{ij}^{[\lambda,\mu,\nu]}$		
$\lambda \backslash \nu$	0	1	2	$\lambda \backslash \nu$ 0	1	2
0	δ_{ij}	σ_{ij}	$\sigma_{ij}^{(2)}$	0 $A_{ijrr}^{(\mu)}$	$A_{ijpq}^{(\mu)}\sigma_{pq}$	$A_{ijpq}^{(\mu)}\sigma_{pq}^{(2)}$
1	σ_{ij}	$\sigma_{ij}^{(2)}$		1 $\sigma_{ik}A_{kjrr}^{(\mu)}$	$\sigma_{ik}A_{kjpq}^{(\mu)}\sigma_{pq}$	$\sigma_{ik}A_{kjpq}^{(\mu)}\sigma_{pq}^{(2)}$
2	$\sigma_{ij}^{(2)}$			2 $\sigma_{ik}^{(2)}A_{kjrr}^{(\mu)}$	$\sigma_{ik}^{(2)}A_{kjpq}^{(\mu)}\sigma_{pq}$	$\sigma_{ik}^{(2)}A_{kjpq}^{(\mu)}\sigma_{pq}^{(2)}$

Man muss jedoch betonen, dass die *Tensorgeneratoren* (4.119) in Tabelle 4.1 zwar *irreduzibel* sind, aber noch kein vollständiges System bilden. Auf der Suche nach *Vollständigkeit* werden von BETTEN (1998) und BETTEN / HELISCH (1996) nach einer *kombinatorischen Methode* (Anhang) irreduzible Systeme von Tensorgeneratoren für Systeme symmetrischer Tensoren zweiter und vierter Stufe im zwei-, drei-, und vierdimensionalen Raum aufgestellt. Weitere Einzelheiten sind im Anschluss an (4.126) aufgeführt.

Zur Formulierung des plastischen Potentials wird ein System *irreduzibler Invarianten* benötigt, das durch Spurbildung aus (4.120) hervorgeht:

$$M_{tt}^{[\lambda,\mu,\nu]} = \sigma_{pq}^{(\lambda)} A_{pqrs}^{(\mu)} \sigma_{rs}^{(\nu)} \quad \text{mit } \lambda,\nu = 0,1,2 \text{ für } \mu = 1,2,\ldots,5;$$
$$\text{für } \mu = 0 \Rightarrow \lambda + \nu \leq 3. \quad (4.121)$$

Diese Invarianten sind in Tabelle 4.2 aufgelistet.

Tabelle 4.2 Irreduzible Invarianten

$$M_{tt}^{[\lambda,\mu,\nu]} \equiv \sigma_{pq}^{(\lambda)} A_{pqrs}^{(\mu)} \sigma_{rs}^{(\nu)}; \quad \mu = 1,2,\ldots,5$$

$\lambda \backslash \nu$	0	1	2
0	$A_{iijj}^{(\mu)}$	$A_{iirs}^{(\mu)} \sigma_{rs}$	$A_{iirs}^{(\mu)} \sigma_{rs}^{(2)}$
1		$\sigma_{pq} A_{pqrs}^{(\mu)} \sigma_{rs}$	$\sigma_{pq} A_{pqrs}^{(\mu)} \sigma_{rs}^{(2)}$
2	symmetrisch		$\sigma_{pq}^{(2)} A_{pqrs}^{(\mu)} \sigma_{rs}^{(2)}$

Isotropie: $\mu = 0 \Rightarrow \underline{S_1 \equiv \text{tr}\,\boldsymbol{\sigma}}, \quad \underline{S_2 \equiv \text{tr}\,\boldsymbol{\sigma}^2}, \quad \underline{S_3 \equiv \text{tr}\,\boldsymbol{\sigma}^3}$

Man erkennt, dass die Kombinationen [λ, μ, ν] bezüglich λ, ν symmetrisch sind für alle μ. Mithin sind in (4.121) bzw. in Tabelle 4.2 insgesamt 33 irreduzible Invarianten enthalten. Zusätzlich muss noch die Invariante $A_{iijj}^{(6)}$ berücksichtigt werden, so dass 34 Invarianten zur Verfügung stehen.

Wie bei den *Tensorgeneratoren* in Tabelle 4.1 muss man auch hierbei betonen, dass die in Tabelle 4.2 aufgelisteten Invarianten zwar irreduzibel sind, aber noch kein *vollständiges* System darstellen. Von BETTEN (1998), BETTEN / HELISCH (1995a,b) und HELISCH (1993) werden irreduzible Sys-

4.5 Plastisches Potential und Tensorfunktionen im Vergleich

teme von *Simultaninvarianten* für Tensoren zweiter und vierter Stufe im zwei-, drei-, und vierdimensionalen Raum aufgestellt und diskutiert. Weitere Einzelheiten sind im Anschluss an (4.126) aufgeführt.

Das *plastische Potential* ist analog (4.97) von der Form

$$F = F\left(M_{tt}^{[\lambda,\mu,\nu]}\right) \qquad (4.122)$$

und führt in Verbindung mit der klassischen *Fließregel* (4.14) auf die *Stoffgleichung*

$$d^P\varepsilon_{ij} = d\Lambda \sum_{\lambda,\mu,\nu} \frac{\partial F}{\partial M_{tt}^{[\lambda,\mu,\nu]}} \left(Q_{ijpq}^{[\lambda]} A_{pqrs}^{(\mu)} \sigma_{rs}^{(\nu)} + Q_{ijpq}^{[\nu]} A_{pqrs}^{(\mu)} \sigma_{rs}^{(\lambda)}\right). \qquad (4.123)$$

Darin sind die λ verschiedenen vierstufigen Tensoren $\mathbf{Q}^{[\lambda]}$ gemäß (4.99) definiert. Sie stellen die erste partielle Ableitung der λ-ten Tensorpotenz nach dem Tensor selbst dar.

Man erkennt, dass in (4.121) nur **28** Invarianten „spannungs-abhängig" sind, so dass die Stoffgleichung (4.123) auch nur aus **28** Termen besteht, die allerdings 33 Generatoren der Form (4.119) enthalten. Im Gegensatz dazu besitzt die Tensorfunktion (4.118) jedoch **48** Generatoren, so dass **15** Tensorgeneratoren von der Theorie des plastischen Potentials nicht geliefert werden und nur unvollständige Stoffgleichungen aus der klassischen *Fließregel* folgen. Mithin muss diese modifiziert werden. Eine geeignete Modifikation wird von BETTEN (1987c) vorgeschlagen.

Die Stoffgleichungen (4.93) oder (4.98) sind als Spezialfälle in (4.118) oder in (4.123) enthalten, wenn man darin den Tensor vierter Stufe speziell durch den Tensor

$$A_{ijkl} \equiv \frac{1}{2}(A_{ik}A_{jl} + A_{il}A_{jk}) \qquad (4.124)$$

mit seiner μ-ten Potenz

$$A_{ijkl}^{(\mu)} = \frac{1}{2}\left(A_{ik}^{(\mu)} A_{jl}^{(\mu)} + A_{il}^{(\mu)} A_{jk}^{(\mu)}\right) \qquad (4.125)$$

ersetzt.

Neben der *Anisotropie* sind weitere Einflüsse von praktischer Bedeutung, so beispielsweise Werkstoffschädigungen, die man durch einen *Schadenstensor* zweiter Stufe (ω) beschreiben kann. Dann ist die Stoffgleichung eine *tensorwertige Funktion*

$$d^P\varepsilon_{ij} = f_{ij}(\sigma_{pq}, \omega_{pq}, A_{pqrs}) \qquad (4.126)$$

in den drei Argumenttensoren $\boldsymbol{\sigma}$, $\boldsymbol{\omega}$, $\mathbf{A}$, die zweiter und vierter Stufe sind. Darstellungsmöglichkeiten von Tensorfunktionen der Form (4.126) und Vereinfachungen für die Ingenieurpraxis werden von BETTEN (1983, 1998) diskutiert.

Um einen systematischen Zugang zu *Tensorgeneratoren* in (4.118) und *Invariantensystemen* für Tensoren verschiedener Stufenzahl zu finden, die *irreduzibel* und möglichst *vollständig* sind, werden im Anhang drei Methoden vorgeschlagen.

Tabelle 4.3 Anzahl von irreduziblen Invarianten und Tensorgeneratoren (Betten, 1998)

Symmetrische Argumenttensoren	Irreduzible Invarianten	Tensorfunktionen $f_{ij} = \sum_\alpha \varphi_\alpha {}^\alpha G_{ij}$	Tensorgeneratoren ${}^\alpha G_{ij} = {}^\alpha G_{ji}$
X_{pq}	3	$Y_{ij} = f_{ij}(X_{pq})$	3
X_{pq}, A_{pq}	10	$f_{ij}(X_{pq}, A_{pq})$	9
X_{pq}, A_{pq}, B_{pq}	28	$f_{ij}(X_{pq}, A_{pq}, B_{pq})$	46
A_{pqrs}	> 65	$f_{ij}(A_{pqrs})$	> 108
X_{pq}, A_{pqrs}	> 156	$f_{ij}(X_{pq}, A_{pqrs})$	> 314
X_{pq}, D_{pq}, A_{pqrs}	> 512	$f_{ij}(X_{pq}, D_{pq}, A_{pqrs})$	> 884

Die erste Methode soll den Zugang über die Formulierung eines *Eigenwertproblems für den Tensor vierter Stufe* gewähren. Als zweite Methode wird die LAGRANGEsche Multiplikatorenmethode benutzt. Schließlich eröffnet eine dritte Methode unter Benutzung der *Kombinatorik* und mit Hilfe eines eigens entwickelten Computerprogrammes den weitesten Spielraum und verspricht das Auffinden *irreduzibler Invariantensysteme* und *Tensorgeneratoren*, die auch **vollständig** sind (Tabelle 4.3).

Damit wäre das Endziel dieser Fragestellung erreicht: Die am Lehr- und Forschungsgebiet *Mathematische Modelle in der Werkstoffkunde* entwickelten Computerprogramme sind imstande, vollständige Polynomdarstel-

4.5 Plastisches Potential und Tensorfunktionen im Vergleich

lungen von Stoffgleichungen wie (4.126) zu liefern. Allerdings gibt es heute noch keine leistungsfähigen Computer, die diese Programme vollständig auswerten können (BETTEN, 1998).

Aus der Darstellung der Stoffgleichungen (4.93) und (4.98) in den *kanonischen Formen* (4.101) und (4.107) konnte in einfacher Weise erläutert werden, dass die klassische Theorie des plastischen Potentials im anisotropen Fall nur unvollständige Stoffgleichungen liefern kann, d.h., die Darstellungen in den *kanonischen Formen* sind zur Diskussion des anisotropen Werkstoffverhaltens sehr nützlich. Man sollte immer nach Darstellungsmöglichkeiten suchen, die einen großen „Erklärungswert" für eine Theorie besitzen, wie BECKER (1982) betont. In diesem Zusammenhang sei auf Zitat DIRACs (1930) hingewiesen: „Es scheint mir, dass man auf dem sicheren Weg des Fortschritts ist, wenn man sich um Schönheit der Gleichungen bemüht". DIRAC meinte, dass es wichtiger sei, Schönheit in seinen Gleichungen zu haben, als sie dem Experiment anzupassen. Die „ästhetische Komponente" der Mathematik wird auch von DAVIS / HERSH (1985) besonders hervorgehoben.

BLECHMAN, MYSKIS und PANOVKO (1984) sprechen von „ästhetischen Forderungen" und vermerken zur Darstellung von mathematischen Ergebnissen, dass man bestrebt sein muss, den Ergebnissen eine leicht überschaubare und für die Anwendung zweckmäßige Form zu geben. Das trifft wohl für die gewünschte Darstellung (4.101) zu. Allerdings wird man für beliebige Fälle die Darstellung (4.101) nicht erzielen können. Für die in der Kontinuumsmechanik häufigsten Fälle der Anisotropie, nämlich „transversale Isotropie" und „Orthotropie", ist die gewünschte Darstellung jedoch möglich. Für diese Fälle können die vierstufigen tensorwertigen Funktionen $^{0}Hijkl, ... , ^{2}Hijkl$ in der Darstellung (4.101) bestimmt werden, wie von BETTEN (1982b, 1983a) gezeigt wird.

Übungsaufgaben

4.5.1 Man weise die Verträglichkeitsbedingung (4.92) nach, die notwendig und hinreichend ist.

4.5.2 Man verifiziere (4.99) für $\lambda = 1$ und $\lambda = 2$.

4.5.3 Man bilde den Deviator des vierstufigen *Einstensors* (4.104) bezüglich des ersten Indexpaares i, j und vergleiche das Ergebnis mit (4.60b).

4.5.4 Man zeige, dass die Fließregel (4.113) plastisch inkompressibles Werkstoffverhalten bedingt.

4.5.5 Man zeige, dass zur Darstellung einer Fließbedingung für transversal isotrope Werkstoffe anstelle der Integritätsbasis (4.96) nur die sieben Invarianten (4.97) erforderlich sind.

4.6 Charakteristikenverfahren und Gleitlinienfelder

Bei ebener Verformung kann der Spannungszustand im plastischen Kontinuum mit Hilfe von *Gleitlinien* diskutiert werden (BETTEN, 1968). In einem Gebiet ebenen plastischen Fließens geben die Gleitlinien die Richtungen der maximalen Schubspannungen und bei Koaxialität die Richtungen der maximalen Schiebungsgeschwindigkeiten an.[3] Die *Gleitlinien* sind *Charakteristiken* von *hyperbolischen Differentialgleichungen*. Zu lösen ist ein Gleichungssystem, bestehend aus zwei *Gleichgewichtsbedingungen*

$$\partial\sigma_{11}/\partial x_1 + \partial\sigma_{12}/\partial x_2 = 0, \quad \partial\sigma_{12}/\partial x_1 + \partial\sigma_{22}/\partial x_2 = 0 \quad (4.127a,b)$$

und einer *Fließbedingung*, die man bei ebenen Problemen in der Form

$$\sigma_{22} = f(\sigma_{11}, \sigma_{12}; k) \quad (4.128)$$

schreiben kann. Führt man ein Spannungspotential $\varphi = \varphi(x_1, x_2)$ so ein, dass

$$\partial\varphi/\partial x_2 \equiv \sigma_{11} \quad \text{und} \quad \partial\varphi/\partial x_1 \equiv -\sigma_{12} \quad (4.129)$$

gilt, dann ist die erste Gleichgewichtsbedingung (4.127a) identisch erfüllt, während aus der zweiten Gleichgewichtsbedingung (4.127b) in Verbindung mit der Fließbedingung (4.128) eine *quasilineare Differentialgleichung* für das Spannungspotential $\varphi = \varphi(x_1, x_2)$ hervorgeht:

$$\partial^2\varphi/\partial x_1^2 + (\partial f/\partial\sigma_{12})\partial^2\varphi/\partial x_1 \partial x_2 - (\partial f/\partial\sigma_{11})\partial^2\varphi/\partial x_2^2 = 0. \quad (4.130)$$

Sie geht durch die *LEGENDRE-Transformation*

$$\left.\begin{array}{l} \sigma_{12} = -\partial\varphi/\partial x_1, \quad \sigma_{11} = \partial\varphi/\partial x_2, \\ \Phi(\sigma_{11}, \sigma_{12}) = -x_1\sigma_{12} + x_2\sigma_{11} - \varphi, \\ x_1 = -\partial\Phi/\partial\sigma_{12}, \quad x_2 = \partial\Phi/\partial\sigma_{11} \end{array}\right\} \quad (4.131)$$

in die *lineare Differentialgleichung*

$$\partial^2\Phi/\partial\sigma_{11}^2 + (\partial f/\partial\sigma_{12})\partial^2\Phi/\partial\sigma_{11}\partial\sigma_{12} - (\partial f/\partial\sigma_{11})\partial^2\Phi/\partial\sigma_{12}^2 = 0 \quad (4.132)$$

über. Die *quasilineare* und *lineare* Differentialgleichung haben dieselbe *Diskriminante*

---

[3] Bei *Koaxialität* zwischen Spannungs- und Verzerrungstensor, d.h. wenn Spannungs- und Verzerrungstensor dieselben Hauptachsensysteme besitzen, sind auch ihre *Charakteristiken* identisch.

4.6 Charakteristikenverfahren und Gleitlinienfelder

$$\delta = -\partial f/\partial \sigma_{11} - (1/4)(\partial f/\partial \sigma_{12})^2, \qquad (4.133)$$

die mit der MISESschen Fließbedingung (Ü 4.6.1)

$$f(\sigma_{11},\sigma_{12};k) \equiv \sigma_{22} = \sigma_{11} - 2\sqrt{k^2 - \sigma_{12}^2} \qquad (4.134)$$

in

$$\delta = -1 - \sigma_{12}^2 / \left(k^2 - \sigma_{12}^2\right) \qquad (4.135)$$

übergeht und für alle $\sigma_{12} = <-k, k>$ negativ ist, d.h., die partiellen Differentialgleichungen (4.130) und (4.132) sind vom hyperbolischen Typ. Nach der *Charakteristikentheorie* (SAUER, 1958) haben *hyperbolische Differentialgleichungen* zwei reelle Charakteristikenscharen. Man erhält sie aus der „Richtungsgleichung"

$$(dx_2/dx_1)^2 - (\partial f/\partial \sigma_{12})dx_2/dx_1 - \partial f/\partial \sigma_{11} = 0 \qquad (4.136)$$

und bezeichnet sie als *Gleitlinien*. Unter Berücksichtigung der MISESschen Fließbedingung (4.134) erhält man durch Integration von (4.136) zwei Scharen von orthogonalen *Zykloiden*. Weitere Bemerkungen und Anwendungen des Charakteristikenverfahrens in der Plastomechanik findet man beispielsweise bei BETTEN (1968), BESDO (1969), JOHNSON et al. (1970), JOHNSON / MELLOR (1973), LIPPMANN (1981), ŻYCZKOWSKY (1981), SCHUMACHER (1995) und BETTEN/SCHUMACHER (2000).

Der Zugang zu Gleitlinienfeldern kann auch auf einem anderen Wege erfolgen, wie von BETTEN (1987a) ausführlich beschrieben. Man geht darin vom Tensor der plastischen Verzerrungsgeschwindigkeiten bei ebener Verformung ($^p\dot{\varepsilon}_{3j} \equiv 0$), d.h. vom ebenen Verformungsfeld unter Berücksichtigung der plastischen Volumenkonstanz $^p\dot{\varepsilon}_{11} + {}^p\dot{\varepsilon}_{22} = 0$ aus:

$$^p\dot{\varepsilon}_{\alpha\beta} = \begin{pmatrix} ^p\dot{\varepsilon}_{11} & ^p\dot{\varepsilon}_{12} \\ ^p\dot{\varepsilon}_{12} & -{}^p\dot{\varepsilon}_{11} \end{pmatrix}; \quad \alpha=1,2; \quad \beta=1,2 \qquad (4.137)$$

und bestimmt für dieses Schema zunächst das Feld der *Eigenrichtungen*. Die Eigenwerte $^p\dot{\varepsilon}_I$ und $^p\dot{\varepsilon}_{II}$ ergeben sich zu:

$$\begin{vmatrix} ^p\dot{\varepsilon}_{11} - {}^p\dot{\varepsilon} & ^p\dot{\varepsilon}_{12} \\ ^p\dot{\varepsilon}_{12} & -{}^p\dot{\varepsilon}_{11} - {}^p\dot{\varepsilon} \end{vmatrix} \stackrel{!}{=} 0 \Rightarrow {}^p\dot{\varepsilon}_{I;II} = \pm\sqrt{{}^p\dot{\varepsilon}_{11}^2 + {}^p\dot{\varepsilon}_{12}^2}. \qquad (4.138)$$

Mit der Beziehung

$$2 \, {}^{P}\dot{\varepsilon}_{ij} \, {}^{P}\dot{\varepsilon}_{ij}/3 = \dot{\varepsilon}_F^2 \qquad (4.139)$$

($\dot{\varepsilon}_F$ *Vergleichsdehnungsgeschwindigkeit* bei Fließbeginn), die man auf der Basis des MISESschen plastischen Potentials ermittelt (Ü 4.6.2), ergeben sich die *Eigenwerte* (4.138) zu:

$${}^{P}\dot{\varepsilon}_I = \sqrt{3}\dot{\varepsilon}_F/2, \quad {}^{P}\dot{\varepsilon}_{II} = -\sqrt{3}\dot{\varepsilon}_F/2. \qquad (4.140\text{a,b})$$

Das Feld der *Eigenrichtungen* $n_\alpha^{I;II}$ erhält man aus dem Gleichungssystem:

$$\left({}^{P}\dot{\varepsilon}_{\alpha\beta} - {}^{P}\dot{\varepsilon}_{I;II}\delta_{\alpha\beta} \right) n_\beta^{I;II} = 0_\alpha, \quad n_\beta^{I;II} n_\beta^{I;II} = 1, \qquad (4.141)$$

und zwar ergibt sich daraus zunächst für die I-Richtung:

$$n_2^I = \frac{{}^{P}\dot{\varepsilon}_I - {}^{P}\dot{\varepsilon}_{11}}{{}^{P}\dot{\varepsilon}_{12}} n_1^I = \frac{\frac{1}{2}\sqrt{3}\dot{\varepsilon}_F - \sqrt{\frac{3}{4}\dot{\varepsilon}_F^2 - {}^{P}\dot{\varepsilon}_{12}^2}}{{}^{P}\dot{\varepsilon}_{12}} n_1^I, \qquad (4.142)$$

wenn man die Beziehungen (4.139) und (4.140a) berücksichtigt. Mit der dimensionslosen Größe

$$\dot{G}_{12} := 2 \, {}^{P}\dot{\varepsilon}_{12}/\left(\sqrt{3}\dot{\varepsilon}_F\right) = 2\sqrt{2} \, {}^{P}\dot{\varepsilon}_{12}/\left(\sqrt{3}\dot{\gamma}_0\right) \qquad (4.143)$$

($\dot{\gamma}_0 = \sqrt{2}\dot{\varepsilon}_F$ *Oktaeder-Gleitung*) erhält man das Feld der *Eigenrichtungen* (Neigung φ zur x_1-Achse) aus

$$\tan\varphi_I = n_2^I/n_1^I = \left(1 - \sqrt{1-\dot{G}_{12}^2}\right)/\dot{G}_{12}. \qquad (4.144)$$

Unter einem Winkel von $\pi/4$ zu diesen *Trajektorien* verlaufen die *Gleitlinien (Charakteristiken)*, die bekanntlich die Richtungen Φ_I maximaler Schiebungsgeschwindigkeiten bzw. maximaler Schubspannungen angeben (*MOHRscher Kreis*):

$$\left.\begin{array}{l}\tan(\Phi_I - \dfrac{\pi}{4}) = \dfrac{1-\sqrt{1-\dot{G}_{12}^2}}{\dot{G}_{12}} \\[2mm] \tan(\Phi_I - \dfrac{\pi}{4}) = \dfrac{\tan\Phi_I - 1}{1 + \tan\Phi_I}\end{array}\right\} \Rightarrow \boxed{\tan\Phi_I = \sqrt{\dfrac{1+\dot{G}_{12}}{1-\dot{G}_{12}}} = \left(\dfrac{dx_2}{dx_1}\right)_I} \qquad (4.145\text{a})$$

Senkrecht dazu findet man die zweite *Gleitlinienschar*, die somit der Differentialgleichung

$$(dx_2/dx_1)_{II} = -\sqrt{(1-\dot{G}_{12})/(1+\dot{G}_{12})} \qquad (4.145b)$$

genügt. Nimmt man eine lineare Schiebungsgeschwindigkeit über x_2 an, d.h. $\dot{G}_{12} = x_2$ (*PRANDTLsche Lösung*), so folgt aus (4.145a,b) das orthogonale Netz

$$(x_1)_{I;II} = \pm \arcsin x_2 + \sqrt{1-x_2^2} + c_{I;II} \qquad , \qquad (4.146)$$

das in Bild 4.12 dargestellt ist.

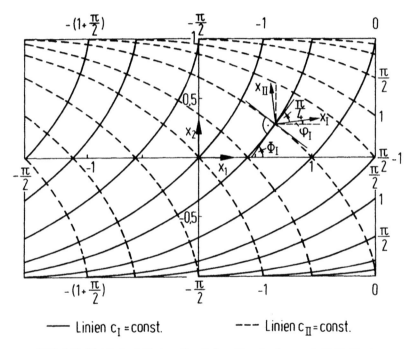

—— Linien c_I = const.   --- Linien c_{II} = const.

Bild 4.12 Gleitlinienfeld eines Parallelstreifens (orthogonale Zykloiden)

Gleitlinienverfahren kompressibler Stoffe (*Sinterwerkstoffe, poröse Materialien*) wurden im Rahmen eines DFG-Projektes von J. BETTEN und R. SCHUMACHER untersucht und mit Finite-Elemente-Methoden verglichen. Für die finanzielle Unterstützung dieses Projektes sei auch an dieser Stelle der DFG gedankt.

Die Ergebnisse dieser Untersuchung sind von SCHUMACHER (1995) und BETTEN / SCHUMACHER (2000) veröffentlicht. Im Folgenden sind daraus nur ein paar Anwendungsbeispiele aus der Umformtechnik skizziert (BETTEN, 2000).

Ziel des Forschungprojektes war die Herleitung von prozessbeschreibenden Grundgleichungen und die Entwicklung von numerischen Verfahren (Software) für *Umformvorgänge von Sinterwerkstoffen*. Neben den von EHRENSTEIN (1992), ALTENBACH et al. (1996), BETTEN et al. (1997), LOURES da COSTA (1997) und BETTEN / KRIEGER (1999) beschriebenen *Verbundwerkstoffen* werden auch *Sinterwerkstoffe* aufgrund ihrer besonderen Eigenschaften immer häufiger im „modernen" Maschinenbau eingesetzt. Mithin ist die Simulation von Umformvorgängen gesinterter Werkstoffe für die Zukunft von größter Bedeutung.

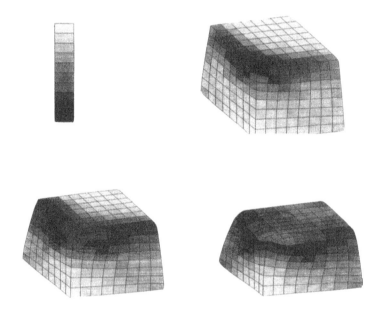

Bild 4.13 Simulation des Würfelstauchens bei Sinterwerkstoffen

Während sich Metalle bei der plastischen (bildsamen) Formgebung inkompressibel verhalten (plastische Volumenkonstanz), beobachtet man bei *Sinterwerkstoffen* eine starke Änderung der Dichte ρ wie aus einer Simulationsrechnung des *Würfelstauchens* gemäß Bild 4.13 hervorgeht (SCHUMACHER, 1995; BETTEN, 2000; BETTEN / SCHUMACHER, 2000).

An den hellgefärbten Stellen ist die Dichte mit einem Wert $\rho_0 = 0.8$ relativ gering, während an den dunkelsten Stellen der Höchstwert von fast eins erreicht wird.

4.6 Charakteristikenverfahren und Gleitlinienfelder

Im nächsten Beispiel ist das *Rohrpressen* (SCHUMACHER, 1995; BETTEN, 2000; BETTEN / SCHUMACHER, 2000) mit einem Dorn simuliert (Bild 4.14). Dabei wurden folgende Parameter gewählt: Pressung am Eintritt/Fließspannung = 0.707, Radius am Austritt/Radius am Eintritt = 0.75, Düsenlänge bezogen auf Radius am Eintritt = 1.3, Anfangsdichte = 1.

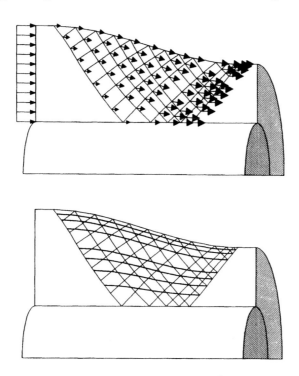

Bild 4.14 Simulation des Rohrpressens

In die Umformzone hat der Computer ein Gitternetz skizziert und in die Knotenpunkte die berechneten Geschwindigkeiten nach Größe und Richtung eingezeichnet. Die Pfeillängen geben die Größe der Geschwindigkeiten in den Gitterpunkten an. Die Pfeilrichtungen tangieren die Stromlinien, die der Computer im unteren Bildteil gezeichnet hat. Somit erhält man durch Simulation auf dem Computer ein recht anschauliches Bild von diesem Umformvorgang.

Schließlich sei noch das *Ringstauchen* simuliert (Bild 4.15). Auch in diesem Bild erkennt man recht deutlich die Geschwindigkeiten in den Knotenpunkten nach Größe und Richtung und die Dichteverteilung, und zwar im oberen Bildteil bei dH/H = 20% und im unteren Bildteil bei dH/H = 40% Reduktion der anfänglichen Ringhöhe. Die Anfangsdichte betrug $\rho_0 = 0{,}80$.

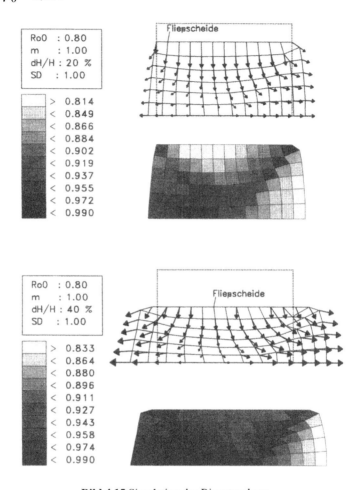

Bild 4.15 Simulation des Ringstauchens

Die Bilder 4.13 bis 4.15 haben gezeigt, dass man durch *Simulation* des Werkstoffverhaltens und *Visualisierung* mit Hilfe von leistungsfähigen Computern einen tiefen Einblick in komplizierte technische Abläufe gewinnen kann. Man muss jedoch betonen, dass ein noch so leistungsfähiger Computer eine ausgereifte Theorie **nicht** ersetzen kann. Von Georg HAMEL (1877-1954), einem berühmten Wissenschaftler, der sich um die Entwicklung der Theoretischen Mechanik verdient gemacht hat, stammt der Ausspruch: *Nichts ist praktischer als eine gute Theorie.*

6 Charakteristikenverfahren und Gleitlinienfelder

Theorie heißt ursprünglich soviel wie Betrachtung ($\vartheta\epsilon\omega\rho\epsilon\iota\nu$ = anschauen). Jedoch hat sich die Auffassung des Begriffs *Theorie* von der Antike (ARISTOTELES) über das Mittelalter (PASCAL) bis zur Jetztzeit (BOLZANO, TARSKI (1936)) gewandelt. Man unterscheidet den klassischen und den modernen Begriff einer mathematischen Theorie (SCHOLZ, 1953).

Diese Begriffe, insbesondere das Wesen einer *axiomatisierten Theorie*, und der Begriff des *mathematischen Modells* im Sinne der mathematischen Logik werden ausführlich von BETTEN (1973a) am Beispiel der *Traglasttheorie der Statik* erörtert. Die Traglasttheorie bemüht sich mit geringem Rechenaufwand um Aussagen über das mechanische Verhalten von Tragwerken und Bauteilen. Sie gestattet eine einfache Bestimmung der Tragfähigkeit bzw. der Traglast oder ertragbaren Last und gibt Einblick in den wahrscheinlichen Bruchmechanismus eines Bauteils oder Tragwerkes.

Das mathematische Modell der Traglasttheorie beruht auf dem *Prinzip der virtuellen Verschiebung* an der Versagensgrenze als *Axiom*. Daraus lassen sich die Traglastsätze als *Derivate* ableiten, die eine Eingabelung der gesuchten Traglast durch eine obere und untere Schranke ermöglichen ($\rightarrow$ *Schrankenmethode*). Zum mathematischen Modell der Traglasttheorie gehört neben dem zugrundegelegten *Axiom* und den daraus ableitbaren *Derivaten* schließlich noch die *Gruppe der Voraussetzungen*, die einerseits über den erforderlichen Rechenaufwand zur Ermittlung der Tragfähigkeit eines Bauteils entscheidet und andererseits die Güte des Modells bestimmt. Ein mathematisches Modell ist um so besser, je weniger weit sich die Annahmen und Voraussetzungen von der Wirklichkeit entfernen. Um bessere Übereinstimmung mit Messergebnissen (häufig mit der Wirklichkeit identifiziert !) zu erhalten, können die in den Lösungen auftretenden Parameter bzw. Ansatzfreiwerte korrigiert werden, so dass sie nicht als physikalische Konstanten und Stoffwerte angesehen werden können. Aus diesem Grunde werden mathematische Modelle immer weiter verfeinert, d.h., man passt die Annahmen immer mehr der Wirklichkeit an, muss aber die dadurch meist auftretenden mathematischen Schwierigkeiten in Kauf nehmen. Dieser Aufwand lohnt sich insbesondere, wenn dadurch die eingeführten Freiwerte den Charakter eines anpassbaren Parameters verlieren und vielmehr physikalische Konstanten und Stoffwerte widerspiegeln. Diese Kennwerte können dann und nur dann unabhängigen Messungen (Grundversuchen) entnommen und in die gefundenen Beziehungen, z.B. in *Materialgleichungen*, eingesetzt werden. Die *Parameteridentifikation* und *physikalischen Interpretationen* spielen eine zentrale Rolle in der *Materialtheorie*.

Analog zur Traglasttheorie der Statik (BETTEN, 1973a) kann auch die *Materialtheorie* (BETTEN, 2000) im Sinne der mathematischen Logik als mathematisches Modell aufgefasst werden: Als *Axiome* werden *mecha-*

nische Prinzipien und *thermodynamische Forderungen* zugrundegelegt und daraus *Materialgleichungen* als *Derivate* abgeleitet (BETTEN, 1998). Aufgrund der mathematisch komplizierten Zusammenhänge und des großen experimentellen Aufwandes war man bisher auf mehr oder weniger grobe Vereinfachungen angewiesen. Im Hinblick auf die Entwicklung immer leistungsfähigerer Computer wird man Schritt für Schritt auf gröbere Vereinfachungen verzichten können, so dass Simulationen auf dem Computer (Bilder 4.13 bis 4.15) gegenüber dem Experiment noch mehr in den Vordergrund rücken werden.

Auf eine Vielzahl von weiteren Lösungsmethoden in der Plastomechanik kann aus Platzgründen nicht eingegangen werden. Dazu gehören beispielsweise *Variationsmethoden* (STECK, 1971; LIPPMANN, 1972; WASHIZU, 1975; ŻYCZKOWSKY, 1981), *Schrankenverfahren* (BETTEN, 1970b, 1973b; ISMAR / MAHRENHOLTZ; 1979 LIPPMANN, 1981), *Traglastverfahren* (STÜSSI, 1962; THÜRLIMANN, 1962; VOGEL, 1969; BETTEN, 1970b, 1973a,b, 1975c), *Elementare Plastizitätstheorie* (LIPPMANN / MAHRENHOLTZ, 1967; ISMAR / MAHRENHOLTZ, 1979; LIPPMANN, 1981), *Finite-Elemente-Methode* (LUNG / MAHRENHOLTZ, 1973 ; ZIENKIEWICZ, 1975, 1979; STANLEY, 1976; OWEN / HINTON, 1980; ŻYCZKOWSKY, 1981; MAHRENHOLTZ, 1982), *Finite-Differenzen-Methode* (STANLEY, 1976; ZIENKIEWICZ, 1979; ŻYCZKOWSKY, 1981; FROSCH, 1982; BETTEN / FROSCH, 1983). Im Schrifttum findet man eine Vielzahl von weiteren wertvollen Beiträgen, die hier aus Platzgründen nicht erwähnt wurden. Abschließend sei noch auf das Symposium *Plasticity Today* in Udine (Juni 1983) hingewiesen, auf dem in der Sektion Va (Numerical Aspects of Plasticity) numerische Probleme diskutiert wurden. Eine Veröffentlichung dieser Beiträge findet man in den Proceedings. Ebenso sei auf die Tagungen *Computational Plasticity* hingewiesen, die seit 1987 alle zwei Jahre von OWEN, HINTON und OÑATE in Barcelona veranstaltet werden. Neben weiteren internationalen Kongressen seien schließlich die Tagungen der *Gellschaft für Angewandte Mathematik und Mechanik* (GAMM) erwähnt, die seit MISES jährlich durchgeführt werden und auf denen spezielle Sektionen der Plastomechanik und Kriechmechanik vorgesehen sind. Die Vorträge der GAMM-Tagungen werden jährlich in einem Sonderheft der *Zeitschrift für Angewandte Mathematik und Mechanik* (ZAMM) veröffentlicht.

Übungsaufgaben

4.6.1 Man leite die Fließbedingung (4.134) her.

4.6.2 Man leite die Beziehung (4.139) her.

4.6.3 Man ermittle die Hauptspannungen für das ebene plastische Fließen. Der Werkstoff verhalte sich isotrop, plastisch inkompressibel und symmetrisch gegenüber Zug- und Druckbeanspruchung.

4.6.4 Man diskutiere das Spannungsfeld

$$\sigma_{11} = -p + k\sin 2\Phi, \quad \sigma_{22} = -p - k\sin 2\Phi, \quad \sigma_{12} = -k\cos 2\Phi.$$

4.6.5 Ein isotroper Werkstoff werde zwischen starren parallelen Platten gestaucht. Unter Voraussetzung ebenen plastischen Fließens und größtmöglicher Reibung zwischen Werkzeug und Werkstück ermittle man das plastische Spannungsfeld im Werkstück. Das Ergebnis bringe man auch in Beziehung zum Spannungsfeld in Ü 4.6.4.

Weitere Übungsaufgaben, die man an dieser Stelle anschließen könnte, findet man bei BETTEN (1987a) mit der Kennzeichnung: Ü 6.1.2/ Ü 6.1.3/ Ü 6.1.4/ Ü 6.1.5.

4.7 Elastisch-plastische Probleme

Sind elastische und plastische Verformungen von gleicher Größenordnung, so stößt man auf elastisch-plastische Probleme. Beispiele für die technischen Anwendungen sind die *elastisch-plastische Balkenbiegung*, die *elastisch-plastische Torsion* und die *elastisch-plastische Beanspruchung dickwandiger Behälter*, um nur einige zu nennen. Ausführlich werden die genannten und eine Vielzahl weiterer Beispiele in den Vorlesungen (BETTEN, 1970a,b) behandelt. Im Folgenden sollen die erwähnten Probleme kurz angeschnitten werden.

In der elementaren Balkentheorie benutzt man die Hypothese von BERNOULLI-NAVIER, die das Ebenbleiben der Querschnitte voraussetzt, so dass mit einer linearen Dehnungsverteilung über dem Querschnitt gerechnet werden kann. Zur Vereinfachung wird bei elastisch-plastischer Biegebeanspruchung eine lineare Dehnungsverteilung auch im plastizierten Bereich angenommen. Weiterhin sei linearelastisch-idealplastisches Werkstoffverhalten vorausgesetzt (Bild 4.16).

Die elastisch-plastische Trennfläche ist durch $y = y_F$ gekennzeichnet. Die Randspannung σ_a stimmt bei idealplastischem Verhalten mit der Zugfließgrenze σ_F des Werkstoffs überein, während die Biegenennspannung $\sigma_b = M/W$ als Rechenwert aus dem angelegten Moment M und dem Widerstandsmoment W bestimmt werden kann. Sie stellt bei elastisch-plastischer Beanspruchung eine hypothetische Randspannung dar (Bild 4.16).

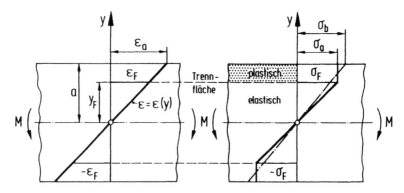

Bild 4.16 Dehnungs- und Spannungsverteilung im elastisch-plastisch beanspruchten Biegebalken

Das Schnittmoment M^* erhält man bei symmetrischen Querschnitten veränderlicher Breite $b = b(y)$ durch folgende Integration:

$$M^* = \int_{-a}^{+a} \sigma(y)b(y)y\,dy = 2\int_{0}^{a} \sigma(y)b(y)y\,dy. \qquad (4.147)$$

Das Momentengleichgewicht $M = M^*$ führt schließlich auf die Formel

$$\sigma_b = c\int_{0}^{1} \sigma(\eta)\,f(\eta)d\eta, \qquad (4.148)$$

die für einige Querschnittsformen in Tabelle 4.4 ausintegriert ist (Ü 4.7.1).

Die numerische Auswertung der Formeln aus Tabelle 4.4 findet man in Bild 4.17.

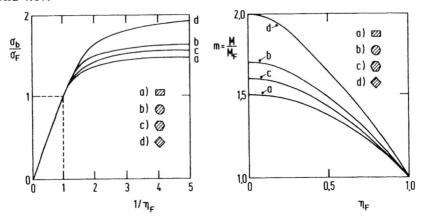

Bild 4.17 Biegefließkurven idealplastischer Werkstoffe und Überlastungsfaktor $m = M/M_F = \sigma_b/\sigma_F$

4.7 Elastisch-plastische Probleme

Für die Formeln in Tabelle 4.4 sind zwei Grenzfälle zu beachten. Für $\eta_F \equiv \varepsilon_F/\varepsilon_a = y_F/a = 1$ ist der *elastische Grenzzustand* erreicht. Dann stimmt die *Biegenennspannung* σ_b mit der *Fließspannung* σ_F überein (Bild 4.16). Das angelegte Moment hat dann den Wert $M_F = W\sigma_F$ und wird *Fließmoment* genannt. Bei zunehmender Belastung schreitet die Plastizierung fort. Für $\eta_F \to 0$ wird der *vollplastische Zustand* erreicht mit der größten Momentenbelastung (*Tragmoment* M_T). Der Wert

$$m_T = \lim_{\eta_F \to 0} m(\eta_F) = M_T/M_F \qquad (4.149)$$

kann als *Tragfähigkeitsreserve* interpretiert werden und gibt an, um wieviel das *Tragmoment* M_T (*Versagensgrenze*) größer ist als das Fließmoment M_F (Fließbeginn an der Außenfaser). Da m_T von der Querschnittsform abhängig ist, wäre die Bezeichnung *Formfaktor* sinnvoll (Ü 4.7.2).

Tabelle 4.4 Biegefließkurven verschiedener Querschnittsformen

Querschnitte	c	$\dfrac{f(\eta)}{\eta}$	Biegefließkurve: $\dfrac{\sigma_b}{\sigma_F} = F(\eta_F);\ \eta_F = \dfrac{\varepsilon_F}{\varepsilon_a}$
a)	3	1	$\dfrac{3}{2}\left(1 - \dfrac{1}{3}\eta_F^2\right)$
b)	$\dfrac{16}{\pi}$	$\sqrt{1-\eta^2}$	$\dfrac{2}{\pi}\left[\dfrac{\arcsin \eta_F}{\eta_F} + \dfrac{1}{3}\sqrt{1-\eta_F^2}\left(5 - 2\eta_F^2\right)\right]$
c)	$\dfrac{12}{5}$	$2 - \eta$	$\dfrac{8}{5} - \dfrac{4}{5}\eta_F^2 + \dfrac{1}{5}\eta_F^3$
d)	12	$1 - \eta$	$2 - 2\eta_F^2 + \eta_F^3$

Von BETTEN (1975c) wird die *Tragfähigkeit* von Biegebalken unter Benutzung der *nichtlinearen Spannungs-Dehnungs-Beziehungen*

$$\sigma/\sigma_F = \left[\tanh(E\varepsilon/\sigma_F)^n\right]^{1/n} \quad \text{und} \quad \sigma = E\varepsilon \Big/ \left[1 + (E\varepsilon/\sigma_F)^n\right]^{1/n} \quad (4.150a,b)$$

beurteilt, die im Grenzfall $n \to \infty$ das oben zugrundegelegte *linearelastisch-idealplastische* Werkstoffverhalten als Sonderfall enthalten (*PRANDTL-REUSS-Körper*).

Der Parameter n in (4.150a,b) reguliert den *elastisch-plastischen Übergang*. Unabhängig vom Wert n schmiegen sich alle Kurven bei kleinen Verformungen an die HOOKEsche Gerade und bei großen Verformungen an die Linie $\sigma = \sigma_F$. Weiterhin wird von BETTEN (1975c) gezeigt, dass der Parameter n keinen Einfluss auf die *Tragfähigkeitsreserve* (4.149) hat. Hierzu vermerkt ŻYCZKOWSKY (1981, S.210):

„Hence a new aspect of the uniqueness of the limit load may be formulated: uniqueness understood as the independence of that load of the assumed stress-strain diagram belonging to the class of asymptotically perfect plasticity. Such independence may be observed in many cases, but there are also some exceptions ($\to$ *decohesive carrying capacity*)".

Von großem Interesse sind Stoffgleichungen, die den *elastisch-plastischen Übergang* auch bei *mehraxialen Beanspruchungen* beschreiben. Solche Gleichungen können durch tensorielle Verallgemeinerung der Beziehungen (4.150a,b) aufgestellt werden, wie ausführlich von BETTEN (1989b, 1991b) diskutiert.

Auf die Durchbiegungsrechnung für elastisch-plastisch beanspruchte Biegebalken gehen FRITSCHE (1931), SWIDA (1949a,b), FREUDENTHAL (1955), RECKLING (1967) und BETTEN (1970b, 1973b) und näher ein.

Zur Beschreibung der *elastisch-plastischen Torsionsbeanspruchung* kann man wie bei der Biegebeanspruchung (Bild 4.16) vorgehen. Es wird wieder *idealplastisches* Werkstoffverhalten vorausgesetzt. Die Plastizierung beginnt am Außenradius r_a unter dem Torsionsmoment $M_F = W_p \tau_F$ (*Fließmoment*). Dabei ist W_p das polare Widerstandsmoment und $\tau_F \equiv k$ die *Schubfließgrenze*. Die elastisch-plastische Trennfläche wird mit r_F gekennzeichnet (Bild 4.18).

Analog zur *Biegenennspannung* σ_b ist die *Torsionsnennspannung* gemäß $\tau_t \equiv M/W_p$ definiert. Mit den Bezeichnungen nach Bild 4.18 ermittelt man folgendermaßen das Torsionsmoment:

$$dM = 2\pi r\, dr\, \tau\, r \quad \Rightarrow \quad M = 2\pi \int_0^{r_F} \tau r^2 dr + 2\pi \tau_F \int_{r_F}^{r_a} r^2 dr.$$

4.7 Elastisch-plastische Probleme

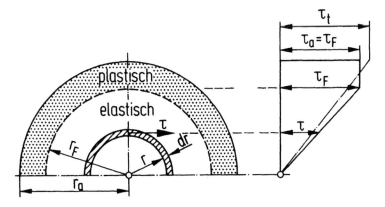

Bild 4.18 Kreisquerschnitt bei Torsionsbeanspruchung; Spannungsverteilung $\tau = \tau(r)$

Nach Ausführung der Integration erhält man mit den dimensionslosen Größen $\rho \equiv r/r_a$ und $\rho_F \equiv r_F/r_a$ das Ergebnis:

$$M = \frac{2}{3}\pi k r_a^3 \left(1 - \rho_F^3/4\right) \qquad (4.151)$$

mit folgenden Grenzwerten:

$$M_T = M(\rho_F = 0) = \frac{2}{3}\pi k r_a^3 \quad \textit{(vollplastischer Zustand)}$$

$$M_F = M(\rho_F = 1) = \frac{1}{2}\pi k r_a^3 \quad \textit{(Fließbeginn)}$$

Somit ist der *Überlastungsfaktor* durch

$$m \equiv M/M_F = 4\left(1 - \rho_F^3/4\right)/3 \qquad (4.152)$$

gegeben, der im vollplastischen Zustand den Wert $m_T = M_T/M_F = 4/3$ erreicht.

Die *elastisch-plastische Torsion* kann auch „indirekt" behandelt werden, d.h. wie im elastischen Bereich (Ü 3.3.3) durch Einführen einer *Torsionsfunktion* $\Phi = \Phi(x_1, x_2)$. Da nur σ_{31} und σ_{32} von null verschieden sind, vereinfacht sich die MISESsche Fließbedingung zu:

$$\sigma_{31}^2 + \sigma_{32}^2 = k^2. \qquad (4.153)$$

Ersetzt man darin die Schubspannungen durch die Ableitungen der Torsionsfunktion ($\sigma_{31} \equiv \Phi_{,2}$ und $\sigma_{32} \equiv -\Phi_{,1}$), so wird:

$$(\Phi_{,1})^2 + (\Phi_{,2})^2 = k^2 \quad \text{bzw.} \quad |\text{grad}\Phi| = k, \tag{4.154}$$

d.h., die Schubfließgrenze k ist gleich dem Betrag des Gradientenvektors der Torsionsfunktion. Dies stellt eine Oberfläche mit konstanter Neigung dar, die nach NÁDAI als Sandhügel interpretiert wird (*Sandhügelgleichnis*). Vergleicht man diese Oberfläche mit der einer PRANDTLschen Membrane, so ist der Übergang vom elastischen Bereich (*Membrangleichnis*; Ü 3.3.5) zum plastischen Bereich (*Sandhügelgleichnis*) klar ersichtlich (Bild 4.19).

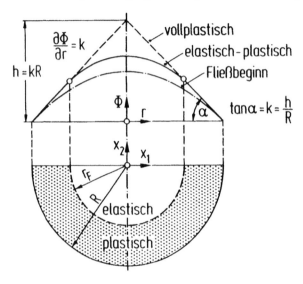

Bild 4.19 Torsionsfunktion für den elastisch-plastisch beanspruchten Stab mit Kreisquerschnitt

Ein Ansatz, der die Differentialgleichung (4.154) erfüllt, ist durch

$$\Phi = \pm k \left(R - \sqrt{x_1^2 + x_2^2} \right) = \pm k(R - r) \tag{4.155}$$

gegeben. Bei der Behandlung *des elastisch-plastischen Torsionsproblems* sind die *elastische* und die *plastische Torsionsfunktion* an der Trennfläche $r = r_F$ stetig und stetig differenzierbar anzupassen (Ü 4.7.3).

Die Ermittlung des *Tragmomentes* M_T für einen Torsionsstab beliebigen Querschnittes kann sehr einfach erfolgen, wenn man die Momentenformel (*) aus Ü 3.3.5 betrachtet. Danach ist $M_T = 2V_T$, d.h. dem zweifachen Volumen des Sandhügels über dem tordierten Querschnitt gleich. Aus Bild 4.19 entnimmt man unmittelbar $M_T = 2V_T = 2\pi k R^3/3$ in Überein-

4.7 Elastisch-plastische Probleme

stimmung mit (4.151) für $\rho_F = 0$. Man braucht also nur das Volumen des über dem gegebenen Querschnitt errichteten „Daches" mit der konstanten Steigung $k \equiv \tau_F = \sigma_F/\sqrt{3}$ zu berechnen.

Für ein gleichseitiges Dreieck der Kantenlänge a (Bild 4.20) erhält man beispielsweise eine dreiseitige Pyramide der Höhe $h = ka/(2\sqrt{3})$ mit dem Volumen $V = a^2 h/(4\sqrt{3})$ als Spannungshügel im vollplastischen Zustand, so dass sich das Tragmoment zu

$$M_T = 2V_T = ka^3/12 = a^3 \sigma_F/(12\sqrt{3}) \qquad (4.156)$$

ergibt.

Für das elastische Grenzmoment M_F, bei dem der Querschnittsrand zu fließen beginnt, findet man dagegen $M_F = ka^3/20$ und somit als *Tragfähigkeitsreserve*: $m_T = M_T/M_F = 5/3$.

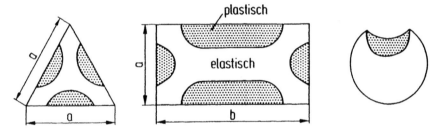

Bild 4.20 Plastische Zonen infolge Torsion

Für ein Rechteck mit den Kantenlängen a und b gemäß Bild 4.20 erhält man entsprechend:

$$M_T = ka^2(3b-a)/6. \qquad (4.157)$$

Für die Anwendungen sind *dickwandige Behälter*, die elastisch-plastisch beansprucht werden, von großer Bedeutung. Im Folgenden wird ein dickwandiger gerader Kreiszylinder (Innenradius r_i, Außenradius r_a) unter innerem Überdruck p kurz behandelt.

Dieser Behälter sei durch Halbkugelböden abgeschlossen. Der Zylinder sei genügend lang, so dass die Spannungs- und Dehnungsverteilungen keine Funktionen der Längskoordinate x sind. Die Längskraft ist durch $X = \pi r_i^2 p$ gegeben, woraus sich im Mantel die Axialspannung

194   4 Plastisches Verhalten isotroper und anisotroper Stoffe

$$\sigma_x = p/(r_a^2/r_i^2 - 1) \equiv p^* \qquad (4.158)$$

ergibt. Für $p \leq p_F$, wobei p_F der Innendruck bei Fließbeginn (*Fließdruck*) ist, gilt die elastische Lösung (Ü 3.3.13):

$$\sigma_\alpha/p^* = 1 + r_a^2/r^2, \quad \sigma_r/p^* = 1 - r_a^2/r^2, \quad \sigma_x/p^* = 1. \qquad (4.159)$$

Umfangsspannung σ_α, Radialspannung σ_r und Längsspannung σ_x sind Hauptspannungen. Nach TRESCA tritt Fließen auf, wenn $\sigma_{max} - \sigma_{min} = \sigma_F$ erfüllt ist. Die größte Differenz $\sigma_\alpha - \sigma_r = 2p^* r_a^2/r^2$ aus (4.159) ist an der Stelle $r = r_i$ gegeben, d.h., der Zylinder beginnt an der Innenwand zu fließen, und zwar nach TRESCA bei einem *Fließdruck*:

$$(p_F)_{TRESCA} = \left[1 - (r_i/r_a)^2\right]\sigma_F/2 . \qquad (4.160)$$

Die quadratische Fließbedingung nach MISES für isotropes, plastisch inkompressibles Werkstoffverhalten ergibt nach Überschreiten der Fließgrenze ($p > p_F$) keine geschlossene Lösung. Durch einen Näherungsansatz kann man jedoch eine geschlossene Lösung erzielen. Die *MISESsche Fließbedingung* in Zylinderkoordinaten

$$2\sigma_F^2 = (\sigma_r - \sigma_\alpha)^2 + (\sigma_\alpha - \sigma_x)^2 + (\sigma_x - \sigma_r)^2 \qquad (4.161a)$$

kann auch auf die Form

$$2\sigma_F^2 = 3(\sigma_\alpha - \sigma_r)^2/2 + 2[\sigma_x - (\sigma_r + \sigma_\alpha)/2]^2 \qquad (4.161b)$$

gebracht werden, die sich mit dem Näherungsansatz

$$\sigma_x = (\sigma_r + \sigma_\alpha)/2 \qquad (4.162)$$

zu

$$\sigma_\alpha - \sigma_r = 2\sigma_F/\sqrt{3} = 2k \qquad (4.163)$$

vereinfacht. Das entspricht auch einer modifizierten *TRESCA-Bedingung*

$$\sigma_\alpha - \sigma_r = m\sigma_F \qquad (4.164)$$

mit $m = 2/\sqrt{3}$ (Tangente an *MISES-Ellipse*). Der Näherungsansatz (4.162) ist gleichbedeutend mit der Voraussetzung ebener Verformung; denn aus den *LEVY-MISES-Gleichungen* (4.59) folgt für $d^p\varepsilon_x = 0$ unmittelbar der Ansatz (4.162).

4.7 Elastisch-plastische Probleme

Mit der modifizierten Fließbedingung (4.164) erhält man aus der elastischen Lösung (4.159) den *Fließdruck* p_F bei Fließbeginn an der Innenwand:

$$(p_F)_{mod} = \left[1 - (r_i/r_a)^2\right] m \sigma_F/2. \qquad (4.165)$$

Nach TRESCA gilt m = 1, während die MISESsche Fließbedingung durch $m = 2/\sqrt{3}$ charakterisiert ist. Somit folgt aus (4.165) der Vergleich:

$$(p_F)_{MISES}/(p_F)_{TRESCA} = 2k/\sigma_F = 2/\sqrt{3} \approx 1{,}15. \qquad (4.166)$$

Die plastische Lösung für das Spannungsfeld in der Zylinderwand erhält man aus der *Gleichgewichtsbedingung*

$$d\sigma_r/dr = (\sigma_\alpha - \sigma_r)/r \qquad (4.167)$$

und der *Fließbedingung* (4.163):

$$d\sigma_r/dr = 2k/r \quad \Rightarrow \quad \sigma_r = -p + 2k \ln(r/r_i). \qquad (4.168)$$

Dabei wurde die Randbedingung $\sigma_r(r = r_i) = -p$ berücksichtigt. Mit (4.168) folgt σ_α unmittelbar aus (4.163).

An der elastisch-plastischen Grenzfläche ($r = r_F$) muss aus Stetigkeitsgründen $\sigma_r(r_F)$ der elastischen Lösung (4.159) mit dem entsprechenden Wert der plastischen Lösung (4.168) übereinstimmen:

$$p^*\left(1 - r_a^2/r_F^2\right) = -p + 2k \ln(r_F/r_i). \qquad (4.169)$$

Darin kann p^* gemäß (4.158) auch folgendermaßen ersetzt werden. An der elastisch-plastischen Grenzfläche ($r = r_F$) muss die elastische Lösung (4.159) auch die *Fließbedingung* (4.163) erfüllen:

$$\sigma_\alpha - \sigma_r = 2p^* r_a^2/r_F^2 = 2k \quad \Rightarrow \quad p^* = k r_F^2/r_a^2, \qquad (4.170)$$

so dass damit die Stetigkeitsbedingung (4.169) mit $k = \sigma_F/\sqrt{3}$ in die Beziehung

$$\boxed{p/\sigma_F = \left[1 + 2\ln(r_F/r_i) - (r_F/r_a)^2\right]/\sqrt{3}} \qquad (4.171)$$

übergeht, aus der man die fortschreitende Plastizierung $r_F = r_F(p)$ der Behälterwand mit steigendem Innendruck ermittelt.

Für $r_F = r_i$ folgt aus (4.171) der elastische Grenzzustand (4.165) und für $r_F = r_a$ der vollplastische Zustand (*Versagensgrenze*), d.h. der *Tragdruck*

$$p_T/\sigma_F = \left(2/\sqrt{3}\right)\ln(r_a/r_i). \quad (4.172)$$

Der Innendruck (4.171) wird gemäß $p_F \leq p \leq p_T$ eingegabelt. Die *Tragfähigkeitsreserve* des *dickwandigen Zylinders* kann durch

$$m_T \equiv p_T/p_F = 2\ln(r_a/r_i)/\left[1 - (r_i/r_a)^2\right] \quad (4.173)$$

ausgedrückt werden. Zur numerischen Auswertung von (4.171) führt man zweckmäßigerweise die dimensionslose Dicke des plastizierten Bereichs ein:

$$\rho := (r_F - r_i)/(r_a - r_i) \text{ mit } 0 \leq \rho \leq 1. \quad (4.174)$$

Damit sind der elastische Grenzzustand durch $\rho = 0$ und der vollplastische Zustand durch $\rho = 1$ gekennzeichnet. In Formel (4.171) sind

$$r_F/r_i = 1 + (r_a/r_i - 1)\rho \quad \text{und} \quad r_F/r_a = r_i/r_a + (1 - r_i/r_a)\rho$$

zu ersetzen. Aufgetragen ist in Bild 4.21 die Größe ρ über dem bezogenen Innendruck p/σ_F.

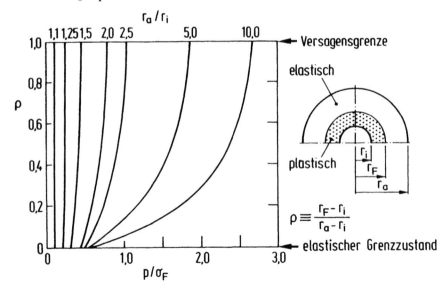

Bild 4.21 Fortschreitende Plastizierung der Behälterwand mit steigendem Innendruck p gemäß Gl. (4.171)

4.7 Elastisch-plastische Probleme

In Bild 4.21 liest man bei $\rho = 0$ den *Fließdruck* (p_F/σ_F) und bei $\rho = 1$ den *Tragdruck* (p_T/σ_F) ab. Mit größer werdendem Radienverhältnis r_a/r_i nimmt der Unterschied zwischen Tragdruck und Fließdruck und somit die „Tragfähigkeitsreserve" (4.173) zu. Bei dünnwandigen Zylindern ($r_a/r_i \approx 1$) fallen *Tragdruck* und *Fließdruck* nahezu zusammen (Ü 4.7.4).

Für *Kugelbehälter* kann man formal $\sigma_\alpha = \sigma_x$ setzen. Damit vereinfacht sich die MISESsche Fließbedingung (4.161a) zu $\sigma_\alpha - \sigma_r = \sigma_F$. In Verbindung mit der Gleichgewichtsbedingung $d\sigma_r/dr = 2(\sigma_\alpha - \sigma_r)/r$ erhält man analog zum Zylinder den *Fließdruck* und *Tragdruck* der Hohlkugel zu:

$$p_F = 2\left[1 - (r_i/r_a)^3\right]\sigma_F/3 \quad \text{und} \quad p_T = 2\sigma_F \ln(r_a/r_i). \quad (4.175\text{a,b})$$

Im Vergleich mit (4.165) und (4.172) erhält man bei *Fließbeginn*:

$$\left(p_{Kugel}/p_{Zyl.}\right)_F = \left(2/\sqrt{3}\right)\left[1 - (r_i/r_a)^3\right] / \left[1 - (r_i/r_a)^2\right] \quad (4.176)$$

und an der *Versagenzgrenze*:

$$\left(p_{Kugel}/p_{Zyl.}\right)_T = \sqrt{3}, \quad (4.177)$$

d.h., der Kugelbehälter kann einen $\sqrt{3}$-fachen Druck gegenüber dem Zylinder gleicher Wandstärke ertragen.

Nach (4.176) gilt: $\left(p_{Kugel}/p_{Zyl.}\right)_F \geq 2/\sqrt{3}$. Weiterhin folgt für dünnwandige Behälter der Grenzwert:

$$\lim_{r_i \to r_a} \left(p_{Kugel}/p_{Zyl.}\right)_F = \sqrt{3} = \left(p_{Kugel}/p_{Zyl.}\right)_T.$$

Mithin erhält man die Eingabelung

$$2/\sqrt{3} \leq p_{Kugel}/p_{Zyl.} \leq \sqrt{3}. \quad (4.178)$$

Bei zylindrischen Behältern sind verschiedene Endbedingungen zu unterscheiden. So ist ihr Einfluss beispielsweise auf die elastische Lösung folgendermaßen gegeben:

a) geschlossener Zylinder:

$$\left.\begin{array}{l} \varepsilon_x = (1-2\nu)p/\left[E(r_a^2/r_i^2 - 1)\right] \\ \sigma_x = p/(r_a^2/r_i^2 - 1) = (\sigma_\alpha + \sigma_r)/2 \end{array}\right\} \quad (4.179\text{a})$$

b) offener Zylinder:
$$\left.\begin{array}{l}\varepsilon_x = -2\nu p \big/ \left[E\left(r_a^2/r_i^2 - 1\right)\right] \\ \sigma_x \equiv 0 \end{array}\right\} \quad (4.179b)$$

c) ebene Verzerrung:
$$\left.\begin{array}{l}\varepsilon_x \equiv 0 \\ \sigma_x = \nu(\sigma_\alpha + \sigma_r) = 2\nu p\big/\left(r_a^2/r_i^2 - 1\right). \end{array}\right\} \quad (4.179c)$$

Der Fall „c)" liegt zwischen „a)" und „b)", und zwar näher an „a)"; für elastisch *inkompressiblen* Werkstoff ($\nu = 1/2$) sind die Fälle „a)" und „c)" äquivalent.

Zur weiteren Vertiefung der oben kurz erwähnten elastisch-plastischen Probleme und zur Ergänzung der in diesem Zusammenhang bereits zitierten Literaturstellen sei noch auf Untersuchungen von HILL (1950), PRAGER / HODGE (1954), SOKOLOVSKIJ (1955), GELEJI (1962), SAWCZUK / JAEGER (1963), SZABÓ (1964), OSCHATZ (1968), TIMOSHENKO / GERE (1972), BRUHNS (1973), WEMPNER (1981), ZYCZKOWSKY (1981), BETTEN (1985a), CHAKRABARTY (1987), KOBAYASHI et al. (1989) und LUBLINER (1990), hingewiesen. Auch bei dieser Auflistung können aus Platzgründen wertvolle Beiträge nicht erwähnt werden.

Übungsaufgaben

4.7.1 Man leite die Biegefließkurve für Balken mit Rechteck- und Kreisquerschnitt her.

4.7.2 Man bestimme die Tragfähigkeitsreserve (4.149) für die verschiedenen Querschnitte aus Tabelle 4.3.

4.7.3 Man bestimme den Überlastungsfaktor (4.152) über Torsionsfunktionen.

4.7.4 Man ermittle den Tragdruck (4.172) für ein dickwandiges Rohr mit ra/ri = e ≈ 2,7183 und für ein dünnwandiges Rohr.

5 Kriechverhalten isotroper und anisotroper Stoffe

Wesentliche Merkmale des Kriechverhaltens sind bereits in der Einführung vom werkstoffwissenschaftlichen Standpunkt aus besprochen worden, woraus man häufig benutzte einachsige Kriechgesetze physikalisch begründen kann. Im Folgenden sollen einige kontinuumstheoretische Gesichtspunkte erörtert werden, die bei der Aufstellung von Materialgleichungen zur Beschreibung des *primären, sekundären* und *tertiären* Kriechverhaltens *isotroper* und *anisotroper* Stoffe unter *mehraxialer Beanspruchung* zu beachten sind. Ausführlichere Darstellungen findet man beispielsweise bei BETTEN (1981c, 1984a,c, 1989a, 1991a, 1992, 2001a, 2001c). Darüber hinaus sei auf die Proceedings der IUTAM-Symposia *Creep in Structures* hingewiesen, die traditionsgemäß alle 10 Jahre stattfinden: das erste Symposium wurde organisiert von N. J. HOFF in Stanford (1960), das zweite von J. HULT in Göteborg (1970), das dritte von A. R. S. PONTER in Leicester (1980), das vierte von M. ŻYCZKOWSKI in Krakau (1990) und schließlich das fünfte von S. MURAKAMI und N. OHNO in Nagoya (2000).

5.1 Primäres Kriechverhalten

Auf der Basis der *Kriechpotentialhypothese*, auf deren Gültigkeit unter Ziffer 5.2 noch näher eingegangen wird, können Materialgleichungen zur Beschreibung des mehraxialen primären Kriechverhaltens allgemein aufgestellt werden (BORRMANN, 1986). Je nach Kriechpotential werden auch *tensorielle Nichtlinearitäten* berücksichtigt. In die tensoriellen Beziehungen müssen *Verfestigungshypothesen* eingebaut werden, die Auskunft über die *Vergleichskriechgeschwindigkeit* im primären Stadium geben. Nach der *Zeitverfestigungshypothese* hängt die Kriechgeschwindigkeit nur vom augenblicklichen Wert der Spannung und der bisherigen Beanspruchungsdauer ab, unabhängig vom bisherigen Zeitverlauf der Spannung, Dehnung oder der Dehnungsgeschwindigkeit selbst. Die *Dehnungsverfestigungshypothese* basiert auf der Annahme der Existenz einer *mechanischen Zu-*

standsgleichung bei konstanter Temperatur und thermischer Stabilität des Werkstoffs (BETTEN / EL-MAGD, 1977), worauf in der Einführung bereits näher eingegangen worden ist.

Tensoriell nichtlineare Materialgleichungen werden in Verbindung mit der Dehnungsverfestigungshypothese von BETTEN et al. (1989a) benutzt zur Untersuchung des Deformationsverhaltens innendruckbeanspruchter Zylinderschalen. Ausführlich wird von BETTEN / BUTTERS (1990) das *Kriechbeulverhalten von Kreiszylinderschalen* diskutiert, die durch Innendruck und axiale Druckkraft belastet sind. Dabei werden sowohl *anisotropes Werkstoffverhalten* als auch *tensorielle Nichtlinearität* berücksichtigt. Die statischen und kinematischen Beziehungen werden am verformten Schalenelement formuliert. Zur Lösung der entstehenden Differentialgleichungen erweist sich die Methode der finiten Differenzen als sehr vorteilhaft. Numerische Beispielrechnungen werden für eine an ihren Enden geschlossene fest eingespannte Kreiszylinderschale vorgestellt. Es zeigt sich, dass sowohl orthotropes Werkstoffverhalten als auch die Berücksichtigung der kubischen Invarianten des Spannungsdeviators im Kriechpotential einen großen Einfluss auf die *Versagenszeit* der Schale haben.

Die Ergebnisse von BETTEN / BUTTERS (1990) sind teilweise einer Untersuchung entnommen, die von der Deutschen Forschungsgemeinschaft (DFG) finanziell unterstützt wurde, wofür auch an dieser Stelle gedankt sei.

5.2 Sekundäres Kriechverhalten

Kriechdeformationen metallischer Werkstoffe im *Sekundärbereich* sind groß und haben ähnlichen Charakter wie „rein" plastische Verformungen, d.h., sie werden von einem überlagerten hydrostatischen Druck gewöhnlich nicht beeinflusst und finden unter konstantem Volumen statt. Wie man die *Kompressibilität* berücksichtigen kann, wird beispielsweise bei BETTEN (1978, 1982d, 1983b) und BETTEN et al. (1982) erläutert.

Zur Darstellung des *mehraxialen Kriechens* wird von mehreren Autoren ein *Kriechpotential* F benutzt, z.B. von RABOTNOV (1969) und BETTEN (1975d, 1981a, 1982e), das im Allgemeinen eine skalarwertige Funktion vom *CAUCHYschen Spannungstensor*, von *skalaren* und *tensoriellen Stoffgrößen* ist. Die Theorie des *Kriechpotentials* ergibt sich wie die Theorie des *plastischen Potentials* (HILL, 1950; MISES, 1928; BETTEN, 1979b) aus dem *Prinzip der größten spezifischen Dissipationsleistung*, woraus nach der *LAGRANGEschen Multiplikatorenmethode* unter Einbeziehung einer *Kriechbedingung* F = const. als Nebenbedingung die *Fließregel*

5.2 Sekundäres Kriechverhalten

$$d_{ij} = \dot{\Lambda}\, \partial F / \partial \sigma_{ij} \tag{5.1}$$

folgt. Darin sind d_{ij} die Koordinaten des Verzerrungsgeschwindigkeitstensors (1.91), auch Deformationsgeschwindigkeitstensor genannt (BETTEN, 1984c), und σ_{ij} die Koordinaten des CAUCHYschen Spannungstensors. Das Geschwindigkeitsfeld $v_i = v_i(x_j)$ wird in raumbezogenen Koordinaten betrachtet. Der LAGRANGEsche Multiplikator $\dot{\Lambda}$ wird von BETTEN (1975d) für isotrope und von BETTEN (1981b) für anisotrope Körper unter Berücksichtigung des NORTON-BAILEYschen Kriechgesetzes bestimmt. Die aus (5.1) gewonnenen Materialgleichungen isotroper Körper enthalten die von ODQUIST und HULT (1962) angegebenen Stoffgleichungen als Sonderfall.

Im *isotropen* Fall kann das *Kriechpotential* $F = F(\sigma)$ analog zum *plastischen Potential* (4.80) als Funktion der drei Grundinvarianten S_1, S_2, S_3 des Spannungstensors σ dargestellt werden. Auch ist im isotropen Sonderfall die *Kriechpotentialhypothese* mit der *Darstellungstheorie* tensorwertiger Funktionen vereinbar (Ziffer 4.5).

Für *anisotrope* Stoffe enthält das *Kriechpotential* neben dem Spannungstensor noch *Stofftensoren* zur Charakterisierung der *Anisotropie*. Die damit folgenden *Stoffgleichungen* werden z.B. von BETTEN (1981b,c, 1987c) ausführlich diskutiert. Ein Vergleich der *Kriechpotentialhypothese* mit der *Darstellungstheorie* tensorwertiger Funktionen zeigt, dass die klassische *Fließregel* (5.1) nur unvollständige Stoffgleichungen liefern kann. Folglich muss (5.1) modifiziert werden. Mögliche Modifikationen der klassischen *Fließregel* (5.1) wurden von BETTEN (1985b,c, 1987c) entwickelt.

Die Annahme der Existenz eines *Kriechpotentials* für das *sekundäre Kriechen* (in Verbindung mit den erwähnten Modifikationen der Fließregel) scheint somit aus phänomenologischer Sicht vernünftig zu sein. Auch strukturell ist die Existenz eines Kriechpotentials zumindest in einigen Fällen gerechtfertigt, insbesondere bei *Isotropie*. Generell ist jedoch die Existenz eines *Kriechpotentials* vom physikalischen Standpunkt aus nicht zu begründen (RICE, 1970), insbesondere nicht im *anisotropen Fall* und auch nicht im *tertiären Kriechbereich* (Ziffer 5.3). Darüber hinaus ist man auf die Existenz eines Kriechpotentials auch nicht angewiesen, da die Darstellungstheorie tensorwertiger Funktionen (Ziffer 12.2) die Möglichkeit bietet, vollständige Stoffgleichungen aufzustellen (BETTEN, 1987c), und zwar in der Form einer Linearkombination

$$\boxed{\mathbf{d} = \sum_\alpha \varphi_\alpha \mathbf{G}_\alpha} \quad . \tag{5.2}$$

Darin sind φ_α skalarwertige Funktionen der *Integritätsbasis* und $\mathbf{G}_\alpha$ symmetrische *Tensorgeneratoren* zweiter Stufe, die aus den betrachteten Argumenttensoren erzeugt werden. So sind beispielsweise bei *transversaler Isotropie* zwei symmetrische Argumenttensoren zweiter Stufe gegeben und Tensorgeneratoren der Form (4.94) zu benutzen. Allgemeiner wird die Anisotropie durch einen Anisotropietensor vierter Stufe beschrieben. Dann sind die Tensorgeneratoren von der Form (4.119), die mit (4.120) jedoch nicht vollständig sind (BETTEN, 1998; BETTEN / HELISCH, 1996). Einzelheiten hierzu findet man im Anschluss an (4.126).

Die Theorie tensorwertiger Funktionen wird beispielsweise bei BETTEN / WANIEWSKI (1986, 1995) benutzt, um den Einfluss der *plastischen Vorverformung* auf das sekundäre Kriechverhalten inkompressibler Werkstoffe zu untersuchen. Durch plastische Vorverformung wird in einem anfangs isotropen Werkstoff eine Anisotropie erzeugt, die das Kriechverhalten stark beeinflusst. Daher werden von BETTEN / WANIEWSKI (1986, 1995) auf der Basis der Darstellungstheorie tensorwertiger Funktionen nichtlineare Stoffgleichungen vorgeschlagen, die den Einfluss der plastischen Vorverformung berücksichtigen. Dazu wird die durch plastische Vorverformung induzierte Anisotropie durch einen Tensor zweiter Stufe charakterisiert,

$$A_{ij} = \begin{pmatrix} A_{11} & A_{12} & 0 \\ A_{12} & -\frac{1}{2}A_{11} & 0 \\ 0 & 0 & -\frac{1}{2}A_{11} \end{pmatrix} \equiv A'_{ij},$$

der als zusätzlicher Argumenttensor in der Stoffgleichung erscheint. Die numerischen Ergebnisse werden verglichen mit eigenen Kriechversuchen an plastisch vorverformten *Rundproben* aus INCONEL 617 bei 950 °C. Die plastische Vorverformung wird durch verschiedene *kombinierte Belastungen* erzeugt, wie in Bild 5.1 angedeutet.

Darin ist das Hauptachsensystem, gekennzeichnet durch römische Ziffern, bei *Koaxialität* um einen Winkel θ verdreht, d.h., $\theta = 0$ charakterisiert plastische Vorverformung infolge einachsiger *Zugbeanspruchung* und $\theta = \pi/4$ infolge reiner *Torsion*.

Der Werkstoff INCONEL 617, eine Nickel-Legierung Ni-22Cr-9Mo-12,5Co-1Al, wird in *Hochtemperaturreaktoren* (Wärmetauscherrohre mit Helium-Kühlgas) benutzt. Die Versuche wurden an *Rundproben* (Bild 5.1) unter kombinierter Zug- /Torsionsbelastung bei einer Temperatur von $\vartheta = 950\,°C$ durchgeführt, wie bereits oben angedeutet (BETTEN / WANIEWSKI, 1995). Die Versuchsbedingungen wurden den Betriebsbedingungen einer Jülicher Anlage zur Erzeugung nuklearer Prozesswärme (PNP)

5.2 Sekundäres Kriechverhalten

angepasst (BETTEN / WANIEWSKI, 1986). Die von BETTEN / WANIEWSKI 1986 begonnenen Kriechexperimente konnten 1995 abgeschlossen werden.

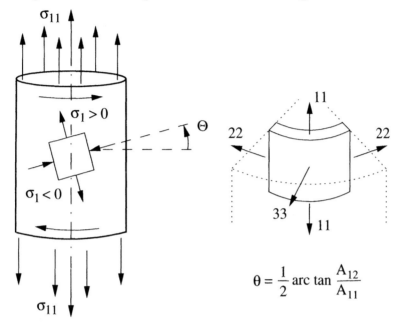

Bild 5.1 Rundprobe unter plastischer Vorverformung

Um den Rechenaufwand im anisotropen Fall zu verringern, wird von BETTEN (1981a,b) eine vereinfachte Theorie vorgeschlagen, die im isotropen Konzept, d.h. im Kriechpotential $F = F(\sigma_{ij})$ den CAUCHYschen Spannungstensor σ_{ij} formal durch den Bildtensor (*mapped stress tensor*)

$$\tau_{ij} = \beta_{ijkl}\sigma_{kl} \tag{5.3}$$

ersetzt (BETTEN, 1976a). Die Anisotropie des Werkstoffs wird durch den Tensor vierter Stufe β erfasst. Von BETTEN (1981a) wird der orthotrope Fall betrachtet und der Einfluss des *POYNTING-Effekts* (BETTEN / BORRMANN, 1988) auf das Kriechverhalten *dünnwandiger Behälter* unter Innendruck untersucht. Weitere Beispiele zum Ansatz (5.3) werden von BETTEN / WANIEWSKI (1989b) in Verbindung mit Experimenten an dünnwandigen *Hohlproben* unter *kombinierten Belastungen* (Zug, Torsion, Innendruck) diskutiert. Die Proben waren gefertigt aus *austenitischem Stahl* (Versuchstemperatur $\vartheta = 600\ °C$) und *reinem Kupfer* (Versuchstemperatur $\vartheta = 300\ °C$).

In Verbindung mit *biaxialen Experimenten* an gewalzten Blechen wird von BETTEN et al. (1990) und BETTEN / WANIEWSKI (1991) *mehraxiales Kriechverhalten* mittels einer *invarianten Formulierung* der sekundären Kriechmaterialgleichungen für *orthotrope* Festkörper untersucht. Die *biaxiale Spannungsmethode* wird verbessert, um den komplexen Spannungszustand in einer *Kreuzprobe* (Bild 5.2) aus orthotropem, gewalztem Blech zu bestimmen.

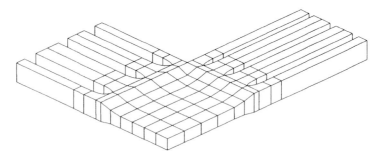

Bild 5.2 Kreuzprobe für biaxiale Kriechversuche

Mit einer Finite-Elemente-Rechnung auf einer CRAY X-MP des Rechenzentrums des Forschungszentrums Jülich wird von BETTEN et al. (1990) der Einfluss der Probengestalt auf die Homogenität des Spannungszustandes in der Kreuzprobe untersucht.

Neben der Ermittlung eines *irreduziblen* System von *Tensorgeneratoren* G_α ist die Bestimmung der skalarwertigen Funktionen φ_α in der Darstellung (5.2) von zentraler Bedeutung. Dazu soll im Folgenden als einfaches Beispiel das *NORTON-BAILEYsche Kriechgesetz*

$$d/d_0 = (\sigma/\sigma_0)^n \quad \text{bzw.} \quad d = K\sigma^n \qquad (5.4\text{a,b})$$

tensoriell verallgemeinert werden, d.h., es wird analog (4.82) eine *isotrope Tensorfunktion*

$$\boxed{d_{ij} = f_{ij}(\boldsymbol{\sigma}) = \varphi_0^* \delta_{ij} + \varphi_1^* \sigma_{ij} + \varphi_2^* \sigma_{ij}^{(2)}} \qquad (5.5)$$

mit den drei Tensorgeneratoren δ, σ, σ^2 gesucht, die das Werkstoffverhalten bei allgemeiner *mehraxialer Beanspruchung* beschreibt. Dabei sollen die skalaren Funktionen φ_0^*, φ_1^*, φ_2^* als Funktionen der experimentellen Daten (K, n) aus (5.4b) ausgedrückt werden.

In der Einführung wurde erwähnt, dass einige Autoren aufgrund von experimentellen Untersuchungen dem *NORTON-BAILEYschen Kriechge-*

5.2 Sekundäres Kriechverhalten

setz keine Beachtung schenken, d.h. den sekundären Kriechbereich als verschwindend klein ansehen und somit ein *θ-projection-concept* vorschlagen (BROWN et al., 1986). Dies mag für spezielle Werkstoffe zutreffen, z.B. $\frac{1}{2}Cr\frac{1}{2}Mo\frac{1}{4}V$. Dagegen zeigen viele Werkstoffe einen ausgeprägten sekundären Bereich, so dass die im Folgenden diskutierte tensorielle Verallgemeinerung des *NORTON-BAILEYschen Kriechgesetzes* grundlegend für die *Kriechmechanik* ist.

Alternativ kann die Stoffgleichung (5.5) auch im *Spannungsdeviator* $\boldsymbol{\sigma}'$ aus (2.5) angesetzt werden:

$$d_{ij} = f_{ij}(\boldsymbol{\sigma}') = \varphi_0 \delta_{ij} + \varphi_1 \sigma'_{ij} + \varphi_2 \sigma'^{(2)}_{ij} \qquad (5.6)$$

Für den *inkompressiblen* Sonderfall ($d_{kk} = 0$) folgt daraus:

$$3\varphi_0 + \varphi_2 \sigma'^{(2)}_{kk} = 0 \quad \Rightarrow \quad \varphi_0 = -2\varphi_2 J'_2/3 \qquad (5.7)$$

mit $J'_2 \equiv \sigma'_{ij}\sigma'_{ji}/2$, so dass sich (5.6) zu

$$d_{ij} = \varphi_1 \sigma'_{ij} + \varphi_2 \sigma''_{ij} \qquad (5.8)$$

vereinfacht. Darin sind die spurlosen Tensoren gemäß

$$\sigma'_{ij} \equiv \partial J'_2/\partial \sigma_{ij} \quad \text{und} \quad \sigma''_{ij} \equiv \partial J'_3/\partial \sigma_{ij} \qquad (5.9a,b)$$

mit $J'_3 \equiv \sigma'_{ij}\sigma'_{jk}\sigma'_{ki}/3$ definiert.

Beide Darstellungen, (5.5) und (5.6), sind *irreduzibel* und *vollständig*, da aufgrund des *HAMILTON-CAYLEYschen Theorems* alle Potenzen eines Tensors zweiter Stufe, die höher als zwei sind, nicht berücksichtigt werden müssen (BETTEN, 1987a).

Zur Ermittlung von skalaren Koeffizienten in tensorwertigen Funktionen wie (5.5) oder (5.6) wurde von BETTEN (1984b) eine *tensorielle Interpolationsmethode* entwickelt. Diese Methode ist für ingenieurmäßige Anwendungen sehr nützlich, wie von BETTEN (1986a,b, 1989b, 1990, 1998, 2001c) und BETTEN / WANIEWSKI (1995, 1998) an verschiedenen Beispielen gezeigt wird. Eines dieser Beispiele ist die tensorielle Verallgemeinerung des *NORTON-BAILEYschen Kriechgesetzes* (5.4b) in Form der *isotropen Tensorfunktion* (5.6) mit dem Ergebnis:

$$\varphi_0 = \frac{1}{9}(1 - 8\nu + 6\nu n)K\sigma^n, \qquad (5.10a)$$

$$\varphi_1 = \frac{2}{3}\left(1 + \nu + \frac{3}{2}\nu n\right)K\sigma^{n-1}, \qquad (5.10b)$$

$$\varphi_2 = (1 + \nu - 3\nu n)K\sigma^{n-2}. \qquad (5.10c)$$

Darin sind drei Parameter aus dem Experiment zu bestimmen: Kriechfaktor K, Kriechexponent n und Querkontraktion ν.

Im *inkompressiblen* Fall (5.8) und unter Vernachlässigung der tensoriellen Nichtlinearität ($\varphi_2 \equiv 0$) erhält man wegen (5.7) und $\nu = 1/2$ die vereinfachte Stoffgleichung

$$d_{ij} = \frac{3}{2}K\sigma^{n-1}\sigma'_{ij}, \qquad (5.11)$$

die mit der von LECKIE und HAYHURST (1977) vorgeschlagenen Beziehung übereinstimmt. Setzt man in (5.11) die MISESsche Vergleichsspannung $\sigma = \sqrt{3J'_2}$ ein, so findet man die Stoffgleichung

$$d_{ij} = \frac{3}{2}K(3J'_2)^{(n-1)/2}\sigma'_{ij}, \qquad (5.12)$$

die auf ODQUIST und HULT (1962) zurückgeht.

Die *Vergleichsspannung* σ in (5.10a,b,c) kann unter Annahme der Hypothese von der Gleichheit der *Dissipationsleistung* im allgemeinen Zustand und im Vergleichszustand,

$$\dot{D} := \sigma_{ij}d_{ji} \equiv \sigma d, \qquad (5.13)$$

bestimmt werden (BETTEN, 1986b, 1987a). Das führt auf die kubische Gleichung

$$\sigma^3 + A\sigma^2 + B\sigma + C = 0 \qquad (5.14)$$

mit den Abkürzungen

$$A \equiv -(1 - 8\nu + 6\nu n)J_1/9, \qquad (5.15a)$$

$$B \equiv -4(1 + \nu + 3\nu n/2)J'_2/3, \qquad (5.15b)$$

$$C \equiv -(1 + \nu - 3\nu n)(3J'_3 + 2J_1 J'_2/3). \qquad (5.15c)$$

5.2 Sekundäres Kriechverhalten

Damit sind die Koeffizienten (5.10a,b,c) Funktionen der *irreduziblen Invarianten*

$$J_1 \equiv \sigma_{kk}, \quad J_2' \equiv \sigma_{ik}'\sigma_{ki}'/2, \quad J_3' \equiv \sigma_{ij}'\sigma_{jk}'\sigma_{ki}'/3 \quad (5.16a,b,c)$$

und der experimentellen Daten (K, n, ν):

$$\varphi_\alpha = \varphi_\alpha(J_1, J_2', J_3'; K, n, \nu), \quad \alpha = 0,1,2. \quad (5.17)$$

Dieses Ergebnis ist vereinbar mit der *Darstellungstheorie tensorwertiger Funktionen*, wonach die Koeffizienten (5.10) in (5.6) skalarwertige Funktionen der *Integritätsbasis* (5.16) sind (BETTEN, 1987a). Diese ist wegen der Zusammenhänge (4.73a,b) äquivalent mit dem *irreduziblen Invariantensystem* (4.7), so dass wegen der Beziehungen (BETTEN, 1987a)

$$\varphi_0^* = \varphi_0 - \tfrac{1}{3}J_1\varphi_1 + \tfrac{1}{9}J_1^2\varphi_2, \quad \varphi_1^* = \varphi_1 - \tfrac{2}{3}J_1\varphi_2, \quad \varphi_2^* \equiv \varphi_2 \quad (5.18a,b,c)$$

die Koeffizienten in der *isotropen Tensorfunktion* (5.5) ebenfalls skalare Funktionen der Integritätsbasis (4.7) und der experimentellen Daten (K, n, ν) sind.

Im *inkompressiblen* Fall (ν = 1/2) hat die lineare Invariante (5.16a) keinen Einfluss. Die kubische Gleichung (5.14) nimmt dann die reduzierte Form

$$\sigma^3 + B^*\sigma + C^* = 0 \quad (5.19)$$

an mit den Abkürzungen

$$B^* \equiv -(2+n)J_2' \quad \text{und} \quad C^* \equiv 9(n-1)J_3'/2, \quad (5.20a,b)$$

die von den irreduziblen Invarianten (5.16a,b,c) des Spannungsdeviators abhängen.

Weitere Beispiele sind bei BETTEN (1986b, 1987a) angegeben. Darüber hinaus werden von BETTEN (1986a, 1989b) auch *Schädigungen der tertiären Kriechphase* (Ziffer 5.3) berücksichtigt.

Eine andere Möglichkeit zur Bestimmung der skalaren Koeffizienten in (5.6) sei im Folgenden kurz beschrieben (BETTEN, 1992). Für den *Zugkriechversuch* erhält man in Verbindung mit dem Kriechgesetz (5.4b) und wegen $d_{11} = d$ aus der Stoffgleichung (5.6) die Beziehung

$$\varphi_0 + \tfrac{2}{3}\sigma\varphi_1 + \tfrac{4}{9}\sigma^2\varphi_2 = K\sigma^n. \quad (5.21)$$

Wendet man einen *Torsionskriechversuch*,

$$\sigma_{ij} = \tau \begin{pmatrix} 0 & 1 & 0 \\ 1 & 0 & 0 \\ 0 & 0 & 0 \end{pmatrix} \equiv \sigma'_{ij}, \qquad \sigma'^{(2)}_{ij} = \tau^2 \begin{pmatrix} 1 & 0 & 0 \\ 0 & 1 & 0 \\ 0 & 0 & 0 \end{pmatrix}, \quad (5.22\text{a,b})$$

auf (5.6) an, wobei ein dünnwandiges Rohr als Probekörper gewählt werde, so erhält man wegen i = 1, j = 2 die einfache Beziehung

$$d_{12} = \varphi_1 \tau. \tag{5.23}$$

Nimmt man analog (5.4b) auch für den *Torsionsversuch* ein Potenzgesetz an,

$$d_{12} = K^* \tau^{n^*}, \tag{5.24}$$

so wird

$$\varphi_1 = K^* \tau^{n^* - 1}. \tag{5.25}$$

In Verbindung mit der Hypothese (5.13) kann man aus (5.4b) und (5.24) folgern:

$$\dot{D} := \sigma_{ij} d_{ji} = \begin{cases} \sigma d_{11} & \text{mit} \quad d_{11} = K\sigma^n \\ 2\tau d_{12} & \text{mit} \quad d_{12} = K^* \tau^{n^*} \end{cases} \tag{5.26}$$

so dass man den Zusammenhang

$$\sigma^{n+1} / \tau^{n^* + 1} = 2K^* / K \tag{5.27}$$

zwischen den Vergleichsspannungen σ und τ des *Zug-* und *Torsionskriechversuchs* erhält. Setzt man die *tensorielle Stoffgleichung* (5.6) und das *Kriechgesetz* (5.4b) in (5.13) ein, so findet man eine weitere Gleichung zur Bestimmung der skalaren Koeffizienten:

$$J_1 \varphi_0 + 2J'_2 \varphi_1 + \left(3J'_3 + \tfrac{2}{3} J_1 J'_2\right) \varphi_2 = K\sigma^{n+1}. \tag{5.28}$$

Darin sind J_1, J'_2, J'_3 die Elemente der *Integritätsbasis* (5.16).

Schließlich ermittelt man durch Spurbildung (i = j = k) aus der Stoffgleichung (5.6) die *Volumendehnung*

$$d_{kk} = 3\varphi_0 + 2J'_2 \varphi_2, \tag{5.29}$$

die man mit der entsprechenden Größe aus dem *Zugkriechversuch*,

$$d_{kk} = (1 - 2\nu) d_{11} = (1 - 2\nu) K\sigma^n, \tag{5.30}$$

gleichsetzt, so dass gilt:

5.2 Sekundäres Kriechverhalten

$$3\varphi_0 + 2J'_2\varphi_2 = (1-2\nu)K\sigma^n. \tag{5.31}$$

Daraus liest man für den *inkompressiblen* Fall ($\nu = 1/2$) den Zusammenhang (5.7) ab.

Zur Bestimmung der **5** Unbekannten ($\varphi_0, \varphi_1, \varphi_2, \sigma, \tau$) stehen die **5** Gleichungen (5.21), (5.25), (5.27), (5.28) und (5.31) zur Verfügung, die zur besseren Übersicht im Folgenden in anderer Reihenfolge aufgelistet sind:

$$\begin{aligned} \varphi_0 + \tfrac{2}{3}\sigma\varphi_1 \quad &+ \tfrac{4}{9}\sigma^2\varphi_2 = K\sigma^n \\ J_1\varphi_0 + 2J'_2\varphi_1 &+ \left(3J'_3 + \tfrac{2}{3}J_1J'_2\right)\varphi_2 = K\sigma^{n-1} \\ 3\varphi_0 \quad &+ 2J'_2\varphi_2 = (1-2\nu)K\sigma^n \\ \hline \varphi_1 &= K^*\tau^{n^*-1} \\ \tau^{n^*+1} &= \frac{K}{2K^*}\sigma^{n+1} \end{aligned} \tag{5.32}$$

Aus diesem nichtlinearen Gleichungssystem können nach Elimination von σ und τ die skalaren Koeffizienten $\varphi_0, \varphi_1, \varphi_2$ als Funktionen der *Integritätsbasis* (5.16) und der experimentellen Daten bestimmt werden:

$$\varphi_\alpha = \varphi_\alpha(\underbrace{J_1, J'_2, J'_3}_{Integritätsbasis}; \underbrace{K, K^*, n, n^*, \nu}_{\substack{\text{experimentelle}\\\text{Daten}}}), \quad \alpha = 0,1,2. \tag{5.33}$$

Für den *inkompressiblen* Fall ($d_{kk} = 0$) vereinfacht sich das Gleichungssystem (5.32) wegen (5.7) zu:

$$\begin{aligned} \varphi_1 + \left(\tfrac{2}{3}\sigma - \frac{J'_2}{\sigma}\right)\varphi_2 &= \tfrac{3}{2}K\sigma^{n-1} \\ 2J'_2\varphi_1 + 3J'_3\varphi_2 &= K\sigma^{n+1} \\ \hline \varphi_1 &= K^*\tau^{n^*-1} \\ \tau^{n^*+1} &= \frac{K}{2K^*}\sigma^{n+1} \end{aligned} \tag{5.34}$$

In Ermangelung von *Torsionsversuchen* zur Bestimmung der Parameter K*, n* im *Kriechgesetz* (5.24) sind die Gleichungssysteme (5.32) und (5.34) noch nicht ausgewertet worden.

5.3 Tertiäres Kriechverhalten

Im tertiären Bereich treten *Kriechschäden* auf, die schließlich den *Kriechbruch* verursachen (Ziffer 2.6). Der Kriechprozess metallischer Werkstoffe wird von der Ausbildung mikroskopischer Risse und von der Porenbildung an Korngrenzen begleitet, so dass *Schadensakkumulationen* entstehen. Dieses Problem wird etwa seit den sechziger Jahren von zahlreichen Wissenschaftlern untersucht, z.B. ODQUIST und HULT (1962), MARTIN und LECKIE (1972), HAYHURST und LECKIE (1973), PARMA und MELLOR (1980), um nur einige zu erwähnen. Eine sehr umfangreiche Fassung über mögliche Aspekte des Kriechschadens wird von LEMAITRE (1981, 1992) gegeben. Zu erwähnen sind auch die wertvollen Arbeiten von MURAKAMI (1983, 1987a,b) und KRAJCINOVIC (1996) oder die Übersichtsartikel von BETTEN (1992, 2001a,c).

Die *Schädigungsmechanik (Damage Mechanics)* ist in den letzten Jahren von vielen Forschern intensiv betrieben worden, wie aus den zahlreichen Veröffentlichungen und den eigens zu dieser neuen Forschungsrichtung veranstalteten Tagungen hervorgeht. Zu erwähnen seien beispielsweise das Euromech Colloquium 147 on „Damage Mechanics" in Paris / Cachan, Sept. 1981, oder das IUTAM Symposium on „Mechanics of Damage and Fatigue" in Haifa / Tel Aviv, July 1985. Darüber hinaus kommt die Bedeutung dieser Forschungsrichtung auch durch die neue Fachzeitschrift „International Journal of Damage Mechanics" zum Ausdruck, die seit Januar 1992 erscheint. Darin heißt es im Vorwort:

> „In the past two decades there has been considerable progress and significant advances made in the development of fundamental concepts of damage mechanics and their application to solve practical engineering problems. For instance, new concepts have been effectively applied to characterize creep damage, low and high cycle fatigue damage, creep-fatigue interaction, brittle/elastic damage, ductile/plastic damage, strain softening, strain-rate-sensitivity damage, impact damage, and other physical phenomena. The materials include rubbers, concretes, rocks, polymers, composites, ceramics, and metals. This area has attracted the interest of a broad spectrum of international research scientists in micromechanics, continuum mechanics, mathematics, materials science, physics, chemistry and numerical analysis. However, sustained rapid growth in the development of damage mechanics requires the prompt dissemination of original research results, not only for the benefit of the researchers themselves, but also for the practicing engineers who are under continued pressure to incorporate the latest research results in their design procedures and processing techniques with newly developed materials.

Because of the broad applicability and versatility of the concept of damage mechanics, the research results have been published in over thirty English and non-English technical journals. This multiplicity has imposed an unnecessary burden on scientists and engineers alike to keep abreast with the latest development in the subject area. This new *International Journal of Damage Mechanics* has been inaugurated to provide an effective mechanism hitherto unavailable to them, which will accelerate the dissemination of information on damage mechanics not only within the research community but also between the research laboratory and industrial design department, and it should promote and contribute to future development of the concept of damage mechanics"

In der phänomenologischen, einachsigen Theorie von KACHANOV (1958, 1986) wird der *Kriechschaden* durch einen zusätzlichen Parameter ω bzw. $\psi = 1 - \omega$ in den Materialgleichungen berücksichtigt. Die *Kriechdehngeschwindigkeit* wird damit in der Form $d = f(\sigma,\omega)$ angesetzt, wobei σ die nominale Spannung der einachsigen Belastung ist. Die Werkstoffparameter ω und ψ definieren den augenblicklichen *Schadenszustand* und die „Kontinuität" des Werkstoffes. Der Parameter ψ zeigt den Flächenanteil der ungeschädigten Gebiete im gesamten Querschnitt an, d.h., ψ ist der Bruchteil des tragenden Probenquerschnitts und kann somit als *Kontinuitätsparameter* bezeichnet werden. Der schadlose Zustand ($\omega = 0$) ist durch $\psi = 1$ gekennzeichnet, während für $\psi = 0$ der tragende Probenquerschnitt verschwindet und Kriechbruch einsetzt. Somit gehen die Gleichungen des tertiären Kriechens für $\psi = 1$ zwanglos in die Gleichungen des sekundären Kriechens über, während für $\psi = 0$ keine Lastaufnahme mehr möglich ist und die Kriechdehngeschwindigkeit über alle Grenzen wächst. Darüber hinaus wird die zeitliche Entwicklung des Schadens bzw. die Abnahme der „Kontinuität" ebenfalls als Funktion der nominalen Spannung und des augenblicklichen *Schadenszustandes* anzusetzen sein, d.h., $\dot\omega = g(\sigma,\omega)$ bzw. $\dot\psi = -g(\sigma,\psi)$. Derartige Beziehungen werden *Evolutionsgleichungen* genannt.

Untersuchungen über mögliche Formen der Funktionen f und g wurden von vielen Wissenschaftlern durchgeführt, z.B. von CHRZANOWSKI (1973), LECKIE und PONTER (1974), LECKIE und HAYHURST (1975), GOEL (1975), HAYHURST et al. (1980). Häufig werden die Formen

$$d/d_0 = (\sigma/\sigma_0)^n \big/ (1-\omega)^m, \quad \dot\omega/\dot\omega_0 = (\sigma/\sigma_0)^\nu \big/ (1-\omega)^\mu \qquad (5.35\text{a,b})$$

benutzt. Darin sind n, m, ν, μ, d_0, $\dot\omega_0$ und σ_0 Konstanten. Im schadlosen Fall ($\omega = 0$) stimmt (5.35a) mit dem *NORTON-BAILEYschen Kriechgesetz* (5.4a) des sekundären Bereichs überein. Für $\omega = 1$ verschwindet der tragende Probenquerschnitt, so dass nach (5.35a) die *Kriechdehngeschwindigkeit* d unendlich wird.

Integriert man die *kinetische Gleichung* (5.35b) unter Berücksichtigung der Anfangsbedingung $\omega(t=0) = 0$ und setzt das Ergebnis in (5.35a) ein, so erhält man die Beziehung (BETTEN, 1991a)

$$\frac{d}{d_0} = \left(\frac{\sigma}{\sigma_0}\right)^n \left[1 - k\left(\frac{\sigma}{\sigma_0}\right)^\nu \dot{\omega}_0 t\right]^{-m/k} \quad \text{mit } k \equiv 1 + \mu \,. \quad (5.36)$$

Eine weitere Integration führt auf die tertiäre Kriechdehnung

$$\varepsilon_t = a\left[1 - (1-bt)^{1-c}\right]/b(1-c), \quad (5.37)$$

wenn man die Anfangsbedingung $\varepsilon_t(0) = 0$ berücksichtigt. Darin sind die Abkürzungen

$$a \equiv d_0 (\sigma/\sigma_0)^n, \quad b \equiv k(\sigma/\sigma_0)^\nu \dot{\omega}_0, \quad c \equiv m/k \quad (5.38a,b,c)$$

eingeführt.

Da *Kriechbruch* durch $\omega = 1$ oder $d \to \infty$ charakterisiert ist, kann man die (theoretische) *Versagenszeit* (*time to rupture*) unmittelbar aus (5.36) ablesen:

$$t_r = \left[k(\sigma/\sigma_0)^\nu \dot{\omega}_0\right]^{-1}. \quad (5.39)$$

Mit den Annahmen $m = n$ und $\mu = \nu$ vereinfachen sich die Beziehungen (5.35a,b) zu:

$$d = K\hat{\sigma}^n \,, \quad \dot{\omega} = L\hat{\sigma}^\nu \,, \quad (5.40a,b)$$

wobei $\hat{\sigma} = \sigma/(1-\omega)$ als aktuelle Spannung (*net-stress*) im tragenden Probenquerschnitt gedeutet werden kann. Von BETTEN (1991a) wird die Vereinfachung (5.40a,b) als *net-stress concept* bezeichnet. Der Vergleich mit (5.35a,b) führt auf $K \equiv d_0/\sigma_0^n$ und $L \equiv \dot{\omega}_0/\sigma_0^\nu$. Die Beziehung (5.40a) geht unmittelbar aus dem *NORTON-BAILEYschen Kriechgesetz* (5.4b) hervor, wenn man darin die nominale Spannung σ durch die aktuelle Spannung $\hat{\sigma}$ ersetzt. Darüber hinaus kann eine tensorielle Verallgemeinerung von (5.40a,b) in ähnlicher Weise erzielt werden, wie in Ziffer 5.2 am Beispiel des *NORTON-BAILEYschen Kriechgesetzes* (5.4b) erläutert.

Aufgrund der Vereinfachungen $m = n$ und $\mu = \nu$, die zum Konzept (5.40a,b) führen, kann die *Versagenszeit* (5.39) gemäß

5.3 Tertiäres Kriechverhalten

$$t_r = \left[(1+\nu)L\sigma^\nu\right]^{-1} \quad (5.41)$$

ausgedrückt werden, wobei die nominale Spannung σ als aktuelle Spannung am Anfang des tertiären Bereiches ($\omega = 0$) gedeutet werden kann, d.h., unter Berücksichtigung des *NORTON-BAILEYschen Kriechgesetzes* (5.4b) erhält man aus (5.41) die Formel

$$d_{min}^{\nu/n} t_r = K^{\nu/n}/L(1+\nu). \quad (5.42)$$

Darin ist d_{min} die minimale, d.h. *stationäre Kriechdehngeschwindigkeit* (Bild A4). Nimmt man weiterhin $\nu = n$ an, so geht (5.42) in die *MONKMAN-GRANT-Beziehung* (MONKMAN / GRANT, 1956)

$$d_{min} t_r = K/L(1+n) = \text{const.} \quad (5.43)$$

über. Somit ist bei gleichen Exponenten $\nu = n$ das *net-stress concept* (5.40a,b) mit dem *MONKMAN-GRANT-Modell* vereinbar. Dieses Modell wird in vielen Untersuchungen diskutiert, so beispielsweise bei ILSCHNER (1973), RIEDEL (1987), EDWARD / ASHBY (1979) und EVANS (1984). Eine Bestätigung der *MONKMAN-GRANT-Beziehung* (5.43) findet man u.a. an *austenitischem Stahl*, an Cu, an Ni und NiCr-Legierungen oder auch an α-Eisen bestätigt, wie ausführlich von ILSCHNER (1973) beschrieben. Bisweilen ist das MONKMAN-GRANT-Produkt $d_{min}t_r$ jedoch proportional der *Kriechbruchdehnung* ε_r, wie beispielsweise von ILSCHNER (1973) und RIEDEL (1987) festgestellt wird. Abweichend von (5.43) wird bei ILSCHNER (1973) die Beziehung

$$\varepsilon_r = \text{const.} + d_{min} t_r \quad (5.44)$$

vorgeschlagen. Daraus kann man folgern, dass entweder die *MONKMAN-GRANT-Beziehung* nur in erster Näherung gültig ist, oder dass der konstante Term auf der rechten Seite in (5.44) von Temperatur, Spannung und thermisch-mechanischer Vorgeschichte abhängt (ILSCHNER, 1973).

Aufgrund ihres strukturellen Charakters sind *Kriechschädigungen* im allgemeinen richtungsabhängig und können somit bei mehraxialer Beanspruchung nur tensoriell erfasst werden (Ziffer 2.6). Der oben erwähnte *Schadensparameter* ω ist somit durch einen anisotropen *Schadenstensor* ω zu ersetzen. Bei zweistufigem Tensor (2.60b) ist die Materialgleichung (5.2) als *tensorwertige Funktion*

$$d_{ij} = f_{ij}(\sigma_{pq}, \omega_{pq}, A_{pqrs}) \quad (5.45a)$$

von drei Argumenttensoren darzustellen. Darüber hinaus ist das *Schadens-*

wachstum im tertiären Kriechbereich durch entsprechende Gleichungen (*evolutional equations*) zu beschreiben:

$$\overset{\circ}{\omega}_{ij} = g_{ij}(\sigma_{pq}, \omega_{pq}, A_{pqrs}). \tag{5.45b}$$

Darin bedeutet der übergesetzte Kreis die JAUMANNsche Zeitableitung.

Bei der Formulierung von Materialgleichungen (5.45) unter Einbeziehung eines anisotropen *Schadenstensors* ω und eines *Anisotropietensors* **A**, der die im schadlosen Zustand bereits vorhandene Anisotropie charakterisiert, ist darauf zu achten, dass man für $\omega \to 0$ zwanglos die Stoffgleichungen des *sekundären Kriechens* erhält, während der Tensor **d** in (5.45a) bei vollständiger Schädigung ($\omega \to \delta$) singulär werden muss. Im Hinblick auf eine Polynomdarstellung ist es daher sinnvoll, anstatt ω den Tensor

$$D_{ij} \equiv (\delta_{ij} - \omega_{ij})^{(-1)} \equiv \psi_{ij}^{(-1)} \tag{5.46}$$

als Argumenttensor in (5.45a) zu benutzen, so dass die *tensorwertige Funktion*

$$d_{ij} = f_{ij}(\sigma_{pq}, D_{pq}, A_{pqrs}) \tag{5.47}$$

darzustellen ist. Mögliche Formen werden von BETTEN (1983a, 1998) und in Ziffer 12.2 diskutiert.

Mit dem gemäß (5.46) eingeführten Tensor **D** ist der *Pseudo-Kraftvektor* (2.77) auch durch die Lineartransformation $d\tilde{P}_i = D_{ij}dP_j$ definiert, während der *Pseudo-net-stress Tensor* (2.67) auch durch

$$t_{ij} = \frac{1}{2}(D_{ip}D_{jq} + D_{iq}D_{jp})\sigma_{pq} \equiv D_{ijpq}\sigma_{pq} \tag{5.48}$$

ausgedrückt werden kann. Vergleicht man (5.48) mit (2.68), so erhält man die Identität:

$$C_{ijkl}^{(-1)} \equiv D_{ijkl} = \frac{1}{2}(D_{ik}D_{jl} + D_{il}D_{jk}). \tag{5.49}$$

Die Verknüpfung der Tensoren σ und **D** gemäß (5.48) legt es nahe, statt (5.47) die *tensorwertige Funktion*

$$d_{ij} = f_{ij}(t_{pq}, A_{pqrs}) \tag{5.50}$$

eines symmetrischen Tensors zweiter Stufe ($t_{pq} = t_{qp}$) und eines symmetrischen Tensors vierter Stufe (4.115) zu betrachten, deren Darstellung formal von (4.116) bis (4.120) und Tabelle 4.1 übernommen werden kann,

5.3 Tertiäres Kriechverhalten

indem man in (4.120) und Tabelle 4.1 den CAUCHYschen *Spannungstensor* σ durch den *Pseudo-net-stress* Tensor t ersetzt. Man muss jedoch beachten, dass die *Tensorgeneratoren* in (4.119) mit (4.120) in Tabelle 4.1 zwar *irreduzibel* sind, aber noch kein vollständiges System bilden (BETTEN, 1998; BETTEN / HELISCH, 1996).

Eine weitere Vereinfachung der Darstellung (5.50) kann folgendermaßen gefunden werden. Der Anisotropietensor A_{ijkl} wird als linearer Operator aufgefasst, der beim Einwirken auf den CAUCHYschen Spannungstensor eine symmetrische Bilddyade erzeugt,

$$\tau_{ij} = A_{ijkl}\sigma_{kl}, \qquad (5.51)$$

die neben dem Tensor (5.48) benutzt wird, so dass anstatt (5.50) die *tensorwertige Funktion*

$$d_{ij} = f_{ij}(t_{pq}, \tau_{pq}) \qquad (5.52)$$

in zwei symmetrischen Tensoren zweiter Stufe darzustellen ist. Analog (4.93) erhält man Materialgleichungen mit 9 *Tensorgeneratoren* ($\lambda, \nu = 0,1,2$):

$$d_{ij} = \frac{1}{2}\sum_{\lambda,\nu}\varphi_{[\lambda,\nu]}\left(t_{ik}^{(\lambda)}\tau_{kj}^{(\nu)} + \tau_{ik}^{(\nu)}t_{kj}^{(\lambda)}\right). \qquad (5.53)$$

Darin ist das „Koeffizientensystem" $\varphi_{[\lambda,\nu]}$ durch die *Integritätsbasis*

$$\left.\begin{array}{l}\operatorname{tr} t^{\lambda}, \quad \operatorname{tr}\tau^{\nu}, \quad \lambda,\nu = 1,2,3, \\ \operatorname{tr} t\tau, \quad \operatorname{tr} t\tau^{2}, \quad \operatorname{tr} t^{2}\tau, \quad \operatorname{tr} t^{2}\tau^{2}\end{array}\right\} \qquad (5.54)$$

auszudrücken. Die Darstellung (5.53) kann auf die *kanonische Form*

$$\boxed{d_{ij} = {}^{0}h_{ijkl}\delta_{kl} + {}^{1}h_{ijkl}t_{kl} + {}^{2}h_{ijkl}t_{kl}^{(2)}} \qquad (5.55)$$

gebracht werden (BETTEN, 1983a), wenn man folgende symmetrische Tensoren vierter Stufe definiert:

$$^{\lambda}h_{ijkl} \equiv \sum_{\nu=0}^{2}\varphi_{[\lambda,\nu]}T_{ijkl}^{[\nu]}, \qquad \lambda = 0,1,2, \qquad (5.56)$$

mit

$$T_{ijkl}^{[\nu]} \equiv \frac{1}{4}\left(\tau_{ik}^{(\nu)}\delta_{jl} + \tau_{il}^{(\nu)}\delta_{jk} + \delta_{ik}\tau_{jl}^{(\nu)} + \delta_{il}\tau_{jk}^{(\nu)}\right) \qquad (5.57)$$

Die *kanonische Form* (5.55) besteht nur aus drei Termen, die man als Effekte *nullter*, *erster* und *zweiter* Ordnung im *Pseudo-net-stress Tensor* **t** deuten kann (BETTEN, 1984c). Wegen (5.48) mit (5.46) wird die *Kriechschädigung* (ω) in (5.55) durch den Tensor **t** berücksichtigt, während die im schadlosen Zustand bereits vorhandene Anisotropie (**A**) durch die Tensoren (5.56) erfasst wird.

Neben den *Stoffgleichungen* (5.45a) spielen die *Evolutionsgleichungen* (5.45b) eine zentrale Rolle in der *Kriechmechanik*, auf die aber aus Platzgründen hier nicht näher eingegangen werden kann (BETTEN / MEYDANLI, 1995). Weiterhin sei auf eigene experimentelle Untersuchungen hingewiesen (BETTEN / WANIEWSKI, 1989a, 1990, 1991; BETTEN, 1990; BETTEN et al., 1995), die zum Vergleich mit der *Kriechtheorie* von Bedeutung sind. Beispielsweise war das Ziel der Untersuchungen von BETTEN et al. (1995), den Einfluss von *Vorschädigung* und *Belastungsgeschichte* auf das weitere Kriechverhalten in unterschiedlichen Richtungen zu bestimmen. An dem *austenitischen Stahl* X 8 CrNiMoNb 16 16 und dem *ferritischen Stahl* 13 CrMo 44 wurden einachsige Versuche bei verschiedenen Temperaturen und verschiedenen Spannungen bis in den *tertiären* Bereich der Kriechkurve zur Erzeugung einer *Kriechschädigung* durchgeführt. Zur Bestimmung der Auswirkungen der *anisotropen Schädigung* wurden aus *Flachproben* in den Richtungen $\Theta = 0°$, $30°$, $60°$ und $90°$ zur Belastungsachse *Kleinproben* herausgearbeitet (Bild 5.3). Die Kleinproben wurden bis zum Bruch belastet.

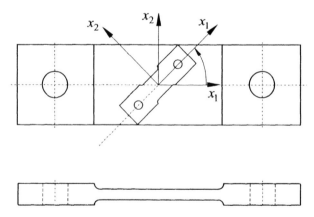

Bild 5.3 Probenformen und Koordinatensysteme bei einer Lastrichtungsänderung

Die erwähnten Untersuchungen (BETTEN et al., 1995) wurden von der DFG finanziell unterstützt, wofür auch an dieser Stelle gedankt sei. Im Folgenden werden aus der Fülle der gewonnenen Ergebnisse nur ein paar Beispiele gezeigt.

5.3 Tertiäres Kriechverhalten

In Bild 5.4 ist der experimentelle Befund für Kleinproben dargestellt, die aus einer mit $\sigma_1 = 190\,\text{MPa}$ vorbelasteten großen Flachprobe (X8 CrNiMoNb 16 16) gefertigt und dann mit $\sigma_2 = 190\,\text{MPa}$ bei einer Temperatur von T = 973 K weiterbelastet wurden.

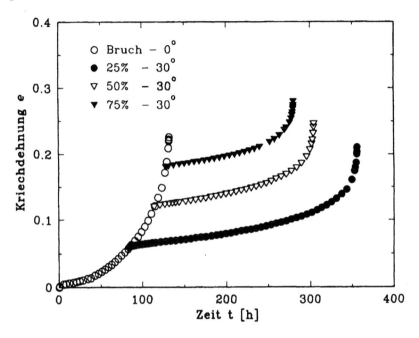

Bild 5.4 Einfluss der Vordehnung auf die Kriechdehnung im tertiären Bereich

Aufgetragen sind in Bild 5.4 die Verläufe der Kriechdehnungen der Kleinproben über der Zeit für verschiedene Vordehnungen $(\varepsilon/\varepsilon_{Br} = 25\% / 50\% / 75\%)$ zusammen mit der Kriechkurve der Großprobe. Bei diesen Proben mit $\Theta = 30°$ zur Belastungsachse der Großprobe (Bild 5.3) zeigen alle 3 Kleinproben fast parallele Verläufe. Die große Differenz in der Lebensdauer zwischen der Großprobe und den Kleinproben hängt von zwei Faktoren ab:

❏ Von der Verfestigung des Materials nach plastischer Verformung in der ersten Belastungsphase und

❏ von der starken Einschnürung der Großprobe.

Die Lebensdauer t_{Br} der Kleinproben (X8 CrNiMoNb 16 16) in Abhängigkeit von der Orientierung Θ und der Belastung σ_1 der Großprobe bei einer Vordehnung von $\varepsilon/\varepsilon_{Br} = 0{,}75$ und einer Temperatur von $T = 973K$ ist in Bild 5.5 dargestellt.

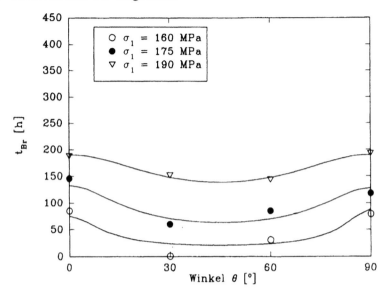

Bild 5.5 Lebensdauer in Abhängigkeit von Belastung und Orientierung für $\varepsilon/\varepsilon_{Br} = 0{,}75$

Man erkennt, dass die theoretisch ermittelten Bruchzeiten (−) gut mit den experimentellen Ergebnissen übereinstimmen. In einem Bereich von etwa $35° < \Theta < 45°$ besitzt die Bruchzeit ein Minimum. Durch Zunahme der Nennspannung σ_1 der Großprobe ergab sich auch eine Zunahme der Lebensdauer der Kleinprobe. Dies ist hauptsächlich auf die stärkere Verfestigung zurückzuführen.

In den Untersuchungen von BETTEN et al. (1998, 1999) werden alle drei Kriechbereiche betrachtet unter Einbeziehung folgender Experimente:

1) Kriechverhalten einer *Titanlegierung* VT 9 bei 673 K und eines *nichtrostenden Stahls* 316 bei 1373 K unter Zug, Druck und Torsion in der *primären Kriechphase*,
2) Kriechverhalten einer *Aluminiumlegierung* AK 4-1 T bei 473 K unter Zug, Druck und Torsion in der *sekundären Kriechphase*,
3) *Schadensakkumulation* einer *Aluminiumlegierung* AK 4-1 T bei 473 K und einer *Titanlegierung* OT 4 bei 748 K unter proportionaler und nicht-proportionaler Belastung in der *tertiären Kriechphase*.

Weitere Experimente zum Kriechverhalten verschiedener Werkstoffe mit einer *Anfangsanisotropie* befinden sich im Aufbau.

6 Kriechverhalten elastisch-plastischer Hochdruckbehälter

Hochdruckbehälter werden in vielen Industriezweigen, wie beispielsweise in der chemischen Industrie oder im Reaktorbau, benutzt. So werden viele Konstrukteure und Berechnungsingenieure des Apparatebaus mit der Frage der Beanspruchbarkeit, des mechanischen Verhaltens und der Versagenszeit solcher Konstruktionselemente konfrontiert. Je nach Betriebsbedingungen kann die Aufweitung elastischer oder plastischer Natur sein oder infolge Kriechens stattfinden.

Ausführliche Berechnungsunterlagen findet man z.B. bei HILL (1950) und SZABÓ (1964) oder in dem Buch von BUCHTER (1967), in dem auch Wickelbehälter behandelt werden.

Die rein elastische Lösung geht auf LAMÉ (1852) zurück, während erste Untersuchungen zum elastisch-plastischen Zustand von TURNER (1969) stammen.

Zum Kriechverhalten findet man ausführliche Darstellungen z.B. bei BAILEY (1935), RIMROTT (1959), ODQUIST / HULT (1962), ZYCZKOWSKY / SKRZYPEK (1972), BHATNAGAR / ARYA (1974) und HULT (1974), um nur einige aus der Vielzahl der veröffentlichten Untersuchungen willkürlich herauszunehmen.

Im Folgenden wird das Kriechverhalten eines dickwandigen Zylinders untersucht, der vor Kriechbeginn infolge eines inneren Überdrucks elastisch-plastisch beansprucht wird (BETTEN, 1980, 1982c). Während des Kriechens werde der innere Überdruck, der sonst beim Aufweiten abfallen würde, mit Hilfe einer entsprechenden Regelung konstant gehalten.

6.1 Beschreibung der Kinematik

Der in Bild 6.1 skizzierte dickwandige Zylinder mit den Anfangsabmessungen a_0 und b_0 werde durch inneren Überdruck p_0 teilweise plastiziert (Gebiet I), während im Gebiet II die Fließgrenze noch nicht erreicht sei. Allgemeiner ausgedrückt: zum Zeitpunkt $t = 0$ liegt ein Zylinder vor mit unterschiedlichem Werkstoffverhalten in den Gebieten I und II. Die Trennfläche dieser Gebiete ist durch c_0 gekennzeichnet. Falls z. B. das Gebiet I zum Zeitpunkt $t = 0$ starrplastisch und das Gebiet II linearelastisch ist, kann c_0 in Abhängigkeit von p_0 in bekannter Weise ermittelt werden (HILL, 1950; TURNER, 1969). Eine Verallgemeinerung wird von BETTEN (1980, 1982c) vorgeschlagen.

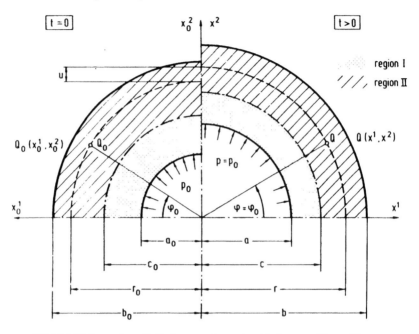

Bild 6.1 Dickwandiger Zylinder unter Innendruckbelastung; Nomenklatur

Infolge Kriechens unter konstantem Innendruck $p = p_0$ wird ein beliebiges Teilchen, das sich zum Zeitpunkt $t = 0$ an der Stelle Q_0 befindet, zum Zeitpunkt $t > 0$ die Lage Q einnehmen, während Innenradius, Außenradius und Trennfläche auf $a = a(t)$, $b = b(t)$ und $c = c(t)$ anwachsen. Dieser Bewegungsvorgang kann *körperbezogen* oder *raumbezogen* beschrieben werden, z.B. in rechtwinkligen CARTESIschen Koordinaten:

$$x^\alpha = x^\alpha(x_0^i, t) \quad \Leftrightarrow \quad x_0^i = x_0^i(x^\alpha, t). \qquad (6.1a, b)$$

Darin sind die körperbezogenen Koordinaten durch den Kernbuchstaben x_0 und lateinische Indizes, die raumbezogenen durch den Kernbuchstaben x und griechische Indizes gekennzeichnet. Die Beschreibungsart (6.1b) ist eine duale Form von (6.1a) und umgekehrt, d.h., die eine Art geht durch Vertauschen von Kernbuchstaben und Indizes aus der anderen hervor.

6.1 Beschreibung der Kinematik

Zur Beschreibung der Kinematik des Zylinders benutzt man anstelle von rechtwinkligen CARTESIschen Koordinaten zweckmäßigerweise Zylinderkoordinaten $y^\alpha = \{y^1, y^2, y^3\} \equiv \{r, \varphi, z\}$, d.h., man ersetzt $x^1 = r\cos\varphi$ usw.

Die Hochstellung der Indizes in (6.1a, b) und im Folgenden wird in Ziffer 11.1 begründet.

Zur Charakterisierung der Deformation sei der *Deformationsgradient* **F** *körperbezogen* eingeführt. Als *Doppelfeldtensor* zweiter Stufe bildet er einen Linienelementvektor ds_0, der zwei infinitesimal benachbarte materielle Punkte in der Referenzkonfiguration (t = 0) verbindet, auf den Linienelementvektor ds ab, der dieselben materiellen Punkte in der aktuellen Konfiguration (t > 0) verbindet (Bild 1.3):

$$d\mathbf{s} = \mathbf{F} \cdot d\mathbf{s}_0 \quad \text{bzw.} \quad ds^\alpha = F_i^\alpha ds_0^i \quad \text{mit} \quad F_i^\alpha = \frac{\partial x^\alpha}{\partial x_0^i}. \quad (6.2)$$

Der *Deformationsgradient* **F** hat bei *ebener* Verformung ($z = z_0$) in *Zylinderkoordinaten* das Matrizenschema (BETTEN, 1982c)

$$F_i^\alpha = \begin{pmatrix} \partial r/\partial r_0 & (\partial r/\partial \varphi_0)/r_0 & 0 \\ r(\partial \varphi/\partial r_0) & (r/r_0)(\partial \varphi/\partial \varphi_0) & 0 \\ 0 & 0 & 1 \end{pmatrix}, \quad (6.3)$$

das sich bei zylindrischer Aufweitung

$$r = r_0 + u(r_0), \quad \varphi = \varphi_0 \quad (6.4)$$

($u \triangleq$ radiale Verschiebung) noch weiter vereinfacht und die Diagonalform

$$F_i^\alpha = \text{diag}\{1 + \partial u/\partial r_0, 1 + u/r_0, 1\} \quad (6.5)$$

annimmt. Der *Deformationsgradient* **F** stellt dann und nur dann eine reine Deformation dar, wenn er symmetrisch ist. Beispielsweise treten beim achsensymmetrischen Fall [$u = u(r_0)$] keine tangentialen Verschiebungen auf. Dann ist **F** symmetrisch.

Als geeignetes Maß für die Formänderungen wird der gemischtvariante *logarithmische Formänderungstensor* (*HENCKYscher Verzerrungstensor*) benutzt, der u.a. den Vorteil bietet, dass er sich *additiv* in *Volumenänderung* und *Gestaltänderung* aufspalten lässt (Ziffer 1.6). Im vorliegenden Fall mit (6.5) erhält man:

$$\varepsilon_j^i \equiv \frac{1}{2}\ln\left(F_\alpha^i F_j^\alpha\right) \equiv \begin{pmatrix} \varepsilon_r & 0 \\ 0 & \varepsilon_\varphi \end{pmatrix} \quad (6.6)$$

mit

$$\varepsilon_r = \ln(1 + \partial u / \partial r_0), \quad \varepsilon_\varphi = \ln(1 + u / r_0). \qquad (6.7a, b)$$

6.2 Inkompressibles Kriechverhalten

Kriechdeformationen metallischer Werkstoffe haben ähnlichen Charakter wie „rein" plastische Verformungen, d.h., sie werden von einem überlagerten hydrostatischen Druck gewöhnlich nicht beeinflusst und finden unter konstantem Volumen statt. Mithin lassen sich derartige Kriecherscheinungen nach den Methoden der Plastizitätstheorie behandeln: Beispielsweise ist die *Theorie des plastischen Potentials* (Ziffer 4.1) in der Kriechmechanik anwendbar (BETTEN, 1975d, 1981a, 1982e).

Bei Werkstoffen, die sich *plastisch kompressibel* verhalten, wie beispielsweise gesinterte Werkstoffe oder makromolekulare Stoffe, wird man Modifikationen wie in der Plastomechanik einführen (BETTEN, 1977c).

Wie schon erwähnt, lässt sich der *logarithmische Verzerrungstensor* (6.6) additiv in *Volumenänderung* und *Gestaltänderung* zerlegen (Ziffer 1.6), und zwar ist die Spur maßgeblich für die Volumenänderung. Mithin muss bei *Inkompressibilität* eine verschwindende Spur gefordert werden, so dass man unter Berücksichtigung von (6.7a, b) die Differentialgleichung

$$\partial u / \partial r_0 + (u / r_0)(1 + \partial u / \partial r_0) = 0 \qquad (6.8)$$

erhält, die vom separablen Typ ist und die Lösung

$$u = u(r_0; t) = \sqrt{r_0^2 + \kappa^2(t)} - r_0 \qquad (6.9)$$

besitzt. Darin ist $\kappa = \kappa(t)$ eine Integrationskonstante bezüglich der Veränderlichen r_0.

Die Forderung der verschwindenden Spur des logarithmischen Verzerrungstensors ist gleichbedeutend mit der Aussage, dass die *JACOBIsche Determinante* der Transformation (6.1a, b), d.h. die Determinante des Deformationsgradienten (6.2) den Wert eins haben muss.

Bei ebener Verformung und inkompressiblem Verhalten ($\varepsilon_r = -\varepsilon_\varphi$) kann die *Vergleichsdehnung* $\varepsilon \equiv \sqrt{2\varepsilon_j^i \varepsilon_i^j / 3}$ durch $\varepsilon = 2\varepsilon_\varphi / \sqrt{3}$ ausgedrückt werden, so dass man mit (6.7b) und (6.9) die Beziehungen

$$\varepsilon = \frac{1}{\sqrt{3}} \ln\left[1 + \left(\kappa / r_0^2\right)\right] = \frac{1}{\sqrt{3}} \ln \frac{1}{1 - (\kappa / r)^2} \qquad (6.10)$$

6.2 Inkompressibles Kriechverhalten

ermittelt und für die Vergleichsformänderungsgeschwindigkeit

$$d = \frac{2}{\sqrt{3}} \frac{\dot{\kappa}\kappa}{r_0^2 + \kappa^2} = \frac{2}{\sqrt{3}} \frac{\dot{\kappa}\kappa}{r^2} = \frac{2}{\sqrt{3}} \frac{\dot{r}}{r} \quad (6.11)$$

erhält.

In Verbindung mit einem Kriechgesetz $d = d(\sigma; ...)$ wird (6.11) benutzt, um die Aufweitung $[a = a(t), b = b(t)]$ und die Trennfläche $c = c(t)$ der Gebiete I und II (Bild 6.1) als Zeitfunktionen zu bestimmen. Wählt man als Kriechgesetz die Beziehung von NORTON-BAILEY (Ziffer 5.2)

$$d = K\sigma^n, \quad (6.12)$$

die man für die Gebiete I und II in Bild 6.1 mit unterschiedlichen Werkstoffwerten K_I, n_I und K_{II}, n_{II} getrennt ansetzt, so erhält man mit (6.11) an der Trennfläche $r = c$:

$$\frac{2}{\sqrt{3}} \frac{\dot{c}}{c} = \begin{cases} K_I [\sigma(c;t)]^{n_I} \\ K_{II} [\sigma(c;t)]^{n_{II}} \end{cases}, \quad (6.13)$$

und damit aus Verträglichkeitsgründen:

$$\frac{2}{\sqrt{3}} \frac{\dot{c}}{c} = \sqrt{K_I K_{II}} [\sigma(c;t)]^{(n_I + n_{II})/2}. \quad (6.14)$$

In (6.12) bzw. (6.13) und (6.14) ist σ bzw. $\sigma(c; t)$ die Vergleichsspannung, die man im *inkompressiblen* Fall aus

$$\sigma^2 = 3\sigma'^i_j \sigma'^j_i / 2 \quad (6.15)$$

ermittelt (Ü 3.1.11). Darin ist σ'^i_j der Spannungsdeviator.

Analog zu (6.12) erhält man nach der *Invariantentheorie* (BETTEN, 1975d) die Stoffgleichungen des mehrachsigen Kriechens zu

$$d^i_j = \frac{3}{2} K (3 J'_2)^{(n-1)/2} \sigma'^i_j, \quad (6.16)$$

wenn man das quadratische plastische Potential von MISES (1928) zugrundelegt, das mit der zweiten Deviatorinvarianten J'_2 übereinstimmt.

Bei ebener Verformung ($d^3_3 \equiv d_z = 0$) verschwindet nach (6.16.) die Deviatorspannung $\sigma'^3_3 \equiv \sigma'_z$, d.h., es gilt:

$$\sigma_z = (\sigma_r + \sigma_\varphi)/2, \quad (6.17)$$

so dass sich die Vergleichsspannung (6.15) zu

$$\sigma = \sqrt{3}\left(\sigma_\varphi - \sigma_r\right)/2 \tag{6.18}$$

vereinfacht. Mit dieser Beziehung geht man in die Differentialgleichung (6.14) ein und erhält nach Trennung der Variablen c und t durch Integration die Trennfläche c = c(t) als Zeitfunktion:

$$\sqrt{K_I K_{II}}\,\sigma_F^{(n_I+n_{II})/2}\,t = \frac{2}{\sqrt{3}} \int_{c_0}^{c} \left[\frac{\sigma_F}{\sigma(c*)}\right]^{\frac{n_I+n_{II}}{2}} \frac{dc*}{c*}. \tag{6.19}$$

Die linke Seite in (6.19) ist eine dimensionslose Zeit, in welche die Werkstoffkennwerte $K_{I;II}$, $n_{I;II}$ und σ_F als Bezugsgrößen eingehen. Die Fließspannung σ_F kann als Anfangswert betrachtet werden, der bei elastisch-plastischer Beanspruchung zum Zeitpunkt t = 0 an der Trennfläche r = c gegeben ist. Die Vergleichsspannung (6.18) im Integranden (6.19) erhält man aus dem Spannungsfeld, das im nächsten Abschnitt ermittelt wird.

6.3 Spannungsfeld

Das Spannungsfeld erhält man aus der Gleichgewichtsbedingung in radialer Richtung

$$\sigma_\varphi - \sigma_r = r\,\partial\sigma_r/\partial r \tag{6.20}$$

in Verbindung mit dem Kriechgesetz (6.12) und der Vergleichsspannung (6.18). Die Kriechgeschwindigkeit d wird über (6.11) eliminiert, so dass die Integration von (6.20) auf

$$\sigma_r = A(c/r)^{2/n} + B \tag{6.21}$$

führt. Die Lösung (6.21) gilt für beide Gebiete I und II, so dass 4 Integrationskonstanten bestimmt werden müssen. Dazu stehen zwei Randbedingungen

$$^I\sigma_r(a,t) = -p, \qquad ^{II}\sigma_r(b,t) = 0 \tag{6.22a, b}$$

und zwei Stetigkeitsbedingungen

$$^I\sigma_r(c,t) = {^{II}\sigma_r(c,t)}, \qquad \left(\frac{\partial{^I\sigma_r}}{\partial r}\right)_{r=c} = \left(\frac{\partial{^{II}\sigma_r}}{\partial r}\right)_{r=c} \tag{6.23a, b}$$

zur Verfügung, so dass schließlich die Radialspannungsverteilung in den

6.3 Spannungsfeld

Gebieten I und II durch

$$\frac{{}^I\sigma_r}{p} = -\frac{n_I\left[\left(\frac{c}{r}\right)^{2/n_I} - 1\right] + n_{II}\left[1 - \left(\frac{c}{b}\right)^{2/n_{II}}\right]}{n_I\left[\left(\frac{c}{a}\right)^{2/n_I} - 1\right] + n_{II}\left[1 - \left(\frac{c}{b}\right)^{2/n_{II}}\right]} \quad \text{für } a \leq r \leq c \quad (6.24a)$$

$$\frac{{}^{II}\sigma_r}{p} = -\frac{n_{II}\left[\left(\frac{c}{r}\right)^{2/n_{II}} - \left(\frac{c}{b}\right)^{2/n_{II}}\right]}{n_I\left[\left(\frac{c}{a}\right)^{2/n_I} - 1\right] + n_{II}\left[1 - \left(\frac{c}{b}\right)^{2/n_{II}}\right]} \quad \text{für } c \leq r \leq b \quad (6.25b)$$

gegeben ist (BETTEN, 1980, 1982c). Die Umfangsspannung σ_φ erfolgt damit unmittelbar aus der Gleichgewichtsbedingung (6.20), während sich die Längsspannung σ_z bei ebener Verformung als arithmetischer Mittelwert gemäß (6.17) ergibt. Integriert man σ_z über die Wandstärke, so erhält man die Längskraft, die mit der resultierenden Kraft aus dem Bodendruck eines geschlossenen Zylinderbehälters übereinstimmt (BETTEN, 1980, 1982c).

Die Lösung (6.24a,b) ist aus Termen der Form $\pm n(x^{2/n} - 1)$ aufgebaut, die für $n \to \infty$ gegen den Grenzwert $2 \ln x$ streben. Unter Beachtung dieses Grenzwertes liest man aus (6.24a,b) einige Sonderfälle ab, die in Tabelle 6.1 zusammengestellt sind.

Tabelle 6.1 Einige Sonderfälle, die in (6.24a,b) enthalten sind

Sonderfälle	Verhalten	Autoren
$c \to a$ oder $c \to b$ $n_I = n_{II} = n$	Kriechen $n_I = n_{II} = n$ Kriechen mit $c = a$ oder $c = b$	BAILEY (1935) Odquist / Hult (1962)
$n_I = n_{II} = 1$	elastisch	LAMÉ (1852) TIMOŠENKO (1934)
$n_I = n_{II} \equiv n_I \to \infty$ $n_{II} = 1$	starrplastisch im Gebiet I elastisch im Gebiet II	TURNER (1969) HILL (1950) SZABÓ (1964)

Mit dem Spannungsfeld (6.24a,b) und (6.20) ermittelt man die Vergleichsspannung (6.18), die zur numerischen Integration in (6.19) erforderlich ist. Daraus erhält man die Trennfläche c = c(t) als Zeitfunktion und aufgrund der Inkompressibilität, d.h. wegen

$$a^2 - a_0^2 = c^2 - c_0^2 = b^2 - b_0^2 \qquad (6.25)$$

auch unmittelbar die Aufweitung a = a(t), b = b(t) des Zylinders. Dazu findet man im Folgenden einige Zahlenbeispiele.

6.4 Numerische Auswertung

Zur numerischen Auswertung führt man zweckmäßigerweise die dimensionslosen Variablen

$$\xi \equiv (r-a)/(b-a), \quad \eta \equiv (c-a)/(b-a) \qquad (6.26a, b)$$

ein mit $\xi = \langle 0, \eta \rangle$ für Gebiet I und $\xi = \langle \eta, 1 \rangle$ für Gebiet II. Damit ist zu jedem Zeitpunkt die innere und äußere Oberfläche des Zylinders durch $\xi = 0$ und $\xi = 1$ gekennzeichnet, während die Zeitfunktion $\eta = \eta(t)$ die augenblickliche Lage der Grenze zwischen Gebiet I und II angibt.

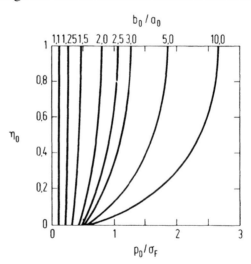

Bild 6.2 Belastungszustand (η_0) unmittelbar vor Kriechbeginn

In allen Lösungen, die numerisch ausgewertet werden, wie z.B. in der Lösung (6.24a,b), können die zeitabhängigen Quotienten c/r, c/a und c/b durch die eingeführten Größen (6.26a,b) ausgedrückt werden. Die

6.4 Numerische Auswertung

entsprechenden Anfangswerte sind Funktionen der Anfangsgeometrie b_0/a_0 und des Anfangsbelastungszustandes η_0. Dieser Anfangswert kann z.B. bei einem Zylinder, der sich anfangs linearelastisch im Gebiet II ($n_{II0} = 1$) und idealplastisch im Gebiet I ($n_{I0} \to \infty$) verhält, nach der Formel (4.171) bzw.

$$1 - (c_0/b_0)^2 + 2\ln(c_0/a_0) = \sqrt{3}\, p_0/\sigma_F \qquad (6.27)$$

in Verbindung mit (6.26b) ermittelt werden (Bild 6.2).

Eine Verallgemeinerung ist bei BETTEN (1982c) gegeben.

Der Zeiteinfluss, z.B. auf das Spannungsfeld oder die Kriechaufweitung, kann durch die Zeitfunktion $c_0/c \equiv \zeta = \zeta(t)$ erfasst werden. Man erhält diese Zeitfunktion durch numerische Integration der Beziehung

$$\kappa \sigma_F^\nu t = \frac{2/\sqrt{3}}{\left[1 - \left(\dfrac{c_0}{b_0}\right)^2 + 2\ln\dfrac{c_0}{a_0}\right]^\nu} \cdot \int_\zeta^1 \left[f(\zeta^*)\right]^\nu \frac{d\zeta^*}{\zeta^*}, \qquad (6.28)$$

die aus (6.19) unter Berücksichtigung von (6.18), (6.20) und (6.24a, b) hervorgeht. In (6.28) bedeuten $\kappa \equiv \sqrt{K_I K_{II}}$ den *geometrischen Mittelwert* aus den Werkstoffkonstanten K_I, K_{II} und $\nu \equiv (n_I + n_{II})/2$ den *arithmetischen Mittelwert* aus den NORTON-BAILEY-Exponenten n_I, n_{II}. Die Funktion $f(\zeta)$ in (6.28) ist durch

$$f(\zeta) = n_I \left\{ \left(1 - \left[1 - (a_0/c_0)^2\right] \zeta^2\right)^{-1/n_I} - 1 \right\} + \\ + n_{II}\left\{ 1 - \left(1 + \left[(b_0/c_0)^2 - 1\right] \zeta^2\right)^{-1/n_{II}} \right\} \qquad (6.29)$$

gegeben. Für $n_I \to \infty$, $n_{II} = 1$ und $\zeta = 1$ geht die Funktion (6.29) über in die linke Seite von (6.27), die auch im Quotienten vor dem Integral (6.28) als Nenner auftritt, d.h., die Lösung (6.28) ist allgemein von der Form

$$\tau = \frac{2/\sqrt{3}}{[f(\zeta = 1)]^m} \int_\zeta^1 [f(\zeta^*)]^m \frac{d\zeta^*}{\zeta^*} \qquad (6.30)$$

($\tau \,\hat{=}\,$ dimensionslose Zeit), durch die auch andere *Kriechprobleme*, wie z.B. das *Kriechverhalten eines Biegebalkens* oder das *Torsionskriechen*, beschrieben werden können. Der Unterschied liegt in der Definition für ζ und in der Funktion $f(\zeta)$, die auf das Problem zugeschnitten sind (BETTEN, 1971b).

Die allgemeine Lösung (6.28) enthält RIMROTTs klassische Lösung (1959) als Sonderfall für $K_I = K_{II} \equiv K$ und $n_I = n_{II} \equiv n$.

Die Integration in (6.28) mit $\zeta = 0$, d.h. $c \to \infty$, führt unmittelbar zur *Versagenszeit* t_{cr} *(funktionelles Versagen)*, die als Zeitpunkt definiert ist, zu dem die Deformationen über alle Grenzen wachsen ($c \to \infty$).

Einige Ergebnisse der numerischen Integration sind in Bild 6.3a dargestellt.

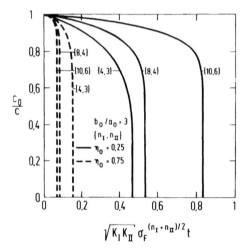

Bild 6.3a Zeitfunktion $\zeta \equiv c_0/c = \zeta(t)$ gemäß (6.28)

Man erkennt deutlich den Einfluss des Anfangsbelastungszustandes, ausgedrückt durch den Belastungsparameter η_0 aus Bild 6.2. Wie zu erwarten, führen größere η_0-Werte zu kürzeren Versagenszeiten t_{cr}, die man auf der Zeitachse entnehmen kann. Um eine Vorstellung von der Größe der *Versagenszeit* zu bekommen, sei die Kurve $\{8, 4\}$ zugrundegelegt mit einem Schnittpunkt auf der τ-Achse bei etwa $t_{cr} \approx 0{,}5$. Für diesen Wert ergeben sich Versagenszeiten t_{cr}, die für zwei Werkstoffe bei unterschiedlichen Temperaturen in Tabelle 6.2 gegenübergestellt sind.

Den Zahlenbeispielen in Tabelle 6.2 liegt ein dickwandiger Zylinder mit der Anfangsgeometrie $b_0/a_0 = 3$ und einer Anfangsbelastung entsprechend $\eta_0 = 0{,}25$ zugrunde, so dass gemäß Bild 6.2 der Innendruck p_0

6.4 Numerische Auswertung

ungefähr mit dem Zahlenwert der Fließgrenze σ_F übereinstimmt. Mithin liegt für beide Beispiele in Tabelle 6.2 ein innerer Überdruck $p_0 \approx 1500$ bar vor.

Tabelle 6.2 Zahlenbeispiele für Versagenszeiten eines dickwandigen Zylinders ($b_0/a_0 = 3$, $p_0 = 1500$ bar)

Werkstoff (Temperatur)	experimentelle Daten	Versagenszeit t_{cr}
C-Stahl bei 400 °C	$\sigma_F \equiv \sigma_{0,2} \approx 15 \dfrac{daN}{mm^2}$ $K \approx 5 \cdot 10^{-11} h^{-1} \left(\dfrac{daN}{mm^2}\right)^{-6}$ $n \approx 6$	$\tau_{cr} \approx 0,5$ $\downarrow$ $t_{cr} \approx$ **40 d**
hochwarmfester Stahl bei 700 °C	$\sigma_F \approx 15 \dfrac{daN}{mm^2}$ $K \approx 5 \cdot 10^{-12} h^{-1} \left(\dfrac{daN}{mm^2}\right)^{-6}$ $n \approx 6$	$\tau_{cr} \approx 0,5$ $\downarrow$ $t_{cr} \approx$ **400 d**

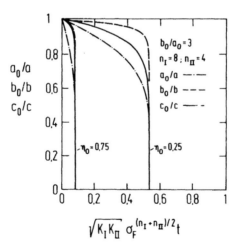

Bild 6.3b Zylindrische Aufweitung

Unter dieser Belastung wird ein dickwandiger Zylinder ($b_0/a_0 = 3$) aus *Kohlenstoffstahl* bei einer Temperatur von 400 °C nach **40 Tagen** versagen, während sich ein entsprechender Zylinder aus *hochwarmfestem Stahl* trotz höherer Temperatur von 700 °C erst nach **400 Tagen** uneingeschränkt aufweitet.

In Ergänzung zu Bild 6.3a zeigt Bild 6.3b zu der Zeitfunktion $\zeta \equiv c_0/c = \zeta(t)$ die zylindrische Aufweitung a_0/a und b_0/b.

Die numerische Auswertung des Spannungsfeldes basiert auf der Zeitfunktion $\zeta \equiv c_0/c = \zeta(t)$, wie an einem Beispiel in Bild 6.4 gezeigt.

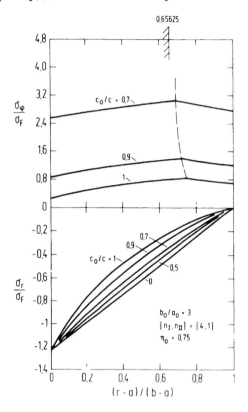

Bild 6.4 Spannungsverteilung in der Zylinderwand

Der Einfluss des Belastungsparameters η_0 ist deutlich sichtbar. Der Zahlenwert $\eta_0 = 0{,}25$ gibt beispielsweise an, dass 25% der Wandstärke unmittelbar vor Kriechbeginn (Zeitpunkt t = 0) plastisch verformt ist. Weiterhin erkennt man, dass die absoluten Spannungswerte mit der Zeit anwachsen ($c_0/c = 1 \mathrel{\hat=}$ *Kriechbeginn*; $c_0/c = 0 \mathrel{\hat=}$ *Versagenszustand*): Die Radialspannung σ_r verläuft im Versagenszustand linear (linearer Abbau der Radialspannung), während die Umfangsspannung über alle Grenzen wächst.

6.4 Numerische Auswertung

Dabei stellt sich die Trennfläche zwischen den Gebieten I und II gemäß der gestrichelten Kurve ein: $\eta_0 = 0{,}25 \to \eta_\infty = 0{,}15625$ und $\eta_0 = 0{,}75 \to \eta_\infty = 0{,}65625$.

Die *Vergleichsspannung* in der Zylinderwand, die für die *Werkstoffanstrengung* maßgeblich ist, ermittelt man aus (6.18) in Verbindung mit dem Spannungsfeld (6.24a,b). Ein Zahlenbeispiel ist in Bild 6.5 gegeben.

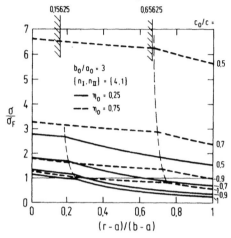

Bild 6.5 Vergleichsspannung in der Zylinderwand

Man erkennt in Bild 6.5, dass zu einem Zeitpunkt, der dem Parameterwert $c_0/c = 0{,}5$ entspricht und bei einer Anfangsbelastung gemäß $\eta_0 = 0{,}25$ die Vergleichsspannung σ das 2- bis 3-fache der Fließspannung σ_F erreicht. Hochwarmfeste Stähle können beispielsweise eine Zugfestigkeit σ_B erreichen, die 2 – 3-mal so groß ist, wie die Fließspannung $\sigma_{0,2} \equiv \sigma_F$ (ODQUIST, 1966; EL-MAGD, 1972).

Darüber hinaus ist beim Parameterwert $c_0/c = 0{,}5$ die theoretische Versagenszeit schon nahezu erreicht, wie man aus Kurvenverläufen gemäß Bild 6.3a, b erkennt, so dass für derartige Werkstoffe funktionelles und strukturelles Versagen näherungsweise gleichzeitig auftreten.

Schließlich ist in Bild 6.6 die *Vergleichsformänderungsgeschwindigkeit* in der Zylinderwand dargestellt.

Diese Verläufe sind stetig und stetig differenzierbar für alle $\{n_I, n_{II}\}$. Für den oben erwähnten Zeitpunkt – entsprechend $c_0/c = 0{,}5$ – ist die Vergleichsformänderungsgeschwindigkeit z.B. bei einer Belastung $\eta_0 = 0{,}25$ um eine Größenordnung gegenüber Kriechbeginn ($c_0/c = 1$) angestiegen.

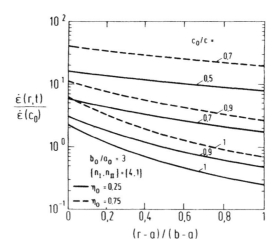

Bild 6.6 Vergleichsformänderungsgeschwindigkeit in der Zylinderwand

In diesem Kapitel wird das Kriechverhalten eines dickwandigen Zylinders untersucht, der mit konstantem innerem Überdruck belastet wird. Der Innendruck sei so groß, dass der Zylinder zum Zeitpunkt $t = 0$, d.h. unmittelbar vor Kriechbeginn oder bei Inbetriebnahme elastisch-plastisch beansprucht ist. Daher werden in der Zylinderwand zwei Gebiete betrachtet, in denen Kriechen stattfindet (Bild 6.1).

Zur Beschreibung des Kriechverhaltens wird das NORTON-BAILEYsche Kriechgesetz in den beiden Gebieten mit unterschiedlichen Kriechparametern benutzt. Weiterhin wird isochores Kriechverhalten und ebene Verformung angenommen. Die Kriechverformungen seien so groß, dass die *Theorie endlicher Verzerrungen* herangezogen werden muss. Als geeignetes Maß für die Formänderungen wird der *logarithmische Formänderungstensor* (Ziffer 1.6) benutzt.

Im Einzelnen werden die zeitliche Aufweitung, d.h. Innen- und Außenradius, die Trennfläche zwischen den beiden Gebieten, das Spannungs- und Geschwindigkeitsfeld als Zeitfunktionen und die Versagenszeit berechnet. Die vorgeschlagenen Lösungen enthalten bisher bekannte Lösungen als Sonderfälle.

Ähnliche Untersuchungen an *dickwandigen Kugelbehältern* unter Berücksichtigung der *Anisotropie* wurden von BETTEN et al. (1984) und KNÖRZER (1985) durchgeführt.

Das *primäre Kriechverhalten zylindrischer Hochdruckbehälter* wird von BORRMANN (1986) ausführlich behandelt.

Das Kriechverhalten *dünnwandiger* Behälter wird beispielsweise von BETTEN / EL-MAGD (1977) diskutiert.

7 Viskose Stoffe

In diesem Abschnitt sollen reinviskose Fluide angesprochen werden. Das sind Fluide, die keinerlei elastische Eigenschaften besitzen. So ist beispielsweise die *NEWTONsche Flüssigkeit* als linear-reinviskoses Fluid anzusehen. Die Linearität ist bei vielen Stoffen nicht gegeben, so dass auch nichtlinear-viskose Flüssigkeiten behandelt werden müssen, die man in die Klasse der *nicht-NEWTONschen Fluide* einordnet.

7.1 Lineare viskose Fluide

Im Ruhezustand kann ein Fluid keine Schubspannungen aufnehmen, d.h., der Spannungszustand ist im Ruhezustand durch einen Kugeltensor $\sigma \sim \delta$ gekennzeichnet. Damit ergibt sich als Stoffgleichung die Beziehung

$$\sigma_{ij} = -p(\rho, T)\delta_{ij}, \tag{7.1}$$

wobei p als unabhängige mechanische Variable anzusehen ist, die mit der Dichte ρ und der Temperatur T in einer *thermischen Zustandsgleichung* des Fluides zusammenhängen, z.B. für ein ideales Gas gemäß $p = \rho RT$. Darin ist R eine Stoffkonstante (Materialkonstante), die man *spezifische* oder *spezielle Gaskonstante* nennt. Sie ist nicht zu verwechseln mit der *molaren* oder *allgemeinen Gaskonstanten*, die stoffunabhängig ist. Im Gegensatz zu den universell gültigen (stoffunabhängigen) *Bilanzgleichungen* kennzeichnen *Zustandsgleichungen* jeweils ein Material. Sie gehören daher zu den *Materialgleichungen*.

Im Falle der Bewegung ($\mathbf{d} \neq \mathbf{0}$) kann das viskose Fluid viskose Spannungen aufnehmen, die durch einen zusätzlichen Term τ zum Ausdruck kommen und vom *Verzerrungsgeschwindigkeitstensor* $d_{ij} = (v_{i,j} + v_{j,i})/2$ abhängen. Im Schrifttum wird der Term τ bisweilen „extra stress tensor" oder *viscous stress tensor* genannt. Bei Linearität ist dieser Tensor durch eine lineare Transformation

$$\tau_{ij} = V_{ijkl}(\rho, T) d_{kl} \tag{7.2}$$

gegeben, wobei V_{ijkl} die Koordinaten des *Viskositätstensors* vierter Stufe sind, der die viskosen Eigenschaften beinhaltet. Man kann jedoch ein viskoses Fluid als Stoff definieren, dessen Eigenschaften richtungsunabhängig sind. Solche *Fluide* bezeichnet man auch als *einfach*. Mithin kann der *viskose Spannungstensor* τ nur eine Funktion vom *Deformationsgeschwindigkeitstensor* **d** sein:

$$\tau_{ij} = \tau_{ij}(d_{pq}) \;, \tag{7.3}$$

d.h., der *Viskositätstensor* **V** muss ein isotroper Tensor sein:

$$V_{ijkl} = \xi \delta_{ij}\delta_{kl} + \eta(\delta_{ik}\delta_{jl} + \delta_{il}\delta_{jk}) \;. \tag{7.4}$$

Damit erhält man durch Addition von (7.1) und (7.2) im linearen Fall die Stoffgleichung

$$\boxed{\sigma_{ij} = [-p(\rho,T) + \xi(\rho,T)d_{kk}]\delta_{ij} + 2\eta(\rho,T)d_{ij}} \tag{7.5a}$$

bzw.

$$\tau_{ij} \equiv \sigma_{ij} + p(\rho,T)\delta_{ij} = \xi d_{kk}\delta_{ij} + 2\eta d_{ij} \;, \tag{7.5b}$$

durch die ein NEWTONsches *Fluid* charakterisiert ist. Setzt man (7.5a) in die *Bewegungsgleichung* (2.28) ein, so erhält man die NAVIER-STOKES-Gleichungen.

Für den Sonderfall einer *Scherströmung* (i = 1, j = 2) vereinfacht sich (7.5a,b) wegen $\sigma_{12} = \tau_{12} = \tau$ und $2d_{12} = \dot\gamma$ zu $\tau = \eta\dot\gamma$. Die Größe η in (7.5a,b) ist somit die Scherviskosität, die bereits in der Einführung erwähnt wurde (Bild A8). Der Parameter ξ in (7.5a,b) wird weiter unten erläutert.

Die Stoffgleichung (7.5a,b) für die NEWTONsche *Flüssigkeit* erfüllt die Forderung der *materiellen Objektivität*; denn der *Verzerrungsgeschwindigkeitstensor* **d** ist ein *objektiver Tensor*, er wird von einer überlagerten Starrkörperbewegung nicht beeinflusst. Somit bleibt auch σ unbeeinflusst. Im Gegensatz dazu wird der klassische Verzerrungstensor ε im HOOKEschen Gesetz (3,9a,b) $\sigma_{ij} = E_{ijkl}\varepsilon_{kl}$ von einer Starrkörperbewegung beeinflusst. Dieser Einfluss kann nur bei kleinen Verzerrungen vernachlässigt werden, wie in Ziffer 1.3 gezeigt wird. Daher erfüllt das HOOKEsche Gesetz nur bei kleinen Verzerrungen die Forderung der *materiellen Objektivität*. Darüber hinaus stellt streng genommen der klassische Verzerrungstensor gar keinen Verzerrungstensor dar (Ziffer 1.3). Bei großen Verzerrungen muss man daher andere Verzerrungstensoren benutzen, z.B. nach LAGRANGE oder EULER.

7.1 Lineare viskose Fluide

Die Stoffgleichung (7.5a) lässt sich aufspalten in eine skalare und deviatorische Gleichung. Dazu bildet man in (7.5a) die Spur

$$\sigma_{kk} \equiv 3\bar{\sigma} = -3\bar{p} \tag{7.6}$$

und erhält die skalare Beziehung

$$\boxed{\bar{p} = p(\rho, T) - \left(\xi + \frac{2}{3}\eta\right) d_{kk}} \ . \tag{7.7a}$$

Darin kann die Spur des Verzerrungsgeschwindigkeitstensors (1.91) durch die Divergenz des Geschwindigkeitsvektors ausgedrückt werden: $d_{kk} \equiv D_{kk} \equiv \operatorname{div} \mathbf{v}$.

Die deviatorische Gleichung erhält man aus dem *Spannungsdeviator* $\sigma'_{ij} := \sigma_{ij} - \sigma_{kk}\delta_{ij}/3$ unter Berücksichtigung von (7.5a), (7.6) und (7.7a) zu:

$$\boxed{\sigma'_{ij} = 2\eta\, d'_{ij}} \ . \tag{7.7b}$$

Darin sind $d'_{ij} := d_{ij} - d_{kk}\delta_{ij}/3$ die Koordinaten des *Verzerrungsgeschwindigkeitsdeviators* $\mathbf{d}'$. Entsprechend kann (7.5b) durch die beiden Beziehungen

$$\bar{\tau} \equiv \frac{1}{3}\tau_{kk} = \left(\xi + \frac{2}{3}\eta\right) d_{kk} \quad \text{und} \quad \tau'_{ij} = 2\eta\, d'_{ij} \tag{7.8a,b}$$

dargestellt werden.

Analog zum Kompressionsmodul K, der in (3.31) und (3.32) als *Volumenelastizitätsmodul* E_{Vol} bezeichnet wird und gemäß

$$K \equiv E_{Vol} := \sigma_{Vol}/\varepsilon_{Vol} \equiv \bar{\sigma}/\varepsilon_{kk} \tag{7.9}$$

definiert ist, muss man konsequent die *Volumenviskosität* η_{Vol} definieren als das Verhältnis von „viskoser" Volumenspannung zur Volumendehnungsrate bzw. mittlere viskose Spannung zur Volumendehnungsrate:

$$\eta_{Vol} := \tau_{Vol}/d_{Vol} \equiv \bar{\tau}/d_{kk} \ , \tag{7.10}$$

so dass man mit (7.8a) erhält:

$$\eta_{Vol} = \xi + \frac{2}{3}\eta \ . \tag{7.11}$$

Damit wird der Parameter ξ unbedeutend; denn mit (7.11) kann man die Stoffgleichungen (7.7a,b) und (7.8a,b) auch durch

$$\boxed{\bar{p} = p(\rho,T) - \eta_{Vol} d_{kk}} \quad , \quad \boxed{\sigma'_{ij} = 2\eta\, d'_{ij}} \qquad (7.12a,b)$$

bzw. durch

$$\bar{\tau} = \eta_{Vol} d_{kk} \equiv p(\rho,T) - \bar{p} \ , \quad \tau'_{ij} = 2\eta\, d'_{ij} \qquad (7.13a,b)$$

ausdrücken.

Die *Volumenviskosität* η_{Vol} berücksichtigt die molekularen Freiheitsgrade, sie verschwindet für einatomige Gase. Messungen zeigen, dass η_{Vol} in vielen Fällen sehr klein ist. Nach der Annahme von STOKES ist $\eta_{Vol} = 0$, und man bezeichnet

$$\xi + \frac{2}{3}\eta = 0 \qquad (7.14)$$

als *STOKESsche Bedingung*. Unter dieser Bedingung stimmt der *thermodynamische Druck* $p(\rho,T)$ wegen (7.12a) mit dem Mittelwert $\bar{p} = -\sigma_{kk}/3$ überein. Unabhängig von η_{Vol} ergibt sich für ein inkompressibles ($d_{kk} = 0$) NEWTONsches Fluid (7.12a) die Übereinstimmung $p = \bar{p}$. Das gilt im Allgemeinen nicht für ein inkompressibles nicht-NEWTONsches Fluid.

Wegen (7.7a) bzw. (7.12a) wird ein hydrostatischer Spannungszustand $\sigma_{ij} = \sigma_{kk}\delta_{ij}/3 = -\bar{p}\delta_{ij}$ von der *Dilatationsrate* d_{kk} nicht beeinflusst, wenn die STOKESsche Bedingung (7.14) erfüllt ist bzw. die *Volumenviskosität* null ist. Mit der Bedingung (7.14) geht (7.5a) über in

$$\boxed{\sigma_{ij} = -p\,\delta_{ij} - \frac{2}{3}\eta\, d_{kk}\delta_{ij} + 2\eta\, d_{ij} \equiv -p\,\delta_{ij} + 2\eta\, d'_{ij}} \ . \qquad (7.15)$$

Ein Fluid, das dieser Stoffgleichung genügt, wird häufig auch *STOKESsches Fluid* genannt. Formal gilt (7.15) auch für ein *inkompressibles NEWTONsches Fluid* mit $d_{kk} = 0$, bzw. ρ = const.

Die Bedeutung der *Volumenviskosität* kann ferner im Zusammenhang mit der *Dissipationsleistung* $\dot{D}$ diskutiert werden, die man mit (7.5b) zu

$$\dot{D} := \tau_{ij}d_{ji} = \xi d_{kk}^2 + 2\eta\, d_{ij}d_{ji} \qquad (7.16a)$$

erhält. Spaltet man darin den Verzerrungsgeschwindigkeitstensor **d** gemäß $d_{ij} = d'_{ij} + d_{kk}\delta_{ij}/3$ in Deviator und Kugeltensor auf, so erhält man mit (7.11) die Beziehung

$$\dot{D} = \eta_{Vol} d_{kk}^2 + 2\eta\, d'_{ij}d'_{ji} \ , \qquad (7.16b)$$

7.1 Lineare viskose Fluide

die man mit den Invarianten $I_1 \equiv d_{kk}$ und $I'_2 \equiv d'_{ij}d'_{ji}/2$ auch gemäß

$$\dot{D} = \eta_{Vol}I_1^2 + 4\eta I'_2 \qquad (7.16c)$$

ausdrücken kann. Diese Beziehung stellt eine additive Aufspaltung der *Dissipationsleistung* infolge *Volumenänderung* und *Gestaltänderung* dar. Für $\eta_{Vol} = 0$ ist eine Volumenänderung ($I_1 \equiv d_{kk} \neq 0$) nicht dissipativ.

Die Dissipationsleistung darf aufgrund des *zweiten Hauptsatzes der Thermodynamik* für beliebige d_{ij} nicht negativ sein, so dass man aus (7.16b,c) schließen kann:

$$\eta_{Vol} \geq 0 \quad \text{und} \quad \eta \geq 0 \:. \qquad (7.17a,b)$$

Damit folgert man aus (7.11):

$$\xi \geq -\frac{2}{3}\eta \:. \qquad (7.17c)$$

Zur weiteren Diskussion sei eine *Dehnströmung* (DIN 13 342) betrachtet, für die mit $i = j = 1$ aus (7.5b) die Beziehung

$$\tau_{11} = (1-2\nu)\xi d_{11} + 2\eta d_{11} \qquad (7.18)$$

folgt. Darin ist

$$\nu := -d_{22}/d_{11} = -d_{33}/d_{11} \qquad (7.19)$$

die isotrope *Querkontraktionszahl*. Als *Dehnviskosität* definiert man das Verhältnis

$$\eta_D := \tau_{11}/d_{11} \:. \qquad (7.20)$$

Mithin erhält man aus (7.18) für ein *NEWTONsches Fluid*:

$$\eta_D = (1-2\nu)\xi + 2\eta \:. \qquad (7.21)$$

Andererseits folgert man aus (7.8a) für $i = j = 1$:

$$\tau'_{11} = 2\eta d'_{11} \:, \qquad (7.22)$$

so dass man für die hier betrachtete Dehnströmung

$$\tau_{ij} = \text{diag}\{\tau_{11}, 0, 0\}, \quad d_{ij} = \text{diag}\{d_{11}, -\nu d_{11}, -\nu d_{11}\} \qquad (7.23a,b)$$

mit $\tau'_{11} = 2\tau_{11}/3$ und $d'_{11} = 2(1+\nu)d_{11}/3$ die *Dehnviskosität* (7.20) zu

$$\eta_D = 2(1+\nu)\eta \qquad (7.24)$$

erhält. Im inkompressiblen Fall ($\nu = 1/2$) ergibt sich daraus das *TROUTON-Verhältnis* (TROUTON, 1906) eines *NEWTONschen Fluids*:

$$N_{Tr} := \eta_D/\eta = 3 \ . \tag{7.25}$$

Kombiniert man (7.21) und (7.24), so kann man den Parameter ξ gemäß

$$\xi = \frac{2\nu}{1-2\nu}\eta \tag{7.26}$$

ausdrücken, so dass damit die *Volumenviskosität* (7.11) gemäss

$$\eta_{Vol} = \frac{2}{3}\frac{1+\nu}{1-2\nu}\eta \tag{7.27}$$

geschrieben werden kann. Durch Elimination von η aus (7.24) und (7.27) folgt weiterhin der Zusammenhang

$$\eta_{Vol} = \frac{1}{3(1-2\nu)}\eta_D \tag{7.28}$$

in Analogie zum *Volumenelastizitätsmodul* (3.32).

Entsprechend findet man durch Elimination von ν die Formel

$$\eta_D = 9\eta_{Vol}\eta/(3\eta_{Vol}+\eta) \ . \tag{7.29}$$

Für $3\eta_{Vol} \gg \eta$ folgt daraus wieder das Verhältnis (7.25), während man für $3\eta_{Vol} \ll \eta$ den Zusammenhang $\eta_D = 9\eta_{Vol}$ folgert.

Die oben betrachtete *Dehnströmung* (7.23a,b) gehört zur Gruppe der *scherfreien Strömungen*. Ein anderes Beispiel dieser Gruppe ist durch

$$\tau_{ij} = \text{diag}\{\tau_{11},\tau_{22},\tau_{33}=\tau_{22}\} \ , \tag{7.30a}$$

$$d_{ij} = \text{diag}\{d_{11},-\tfrac{1}{2}d_{11},-\tfrac{1}{2}d_{11}\} \ , \tag{7.30b}$$

gekennzeichnet. Dann wird die *Normalspannungsdifferenz* $\tau_{11}-\tau_{22}$ mit der *Dehnungsrate* d_{11} gemäß

$$\tau_{11}-\tau_{22} = \eta_D d_{11} \quad \text{bzw.} \quad \eta_D := (\tau_{11}-\tau_{22})/d_{11} \tag{7.31}$$

in Beziehung gesetzt. Die *Dehnströmung* (7.23a,b) mit $\nu=1/2$ ist ein Sonderfall von (7.30a,b), für den sich (7.31) zu (7.20) vereinfacht. Die *Dehnviskosität* in (7.31) wird bisweilen auch als *TROUTON-Viskosität* bezeichnet. Für *nicht-NEWTONsche Fluide* hängt sie ab von der Dehnungsrate: $\eta_D = \eta_D(d)$. Beispielsweise kann sie für *Polymerschmelzen* mit d leicht ansteigen oder ein flaches Maximum zeigen. Im Gegensatz dazu fällt die *Scherviskosität* bei *strukturviskosen Fluiden* mit $\dot{\gamma}$ ab, so dass dann das

7.1 Lineare viskose Fluide

TROUTON-Verhältnis (7.25) den Wert 3 weit übersteigen kann wie in Bild 7.1 für eine Polymerschmelze erkennbar. Für den Grenzfall kleiner Dehn- und Schergeschwindigkeiten wird der NEWTONsche Wert

$$\lim_{d \to 0} \eta_D(d) = 3 \lim_{\dot{\gamma} \to 0} \eta(\dot{\gamma}) \qquad (7.32)$$

erreicht.

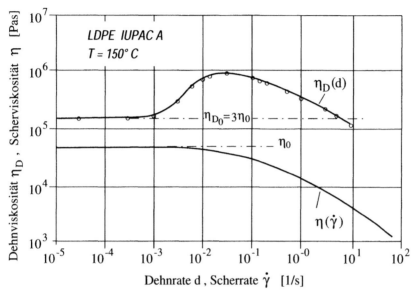

Bild 7.1 Dehn- und Scherviskosität als Funktion der Deformationsrate (LAUN UND MÜNSTSEDT, 1978)

Hinweise auf experimentelle Ergebnisse findet man auch bei BALLMAN (1965), MEISSNER (1971, 1972), STEVENSON (1972), ASTARITA und MARRUCCI (1974), WALTERS (1975), BIRD et al. (1977), MIDDLEMAN (1977), LAUN (1978), SCHOWALTER (1978) und EBERT (1980), um nur einige Autoren zu erwähnen.

Zum Abschluss dieser Ziffer seien noch ein paar kritische Bemerkungen zum Parameter ξ in Gl. (7.11) gemacht, der in der Literatur unterschiedlich interpretiert wird. So wird beispielsweise von BECKER und BÜRGER (1975, S. 148) dieser Parameter als *Volumenviskosität* und $\xi + 2\eta/3$ als *Druckviskosität* bezeichnet. In DIN 1342 wird der Begriff *Druckviskosität* nicht definiert. In den Büchern von SCHADE und KUNZ (1980, S. 188/189) und auch von MÜLLER (1973, S. 70) wird ξ ebenfalls als *Volumenviskosität* bezeichnet und in Ermangelung einer möglichen Bestimmung durch die *STOKESsche Bedingung* (7.14) eliminiert. Im Buch von JISCHA (1982, S. 34) wird zwar ξ auch als *Volumenviskosität* definiert, aber doch wenigstens erwähnt, dass „mitunter" die Größe $\xi + 2\eta/3$ *Volumenviskosität* genannt wird, während HUTTER (1995, S.140) diese Größe als *Raumzähigkeit* oder *Volumenzähigkeit* bezeichnet. Man kann feststellen, dass in der englischen Literatur fast ausschließlich die Größe (7.11) mit *Volumenviskosität* (*bulk viscosity*, *volume viscosity*) bezeichnet wird.

7.2 Nichtlineare viskose Fluide

Für *nichtlineare viskose Fluide* kann man zunächst als allgemeine Stoffgleichung

$$\sigma_{ij} = \sigma_{ij}(L_{pq}, \rho, T) \tag{7.33}$$

ansetzen. Darin sind $L_{pq} := \partial v_i / \partial x_j \equiv v_{i,j}$ die Koordinaten des *Geschwindigkeitsgradiententensors* **L**, den man additiv gemäß $L_{ij} = d_{ij} + w_{ij}$ in *Verzerrungsgeschwindigkeitstensor* **d** und *Spintensor* **w** zerlegen kann. In der Literatur wird der Tensor **d** bisweilen durch $\dot{\varepsilon}$ gekennzeichnet. Diese Schreibweise erweckt jedoch den Eindruck, als ob **d** die zeitliche Ableitung des klassischen Verzerrungstensors ε wäre, was bei großen Verzerrungen nicht der Fall ist, wie in der Übung Ü 1.10.1 gezeigt wird. Der schief symmetrische Anteil von **L** wird neben *Spintensor* auch als *Drehgeschwindigkeitstensor* (*vorticity tensor*) bezeichnet.

Die physikalische Deutung von **d** und **w** als *Verzerrungsgeschwindigkeit* und *Drehgeschwindigkeit* ist auch bei großen Verformungen möglich. Dass **d** in der additiven Zerlegung von **L** allein für die Verzerrungsgeschwindigkeit verantwortlich ist, wird beispielsweise von BETTEN (1985a) nachgewiesen. Im Sonderfall $d_{ij} = 0_{ij}$ liegt in der Umgebung eines betrachteten Punktes eine Starrkörperbewegung vor, die durch den Spintensor **w** beherrscht wird. Aus diesem Grunde wird ein Geschwindigkeitsfeld *drehungsfrei* (*irrotational*) genannt, wenn der *Spintensor* überall im Feld verschwindet.

Bei der Formulierung von Materialgleichungen muss das *Prinzip der materiellen Objektivität* (*principle of material frame-indifference*) beachtet werden, d.h., Beobachter, die sich unterschiedlich bewegen, müssen aus einer Materialgleichung auf ein und denselben Spannungszustand schließen können. Eine Materialgleichung muss somit *form-invariant* gegenüber einer starren Drehung und Translation des Bezugssystems sein (Ü 3.1.2).

Unter Beachtung des Prinzips der materiellen Objektivität ergibt sich für die Darstellung der Stoffgleichung (7.33) eine Einschränkung, die man

7.2 Nichtlineare viskose Fluide

folgendermaßen finden kann. Die Bewegung des Bezugssystems eines bewegten Beobachters sei durch eine zeitabhängige Drehung $\mathbf{Q}(t)$ mit $Q_{ik}Q_{jk} = Q_{ki}Q_{kj} = \delta_{ij}$ und eine Translation $\mathbf{c}(t)$ gekennzeichnet, so dass von ihm aus eine Bewegung

$$\overline{x}_i(a_p, t) = Q_{ij}(t) x_j(a_p, t) + c_i(t) \tag{7.34}$$

beobachtet wird. Hieraus erhält man durch Differentiation nach der Zeit:

$$\overline{v}_i \equiv \dot{\overline{x}}_i = Q_{ip} v_p + \dot{Q}_{ip} x_p + \dot{c}_i \neq Q_{ip} v_p , \tag{7.35}$$

d.h., der Geschwindigkeitsvektor ist nicht objektiv; denn wäre er objektiv, müsste $\overline{v}_i = Q_{ip} v_p$ gelten in Übereinstimmung mit dem Transformationsgesetz für Vektorkoordinaten (Ü 3.1.2).

Für den Geschwindigkeitsgradiententensor $L_{ij} \equiv \partial v_i / \partial x_j$ erhält man mit dem Ergebnis (7.35) zunächst

$$\left. \begin{aligned} \overline{L}_{ij} &\equiv \partial \overline{v}_i / \partial \overline{x}_j = \left(\partial \overline{v}_i / \partial x_q \right) \left(\partial x_q / \partial \overline{x}_j \right) \\ \overline{L}_{ij} &= \left(Q_{ip} v_{p,q} + \dot{Q}_{iq} \right) \left(\partial x_q / \partial \overline{x}_j \right) \end{aligned} \right\} \tag{7.36}$$

Durch Überschieben mit Q_{ik} und unter Berücksichtigung der Orthonormierungsbedingung $Q_{ik}Q_{ij} = \delta_{kj}$ erhält man aus (7.34) die Inversion:

$$x_k = Q_{ik}(\overline{x}_i - c_i) \quad \text{bzw.} \quad x_i = Q_{ji}(\overline{x}_j - c_j) \tag{7.37}$$

und daraus:

$$\partial x_q / \partial \overline{x}_j = Q_{jq} , \tag{7.38}$$

so dass (7.36) übergeht in

$$\overline{L}_{ij} \equiv \overline{v}_{i,j} = Q_{ip} Q_{jq} v_{p,q} + \dot{Q}_{iq} Q_{jq} \neq Q_{ip} Q_{jq} v_{p,q} . \tag{7.39}$$

Darin wird deutlich, dass der Tensor $\mathbf{L}$ in (7.33) nicht objektiv ist.

Für den Verzerrungsgeschwindigkeitstensor $\mathbf{d}$ weist man nach:

$$\overline{d}_{ij} = \left(\partial \overline{v}_i / \partial \overline{x}_j + \partial \overline{v}_j / \partial \overline{x}_i \right)/2 = Q_{ip} Q_{jq} d_{pq} + \left(\dot{Q}_{iq} Q_{jq} + Q_{iq} \dot{Q}_{jq} \right)/2 .$$

Darin wird: $\dot{Q}_{iq} Q_{jq} + Q_{iq} \dot{Q}_{jq} = \left(Q_{iq} Q_{jq} \right)^{\cdot} \equiv \dot{\delta}_{ij} \equiv 0_{ij}$, so dass die Objektivität gegeben ist:

$$\overline{d}_{ij} = Q_{ip} Q_{jq} d_{pq} . \tag{7.40}$$

Analog (7.39) weist man nach, dass der *Spintensor* nicht objektiv ist. Aufgrund von (7.39) und (7.40) wird man die Stoffgleichung (7.33) gemäß

$$\sigma_{ij} = \sigma_{ij}(d_{pq}, \rho, T) \tag{7.41}$$

revidieren. Aufgrund der *materiellen Objektivität* dürfen die Koordinaten des Spannungstensors (σ_{ij}) von einer überlagerten Starrkörperbewegung nicht beeinflusst werden. Man muss also fordern:

$$\sigma_{ij}(Q_{pr}Q_{qs}d_{rs}, \rho, T) = Q_{ip}Q_{jq}\sigma_{pq} \ . \tag{7.42}$$

Eine solche Funktion nennt man *isotrope Tensorfunktion*. Man kann sie analog (3.8) gemäß

$$\boxed{\sigma_{ij} = -p\delta_{ij} + \alpha d_{ij} + \beta d_{ij}^{(2)}} \tag{7.43}$$

darstellen. Darin sind α und β skalare Funktionen von der Dichte ρ, der Temperatur T und den drei irreduziblen Invarianten des Argumenttensors **d**. Stoffe, die der Beziehung (7.43) genügen, nennt man *REINER-RIVLIN Fluide*. Sie gehören zur Klasse der *nicht-NEWTONschen Fluide*.

Für eine *einfache Scherströmung* mit dem Geschwindigkeitsfeld

$$\mathbf{v} = (\dot{\gamma} x_2, \ 0, \ 0)^T \tag{7.44}$$

sind nur die Koordinaten $d_{12} = d_{21} = \dot{\gamma}/2$ des Verzerrungsgeschwindigkeitstensors von null verschieden, während das Quadrat $d_{ij}^{(2)}$ Diagonalgestalt besitzt mit den Koordinaten $d_{11}^{(2)} = d_{22}^{(2)} = \dot{\gamma}^2/4$ und $d_{33}^{(2)} = 0$. Die Invarianten ergeben sich zu $I_1 = I_3 = 0$ und $I_2 = \text{tr} \mathbf{d}^2 = \dot{\gamma}^2/2$. Mit diesen Werten erhält man aus (7.43) folgende nicht verschwindende Spannungskoordinaten:

$$\sigma_{12} = \alpha(\dot{\gamma}^2) \dot{\gamma}/2 \equiv \eta(\dot{\gamma}^2) \dot{\gamma} \ , \tag{7.45a}$$

$$\sigma_{11} = \sigma_{22} = -p + \beta(\dot{\gamma}^2) \dot{\gamma}^2/4, \quad \sigma_{33} = -p \ . \tag{7.45b,c}$$

Im Gegensatz zum *NEWTONschen Fluid* hängt nach (7.45a) die Scherviskosität von der Schergeschwindigkeit ab.

8 Fluide mit Gedächtnis

In die Klasse der *nicht-NEWTONschen Fluide* werden auch *Fluide mit Gedächtnis* eingestuft. Die auf ein fluides Teilchen zum augenblicklichen Zeitpunkt einwirkenden Reibspannungen hängen bei solchen Stoffen nicht nur vom momentanen Bewegungszustand ab, sondern darüber hinaus auch noch von der Bewegung des Fluides in der Vergangenheit (*memory fluid*). Da die Tensoren **L** bzw. **d** nicht die *Deformationsgeschichte* berücksichtigen, können Fluide mit Gedächtnis nicht durch die Ansätze (7.33) oder (7.41) beschrieben werden. Daher wird im Folgenden auf die Beschreibung des Verhaltens solcher Fluide kurz eingegangen.

8.1 Einfaches Beispiel (MAXWELL-Fluid)

Als einfaches Beispiel sei ein *MAXWELL-Fluid* erwähnt, dessen Modell durch Reihenschaltung aus der HOOKEschen Feder und dem NEWTONschen Dämpfungszylinder entsteht. Unter Berücksichtigung des *BOLTZMANNschen Superpositionsprinzips* erhält man die Beziehung

$$\tau(t) = \frac{\eta}{\lambda} \int_{-\infty}^{t} \exp[-(t-\theta)/\lambda]\dot{\gamma}(\theta) \, d\theta \, , \qquad (8.1)$$

die das Verhalten des MAXWELL-Fluides bei *Scherströmung* beschreibt. Darin sind η die *Scherviskosität*, $\lambda \equiv \eta/G$ eine konstante *Relaxationszeit* und θ ein Zeitpunkt in der Vorgeschichte. Die Konstante $G \equiv \eta/\lambda$ ist der Gleitmodul und kennzeichnet den HOOKEschen Anteil. Aufgrund der Exponentialfunktion ist der Einfluss auf $\tau(t)$, den ein $\dot{\gamma}(\theta)$ aus geraumer Vorgeschichte ausübt, geringer als ein $\dot{\gamma}$, das erst kürzlich wirksam ist. Die Exponentialfunktion wirkt wie ein zeitlich sich abschwächender Gewichtsfaktor. Somit lässt das Gedächtnis nach. Man spricht von *fading memory*.

Das Integral in (8.1) ist ein *Hereditary-Integral*; es gehört zur Klasse der *linearen Funktionale* ($\dot{\gamma}$ kommt linear vor). Vermöge der Substitution $t - \theta \equiv s$ und wegen $\eta/\lambda \equiv G$ kann (8.1) alternativ gemäß

$$\tau(t) = G \int_0^\infty \exp(-s/\lambda)\,\dot\gamma(t-s)\,ds \qquad (8.1^*)$$

dargestellt werden. Die Funktion

$$K(t-\theta) = G \cdot \exp[-(t-\theta)/\lambda] \qquad (8.2)$$

heißt *Kernfunktion*. Sie ist charakteristisch für das betrachtete Fluid. Bei *fading memory* muss sie für $\theta \to -\infty$ verschwinden:

$$\lim_{\theta \to -\infty} K(t-\theta) = 0 \quad \Rightarrow \quad \textit{fading memory}. \qquad (8.3)$$

Betrachtet man als Sonderfall eine *Scherströmung* mit $\dot\gamma$ = const., die zum Zeitpunkt t = 0 beginnt, so erhält man aus (8.1) die einfache Beziehung

$$\tau(t) = \frac{\eta}{\lambda}\dot\gamma \cdot \exp(-t/\lambda) \int_0^t \exp(\theta/\lambda)\,d\theta = \eta\dot\gamma\bigl[1-\exp(-t/\lambda)\bigr] \quad (8.4)$$

mit folgenden Grenzwerten:

$$\tau = \eta\dot\gamma \quad \text{(NEWTON)} \qquad (8.5)$$

für $t \gg \lambda$ bzw. $G \equiv \eta/\lambda \to \infty$ (starrer HOOKEscher Anteil) und

$$\tau = G\gamma \quad \text{(HOOKE)} \qquad (8.6)$$

für $t \ll \lambda$ bzw. $\eta \equiv G\lambda \to \infty$ (starrer NEWTONscher Anteil).

Auf diese Grenzwerte wurde bereits in der Einführung hingewiesen.

8.2 Allgemeines Prinzip

Das kleine Beispiel unter Ziffer 8.1 bezieht sich nur auf eine *Scherströmung* bzw. *Scherung*. Eine Verallgemeinerung führt auf *tensorwertige Funktionale*, mit denen man das Stoffverhalten unter Berücksichtigung der *Deformationsvorgeschichte* beschreiben kann. Zur Herleitung betrachte man im Bild 8.1 die Bewegung von zwei benachbarten Teilchen P_1 und P_2.

Dabei wird der differentiell kleine Abstandsvektor d**x**(t) der Gegenwart gemäß einer linearen Transformation auf den entsprechenden differentiell kleinen Abstandsvektor d**x**(θ) der Vergangenheit zurückgeblendet:

$$dx_i(\theta) = F_{ik}(\theta;t,\mathbf{x})\,dx_k(t) \ . \qquad (8.7)$$

8.2 Allgemeines Prinzip

Darin ist $F_{ik} := \partial x_i(\theta)/\partial x_k(t)$ der *relative Deformationsgradient*, der dieses Rückblenden auf die Vergangenheit bewirkt.

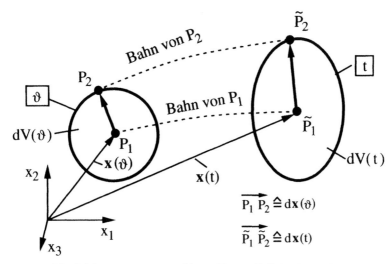

Bild 8.1 Bewegung von zwei benachbarten Teilchen P_1 und P_2

Um das *Prinzip der materiellen Objektivität* a priori zu wahren, betrachte man bei der Bewegung in Bild 8.1 die Abstandsquadrate benachbarter Teilchen; denn ihr Verhältnis $\overline{P_1P_2}^2 / \overline{\tilde{P}_1\tilde{P}_2}^2$ wird von einer überlagerten Starrkörperbewegung nicht beeinflusst. Somit ist die Beziehung

$$dx_i(\theta)\, dx_i(\theta) = F_{ij}F_{ik}\, dx_j(t)\, dx_k(t) \tag{8.8}$$

von grundlegender Bedeutung. Darin ist

$$F_{ij}F_{ik} := C_{jk}(\theta; t, \mathbf{x}) \quad \text{symbolisch:} \quad \mathbf{F}^t\mathbf{F} := \mathbf{C} \tag{8.9a,b}$$

ein symmetrischer Tensor zweiter Stufe, der als *relativer rechter* CAUCHY-GREEN-*Tensor* bezeichnet wird. Dieser Tensor ist ein lokales Maß der vergangenen Deformation relativ zur Gegenwart. Mit anderen Worten: Der Tensor **C** beschreibt die (relative) Deformationsgeschichte der Nachbarschaft eines materiellen Punktes, der sich in der Gegenwart an der Stelle **x** befindet. Für $\theta = t$, d.h. in der Gegenwart, gilt: $\mathbf{C}(\theta = t; t, \mathbf{x}) = \boldsymbol{\delta}$.

Die Volumenelemente in Bild 8.1 verhalten sich zueinander gemäß

$$dV(\theta) = (\det \mathbf{F})\, dV(t) , \tag{8.10}$$

d.h., det **F** entspricht der JACOBIschen Determinante (Ü 1.2.7). Im inkompressiblen Fall gilt $dV(\theta) = dV(t)$ und somit det **F** = 1. Wegen (8.9) und aufgrund des Multiplikationssatzes der Determinantenlehre folgt damit ebenfalls det **C** = 1.

Bei einer Starrkörperbewegung bleibt der Abstandsvektor zweier benachbarter Teilchen unverändert, so dass dann wegen (8.7) die Vereinfachung $F_{ik} = \delta_{ik}$ und damit aus (8.9) der triviale Fall $C_{jk} = \delta_{jk}$ folgen.

Für eine einfache Scherströmung mit konstanter Schergeschwindigkeit $\dot{\gamma}$ ist die Bewegung gekennzeichnet durch die Abbildung

$$\left.\begin{aligned} x_1(\theta) &= x_1(t) - \dot{\gamma}(t-\theta)x_2(t) \;, \\ x_2(\theta) &= x_2(t) \;, \\ x_3(\theta) &= x_3(t) \;, \end{aligned}\right\} \tag{8.11}$$

so dass man daraus den Deformationsgradienten (8.7) zu

$$F_{ij} := \partial x_i(\theta)/\partial x_j(t) = \begin{pmatrix} 1 & -\dot{\gamma}(t-\theta) & 0 \\ 0 & 1 & 0 \\ 0 & 0 & 1 \end{pmatrix} \tag{8.12}$$

und den *CAUCHY-GREEN-Tensor* (8.9) zu

$$C_{ij} := F_{ki}F_{kj} = \begin{pmatrix} 1 & -\dot{\gamma}(t-\theta) & 0 \\ -\dot{\gamma}(t-\theta) & 1+\dot{\gamma}^2(t-\theta)^2 & 0 \\ 0 & 0 & 1 \end{pmatrix} \tag{8.13}$$

bestimmt. Aufgrund des stationären Charakters der betrachteten Strömung hängen sowohl F_{ij} als auch C_{ij} nur von der Zeitdifferenz $t-\theta$ ab, nicht jedoch von der Zeit t selbst. Da eine homogene Scherung (8.11) vorliegt, hängen weder F_{ij} noch C_{ij} vom Ortsvektor **x** ab.

Die allgemeine Stoffgleichung unter Berücksichtigung der Vorgeschichte ist durch eine Beziehung der Form

$$\sigma_{ij}(\mathbf{x},t) = -p(\rho,T)\delta_{ij} + \underset{\theta=-\infty}{\overset{t}{\mathcal{F}_{ij}}} [\mathbf{C}(\theta;t,\mathbf{x})] \tag{8.14}$$

gegeben. Darin kennzeichnet das Symbol $\mathcal{F}$ ein allgemeines Funktional von **C**, d.h. von der Vorgeschichte der Deformation.

Als Beispiel sei ein *lineares Funktional* erwähnt:

8.2 Allgemeines Prinzip

$$\tau_{ij}(\mathbf{x}, t) := \sigma_{ij}(\mathbf{x}, t) + p\delta_{ij} = \int_{-\infty}^{t} K(t-\theta)[C_{ij}(t-\theta) - \delta_{ij}]d\theta \ . \quad (8.15)$$

Darin ist K(t–θ) die *Kernfunktion*, die bei Stoffen mit schwindendem Gedächtnis *(fading memory)* für $\theta \to -\infty$ verschwindet, wie bereits durch das Kriterium (8.3) angedeutet wurde. Betrachtet man beispielsweise die Kernfunktion[1]

$$K(t-\theta) = \frac{\eta}{\lambda^2} \cdot \exp[-(t-\theta)/\lambda] \ , \quad (8.16)$$

so erhält man für die einfache Scherströmung (i = 1, j = 2 und $\tau_{12} \equiv \tau$) wegen (8.13) aus dem Integral (8.15) die *viskometrischen* Funktionen

$$\tau_{12} \equiv \tau(\dot\gamma) = \eta\dot\gamma \ , \quad (8.17a)$$

$$N_1(\dot\gamma) := \tau_{11} - \tau_{22} = -2\eta\lambda\dot\gamma^2 = -2\frac{\eta^2}{G}\dot\gamma^2 \ , \quad (8.17b)$$

$$N_2(\dot\gamma) := \tau_{22} - \tau_{33} = 2\eta\lambda\dot\gamma^2 = -N_1(\dot\gamma) \ ; \quad (8.17c)$$

sie bestimmen das Verhalten eines einfachen Fluides in *viskometrischen Strömungen* vollständig.

Viskometrische Strömungen lassen sich in einer beliebig kleinen Umgebung eines jeden materiellen Teilchens als einfache Scherströmungen mit zeitlich konstanter Schergeschwindigkeit (aber wechselnder Orientierung) beschreiben. Der Spannungstensor viskometrischer Strömungen ist bis auf eine lokale Drehung auf Bahnlinien konstant. Viskometrische Strömungen treten in einigen *Viskosimetern* auf, was zu der Namensgebung führte. Zu den viskometrischen Strömungen gehören die *Kapillarströmung, COUETTE-Strömung, POISEUILLE-Strömung, Rotationsströmung* und *Schraubenströmung im Ringspalt*, um ein paar praktisch wichtige Beispiele zu nennen. Ausführlich werden *viskometrische Strömungen* beispielsweise in den Büchern von BECKER und BÜRGER (1975) oder von EBERT (1980) behandelt. Eine abstraktere Definition wird von COLEMAN (1962, 1965), TRUESDELL und NOLL (1965) oder auch SCHOWALTER (1978) in Verbindung mit den RIVLIN-ERICKSEN Tensoren (RIVLIN / ERICKSEN, 1955) diskutiert. Diese Tensoren sind objektiv. Sie werden

---

[1] Man beachte die unterschiedlichen Vorfaktoren η/λ^2 in (8.16) und η/λ in (8.2). Der Unterschied erfolgt aus Dimensionsgründen.

ausführlich beispielsweise in den Büchern von MALVERN (1969) und BETTEN (1985a) oder in Ü 1.10.7 erläutert.

8.3 Normalspannungseffekte

Im obigen Beispiel erkennt man, dass (8.17a) mit dem NEWTONschen Ansatz übereinstimmt. Im Gegensatz zur NEWTONschen Flüssigkeit sind jedoch die Funktionen (8.17b,c) von null verschieden. Sie drücken den *Normalspannungseffekt* aus, der für *nicht-NEWTONsche Fluide* bezeichnend ist. Für *NEWTONsche Fluide* gilt: $\tau_{11} = \tau_{22} = \tau_{33} = -p$ bei einfacher *Scherströmung*.

Der bekannteste Normalspannungseffekt ist der *WEISSENBERG-Effekt* (WEISSENBERG, 1947), der sich im Hochklettern eines *nicht-NEWTONschen Fluids* an rotierenden Wellen zeigt. Dadurch können Abdichtprobleme entstehen. Man beobachtet den *WEISSENBERG-Effekt* beispielsweise beim Kneten von Kuchenteig mit einem rotierenden Knethaken. Der Effekt zeigt sich auch beim Sahneschlagen mit einem rotierenden Rührbesen. Solange die Sahne noch dünnflüssig ist, steigt ihre Oberfläche zum Schüsselrand an wie bei einem *NEWTONschen Fluid*. Sobald die Sahne aber steif wird, klettert sie am Rührbesen hoch.

Ähnlich dem *WEISSENBERG-Effekt* ist in nicht-NEWTONschen Fluiden der *Quell-Effekt* zu beobachten. Eine am Gefäßboden liegende Scheibe möge durch eine elektromagnetische Fernwirkung rotiert werden. Infolge der Normspannungsdifferenzen wird dann die freie Flüssigkeitsoberfläche in Gefäßmitte *aufquellen*

Eine weitere *Strömungsanomalie* zeigt sich bei der schleichenden Strömung eines nicht-NEWTONschen Fluids durch eine konische Düse: Vor der Verengung sind *Entspannungswirbel* zu beobachten.

Ein anderer *Normalspannungseffekt* ist die *Strahlverbreiterung* beim Austritt eines *nicht-NEWTONschen Fluids* aus einer Düse. Beim Ausfließen eines *viskoelastischen Fluids* aus einer Kapillare findet eine elastische Aufweitung des Strahles statt. Diese Aufweitung kann ein Mehrfaches des Kapillarendurchmessers sein.

Weitere Beispiele zum Verhalten von *nicht-NEWTONschen Fluiden* sind in recht anschaulichen Bildern von WALKER (1978) dargestellt.

9 Viskoelastische Stoffe

Neben Fluiden, wie beispielsweise das *MAXWELL-Fluid*, kommen auch Festkörper mit Gedächtnis vor. Ein Beispiel ist der *KELVIN-Körper*, auch VOIGT-Modell genannt, der durch Parallelschaltung von HOOKEscher Feder und NEWTONschem Dämpfungszylinder gekennzeichnet ist. Man kann ihn in ähnlicher Weise mathematisch behandeln wie das MAXWELL-Fluid. Beide Körper, das MAXWELL-Fluid und der KELVIN-Festkörper, sind Gegenstand der *linearen Viskoelastizitätstheorie*, in der die linearen Elemente „HOOKEsche Feder" und „NEWTONscher Dämpfungszylinder" zu verschiedenen Modellen zusammengesetzt werden.

9.1 Lineare Viskoelastizitätstheorie

Man unterscheidet lineare und nichtlineare Viskoelastizitätstheorie. In der linearen Theorie wird Gebrauch gemacht vom *BOLTZMANNschen Superpositionsprinzip*. Damit erhält man zur Beschreibung des *mehraxialen Kriechverhaltens* bekanntlich das *Hereditary-Integral*

$$\varepsilon_{ij}(t) = \int_{-\infty}^{t} C_{ijkl}(t-\theta) \frac{\partial \sigma_{kl}(\theta)}{\partial \theta} d\theta \ . \tag{9.1}$$

Darin sind $\sigma(\theta)$ die Belastungsgeschichte und $\varepsilon(t)$ die Antwort zum augenblicklichen Zeitpunkt. Die vierstufige tensorwertige Funktion **C** mit den Tensorkoordinaten C_{ijkl} ist materialabhängig. Im isotropen Sonderfall ist **C** ein isotroper Tensor:

$$C_{ijkl} = A\delta_{ij}\delta_{kl} + B(\delta_{ik}\delta_{jl} + \delta_{il}\delta_{jk}) \ . \tag{9.2}$$

Damit vereinfacht sich (9.1) zu

$$\varepsilon_{ij}(t) = \delta_{ij} \int_{-\infty}^{t} A(t-\theta)\frac{\partial \sigma_{kk}(\theta)}{\partial \theta} d\theta + 2\int_{-\infty}^{t} B(t-\theta)\frac{\partial \sigma_{ij}(\theta)}{\partial \theta} d\theta \ , \tag{9.3}$$

so dass für diesen Sonderfall nur zwei skalare Kriechfunktionen A(t–θ) und B(t–θ) maßgeblich sind.

Ähnlich ergibt sich die tensorielle Verallgemeinerung des Relaxationsversuchs:

$$\sigma_{ij}(t) = \int_{-\infty}^{t} R_{ijkl}(t-\theta)\frac{\partial \varepsilon_{kl}(\theta)}{\partial \theta}d\theta \ , \tag{9.4}$$

wobei R_{ijkl} die Koordinaten der vierstufigen tensorwertigen *Relaxationsfunktion* **R** sind.

Bei einachsiger Belastung kann das Kriechverhalten eines isotropen linear-viskoelastischen Körpers gemäß

$$E\varepsilon(t) = \sigma(t)\kappa(0) - \int_{-\infty}^{t} \sigma(\theta)\frac{\partial \kappa(t-\theta)}{\partial \theta}d\theta \tag{9.5}$$

dargestellt werden. Darin ist E der Elastizitätsmodul, während die *Kriechfunktion* gemäß

$$\frac{E\varepsilon(t)}{\sigma_0} := \kappa(t; \text{Stoffwerte}) \tag{9.6}$$

definiert ist. Beispielsweise gilt für das *MAXWELL-Fluid*

$$\kappa = 1 + \frac{G}{\eta}t \tag{9.7}$$

und für den *KELVIN-Körper*

$$\kappa = 1 - \exp\left(-\frac{G}{\eta}t\right) \tag{9.8}$$

mit dem Gleitmodul G, der den HOOKEschen Anteil kennzeichnet, und der Scherviskosität η, die aus dem NEWTONschen Anteil resultiert.

Ähnlich stellt sich die Spannungsrelaxation dar:

$$\frac{\sigma(t)}{E} = \varepsilon(t)r(0) - \int_{-\infty}^{t} \varepsilon(\theta)\frac{\partial r(t-\theta)}{\partial \theta}d\theta \ , \tag{9.9}$$

wobei die *Relaxationsfunktion* gemäß

$$\frac{\sigma(t)}{E\varepsilon_0} := r(t; \text{Stoffwerte}) \tag{9.10}$$

9.1 Lineare Viskoelastizitätstheorie

definiert werden kann (BETTEN, 1972b). Beispielsweise gilt für das *MAXWELL-Fluid*

$$r = \exp\left(-\frac{G}{\eta}t\right) \tag{9.11a}$$

und für den *KELVIN-Festkörper*

$$r = 1 + \frac{\eta}{G}\delta(t) \ . \tag{9.11b}$$

Darin ist $\delta(t)$ die *DIRACsche Deltafunktion (Impulsfunktion)*; sie bewirkt, dass beim Aufbringen einer konstanten Verformung ε_0 in (9.10) z. Zeitpunkt $t = 0$ wegen $\delta(0) = \infty$ ein Spannungsstoß $\sigma(0) = \infty$ erfolgt und dass für $t > 0$ wegen $\delta(t > 0) = 0$ die Spannung den konstanten Wert $\sigma(t > 0) = E\varepsilon_0$ annimmt, d.h., der *viskose* Spannungsanteil in (9.10) geht zum Zeitpunkt $t = 0$ gegen unendlich und verschwindet unmittelbar für $t > 0$. Mithin *relaxiert* der *KELVIN-Körper* **nicht**.

Die in (9.1) und (9.4) bzw. in (9.5) und (9.9) auftretenden *Hereditary-Integrale* (engl.: *hereditary* = *erblich*) gewinnt man unter Berücksichtigung des *BOLTZMANNschen Superpositionsprinzips*, wie im Folgenden am Beispiel des Kriechverhaltens eines isotropen linear-viskoelastischen Körpers unter einachsiger Belastung gezeigt wird.

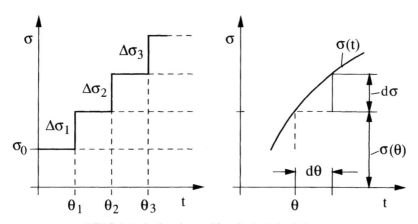

Bild 9.1 Stufenförmige und kontinuierliche Belastung

Der Körper werde stufenförmig belastet, wie in Bild 9.1 links angedeutet. Unter Berücksichtigung der *Kriechfunktion* (9.6) ergibt sich die „Kriechantwort" aufgrund des *Superpositionsprinzip* zu:

$$E\varepsilon(t) = \sigma_0 \kappa(t) + \Delta\sigma_1 \kappa(t-\theta_1) + \Delta\sigma_2 \kappa(t-\theta_2) + \ldots =$$
$$= \sum_{i=0}^{n} \Delta\sigma_i \kappa(t-\theta_i). \tag{9.12}$$

Darin kennzeichnet θ_i einen Zeitpunkt in der Vorgeschichte, zu dem ein neuer Spannungssprung $\Delta\sigma_i$ erfolgt, der bis zum Augenblick t wirksam bleibt.

Bei einer *kontinuierlichen* Belastungsvorgeschichte sind die Spannungssprünge differentiell klein [$\Delta\sigma_i \to d\sigma = (\partial\sigma(\theta)/\partial\theta)d\theta$], so dass die *diskretisierte* Antwort (9.12) in das *Hereditary-Integral*

$$\boxed{E\varepsilon(t) = \int_{-\infty}^{t} \frac{\partial\sigma(\theta)}{\partial\theta} \kappa(t-\theta)d\theta} \tag{9.13}$$

übergeht. Durch partielle Integration erhält man für $\sigma(-\infty) = 0$ aus (9.13) unmittelbar die Kriechantwort (9.5). Entsprechend leitet man (9.9) für die *Spannungsrelaxation* her.

Da sowohl das „Kriech-Integral" (9.5) als auch das „Relaxations-Integral" (9.9) bzw. das *Hereditary-Integral* (9.13) und das entsprechende Integral für die *Spannungsrelaxation* das *linear viskoelastische Verhalten* eines bestimmten Materials charakterisieren, muss eine Beziehung zwischen der *Kriechfunktion* $\kappa(t)$ und der *Relaxationsfunktion* $r(t)$ bestehen, die allerdings im Allgemeinen schwierig zu bestimmen ist. Über die *einseitige LAPLACE-Transformationen*

$$L\{\kappa\} \equiv \hat{\kappa}(s) = \int_0^{\infty} \kappa(t)e^{-st}dt \quad \text{und} \quad L\{r\} \equiv \hat{r}(s) = \int_0^{\infty} r(t)e^{-st}dt \tag{9.14a,b}$$

erhält man unter Berücksichtigung des *Faltungssatzes* (**Anmerkung**) jedoch eine einfache Beziehung zwischen den *Transformierten* im Bildbereich (BETTEN, 1969):

$$\boxed{\hat{\kappa}(s)\hat{r}(s) = 1/s^2}. \tag{9.15a}$$

Zur *Rücktransformation* auf den Originalbereich wird für die linke Seite in (9.15a) wieder der *Faltungssatz* verwendet, während die rechte Seite vermöge der *inversen LAPLACE-Transformation* gemäß $L^{-1}\{1/s^2\} = t$ auf den

9.1 Lineare Viskoelastizitätstheorie

Originalbereich abgebildet wird. Somit geht (9.15a) durch die *Rücktransformation* in folgende Zusammenhänge über:

$$\boxed{\int_0^t \kappa(t-\theta)r(\theta)d\theta = \int_0^t \kappa(\theta)r(t-\theta)d\theta = t}. \quad (9.15b)$$

Durch die gewonnenen Beziehungen (9.15a,b) wird es möglich, aus einer bekannten *Relaxationsfunktion* r(t) die zugehörige *Kriechfunktion* $\kappa(t)$ zu bestimmen oder umgekehrt.

Beispielsweise erhält man für den *MAXWELL-Körper* mit $r(t) = \exp(-Gt/\eta)$ gemäß (9.11a) und der LAPLACE-Transformierten $\hat{r} = 1/(s+G/\eta)$ aus (9.15a) die Transformierte $\hat{\kappa} = 1/s + (G/\eta)/s^2$ und daraus durch Rücktransformation schließlich die *Kriechfunktion* $\kappa(t) = 1 + (G/\eta)t$, die mit (9.7) übereinstimmt.

Analog erhält man für den *KELVIN-Körper* mit $\kappa(t) = 1 - \exp(-Gt/\eta)$ gemäß (9.8) und der LAPLACE-Transformierten $\hat{\kappa} = 1/s - 1/(s+G/\eta)$ aus (9.15a) die Transformierte $\hat{r} = 1/s + \eta/G$ und daraus durch Rücktransformation schließlich die *Relaxationsfunktion* $r(t) = 1 + (\eta/G)\delta(t)$, die mit (9.11b) übereinstimmt.

Anmerkung: Die Herleitung der Beziehung (9.15a) erfolgt unter Berücksichtigung des *Faltungssatzes*, wie oben angedeutet. Als *Faltung (convolution)* zweier Funktionen $f_1(t)$ und $f_2(t)$ bezeichnet man die gemäß

$$\varphi(t) := \int_0^t f_1(\Theta) f_2(t-\Theta) d\Theta \equiv f_1 * f_2$$

definierte Funktion $\varphi(t)$. Führt man die Substitution $\tau = t - \Theta$ ein, so kann $\varphi(t)$ alternativ durch

$$\varphi(t) := \int_0^t f_2(\tau) f_1(t-\tau) d\tau \equiv f_2 * f_1$$

ausgedrückt werden. Man erkennt, dass die *Faltung* von der Reihenfolge der Funktionen unabhängig ist, $f_1 * f_2 = f_2 * f_1$, d.h., die *Faltung* zweier Funktionen ist *kommutativ*.

Wendet man auf die *Faltung* die *einseitige LAPLACE-Transformation* an, so erhält man den *Faltungssatz*

$$\boxed{\hat{\varphi}(s) \equiv L\{f_1 * f_2\} = L\{f_1\} L\{f_2\} \equiv \hat{f}_1 \hat{f}_2},$$

der besagt, dass *die Faltung im Originalbereich einer gewöhnlichen Multiplikation im Bildbereich entspricht*. Anders formuliert:

Die LAPLACE-Transformation der Faltung zweier Funktionen stimmt überein mit dem Produkt der Transformierten dieser beiden Funktionen.

Zur Herleitung der Beziehung (9.15a) wende man den Faltungssatz auf (9.13) mit $\Theta = 0$ als untere Grenze und auf ein entsprechendes Integral für $\sigma(t)$, d.h. auf die Integrale

$$E\varepsilon(t) = \int_0^t \frac{\partial \sigma(\Theta)}{\partial \Theta} \kappa(t-\Theta) d\Theta \quad \text{und} \quad \frac{\sigma(t)}{E} = \int_0^t \frac{\partial \varepsilon(\Theta)}{\partial \Theta} r(t-\Theta) d\Theta$$

an. So erhält man wegen

$$f_1(t) \equiv \partial \sigma(t)/\partial t \quad \text{und} \quad f_2(t) \equiv \kappa(t) \quad \text{bzw.} \quad f_1(t) \equiv \partial \varepsilon(t)/\partial(t) \quad \text{und} \quad f_2(t) \equiv r(t)$$

die Beziehungen

$$E\hat{\varepsilon}(s) = \left[s\hat{\sigma}(s) - \sigma(0)\right]\hat{\kappa}(s) \quad \text{und} \quad \frac{\sigma(s)}{E} = \left[s\hat{\varepsilon}(s) - \varepsilon(0)\right]\hat{r}(s),$$

die sich mit den Anfangsbedingungen $\sigma(0) = 0$ und $\varepsilon(0) = 0$ zu

$$E\hat{\varepsilon}(s) = s\hat{\sigma}(s)\hat{\kappa}(s) \quad \text{und} \quad \hat{\sigma}(s) = sE\hat{\varepsilon}(s)\hat{r}(s)$$

vereinfachen. Aus diesen beiden Beziehungen folgt unmittelbar das Ergebnis (9.15a).

Die Integrale in (9.15b) sind Faltungen der Funktionen $\kappa(t)$ und $r(t)$. Wendet man auf (9.15b) die *LAPLACE-Transformation* an, so gelangt man unter Benutzung des *Faltungssatzes* und wegen $L\{t\} = 1/s^2$ wieder zurück zur Beziehung (9.15a).

Leitet man (9.15b) nach der Zeit t ab, so erhält man die Beziehungen

$$\int_0^t \frac{\partial \kappa(t-\Theta)}{\partial t} r(\Theta) d\Theta + \kappa(0) r(t) = 1 \; ,$$

$$\int_0^t \frac{\partial r(t-\Theta)}{\partial t} \kappa(\Theta) d\Theta + r(0) \kappa(t) = 1 \; .$$

Die zweite Form ist eine *duale* Form der ersten und umgekehrt. Durch Vertauschen von κ und r geht die eine Form in die andere über.

Setzt man beispielsweise die *Kriechfunktion* (9.7) des *MAXWELL-Fluids* in die erste Form ein und differenziert anschließend nach der Zeit t, so findet man die Differentialgleichung:

$$\frac{G}{\eta}\int_0^t r(\Theta)d\Theta + r(t) = 1 \quad \Rightarrow \quad \boxed{\frac{dr}{dt} + \frac{G}{\eta}r = 0},$$

deren Lösung die *Relaxationsfunktion* (9.11) des *MAXWELL-Fluids* ist.

Probleme *der linearen Viskoelastizitätstheorie* werden in zahlreichen Publikationen ausführlich behandelt. Aus der Fülle dieses Angebotes sei abschließend auf die Werke von CHRISTENSEN (1982), SOBOTKA (1984), KRAWIETZ (1986), TSCHOEGL (1989) und HAUPT (2000) hingewiesen.

9.2 Nichtlineare Viskoelastizitätstheorie

Für nichtlineare viskoelastische Stoffe kann man nicht mehr vom Superpositionsprinzip ausgehen. Die Materialgleichungen sind dann als *allgemeine Funktionale* zu formulieren, um den *Memory-Effekt* erfassen zu können:

$$\sigma_{ij}(t) = \underset{\theta=-\infty}{\overset{\theta=t}{F_{ij}}} \left[\partial x_p(\theta)/\partial a_q \right], \quad (9.16)$$

worin $\partial x_p/\partial a_q = F_{pq}$ der *Deformationsgradient* ist. Aufgrund der *materiellen Objektivität* darf eine überlagerte Starrkörperbewegung (7.34) bzw.

$$\overline{x}_i = Q_{ij}(t)x_j(a_p,t) \quad (9.17)$$

den CAUCHYschen Spannungstensor nicht beeinflussen, so dass man die Darstellung

$$\sigma_{ij}(t) = F_{ip}F_{jq} \underset{\theta=-\infty}{\overset{\theta=t}{F_{pq}}} [C_{rs}(\theta)] \quad (9.18)$$

erhält, in die der *rechte CAUCHY-GREEN Tensor* $C_{ij} = F_{ki}F_{kj}$ eingeht. Ein Beispiel ist das *lineare Funktional* (8.15). Weitere Darstellungen findet man z.B. bei TRUESDELL und NOLL (1965) oder auch bei HAUPT (2000).

9.3 Spezielle viskoelastische Modelle

Das phänomenologische Verhalten viskoelastischer Stoffe kann sehr anschaulich auf der Basis einiger Grundmodelle beschrieben werden, die man je nach Stoff in Parallel- oder Reihenschaltung zu Einzelelementen oder Ketten zusammenfügt. Dazu sollen im Folgenden einige Beispiele diskutiert werden, bei denen die rheologischen Modelle von KELVIN-VOIGT (*Festkörper*) und Maxwell (*Fluid*) als Grundelemente dienen.

9.3.1 Kriechspektren und Kriechfunktionen für die KELVIN-Kette

Der *KELVIN-VOIGT-Körper* (im Folgenden als *KELVIN-Körper* bezeichnet) besteht aus einer Parallelschaltung von HOOKEscher Feder und NEWTONschen Dämpfungszylinder (Bild 9.2).

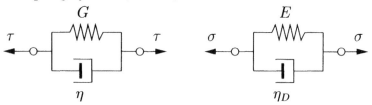

Bild 9.2 KELVIN-Körper unter Scher- bzw. Zugbeanspruchung

Die Modellparameter bei Scherbeanspruchung sind der *Gleitmodul* G und die *Scherviskosität* η, während bei Zugbeanspruchung der *Elastizitätsmodul* E und die *Dehnviskosität* η_D gemäß (7.24) als Parameter einzusetzen sind.

Aufgrund der Parallelschaltung addieren sich die Spannungsanteile $\tau_H = G\gamma$ (HOOKE) und $\tau_N = \eta\dot\gamma$ (NEWTON), so dass man folgende gewöhnliche Differentialgleichung mit konstanten Koeffizienten erhält:

$$\tau = G\gamma + \eta\dot\gamma\,, \tag{9.19}$$

die man leicht mit Hilfe *des integrierenden Faktors* $\exp(t/\lambda)$ integrieren kann:

$$\underbrace{\dot\gamma e^{t/\lambda} + \frac{G}{\eta}\gamma e^{t/\lambda}}_{\frac{d}{dt}(\gamma e^{t/\lambda})} = \frac{1}{\eta}\tau(t)e^{t/\lambda} \quad\Rightarrow\quad \boxed{\gamma(t) = \frac{1}{\eta}\int_{-\infty}^{t} e^{-(t-\theta)/\lambda}\,\tau(\theta)\,d\theta}\,. \tag{9.20}$$

Darin ist $\lambda \equiv \eta/G$ eine konstante *Retardationszeit*.

Zur Bestimmung der *Kriechfunktion* (9.6) für den *KELVIN-Körper* (9.8) setzt man in (9.20) die konstante Belastung $\tau(t) = \tau_0$ im Zeitraum $t \geq 0$ ein, so dass die Integration von $\theta = 0$ bis $\theta = t$ zu erstrecken ist mit dem Ergebnis

9.3 Spezielle viskoelastische Modelle

$$\kappa(t) := \frac{G\,\gamma(t)}{\tau_0} = 1 - \exp(-t/\lambda)\,, \qquad (9.21)$$

das mit (9.6) und (9.8) vereinbar ist, wenn man annimmt, dass für Zug- und Scherbeanspruchung dieselbe *Kriechfunktion* κ maßgeblich ist. Ein Unterschied kann nur in dem Parameter $\lambda = \eta/G$ liegen, den man bei Zug konsequent durch $\lambda_D = \eta_D/E$ einsetzen muss. Wegen (3.27b) und (7.24) sind die *Retardationszeiten* jedoch identisch: $\lambda_D \equiv \lambda$.

Im Folgenden wird als rheologisches Modell eine Kette mit einem *HOOKE-Element* und n *KELVIN*–*Elementen* untersucht (Bild 9.3).

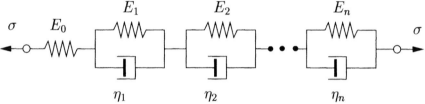

Bild 9.3 Kette mit einem HOOKE-Element und n KELVIN-Elementen

Darin bedeuten $\eta_1,\ldots,\eta_n$ aufgrund der Zugbelastung *Dehnsteifigkeiten*. Damit der Kernbuchstabe η nicht durch Zusatz „D" mit Indizes überladen wird, soll die einfachere Kennzeichnung η_n anstatt η_{Dn} gewählt werden. In der skizzierten Kette (Bild 9.3) ist das *Standart-Solid-Modell* enthalten (n = 1), das durch drei Parameter (E_0, E_1, η_1) und in Anlehnung an (9.6), (9.8) oder (9.21) durch die *Kriechfunktion*

$$\frac{1}{\sigma_0}\varepsilon(t) := J(t) = J_0 + J_1[1 - \exp(-t/\lambda_1)] \qquad (9.22)$$

mit $J_0 \equiv 1/E_0$, $J_1 \equiv 1/E_1$ und $\lambda_1 \equiv \eta_1/E_1$ charakterisiert ist.

Erweitert man das *Standard-Solid-Modell* gemäß Bild 9.3 durch weitere *KELVIN-Einheiten*, so erhält man in Verallgemeinerung von (9.22) folgende *Kriechfunktion*:

$$\boxed{J(t) = J_0 + \sum_{k=1}^{n} J_k[1 - \exp(-t/\lambda_k)]}\,. \qquad (9.23)$$

Darin sind $J_k \equiv 1/E_k$ die *Nachgiebigkeiten* der einzelnen hintereinander geschalteten *KELVIN-Einheiten* und $\lambda_k \equiv \eta_k/E_k$ die entsprechenden *Re-*

tardationszeiten. Die Wertepaare (λ_k, J_k) ergeben ein *diskretes Retardationsspektrum* (Bild 9.4).

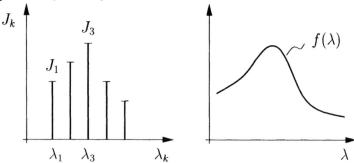

Bild 9.4 Diskretes und kontinuierliches Kriechspektrum

Bei unendlich vielen *KELVIN-Elementen* ($n \to \infty$) und infinitesimal benachbarten *Retardationszeiten* $\lambda_i = \eta_i / E_i$ geht ein *diskretes Retardationsspektrum* in ein *kontinuierliches* $f = f(\lambda)$ über (Bild 9.4). Die *Kriechfunktion*

$$J(t) := \frac{1}{\sigma_0} \varepsilon(t) \tag{9.24}$$

ergibt sich für das in Bild 9.3 dargestellte Modell mit $n \to \infty$ zu:

$$\boxed{J(t) = J_0 + \alpha \int_0^\infty f(\lambda)\,(1 - \exp(-t/\lambda))\,d\lambda} \quad . \tag{9.25}$$

Darin ist zur Normierung ein Parameter α eingeführt, der sich aus $J(\infty) \equiv J_\infty$ unter der Voraussetzung *normalisierter Kriechspektren*,

$$\int_0^\infty f(\lambda)\,d\lambda \equiv 1 \quad , \tag{9.26}$$

zu

$$\alpha \equiv J_\infty - J_0 \tag{9.27}$$

ergibt. Damit kann die Kriechfunktion (9.25) in der normierten Form

$$\boxed{K(t) := \frac{J(t) - J_0}{J_\infty - J_0} = 1 - \int_0^\infty f(\lambda)\,e^{-t/\lambda}\,d\lambda} \tag{9.28}$$

9.3 Spezielle viskoelastische Modelle

dargestellt werden. Zur Auswertung des Integrals in (9.28) wendet man zweckmäßigerweise eine *LAPLACE-Transformation* an. Dazu führt man die Transformation

$$\frac{1}{\lambda} = \xi \quad \text{mit} \quad d\lambda = -\frac{1}{\xi^2} d\xi \qquad (9.29)$$

ein und erhält:

$$\boxed{\frac{J(t) - J_0}{J_\infty - J_0} = 1 - \int_0^\infty \frac{f(\lambda = 1/\xi)}{\xi^2} e^{-t\xi} d\xi} \qquad (9.30a)$$

bzw.

$$\boxed{\frac{J(t) - J_0}{J_\infty - J_0} = 1 - L\{g(\xi)\}}, \qquad (9.30b)$$

wobei $L\{g(\xi)\}$ die *LAPLACE-Transformierte* der Funktion

$$g(\xi) = \frac{1}{\xi^2} f(\lambda = 1/\xi) \qquad (9.31)$$

ist.

Als erstes Beispiel sei die *POISSON-Verteilung*

$$f_1(\lambda) = \frac{1}{n!} \lambda^n e^{-\lambda} \quad \text{mit} \quad n = 0,1,2,... \qquad (9.32)$$

gewählt, die gemäß (9.26) normalisiert ist, wie über die *GAMMA-Funktion*

$$\Gamma(n) = \int_0^\infty \lambda^{n-1} e^{-\lambda} d\lambda \quad \text{mit} \quad \Gamma(n+1) = n! \qquad (9.33)$$

unmittelbar zu erkennen ist. Ersetzt man n durch n−1, so geht die *POISSON-Verteilung* in die *GAMMA-Verteilung* über. Die Auswertung von (9.30a,b) mit (9.32) erfolgt mit Hilfe der MAPLE-Software.

```
> macro(la=lambda); macro(inf=infinity);
> K:=(J(t)-J[0])/(J[inf]-J[0]);
```

$$K := \frac{J(t) - J_0}{J_\infty - J_0}$$

```
> K:=1-int((f[1](xi)/xi^2)*exp(-t*xi),xi = 0..inf);
```

$$K := 1 - \int_0^\infty \frac{f_1(\xi)e^{(-t\xi)}}{\xi^2}d\xi$$

Beispiel:
```
> f[1](la):=(1/n!)*(la^n)*exp(-la);
```

$$f_1(\lambda) := \frac{\lambda^n e^{(-\lambda)}}{n!}$$

In Bild 9.5 ist das Spektrum für verschiedene Werte von n dargestellt.
```
> plot0:= plot((1/0!)*(la^0)*exp(-la),la=0..5,0..1,
         colour=black,axes=boxed):
> plot1:= plot((1/1!)*(la^1)*exp(-la),la=0..5,0..1,
         colour=black,axes=boxed):
> plot2:= plot((1/2!)*(la^2)*exp(-la),la=0..5,0..1,
         colour=black,axes=boxed):
> plot3:= plot((1/3!)*(la^3)*exp(-la),la=0..5,0..1,
         colour=black,axes=boxed):
> plots[display]({plot0,plot1,plot2,plot3});
```

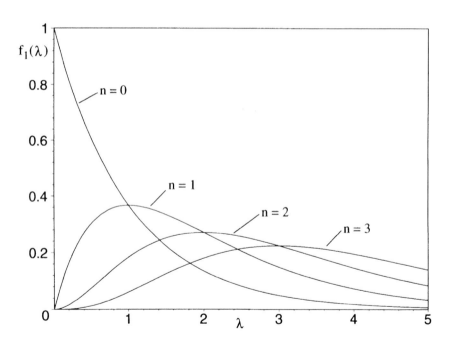

Bild 9.5 POISSON-Verteilungen (9.32) als kontinuierliche Kriechspektren

9.3 Spezielle viskoelastische Modelle

Wegen

$$\frac{df_1}{d\lambda} = \frac{\lambda^{n-1}}{n!}(n-\lambda)e^{-\lambda}$$

durchlaufen die Kurven an den Stellen $\lambda = n > 0$ ein Maximum.

Aus den in Bild 9.5 dargestellten Kriechspektren (9.32) gewinnt man mit Hilfe der LAPLACE-*Transformation* die *Kriechfunktionen* $J(t,n)$ in normierter Darstellung (9.30b), wie das folgende MAPLE-Programm zeigt (Bild 9.6).

```
> with(inttrans):
> g[1](xi):=subs(la=1/xi,f[1](la))/xi^2;
```

$$g_1(\xi) := \frac{e^{(-1/\xi)}}{n!\,\xi^n\xi^2}$$

```
> K[n]:=1-laplace(g[1](xi),xi,t);
```

$$K_n := 1 - 2\frac{t^{(1/2\,n)}\sqrt{t}\,\text{BesselK}(n+1, 2\sqrt{t})}{n!}$$

```
> K[0]:=subs(n=0,K[n]);
```

$$K_0 := 1 - 2\sqrt{t}\,\text{BesselK}(1, 2\sqrt{t})$$

```
> K[1]:=subs(n=1,K[n]);
```

$$K_1 := 1 - 2t\,\text{BesselK}(2, 2\sqrt{t})$$

```
> K[2]:=subs(n=2,K[n]);
```

$$K_2 := 1 - t^{(3/2)}\,\text{BesselK}(3, 2\sqrt{t})$$

```
> K[3]:=subs(n=3,K[n]);
```

$$K_3 := 1 - \frac{1}{3}t^2\,\text{BesselK}(4, 2\sqrt{t})$$

```
> plot0:=plot(K[0],t=0..5,0..1,axes=boxed):
> plot1:=plot(K[1],t=0..5,0..1,axes=boxed):
> plot2:=plot(K[2],t=0..5,0..1,axes=boxed):
> plot3:=plot(K[3],t=0..5,0..1,axes=boxed):
> plots[display]({plot0, plot1, plot2, plot3});
```

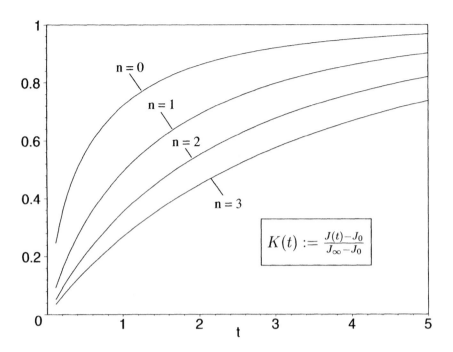

Bild 9.6 Kriechfunktionen in normierter Darstellung (9.30) auf der Basis der POISSON-Verteilungen (9.32) als Kriechspektren.

Als zweites Beispiel sei die *MAXWELLsche Verteilungsfunktion*
```
> f[2](la):=(a/2/sqrt(Pi)/(la^(3/2))*exp(-(a^2/4/la)));
```

$$f_2(\lambda) := \frac{1}{2} \frac{a e^{(-a^2/4\lambda)}}{\sqrt{\pi} \lambda^{(3/2)}} \qquad (9.34)$$

gewählt, die für $a > 0$ gemäß (9.26) *normalisiert* ist und somit *zulässig* ist. In Bild 9.7 ist das Spektrum für verschiedene Werte von a dargestellt.

```
> plot1:=plot(subs(a=3/2,f[2](la)), la=0..1,0..7/4,
              axes=boxed):
> plot2:=plot(subs(a=1,f[2](la)), la=0..1,0..7/4,
              axes=boxed):
> plot3:=plot(subs(a=3/4,f[2](la)), la=0..1,0..7/4,
              axes=boxed):
> plots[display]({plot1,plot2,plot3});
```

9.3 Spezielle viskoelastische Modelle

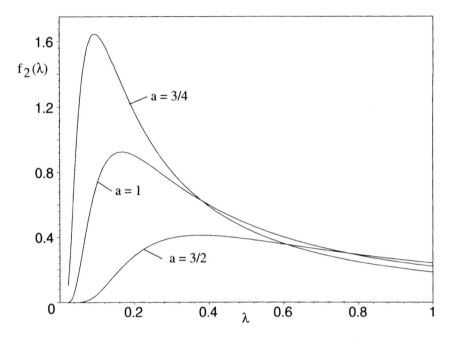

Bild 9.7 MAXWELLsche Verteilungsfunktionen (9.34) als Kriechspektren

Wegen

$$\frac{df_2}{d\lambda} = \frac{1}{8}\frac{a}{\sqrt{\pi}}\frac{a^2 - 6\lambda}{\lambda^{(7/2)}}e^{(-a^2/4\lambda)}$$

durchlaufen die *MAXWELLschen Verteilungsfunktionen* (9.34) an den Stellen $\lambda = (1/6)a^2$ ein Maximum. Die entsprechenden *Kriechfunktionen* J(t,a) in normierter Darstellung (9.30b) liefert das folgende MAPLE-Programm mit der Graphik 9.8.

```
> K[a]:=1-laplace((a/2/sqrt(Pi)/((1/xi^(3/2))))/(xi^2))
*exp(-xi*a^2/(4)),xi,t);
```

$$K_a := 1 - \frac{1}{2}\frac{a}{\sqrt{t + \frac{1}{4}a^2}}$$

```
> K[1]:=subs(a=3/2,K[a]);
```

$$K_1 := 1 - \frac{3}{4}\frac{1}{\sqrt{t+\frac{9}{16}}}$$

> K[2]:=subs(a=1,K[a]);

$$K_2 := 1 - \frac{1}{2}\frac{1}{\sqrt{t+\frac{1}{4}}}$$

> K[3]:=subs(a=3/4,K[a]);

$$K_3 := 1 - \frac{3}{8}\frac{1}{\sqrt{t+\frac{9}{64}}}$$

> plot1:=plot(K[1],t=0..5,0..1,axes=boxed):
> plot2:=plot(K[2],t=0..5,0..1,axes=boxed):
> plot3:=plot(K[3],t=0..5,0..1,axes=boxed):
> plots[display]({plot1,plot2,plot3});

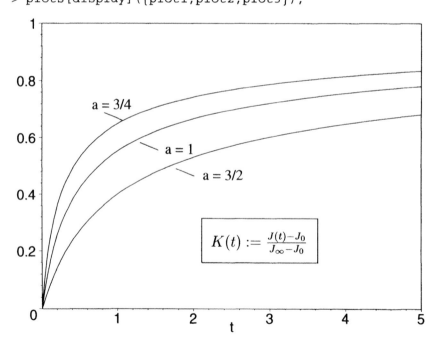

Bild 9.8 Kriechfunktionen in normierter Darstellung (9.30) auf der Basis der MAXWELLschen Verteilungsfunktionen (9.34) als Kriechspektren.

9.3 Spezielle viskoelastische Modelle

Als drittes Beispiel sei die *Chi-Quadrat-Verteilung*
```
>macro(la=lambda);macro(inf=infinity);macro(GA=GAMMA);
>f[3](la):=(1/2^(n/2)/GA(n/2))*la^((n-2)/2)*exp(-la/2);
```

$$f_3(\lambda) := \frac{\lambda^{(n/2-1)} e^{(-\lambda/2)}}{2^{(n/2)} \Gamma\left(\frac{1}{2}n\right)} \tag{9.35}$$

gewählt, die gemäß (9.26) normalisiert ist und somit zulässig ist:
```
> Int(f[3],la=0..inf)=int(f[3](la),la=0..inf);
```

$$\int_0^\infty f_3 \, d\lambda = 1 \ .$$

Die *Chi-Quadrat-Verteilung* (9.35) ist ein Sonderfall der *GAMMA-Verteilung*

$$f(\lambda) = \frac{\lambda^{(n-1)} e^{-\lambda}}{\Gamma(n)} . \tag{9.36}$$

In Bild 9.9 ist das Spektrum (9.35) für verschiedene Parameterwerte n dargestellt.
```
> plot1:=plot(subs(n=1,f[3](la)),la=0..5,0..1/2):
> plot2:=plot(subs(n=2,f[3](la)),la=0..5,0..1/2):
> plot3:=plot(subs(n=3,f[3](la)),la=0..5,0..1/2):
> plot4:=plot(subs(n=4,f[3](la)),la=0..5,0..1/2):
> plots[display]({plot1,plot2,plot3,plot4});
```

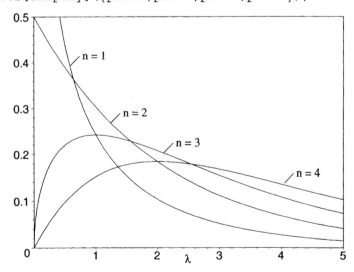

Bild 9.9 Chi-Quadrat-Verteilungen als Kriechspektren

Die Kurven mit einem Parameter n > 2 besitzen bei $\lambda = n - 2$ ein Maximum

Die Kriechfunktionen J(t,n) in normierter Darstellung (9.30b) liefert das folgende MAPLE-Programm mit der Grafik 9.10.

```
> with(inttrans):
> g[3](xi):=subs(la=1/xi,f[3](la))/xi^2;
```

$$g_3(\xi) := \frac{\left(\frac{1}{\xi}\right)^{(1/2n-1)} e^{(-1/2\xi)}}{2^{(1/2n)} \Gamma\left(\frac{1}{2}n\right) \xi^2}$$

```
> K[n]:=1-laplace(g[3](xi),xi,t);
```

$$K_n := 1 - 2 \frac{2^{(1/4n)} t^{(1/4n)} \text{BesselK}\left(\frac{1}{2}n, \sqrt{2}\sqrt{t}\right)}{2^{(1/2n)} \Gamma\left(\frac{1}{2}n\right)}$$

```
> K[1]:=subs(n=1,K[n]);
```

$$K_1 := 1 - \frac{2^{(3/4)} t^{(1/4)} \text{BesselK}\left(\frac{1}{2}, \sqrt{2}\sqrt{t}\right)}{\Gamma\left(\frac{1}{2}\right)}$$

```
> K[2]:=subs(n=2,K[n]);
```

$$K_2 := 1 - \frac{\sqrt{2}\sqrt{t}\, \text{BesselK}\left(1, \sqrt{2}\sqrt{t}\right)}{\Gamma(1)}$$

```
> K[3]:=subs(n=3,K[n]);
```

$$K_3 := 1 - \frac{2^{(1/4)} t^{(3/4)} \text{BesselK}\left(\frac{3}{2}, \sqrt{2}\sqrt{t}\right)}{\Gamma\left(\frac{3}{2}\right)}$$

```
> K[4]:=subs(n=4,K[n]);
```

$$K_4 := 1 - \frac{t\, \text{BesselK}\left(2, \sqrt{2}\sqrt{t}\right)}{\Gamma(2)}$$

```
> plot0:=plot(K[1],t=0..5,0..1,axes=boxed):
> plot1:=plot(K[2],t=0..5,0..1,axes=boxed):
> plot2:=plot(K[3],t=0..5,0..1,axes=boxed):
> plot3:=plot(K[4],t=0..5,0..1,axes=boxed):
> plots[display]({plot0, plot1, plot2, plot3});
```

9.3 Spezielle viskoelastische Modelle

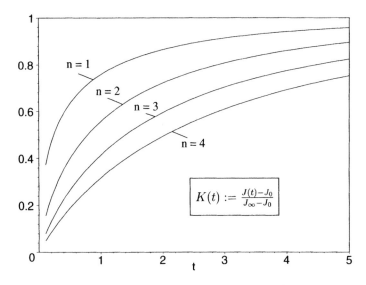

Bild 9.10 Kriechfunktionen in normierter Darstellung (9.30) auf der Basis der Chi-Quadrat-Verteilung (9.35)

9.3.2 Kriechverhalten nach dem Wurzel t-Gesetz

Umgekehrt kann man aus gegebenen Kriechfunktionen mit Hilfe inverser LAPLACE-Transformationen auf die zugeordneten Kriechspektren und damit auf das rheologische Modell schließen! Dazu sei als Beispiel das *Betonkriechen* betrachtet, das gemäß

$$\varepsilon(t) := a + b\left(1 - e^{-c\sqrt{t}}\right) \tag{9.37}$$

beschrieben werden kann. Mit Hilfe des *MARQUART-LEVENBERG-Algorithmus* ergeben sich die Parameter a, b, c aus experimentell aufgenommen Kriechkurven für Beton B300 (HUMMEL et al., 1962) zu a = 0.17, b = 1.475 und c = 0.109. Das zugehörige Spektrum erhält man aus der *inversen LAPLACE-Transformation*, wie der folgende Maple-Output zeigt.

Kriechfunktion für Beton:
> epsilon(t):=a+b*(1-exp(-c*sqrt(t)));

$$\varepsilon(t) := a + b\left(1 - e^{-c\sqrt{t}}\right)$$

Mit den Gleichungen (9.24) und (9.30) erhält man daraus die LAPLACE-Transformierte:
> L(g(xi)):=exp(-c*sqrt(t));

$$L(g(\xi)) := e^{(-c\sqrt{t})} \qquad (\textit{parabolische Exponentialfunktion}) \qquad (9.38)$$

> with(inttrans):
> g(xi):=invlaplace(exp(-c*sqrt(t)),t,xi);

$$g(\xi) = \frac{1}{2}\frac{c e^{(-1/4\frac{c^2}{\xi})}}{\sqrt{\pi}\,\xi^{(3/2)}} \qquad (\textit{MAXWELLsche Verteilungsfunktion}) \qquad (9.34)$$

Damit erhält man aus (9.31) das gesuchte Spektrum:

> f(la):=(1/la^2)*(subs(xi=1/la,g(xi)));

$$f(\lambda) := \frac{1}{2}\frac{c e^{(-1/4 c^2 \lambda)}}{\lambda^2 \sqrt{\pi}(\frac{1}{\lambda})^{(3/2)}} \qquad (9.39)$$

Für c=0.109 erhält man die graphische Darstellung:
> plot(subs(c=0.109,f(la)), la=0..5 ;

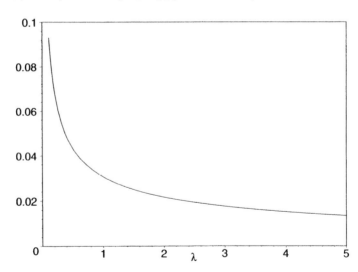

Bild 9.11. Normalisiertes Kriechspektrum (9.39) der Kriechfunktion (9.37)

In den nächsten beiden Bildern 9.12a,b werden jeweils zwei verschiedene Kriechkurven mit experimentellen Daten verglichen. Im ersten Bild ist

9.3 Spezielle viskoelastische Modelle

auf der Abszisse die Zeit t *linear* aufgetragen, während im zweiten Bild eine $\sqrt{t}$ -Einteilung gewählt ist.

Kriechkurven für Beton B300 im Vergleich mit experimentellen Daten (HUMMEl et al. , 1962):

```
>Messpunkte:=[0.0,0.17],[0.851,0.3928],[3.997,0.52],
  [7.67,0.6],[17.22,0.72],[30.69,0.858],[59.13,1.0],
  [95.64,1.1],[159.01,1.26],[193.21,1.31],[286.28,1.4],
  [334.94,1.43],[377.91,1.45],[900.0,1.58],
  [1103.56,1.65],[1207.56,1.64]:
```

> epsilon[A](t):=a+b*(1-exp(-c*sqrt(t)));

$$\varepsilon_A(t) := a + b\left(1 - e^{(-c\sqrt{t})}\right) \qquad (9.37)$$

> epsilon[B](t):=a+b*(1-exp(-c*t));

$$\varepsilon_B(t) := a + b\left(1 - e^{(-c\,t)}\right) \qquad (9.40)$$

```
> plot1:=plot(subs(a=0.17, b=1.475,
            c=0.109,epsilon[A](t)),t=0..1200):
> plot2:=plot(subs(a=0.17,b=1.289,c=0.0216,
            epsilon[B](t)), t=0..1200):
> plot3:=plot([Messpunkte],style=point,symbol=cross):
> plots[display]({plot1,plot2,plot3});
```

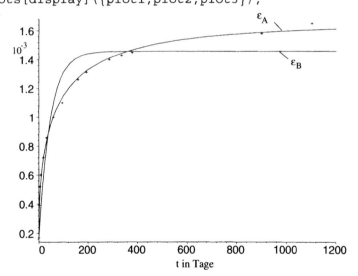

Bild 9.12a Kriechkurven für Beton im Vergleich mit Messwerten

Im nächsten Bild 9.12b erfolgt die Auftragung über wurzel_t = $\sqrt{t}$:

```
>Messpunkte:=[0.0,0.17],[0.92,0.3928],[1.99,0.52],
    [2.77,0.6],[4.15,0.72],[5.54,0.858],[7.69,1.0],
    [9.78,1.1],[12.61,1.26],[13.90,1.31],[16.92,1.4],
    [18.84,1.43],[19.44,1.45],[30.0,1.58],[33.22,1.65],
    [34.75,1.64]:
```

> epsilon[A](t):=a+b*(1-exp(-c*wurzel_t));

$$\varepsilon_A(t) := a + b\left(1 - e^{(-c\,\text{wurzel\_t})}\right) \qquad (9.37^*)$$

> epsilon[B](t):=a+b*(1-exp(-c*wurzel_t^2));

$$\varepsilon_B(t) := a + b\left(1 - e^{(-c\,\text{wurzel\_t}^2)}\right) \qquad (9.40^*)$$

```
> plot1:=plot(subs(a=0.17, b=1.475, c=0.109,
              epsilon[A](t)), wurzel_t=0..35):
> plot2:=plot(subs(a=0.17, b=1.289, c=0.0216,
              epsilon[B](t)), wurzel_t=0..35):
> plot3:=plot([Messpunkte], style=point, symbol=cross):
> plots[display]({plot1,plot2,plot3});
```

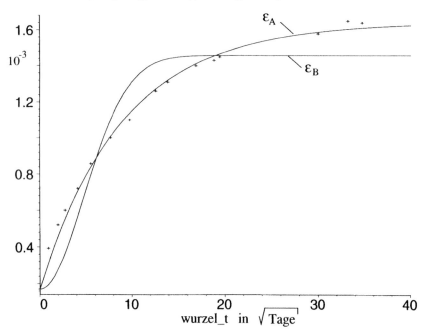

Bild 9.12b Kriechkurven für Beton im Vergleich mit Messwerten

9.3 Spezielle viskoelastische Modelle 271

Aus den Bildern (9.12a,b) erkennt man, dass die Kriechkurve $\varepsilon_A(t)$ besser mit den Messdaten übereinstimmt als die Kriechkurve $\varepsilon_B(t)$, was auch zu erwarten war. Die Darstellung in Bild 9.12b zeigt die Unterschiede noch deutlicher als in Bild 9.12a.

9.3.3 Kriechen als diffusionsgesteuerter Vorgang

Aufgrund der guten Übereinstimmung des $\sqrt{t}$ -*Gesetzes* mit dem experimentellen Befund (Bilder 9.12a,b) wird angenommen, dass Kriechen als *diffusionsgesteuerter Vorgang* gedeutet werden kann, wie im Folgenden ausführlich erläutert werden soll (BETTEN, 1971b).

Die *Kriechdehnung*, d.h. die „viskose Komponente" der Gesamtdehnung basiert bei metallischen Werkstoffen auf thermisch aktivierten Vorgängen, z.B. Klettern von Stufenversetzungen. Die dadurch bedingte Temperaturabhängigkeit kann durch eine *ARRHENIUS-Funktion* (1898) berücksichtigt werden, so dass man das Kriechen metallischer Werkstoffe bei hohen Temperaturen durch den Ansatz

$$\dot{\varepsilon} = A f(\sigma, T) \cdot \exp(-Q_k / RT) \quad (9.41)$$

beschreiben kann. Darin sind A eine „strukturabhängige Größe", Q_k die *Aktivierungsenergie des Kriechens* und R die allgemeine Gaskonstante. Die Funktion $f(\sigma, T)$ lässt sich durch $[\sigma/E(T)]^n$ ausdrücken, wobei der Exponent n für zahlreiche Werkstoffe zwischen 4 und 8 liegt. Bei den meisten Metallen hat sich eine gute Übereinstimmung zwischen der *Aktivierungsenergie Q_k des Kriechens* und der *Aktivierungsenergie Q_D der Selbstdiffusion*

$$D = D_0 \cdot \exp(-Q_D / RT) \quad (9.42)$$

gezeigt. Hieraus kann gefolgert werden (BETTEN, 1971b), dass Kriechen bei *homologen Temperaturen* von 0,4 bis 0,5 ein *diffusionsgesteuerter Vorgang* ist.

Zur Beschreibung der *Diffusion* wird im Folgenden die eindimensionale *Diffusionsgleichung*

$$\boxed{\frac{\partial c}{\partial t} = D \frac{\partial^2 c}{\partial x^2}} \quad (9.43)$$

zu Grunde gelegt. Darin ist der Diffusionskoeffizient D gemäß (9.42) unabhängig vom Ort und der Konzentration $c = c(x,t)$, die nicht mit dem Parameter c in (9.37) zu verwechseln ist. Zur Integration der Differentialgleichung (9.43) ist es naheliegend, die *dimensionslose* („gemischte") Veränderliche

$$\boxed{\xi \equiv \frac{x}{2\sqrt{Dt}}} \quad \text{mit} \quad \begin{cases} \dfrac{\partial \xi}{\partial t} = -\dfrac{x}{4\sqrt{D}\, t^{3/2}} \\ \dfrac{\partial \xi}{\partial x} = \dfrac{1}{2\sqrt{Dt}} \end{cases} \tag{9.44}$$

einzuführen. Damit erhält man:

$$\frac{\partial c}{\partial t} = \frac{\partial c}{\partial \xi}\frac{\partial \xi}{\partial t} = -\frac{x}{4\sqrt{D}\, t^{3/2}} = -\frac{1}{2t}\xi\frac{\partial c}{\partial \xi} \tag{9.45}$$

und

$$\frac{\partial c}{\partial x} = \frac{1}{2\sqrt{Dt}}\frac{\partial c}{\partial \xi} \quad \Rightarrow \quad \frac{\partial^2 c}{\partial x^2} = \frac{1}{4Dt}\frac{\partial^2 c}{\partial \xi^2}, \tag{9.46a,b}$$

so dass die partielle Differentialgleichung (9.43) in die gewöhnliche Differentialgleichung

$$\boxed{\frac{d^2 c}{d\xi^2} + 2\xi\frac{dc}{d\xi} = 0} \tag{9.47}$$

übergeht. Durch eine weitere Substitution $u \equiv dc/d\xi$ und nach Trennung der Veränderlichen (u, ξ) erhält man:

$$\frac{du}{u} = -2\xi\, d\xi \quad \Rightarrow \quad \ln u = -\xi^2 + b \quad \Rightarrow \quad u = B e^{-\xi^2}$$

und daraus wegen $u \equiv dc/d\xi$ durch Integration schließlich die Konzentration

$$c(x,t) - c_0 = B\int_0^\xi \exp(-\xi^{*2})\, d\xi^* \tag{9.48a}$$

bzw.

$$\boxed{c(x,t) - c_0 = \frac{B}{2}\sqrt{\pi}\, \text{erf}(\xi)}. \tag{9.48b}$$

Darin ist $\text{erf}(\xi)$ das *GAUSSsche Fehlerintegral* („erf" $\hat{=}$ *error function*),

9.3 Spezielle viskoelastische Modelle

$$\mathrm{erf}(\xi) = \frac{2}{\sqrt{\pi}} \int_0^{\xi} \exp(-\xi^{*2}) d\xi^* \quad , \tag{9.49}$$

das in der MAPLE-Software als Standardfunktion implementiert ist (Bild 9.13).

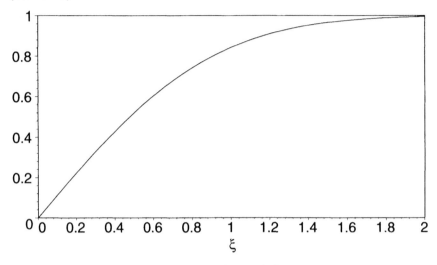

Bild 9.13 GAUSSsches Fehlerintegral

Aus dem Ergebnis (9.48b) gewinnt man die Umkehrfunktion $\xi = \xi(c)$ und somit unter Berücksichtigung der Substitution (9.44) die Eindringtiefe (*Diffusionsweg*) für eine bestimmte Konzentration c zu:

$$\boxed{x = x(c,t) = 2\sqrt{D}\,\xi(c)\sqrt{t}} \quad . \tag{9.50}$$

Damit ist das $\sqrt{t}$-*Gesetz* für den Diffusionsweg formuliert. Beispielsweise folgert man daraus, dass dieselbe Konzentration in der doppelten Eindringtiefe erst in der vierfachen Zeit erreicht wird.

Analog zum *Diffusionsweg* kann das $\sqrt{t}$-*Gesetz* auch zur Beschreibung des *nicht-linearen* viskoelastischen Verhaltens rheologischer Körper herangezogen werden, wie die *Kriechkurven* von Beton in den Bildern 9.12a,b oder das *Relaxationsverhalten von Glas* (Ziffer 9.3.4) zeigen.

In der linearen Viskoelastizitätstheorie wird die viskose Komponente durch einen NEWTONschen Dämpfungszylinder berücksichtigt mit einem Spannungsanteil $\tau_N = \eta\dot{\gamma}$ in (9.19) bzw. $\sigma_N = \eta_D\dot{\varepsilon}$, so dass bei konstanter

Belastung der NEWTONsche Dämpfungszylinder gemäß $\gamma = (\tau_0/\eta)t$ bzw. $\varepsilon = (\sigma_0/\eta_D)t$ reagiert. Ersetzt man darin die lineare Zeitabhängigkeit in Analogie zum Diffusionsweg durch das $\sqrt{t}$-*Gesetz*, so erfolgt die Reaktion des *nichtlinearen Dämpfungszylinders* gemäß

$$\gamma = C(\tau_0/G)\sqrt{t} \quad \text{bzw.} \quad \varepsilon = c(\sigma_0/E)\sqrt{t} \ . \tag{9.51a,b}$$

Aus (9.51a,b) erhält man durch Ableiten nach der Zeit:

$$\tau_0 = (2/C)G\sqrt{t}\,\dot\gamma \quad \text{bzw.} \quad \sigma_0 = (2/c)E\sqrt{t}\,\dot\varepsilon \ . \tag{9.52a,b}$$

Aufgrund der Parallelschaltung (Bild 9.2) wird zu (9.52a,b) jeweils der HOOKEsche Spannungsanteil $\tau_0 = G\gamma$ bzw. $\sigma_0 = E\varepsilon$ addiert, so dass im Gegensatz zu (9.19) die Differentialgleichungen

$$\gamma + (2/C)\sqrt{t}\,\dot\gamma = \tau_0/G \quad \text{und} \quad \varepsilon + (2/c)\sqrt{t}\,\dot\varepsilon = \sigma_0/E \tag{9.53a,b}$$

gelten, die analog (9.20) mittels eines *integrierenden Faktors* $\exp(c\sqrt{t})$ leicht integriert werden können, wie an (9.53b) als Beispiel folgendermaßen gezeigt wird:

$$\left.\begin{array}{l}\underbrace{\dot\varepsilon e^{c\sqrt{t}} + \dfrac{c}{2\sqrt{t}}\varepsilon e^{c\sqrt{t}}}_{\dfrac{d}{dt}(\varepsilon e^{c\sqrt{t}})} = \dfrac{\sigma_0}{E}\dfrac{c}{2\sqrt{t}}e^{c\sqrt{t}}\end{array}\right\} \Rightarrow \boxed{\varepsilon(t) = \dfrac{\sigma_0}{E} + A\ e^{-c\sqrt{t}}} . \tag{9.54}$$

Darin ergibt sich die Integrationskonstante A aus der Anfangsbedingung $\varepsilon(0) = 0$ zu $A = -\sigma_0/E$, so dass man schließlich die Lösung

$$\boxed{\varepsilon_a(t) = \dfrac{\sigma_0}{E}\left[1 - \exp(-c\sqrt{t})\right]} \tag{9.55a}$$

erhält. Im Gegensatz dazu ist die *Kriechfunktion* des KELVIN-Körpers wegen (9.8), (9.21) durch

$$\boxed{\varepsilon_b(t) = \dfrac{\sigma_0}{E}\left[1 - \exp(-t/\lambda)\right]} \tag{9.55b}$$

gegeben. Beide Ergebnisse sind zum Vergleich für $\sigma_0/E = 1$ und $c = 1/\lambda = 1$ in Bild 9.14 gegenübergestellt.

9.3 Spezielle viskoelastische Modelle   275

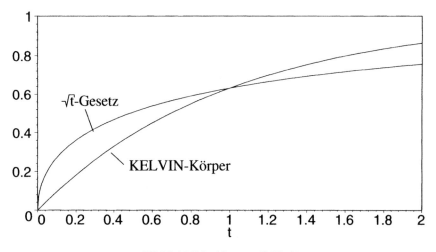

Bild 9.14 Kriechkurven (9.55a,b)

Erweitert man das KELVIN-Modell (Bild 9.2) um eine vorgeschaltete HOOKEsche Feder, so erhält man das *Standard-Solid-Modell*, das in der Kette nach Bild 9.3 für n = 1 als Teilmodell enthalten ist und für das die *Kriechfunktion* (9.22) gilt. Es ist naheliegend, auch auf das *Standard-Solid-Modell* das $\sqrt{t}$ *-Gesetz* anzuwenden, d.h. den linearen Dämpfungszylinder entsprechend auszutauschen. Somit kann die Gegenüberstellung (9.55a,b) für das *modifizierte* und das *lineare Standard-Solid-Modell* gemäß

$$\varepsilon_A(t) = a_1 + b_1\left[1 - \exp(-c_1\sqrt{t})\right] \tag{9.56a}$$

$$\varepsilon_B(t) = a_2 + b_2[1 - \exp(-c_2 t)] \tag{9.56b}$$

erweitert werden. Diese Beziehungen sind mit (9.37) und (9.40) identisch und in den Bildern 9.12a,b mit experimentellen Daten verglichen worden.

Der Unterschied der beiden Lösungen (9.56a,b) in einem Bereich $0 \leq \tau \leq t$, auch „Abstand" der beiden Funktionen genannt, kann durch die L_2-*Fehlernorm*

$$L_2 \equiv \|\varepsilon_A(\tau) - \varepsilon_B(\tau)\|_2 := \sqrt{\int_0^t [\varepsilon_A(\tau) - \varepsilon_B(\tau)]^2 \, d\tau} \tag{9.57}$$

ausgedrückt werden.

Mit den experimentellen Daten für Beton (Bilder 12a,b)

$a_1 = 0.17$	$b_1 = 1.475$	$c_1 = 0.109$
$a_2 = 0.17$	$b_2 = 1.289$	$c_2 = 0.0216$

erhält man für die L_2-Fehlernorm für den Bereich zwischen $0 \leq \tau \leq 1200$ mit (9.56a,b) einen Wert von

$$L_2 = \mathbf{3.832}.$$

Dieser Wert ist sehr groß, d.h., das *lineare Standard-Solid-Modell* (9.56b) weicht zu stark von dem *modifizierten Modell* (9.56a) ab, das mit dem experimentellen Befund gut übereinstimmt, wie die Bilder 9.12a,b zeigen.

9.3.4 Relaxationsspektren und Relaxationsfunktionen für die MAXWELL-Kette

Im Gegensatz zum KELVIN-Körper (Bild 9.2) besteht der MAXWELL-Körper aus einer Reihenschaltung von HOOKEscher Feder und NEWTONschem Dämpfungszylinder, so dass analog (9.19) die Differentialgleichung

$$\dot{\gamma} = \dot{\tau}/G + \tau/\eta \qquad (9.58)$$

maßgeblich ist, die man mit Hilfe des *integrierenden Faktors* $\exp(t/\lambda)$ leicht integrieren kann:

$$\underbrace{\dot{\tau}e^{t/\lambda} + \frac{G}{\eta}\tau e^{t/\lambda}}_{\frac{d}{dt}\left(\tau\, e^{t/\lambda}\right)} = G\,\dot{\gamma}e^{t/\lambda} \quad \Rightarrow \quad \boxed{\tau(t) = G\int_{-\infty}^{t} e^{-(t-\theta)/\lambda}\,\dot{\gamma}(\theta)d\theta}\,. \qquad (9.59)$$

Darin ist $\lambda \equiv \eta/G$ eine konstante *Relaxationszeit*.

Zur Bestimmung der *Relaxationsfunktion* (9.10) für den MAXWELL-Körper (9.11) setzt man aufgrund einer konstanten Dehnung ε_0 bzw. Scherung γ_0 in der Differentialgleichung (9.58) die Schergeschwindigkeit $\dot{\gamma} = 0$. Damit wird (9.58) eine homogene Differentialgleichung, deren Lösung sich nach Trennung der Veränderlichen (τ, t) und unter Berücksichtigung der Anfangsreaktion $\tau(0) = G\,\gamma_0$ zu

9.3 Spezielle viskoelastische Modelle

$$r(t) := \frac{\tau(t)}{G\gamma_0} = \exp(-t/\lambda) \qquad (9.60)$$

ergibt. Dieses Ergebnis ist mit (9.10) und (9.11) vereinbar, wenn man wie bei der Kriechfunktion (9.21) annimmt, dass für Dehnung und Scherung dieselbe *Relaxationsfunktion* r(t) maßgeblich ist. Ein Unterschied kann nur in dem Parameter $\lambda = \eta/G$ liegen, den man bei Dehnung konsequent durch $\lambda_D = \eta_D/E$ ersetzen muss. Wegen (3.27b) und (7.24) sind die *Relaxationszeiten* jedoch identisch: $\lambda_D \equiv \lambda$.

Im Folgenden wird als rheologisches Modell eine Kette mit einem *HOOKE-Element* und n *MAXWELL-Elementen* untersucht (Bild 9.15).

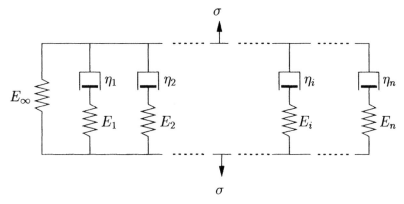

Bild 9.15 Kette mit einem HOOKE-Element und n MAXWELL-Elementen

In der skizzierten Kette (Bild 9.15) ist das *POYNTING-THOMSON-Modell* enthalten (n = 1), das durch drei Parameter (E_∞, E_1, η_1) und in Anlehnung an (9.10), (9.11) oder (9.60) durch die *Relaxationsfunktion*

$$\frac{1}{\varepsilon_0}\sigma(t) := E(t) = E_\infty + E_1 \cdot \exp(-t/\lambda_1) \qquad (9.61)$$

charakterisiert ist.

Erweitert man das *POYNTING-THOMSON-Modell* gemäß Bild 9.15 durch weitere *MAXWELL-Einheiten*, so erhält man in Verallgemeinerung von (9.61) analog (9.23) folgende *Relaxationsfunktion*:

$$\boxed{E(t) = E_\infty + \sum_{k=1}^{n} E_k \cdot \exp(-t/\lambda_k)} \qquad (9.62)$$

Darin sind E_k die *Steifigkeiten* der einzelnen parallel geschalteten *MAX-WELL-Einheiten* und $\lambda_k \equiv \eta_k/E_k$ die entsprechenden *Relaxationszeiten*. Die Wertepaare (λ_k, E_k) ergeben analog Bild 9.4 ein *diskretes Relaxationsspektrum*. Die Größe E_∞ kann als „Langzeit-Gleichgewichtswert" des *Relaxationsmoduls* E(t) gedeutet werden.

Bei unendlich vielen *MAXWELL-Elementen* (n → ∞) und infinitesimal benachbarten *Relaxationszeiten* $\lambda_i = \eta_i/E_i$ geht analog Bild 9.4 ein *diskretes Relaxationsspektrum* in ein *kontinuierliches* $h = h(\lambda)$ über. Analog (9.25) ergibt sich die *Relaxationsfunktion*

$$E(t) := \frac{1}{\varepsilon_0}\sigma(t) \qquad (9.63)$$

für das in Bild 9.15 dargestellte Modell mit n → ∞ zu:

$$\boxed{E(t) = E_\infty + \beta \int_0^\infty h(\lambda)\cdot\exp(-t/\lambda)\,d\lambda} \qquad (9.64)$$

Darin ist zur Normierung ein Parameter β eingeführt, der sich aus $E(0) \equiv E_0$ unter der Voraussetzung *normalisierter Relaxationsspektren*,

$$\int_0^\infty h(\lambda)\,d\lambda \equiv 1 \;, \qquad (9.65)$$

zu

$$\beta = E_0 - E_\infty \qquad (9.66)$$

ergibt. Damit kann die *Relaxationsfunktion* (9.64) analog (9.28) in normierter Form

$$\boxed{R(t) := \frac{E(t)-E_\infty}{E_0-E_\infty} = \int_0^\infty h(\lambda)\cdot\exp(-t/\lambda)\,d\lambda} \qquad (9.67)$$

dargestellt werden. Zur Auswertung des Integrals in (9.67) wendet man zweckmäßigerweise eine *LAPLACE-Transformation* an. Dazu führt man gemäß (9.29) die Transformation $1/\lambda = \xi$ ein und erhält:

$$\boxed{\frac{E(t)-E_\infty}{E_0-E_\infty} = \int_0^\infty \frac{h(\lambda=1/\xi)}{\xi^2}\exp(-t\xi)\,d\xi} \qquad (9.68a)$$

9.3 Spezielle viskoelastische Modelle

bzw.

$$\boxed{\frac{E(t)-E_\infty}{E_0-E_\infty} = L\{H(\xi)\}}, \qquad (9.68b)$$

wobei $L\{H(\xi)\}$ die *LAPLACE-Transformierte* der Funktion

$$H(\xi) = \frac{1}{\xi^2} h(\lambda = 1/\xi) \qquad (9.69)$$

ist.

Als Beispiel sei für $h(\lambda)$ die *POISSON-Verteilung* $h(\lambda) \equiv f_1(\lambda)$ gemäß (9.32) gewählt, die auch als Kriechspektrum in (9.28) eingesetzt wurde und in Bild 9.5 dargestellt ist. Für dieses Beispiel gewinnt man mit Hilfe der *LAPLACE-Transformation* die *Relaxationsfunktionen* $E(t, n)$ in normierter Darstellung (9.68b), wie das folgende MAPLE-Programm zeigt (Bild 9.16).

```
> with(inttrans):
> H(xi):=(exp(-1/xi))/n!/xi^n/xi^2;
```

$$H(\xi) := \frac{e^{(-1/\xi)}}{n!\,\xi^n\,\xi^2}$$

```
> R[n]:=laplace(H(xi),xi,t);
```

$$R_n := 2\frac{t^{(1/2\,n)}\sqrt{t}\,\text{BesselK}(n+1,2\sqrt{t})}{n!}$$

```
> R[0]:=subs(n=0,R[n]);
```

$$R_0 := 2\sqrt{t}\,\text{BesselK}(1, 2\sqrt{t})$$

```
> R[1]:=subs(n=1,R[n]);
```

$$R_1 := 2t\,\text{BesselK}(2, 2\sqrt{t})$$

```
> R[2]:=subs(n=2,R[n]);
```

$$R_2 := t^{(3/2)}\,\text{BesselK}(3, 2\sqrt{t})$$

```
> R[3]:=subs(n=3,R[n]);
```

$$R_3 := \frac{1}{3}t^2\,\text{BesselK}(4, 2\sqrt{t})$$

```
> plot0:=plot(R[0],t=0..5,0..1,axes=box):
> plot1:=plot(R[1],t=0..5,0..1,axes=box):
```

```
> plot2:=plot(R[2],t=0..5,0..1,axes=box):
> plot3:=plot(R[3],t=0..5,0..1,axes=box):
> plots[display]({plot0,plot1,plot2,plot3});
```

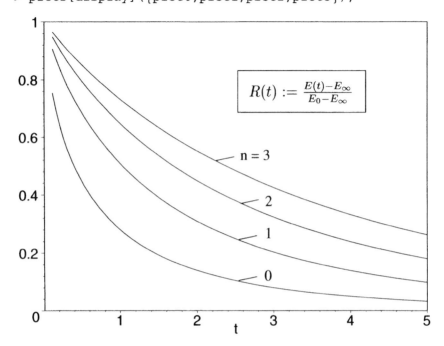

Bild 9.16 Relaxationsfunktionen in normierter Darstellung (9.68) auf der Basis der POISSON-Verteilungen (9.32) als Relaxationsspektren

9.3.5 Relaxationsverhalten nach dem Wurzel t -Gesetz

Unter Relaxation ist in Ziffer 9.3.4 und auch im Folgenden die *Spannungsrelaxation* zu verstehen. Im Gegensatz dazu ist auch die *Strukturrelaxation* von Bedeutung (SCHERER, 1986), die dadurch gekennzeichnet ist, dass nach einer plötzlichen Temperaturänderung das Volumen bzw. die Dichte sich *zeitlich* ändern.

Zur Beschreibung der *Spannungsrelaxation* in Glas kann auch anstelle der *MAXWELL-Kette* (Bild 9.15) ein auf der Basis des $\sqrt{t}$ *-Gesetzes* modifiziertes *POYNTING-THOMSON-Modell* (9.61) herangezogen werden. Somit erhält man analog zum *Standard-Solid-Modell* (9.56a,b) folgende Gegenüberstellung:

9.3 Spezielle viskoelastische Modelle

$$\sigma_A(t) = a_3 + b_3 \exp\left(-c_3 \sqrt{t}\right) \quad (9.70a)$$

$$\sigma_B(t) = a_4 + b_4 \exp(-c_4 t) \quad (9.70b)$$

Damit erhält man die *normierte Relaxationsfunktion*

$$R := \frac{E(t) - E_\infty}{E_0 - E_\infty} = \frac{\sigma(t) - \sigma_\infty}{\sigma_0 - \sigma_\infty} \quad (9.71)$$

zu:

$$R_A = \exp(-c_3 \sqrt{t}) \quad R_B = \exp(-c_4 t) \quad . \quad (9.72a,b)$$

Da sich die Parameter a_4 und b_4 in (9.70b) durch die Normierung (9.71) herauskürzen, gilt (9.72b) auch für den *MAXWELL-Körper*. Die *Relaxationsfunktionen* (9.72a,b) sind analog zu Bild 9.14 in Bild 9.17 dargestellt.

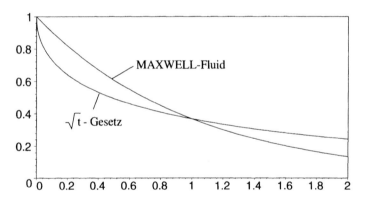

Bild 9.17 Relaxationsfunktionen (9.72a,b)

Eine Vielzahl von experimentellen Untersuchungen an verschiedenen Glasarten (SCHERER, 1986) hat gezeigt, dass die *Spannungsrelaxation* in Glas sehr gut durch die *modifizierte Relaxationsfunktion*

$$r(t) = \exp\left[-(t/\lambda)^b\right] \quad (9.73)$$

der MAXWELLschen Form (9.60) beschrieben werden kann. Dieser Ansatz wird häufig als *KOHLRAUSCH-Funktion* (1847) oder auch als b-Funktion bezeichnet (SCHERER, 1986). Darin ist λ ein zeitunabhängiger Parameter.

Der Exponent b weicht bei vielen Glasarten nur geringfügig vom Wert $b = 1/2$ ab, so dass wiederum das $\sqrt{t}$ -Gesetz bestätigt wird. Allerdings kann (9.73) nur für *stabilisiertes Glas* gelten, d.h., das Glas wird einer konstanten Temperatur ausgesetzt, bis seine Eigenschaften zeitlich konstant bleiben. Erst danach erfolgt die Belastung. Im Gegensatz dazu sind die Viskosität η und andere typische Materialeigenschaften (z.B. die Dichte) beim *unstabilisierten Glas* (im Übergangsbereich *flüssig → fest*) *zeitabhängig*. Dann ist die Relaxationsfunktion (9.73) durch den Ansatz

$$r(t) = \exp\left[-\left(\int_0^t \frac{G_0\, dt^*}{\eta(t^*)}\right)^b\right] \qquad (9.74)$$

zu ersetzen, wobei in Übereinstimmung mit dem experimentellen Befund der Exponent b wiederum durch $b \approx 1/2$ angenommen werden kann (SCHERER, 1986).

9.3.6 Mechanische Hysterese rheologischer Körper

Zur Beurteilung des *dynamischen Verhaltens* rheologischer Körper ist es zweckmäßig, ihre charakteristischen *Hysteresisschleifen* im $\sigma - \varepsilon -$ Koordinatensystem experimentell aufzunehmen oder analytisch zu be-stimmen. Insbesondere gibt der Inhalt der Hysteresisschleife die je Belastungszyklus zerstreute Energie wieder. Über einen Bezugswert erhält man daraus die spezifische Dämpfung, die man auch mit *Werkstoff-dämpfung* bezeichnet. Im Folgenden soll am Beispiel des *KELVIN-Körpers* gezeigt werden, wie man unmittelbar die mechanische Hysterese rheo-logischer Körper analytisch bestimmen kann.

Der KELVIN-Körper unterliege einer Belastung infolge periodischer Erregung mit der Erregerfrequenz Ω:

$$\sigma(t) = \sigma_0 \cos\Omega t \qquad (9.75a)$$

bzw. in komplexer Darstellung:

$$\sigma(t) = \sigma_0 \,\text{Re}\left(e^{i\Omega t}\right). \qquad (9.75b)$$

Mit (9.8) und (9.75b) erhält man aus der allgemeinen Form (9.5):

$$E\varepsilon(t) = \frac{\sigma_0}{\lambda} e^{-t/\lambda}\,\text{Re}\left\{\int_{-\infty}^{t} e^{i\Omega\Theta} e^{\Theta/\lambda} d\Theta\right\} \qquad (9.76a)$$

9.3 Spezielle viskoelastische Modelle

oder nach Integration und Trennung von Real- und Imaginärteil:

$$E\varepsilon(t) = \frac{1}{1+\Omega^2\lambda^2}(\sigma_0 \cos\Omega t + \Omega\lambda\sigma_0 \sin\Omega t) \ . \qquad (9.76b)$$

Entsprechend der Störfunktion gemäß (9.75a) kann als Lösung angesetzt werden:

$$E\varepsilon(t) = \frac{\sigma_0}{1+\Omega^2\lambda^2}\cos(\Omega t - \alpha) \qquad (9.77)$$

mit α als Phasenwinkel zwischen Erregerspannung σ und Verzerrungsform ε. Wendet man auf (9.77) das Additionstheorem an, so erhält man durch Koeffizientenvergleich mit (9.76b) unmittelbar den Phasenwinkel α zu

$$\alpha = \arctan\Omega\lambda = \arctan\Omega(\eta/G) \ , \qquad (9.78)$$

der häufig auch mit *Verlustwinkel* bezeichnet wird. Die Amplitude der Schwingungsform ergibt sich durch Extremwertbildung $(\dot\varepsilon = 0)$ aus (9.76b) zu:

$$E\varepsilon_a = \sigma_0 \big/ \sqrt{1+\Omega^2\lambda^2} \ . \qquad (9.79)$$

Um die Gleichung der Hysterese in $\sigma-\varepsilon-$Koordinaten zu erhalten, ersetzt man in (9.76b) die trigonometrischen Ausdrücke durch σ gemäß Gleichung (9.75a). Unter Berücksichtigung von (9.79) findet man schließlich als Ergebnis die quadratische Form:

$$(1+\Omega^2\lambda^2)\varepsilon^2 - 2\varepsilon(\sigma/E) + (\sigma/E)^2 - \Omega^2\lambda^2\varepsilon_a^2 = 0 \ , \qquad (9.80)$$

die eine Ellipse darstellt. Je nach Werkstoff können experimentell aufgenommene Hysteresisschleifen mehr oder weniger stark von der Idealform der Ellipse (9.80) abweichen, wie eigene Experimente an ver-schiedenen Gusswerkstoffen unter schwingender Belastung (Zug / Druck, Biegung, Torsion) gezeigt haben (BETTEN, 1969).

Der *KELVIN-Körper* genügt der Gleichung

$$\sigma'_{ij} = 2G\varepsilon'_{ij} + 2\eta\dot\varepsilon'_{ij} \qquad (9.81)$$

(σ'_{ij} Spannungsdeviator; ε'_{ij} Verformungsdeviator).

Der zweite Term in (9.81) ist der „dissipative" Anteil des Spannungsdeviators:

$$\left(\sigma'_{ij}\right)_d = 2\eta\dot\varepsilon'_{ij} \ . \qquad (9.82a)$$

Für den einachsigen Vergleichsspannungszustand folgt aus (9.82a)

$$\sigma_d = 2\eta(1+\nu)\dot{\varepsilon} = E(\eta/G)\dot{\varepsilon} \qquad (9.82b)$$

(ν Querkontraktionszahl).
Dem *KELVIN-Körper* liegt die lineare Differentialgleichung

$$m\ddot{x} + k\dot{x} + cx = P(t) \qquad (9.83)$$

zugrunde. Darin stellt der zweite Term die *dissipative Kraft* dar, so dass man als *dissipative Spannung* den Ausdruck

$$\sigma_d = k\dot{x}/F = k(\ell/F)\dot{\varepsilon} \qquad (9.84)$$

erhält. Der Vergleich mit (9.82b) führt auf:

$$\lambda = \eta/G = k/c \ . \qquad (9.85)$$

Der Dämpfungsfaktor k ist ausdrückbar durch das *LEHRsche (natürliche) Dämpfungsmaß* D:

$$k = 2(c/\omega)D \qquad (9.86)$$

(ω Eigenfrequenz des ungedämpften Systems), so dass (9.85) übergeht in

$$\lambda = 2D/\omega \ . \qquad (9.87)$$

Mit dem Ausdruck (9.87) erhält man aus (9.80) die „Ersatzellipse" des *linearisierten Werkstoffschwingers* zu:

$$\boxed{(1+4D^2\zeta^2)\varepsilon^2 - 2\varepsilon(\sigma/E)^2 + (\sigma/E)^2 - 4D^2\zeta^2\varepsilon_a^2 = 0} \ . \qquad (9.88)$$

In (9.88) bedeutet $\zeta = \Omega/\omega$ die *Abstimmung* des Systems.
Als *Werkstoffdämpfung* wird definiert (BETTEN, 1969):

$$\vartheta = A_d/A \qquad (9.89)$$

mit A_d als *dissipative Energie* je Belastungszyklus, d.h. Flächeninhalt der *Hysteresisschleife*, und A als Bezugsarbeit:

$$A_d = \pi/\sqrt{\gamma_1 \gamma_2} \qquad (9.90)$$

und

$$A = \frac{1}{2}\frac{\sigma}{E}\varepsilon_a = \frac{1}{2}\varepsilon_a^2 \ . \qquad (9.91)$$

9.3 Spezielle viskoelastische Modelle

In (9.90) bedeuten γ_1 und γ_2 die charakteristischen Zahlen der quadratischen Form (9.88). Das Ergebnis einer Hauptachsentransformation ist:

$$\gamma_1 \gamma_2 = (1/4) D^2 \zeta^2 \varepsilon_a^4 , \qquad (9.92)$$

so dass mit (9.90) und (9.91) die *Werkstoffdämpfung* gemäß Definition (9.89) zu

$$\boxed{\vartheta = 4\pi D \zeta} \qquad (9.93)$$

folgt (BETTEN, 1969). Sie ist somit bei erzwungenen Schwingungen abhängig von der Abstimmung $\zeta = \Omega/\omega$ des Systems.

Bei *freier gedämpfter Schwingung* ermittelt man (Betten, 1969) die *Werkstoffdämpfung* (9.89) zu

$$\boxed{\vartheta = (1+D^2)\left[1 - \exp\left(-4\pi D/\sqrt{1-D^2}\right)\right]} , \qquad (9.94)$$

die sich bei sehr geringer *Energiedissipation* (D<<1) zu $\vartheta \approx 4\pi D$ vereinfacht und mit (9.93) in Resonanznähe $(\zeta = 1)$ übereinstimmt.

Aus (9.93) kann das *LEHRsche Dämpfungsmaß* D, das in Vergrößerungsfunktionen eingeht, durch eine experimentell ermittelte *Werkstoffdämpfung* (9.89) ausgedrückt werden. Auf diese Weise erhält man die *Vergrößerungsfunktion* eines *Werkstoffschwingers*.

Neben den experimentell aufgenommenen Hysteresisschleifen sind auch der *komplexe Gleitmodul* und die *komplexe Viskosität* grundlegend zur Beurteilung des dynamischen Verhaltens rheologischer Körper. Diese Größen hängen im Wesentlichen von der Frequenz Ω ab, wie im Folgenden unter Voraussetzung harmonischer Schubbelastungen,

$$\tau^*(t) = \tau_0 \, e^{i\Omega t} \quad \Rightarrow \quad \gamma^*(t) = \gamma_0 \, e^{i(\Omega t - \alpha)} , \qquad (9.95\text{a,b})$$

gezeigt werden soll. Komplexe Größen sind in (9.95a,b) und auch im Folgenden durch einen hochgestellten Stern gekennzeichnet. Der Phasenwinkel wird wie in (9.77) durch α ausgedrückt. Analog zum Gleitmodul $G = \tau/\gamma$ im HOOKEschen Gesetzt wird ein *frequenzabhängiger komplexer Gleitmodul* gemäß

$$\tau^*/\gamma^* := G^*(i\Omega) = G_1(\Omega) + i G_2(\Omega) \qquad (9.96)$$

definiert. Unter Berücksichtigung von (9.95a,b) ergeben sich Real- und Imaginärteil in (9.96) zu:

$$G_1(\Omega) = (\tau_0/\gamma_0)\cos\alpha \stackrel{\wedge}{=} \textit{Speichermodul} \text{ (Elastizität)} \qquad (9.97a)$$

$$G_2(\Omega) = (\tau_0/\gamma_0)\sin\alpha \stackrel{\wedge}{=} \textit{Verlustmodul} \text{ (Viskosität, Wärmedissipation)} \quad (9.97b)$$

Das Verhältnis
$$G_2(\Omega)/G_1(\Omega) = \tan\alpha(\Omega) \qquad (9.98)$$
bezeichnet man als *Verlustfaktor* oder auch als *mechanische Dämpfung*.

Im Gegensatz zu (9.96) wird
$$\gamma^*/\tau^* := J^*(i\Omega) = J_1(\Omega) - iJ_2(\Omega) \qquad (9.99)$$
als *komplexe Komplianz* definiert mit

$$J_1(\Omega) = (\gamma_0/\tau_0)\cos\alpha \stackrel{\wedge}{=} \textit{Speicherkomplianz} \qquad (9.100a)$$

$$J_2(\Omega) = (\gamma_0/\tau_0)\sin\alpha \stackrel{\wedge}{=} \textit{Verlustkomplianz} \qquad (9.100b)$$

Analog zur Scherviskosität $\eta = \tau/\dot\gamma$ eines NEWTONschen Fluids führt man ähnlich (9.96) die *komplexe Viskosität* ein:

$$\tau^*/\dot\gamma^* = \tau^*/(i\Omega\gamma^*) := \eta^*(i\Omega) = \eta_1(\Omega) - i\eta_2(\Omega) \ . \qquad (9.101)$$

Vergleicht man (9.101) mit (9.96), so findet man den Zusammenhang $G^* = i\Omega\eta^*$ und somit:

$$\boxed{G_1(\Omega) = \Omega\eta_2(\Omega)} \ , \quad \boxed{G_2(\Omega) = \Omega\eta_1(\Omega)} \ . \qquad (9.102a,b)$$

Die Realteile G_1 (*dynamischer Gleitmodul*) und η_1 (*dynamische Viskosität*) stellen die bei einer schwingenden Beanspruchung wirksamen *elastischen* und *viskosen* Anteile dar.

Diese Stoffeigenschaften hängen zusammen mit der *Relaxationsfunktion* des Fluids. Um das zu zeigen, gehe man von der Stoffgleichung (8.1) bzw. (9.59) aus, die man vermöge der Substitution $t - \Theta \equiv s$ und durch Einführung der komplexen Größen τ^* und γ^* gemäß

$$\boxed{\tau^*(t) = G\int_0^\infty e^{-s/\lambda}\,\dot\gamma^*(t-s)\,ds} \qquad (9.103)$$

darstellen kann.

9.3 Spezielle viskoelastische Modelle

Bei *harmonischer Scherung* $\gamma^* = \gamma_0 e^{i\Omega t}$ erhält man aus (9.103) unter Berücksichtigung von (9.101) den Zusammenhang

$$\tau^*(t) = \dot\gamma^* G \int_0^\infty e^{-(1/\lambda + i\Omega)s}\, ds \equiv \dot\gamma^* \eta^*(i\Omega) \tag{9.104}$$

und daraus schließlich die *komplexe Viskosität* zu:

$$\eta^*(i\Omega) = G \int_0^\infty e^{-(1/\lambda + i\Omega)s}\, ds = \frac{G\lambda}{1 + i\lambda\Omega} = \frac{\eta(1 - i\lambda\Omega)}{1 + \lambda^2 \Omega^2} \tag{9.105}$$

und daraus nach Trennung von Real- und Imaginärteil:

$$\boxed{\frac{\eta_1}{\eta} = \frac{1}{1 + \lambda^2\Omega^2} \quad \frac{\eta_2}{\eta} = \frac{\lambda\Omega}{1 + \lambda^2\Omega^2}} \tag{9.106a,b}$$

Damit findet man aus (9.102a,b) entsprechend:

$$\boxed{\frac{G_1}{G} = \frac{\lambda^2 \Omega^2}{1 + \lambda^2 \Omega^2} \quad \frac{G_2}{G} = \frac{\eta_2}{\eta}} \tag{9.107a,b}$$

Man erkennt, dass sich die Realteile (9.106a) und (9.107a) zu eins ergänzen: $\eta_1/\eta + G_1/G = 1$.

Anmerkung: Die Integration in (9.105) kann auch aus einer LAPLACE-*Transformation* gewonnen werden:

$$\eta^* = G\, L\{1\} = G/p \quad \text{mit} \quad p \equiv 1/\lambda + i\Omega$$

als LAPLACE-Parameter.

Die Ergebnisse (9.106a,b) und (9.107a,b) sind in Bild 9.18 dargestellt.

Zur Ermittlung der *komplexen Moduli* des *KELVIN-Körpers* führe man in (9.20) die Substitution $t - \Theta \equiv s$ und die komplexen Größen γ^*, τ^* ein. Somit erhält man analog (9.103) die *komplexe Stoffgleichung*

$$\boxed{\gamma^*(t) = \frac{1}{\eta} \int_0^\infty e^{-s/\lambda}\, \tau^*(t-s)\, ds} \tag{9.108}$$

für den *KELVIN-Körper*, aus der sich bei *harmonischer Belastung* (9.95a) die *komplexe Komplianz* (9.99) zu

$$J^*(i\Omega) = \frac{1}{G^*} = \frac{1}{\eta}\int_0^\infty e^{-(1/\lambda + i\Omega)s}\,ds = \frac{1}{\eta p} \qquad (9.109)$$

ergibt. Darin ist $p \equiv 1/\lambda + i\Omega$ der *LAPLACE-Parameter*. Die Integrale in (9.105) und (9.109) stimmen **formal** überein. Der Unterschied liegt in der Konstanten $\lambda \equiv \eta/G$, die in (9.105) als *Relaxationszeit* und in (9.109) als *Retardationszeit* zu deuten ist.

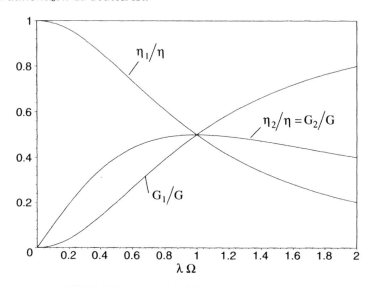

Bild 9.18 Komplexe Moduli des MAXWELL-Körpers

Bei gleichen λ–Werten besteht zwischen der *komplexen Viskosität* (9.105) des *MAXWELL-Körpers* und der *komplexen Komplianz* (9.109) des *KELVIN-Körpers* die Beziehung $\eta^*/\eta = GJ^*$. Mithin stimmen wegen (9.99) und (9.101) der Realteil GJ_1 mit (9.106a) und der Imaginärteil GJ_2 mit (9.106b) formal überein. Weiterhin folgert man aus $G^* = \eta p$ gemäß (9.109) im Gegensatz zu (9.107a,b) die entsprechenden Größen zu $G_1/G = 1$ und $G_2/G = \lambda\Omega$ für den *KELVIN-Körper*.

Experimentell ermittelte Moduli können stark von den Verläufen abweichen, die in Bild 9.18 für das *MAXWELL-Fluid* gelten. Zu erwähnen seien beispielsweise Untersuchungen von ASHARE (1968) an einer *Polymerlösung* (4% Polystyren in Chlordiphenyl bei 25°C) oder von HAN et al. (1975) an einer *Polymerschmelze* (Polystyren bei 200°C) und von MEIßNER (1975) an verzweigtem Polyäthylen.

10 Viskoplastische Stoffe

Wie in der Einführung erwähnt, besitzen *viskoplastische Stoffe* eine *Fließgrenze*, d.h., sie können erst oberhalb einer Fließspannung zu fließen beginnen.

In den letzten Jahrzehnten ist das Interesse an der *Viskoplastizitätstheorie* infolge neuerer experimenteller und theoretischer Untersuchungen in den Vordergrund gerückt. Dies gilt insbesondere für das Verhalten von Werkstoffen unter explosionsartiger Belastung, die erst nach Erreichen des plastischen Zustandes viskose Eigenschaften aufweisen. Nachdem im Jahre 1922 BINGHAM das erste starr-viskoplastische Modell für den Spezialfall der einachsigen Schiebung bildete, sind eine Vielzahl von Viskoplastizitätstheorien für solche Werkstoffe entwickelt worden.

Je nach Verwendung der Fließbedingung lassen sich die bisher entwickelten Theorien in zwei Gruppen aufteilen, und zwar in die Gruppe von HOHENEMSER und PRAGER (1932), PERZYNA (1966), PHILLIPS und WU (1973), CHABOCHE (1977), EISENBERG und YEN (1981) und die Gruppe von BODNER und PARTOM (1975), LIU und KREMPL (1979). Der wesentliche Unterschied beider Gruppen liegt darin, dass die erste Gruppe, aufbauend auf den Grundgedanken der Plastizitätstheorie, eine Fließfunktion einführt, während sich bei der zweiten Gruppe zeigt, dass eine solche Funktion zur Entwicklung einer Viskoplastizitätstheorie nicht notwendig ist. Bei KREMPL (1987) findet man einen ausführlichen Überblick über die verschiedenen *viskoplastischen Modelle*. Ferner sei auf die Bücher von CRISTESCU und SULICIU (1982), SOBOTKA (1984), HAUPT (2000) oder die Untersuchungen von SHIN (1990) und BETTEN und SHIN (1991,1992) hingewiesen. Im Folgenden kann aus Platzgründen nur eine kleine Einführung gegeben werden.

10.1 Lineare Viskoplastizitätstheorie

Durch Parallelschalten eines NEWTON-Elementes (linearer Dämpfungszylinder) und eines MISES-Elementes (Gewicht auf rauher Unterlage) erhält man das rheologische Modell des *BINGHAM-Körpers*, der *linear-viskoplastisches* Verhalten charakterisiert. Fließen bei einfacher Scherung beginnt (Schergeschwindigkeit $d_{12} \geq 0$), wenn die Schubspannung σ_{12} die *Schubfließgrenze* k erreicht

$$2\eta d_{12} = \begin{cases} 0 & \text{für} \quad F < 0 \\ F\sigma_{12} & \text{für} \quad F \geq 0 \end{cases} \qquad (10.1)$$

wobei F gemäß

$$F := 1 - k/|\sigma_{12}| \qquad (10.2)$$

definiert ist. Die Größe η in (10.1) ist analog zur Scherviskosität eines Fluides eine Materialkonstante, die man sinnvoll als *plastische Viskosität* bezeichnen könnte.

Ersetzt man in (10.1) die Schergeschwindigkeit d_{12} und die Schubspannung $\sigma_{12} \equiv \sigma'_{12}$ durch entsprechende Tensoren, nämlich durch *Verzerrungsgeschwindigkeitstensor* d_{ij} und *Spannungsdeviator* σ'_{ij} und darüber hinaus den Koeffizienten F durch eine skalarwertige Tensorfunktion (*Fließfunktion*)

$$\boxed{F = 1 - k/\sqrt{J'_2}} \qquad (10.3)$$

mit der quadratischen Deviatorinvarianten

$$J'_2 := \sigma'_{ij}\sigma'_{ji}/2 \quad , \qquad (10.4)$$

so erhält man zu (10.1) die tensorielle Verallgemeinerung

$$\boxed{2\eta d_{ij} = F\sigma'_{ij}} \qquad (10.5)$$

die bei Isotropie gilt.

Durch Überschieben der Stoffgleichung (10.5) gemäß

$$4\eta^2 d_{ij}d_{ji} = F^2 \sigma'_{ij}\sigma'_{ji} \qquad (10.6)$$

erhält man mit den Bezeichnungen (10.4) und

$$I'_2 = d_{ij}d_{ji}/2 \qquad (10.7)$$

zunächst den Zusammenhang

$$F\sqrt{J'_2} = 2\eta\sqrt{I'_2} \qquad (10.8)$$

und mit (10.3) schließlich die *Fließfunktion*

10.1 Lineare Viskoplastizitätstheorie

$$F = 2\eta\sqrt{I_2'}/\left(k + 2\eta\sqrt{I_2'}\right) \quad \text{mit} \quad 0 \leq F \leq 1 \; . \tag{10.9}$$

Man erkennt: Bei Fließbeginn ($d_{ij} = 0_{ij}$ bzw. $I_2' = 0$) ist $F = 0$, während bei großen Verzerrungsgeschwindigkeiten ($d_{ij} \gg \delta_{ij}/s$) die *Fließfunktion* (10.9) asymptotisch gegen eins geht. Dann liegt NEWTONsches Verhalten vor.

Überschiebt man die Stoffgleichung (10.5) mit dem Spannungstensor σ_{ij}, so erhält man den Zusammenhang:

$$2\eta\sigma_{ij}d_{ji} = F\sigma_{ij}\sigma_{ji}' = F\sigma_{ij}'\sigma_{ji}' \equiv 2FJ_2' \; . \tag{10.10}$$

Unter Annahme der *Hypothese von der Äquivalenz der Dissipationsleistung*

$$\dot{D} := \sigma_{ij}d_{ji} \stackrel{!}{=} \sigma d \tag{10.11}$$

erhält man aus (10.10) die Beziehung

$$J_2' = \eta\sigma d/F = \eta\dot{D}/F \tag{10.12}$$

und damit aus (10.3) die *Fließfunktion*

$$F = 1 + \frac{A}{2\dot{D}} - \sqrt{\frac{A}{\dot{D}}\left(1 + \frac{A}{4\dot{D}}\right)} \quad \text{mit} \quad A \equiv k^2/\eta \; . \tag{10.13}$$

In dieser Darstellung wird der Parameter A hervorgehoben, der das Verhältnis von *Schubfließgrenze* k zur *Scherviskosität* η zum Ausdruck bringt, d.h. den MISES-Anteil zum NEWTONschen Einfluss hervorhebt, so dass für $A \rightarrow 0$ der Grenzwert $F = 1$ gilt, d.h., der Übergang zum *NEWTONschen Fluid* erfolgt. Somit geht der *BINGHAM-Körper* bei verschwindender Schubfließgrenze ($k \rightarrow 0$) in das NEWTONsche Fluid über. Überwiegt der MISES-Anteil ($A/4\dot{D} \gg 1$), so erhält man $F = 0$. Dieser Grenzwert ergibt sich auch für $\dot{D} \rightarrow 0$, bzw. für $d \rightarrow 0$, d.h. bei *Fließbeginn*, wie bereits oben schon vermerkt.

Für *anisotrope viskoplastische Festkörper* wird die Darstellung recht kompliziert wie auch bei Stoffgleichungen der *Plastomechanik* (Kapitel 4). Daher wird im Folgenden für ingenieurmäßige Anwendungen eine vereinfachte Theorie vorgeschlagen, die vom isotropen Konzept (10.5) ausgeht und darin den Spannungsdeviator σ_{ij}' formal durch die lineare Transformation

$$\tau'_{ij} = \beta_{\{ij\}pq}\sigma_{pq} \quad \text{mit} \quad \beta_{\{ij\}pq} := \beta_{ijpq} - \frac{1}{3}\beta_{kkpq}\delta_{ij} \quad (10.14)$$

ersetzt:

$$\boxed{2\eta d_{ij} = F\tau'_{ij}} \quad \text{mit} \quad \boxed{F = 1 - k/\sqrt{J'_2}} . \quad (10.15)$$

Darin ist J'_2 im Gegensatz zu (10.4) gemäß

$$J'_2 := \tau'_{ij}\tau'_{ji}/2 \quad (10.16)$$

definiert. Die in (10.14) definierte Größe $\beta_{\{ij\}pq}$ hat bezüglich der eingeklammerten Indizes {ij} Deviatorcharakter, so dass auch im *anisotropen* Fall (10.15) die Volumendilatation verschwindet ($d_{kk} \equiv 0$). Der vierstufige Tensor β in (10.14) ist ein Stofftensor, dessen Koordinaten β_{ijpq} aus experimentellen Daten bestimmt werden müssen, und zwar aus Kriechversuchen an viskoplastischen Proben in unterschiedlichen Richtungen. Beispiele hierzu werden von BETTEN (1981a,b) diskutiert.

10.2 Nichtlineare Viskoplastizitätstheorie

Im *nichtlinearen* Fall ist die Stoffgleichung (10.5) um einen zusätzlichen Term zu erweitern:

$$\boxed{2\eta d_{ij} = F(\sigma'_{ij} + \kappa\sigma''_{ij})} , \quad (10.17)$$

der quadratisch in den Spannungen ist und als *second-order-Effekt* bezeichnet werden kann. Der Parameter κ reguliert diesen Effekt. Wie der Spannungsdeviator $\sigma'_{ij} = \partial J'_2/\partial\sigma_{ij}$ hat auch die Größe

$$\sigma''_{ij} = \partial J'_3/\partial\sigma_{ij} = \sigma'_{ik}\sigma'_{kj} - 2J'_2\delta_{ij}/3 \quad (10.18)$$

Deviatorcharakter, d.h., beide Tensoren sind spurlos ($\sigma'_{rr} \equiv 0$, $\sigma''_{rr} \equiv 0$). Mithin ist die Volumendilatation a priori null ($d_{kk} \equiv 0$). In (10.18) sind J'_2 die quadratische Deviatorinvariante (10.4) und J'_3 die kubische Deviatorinvariante

$$J'_3 := \sigma'_{ij}\sigma'_{jk}\sigma'_{ki}/3 . \quad (10.19)$$

10.2 Nichtlineare Viskoplastizitätstheorie

Die *Fließfunktion* F in (10.17) ist gegenüber (10.3) gemäß

$$\boxed{F = 1 - k/f(J_2', J_3')} \tag{10.20}$$

zu verallgemeinern und somit eine Funktion beider Invarianten J_2', J_3' des Spannungsdeviators σ_{ij}'. Beispielsweise kann f in (10.20) die Form

$$f(J_2', J_3') = \sqrt{J_2' + \alpha J_3'/\sigma_F} \tag{10.21}$$

annehmen. Darin ist σ_F die *Zugfließgrenze*, während der regulierende Parameter α aus *Konvexitätsgründen* durch

$$-3 \leq \alpha \leq 3/2 \tag{10.22}$$

eingeschränkt ist, wie allgemein von BETTEN (1979a) nachgewiesen. In dem Beispiel (10.21) hat das Vorzeichen der Spannungen einen Einfluss, so dass unterschiedliches Verhalten gegenüber Zug- und Druckbeanspruchung durch den Parameter α gesteuert werden kann.

Die vorgeschlagene nichtlineare Stoffgleichung (10.17) ist vereinbar mit der *Theorie tensorwertiger Funktionen*, wonach d_{ij} als Tensorpolynom vom Deviator darstellbar ist:

$$d_{ij} = f_{ij}(\sigma_{pq}') = \phi_0 \delta_{ij} + \phi_1 \sigma_{ij}' + \phi_2 \sigma_{ij}'^{(2)} . \tag{10.23}$$

Dieses Tensorpolynom besteht aus drei Termen, die als Beträge nullter, erster und zweiter Ordnung gedeutet werden können. Die Funktionen ϕ_0, ϕ_1, ϕ_2 sind skalare Funktionen der Invarianten J_2', J_3' des Argumententensors σ_{ij}' und der experimentellen Daten η und k, wie man durch Vergleich von (10.23) mit (10.17) erkennt:

$$\phi_0 \equiv -\frac{2}{3} J_2' \phi_2 , \qquad \phi_1 \equiv \frac{F}{2\eta} , \qquad \phi_2 \equiv \kappa \phi_1 . \tag{10.24a,b,c}$$

Somit kann der Ansatz (10.17) in (10.23) formal überführt werden, d.h., der Ansatz (10.17) ist verträglich mit der Theorie tensorwertiger Funktionen (10.23). Aufgrund der Inkompressibilität kann ϕ_0 durch ϕ_2 gemäß (10.24a) ausgedrückt werden. Der Parameter κ in (10.24c) reguliert den *second-order-Effekt* in (10.23) und, wie bereits oben erwähnt, in (10.17). Vergleiche der Theorie des plastischen Potentials mit der Theorie tensorwertiger Funktionen werden ausführlich von BETTEN (1985c) und in Ziffer 4.5 diskutiert.

Eine Verallgemeinerung des Ansatzes (10.17) auf den *anisotropen* Fall kann wiederum durch die lineare Transformation (10.14) und einen entsprechenden quadratischen Term

$$\tau''_{ij} = \tau'_{ik}\tau'_{kj} - 2J'_2(\boldsymbol{\tau}')\delta_{ij}/3 \qquad (10.25)$$

erfolgen:

$$\boxed{2\eta d_{ij} = F(\tau'_{ij} + \kappa\tau''_{ij})} , \qquad (10.26)$$

wobei in der *Fließfunktion* (10.20) die Invarianten (10.16) und

$$J'_3 = \tau'_{ij}\tau'_{jk}\tau'_{ki}/3 \qquad (10.27)$$

der linearen Transformation (10.14) einzusetzen sind und nicht die Invarianten (10.4) und (10.19) des Spannungsdeviators.

10.3 Viskoplastisches Verhalten metallischer Werkstoffe

Viskoplastisches Verhalten beobachtet man bei Metallen meistens bei *homologen Temperaturen* von $T_h > 0.4$. Neben der Temperaturabhängigkeit spielt der *Dehnrateneinfluss* eine wesentliche Rolle (Einführung). Die Spannungs-Dehnungs-Beziehung eines viskoplastischen Werkstoffs wird stark von Ver- und Entfestigungsmechanismen geprägt. Neben der *Verfestigung* durch Zunahme der Versetzungsdichte wird das Material je nach Temperatur und Dehnrate durch *dynamische Erholung* und *dynamische Rekristallisation* entfestigt

Im Folgenden soll das viskoplastische Verhalten eines Fe-0.05 Kohlenstoffstahls untersucht werden. Dazu werden *Warmzugversuche* bei konstanter Temperatur und konstanter Dehnrate zu Grunde gelegt, die von P. J. WRAY, U.S. Steel Research Laboratory, durchgeführt wurden und bei ANAND (1982) veröffentlicht sind. Diese Versuchsreihen erstrecken sich über einen Temperaturbereich von $T = 1173$ K bis $T = 1573$ K und einen Dehnratenbereich von $\dot{\varepsilon} = 1.4 \cdot 10^{-4}/s$ bis $\dot{\varepsilon} = 2.3 \cdot 10^{-2}/s$. Unter diesen Bedingungen liegt der Stahl in einem kubisch-raumzentrierten Gitter (*Austenit*) vor.

Warmzugkurven (Fließkurven) sind für die Umformtechnik (Warmformgebung) von grundlegender Bedeutung.

Der experimentelle Befund kann gut durch ein Stoffgesetz (*Warmfließkurve*) der Form

10.3 Viskoplastisches Verhalten metallischer Werkstoffe

$$\sigma = \sigma(^P\varepsilon) = \sigma^* - (\sigma^* - \sigma_0)\exp(-^P\varepsilon/^P\varepsilon^*) \qquad (10.28)$$

beschrieben werden. Darin sind drei Parameter $(\sigma^*, \sigma_0, {}^P\varepsilon^*)$ aus dem Experiment zu bestimmen. Die Ergebnisse einer nichtlinearen Ausgleichsrechnung auf der Basis des *nichtlinearen Regressions-Algorithmus* von MARQUARDT-LEVENBERG sind in Tabelle 10.1 und Bild 10.1 dargestellt.

Tabelle 10.1 Parameter im Stoffgesetz (10.28)

$^P\dot{\varepsilon}[s^{-1}]$	σ^*[MPa]	σ_0[MPa]	$^P\varepsilon^*$[–]	mittlere Abw. [%]
0.00014	18.63	8.42	0.0385	1.4
0.0028	29.45	11.87	0.0435	1.05
0.023	42.32	12.83	0.0444	1.96

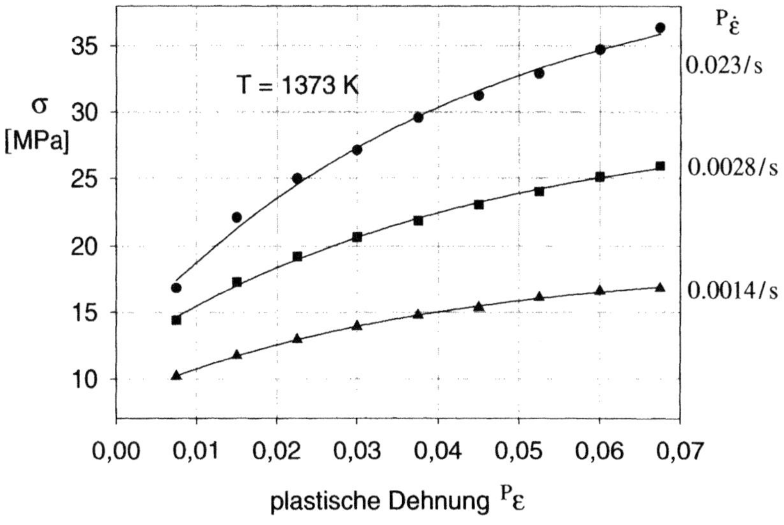

Bild 10.1 Stoffgesetz (10.28) im Vergleich mit Messwerten

Zur Darstellung und physikalischen Deutung von Warmfließkurven sei ergänzend auf Untersuchungen von ANAND (1985) und BROWN et al. (1989) hingewiesen, in denen *interne Variable* eingeführt werden, um den Einfluss von *dynamischer Erholung* und *dynamischer Rekristallisation* erfassen zu können. Diese Überlegungen führen schließlich auch auf die *phänomenologische Beziehung* (10.28), die nur für monoton ansteigende Spannungs-Dehnungs-Beziehungen anwendbar ist. Falls durch dynamische Rekristallisation ein oder mehrere Maxima ausgebildet werden, ist der Ansatz (10.28) unbrauchbar. In der Literatur wird eine Werkstoffcharakteristik der Form (10.28) häufig als *VOICE-Gleichung* (1955) bezeichnet.

Von großem Interesse ist die Verallgemeinerung einachsiger Stoffgesetze auf mehraxiale Beanspruchungen (BETTEN, 1987a, 1989b). Dazu hat sich die *tensorielle Interpolationsmethode* (Ziffer 7.2.5) bewährt. Analog zur tensoriellen Verallgemeinerung der RAMBERG-OSGOOD-Beziehung (Bild A5b) oder der Spannungs-Dehnungs-Beziehungen (4.150a,b) kann in gleicher Weise das einachsige Stoffgesetz (10.28) tensoriell verallgemeinert werden, wie Schritt für Schritt von BETTEN (1987a, 1989b) vorgeschlagen wird. Unter Voraussetzung der *plastischen Volumenkonstanz* erhält man schließlich die *deviatorische* Darstellung

$$\boxed{\sigma'_{ij} = \varphi_1 {}^P\varepsilon'_{ij} + \varphi_2 {}^P\varepsilon''_{ij}} \quad . \tag{10.29}$$

Darin ist analog (4.77)

$$^P\varepsilon''_{ij} := {}^P\varepsilon'^{(2)}_{ij} - \frac{1}{3} {}^P\varepsilon'^{(2)}_{rr} \delta_{ij} \equiv \left({}^P\varepsilon'^{(2)}_{ij}\right)' \tag{10.30}$$

ein spurloser Tensor. Die skalarwertigen Funktionen φ_1 und φ_2 ermittelt man mit Hilfe der *tensoriellen Interpolationsmethode* zu:

$$\varphi_1 = \frac{4}{9} \frac{\sigma}{{}^P\varepsilon} \left[1 + \frac{1}{2} \frac{{}^P\varepsilon}{{}^P\varepsilon^*}\left(1 - \frac{\sigma^*}{\sigma}\right)\right] \quad , \tag{10.31a}$$

$$\varphi_2 = \frac{4}{9} \frac{\sigma}{{}^P\varepsilon^2} \left[1 - \frac{{}^P\varepsilon}{{}^P\varepsilon^*}\left(1 - \frac{\sigma^*}{\sigma}\right)\right] \quad . \tag{10.31b}$$

Die skalarwertige Funktion (10.31b) reguliert in (10.29) die *tensorielle Nichtlinearität*. Im linearen Fall mit $\varphi_2 = 0$ geht (10.29) zwanglos in die einfache Beziehung

$$\boxed{\sigma'_{ij} = \frac{2}{3} \frac{\sigma}{{}^P\varepsilon} {}^P\varepsilon'_{ij}} \tag{10.32}$$

über, die formal mit dem plastischen Anteil ${}^P\varepsilon'_{ij} = \Lambda^* \sigma'_{ij}$ der *HENCKY-Gleichung* (4.72) übereinstimmt.

D Allgemeine (krummlinige) Koordinaten

Zur Beschreibung der Grundlagen der Kontinuumsmechanik (Kapitel B) und zur Formulierung von Stoffgleichungen (Kapitel C) wurden rechtwinklige kartesische Koordinaten benutzt. Es kann jedoch von Vorteil sein, auf krummlinige Koordinaten überzugehen, auch wenn auf den ersten Blick die Überschaubarkeit der Zusammenhänge erschwert wird. So bieten sich krummlinige Koordinaten für viele Anwendungen aus dem Ingenieurbereich an, z.B. bei der Behandlung technischer Randwertprobleme zur bequemeren Erfassung der Randbedingungen. Zur Untersuchung des mechanischen Verhaltens von zylindrischen oder kugelförmigen Hochdruckbehältern (Kapitel 6) wird man zweckmäßigerweise *Zylinder-* oder *Kugelkoordinaten* benutzen (BETTEN, 1980, 1982c; BETTEN et al., 1984).

Ausführlich werden allgemeine Koordinatensysteme in der Vorlesung von BETTEN (1974) und den ergänzenden Übungen behandelt. Ferner sei auf die Werke von SOKOLNIKOFF (1964), SEDOV (1966), GREEN / ZERNA, (1968), MALVERN (1969), GREEN / ADKINS (1970), ERINGEN (1971), WEMPNER (1981) und auf die Aufsätze von EINSTEIN (1916) und TRUESDELL (1953) hingewiesen, in denen man wertvolle Beiträge zur Tensorrechnung in krummlinigen Koordinaten finden kann. Aus Platzgründen konnte eine Vielzahl von erwähnenswerten Büchern und Aufsätzen zur Tensorrechnung in allgemeinen Koordinaten nicht im Literaturverzeichnis aufgelistet werden.

Im Folgenden sei nur ein kurzer Einblick in das genannte Thema gegeben.

11.1 Einige Grundlagen zur Tensorrechnung in allgemeinen Koordinaten

Es sei

$$x_i = x_i(\xi^p) \quad \Leftrightarrow \quad \xi^i = \xi^i(x_p) \tag{11.1}$$

eine zulässige Koordinatentransformation mit den JACOBIschen Determinanten $J \equiv |\partial x_i / \partial \xi^j|$ und $K \equiv |\partial \xi^i / \partial x_j|$, die in keinem Punkt eines betrachteten Gebietes verschwinden und für die JK = 1 gilt. Weitere Eigenschaften zulässiger Koordinatentransformationen werden von SOKOLNIKOFF (1964) und BETTEN (1974) ausführlich besprochen. In (11.1) sind die x_i rechtwinklig kartesische Koordinaten, während die ξ^i allgemeine (meist krummlinige) Koordinaten darstellen.

In (11.1) sind die krummlinigen Koordinaten mit einem hochgestellten Index versehen, der nicht als Exponent gedeutet werden darf. Dieses ist in der Literatur fast ausschließlich üblich. Ausnahmen findet man beispielsweise bei DUSCHEK / HOCHRAINER (1961), SOKOLNIKOFF / REDHEFFER (1966/1982) und BETTEN (1987a). Wie noch später (Bild 11.3) ausführlich erläutert, unterscheidet man *ko-* und *kontravariante Vektorkoordinaten*, die man durch tief- oder hochgestellte Indizes (A_i oder A^i) kennzeichnet. Die Stellung der Indizes an x und ξ in (11.1) hat nichts mit *Ko-* oder *Kontravarianz* zu tun. Hierzu findet man entsprechende Bemerkungen beispielsweise von folgenden Autoren:

- FUNG (1965, S.38): The differential $d\theta^i$ is a contravariant vector, the set of variables θ^i itself does not transform like a vector. Hence, in this instance, the position of the index of θ^i must be regarded as without significance.

- GREEN/ZERNA (1968, S. 5/6): The differentials $d\theta^i$ transform according to the law for contravariant tensors, so that the position of the upper index is justified. The variables θ^i themselves are in general neither contravariant nor covariant and the position of their index must be recognized as an exception. In future the index in non-tensors will be placed either above or below according to convenience. For example, we shall use either θ^i or θ_i.

- GREEN/ADKINS (1970, S.1): The position of the index on coordinates x_i, y_i and θ^i is immaterial and it is convenient to use either upper or lower indices. The differential involving general curvilinear coordinates will always be denoted by $d\theta^i$ since $d\theta_i$ has a different meaning and is not a differential. For rectangular coordinates, however, we use either dx_i, dx^i for differentials, since $dx_i = dx^i$.

11.1 Einige Grundlagen zur Tensorrechnung in allgemeinen Koordinaten

❑ MALVERN (1969, S.603): **Warning**: Although the differentials dx^m are tensor components, the curvilinear coordinates x^m are not, since the coordinate transformations are general functional transformations and not the linear homogeneous transformations required for tensor components.

Nach obigen Bemerkungen ist es unerheblich, ob man ξ^i oder ξ_i schreibt. Da sich das vollständige Differential $d\xi^i$ jedoch *kontravariant* transformiert, wie später noch gezeigt wird, sollte man auch die krummlinigen Koordinaten selbst durch hochgestellte Indizes markieren (ξ^i). Dann erhält man beispielsweise für ein stationäres Skalarfeld $T = T(\xi^i)$ die Änderung $dT = \left(\partial T/\partial \xi^i\right) d\xi^i$.

Die Lage eines Punktes P kann durch die x_i oder alternativ durch die ξ^i festgelegt werden (Bild 11.1).

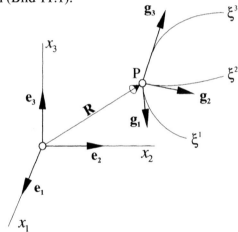

Bild 11.1 Orthonormierte und kovariante Basisvektoren

Ein Radiusvektor **R** zum Punkte P kann bezüglich der *orthonormierten Basis* ($\mathbf{e}_i \cdot \mathbf{e}_j = \delta_{ij}$) gemäß

$$\mathbf{R} = x_k \mathbf{e}_k \qquad (11.2)$$

zerlegt werden. Da die Basis $\mathbf{e}_i$ ortsunabhängig ist, gilt:

$$\partial \mathbf{R}/\partial x_i = \mathbf{e}_k \left(\partial x_k/\partial x_i\right) = \mathbf{e}_k \delta_{ki} = \mathbf{e}_i, \qquad (11.3)$$

d.h., die kartesischen Basisvektoren $\mathbf{e}_i$ können durch die partiellen Ableitungen des Radiusvektors **R** nach den kartesischen Koordinaten x_i ausgedrückt werden.

Analog (11.3) gilt für die *kovarianten Basisvektoren* g_i, die Tangentenvektoren an die ξ^i-Koordinatenlinien in P darstellen, der Zusammenhang:

$$\partial \mathbf{R}/\partial \xi^i = \left(\partial \mathbf{R}/\partial x_p\right)\left(\partial x_p/\partial \xi^i\right) = \mathbf{e}_p\left(\partial x_p/\partial \xi^i\right) = \mathbf{g}_i \ . \quad (11.4)$$

Daraus geht hervor, dass sich im Gegensatz zur ortsunabhängigen Basis die *kovarianten Basisvektoren* $\mathbf{g}_i$ bei *krummlinigen Koordinaten* von Punkt zu Punkt ändern (*begleitendes Dreibein*). Die Inversion zu (11.4) ergibt sich folgendermaßen:

$$\mathbf{e}_i \equiv \partial \mathbf{R}/\partial x_i = \left(\partial \mathbf{R}/\partial \xi^p\right)\left(\partial \xi^p/\partial x_i\right) = \mathbf{g}_p\left(\partial \xi^p/\partial x_i\right) \ . \quad (11.5)$$

Neben der *kovarianten Basis* (11.4), (11.5) ist eine *kontravariante Basis* $\mathbf{g}^i$ definiert, für die gilt:

$$\mathbf{g}^i = \left(\partial \xi^i/\partial x_p\right)\mathbf{e}^p \quad \Leftrightarrow \quad \mathbf{e}^i = \left(\partial x_i/\partial \xi^p\right)\mathbf{g}^p \ . \quad (11.6)$$

Man bezeichnet sie auch als *duale* oder *reziproke Basis*. Zur Unterscheidung von (11.4) wird der Index hochgestellt. In rechtwinklig kartesischen Koordinaten fallen ko- und kontravariante Basisvektoren zusammen ($\mathbf{e}_i \equiv \mathbf{e}^i$). Zwischen den ko- und kontravarianten Basisvektoren im allgemeinen Koordinatensystem erhält man aufgrund der Orthonormierungsbedingungen ($\mathbf{e}_i \cdot \mathbf{e}_j = \delta_{ij}$) mit (11.4) und (11.5) den Zusammenhang:

$$\boxed{\mathbf{g}_i \cdot \mathbf{g}^j = \delta_{ij} \equiv \delta_i^j} \ . \quad (11.7)$$

Danach steht beispielsweise der kontravariante Basisvektor $\mathbf{g}^1$ in P senkrecht auf den kovarianten Grundvektoren (Tangentenvektoren) $\mathbf{g}_2$ und $\mathbf{g}_3$, d.h. senkrecht auf einer ξ^1-Fläche (Bild 11.2).

In Ergänzung zu (11.7) lassen sich noch folgende Skalarprodukte bilden:

$$\boxed{\mathbf{g}_i \cdot \mathbf{g}_j \equiv g_{ij}} \quad , \quad \boxed{\mathbf{g}^i \cdot \mathbf{g}^j \equiv g^{ij}} \ . \quad (11.8\text{a,b})$$

Man bezeichnet die g_{ij} als *kovariante* und die g^{ij} als *kontravariante Metriktensoren*. In diesem Sinne ist $\delta_i^j \equiv g_i^j$ gemäß (11.7) der *gemischte Metriktensor*. Da das *Skalarprodukt* zweier Vektoren *kommutativ* ist, sind alle

11.1 Einige Grundlagen zur Tensorrechnung in allgemeinen Koordinaten

Metriktensoren symmetrisch. Setzt man die Basisvektoren (11.4) bzw. (11.6) in (11.8a,b) ein, so erhält man:

$$\boxed{g_{ij} = \left(\partial x_k / \partial \xi^i\right)\left(\partial x_k / \partial \xi^j\right)} \quad \boxed{g^{ij} = \left(\partial \xi^i / \partial x_k\right)\left(\partial \xi^j / \partial x_k\right)} \quad .(11.9a,b)$$

Damit ergibt sich die Beziehung

$$\boxed{g_{ik} g^{jk} = \delta_i^j} \quad , \tag{11.10}$$

die man auch aus (11.7) herleiten kann, wenn man die g_{ij} bzw. die g^{ij} gemäß $\mathbf{g}_i \equiv g_{ij} \mathbf{g}^j$ bzw. $\mathbf{g}^i \equiv g^{ij} \mathbf{g}_j$ a priori definiert, was der *Regel vom Heben und Senken der Indizes* entspricht. Diese Ansätze führen auch unmittelbar auf (11.8a,b). Auf die Regel vom Heben und Senken der Indizes wird nochmals im Zusammenhang mit der Vektorzerlegung (11.21a,b) eingegangen.

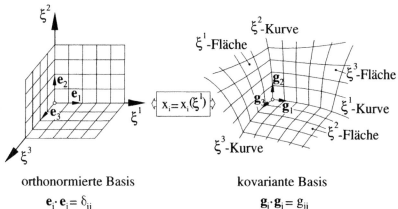

Bild 11.2 Durch die Abbildung (11.1) vermittelte krummlinige Koordinaten

Die Beziehung (11.10) stellt ein lineares Gleichungssystem dar, aus dem man bei gegebenem *kovarianten Metriktensor* g_{ij} den *kontravarianten Metriktensor* g^{ij} gemäß

$$g^{ij} = G^{ij} / g \quad \text{mit} \quad G^{ij} \equiv (-1)^{i+j} U(g_{ij}) \tag{11.11}$$

bestimmen kann. Darin ist G^{ij} der *Kofaktor* (algebraisches Komplement) des Elementes g_{ij} und $g \equiv |g_{ij}|$ die Determinante des kovarianten Metriktensors. Die Beziehung U(g_{ij}) bedeutet Unterdeterminante zum Element g_{ij}. Wendet man auf (11.10) den *Multiplikationssatz der Determinantenlehre* an, so findet man die Determinante des kontravarianten Metriktensors: $|g^{ij}| = 1/g$.

Die Basisvektoren (11.4) und (11.6) sind im Allgemeinen nicht normiert. Ihre Länge ergibt sich wegen (11.8a,b) zu:

$$|\mathbf{g}_i| = \sqrt{\mathbf{g}_i \cdot \mathbf{g}_{(i)}} = \sqrt{g_{i(i)}}, \qquad |\mathbf{g}^i| = \sqrt{\mathbf{g}^i \cdot \mathbf{g}^{(i)}} = \sqrt{g^{i(i)}} \quad (11.12\text{a,b})$$

Darin wurde jeweils ein Index in Klammern gesetzt, um anzudeuten, dass in diesem Falle nicht über den doppelt auftretenden Index i summiert werden darf.

In der *GAUSSschen Flächentheorie* werden die g_{ij} als *metrische Fundamentalgrößen erster Art* bezeichnet. Mit ihnen lassen sich Bogenlänge und Winkel zwischen zwei Vektoren ausdrücken. Ein Inkrement d**R** des Ortsvektors **R** in Bild 11.1 kann gemäß

$$d\mathbf{R} = \mathbf{e}_i dx_i = \mathbf{g}_i d\xi^i = \mathbf{g}^i d\xi_i \quad (11.13)$$

zerlegt werden. Hieraus erhält man durch Skalarproduktbildung wegen (11.7) zunächst:

$$\mathbf{g}^j \cdot \mathbf{e}_i dx_i = \mathbf{g}^j \cdot \mathbf{g}_i d\xi^i = \delta_i^j d\xi^i = d\xi^j.$$

Setzt man darin (11.6) ein, so folgt wegen $\mathbf{e}^p \cdot \mathbf{e}_i = \delta_i^p$ weiter:

$$d\xi^j = \left(\partial \xi^j / \partial x_p\right) \mathbf{e}^p \cdot \mathbf{e}_i dx_i = \left(\partial \xi^j / \partial x_p\right) dx_p$$

bzw. nach Umindizierung auch:

$$d\xi^i = \left(\partial \xi^i / \partial x_p\right) dx_p, \quad (11.14\text{a})$$

d.h., die $d\xi^i$ in (11.13) sind vollständige Differentiale und transformieren sich wie (11.6), d.h. *kontravariant* („Transformationsmatrix" $\partial \xi^i / \partial x_p$). Entsprechend findet man die *kovarianten* Größen $d\xi_i$ in (11.13) zu:

$$d\xi_i = \left(\partial x_p / \partial \xi^i\right) dx_p. \quad (11.14\text{b})$$

Man erkennt in (11.14b) dieselbe „Transformationsmatrix" $\left(\partial x_p / \partial \xi^i\right)$ wie in (11.4), d.h., das Transformationsverhalten der $d\xi_i$ ist im Gegensatz zu (11.14a) *kovariant*. Ferner können die $d\xi_i$ nicht als vollständige Differenti-

11.1 Einige Grundlagen zur Tensorrechnung in allgemeinen Koordinaten

ale gedeutet werden, worauf bereits oben hingewiesen wurde (GREEN / ADKINS, 1970, S.1).

Für ein Bogenelement erhält man aus (11.13) mit (11.8a,b):

$$ds^2 = d\mathbf{R} \cdot d\mathbf{R} = dx_k dx_k = g_{ij} d\xi^i d\xi^j = g^{ij} d\xi_i d\xi_j. \quad (11.15)$$

Ferner ist auch die „gemischte" Form $ds^2 = d\xi_k d\xi^k$ möglich, die man aus (11.13) wegen (11.7) erhält oder auch aus (11.15), wenn man die Regel vom Heben ($g^{ij}A_j = A^i$) und Senken ($g_{ij}A^j = A_i$) der Indizes benutzt.

Betrachtet man zwei Vektoren **A** und **B**, die analog (11.13) bezüglich der *kovarianten* und *kontravarianten Basis* zerlegt werden können,

$$\mathbf{A} = A^k \mathbf{g}_k = A_k \mathbf{g}^k, \quad \mathbf{B} = B^k \mathbf{g}_k = B_k \mathbf{g}^k, \quad (11.16a,b)$$

so führt das Skalarprodukt auf folgende Darstellungen:

$$\mathbf{A} \cdot \mathbf{B} = g_{ij} A^i B^j = A^k B_k = A_k B^k = g^{ij} A_i B_j. \quad (11.17)$$

Für $\mathbf{B} \equiv \mathbf{A}$ erhält man daraus die Länge eines Vektors:

$$|\mathbf{A}| \equiv A = \sqrt{g_{ij} A^i A^j} = \sqrt{A^k B_k} = \sqrt{A_k B^k} = \sqrt{g^{ij} A_i A_j}. \quad (11.18)$$

Da das Skalarprodukt durch $AB \cos \alpha$ gegeben ist, gilt wegen (11.17) und (11.18):

$$\cos \alpha = g_{ij} A^i B^j / (AB). \quad (11.19)$$

Speziell erhält man den Winkel α_{12} zwischen den Koordinatenlinien ξ^1 und ξ^2, d.h. zwischen den kovarianten Basisvektoren $\mathbf{g}_1$ und $\mathbf{g}_2$, wegen (11.8a) und (11.12a) folgendermaßen:

$$\left. \begin{array}{l} \mathbf{g}_1 \cdot \mathbf{g}_2 \equiv g_{12} \\ \underbrace{|\mathbf{g}_1||\mathbf{g}_2|\cos \alpha_{12}} \end{array} \right\} \Rightarrow \cos \alpha_{12} = \frac{g_{12}}{\sqrt{g_{11} g_{22}}}. \quad (11.20a)$$

Durch zyklische Vertauschung folgt entsprechend:

$$\cos \alpha_{23} = \frac{g_{23}}{\sqrt{g_{22} g_{33}}} \quad \text{und} \quad \cos \alpha_{31} = \frac{g_{31}}{\sqrt{g_{33} g_{11}}}. \quad (11.20b,c)$$

Daraus schließt man:

> Eine notwendige und hinreichende Bedingung für die *Orthogonalität* eines krummlinigen Koordinatensystems ist dadurch gegeben, dass g_{ij} für $i \neq j$ in jedem Punkt eines betrachteten Gebietes verschwindet.

Gemäß (11.16a) sind zwei verschiedene Zerlegungen eines Vektors **A** möglich (Bild 11.3). Die A_k bzw. A^k in (11.16a) oder Bild 11.3 sind die *kovarianten* bzw. *kontravarianten Koordinaten* des Vektors **A**. Man beachte, dass sie als Koeffizienten vor den *kontravarianten* bzw. *kovarianten Basisvektoren* stehen.

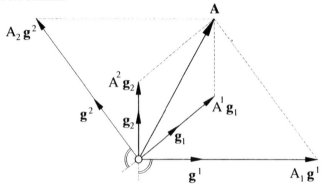

Bild 11.3 Zerlegung eines Vektors bezüglich der kovarianten und kontravarianten Basis

Einen Zusammenhang zwischen den A_k und A^k erhält man, wenn man (11.16a) skalar mit g_i bzw. mit g^i multipliziert:

$$\boxed{A_i = g_{ik}A^k} \quad \text{bzw.} \quad \boxed{A^i = g^{ik}A_k} \quad . \tag{11.21a,b}$$

Dieses Ergebnis drückt auch die *Regel vom Heben und Senken der Indizes* aus, die man auch auf die Basisvektoren anwenden kann und somit eine Beziehung zwischen den ko- und kontravarianten Basisvektoren herstellt, wie im Anschluss an (11.10) bereits erläutert. Vergleicht man die Vektorzerlegungen (11.16a) mit der Zerlegung

$$\mathbf{A} = \overline{A}_k \mathbf{e}^k \equiv \overline{A}^k \mathbf{e}_k \tag{11.22}$$

bezüglich der orthonormierten Basis $\mathbf{e}_k \equiv \mathbf{e}^k$, so erhält man unter Berücksichtigung von (11.5) und (11.6) die kovarianten und kontravarianten Koordinaten des Vektors **A** aus seinen CARTESIschen Koordinaten $\overline{A}_k \equiv \overline{A}^k$ gemäß:

$$\boxed{A_i = \left(\partial x_p / \partial \xi^i\right)\overline{A}_p} \quad , \quad \boxed{A^i = \left(\partial \xi^i / \partial x_p\right)\overline{A}^p} \quad . \tag{11.23a,b}$$

11.1 Einige Grundlagen zur Tensorrechnung in allgemeinen Koordinaten

In (11.23a,b) erkennt man dieselben Transformationsmatrizen $\left(\partial x_p / \partial \xi^i\right)$ und $\left(\partial \xi^i / \partial x_p\right)$ wie in (11.4) und (11.6).

In der Tensoranalysis spielt der *Nabla-Operator* eine fundamentale Rolle. Man kann ihn bezüglich einer orthonormierten Basis zerlegen:

$$\nabla = \mathbf{e}_i \nabla_i \equiv \mathbf{e}_i \frac{\partial}{\partial x_i} . \tag{11.24}$$

Unter Benutzung der Kettenregel

$$\frac{\partial}{\partial x_i} = \frac{\partial \xi^p}{\partial x_i} \frac{\partial}{\partial \xi^p}$$

und nach Einsetzen von (11.6) geht aus (11.24) die Zerlegung

$$\boxed{\nabla = \mathbf{g}^k \frac{\partial}{\partial \xi^k}} \tag{11.25}$$

hervor. Man kann auch (11.4) in (11.24) einsetzen. Dann erhält man wegen (11.9b) und unter Berücksichtigung der Regel vom Heben und Senken der Indizes ebenfalls die Zerlegung (11.25).

Die *Divergenz* eines Vektorfeldes **A** ermittelt man wegen (11.25) und (11.16a) zu:

$$\boxed{\operatorname{div}\mathbf{A} = \nabla \cdot \mathbf{A} = \partial A^i / \partial \xi^i + A^i \Gamma^{\,j}_{\bullet ij} \equiv A^i|_i} \quad . \tag{11.26}$$

Darin sind die *CHRISTOFFEL-Symbole zweiter Art* $\Gamma^k_{\bullet ij}$ benutzt, mit denen man die Ableitungen der Basisvektoren wieder auf die Basisvektoren selbst beziehen kann:

$$\partial \mathbf{g}_i / \partial \xi^j \equiv \Gamma^k_{\bullet ij} \mathbf{g}_k \equiv \begin{Bmatrix} k \\ ij \end{Bmatrix} \mathbf{g}_k = \Gamma_{ijk} \mathbf{g}^k , \tag{11.27a}$$

$$\partial \mathbf{g}^i / \partial \xi^j \equiv -\Gamma^i_{\bullet kj} \mathbf{g}^k \equiv -\begin{Bmatrix} i \\ kj \end{Bmatrix} \mathbf{g}^k . \tag{11.27b}$$

Aufgrund der Definition (11.27a) ergeben sich die *CHRISTOFFEL-Symbole* unter Berücksichtigung von (11.4) und (11.5) zu:

$$\Gamma^k_{\cdot ij} = \frac{\partial \xi^k}{\partial x_p} \frac{\partial^2 x_p}{\partial \xi^i \partial \xi^j} \ . \qquad (11.28a)$$

Sie sind symmetrisch in den unteren Indizes ($\Gamma^k_{\cdot ij} = \Gamma^k_{\cdot ji}$) und lassen sich auch durch den Metriktensor und seine Ableitungen ausdrücken:

$$\Gamma^k_{\cdot ij} = \frac{1}{2} g^{kl} \left(\partial g_{il}/\partial \xi^j + \partial g_{jl}/\partial \xi^i - \partial g_{ij}/\partial \xi^l \right). \qquad (11.28b)$$

Die *CHRISTOFFEL-Symbole erster Art* sind durch

$$\Gamma_{kij} \equiv [ij,k] = \frac{1}{2} \left(\partial g_{ik}/\partial \xi^j + \partial g_{jk}/\partial \xi^i - \partial g_{ij}/\partial \xi^k \right) \qquad (11.29)$$

gegeben, woraus wegen $g^{kl}\Gamma_{lij} \equiv \Gamma^k_{\cdot ij}$ die Beziehung (11.28b) folgt. Es muss betont werden, dass die CHRISTOFFEL-Symbole keine Tensoren sind.

In krummlinigen Koordinaten haben die partiellen Ableitungen $\partial A^i/\partial \xi^j$ und $\partial A_i/\partial \xi^j$ der Vektorkoordinaten A^i oder A_i im Allgemeinen keinen Tensorcharakter. Bildet man jedoch die Ableitung $\partial \mathbf{A}/\partial \xi^j$, so erhält man wegen (11.16a) und unter Berücksichtigung von (11.27a,b) das Ergebnis:

$$\partial \mathbf{A}/\partial \xi^j = A^i\big|_j \, \mathbf{g}_i = A_i\big|_j \, \mathbf{g}^i \ . \qquad (11.30)$$

Darin sind

$$A^i\big|_j \equiv \partial A^i/\partial \xi^j + A^k \Gamma^i_{\cdot kj} \quad \text{und} \quad A_i\big|_j \equiv \partial A_i/\partial \xi^j - A_k \Gamma^k_{\cdot ij} \quad (11.31a,b)$$

die *kovarianten Ableitungen* der kontravarianten und kovarianten Vektorkoordinaten. Diese Ableitungen haben Tensorcharakter. Die Spur von (11.31a) stimmt mit der *Divergenz* (11.26) überein.

Ist der Vektor $\mathbf{A}$ in (11.30) der Gradient eines Skalarfeldes Φ, so erhält man wegen (11.25) und (11.27b):

$$\partial \mathbf{A}/\partial \xi^j = \partial(\nabla \Phi)/\partial \xi^j = T_{ij} \mathbf{g}^i. \qquad (11.32)$$

Darin ist

$$T_{ij} = T_{ji} = \frac{\partial^2 \Phi}{\partial \xi^i \partial \xi^j} - \Gamma^k_{\cdot ij} \frac{\partial \Phi}{\partial \xi^k} \equiv \Phi,_i\big|_j \qquad (11.33)$$

ein symmetrischer Tensor zweiter Stufe (zweifach kovariant).

11.1 Einige Grundlagen zur Tensorrechnung in allgemeinen Koordinaten

Der *LAPLACE-Operator* Δ ist gemäß $\Delta\Phi = \text{div grad } \Phi$ definiert. In krummlinigen Koordinaten erhält man wegen (11.25), (11.26), (11.27), (11.8b) und mit der Abkürzung (11.33) die Beziehung:

$$\Delta\Phi = \nabla \cdot \nabla\Phi = \left(\mathbf{g}^i \frac{\partial}{\partial \xi^i}\right) \cdot \left(\mathbf{g}^k \frac{\partial \Phi}{\partial \xi^k}\right) = g^{ij} T_{ij} \equiv g^{ij} \Phi_{,i}\big|_j . \quad (11.34)$$

Den *Gradient eines Vektors* **A** ermittelt man über das dyadische Produkt aus Nabla-Operator (11.25) und Feldvektor (11.16a) wegen (11.31a,b) zu:

$$\mathbf{T} \equiv \nabla \otimes \mathbf{A} = \left(\mathbf{g}^j \frac{\partial}{\partial \xi^j}\right) \otimes \left(A^i \mathbf{g}_i\right) = A^i\big|_j \mathbf{g}^j \otimes \mathbf{g}_i \equiv T^i_j \mathbf{g}^j \otimes \mathbf{g}_i \quad (11.35a)$$

$$\mathbf{T} \equiv \nabla \otimes \mathbf{A} = \left(\mathbf{g}^j \frac{\partial}{\partial \xi^j}\right) \otimes \left(A_i \mathbf{g}^i\right) = A_i\big|_j \mathbf{g}^j \otimes \mathbf{g}^i \equiv T_{ij} \mathbf{g}^j \otimes \mathbf{g}^i . \quad (11.35b)$$

Im Gegensatz zu (11.33) ist $T_{ij} \equiv A_i\big|_j$ in (11.35b) nicht symmetrisch. Aus den Ergebnissen (11.35a,b) erkennt man, dass die gemischten Koordinaten T^i_j und die zweifach kovarianten Koordinaten T_{ij} der *Gradientendyade* $\mathbf{T} \equiv \nabla \otimes \mathbf{A}$ mit den *kovarianten Ableitungen* (11.31a,b) identisch sind, d.h., *Gradientenbildung* und *kovariante Ableitung* sind gleichwertige Begriffe.

Bezieht man sich auf krummlinige Koordinaten, wird man die Stoffgleichung (3.9a) durch

$$\tau^{ij} = E^{ijkl} \gamma_{kl} \quad (11.36)$$

ausdrücken. Darin ist der infinitesimale Verzerrungstensor durch *kovariante Ableitungen* aus dem Verschiebungsvektor zu bilden:

$$\gamma_{ij} = \left(w_i\big|_j + w_j\big|_i\right)\!\big/2 . \quad (11.37)$$

Aufgrund des Gleichgewichts muss bei fehlenden Körperkräften die *Divergenz* des Spannungstensors verschwinden. Das führt in Anlehnung an (11.26) auf die *Gleichgewichtsbedingungen*:

$$\tau^{ij}\big|_i = 0^j \quad (11.38)$$

am unverformten Körper.

Es ist zu beachten, dass für die Anwendungen die *physikalischen Komponenten* der Größen τ_{ij}, γ_{ij} und w_i zu bestimmen sind. Darunter versteht man die auf Einsvektoren bezogenen Komponenten:

$$\sigma^{ij} = \tau^{ij}\sqrt{g_{(ii)}g_{(jj)}}, \quad \varepsilon_{ij} = \gamma_{ij}\sqrt{g^{(ii)}g^{(jj)}}, \quad u_i = w_i\sqrt{g^{(ii)}}. \quad (11.39\text{a,b,c})$$

Die Klammern um i und j sollen zum Ausdruck bringen, dass nicht summiert werden darf.

Im Folgenden sollen obige Beziehungen auf *Zylinderkoordinaten*

$$x_1 = \xi^1 \cos\xi^2, \quad x_2 = \xi^1 \sin\xi^2, \quad x_3 = \xi^3, \quad (11.40)$$

mit $\xi^1 \equiv r$, $\xi^2 \equiv \varphi$, $\xi^3 \equiv z$ angewendet werden. Damit ergeben sich die *Basisvektoren* (11.4) und (11.6) zu:

$$\left.\begin{array}{l}\mathbf{g}_1 = \mathbf{e}_1\cos\varphi + \mathbf{e}_2\sin\varphi, \\ \mathbf{g}_2 = -\mathbf{e}_1 r\sin\varphi + \mathbf{e}_2 r\cos\varphi, \\ \mathbf{g}_3 = \mathbf{e}_3 \end{array}\right\} \quad (11.41\text{a})$$

$$\mathbf{g}^1 = \mathbf{g}_1, \quad \mathbf{g}^2 = \mathbf{g}_2/r^2, \quad \mathbf{g}^3 = \mathbf{g}_3. \quad (11.41\text{b})$$

Die Metriktensoren (11.8a,b), (11.9a,b) lauten:

$$g_{ij} = \begin{pmatrix} 1 & 0 & 0 \\ 0 & r^2 & 0 \\ 0 & 0 & 1 \end{pmatrix}, \quad g^{ij} = \begin{pmatrix} 1 & 0 & 0 \\ 0 & 1/r^2 & 0 \\ 0 & 0 & 1 \end{pmatrix}, \quad (11.42\text{a,b})$$

während man die nicht verschwindenden *CHRISTOFFEL-Symbole* (11.28a,b), (11.29) zu

$$\Gamma_{122} = \Gamma^1_{\bullet 22} = -r, \quad \Gamma_{221} = r, \quad \Gamma^2_{\bullet 12} = 1/r \quad (11.43)$$

ermittelt. Wegen (11.31b) kann (11.37) auch durch

$$\gamma_{ij} = \left(\partial w_i/\partial\xi^j + \partial w_j/\partial\xi^i\right)/2 - w_k\Gamma^k_{\bullet ij} \quad (11.44)$$

ausgedrückt werden. Die *physikalischen Komponenten* des Verschiebungsvektors ergeben sich wegen (11.39c) und (11.42b) in Zylinderkoordinaten zu:

$$u_r = w_1, \quad u_\varphi = w_2/r, \quad u_z = w_3. \quad (11.45)$$

Entsprechend erhält man aus (11.39b):

$$\left.\begin{array}{lll}\varepsilon_r = \gamma_{11}, & \varepsilon_\varphi = \gamma_{22}/r^2, & \varepsilon_z = \gamma_{33}, \\ \varepsilon_{r\varphi} = \gamma_{12}/r, & \varepsilon_{rz} = \gamma_{13}, & \varepsilon_{z\varphi} = \gamma_{32}/r,\end{array}\right\} \quad (11.46)$$

11.1 Einige Grundlagen zur Tensorrechnung in allgemeinen Koordinaten

so dass mit (11.43) bis (11.45) schließlich folgt:

$$\left.\begin{array}{l}\varepsilon_r = \partial u_r/\partial r,\ \varepsilon_\varphi = \left(\partial u_\varphi/\partial\varphi + u_r\right)/r,\ \varepsilon_z = \partial u_z/\partial z,\\ \varepsilon_{r\varphi} = \left[(\partial u_r/\partial\varphi)/r + \partial u_\varphi/\partial r - u_\varphi/r\right]/2,\\ \varepsilon_{rz} = (\partial u_r/\partial z + \partial u_z/\partial r)/2,\\ \varepsilon_{z\varphi} = \left[(\partial u_z/\partial\varphi)/r + \partial u_\varphi/\partial z\right]/2.\end{array}\right\} \quad (11.47)$$

Die *physikalischen Komponenten* der Spannungen ergeben sich aus (11.39a) in Zylinderkoordinaten zu:

$$\left.\begin{array}{l}\sigma_r = \tau^{11},\quad \sigma_\varphi = r^2\tau^{22},\quad \sigma_z = \tau^{33},\\ \sigma_{r\varphi} = r\tau^{12},\quad \sigma_{\varphi z} = r\tau^{23},\quad \sigma_{zr} = \tau^{31},\end{array}\right\} \quad (11.48)$$

so dass man aus (11.38) wegen

$$A^{ij}|_k = \partial A^{ij}/\partial\xi^k + \Gamma^i_{\bullet kp}A^{pj} + \Gamma^j_{\bullet kp}A^{ip} \quad (11.49)$$

und (11.43) die *Gleichgewichtsbedingungen*

$$\left.\begin{array}{l}\partial\sigma_r/\partial r + \left(\partial\sigma_{r\varphi}/\partial\varphi\right)/r + \partial\sigma_{zr}/\partial z + (\sigma_r - \sigma_\varphi)/r = 0\\ \partial\sigma_{r\varphi}/\partial r + \left(\partial\sigma_\varphi/\partial\varphi\right)/r + \partial\sigma_{\varphi z}/\partial z + 2\sigma_{r\varphi}/r = 0\\ \partial\sigma_{zr}/\partial r + \left(\partial\sigma_{\varphi z}/\partial\varphi\right)/r + \partial\sigma_z/\partial z + \sigma_{zr}/r = 0\end{array}\right\} \quad (11.50)$$

ermittelt.

Für den isotropen Fall erhält man analog (3.25) für den Elastizitätstensor:

$$E^{ijkl} = \lambda g^{ij}g^{kl} + \mu(g^{ik}g^{jl} + g^{il}g^{jk}), \quad (11.51)$$

so dass aus (11.36) mit (11.46) und (11.48) folgende Stoffgleichungen folgen:

$$\left.\begin{array}{l}\sigma_r = 2\mu\varepsilon_r + \lambda(\varepsilon_r + \varepsilon_\varphi + \varepsilon_z),\\ \sigma_\varphi = 2\mu\varepsilon_\varphi + \lambda(\varepsilon_r + \varepsilon_\varphi + \varepsilon_z),\\ \sigma_z = 2\mu\varepsilon_z + \lambda(\varepsilon_r + \varepsilon_\varphi + \varepsilon_z),\\ \sigma_{r\varphi} = 2\mu\varepsilon_{r\varphi},\ \sigma_{\varphi z} = 2\mu\varepsilon_{\varphi z},\ \sigma_{zr} = 2\mu\varepsilon_{zr}.\end{array}\right\} \quad (11.52)$$

Durch (11.34) mit (11.33) ist der *LAPLACE-Operator* allgemein definiert. In Zylinderkoordinaten erhält man wegen (11.42b) und (11.43) den Operator

$$\Delta = \frac{\partial^2}{\partial r^2} + \frac{1}{r^2}\frac{\partial^2}{\partial \varphi^2} + \frac{1}{r}\frac{\partial}{\partial r} + \frac{\partial^2}{\partial z^2}, \qquad (11.53)$$

der sich im ebenen Fall zu (3.83) vereinfacht.

Der LAPLACE-Operator in (11.34) kann auch durch

$$\Delta\Phi = \frac{1}{\sqrt{g}}\frac{\partial}{\partial \xi^i}\left(\sqrt{g}\, g^{ij}\frac{\partial \Phi}{\partial \xi^j}\right) = \frac{1}{\sqrt{g}}\begin{vmatrix} \partial/\partial \xi^1 & \partial/\partial \xi^2 & \partial/\partial \xi^3 & 0 \\ g_{11} & g_{12} & g_{13} & \frac{1}{\sqrt{g}}\frac{\partial \Phi}{\partial \xi^1} \\ g_{21} & g_{22} & g_{23} & \frac{1}{\sqrt{g}}\frac{\partial \Phi}{\partial \xi^2} \\ g_{31} & g_{32} & g_{33} & \frac{1}{\sqrt{g}}\frac{\partial \Phi}{\partial \xi^3} \end{vmatrix} \qquad (11.54)$$

ausgedrückt werden. Dabei ist zu berücksichtigen, dass die in der ersten Zeile stehenden Operatoren $\partial/\partial \xi^i$ auf die entsprechenden Minoren anzuwenden sind. Bei orthogonalen Koordinaten gilt $g_{12} = g_{23} = g_{31} = 0$, wie man (11.20) entnimmt. Dann ist die Determinante $|g_{ij}| \equiv g = g_{11}g_{22}g_{33}$, und (11.54) vereinfacht sich zu:

$$\Delta\Phi = \frac{1}{\sqrt{g}}\left[\frac{\partial}{\partial \xi^1}\left(\sqrt{\frac{g_{22}g_{33}}{g_{11}}}\frac{\partial \Phi}{\partial \xi^1}\right) + \cdots + \frac{\partial}{\partial \xi^3}\left(\sqrt{\frac{g_{11}g_{22}}{g_{33}}}\frac{\partial \Phi}{\partial \xi^3}\right)\right]. \qquad (11.55)$$

In der Theorie der Tensorfunktionen spielen die irreduziblen Grundinvarianten

$$S_1 = \delta_{ij}\overline{A}_{ji}, \quad S_2 = \overline{A}_{ij}\overline{A}_{ji}, \quad S_3 = \overline{A}_{ij}\overline{A}_{jk}\overline{A}_{ki} \qquad (11.56a,b,c)$$

oder alternativ die *irreduziblen Hauptinvarianten*

$$J_1 \equiv S_1, \quad J_2 = (S_2 - S_1^2)/2, \quad J_3 = (2S_3 - 3S_2S_1 + S_1^3)/6 \qquad (11.57a,b,c)$$

eine fundamentale Rolle (*Integritätsbasis*). In (11.56a,b,c) sind die $\overline{A}_{ij}$ die Komponenten des Tensors **A** bezüglich der orthonormierten Basis $\mathbf{e}_i$. Die Invarianten (11.56a,b,c) lassen sich auch durch die kovarianten Komponenten des Tensors ausdrücken. Dazu benötigt man die folgenden Transformationsgesetze:

$$A_{ij} = \frac{\partial x_p}{\partial \xi^i}\frac{\partial x_q}{\partial \xi^j}\overline{A}_{pq} \quad \Leftrightarrow \quad \overline{A}_{ij} = \frac{\partial \xi^p}{\partial x_i}\frac{\partial \xi^q}{\partial x_j}A_{pq}, \qquad (11.58)$$

$$A^{ij} = \frac{\partial \xi^i}{\partial x_p} \frac{\partial \xi^j}{\partial x_q} \overline{A}_{pq} \quad \Leftrightarrow \quad \overline{A}^{ij} = \frac{\partial x_i}{\partial \xi^p} \frac{\partial x_j}{\partial \xi^q} A_{pq}, \qquad (11.59)$$

die eine Erweiterung von (11.4), (11.5) und (11.6) auf einen Tensor zweiter Stufe darstellen. Durch Einsetzen in (11.56a,b,c) findet man unter Berücksichtigung von (11.9a,b) schließlich die *irreduziblen Grundinvarianten*:

$$S_1 = g^{pq} A_{pq} = g_{pq} A^{pq} = A_k^k, \qquad (11.60a)$$

$$S_2 = g^{ip} g^{jq} A_{ji} A_{pq} = g_{ip} g_{jq} A^{ji} A^{pq} = A_k^i A_i^k, \qquad (11.60b)$$

$$S_3 = g^{ip} g^{jq} g^{kr} A_{ij} A_{qk} A_{rp} = \cdots = A_j^i A_k^j A_i^k, \qquad (11.60c)$$

mit denen man gemäß (11.57a,b,c) auch die *irreduziblen Hauptinvarianten* in *kovarianten*, *kontravarianten* oder *gemischten Tensorkoordinaten* darstellen kann.

11.2 Konforme Abbildungen

In vielen Gebieten der theoretischen Physik werden *konforme Abbildungen* benutzt, um aus bekannten Lösungen neue zu gewinnen. Im Jahre 1931 gelang es FÖPPL, ebene elastische Spannungszustände mittels der konformen Abbildung zu behandeln. Zur Lösung vieler Aufgaben wurde aus der bekannten *AIRYschen Spannungsfunktion* in der w-Ebene die entsprechende Funktion für die Abbildung in der komplexen z-Ebene gesucht. Weitere Anwendungen der konformen Abbildung in der *Elastomechanik* findet man beispielsweise bei MUSKHELISHVILI (1953) und FÖPPL (1960), um nur einige Literaturstellen zu nennen. Von BETTEN (1968) werden konforme Abbildungen benutzt, um aus der *PRANDTLschen Lösung* (Bild 4.12) Lösungen für andere *plastische Gebiete* zu gewinnen. Dazu werden die bekannten *Charakteristiken* bzw. *Gleitlinien* (Bild 4.12) der w-Ebene konform auf die z-Ebene (das zu untersuchende Gebiet, z.B. Umformzone beim Walz- oder Ziehvorgang) abgebildet. Im Allgemeinen sind Gleitlinien nicht *konform-invariant*, d.h., sie können ihre Eigenschaften durch konforme Abbildungen ändern, so dass die für die Gleitlinien wesentliche HENCKY-PRANDTLsche Radienbedingung verletzt werden kann. Dieses Problem wird von BETTEN (1968) genauer untersucht.

Konforme Abbildungen sind dadurch gekennzeichnet, dass ein Winkel zwischen zwei Richtungen durch die Abbildung nicht verzerrt wird und auch der Richtungssinn des Winkels erhalten bleibt (*winkeltreue Abbildung*). Insbesondere wird ein *rechtwinkliges CARTESIsches Koordinatennetz* x_i vermöge einer konformen Abbildung auf ein *orthogonales krummliniges Koordinatennetz* ξ^i transformiert. Mithin ist die Orthogonalität der Basisvektoren bei konformen Abbildungen gegeben. Neben der *Winkeltreue* ist bei konformen Abbildungen auch die *Maßstabstreue* wesentlich, auf die später eingegangen wird. Darüber hinaus werden nur ebene Fälle, d.h. zulässige Koordinatentransformationen

$$x_i = x_i(\xi^1, \xi^2) \quad \Longleftrightarrow \quad \xi^i = \xi^i(x_1, x_2) \tag{11.61}$$

betrachtet, so dass der kovariante Metriktensor aufgrund der Orthogonalität die Diagonalform

$$g_{ij} = \mathrm{diag}\{g_{11}, g_{22}, 1\} \tag{11.62}$$

besitzt. Darin ermittelt man die g_{11} und g_{22} wegen (11.9a) aus der Transformation (11.61) zu:

$$g_{11} = \left(\partial x_1/\partial \xi^1\right)^2 + \left(\partial x_2/\partial \xi^1\right)^2, \tag{11.63a}$$

$$g_{22} = \left(\partial x_1/\partial \xi^2\right)^2 + \left(\partial x_2/\partial \xi^2\right)^2. \tag{11.63b}$$

Mit diesen Größen sind nach (11.12a) die Längen (Maßstäbe) der Basisvektoren gegeben:

$$h_1 = \sqrt{g_{11}}, \quad h_2 = \sqrt{g_{22}}. \tag{11.64a,b}$$

Diese Beziehungen sind in Bild 11.4 veranschaulicht.

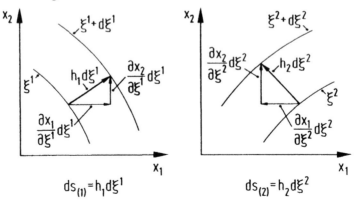

Bild 11.4 Zur Darstellung der „Maßstabsfaktoren" (11.64a,b)

11.2 Konforme Abbildungen

Neben der Parameterform (11.61) kann die Geometrie durch eine *komplexe Funktion*

$$\boxed{\begin{array}{c} z = f(w) \\ z = x_1 + ix_2 \quad w = \xi^1 + i\xi^2 \\ z\text{-Ebene} \Leftrightarrow w\text{-Ebene} \end{array}} \qquad (11.65)$$

beschrieben werden, die eine eindeutige Abbildung der z-Ebene auf die w-Ebene (oder umgekehrt) vermittelt (Bild 11.5).

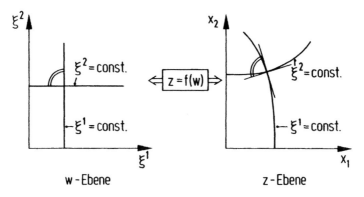

Bild 11.5 Konforme Abbildung

Um die Orthogonalität des krummlinigen Koordinatennetzes von vornherein zu gewährleisten, ist (neben anderen Vorzügen) die Benutzung von *regulären* oder *holomorphen Funktionen* f(w), d.h. von konformen Abbildungen, zweckmäßig. Die Funktion f(w) heißt *regulär* oder *holomorph* in einem Gebiet, wenn sie dort eindeutig ist und eine stetige Ableitung

$$f'(w) = \lim_{\Delta w \to 0} \frac{f(w + \Delta w) - f(w)}{\Delta w} \qquad (11.66)$$

besitzt. Die Definition (11.66) der „Ableitung" im üblichen Sinn ist nur dann sinnvoll, wenn die komplexwertige Funktion f durch w allein darstellbar ist. Das führt unmittelbar auf die *CAUCHY-RIEMANNschen Differentialgleichungen*

$$\boxed{\partial x_1 / \partial \xi^1 = \partial x_2 / \partial \xi^2} \qquad \boxed{\partial x_1 / \partial \xi^2 = -\partial x_2 / \partial \xi^1} \qquad (11.67\text{a,b})$$

die bei konformen Abbildungen erfüllt sind.

Man kann die *CAUCHY-RIEMANNschen Differentialgleichungen* (11.67) folgendermaßen herleiten. Wegen $w = \xi^1 + i\xi^2$ und $\overline{w} = \xi^1 - i\xi^2$ gilt:

$$\xi^1 = (w + \overline{w})/2, \quad \xi^2 = (w - \overline{w})/(2i), \tag{11.68}$$

so dass sich die Frage stellt, ob die komplexwertige Funktion

$$f = \alpha(\xi^1, \xi^2) + i\beta(\xi^1, \xi^2) \tag{11.69}$$

als Funktion f(w) der komplexen Veränderlichen w darstellbar ist. Als Gegenbeispiel sei $\alpha(\xi^1, \xi^2) = \xi^1$ und $\beta(\xi^1, \xi^2) = -\xi^2$ angenommen. Dann ist:

$$\alpha(\xi^1, \xi^2) + i\beta(\xi^1, \xi^2) = \xi^1 - i\xi^2 \equiv \overline{w}, \tag{11.70}$$

d.h., die komplexwertige Funktion ist in diesem Fall nicht durch w, sondern durch $\overline{w}$ darstellbar. Im Allgemeinen können komplexwertige Funktionen weder durch w allein noch durch $\overline{w}$ allein, sondern nur durch w und $\overline{w}$ ausgedrückt werden. Von spezieller Bedeutung sind die Funktionenpaare $\alpha(\xi^1, \xi^2)$ und $\beta(\xi^1, \xi^2)$, die in der Kombination

$$\alpha(\xi^1, \xi^2) + i\beta(\xi^1, \xi^2) = f(w) \tag{11.71}$$

nur von w allein abhängen. Dann muss die Bedingung

$$\partial\left[\alpha(\xi^1, \xi^2) + i\beta(\xi^1, \xi^2)\right]/\partial \overline{w} = 0 \tag{11.72}$$

erfüllt werden. Darin ist der Operator $\partial/\partial \overline{w}$ wegen (11.68) durch

$$\frac{\partial}{\partial \overline{w}} = \frac{\partial \xi^1}{\partial \overline{w}} \frac{\partial}{\partial \xi^1} + \frac{\partial \xi^2}{\partial \overline{w}} \frac{\partial}{\partial \xi^2} = \frac{1}{2}\left(\frac{\partial}{\partial \xi^1} + i\frac{\partial}{\partial \xi^2}\right) \tag{11.73}$$

ausdrückbar, so dass aus (11.72) die Bedingung

$$\partial\alpha/\partial\xi^1 - \partial\beta/\partial\xi^2 + i\left(\partial\beta/\partial\xi^1 + \partial\alpha/\partial\xi^2\right) = 0 \tag{11.74}$$

folgt, die erfüllt ist, wenn darin der Realteil und der Imaginärteil verschwinden, d.h. wenn die *CAUCHY-RIEMANNschen Differentialgleichungen*

$$\boxed{\partial\alpha/\partial\xi^1 = \partial\beta/\partial\xi^2} \quad , \quad \boxed{\partial\beta/\partial\xi^1 = -\partial\alpha/\partial\xi^2} \tag{11.75a,b}$$

erfüllt sind. Mit (11.75a,b) hängt die komplexwertige Funktion (11.69)

11.2 Konforme Abbildungen

also nur von einer komplexen Veränderlichen w ab, so dass man den Begriff der Ableitung in üblicher Weise (11.66) definieren kann.

Da die Veränderliche w komplex ist, muss der Grenzwert (11.66) für jede gegen null konvergente Folge von komplexen Werten gleich sein. So erhält man beispielsweise für $\Delta w = \Delta \xi^1$ mit (11.69) den Quotienten

$$\frac{f(w+\Delta w)-f(w)}{\Delta w} = \frac{\alpha(\xi^1+\Delta\xi^1,\xi^2)-\alpha(\xi^1,\xi^2)}{\Delta\xi^1} +$$
$$+ i\frac{\beta(\xi^1+\Delta\xi^1,\xi^2)-\beta(\xi^1,\xi^2)}{\Delta\xi^1}$$

und daraus durch Grenzübergang $\Delta\xi^1 \to 0$ die Ableitung

$$f'(w) = \partial\alpha/\partial\xi^1 + i\partial\beta/\partial\xi^1 . \tag{11.76a}$$

Entsprechend findet man für $\Delta w = i\Delta\xi^2$ durch Grenzübergang $\Delta\xi^2 \to 0$ die Ableitung

$$f'(w) = \partial\beta/\partial\xi^2 - i\partial\alpha/\partial\xi^2 , \tag{11.76b}$$

so dass der Vergleich mit (11.76a) unmittelbar auf die CAUCHY-RIEMANNschen Differentialgleichungen (11.75a,b) bzw. wegen (11.65) auf (11.67a,b) führt.

Die geometrische Bedeutung der Ableitung (11.66) kann an Bild 11.6 erläutert werden.

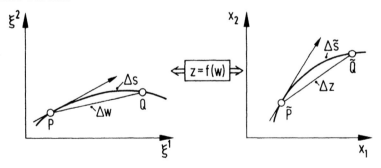

Bild 11.6 Zur geometrischen Deutung der Ableitung

Das Argument der komplexen Zahl Δz in Bild 11.6 ist gleich dem Winkel, den der Differenzvektor Δz mit der reellen Achse einschließt:

$$\Delta z = |\Delta z|\exp(i\arg\Delta z), \quad \Delta w = |\Delta w|\exp(i\arg\Delta w) . \tag{11.77a,b}$$

Daraus ergibt sich die Differenz

$$\arg \Delta z - \arg \Delta w = \arg(\Delta z / \Delta w). \quad (11.78)$$

In der Grenzlage Q → P fällt die Richtung des Vektors Δz bzw. Δw mit der jeweiligen Tangente in P bzw. $\tilde{P}$ zusammen. Aus (11.78) erkennt man beim Grenzübergang, dass das Argument der Ableitung, $\arg f'(w)$, den Drehwinkel ausmacht, den die Tangente infolge der Abbildung (11.65) überstreicht. Wählt man zwei Kurven, die sich in P unter einem bestimmten Winkel schneiden, so ist der Drehwinkel für beide Tangenten derselbe. Mithin ist die Abbildung (11.65), die durch eine *holomorphe Funktion* vermittelt wird, in allen Punkten *winkeltreu*, in denen $f'(w) \neq 0$ ist. Gegenüber der Abbildung ist also nicht nur die Größe, sondern auch der Drehungssinn (Durchlaufsinn) des Winkels zwischen zwei sich schneidenden Kurven invariant. In diesem Sinne ist eine Spiegelung an der reellen Achse, d.h. die Abbildung $z = \overline{w}$ gemäß (11.70), nicht winkeltreu. Abbildungen, bei denen nur die Größe des Winkels erhalten bleibt, heißen *isogonal*.

Der Betrag der Ableitung (11.66) bzw. (11.76a,b) kann geometrisch folgendermaßen gedeutet werden: Es werden die vermöge der Abbildung (11.65) korrespondierenden Bogenelemente Δs und $\Delta \tilde{s}$ in Bild 11.6 verglichen. Das Verhältnis der Längen der Differenzvektoren

$$\left| \overrightarrow{\tilde{P}\tilde{Q}} \right| / \left| \overrightarrow{PQ} \right| \equiv \tilde{P}\tilde{Q}/PQ = |\Delta z|/|\Delta w| \quad (11.79a)$$

kann durch

$$\tilde{P}\tilde{Q}/PQ = |\Delta z/\Delta w| \quad (11.79b)$$

ausgedrückt werden, da der Betrag eines Quotienten gleich dem Quotienten der Beträge ist, wie man durch Einsetzen von $\Delta z = \Delta x_1 + i\Delta x_2$ und $\Delta w = \Delta \xi^1 + i\Delta \xi^2$ leicht nachweisen kann. Strebt Q gegen P, so geht der Punkt $\tilde{Q}$ gegen $\tilde{P}$, und durch Grenzübergang folgt mit (11.79b):

$$\lim_{Q \to P} \left(\tilde{P}\tilde{Q}/PQ \right) = \lim_{\Delta s \to 0} \left(\Delta \tilde{s}/\Delta s \right) = \lim_{\Delta w \to 0} |\Delta z/\Delta w| = |dz/dw|$$

bzw. mit $z = f(w)$ und $\lim_{\Delta s \to 0} \left(\Delta \tilde{s}/\Delta s \right) = d\tilde{s}/ds$ schließlich:

$$\boxed{d\tilde{s}/ds = |f'(w)|} \,, \quad (11.80)$$

d.h., der Betrag der Ableitung $f'(w)$ charakterisiert das Verhältnis entsprechender Linienelemente im Punkte z bzw. w bei der Abbildung, die

11.2 Konforme Abbildungen

durch die komplexe Funktion (11.65) vermittelt wird. Ist beispielsweise $z = f(w) = a_0 + w + w^3$, so vergrößern sich infolge der Abbildung die Längen im Punkte $w = 1$ um das Vierfache.

Mit dem Ergebnis (11.80) ist der Begriff der *Maßstabstreue im Kleinen* verknüpft, der besagt, dass sich die Längen entsprechender von P bzw. $\tilde{P}$ ausgehender Vektoren nahezu wie $|f'(w)|:1$ verhalten, falls ihre Längen genügend klein sind. Für Linienelementvektoren gilt: $d\tilde{s}:ds = |f'(w)|:1$, wie durch (11.80) ausgedrückt wird. Ein unendlich kleines Dreieck in einer Umgebung von P wird in ein ähnliches Dreieck der Bildebene in der Umgebung von $\tilde{P}$ abgebildet: Jede Seite wird im Verhältnis $|f'(w)|:1$ gedehnt (oder gestaucht) und wegen (11.78) um den Winkel $\arg f'(w)$ gedreht. Man könnte somit auch von *Ähnlichkeit im Kleinen* sprechen.

Zu den obigen Begriffen seien als Beispiel *Zylinderkoordinaten* erwähnt. Während die „üblichen" Zylinderkoordinaten (11.40) zwar *winkeltreu*, aber **nicht** *maßstabtreu* sind, erfüllen die in Tabelle 1.1 aufgeführten *Polarkoordinaten* $f(w) = \exp(w)$ beide Forderungen einer *konformen Abbildung* (BETTEN, 1974).

In Erweiterung zu (11.80) ist das Verhältnis der Flächenänderungen an einer gegebenen Stelle durch

$$\boxed{d\tilde{F}/dF = |f'(w)|^2} \qquad (11.81)$$

ausdrückbar. Andererseits ermittelt man in der Tensorrechnung (BETTEN, 1974; SOKOLNIKOFF, 1964)

$$d\tilde{F} \equiv dF_{(3)} = \sqrt{gg^{33}}\, d\xi^1 d\xi^2 \;, \qquad (11.82)$$

so dass mit $dF = d\xi^1 d\xi^2$ und wegen (11.62), d.h. wegen $g^{33} = 1/g_{33} = 1$, aus (11.81) folgt:

$$|f'(w)|^2 = \sqrt{g} \;. \qquad (11.83)$$

Nach dem Multiplikationssatz der Determinantenlehre erhält man für das Quadrat der Funktionaldeterminante in Verbindung mit (11.9a):

$$J^2 = \left|\partial x_i/\partial \xi^j\right| \cdot \left|\partial x_i/\partial \xi^j\right| = \left|\left(\partial x_k/\partial \xi^i\right)\left(\partial x_k/\partial \xi^j\right)\right| = \left|g_{ij}\right| \equiv g \;, \qquad (11.84)$$

so dass wegen (11.83) auch

$$\boxed{|f'(w)|^2 = J} \qquad (11.85)$$

gilt. Daraus kann man wegen $J \neq 0$ folgern, dass die Ableitung $f'(w)$ in keinem Punkt verschwinden darf.

Die *Funktionaldeterminante* (*JACOBIsche Determinante*) der Funktionen $x_1 = x_1(\xi^1,\xi^2)$ und $x_2 = x_2(\xi^1,\xi^2)$,

$$J = \begin{vmatrix} \partial x_1/\partial \xi^1 & \partial x_1/\partial \xi^2 \\ \partial x_2/\partial \xi^1 & \partial x_2/\partial \xi^2 \end{vmatrix} = \frac{\partial x_1}{\partial \xi^1}\frac{\partial x_2}{\partial \xi^2} - \frac{\partial x_1}{\partial \xi^2}\frac{\partial x_2}{\partial \xi^1}, \quad (11.86)$$

geht mit den *CAUCHY-RIEMANNschen Differentialgleichungen* (11.67a,b) über in:

$$J = \left(\partial x_1/\partial \xi^1\right)^2 + \left(\partial x_2/\partial \xi^1\right)^2. \quad (11.87)$$

Wegen (11.76a) und $\alpha \equiv x_1$, $\beta \equiv x_2$ stimmt das Ergebnis (11.87) mit

$$|f'(w)|^2 = |\partial x_1/\partial \xi^1 + i\partial x_2/\partial \xi^1|^2 = \left(\partial x_1/\partial \xi^1\right)^2 + \left(\partial x_2/\partial \xi^1\right)^2 \quad (11.88)$$

überein, was ja auch durch (11.85) zum Ausdruck kommt. Vergleicht man (11.88) mit den Maßstabsfaktoren (11.64a,b), die aufgrund der CAUCHY-RIEMANNschen Differentialgleichungen (11.67a,b) bei *konformen Abbildungen* gleich sind

$$\boxed{g_{11} = g_{22}} \Rightarrow \boxed{h_1 = h_2 \equiv H} \Rightarrow g_{ij} = \begin{pmatrix} H^2 & 0 & 0 \\ 0 & H^2 & 0 \\ 0 & 0 & 1 \end{pmatrix}, \quad (11.89)$$

so gilt:

$$\boxed{|f'(w)| = H}. \quad (11.90)$$

Im Folgenden werden *orthogonale Kurvennetze* betrachtet. In der komplexen Ebene $z = x_1 + i x_2$ sind zwei Kurvenscharen

$$\xi^1(x_1,x_2) = C_1, \quad \xi^2(x_1,x_2) = C_2 \quad (11.91\text{a,b})$$

dargestellt, wobei C_1 und C_2 beliebige Konstanten sind. In der komplexen Ebene $w = \xi^1 + i\xi^2$ entsprechen diesen Kurven die zu den Koordinatenachsen parallelen Geraden $\xi^1 = C_1$ und $\xi^2 = C_2$ (Bild 11.7).

Wie in Bild 11.7 skizziert, ergibt sich aus dem Netz achsenparalleler Geraden der w-Ebene durch die Abbildung (11.65) ein *orthogonales Kurvennetz* in der komplexen z-Ebene. Diese zwei Netze nennt man *Isothermennetze*. Der Sinn dieser Bezeichnung sei kurz erläutert.

11.2 Konforme Abbildungen

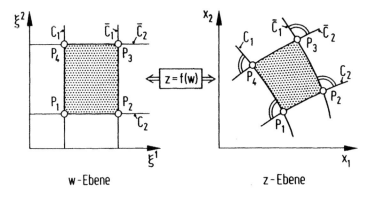

Bild 11.7 Orthogonale Kurvennetze

Differenziert man die *CAUCHY-RIEMANNschen Differentialgleichungen* (11.67a,b) nach ξ^1 bzw. ξ^2, so bekommt man nach Addition:

$$\left.\begin{array}{l}\dfrac{\partial^2 x_1}{\partial (\xi^1)^2} = \dfrac{\partial^2 x_2}{\partial \xi^1 \partial \xi^2} \\ \dfrac{\partial^2 x_1}{\partial (\xi^2)^2} = -\dfrac{\partial^2 x_2}{\partial \xi^2 \partial \xi^1}\end{array}\right\} \Rightarrow \dfrac{\partial^2 x_1}{\partial (\xi^1)^2} + \dfrac{\partial^2 x_1}{\partial (\xi^2)^2} = 0. \quad (11.92a)$$

Entsprechend findet man:

$$\frac{\partial^2 x_2}{\partial (\xi^1)^2} + \frac{\partial^2 x_2}{\partial (\xi^2)^2} = 0. \quad (11.92b)$$

d.h., *Real-* und *Imaginärteil* einer *holomorphen Funktion* erfüllen die *LAPLACEsche Differentialgleichung* und sind somit *harmonische Funktionen*. Ebenso genügt aber auch die Temperatur bei einem *stationären Wärmestrom* der LAPLACEschen Differentialgleichung. Es sei $\xi^1 = \xi^1(x_1, x_2)$ von x_3 unabhängig (ebener Fall). Bei dieser Deutung der Funktion $\xi^1(x_1, x_2)$ als Temperatur eines stationären Wärmestromes sind die Kurvenscharen $\xi^1 = C_1$ in Bild 11.7 Linien gleicher Temperatur. Daher stammt die Bezeichnung *Isothermennetz*. In dieser Betrachtung sind die Kurven $\xi^2 = C_2$ der zweiten Schar (11.91b), die orthogonal zu denen der ersten Schar (11.91a) verlaufen, *Stromlinien* des *Wärmestromes*.

In der *Hydrodynamik* benutzt man ein *komplexes Strömungspotential*

$$w = f(z) = \varphi(x_1, x_2) + i\psi(x_1, x_2) \quad (11.93)$$

zur Beschreibung *ebener, stationärer, reibungsfreier, inkompressibler* Strömungen. Darin ist $\varphi = \varphi(x_1, x_2)$ das *Geschwindigkeitspotential* ($\rightarrow$ *Potentialströmung*), aus dem man gemäß

$$v_1 = \partial\varphi/\partial x_1, \quad v_2 = \partial\varphi/\partial x_2 \qquad (11.94a,b)$$

die Koordinaten des Geschwindigkeitsvektors **v** ermittelt. Für eine *inkompressible* ebene Strömung lautet die *Kontinuitätsbedingung*

$$\partial v_1/\partial x_1 + \partial v_2/\partial x_2 = 0. \qquad (11.95)$$

Aus (11.94a,b) und (11.95) folgt, dass φ *harmonisch* ist ($\Delta\varphi = 0$). Mithin existiert eine *konjugierte* harmonische Funktion ψ, so dass (11.93) *holomorph* ist. Die Funktion ψ heißt *Stromfunktion*, da durch ψ = const. *Stromlinien* dargestellt werden. Die Linien φ = const. heißen *Äquipotentiallinien*.

Unter Berücksichtigung der CAUCHY-RIEMANNschen *Differentialgleichungen*

$$\partial\varphi/\partial x_1 = \partial\psi/\partial x_2, \quad \partial\varphi/\partial x_2 = -\partial\psi/\partial x_1 \qquad (11.96a,b)$$

und wegen (11.94a,b) ermittelt man die Ableitung

$$f'(z) = \partial\varphi/\partial x_1 + i\,\partial\psi/\partial x_1 = v_1 - i\,v_2 , \qquad (11.97)$$

d.h., die zur Ableitung konjugiert komplexe Größe stimmt mit dem Geschwindigkeitsvektor v_k überein:

$$\boxed{\overline{f'(z)} = v_1 + i\,v_2} . \qquad (11.98)$$

In Bild 11.8 ist das *Isothermennetz* einer *Quellen-Senkenströmung* (Quelle Q, Senke S) dargestellt (BETTEN, 1987a).

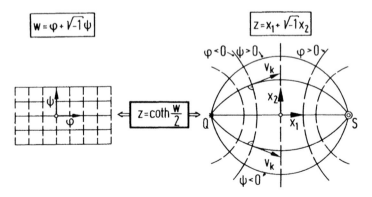

Bild 11.8 Isothermennetz einer Quellen-Senkenströmung

11.2 Konforme Abbildungen

Der *Quellen-Senkenströmung* in Bild 11.8 liegt die *holomorphe Funktion*

$$z = \coth(w/2) \tag{11.99}$$

zugrunde, aus der man die Parameterdarstellung (11.61) durch Trennung von Real- und Imaginärteil erhält:

$$x_1 = \sinh\xi^1 / (\cosh\xi^1 - \cos\xi^2), \tag{11.100a}$$

$$x_2 = -\sin\xi^2 / (\cosh\xi^1 - \cos\xi^2). \tag{11.100b}$$

Daraus erhält man durch Elimination des „Parameters" $\xi^2 \equiv \psi$ die Kreisgleichung (APOLLONIsche Kreise)

$$(x_1 - \coth\xi^1)^2 + x_2^2 = \coth^2\xi^1 - 1 \equiv 1/\sinh^2\xi^1 \tag{11.101}$$

der Linien $\xi^1 \equiv \varphi = $ const. (*Äquipotentiallinien* in Bild 11.8) und durch Elimination des „Parameters" $\xi^1 \equiv \varphi$ die Kreisgleichung

$$(x_2 + \cot\xi^2)^2 + x_1^2 = 1 + \cot^2\xi^2 \equiv 1/\sin^2\xi^2 \tag{11.102}$$

der Linien $\xi^2 \equiv \psi = $ const. (*Stromlinien* in Bild 11.8).

Die Konstruktion der Äquipotentiallinien (11.101) und der Stromlinien (11.102) geht aus Bild 11.9 hervor.

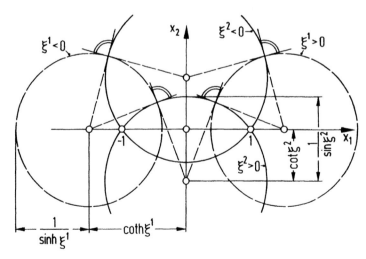

Bild 11.9 Zur Konstruktion der Kreise (11.101) (APOLLONIsche Kreise) und (11.102)

Die Äquipotentiallinien ξ^1 = const. und Stromlinien ξ^2 = const. in Bild 11.8 bzw. Bild 11.9 können als *krummlinige Koordinaten* aufgefasst werden, die durch eine *konforme Abbildung* erzeugt werden. Da im Quellen-Senkengebiet (Bild 11.8) zwei Singularitäten vorliegen (Quelle Q, Senke S), spricht man von *Bipolarkoordinaten*.

Von BETTEN (1968) werden u.a. Bipolarkoordinaten zur Beschreibung der Umformgeometrie beim Walzen benutzt. Dabei werden die Mittelpunkte der Walzen als „Singularitäten" aufgefasst. Weitere Beispiele findet man in Tabelle 11.1.

Tabelle 11.1 Beispiele für konforme Abbildungen

konf. Abb. $z = f(w)$	Parameterdarstellung		Metriktensor g_{ij} $g_{11} = g_{22} \equiv H^2$	Koordinatentyp
	$x_1 = x_1(\xi^1, \xi^2)$	$x_2 = x_2(\xi^1, \xi^2)$		
$\sin w$	$x_1 = \sin\xi^1 \cosh\xi^2$	$x_2 = \cos\xi^1 \sinh\xi^2$	$\cos^2\xi^1 + \sinh^2\xi^2$	konfokale Ellipsen und Hyperbeln
$\sinh w$	$x_1 = \sinh\xi^1 \cos\xi^2$	$x_2 = \cosh\xi^1 \sin\xi^2$	$\sinh^2\xi^1 + \cos^2\xi^2$	
$\tan\dfrac{w}{2}$	$x_1 = \dfrac{\sin\xi^1}{\cos\xi^1 + \cosh\xi^2}$	$x_2 = \dfrac{\sinh\xi^2}{\cos\xi^1 + \cosh\xi^2}$	$\dfrac{1}{(\cos\xi^1 + \cosh\xi^2)^2}$	Bipolarkoordinaten
$\tanh\dfrac{w}{2}$	$x_1 = \dfrac{\sinh\xi^1}{\cosh\xi^1 + \cos\xi^2}$	$x_2 = \dfrac{\sin\xi^2}{\cosh\xi^1 + \cos\xi^2}$	$\dfrac{1}{(\cosh\xi^1 + \cos\xi^2)^2}$	
$\cot\dfrac{w}{2}$	$x_1 = \dfrac{-\sin\xi^1}{\cos\xi^1 - \cosh\xi^2}$	$x_2 = \dfrac{\sinh\xi^2}{\cos\xi^1 - \cosh\xi^2}$	$\dfrac{1}{(\cos\xi^1 - \cosh\xi^2)^2}$	
$\coth\dfrac{w}{2}$	$x_1 = \dfrac{\sinh\xi^1}{\cosh\xi^1 - \cos\xi^2}$	$x_2 = \dfrac{-\sin\xi^2}{\cosh\xi^1 - \cos\xi^2}$	$\dfrac{1}{(\cosh\xi^1 - \cos\xi^2)^2}$	
e^w	$x_1 = e^{\xi^1} \cos\xi^2$	$x_2 = e^{\xi^1} \sin\xi^2$	$e^{2\xi^1}$	Polarkoordinaten
$z = w^2$	$x_1 = (\xi^1)^2 - (\xi^2)^2$	$x_2 = 2\xi^1\xi^2$	$4\left[(\xi^1)^2 + (\xi^2)^2\right]$	Parabeln

11.2 Konforme Abbildungen

Analog zu (11.99) und Bild 11.8 stellt das *komplexe Strömungspotential* (BETTEN, 1974, 1987a)

$$z = \sqrt{\coth(w/2)} \quad \text{bzw.} \quad w = \ln\left[(z^2+1)/(z^2-1)\right] \quad (11.103)$$

ein *Quellen-Senkengebiet* dar, das mit zwei Quellen (Q_1, Q_2) und zwei Senken (S_1, S_2) belegt ist (Bild 11.10).

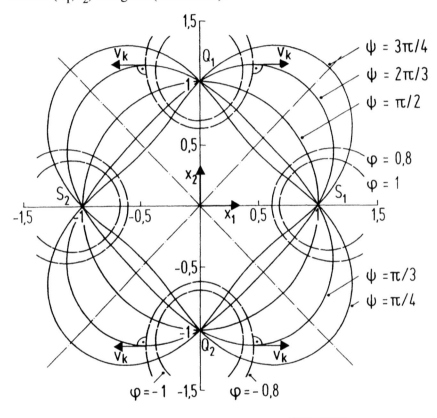

Bild 11.10 Quell-Senkenströmung $z = \sqrt{\coth(w/2)}$

Die komplexe Funktion (11.103) kann man auch durch $z^2 = \coth(w/2)$ ausdrücken. Darin stimmt die rechte Seite mit der rechten Seite von (11.99) überein, so dass wegen $z^2 = x_1^2 - x_2^2 + i2x_1x_2$ und $z = x_1 + ix_2$ das gesuchte *Isothermennetz* für (11.103) sehr einfach gefunden werden kann, indem man in (11.101) und (11.102) den Realteil x_1 von z durch den

Realteil $x_1^2 - x_2^2$ von z^2 und den Imaginärteil x_2 von z durch den Imaginärteil $2x_1x_2$ von z^2 ersetzt:

$$(x_1^2 - x_2^2 - \coth \xi^1)^2 + 4x_1^2 x_2^2 = 1/\sinh^2 \xi^1 \qquad (11.104)$$

$$(2x_1x_2 + \cot \xi^2)^2 + (x_1^2 - x_2^2)^2 = 1/\sin^2 \xi^2 \qquad (11.105)$$

Zur numerischen Auswertung dieser Beziehungen (Bild 11.10) wird in einem Unterprogramm für jedes festgehaltene x_1 eine algebraische Gleichung vierten Grades in x_2 gelöst. Die Werte $\xi^1 \equiv \varphi$ oder $\xi^2 \equiv \psi$ sind „äußere Parameter".

Als weiteres Beispiel sei eine *Ausweichströmung* um einen Zylinder mit überlagerter *Zirkulation* untersucht. Hierzu kann man von einem *komplexen Strömungspotential*

$$w = f(z) = v_\infty \left(z + a^2/z\right) + i\, A \ln z = \varphi + i\psi \qquad (11.106)$$

ausgehen. Darin sind v_∞ die ungestörte Anströmgeschwindigkeit und a der Radius des Zylinders. Der Parameter A reguliert die Zirkulation.

Aus (11.106) ergibt sich die *Stromfunktion*

$$\psi = \psi(x_1, x_2) = v_\infty \left[1 - a^2 / \left(x_1^2 + x_2^2\right)\right] x_2 + \frac{A}{2} \ln\left(x_1^2 + x_2^2\right), \qquad (11.107)$$

die zur x_2-Achse symmetrisch ist, aber nicht zur x_1-Achse. Mithin wird der Zylinder eine resultierende Kraft in x_2-Richtung erfahren, da an Stellen kleinerer Geschwindigkeit ein größerer Druck herrscht und umgekehrt. Man nennt diese Kraft *Auftrieb* P_A. Sie ist nach dem KUTTA-JUKOWSKIschen Satz unabhängig von der Kontur des mit konstanter Geschwindigkeit v_∞ angeströmten Zylinders und hat den Betrag

$$P_A = 2\pi \rho v_\infty A \qquad (11.108)$$

Darin ist ρ die Dichte des strömenden Mediums. Für A = 0 liegt eine reine *Ausweichströmung* vor. Auf den Zylinder wirkt dann keine resultierende Kraft, auch kein in Anströmrichtung fallender Widerstand. Dieses mit der Erfahrung nicht vereinbare Ergebnis bezeichnet man als *hydrodynamisches Paradoxon*, auf das bereits D´ALEMBERT (1768) hinwies. Der in Wirklichkeit stets auftretende Widerstand kann nur unter Heranziehung der Rei-

11.2 Konforme Abbildungen

bungskräfte ermittelt werden. Jeder Körper, der sich in einer idealen, inkompressiblen Flüssigkeit befindet, erfährt bei stationärer *Potentialströmung* keinen Widerstand. Einen *Auftrieb*, d.h. eine zur Anströmrichtung senkrechte Kraft (11.108), erfährt ein Körper in einer Strömung mit *Zirkulation*, die durch die *holomorphe* Funktion (11.106) beschrieben werden kann.

Aus dem Ansatz (11.106) erhält man den Betrag des Geschwindigkeitsvektors zu

$$v = \left|\overline{f'(z)}\right| = |f'(z)| = \left|v_\infty\left(1 - a^2/z^2\right) + i\,A/z\right| \tag{11.109}$$

und daraus für $v = 0$ die *Staupunkte*

$$z_{01;02} = \pm\sqrt{a^2 - A^2/\left(4v_\infty^2\right)} - i\,A/(2v_\infty)\,. \tag{11.110}$$

Für $a^2 \geq A^2/\left(4v_\infty^2\right)$ ist $|z_{01;02}| = a$, d.h., die Staupunkte liegen auf dem Zylinder, und zwar sind es zwei für $a^2 > A^2/\left(4v_\infty^2\right)$, die sich nur durch ihren Realteil [$\pm\sqrt{\ldots}$ in (11.110)] unterscheiden und die im Grenzfall $a^2 = A^2/\left(4v_\infty^2\right)$ zusammenfallen (Bild 11.11).

Für $a^2 < A^2/\left(4v_\infty^2\right)$ wandern die Staupunkte längs der x_2-Achse ins Innere des Zylinders ($z = z_{01}$) bzw. in die Flüssigkeit ($z = z_{02}$); nur der im Strömungsgebiet liegende Staupunkt z_{02} hat physikalische Bedeutung. Aus (11.109) erhält man für $z = \pm i\,a$ die Geschwindigkeiten am oberen und unteren Randpunkt des Zylinders zu:

$$v = |2v_\infty \pm A/a|\,. \tag{11.111}$$

Beispielsweise wird damit für den Grenzfall $a^2 = A^2/\left(4v_\infty^2\right)$ die Geschwindigkeit am unteren Randpunkt des Zylinders null (*Staupunkt* $z_{01} = z_{02}$ in Bild 11.11) und am oberen Randpunkt $v = 4v_\infty$. Durch die größeren Geschwindigkeiten oberhalb des Zylinders und verminderte Geschwindigkeiten unterhalb des Zylinders ergeben sich nach BERNOULLI Unter- und Überdrücke in Richtung der x_2-Achse, d.h., es entsteht ein Auftrieb (11.108). Diese Erscheinung wird als *MAGNUS-Effekt* bezeichnet. Experimentell kann dieser Effekt dadurch nachgewiesen werden, dass man einen Zylinder an einem aufgedrillten Faden als Pendel in einen Wasserkanal taucht. Beim Ablaufen des aufgedrillten Fadens beobachtet man dann ein Ausweichen des Zylinders senkrecht zur Strömung.

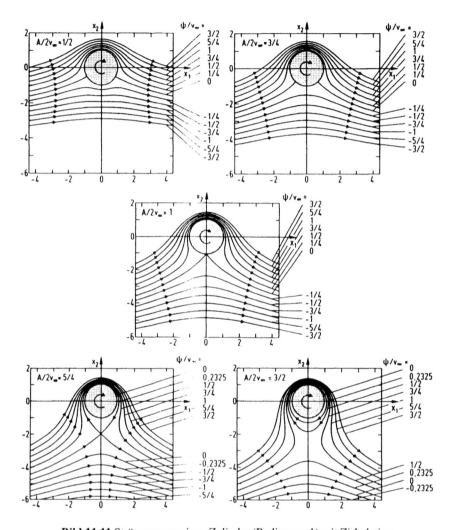

Bild 11.11 Strömung um einen Zylinder (Radius a = 1) mit Zirkulation

Man erhält den Auftrieb (11.108), indem man die Vertikalkomponente $dP_A = -p \sin \alpha \, a \, d\alpha$ der auf ein Bogenelement $a \, d\alpha$ wirkenden Druckkraft $p \, a \, d\alpha$ über die Zylinderoberfläche integriert:

11.2 Konforme Abbildungen

$$P_A = -\int_{\alpha=0}^{2\pi} p(z)\sin\alpha \, a \, d\alpha. \qquad (11.112a)$$

Nach Bild 11.12 kann man dafür auch

$$P_A = -a \int_{\alpha=0}^{\pi} [p(z) - p(\bar{z})]\sin\alpha \, d\alpha \qquad (11.112b)$$

schreiben.

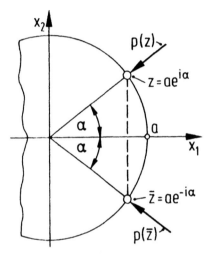

Bild 11.12 Zur Ermittlung des Auftriebes

Nach BERNOULLI gilt:

$$p(z) - p(\bar{z}) = -\frac{\rho}{2}\left[v^2(z) - v^2(\bar{z})\right], \qquad (11.113)$$

so dass damit die Beziehung (11.112b) in

$$P_A = a\frac{\rho}{2}\int_{\alpha=0}^{\pi}\left[v^2(z) - v^2(\bar{z})\right]\sin\alpha \, d\alpha \qquad (11.114)$$

übergeht.

Die Differenz der Geschwindigkeitsquadrate in (11.114) kann folgendermaßen ermittelt werden. Aus (11.109) folgt wegen $|z|\cdot|z| = z\bar{z}$ die Beziehung:

$$v^2(z) = \left[v_\infty\left(1 - \frac{a^2}{z^2}\right) + i\frac{A}{z}\right]\left[v_\infty\left(1 - \frac{a^2}{\bar{z}^2}\right) - i\frac{A}{\bar{z}}\right]. \quad (11.115)$$

Durch Vertauschen von z und $\bar{z}$ erhält man dazu entsprechend:

$$v^2(\bar{z}) = \left[v_\infty\left(1 - \frac{a^2}{\bar{z}^2}\right) + i\frac{A}{\bar{z}}\right]\left[v_\infty\left(1 - \frac{a^2}{z^2}\right) - i\frac{A}{z}\right], \quad (11.116)$$

so dass sich die gesuchte Differenz im Integral (11.114) zu

$$v^2(z) - v^2(\bar{z}) = 2iv_\infty(A/z\bar{z})\left[\left(\bar{z} - a^2/\bar{z}\right) - \left(z - a^2/z\right)\right] \quad (11.117a)$$

bzw. wegen $z = ae^{i\alpha}$, $\bar{z} = ae^{-i\alpha}$ und $\sinh(i\alpha) = i\sin\alpha$ auch zu

$$v^2(z) - v^2(\bar{z}) = 4iv_\infty\frac{A}{a}\left(e^{-i\alpha} - e^{i\alpha}\right) = 8v_\infty\frac{A}{a}\sin\alpha \quad (11.117b)$$

ergibt. Damit vereinfacht sich (11.114) zu:

$$P_A = 4\rho v_\infty A\int_0^\pi \sin^2\alpha\, d\alpha = 2\pi\rho v_\infty A. \quad (11.118)$$

Das Ergebnis stimmt mit (11.108) überein.

Wie das Beispiel in Bild 11.11 zeigt, können überlagerte Strömungen durch Superposition *komplexer Strömungspotentiale* beschrieben werden. So wird in (11.106) das *komplexe Strömungspotential* $w = f(z) = v_\infty\left(z + a^2/z\right)$ einer *Ausweichströmung* mit dem Potential $w = f(z) = iA\ln z$ einer *Zirkulation* überlagert.

Für eine *Quelle* im Punkte $z = a$, die eine *Singularität* darstellt, lautet der Ansatz

$$w = f(z) = A\ln(z - a) = A\ln|z - a| + iA\arg(z - a); \quad (11.119)$$

denn die *Äquipotentiallinien* $A\ln|z - a| = \varphi = $ const. stellen Kreise dar mit dem Mittelpunkt $z = a$, während die *Stromlinien* $A\arg(z - a) = \psi = $ const. Geraden sind, die vom Quellpunkt $z = a$ ausgehen. Beim Umlaufen von a wächst die Funktion $w = f(z)$ in (11.119) um den konstanten Summanden $i\,2\pi A$. Der Imaginärteil des komplexen Potentials (11.119), d.h. die *Stromfunktion* $\psi = \psi(x_1, x_2)$, erhält daher den Zuwachs $\omega = 2\pi A$; mithin liegt

11.2 Konforme Abbildungen

im Punkte $z = a$ eine *Quelle* der Intensität (Ergiebigkeit) $\omega = 2\pi A$ vor. Bei einer *Senke* gleicher Intensität (Schluckvermögen) ist A negativ einzusetzen.

Zur physikalischen Deutung des Parameters A sei in (11.119) ohne Einschränkung der Allgemeinheit $a = 0$ angenommen. Damit ergeben sich wegen

$$\overline{f'(z)} = A/\bar{z} = A/(x_1 - ix_2) = A(x_1 + ix_2)/(x_1^2 + x_2^2) \quad (11.120)$$

die Koordinaten des Geschwindigkeitsvektors aus (11.97) zu

$$v_1 = Ax_1/r^2, \quad v_2 = Ax_2/r^2 \quad (11.121\text{a,b})$$

mit $r^2 = x_1^2 + x_2^2$, während der Betrag durch $v = A/r$ ausgedrückt werden kann. Der *Volumenstrom* $\dot{V}$ durch einen Kreiszylinder, dessen Achse senkrecht zur Strömungsebene durch den Ursprung geht und der den Radius R und die Höhe h besitzt, ist gegeben durch die einfache Beziehung

$$\dot{V} = \oint \mathbf{v} \cdot \mathbf{n} \, dS = \int_0^{2\pi} v(R) h R \, d\alpha = 2\pi A h \; . \quad (11.122)$$

Dieses Ergebnis ist unabhängig vom Radius R! Der *Volumenstrom* $\dot{V}$ bleibt somit auch für $R \to 0$ konstant. Mithin muss in der Zylinderachse eine *Linienquelle* (für $A > 0$) oder eine *Liniensenke* (für $A < 0$) liegen. Als *Quellstärke* ω bezeichnet man den Quotienten aus Volumenstrom und Zylinderhöhe:

$$\boxed{\omega := \dot{V}/h = 2\pi A} \quad . \quad (11.123)$$

Bemerkungen: Mit dem komplexen Strömungspotential (11.93) werden *inkompressible Strömungen* beschrieben. Bei Inkompressibilität ($\dot{\rho} = 0$) folgt aus der *Kontinuitätsbedingung* (1.88b) die Vereinfachung (11.95) bzw. div $\mathbf{v} = 0$, was *Quellfreiheit* bedeutet. Das scheint für $\omega = 2\pi A \neq 0$ ein Widerspruch zu sein. Man muss jedoch die Quelle ($A > 0$) bzw. die Senke ($A < 0$) als singuläre Stelle des Strömungsfeldes von dieser Betrachtung ausschließen. Die *Singularität* kann als *Linienquelle* oder als *Liniensenke* gedeutet werden, die in einer sonst überall *quellenfreien* und *wirbelfreien* Strömung liegt.

Den *Volumenstrom* zwischen zwei Stromlinien (ψ_1, ψ_2) ermittelt man wegen $\partial \psi / \partial n = v$ zu

$$\dot{V}_{12} = \int_1^2 h\, v\, dn = h \int_1^2 \frac{\partial \psi}{\partial n} dn = h \int_1^2 d\psi = h(\psi_2 - \psi_1) \ . \tag{11.124}$$

Dieses Ergebnis steht im Einklang mit (11.123) und dem Zuwachs $\omega = 2\pi$ A, den die *Stromfunktion* $\psi = \psi(x_1, x_2)$ beim Umlaufen der Quelle erfährt (BETTEN, 1974). Der *Volumenstrom* durch eine geschlossene Fläche ist somit nur dann von null verschieden, wenn die Stromfunktion nach einem vollen Umlauf nicht wieder den Ausgangswert annimmt, d.h. mehrdeutig ist. Dieses tritt bei der *Quellen-* oder *Senkenströmung* auf.

Im Folgenden soll als einfaches Beispiel eine Quelle im Punkte $z = a = 0$ der Intensität $\omega = 2\pi A$ von einer Parallelströmung $w = f(z) = v_\infty z$ überlagert werden. Mit (11.119) erhält man dann das *komplexe Strömungspotential* zu

$$w = f(z) = v_\infty z + A \ln z, \tag{11.125}$$

woraus sich wegen (11.97) und $f'(z) = v_\infty + A/z$ die Koordinaten des Geschwindigkeitsvektors in Erweiterung von (11.121a,b) zu

$$v_1 = v_\infty + A x_1/r^2 \quad \text{und} \quad v_2 = A x_2/r^2 \tag{11.126a,b}$$

ergeben. Stromaufwärts befindet sich ein Staupunkt ($v_1 = v_2 = 0$) mit den Koordinaten

$$x_1 = -A/v_\infty, \quad x_2 = 0. \tag{11.127a,b}$$

Das komplexe Strömungspotential (11.125) kann gemäß

$$w = f(z) = v_\infty(x_1 + i x_2) + A \ln|z| + i A \arg(z)$$

bzw. wegen $\arg(z) := \arctan \dfrac{x_2}{x_1}$ gemäß

$$w = f(z) = v_\infty x_1 + A \ln|z| + i \left[v_\infty x_2 + A \arctan \frac{x_2}{x_1} \right] \tag{11.128}$$

in Real- und Imaginärteil zerlegt werden, so dass man wegen (11.93) unmittelbar die Schar der *Stromlinien* erhält:

$$(v_\infty/A) x_2 + \arctan(x_2/x_1) = \psi/A, \tag{11.129a}$$

die man zur numerischen Auswertung zweckmäßiger in der Form

11.2 Konforme Abbildungen

$$\boxed{x_1 = x_2 \cot[(\psi - v_\infty x_2)/A]} \qquad (11.129b)$$

schreibt. Aus dieser Schar kann eine spezielle Stromlinie herausgegriffen werden, die den Staupunkt (11.127a,b) enthält. Wegen $x_2 = 0$ muss cot $[...] = -\infty$ sein, damit x_1 endlich ist. Somit muss gefolgert werden:

$$\boxed{\psi_0 = \pi A} \qquad (11.130)$$

Diese *Grenzstromlinie* kann als *Halbprofil* gedeutet werden. Die Stromlinien (11.129b) erreichen für $x_1 \to \infty$ eine Asymptote, die im Abstand

$$x_{2\infty} = \psi/v_\infty \qquad (11.131)$$

parallel zur x_1-Achse verläuft, so dass sich mit (11.130) die halbe Dicke d/2 des *Halbkörpers* zu

$$\boxed{d/2 = \psi_0/v_\infty = \pi A/v_\infty} \qquad (11.132)$$

ergibt. Entscheidend für die Form des Halbkörpers [Dicke (11.132), Abplattung, Staupunktlage (11.127a)] ist das Verhältnis A/v_∞.

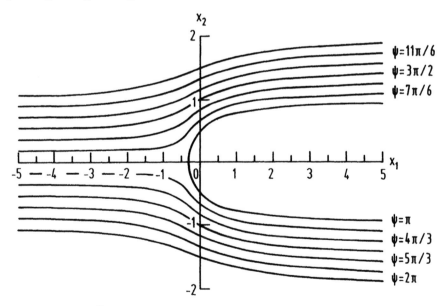

Bild 11.13 Überlagerung einer Parallelströmung mit einer ebenen Quelle im Koordinatenursprung; unendlich langer Halbkörper in einer Parallelströmung

In Bild 11.13 ist die Schar der *Stromlinien* (11.129) mit den Parameterwerten $A = 1$ und $v_\infty = \pi$ dargestellt. Dann hat der von einer Parallelströmung angeströmte Halbkörper unendlicher Länge eine halbe Dicke von $d/2 = 1$.

Als weiteres Beispiel sei das Stromlinienbild zweier Quellen diskutiert, die senkrecht zu ihrer Verbindungslinie von einer Parallelströmung überlagert werden. Die beiden Quellen gleicher Intensität $\omega = 2\pi A$ mögen in den Punkten $z = \pm i\,a$ liegen. Dann erhält man durch Superposition analog (11.125) das *komplexe Strömungspotential*

$$w = f(z) = v_\infty z + A \ln(z - ia) + A \ln(z + ia),$$

das man gemäß

$$w = f(z) = v_\infty z + A \ln(z^2 + a^2) \tag{11.133}$$

zusammenfassen kann. Daraus ermittelt man analog (11.109) den Betrag des Geschwindigkeitsvektors zu

$$v = |f'(z)| = \left| v_\infty + 2A\,z/(z^2 + a^2) \right|, \tag{11.134}$$

woraus man analog (11.110) unmittelbar die Lage der *Staupunkte* ($v = 0$) folgern kann:

$$z_{01;02} = -A/v_\infty \pm \sqrt{(A/v_\infty)^2 - a^2}. \tag{11.135}$$

Für $a = 0$ liegt im Koordinatenursprung eine „Doppelquelle" vor mit der Intensität $\omega = 4\pi A$. Die Staupunkte liegen dann bei $z_{01} = 0$ und $z_{02} = -2A/v_\infty$. Der letzte Wert stimmt mit (11.127a) überein, da der Wert A in (11.127a) bei einer „Doppelquelle" durch 2A zu ersetzen ist. Für die Lage der *Staupunkte* gemäß (11.135) können drei Fallunterscheidungen getroffen werden:

$A/v_\infty > a \Rightarrow$ 2 Staupunkte auf der reellen Achse
 (speziell: $A/v_\infty \gg a \Rightarrow z_{01} = 0$, $z_{02} = -2A/v_\infty$),
$A/v_\infty = a \Rightarrow$ 1 Staupunkt in $z = -A/v_\infty$,
$A/v_\infty < a \Rightarrow$ 2 Staupunkte symmetrisch zur reellen Achse
 mit negativem Realteil.

Zur Ermittlung des Stromlinienbildes bzw. der Stromfunktion ψ in (11.93) ist analog (11.119) eine Aufspaltung des komplexen Strömungspotentials (11.133) in Real- und Imaginärteil erforderlich:

$$w = f(z) = v_\infty x_1 + A \ln\left|z^2 + a^2\right| + i\left[v_\infty x_2 + A \arg(z^2 + a^2)\right]. \tag{11.136}$$

11.2 Konforme Abbildungen

Darin gilt:

$$\arg(z^2+a^2) := \arctan\frac{\operatorname{Im}(z^2+a^2)}{\operatorname{Re}(z^2+a^2)},$$

so dass wegen $z^2+a^2 = x_1^2 - x_2^2 + a^2 + i2x_1x_2$ die *Stromfunktion*

$$\psi = v_\infty x_2 + A \arctan\frac{2x_1x_2}{a^2+x_1^2-x_2^2} \qquad (11.137a)$$

folgt. Zur Diskussion des Stromlinienbildes verwendet man zweckmäßiger folgende Schreibweisen:

$$2x_1x_2/(a^2+x_1^2-x_2^2) = \tan[(\psi-v_\infty x_2)/A], \qquad (11.137b)$$

$$\boxed{x_1 = x_2 \cot\frac{\psi-v_\infty x_2}{A} \pm \sqrt{\frac{x_2^2}{\sin^2\frac{\psi-v_\infty x_2}{A}}-a^2}}. \qquad (11.137c)$$

Aus dieser Schar, die dem Stromlinienbild in Bild 11.13 ähnelt, kann eine spezielle Stromlinie herausgegriffen werden, die den Staupunkt $z_{02} = -2A/v_\infty$ auf der x_1-Achse ($x_2 = 0$) enthält. Dafür muss in (11.137c) der Kotangens gegen unendlich bzw. der Sinus gegen null gehen, woraus analog (11.130) die *Grenzstromlinie*

$$\boxed{\psi_0 = \pi A} \qquad (11.138)$$

gefolgert werden kann. Den Wert $\psi_0 = 0$, für den der Kotangens in (11.137c) für $x_2 = 0$ ebenfalls unendlich wird, muss man ausschalten; denn für $x_1 \to \infty$ erhält man die Asymptoten der Stromlinien aus (11.137c) zu

$$\lim_{x_1 \to \infty} x_2 = \psi/v_\infty \qquad (11.139)$$

bzw. die halbe Dicke d/2 des angeströmten Körpers analog (11.132) zu

$$\boxed{d/2 = \psi_0/v_\infty}, \qquad (11.140)$$

so dass man $\psi_0 = 0$ ausschließen muss.

Das Stromlinienbild (11.137c) ist außerhalb der Grenzstromlinie dem Bild 11.13 ähnlich. Es entsteht wieder ein angeströmter Halbkörper, der in Staupunktnähe eine große Abplattung besitzt (BETTEN, 1974). Bei Steigerung der Anströmgeschwindigkeit v_∞ geht die Abplattung zur Einbeulung des Halbkörpers über, die schließlich aufreißen kann, so dass eine Aufspaltung in zwei Halbkörper entsteht. Diese bilden dann eine ebene Düse (BETTEN, 1974).

Die Überlagerung einer *Parallelströmung* $w = f(z) = v_\infty z$ mit einer *Quelle* $Q(0,-1)$ und einer *Senke* $S(0,1)$ gleicher Intensität $\omega = \pm 2\pi A$ kann durch das *komplexe Strömungspotential*

$$w = f(w) = v_\infty z + A \ln \frac{z+1}{z-1} \qquad (11.141)$$

simuliert werden (Betten, 1987a). Daraus erhält man bei gleicher Vorgehensweise wie im obigen Beispielen die Gleichung der Stromlinien $\psi = $ const. zu:

$$\boxed{x_1^2 = 1 - x_2^2 + 2x_2 \cot \frac{v_\infty}{A}\left(x_2 - \frac{\psi}{v_\infty}\right)}, \qquad (11.142)$$

die in Bild 11.14 dargestellt sind.

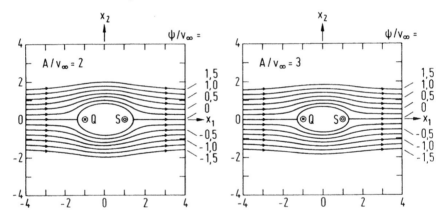

Bild 11.14 Überlagerung einer Parallelströmung mit einer Quelle und Senke

Falls die Überlagerte Parallelströmung erlischt ($v_\infty \to 0$), geht (11.142) zwanglos in (11.102) über.

Weitere Beispiele zur *Singularitätenmethode*, die man auch in der Elastizitätstheorie anwenden kann (BETTEN, 1963/64, 1971a), werden von BETTEN (1987a) diskutiert, wo auch ergänzende Literaturangaben zu finden sind.

E Darstellungstheorie von Tensorfunktionen

In der Kontinuumsmechanik ist die Darstellung von *skalarwertigen* und *tensorwertigen Tensorfunktionen* von größer Bedeutung. So sind beispielsweise das *elastische Potential* (3.14), (3.20) und das *plastische Potential* in (4.5), (4.8) oder in den Ziffern 4.1 bis 4.5 skalarwertige Tensorfunktionen (BETTEN, 1988a, 1998). Die Stoffgleichungen (3.7), (3.33), (4.116), (4.126), (5.45), (5.50), (5.52) sind Beispiele für tensorwertige Tensorfunktionen (BETTEN, 1991a,b, 1992, 1998, 2000, 2001c). Darüber hinaus werden in den Kapiteln 7 bis 10 und von BETTEN (1991c) auch Anwendungen in der Fluidmechanik diskutiert. Die Darstellungstheorie wird ausführlich von BETTEN (1987a,c, 1998, 2001c) behandelt. Weiterhin sei auf die Bemerkungen im Anschluss an (4.126) am Ende der Ziffer 4.5 hingewiesen. Im Folgenden seien nur einige Ergebnisse aus den oben zitierten Arbeiten mitgeteilt.

12.1 Skalarwertige Tensorfunktionen; Invariantentheorie

Es sei

$$F = F(\sigma_{ij}; A_{ij}, A_{ijkl}, A_{ijklmn}, \ldots) \tag{12.1}$$

eine skalarwertige Tensorfunktion von mehreren Argumenttensoren unterschiedlicher Stufenzahl. Beispielsweise ist F das *plastische Potential*. Dann sind σ_{ij} der *CAUCHYsche Spannungstensor* und A_{ij}, A_{ijkl} usw. *Stofftensoren*, die das anisotrope Verhalten charakterisieren. Das Hauptproblem bei der Darstellung einer skalarwertigen Funktion (12.1) besteht darin, ein *irreduzibles Invariantensystem* aufzustellen, das als Basis (auch *Integritätsbasis* genannt) des gesamten Invariantensystems der gegebenen Tensorvariablen σ_{ij}, A_{ij}, A_{ijkl} etc. bezeichnet wird.

Nach SCHUR (1968) ist eine *Integritätsbasis* folgendermaßen definiert:

Gibt es in dem Invariantensystem einer Gruppe ein endliches Teilsystem derart, dass sich jede Invariante als ganze rationale Funktion dieses speziellen darstellen lässt, so heißt jenes Teilsystem eine Integritätsbasis des gesamten Invariantensystems.

Zur Frage der Endlichkeit der Integritätsbasis sei auf HILBERTS Theorem (GUREVICH, 1964; SPENCER, 1971) verwiesen, wonach

für ein endliches System von Tensoren (nicht notwendig derselben Stufe) eine Integritätsbasis existiert, die aus einer begrenzten Anzahl von Invarianten besteht.

Dieser Satz ist für die *Invariantentheorie* von grundlegender Bedeutung; er rechtfertigt die Suche nach einer *Integritätsbasis*.

Man nennt (12.1) eine isotrope Tensorfunktion, falls die Invarianz-Bedingung

$$F(a_{ip}a_{jq}\sigma_{pq};\ldots,a_{ip}a_{jq}a_{kr}a_{ls}A_{pqrs},\ldots) \equiv F(\sigma_{ij};\ldots,A_{ijkl},\ldots) \quad (12.2)$$

unter einer beliebigen orthogonalen Substitution ($a_{ik}a_{jk} = \delta_{ij}$) erfüllt ist. Die Integritätsbasis für (12.1) besteht aus den *irreduziblen Invarianten* der einzelnen *Argumenttensoren* und aus dem System der *Simultaninvarianten*. Bei BETTEN (1981b, 1982a, 1984c, 1987a,c, 1998) und BETTEN / HELISCH (1995a,b) wird auf die Konstruktion einer solchen *Integritätsbasis* näher eingegangen. Im Folgenden seien nur einige Ergebnisse mitgeteilt.

Ausgehend vom charakteristischen Polynom

$$\boxed{P_n(\lambda) = \det(A_{ijkl} - \lambda A^{(0)}_{ijkl}) = \sum_{\nu=0}^{n} J_\nu(\mathbf{A}) \cdot \lambda^{n-\nu}} \quad (12.3)$$

ermittelt man die Invarianten J_ν eines Tensors **A** vierter Stufe nach BETTEN (1981b, 1982a, 1987a, 2001c) durch *Alternierung* gemäß

$$\boxed{(-1)^{n-\nu} J_\nu \equiv A_{\alpha_1[\alpha_1]} A_{\alpha_2[\alpha_2]} \cdots A_{\alpha_\nu[\alpha_\nu]}} \quad (12.4)$$

mit $(-1)^n J_0 \equiv 1$, d.h., die rechte Seite in (12.4) ist gleich der Summe aller $\binom{n}{\nu} = \dfrac{n!}{\nu!(n-\nu)!}$ *Hauptminoren* der Zeilenzahl $\nu \leq n$, wobei $\nu = 1$ die Spur und $\nu = n$ die Determinante des $n \times n$ Matrizenschemas **A** ergeben. Die griechischen Indizes α_1, α_2, ... ; α_ν in (12.4) sind stellvertretend für jeweils ein Indexpaar (ij), (kl) usw. des vierstufigen Tensors. Der Tensor $A^{(0)}_{ijkl}$ in (12.3) ist ein vierstufiger *Einstensor*, der bei symmetrischem *Stofftensor*,

$$A_{ijkl} = A_{jikl} = A_{ijlk} = A_{klij}, \quad i,j,k,l = 1,2,3 \quad (12.5a)$$

oder

12.1 Skalarwertige Tensorfunktionen; Invariantentheorie

$$A_{\alpha\beta} = A_{\beta\alpha}, \quad \alpha,\beta = 1,2,\ldots,6, \tag{12.5b}$$

durch den zweistufigen KRONECKER-Tensor δ_{ij} gemäß

$$A^{(0)}_{ijkl} \equiv A_{ijpq} A^{(-1)}_{pqkl} = (\delta_{ik}\delta_{jl} + \delta_{il}\delta_{jk})/2 \equiv A^{(-1)}_{ijpq} A_{pqkl} \tag{12.6}$$

ausgedrückt werden kann. Der Grad n in (12.3) ist in diesem Fall 6, wie in (12.5b) angedeutet.

Die Hauptinvarianten J_ν in (12.4) lassen sich durch Polynome in den Grundinvarianten

$$S_\nu \equiv \operatorname{tr} \mathbf{A}^\nu \equiv A_{i_1 j_1 i_2 j_2} A_{i_2 j_2 i_3 j_3} \cdots A_{i_\nu j_\nu i_1 j_1}, \tag{12.7}$$

d.h. in den Spuren der ν-ten Potenzen, ausdrücken:

$$\left.\begin{aligned}
J_1 &\equiv -S_1, \\
J_2 &\equiv (S_1^2 - S_2)/2!, \\
J_3 &\equiv -(S_1^3 - 3S_1S_2 + 2S_3)/3!, \\
J_4 &\equiv (S_1^4 + 8S_1S_3 - 6S_2S_1^2 + 3S_2^2 - 6S_4)/4!, \\
J_5 &\equiv -(S_1^5 - 30S_1S_4 + 15S_1S_2^2 - 20S_2S_3 - 10S_2S_1^3 + \\
&\quad + 20S_3S_1^2 + 24S_5)/5!, \\
J_6 &\equiv (S_1^6 + 144S_1S_5 - 120S_1S_2S_3 - 15S_2S_1^4 + 90S_2S_4 + \\
&\quad + 40S_3S_1^3 - 15S_2^3 - 90S_4S_1^2 + 40S_3^2 + 45S_2^2S_1^2 - 120S_6)/6!.
\end{aligned}\right\} \tag{12.8}$$

Beide *Invariantensysteme*, (12.7) oder alternativ (12.8), sind *irreduzibel*. Es muss jedoch betont werden, dass sie nicht vollständig sind, da einige *irreduzible Invarianten* wie beispielsweise

$$A_{iijj}, \quad A_{iipq}A_{pqjj}, \quad A_{ijip}A_{pjqr}A_{rsqs} \quad \text{usw.}$$

nicht in (12.7) oder (12.8) enthalten sind. Dieses liegt daran, dass der vierstufige Tensor (12.5a) des dreidimensionalen Raumes durch einen zweistufigen Tensor (12.5b) im sechsdimensionalen Raum dargestellt wurde (BETTEN, 1987a).

Wie von BETTEN (1981c, 1982f, 1998, 2001c) gezeigt, ist der Zugang zu dem Invariantensystem (12.4) eines Tensors vierter Stufe auch mit Hilfe des *HAMILTON-CAYLEYschen Theorems* möglich, wonach eine Matrix ihre eigene charakteristische Gleichung erfüllt. Dieser Satz lässt sich auch auf Tensoren höherer Stufe anwenden. Dazu geht man am einfachsten von der trivialen Aussage aus, dass ein vollständig schiefsymmetrischer Tensor, z.B. der *Permutationstensor* ε, von höherer Stufenzahl als n ein *Nulltensor* ist:

$$\varepsilon_{\alpha_1\alpha_2...\alpha_n\alpha_{n+1}} = 0_{\alpha_1\alpha_2...\alpha_n\alpha_{n+1}} . \qquad (12.9)$$

Mithin führt auch folgende aus dem äußeren Produkt gebildete Determinante auf einen Nulltensor, und zwar der Stufenzahl 2(n+1),

$$\varepsilon_{\alpha_1...\alpha_{n+1}}\varepsilon_{\beta_1...\beta_{n+1}} = \begin{vmatrix} \delta_{\alpha_1\beta_1} & \cdots & \delta_{\alpha_1\beta_{n+1}} \\ \vdots & & \vdots \\ \delta_{\alpha_{n+1}\beta_1} & \cdots & \delta_{\alpha_{n+1}\beta_{n+1}} \end{vmatrix} \equiv 0_{\alpha_1...\beta_{n+1}} , \qquad (12.10a)$$

was man auch durch die *Permutationsvorschrift*

$$(n+1)!\delta_{\alpha_1[\beta_1]}\delta_{\alpha_2[\beta_2]}...\delta_{\alpha_n[\beta_n]}\delta_{\alpha_{n+1}[\beta_{n+1}]} \equiv 0_{\alpha_1...\beta_{n+1}} \qquad (12.10b)$$

zum Ausdruck bringen kann. Damit verschwindet auch die Überschiebung

$$\delta_{\alpha_1[\beta_1]}\delta_{\alpha_2[\beta_2]}\cdots \delta_{\alpha_n[\beta_n]}\delta_{\alpha_{n+1}[\beta_{n+1}]}A_{\beta_1\alpha_1}A_{\beta_2\alpha_2}...A_{\beta_n\alpha_n} \equiv 0_{\alpha_{n+1}\beta_{n+1}} , \qquad (12.11)$$

die man aufgrund der *Austauschregel*

$$\delta_{i[p]}\delta_{j[q]}...\delta_{m[t]}T_{pi}T_{qj}...T_{tm} = T_{p[p]}T_{q[q]}...T_{t[t]} \qquad (12.12)$$

auch durch

$$A_{\beta_1[\beta_1]}A_{\beta_2[\beta_2]}...A_{\beta_n[\beta_n]}\delta_{\alpha_{n+1}[\beta_{n+1}]} \equiv 0_{\alpha_{n+1}\beta_{n+1}} \qquad (12.13a)$$

bzw. nach Umindizieren durch

$$\boxed{A_{\alpha_1[\alpha_1]}A_{\alpha_2[\alpha_2]}...A_{\alpha_n[\alpha_n]}\delta_{\beta[\gamma]} \equiv 0_{\beta\gamma}} \qquad (12.13b)$$

ausdrücken kann. Wie man leicht zeigt, kann (12.13b) gemäß

$$J_n\delta_{\beta\gamma} - nA_{\beta[\gamma]}A_{\alpha_1[\alpha_1]}A_{\alpha_2[\alpha_2]}...A_{\alpha_{n-1}[\alpha_{n-1}]} \equiv 0_{\beta\gamma} \qquad (12.14)$$

zerlegt werden, worin $J_n \equiv A_{\alpha_1[\alpha_1]}...A_{\alpha_n[\alpha_n]}$ wegen (12.4) die Determinante des n × n Matrizenschemas für den vierstufigen Tensor **A** ist. Eine weitere Zerlegung von (12.14) führt schließlich auf die algebraische Tensorgleichung n-ten Grades:

12.1 Skalarwertige Tensorfunktionen; Invariantentheorie

$$\sum_{\nu=0}^{n} J_\nu A_{\beta\gamma}^{(n-\nu)} \equiv 0_{\beta\gamma} \; ; \quad \beta,\gamma = 1,2,\ldots,n \tag{12.15}$$

mit den Koeffizienten J_ν aus (12.4). Ersetzt man in (12.15) den Tensor **A** durch seine *Eigenwerte* (bzw. durch den Kugeltensor $\lambda\,\delta_{\beta\gamma}$), so folgt unmittelbar die *charakteristische Gleichung* $P_n(\lambda) \equiv 0$ in Übereinstimmung mit (12.3); umgekehrt gesehen: **Ein Tensor erfüllt seine eigene charakteristische Gleichung.** Die Beziehung (12.15) beinhaltet das *HAMILTON-CAYLEYsche Theorem*, das man auch durch (12.13b) ausdrücken kann. Darüber hinaus gewinnt man aus (12.15) die Aussage, dass **die n-te Potenz und alle höheren Potenzen eines Tensors durch Terme ausgedrückt werden können, die von geringerer Potenz als n sind**:

$$A_{\beta\gamma}^{(p)} = \sum_{\nu=1}^{n} {}^p Q_{n-\nu} A_{\beta\gamma}^{(n-\nu)} \; ; \; p \geq n \tag{12.16}$$

wobei n = 6 gilt, wenn **A** ein symmetrischer Tensor vierter Stufe (12.5) ist, während n = 3 bei einem symmetrischen Tensor zweiter Stufe ($A_{ij} = A_{ji}$; i,j = 1,2,3) einzusetzen ist. Die Koeffizienten ${}^p Q_{n-\nu}$ in (12.16) sind skalare Polynome vom Grade p-n+ν in den *Hauptinvarianten* $J_1, \ldots, J_\nu$. Man kann sie aus der Rekursionsformel

$$^p Q_{n-\nu} = (-1)^{n-1}\left(J_{p-n+\nu} + \sum_{\mu=1}^{p-n} {}^{p-\mu} Q_{n-\nu} J_\mu \right) \tag{12.17}$$

bestimmen, die für beliebige Dimension n gültig ist (BETTEN, 1987a,c).

Zur Konstruktion von *Simultaninvarianten* des Spannungstensors **σ** und eines vierstufigen Stofftensors **A** wird von BETTEN (1981b) folgendes Theorem zugrunde gelegt:

Eine skalarwertige Funktion $f(\mathbf{v},\mathbf{T})$ eines Vektors **v** und eines symmetrischen Tensors **T** zweiter Stufe ist dann und nur dann eine orthogonale Invariante, wenn sie als Funktion der 2n speziellen Invarianten

$$J_1(\mathbf{T}),\ldots,J_n(\mathbf{T}), \quad \mathbf{v}^2, \quad \mathbf{v}\cdot\mathbf{T}\mathbf{v}, \quad \ldots, \quad \mathbf{v}\cdot\mathbf{T}^{n-1}\mathbf{v} \tag{12.18}$$

ausgedrückt werden kann.

Dieses Theorem ist gültig für beliebige Dimension n (TRUESDELL / NOLL, 1965). In Erweiterung von (12.18) und unter Berücksichtigung des *HAMILTON-CAYLEYschen Theorems* bzw. der Folgerung (12.16) wird von BETTEN (1981b) ein System von 15 *Simultaninvarianten* aufgestellt:

$$\left.\begin{array}{l} \Pi_2^{[\nu]} \equiv \sigma_{ij} A_{ijkl}^{(\nu)} \sigma_{kl} , \quad \Pi_3^{[\nu]} \equiv \sigma_{ij} A_{ijkl}^{(\nu)} \sigma_{kl}^{(2)} , \\ \Pi_4^{[\nu]} \equiv \sigma_{ij}^{(2)} A_{ijkl}^{(\nu)} \sigma_{kl}^{(2)} , \quad \nu = 1,2,\ldots,5 . \end{array}\right\} \quad (12.19)$$

Darin stellt ν in einer runden Klammer, $A_{ijkl}^{(\nu)}$, einen Exponenten dar, während ν in einer eckigen Klammer, $\Pi^{[\nu]}$, eine Marke ist, um anzudeuten, dass mit ν verschiedene Größen gemeint sind.

Einige der Invarianten in (12.19) kann man auch folgendermaßen finden. Betrachtet man beispielsweise den zweistufigen Tensor $B_{pq} \equiv \sigma_{ij} A_{ijpq}$, so ist die Grundinvariante $B_{pq} B_{qp}$ identisch mit der Simultaninvariante $\Pi_2^{[2]}$. Mit $C_{pq} \equiv \sigma_{ij}^{(2)} A_{ijpq}$ findet man $C_{pq} C_{qp} \equiv \Pi_4^{[2]}$. Weitere Beispiele sind:

$$B_{pq} \sigma_{qp} \equiv \Pi_2^{[1]} , \quad B_{pq} \sigma_{qp}^{(2)} = C_{pq} \sigma_{qp} \equiv \Pi_3^{[1]} , \quad C_{pq} \sigma_{qp}^{(2)} \equiv \Pi_4^{[1]} .$$

Der isotrope Spezialfall kann durch den isotropen Stofftensor

$$A_{ijkl}^{(\nu)} = a_\nu \delta_{ij} \delta_{kl} + b_\nu (\delta_{ik} \delta_{jl} + \delta_{il} \delta_{jk}) \quad (12.20)$$

der ν-ten Potenz charakterisiert werden. Dann geht die Simultaninvariante $\Pi_2^{[\nu]}$ aus (12.19) für $a_\nu = -1/2$, $b_\nu = 1/4$ in die Hauptinvariante $J_2(\boldsymbol{\sigma})$ gemäß (4.7b) über und für $a_\nu = 0$, $b_\nu = 1/2$ in die Grundinvariante $S_2(\boldsymbol{\sigma}) \equiv \mathrm{tr}\,\boldsymbol{\sigma}^2$ des Spannungstensors über.

Weiterhin wird $\Pi_3^{[\nu]} = J_3(\boldsymbol{\sigma}) - J_1^3(\boldsymbol{\sigma})/6$ für $a_\nu = -1/6$, $b_\nu = 1/6$, während für $a_\nu = 0$, $b_\nu = 1/2$ die Simultaninvariante $\Pi_3^{[\nu]}$ mit der kubischen Grundinvariante $S_3(\boldsymbol{\sigma})$ übereinstimmt. Schließlich ergeben sich aus den Simultaninvarianten

$$\Pi_1^{[\nu]} \equiv \delta_{ij} A_{ijkl}^{(\nu)} \sigma_{kl} \quad \text{oder} \quad \Pi_{1*}^{[\nu]} \equiv \delta_{ij} A_{ijkl}^{(\nu)} \sigma_{kl}^{(2)} \quad (12.21\text{a,b})$$

die Grundinvarianten $S_1(\boldsymbol{\sigma})$ oder $S_2(\boldsymbol{\sigma})$, wenn $3a_\nu + 2b_\nu = 1$ gilt.

Es muss betont werden, dass die Invarianten (12.21a,b), die in (4.121) enthalten sind und zur Darstellung des plastischen Potentials (4.122) berücksichtigt wurden, im System (12.19) nicht enthalten sind. Darüber hinaus hat ein Vektor **v** beliebiger Dimension n nur eine Invariante, nämlich v^2 in (12.18). Im Gegensatz dazu besitzt im dreidimensionalen Raum ein Tensor zweiter Stufe drei Invarianten (4.7a,b,c). Mithin können das System der irreduziblen *Hauptinvarianten* (12.8) und das System der irreduziblen *Simultaninvarianten* (12.19) nicht vollständig sein. Man muss sich dieser Tatsache bewusst sein, wenn man einen Tensor vierter Stufe (12.5a) als Tensor zweiter Stufe (12.5b) bezüglich eines höher dimensionierten Raumes auffasst, oder einen symmetrischen Tensor zweiter Stufe ($\sigma_{ij} = \sigma_{ji}$; i,j = 1,2,3) formal durch einen sechsdimensionalen Vektor (σ_α; $\alpha = 1,2,\ldots,6$) ersetzt (Anhang).

In (12.19) und (12.21a,b) werden Simultaninvarianten angegeben, die nur zwei Argumenttensoren der Funktion (12.1) enthalten. Mit Hilfe des *Polarisationsprozesses* erhält man aus den bereits gefundenen Invarianten (4.7a,b,c), (12.19) oder (12.21a,b) neue Invarianten, die weitere Argumenttensoren enthalten. Hierzu von bei BETTEN (1987c) einige Beispiele angegeben.

Verschiedene Anwendungen der Invariantentheorie in der Plastomechanik und Kriechmechanik werden beispielsweise bei BETTEN (1981a, 1982d,e, 1983b, 1985b,c, 1988a, 2001c) ausführlich diskutiert.

12.2 Tensorwertige Tensorfunktionen

Es sei

$$Z_{ij} = f_{ij}(X_{pq}, Y_{pq}, A_{pqrs}) \qquad (12.22)$$

eine tensorwertige Funktion ($f_{ij} = f_{ji}$) mit symmetrischen Argumenttensoren zweiter und vierter Stufe, die für die Anwendungen z.B. in der Kriechmechanik (Ziffer 5.3) von größter Bedeutung ist. Analog (5.2) kann (12.22) durch eine Linearkombination

$$\boxed{\mathbf{Z} = \sum_\alpha \varphi_\alpha \mathbf{G}_\alpha} \qquad (12.23)$$

dargestellt werden. Darin sind $\mathbf{G}_\alpha$ symmetrische *Tensorgeneratoren* zweiter Stufe, die aus den betrachteten Argumenttensoren **X, Y, A** in (12.22) erzeugt werden müssen. So sind beispielsweise die über „Matrizenmultiplikation" gewonnenen Größen

$$\left\{ \mathbf{X}^\lambda \mathbf{Y}^\nu + \mathbf{Y}^\nu \mathbf{X}^\lambda \right\}_{ij} \equiv X_{ik}^{(\lambda)} Y_{kj}^{(\nu)} + Y_{ik}^{(\nu)} X_{kj}^{(\lambda)} \qquad (12.24)$$

und

$$\left\{ \mathbf{X}^\lambda \mathbf{A}^\mu \cdot \mathbf{Y}^\nu + \mathbf{A}^\mu \cdot \mathbf{Y}^\nu \mathbf{X}^\lambda \right\}_{ij} \equiv X_{ik}^{(\lambda)} A_{kjpq}^{(\mu)} Y_{pq}^{(\nu)} + A_{ikpq}^{(\mu)} Y_{pq}^{(\nu)} X_{kj}^{(\lambda)} \qquad (12.25)$$

symmetrische Tensorgeneratoren zweiter Stufe. Damit wird die Bedingung der *Form-Invarianz*

$$a_{ik} a_{jl} f_{kl}(X_{pq},...,A_{pqrs}) \equiv f_{ij}(a_{pt} a_{qu} X_{tu},..., a_{pt} a_{qu} a_{rv} a_{sw} A_{tuvw}) \quad (12.26)$$

unter beliebiger Transformation **a** der orthogonalen Gruppe erfüllt.

Bei der Suche nach einem *irreduziblen* System von *Tensorgeneratoren* ist zu beachten, dass aufgrund des Theorems (12.16) die Potenzen $\lambda, \nu = 0,1,2$ für Tensoren zweiter Stufe und $\mu = 0,1,2, ... ,5$ für Tensoren vierter Stufe in (12.25) möglich sind.

Ein weiteres Ziel ist es, die Darstellung (12.23) auf die *kanonische Form*

$$\boxed{Z_{ij} = {}^0H_{ijkl}\delta_{kl} + {}^1H_{ijkl}X_{kl} + {}^2H_{ijkl}X_{kl}^{(2)}} \qquad (12.27)$$

zu bringen. Sie besteht aus drei Termen, die man als Beiträge nullter, erster und zweiter Ordnung in der Tensorvariablen **X** deuten kann. Die Einflüsse der Tensorvariablen **Y** und **A** auf den Funktionswert **Z** kommen durch die tensorwertigen Funktionen ^{0}**H**, ^{1}**H**, ^{2}**H** vierter Stufe zum Ausdruck. Man findet diese Funktionen durch Anwendung der Identitäten (4.105) und (4.106). Beispiele für eine *kanonische Form* (12.27) sind die Stoffgleichungen (4.101), (4.107) und (5.55). Diese Darstellungen besitzen einen großen „Erklärungswert", worauf bereits am Ende der Ziffer 4.5 hingewiesen wurde. Aufgrund der Darstellungen (4.101) und (4.107) konnte in Ziffer 4.5 auf eine notwendige Modifikation der klassischen Fließregel (4.14) geschlossen werden.

Die Koeffizienten φ_α in der Linearkombination (12.23) sind skalarwertige Funktionen von Invarianten der Argumenttensoren **X**, **Y**, **A**. Man findet diese Invarianten, wenn man beachtet, dass die Spur eines jeden Tensorproduktes, das aus den beteiligten Argumenttensoren der darzustellenden Tensorfunktion gebildet werden kann, eine orthogonale Invariante ist. Um mit Hilfe dieser Aussage ein irreduzibles Invariantensystem zu erzielen, das der Darstellung (12.23) angepasst ist, bilde man die Spuren

12.2 Tensorwertige Tensorfunktionen

$$\left.\begin{array}{l} \operatorname{tr} \mathbf{Z} \mathbf{X} = \operatorname{tr} \sum_\alpha \varphi_\alpha \mathbf{G}_\alpha \mathbf{X} \equiv \sum_\alpha \varphi_\alpha \operatorname{tr} \mathbf{G}_\alpha \mathbf{X} \;, \\ \operatorname{tr} \mathbf{Z} \mathbf{Y} \;,\; \operatorname{tr} \mathbf{Z} \mathbf{A} \cdot \mathbf{X},\; \operatorname{tr} \mathbf{Z} \mathbf{A} \cdot \mathbf{Y} \equiv Z_{ij} A_{ijpq} Y_{pq} \;. \end{array}\right\} \quad (12.28)$$

Alternativ kann man auch aus (12.23) die Spuren tr $\mathbf{Z}$, tr $\mathbf{Z}^2$ und tr $\mathbf{Z}^3$ bilden. Man erhält ein Invariantensystem, das äquivalente und reduzible Elemente enthält. Das Aussortieren der redundanten Elemente wird erleichtert, wenn man z.B. folgende Lemmata berücksichtigt:

- Falls $\mathbf{G}$ ein reduzibler Tensorgenerator ist, dann sind auch die Invarianten tr $\mathbf{XG}$ und tr $\mathbf{GX}$ reduzierbar, wobei $\mathbf{X}$ ein beliebiger Tensor zweiter Stufe ist.
- Die Spur eines Matrizenproduktes ändert sich nicht, wenn die Reihenfolge seiner Faktoren zyklisch vertauscht wird.
- Die Spur eines Matrizenproduktes stimmt überein mit der Spur der Transposition, tr $\mathbf{AB}$ = tr $(\mathbf{AB})^T$.
- Die Transposition eines Matrizenproduktes überträgt sich auf die einzelnen Faktoren. Dabei müssen die gespiegelten Faktoren jedoch in umgekehrter Reihenfolge aufgeschrieben werden, $(\mathbf{ABC})^T = \mathbf{C}^T \mathbf{B}^T \mathbf{A}^T$. Mithin gilt auch: tr $\mathbf{ABC}$ = tr $\mathbf{C}^T \mathbf{B}^T \mathbf{A}^T$.

Beispielsweise erhält man aus der tensorwertigen Funktion (1.61) mit einem Argumenttensor durch Überschiebungen die Invarianten

$$Y_{ij} X_{ji} = \varphi_0 \operatorname{tr} \mathbf{X} + \varphi_1 \operatorname{tr} \mathbf{X}^2 + \varphi_2 \operatorname{tr} \mathbf{X}^3 \;, \quad (12.29a)$$

$$Y_{ij} X^{(2)}_{ji} = \varphi_0 \operatorname{tr} \mathbf{X}^2 + \varphi_1 \operatorname{tr} \mathbf{X}^3 + \varphi_2 \operatorname{tr} \mathbf{X}^4 \;. \quad (12.29b)$$

Weitere Invarianten sind:

$$\operatorname{tr} \mathbf{Y} = 3\varphi_0 + \varphi_1 \operatorname{tr} \mathbf{X} + \varphi_2 \operatorname{tr} \mathbf{X}^2 \;, \quad (12.30a)$$

$$\operatorname{tr} \mathbf{Y}^2 = 3\varphi_0^2 + 2\varphi_0 \varphi_1 \operatorname{tr} \mathbf{X} + (\varphi_1^2 + 2\varphi_0 \varphi_2) \operatorname{tr} \mathbf{X}^2 + 2\varphi_1 \varphi_2 \operatorname{tr} \mathbf{X}^3 + \varphi_2^2 \operatorname{tr} \mathbf{X}^4$$
$$(12.30b)$$

und ebenso auch tr $\mathbf{Y}^3$. In (12.29b) und in (12.30b) sind die Invarianten tr $\mathbf{X}^4$ reduzierbar, so dass man aus (12.29) oder alternativ aus (12.30) auf die Abhängigkeit der skalaren Funktionen φ_0, φ_1, φ_2 von der *Integritätsbasis* tr $\mathbf{X}$, tr $\mathbf{X}^2$, tr $\mathbf{X}^3$ schließen kann (BETTEN, 1984b). Ein anderes Beispiel ist die tensorwertige Funktion (4.93) mit (4.94), (4.95). Hierfür kann man aus den Überschiebungen

$$\sigma_{ij} d^P \varepsilon_{ji} = \sum_{\lambda,\nu=0}^{2} \varphi_{[\lambda,\nu]} \sigma_{ik}^{(\lambda+1)} A_{ki}^{(\nu)}, \qquad (12.31a)$$

$$A_{ij} d^P \varepsilon_{ji} = \sum_{\lambda,\nu=0}^{2} \varphi_{[\lambda,\nu]} \sigma_{ik}^{(\lambda)} A_{ki}^{(\nu+1)} \qquad (12.31b)$$

unter Berücksichtigung der Reduzierbarkeit der Invarianten $\sigma_{ik}^{(3)} A_{ki}$, $\sigma_{ik}^{(3)} A_{ki}^{(2)}$, $\sigma_{ik} A_{ki}^{(3)}$ und $\sigma_{ik}^{(2)} A_{ki}^{(3)}$ schließen, dass die skalaren Funktionen $\varphi_{[\lambda,\nu]}$ in (4.93) von der *Integritätsbasis* (4.96) abhängig ist. Auf der Grundlage von (12.31a) werden bei BETTEN (1988a) *Fließbedingungen* aufgestellt.

Im Folgenden sollen einige Darstellungen von tensorwertigen Funktionen aufgelistet werden.

12.2.1 Darstellung der Funktion f_{ij} (X_{pq}, Y_{pq}, A_{pqrs}) mit symmetrischen Argumenttensoren

Durch eine „Superposition" gemäß

$$\mathfrak{R}(\mathbf{X},\mathbf{Y},\mathbf{A}) = \mathfrak{R}_1(\mathbf{X},\mathbf{Y}) + \mathfrak{R}_2(\mathbf{X},\mathbf{A}) + \mathfrak{R}_3(\mathbf{Y},\mathbf{A}) \qquad (12.32)$$

erhält man nach BETTEN (1983a) die Darstellung

$$f_{ij} = \sum_{\lambda,\nu} {}^1\varphi_{[\lambda,\nu]} {}^1G_{ij}^{[\lambda,\nu]} + \ldots + \sum_{\lambda,\mu,\nu} {}^3\varphi_{[\lambda,\mu,\nu]} {}^3G_{ij}^{[\lambda,\mu,\nu]} \qquad (12.33)$$

mit den *Tensorgeneratoren*

$${}^1G_{ij}^{[\lambda,\nu]} \equiv \left(L_{ij}^{[\lambda,\nu]} + L_{ji}^{[\lambda,\nu]}\right)\!\!/2, \qquad (12.34a)$$

$${}^2G_{ij}^{[\lambda,\mu,\nu]} \equiv \left(M_{ij}^{[\lambda,\mu,\nu]} + M_{ji}^{[\lambda,\mu,\nu]}\right)\!\!/2, \qquad (12.34b)$$

$${}^3G_{ij}^{[\lambda,\mu,\nu]} \equiv \left(N_{ij}^{[\lambda,\mu,\nu]} + N_{ji}^{[\lambda,\mu,\nu]}\right)\!\!/2; \quad \lambda,\nu=0,1,2; \quad \mu=0,1,\ldots,5. \qquad (12.34c)$$

Darin werden folgende Matrizenprodukte benutzt:

12.2 Tensorwertige Tensorfunktionen

$$\{\mathbf{L}^{[\lambda,\nu]}\}_{ij} \equiv L_{ij}^{[\lambda,\nu]} \equiv X_{ik}^{(\lambda)} Y_{kj}^{(\nu)} \equiv \{\mathbf{X}^\lambda \mathbf{Y}^\nu\}_{ij}, \quad (12.35\text{a})$$

$$M_{ij}^{[\lambda,\mu,\nu]} \equiv X_{ik}^{(\lambda)} A_{kjpq}^{(\mu)} X_{pq}^{(\nu)}, \quad N_{ij}^{[\lambda,\mu,\nu]} \equiv Y_{ik}^{(\lambda)} A_{kjpq}^{(\mu)} Y_{pq}^{(\nu)}. \quad (12.35\text{b,c})$$

Für $\mathbf{X} \equiv \boldsymbol{\sigma}$ stimmen die Produkte (12.35b) mit (4.120) überein. Aufgrund des Theorems (12.16) umfaßt (12.34a) **neun** irreduzible Tensorgeneratoren und (12.34b,c) ohne $\mu = 0$[1] jeweils **45** Generatoren, so dass die Darstellung (12.33) aus insgesamt **99** *irreduziblen Tensorgeneratoren* besteht. Berücksichtigt man noch die Matrizenprodukte

$$P_{ij}^{[\lambda,\mu,\nu]} \equiv X_{ik}^{(\lambda)} A_{kjpq}^{(\mu)} Y_{pq}^{(\nu)}, \quad Q_{ij}^{[\lambda,\mu,\nu]} \equiv Y_{ik}^{(\lambda)} A_{kjpq}^{(\mu)} X_{pq}^{(\nu)}, \quad (12.35\text{d,e})$$

so findet man zusätzlich **40** Generatoren, die noch nicht in (12.34a,b,c) enthalten sind.

Die skalarwertigen Funktionen $^1\varphi_{[\lambda,\nu]}$, $^2\varphi_{[\lambda,\mu,\nu]}$, etc. in (12.33) sind Funktionen von Invarianten, die man analog (12.29a,b) den Überschiebungen

$$\left.\begin{array}{l} f_{ij} X_{ji}, \quad f_{ij} Y_{ji}, \quad f_{ij} A_{jipq} X_{pq}, \quad f_{ij} A_{jipq} X_{pq}^{(2)}, \\ f_{ij} A_{jipq} Y_{pq}, \quad f_{ij} A_{jipq} Y_{pq}^{(2)}, \end{array}\right\} \quad (12.36)$$

oder analog (12.30a,b) den Skalaren f_{ii}, $f_{ij} f_{ji}$, $f_{ij} f_{jk} f_{ki}$ entnimmt.

12.2.2 Darstellung der Funktion f_{ij} (X_{pq}, Y_{pq}, Z_{pq}) mit drei symmetrischen Argumenttensoren zweiter Stufe

Durch „Superposition" gemäß

$$\mathfrak{R}(\mathbf{X},\mathbf{Y},\mathbf{Z}) = \mathfrak{R}_1(\mathbf{X},\mathbf{Y}) + \mathfrak{R}_2(\mathbf{Y},\mathbf{Z}) + \mathfrak{R}_3(\mathbf{Z},\mathbf{X}) \quad (12.37)$$

findet man bei BETTEN (1982b) die Darstellung

$$\begin{aligned} \mathbf{f} &= \varphi_0 \boldsymbol{\delta} + \varphi_1 \mathbf{X} + \ldots + \varphi_4 \mathbf{Y}^2 + \ldots + \varphi_7 (\mathbf{X}\mathbf{Y} + \mathbf{Y}\mathbf{X}) + \\ &+ \varphi_{10} (\mathbf{X}\mathbf{Y}^2 + \mathbf{Y}^2 \mathbf{X}) + \ldots + \varphi_{13} (\mathbf{X}^2 \mathbf{Y} + \mathbf{Y}\mathbf{X}^2) + \\ &+ \varphi_{16} (\mathbf{X}^2 \mathbf{Y}^2 + \mathbf{Y}^2 \mathbf{X}^2) + \ldots + \varphi_{18} (\mathbf{Z}^2 \mathbf{X}^2 + \mathbf{X}^2 \mathbf{Z}^2), \end{aligned} \quad (12.38)$$

die **19** symmetrische *Tensorgeneratoren* enthält. Mit (12.38) werden die Überschiebungen

---
[1] Der Fall $\mu = 0$ ist bereits in (12.34a) enthalten.

$$X_{ij}f_{ji} \equiv \text{tr}\,\mathbf{Xf}, \qquad Y_{ij}f_{ji} \equiv \text{tr}\,\mathbf{Yf}, \qquad Z_{ij}f_{ji} \equiv \text{tr}\,\mathbf{Zf} \qquad (12.39)$$

gebildet, denen man die **28** *irreduziblen Invarianten*

$$\left.\begin{array}{l} \text{tr}\,\mathbf{X}^\nu, \quad \text{tr}\,\mathbf{Y}^\nu, \quad \text{tr}\,\mathbf{Z}^\nu, \quad \nu=1,2,3, \\ \text{tr}\,\mathbf{XY}, \quad \ldots, \quad \text{tr}\,\mathbf{X}^2\mathbf{Y}, \quad \ldots, \quad \text{tr}\,\mathbf{XY}^2, \quad \ldots, \quad \text{tr}\,\mathbf{X}^2\mathbf{Y}^2, \quad \ldots, \\ \text{tr}\,\mathbf{XYZ}, \quad \text{tr}\,\mathbf{X}^2\mathbf{YZ}, \quad \ldots, \quad \text{tr}\,\mathbf{X}^2\mathbf{Y}^2\mathbf{Z}, \quad \ldots, \quad \text{tr}\,\mathbf{Z}^2\mathbf{X}^2\mathbf{Y} \end{array}\right\} \quad (12.40)$$

entnehmen kann. Die Punkte in (12.38) und (12.40) stehen stellvertretend für zyklische Vertauschungen.

Gegenüber der Darstellung von SPENCER (1971) ist (12.38) eine vereinfachte Darstellung, da Produkte wie **XYZ** oder **XY²Z²** in (12.38) nicht enthalten sind. Die *Integritätsbasis* (12.40) stimmt jedoch mit SPENCER (1971) überein. Weitere Vergleiche mit Ergebnissen anderer Autoren werden von BETTEN (1982b) gezogen. Auch wird von BETTEN (1982b) die *kanonische Form* (12.27) für die tensorwertige Funktion (12.38) gefunden.

12.2.3 Symmetrischer und nicht-symmetrischer Argumenttensor zweiter Stufe

Es sei

$$Z_{ij} = f_{ij}(\hat{X}_{pq}, Y_{pq}) = Z_{ji} \qquad (12.41)$$

eine tensorwertige Funktion, in der $\hat{X}_{pq} \neq \hat{X}_{qp}$ ein nicht-symmetrischer und $Y_{pq} = Y_{qp}$ ein symmetrischer Tensor zweiter Stufe sind. Die Linearkombination (12.23) enthält dann nach BETTEN (1982b) folgende **13** symmetrische *Tensorgeneratoren*:

$$\left.\begin{array}{llll} & \boldsymbol{\delta} & & \\ \hat{\mathbf{X}}+\hat{\mathbf{X}}' & \mathbf{Y} & & \\ \hat{\mathbf{X}}^2+\hat{\mathbf{X}}'^2 & \hat{\mathbf{X}}\mathbf{Y}+\mathbf{Y}\hat{\mathbf{X}}' & \mathbf{Y}\hat{\mathbf{X}}+\hat{\mathbf{X}}'\mathbf{Y} & \mathbf{Y}^2 \\ \hat{\mathbf{X}}^2\mathbf{Y}+\mathbf{Y}\hat{\mathbf{X}}'^2 & \hat{\mathbf{X}}\mathbf{Y}^2+\mathbf{Y}^2\hat{\mathbf{X}}' & \mathbf{Y}\hat{\mathbf{X}}^2+\hat{\mathbf{X}}'^2\mathbf{Y} & \mathbf{Y}^2\hat{\mathbf{X}}+\hat{\mathbf{X}}'\mathbf{Y}^2 \\ \hat{\mathbf{X}}^2\mathbf{Y}^2+\mathbf{Y}^2\hat{\mathbf{X}}'^2 & & \mathbf{Y}^2\hat{\mathbf{X}}^2+\hat{\mathbf{X}}'^2\mathbf{Y}^2 & \end{array}\right\} \quad (12.42)$$

Darin bedeutet $\hat{\mathbf{X}}' \equiv \hat{\mathbf{X}}^T$ die Transponierte zu $\hat{\mathbf{X}}$. Falls beide Argumenttensoren in (12.41) nicht symmetrisch sind, erhöht sich die Anzahl der Tensorgeneratoren in (12.42) auf **17**. Ist jedoch $\hat{\mathbf{X}}$ wie $\mathbf{Y}$ symmetrisch, so reduziert sich die Anzahl der Generatoren in (12.42) auf **9**. Mit (12.42) erhält man die Darstellung (12.23) für die Tensorfunktion (12.41):

12.2 Tensorwertige Tensorfunktionen

$$Z = \varphi_0 \delta + \varphi_1 (\hat{X} + \hat{X}')/2 + \varphi_2 Y + \ldots +$$
$$+ \varphi_{12} (Y^2 \hat{X}^2 + \hat{X}'^2 Y^2)/2. \quad (12.43)$$

Analog (12.31a,b) entnimmt man den Spuren

$$\operatorname{tr} \hat{X} Z = \operatorname{tr} Z \hat{X}' \quad \text{und} \quad \operatorname{tr} Y Z = \operatorname{tr} Z Y \quad (12.44\text{a,b})$$

die der Darstellung (12.43) „angepasste" *Integritätsbasis*:

$$\left.\begin{array}{l} \operatorname{tr} \hat{X}^\nu, \operatorname{tr} Y^\nu, \nu = 1, 2, 3, \\ \operatorname{tr} \hat{X}\hat{X}', \operatorname{tr} \hat{X}\hat{X}'^2, \operatorname{tr} \hat{X}Y, \operatorname{tr} \hat{X}^2 Y, \operatorname{tr} \hat{X}Y\hat{X}', \operatorname{tr} \hat{X}Y^2, \operatorname{tr} \hat{X}Y\hat{X}'^2, \operatorname{tr} \hat{X}^2 Y^2, \\ \operatorname{tr} \hat{X}Y^2\hat{X}', \operatorname{tr} \hat{X}'Y\hat{X}, \operatorname{tr} \hat{X}Y^2\hat{X}'^2, \operatorname{tr} \hat{X}\hat{X}'^2 Y^2, \operatorname{tr} \hat{X}\hat{X}'^2 Y, \operatorname{tr} \hat{X}\hat{X}'Y^2, \end{array}\right\} \quad (12.45)$$

die **20** irreduzible Elemente enthält. Bei BETTEN (1982b) wird die Tensorfunktion (12.43) auf eine *kanonische Form* (12.27) gebracht. Dazu werden die Identitäten (4.105), (4.106) auch für nicht-symmetrische Tensoren verallgemeinert.

12.2.4 Trennung der Tensor-Veränderlichen

Bei BETTEN (1984a) wird eine einfache Methode vorgeschlagen, nach der man durch Trennung der Veränderlichen tensorwertige Funktionen darstellen kann. So kann beispielsweise die Funktion

$$Z_{ij} = f_{ij}(X, Y) = Z_{ji} \quad (12.46)$$

von zwei symmetrischen Argumenttensoren ($X_{ij} = X_{ji}$, $Y_{ij} = Y_{ji}$) durch Trennung dieser unabhängig Veränderlichen gemäß

$$Z_{ij} = f_{ij}(X, Y) = \left[\delta_{ik}\,{}^0 g_{kj}(Y) + {}^0 g_{ik}(Y)\delta_{kj}\right]/2 +$$
$$+ \left[X_{ik}\,{}^1 g_{kj}(Y) + {}^1 g_{ik}(Y)X_{kj}\right]/2 + \quad (12.47\text{a})$$
$$+ \left[X_{ik}^{(2)}\,{}^2 g_{kj}(Y) + {}^2 g_{ik}(Y)X_{kj}^{(2)}\right]/2$$

bzw.

$$\boxed{Z_{ij} = \frac{1}{2}\sum_{\lambda=0}^{2}\left[X_{ik}^{(\lambda)}\,{}^\lambda g_{kj}(Y) + {}^\lambda g_{ik}(Y)X_{kj}^{(\lambda)}\right]} \quad (12.47\text{b})$$

dargestellt werden. Dieses ist eine Darstellung, die aus drei Teilen ($\lambda = 0,1,2$) besteht, die man als Beiträge nullter, erster und zweiter Ordnung in der Veränderlichen **X** auffassen kann. Die drei Funktionen $^0\mathbf{g}$, $^1\mathbf{g}$, $^2\mathbf{g}$ sind *isotrope Tensorfunktionen* der anderen Veränderlichen:

$$\left. \begin{aligned} ^0g_{ij}(\mathbf{Y}) &= \varphi_{[0,0]}\delta_{ij} + \varphi_{[0,1]}Y_{ij} + \varphi_{[0,2]}Y_{ij}^{(2)} \\ ^1g_{ij}(\mathbf{Y}) &= \varphi_{[1,0]}\delta_{ij} + \varphi_{[1,1]}Y_{ij} + \varphi_{[1,2]}Y_{ij}^{(2)} \\ ^2g_{ij}(\mathbf{Y}) &= \varphi_{[2,0]}\delta_{ij} + \varphi_{[2,1]}Y_{ij} + \varphi_{[2,2]}Y_{ij}^{(2)} \end{aligned} \right\} \quad (12.48a)$$

bzw.

$$\boxed{^\lambda g_{ij}(\mathbf{Y}) = \sum_{\nu=0}^{2} \varphi_{[\lambda,\nu]} Y_{ij}^{(\nu)}} \quad . \quad (12.48b)$$

Setzt man (12.48) in (12.47) ein, so findet man die übliche Polynomdarstellung

$$\boxed{Z_{ij} = \frac{1}{2} \sum_{\lambda,\nu=0}^{2} \varphi_{[\lambda,\nu]} \left[X_{ik}^{(\lambda)} Y_{kj}^{(\nu)} + Y_{ik}^{(\nu)} X_{kj}^{(\lambda)} \right]} \quad , \quad (12.49)$$

die bereits in Ziffer 4.5 [Gl. (4.93)] benutzt wurde.

Entsprechend kann die in Ziffer 12.2.2 diskutierte Funktion

$$U_{ij} = f_{ij}(\mathbf{X}, \mathbf{Y}, \mathbf{Z}) = U_{ji} , \quad (12.50)$$

abhängig von drei symmetrischen Argumenttensoren $X_{ij} = X_{ji}, \ldots, Z_{ij} = Z_{ji}$ zweiter Stufe, behandelt werden. Somit findet man in Erweiterung von (12.47) für die tensorwertige Funktion (12.50) die Darstellung:

$$\boxed{\begin{aligned} U_{ij} = &\frac{1}{2} \sum_{\lambda=0}^{2} \left[X_{ik}^{(\lambda)} {}^\lambda g_{kj}(\mathbf{Y},\mathbf{Z}) + {}^\lambda g_{ik}(\mathbf{Y},\mathbf{Z}) X_{kj}^{(\lambda)} \right] + \\ &+ \frac{1}{2} \sum_{\lambda=0}^{2} \left[Y_{ik}^{(\lambda)} {}^\lambda h_{kj}(\mathbf{Z},\mathbf{X}) + {}^\lambda h_{ik}(\mathbf{Z},\mathbf{X}) Y_{kj}^{(\lambda)} \right] + \\ &+ \frac{1}{2} \sum_{\lambda=0}^{2} \left[Z_{ik}^{(\lambda)} {}^\lambda \ell_{kj}(\mathbf{X},\mathbf{Y}) + {}^\lambda \ell_{ik}(\mathbf{X},\mathbf{Y}) Z_{kj}^{(\lambda)} \right] \end{aligned}} \quad (12.51)$$

Darin sind

$$\boxed{^\lambda g_{ij} = \frac{1}{2} \sum_{\mu,\nu=0}^{2} \varphi_{[\lambda,\mu,\nu]} \left[Y_{ik}^{(\mu)} Z_{kj}^{(\nu)} + Z_{ik}^{(\nu)} Y_{kj}^{(\mu)} \right]; \quad \lambda = 0,1,2} \quad (12.52)$$

12.2 Tensorwertige Tensorfunktionen

und entsprechend auch $^\lambda h_{ij}, {}^\lambda \ell_{ij}$ *isotrope Tensorfunktionen* von jeweils zwei Argumenttensoren, so dass die Darstellung (12.51) insgesamt **81** Tensorgeneratoren der Form $X_{ip}^{(\lambda)} Y_{pq}^{(\mu)} Z_{qj}^{(\nu)} + Z_{iq}^{(\nu)} Y_{qp}^{(\mu)} X_{pj}^{(\lambda)}$ mit zyklischen Vertauschungen enthält. Unter den so gefundenen 81 *Tensorgeneratoren* sind jedoch einige äquivalent, so dass nur **43** irreduzible Elemente übrig bleiben. Diese sind in Tabelle 12.1 aufgelistet.

Tabelle 12.1 Irreduzible Tensorgeneratoren der Darstellung (12.51)

Grad	irreduzible Tensorgeneratoren	Anzahl
0	δ	1
1	**X, Y, Z**	3
2	X^2, $(XY+YX)$ und zykl. Vertauschungen	6
3	(X^2Y+YX^2), (XY^2+Y^2X), $(XYZ+ZYX)$ und zykl. Vertauschungen	9
4	$(X^2Y^2+Y^2X^2)$, $(X^2YZ+ZYX^2)$, (XY^2Z+ZY^2X), (XYZ^2+Z^2YX) und zykl. Vertauschungen	12
5	$(XY^2Z^2+...)$, $(X^2Y^2Z+...)$, $(X^2YZ^2+...)$ und zykl. Vertauschungen	9
6	$(X^2Y^2Z^2+Z^2Y^2X^2)$ und zykl. Vertauschungen	3

Die oben beschriebene Methode der Trennung von Tensorvariablen kann auch benutzt werden, um eine Darstellung für tensorwertige Funktionen von mehr als drei Argumenttensoren zu finden. Auch ist diese Methode nicht beschränkt auf Funktionen von symmetrischen Argumenttensoren zweiter Stufe.

12.2.5 Interpolationsmethoden für tensorwertige Funktionen

Von BETTEN (1984b) werden die klassischen *Interpolationsmethoden* von LAGRANGE und NEWTON auf tensorwertige Funktionen eines oder mehrerer Argumenttensoren übertragen. Es zeigt sich, dass aufgrund des *HAMILTON-CAYLEYschen Theorems* die *Restgliedtensoren* identisch verschwinden und beide Interpolationsmethoden auf die Standardformen der Darstellungstheorie tensorwertiger Funktionen führen, d.h. auf dieselben *isotropen Tensorfunktionen*. Grundsätzlich gilt, dass es zu vorgegebenen *Stützstellen* und entsprechenden *Stützwerten* nur ein *Interpolationspolynom* niedrigsten Grades gibt. Die zahlreichen in der numerischen Mathematik bekannten Interpolationsformeln (SAUER / SZABÓ, 1968; JORDAN-ENGELN / REUTTER, 1972; DAVIS, 1975), wie beispielsweise die Formeln von AITKEN, BESSEL, EVERETT, GAUSS, HERMITE, LAGRANGE, NEVILLE, NEWTON, STIRLING usw., sind lediglich verschiedene Algorithmen oder Darstellungen ein und derselben polynomialen *Interpolationsfunktion* (*Minimalpolynom*).

Die skalaren Koeffizienten in den tensoriellen Darstellungen werden von BETTEN (1984b) bestimmt und durch die *Hauptwerte der Argumenttensoren* ausgedrückt, d.h., die Hauptwerte werden als *Stützstellen* (oder Gitterpunkte) aufgefasst.

Die Interpolation tensorwertiger Funktionen kann auch bei gleichen Hauptwerten (*konfluente Stützstellen*) durchgeführt werden. Dazu benötigt man bei zwei gleichen Hauptwerten die erste Ableitung und bei drei gleichen Hauptwerten auch die dritte Ableitung. Von BETTEN (1984b) werden tensorielle Ableitungen von tensorwertigen Funktionen formuliert.

Lässt man bei der Interpolation einer skalaren Funktion f(x) alle Stützstellen mit der Stützstelle x_0 zusammenfallen, so geht das Interpolationspolynom in die TAYLOR-Reihe für die Funktion f(x) im Punkte x_0 über. Fallen alle Hauptwerte eines Argumenttensors jedoch zusammen, so ist die betrachtete tensorwertige Funktion einfach ein Kugeltensor. Demnach gibt es keine „tensorielle TAYLOR-Reihe".

Von BETTEN (1984b) werden verschiedene Anwendungsmöglichkeiten, wie beispielsweise das *Wurzelziehen von Tensoren* oder die *tensorielle Darstellung transzendenter Funktionen*, diskutiert. Danach kann ein *logarithmisches Verzerrungsmaß* als *isotrope Tensorfunktion* dargestellt werden (Ziffer 1.6). Darüber hinaus wird von BETTEN (1984b) die Übertragung von experimentell gestützten Spannungs-Dehnungsbeziehungen auf den mehraxialen allgemeinen Beanspruchungszustand in einem Werkstoff vorgeschlagen.

Zu erwähnen ist die tensorielle Verallgemeinerung des *NORTON-BAILEYschen Kriechgesetzes* (5.4b) in Form einer *isotropen Tensorfunktion* (5.6) mit dem Ergebnis (5.10a,b,c). Ebenso erfolgt die tensorielle Verallgemeinerung des Kriechgesetzes (5.35a) unter Einbeziehung der *Materialschädigung*.

Das Verhalten von Werkstoffen mit *Verfestigung* wird näherungsweise durch den klassischen Ansatz von RAMBERG-OSGOOD (1943) oder genauer durch eine modifizierte Form von BETTEN (1989) beschrieben, wie am Beispiel des Verfestigungsverhaltens von Aluminium in Bild A5b verdeutlicht wird. Auch derartige einachsige Beziehungen oder die elastisch-plastischen Übergänge (4.150a,b) können mit Hilfe *tensorieller Interpolationsmethoden* auf mehraxiale Werkstoffbeanspruchungen verallgemeinert werden. Detaillierte Ausführungen hierzu findet man bei BETTEN (1986b, 1987a, 1989b, 2001c).

12.2.6 Darstellung über Hilfstensoren

Durch Überschieben der tensorwertigen Funktion (12.22) mit einem symmetrischen *Hilfstensor* **T** zweiter Stufe gelangt man zu einer invarianten skalaren Funktion

$$f = Z_{ij}T_{ji} = f(T_{pq}, X_{pq}, Y_{pq}, A_{pqrs}) \qquad (12.53)$$

in den Argumenttensoren **T**, **X**, **Y**, **A**, die in dem Hilfstensor **T** linear ist (BETTEN, 1981c). Mithin muss auch die *Integritätsbasis* für die skalare Funktion (12.53) linear in **T** sein, d.h., man kann (12.53) durch

$$f = \sum_{\alpha=1}^{\nu} P_\alpha K_\alpha \qquad (12.54)$$

ausdrücken, wenn man unter $K_1, K_2, \ldots, K_\nu$ die Elemente der irreduziblen Integritätsbasis versteht, die linear in **T** sind. Die P_α in (12.54) seien dann Polynome nur in den Invarianten der Tensoren **X**, **Y**, **A**, d.h. unabhängig von **T**, so dass man wegen (12.53) aus (12.54) durch Differentiation nach dem *Hilfstensor* **T** die „Rechenregel"

$$\boxed{Z_{ij} = \frac{1}{2}\left(\frac{\partial f}{\partial T_{ij}} + \frac{\partial f}{\partial T_{ji}}\right) = \frac{1}{2}\sum_{\alpha=1}^{\nu} P_\alpha \left(\frac{\partial K_\alpha}{\partial T_{ij}} + \frac{\partial K_\alpha}{\partial T_{ji}}\right)} \qquad (12.55)$$

zur Aufstellung der tensorwertigen Funktion (12.22) erhält. Dabei ist die Symmetrie des abhängig veränderlichen Tensors gewährleistet ($Z_{ij} = Z_{ji}$).

Das Hauptproblem besteht jetzt in dem Auffinden eines *irreduziblen Invariantensystems* (*Integritätsbasis*) der in (12.53) enthaltenen Argumenttensoren T_{pq}, X_{pq}, Y_{pq}, A_{pqrs}, deren Anzahl sich um eins, nämlich um den *Hilfstensor* **T**, gegenüber der Anzahl der in (12.22) gegebenen Tensorvariablen erhöht. Aus diesem so erweiterten Invariantensystem werden in (12.55) dann nur die Elemente $K_1, K_2, \ldots, K_\nu$ benötigt, die linear in **T** sind, wie bereits oben erwähnt.

Als Beispiel sei die Tensorfunktion (12.46) betrachtet. Daraus erhält man die skalare Funktion

$$f = Z_{ij}T_{ji} = f(T_{pq}, X_{pq}, Y_{pq}). \qquad (12.56)$$

Für diese Funktion ist die *Integritätsbasis* aufzustellen. Sie besteht gemäß (12.40) aus **28** irreduziblen Elementen. In (12.55) werden jedoch nur die Elemente K_α benötigt, die linear in dem willkürlichen Tensor **T** sind:

$$\left.\begin{array}{l} K_1 = \operatorname{tr} \mathbf{T}, \quad K_2 = \operatorname{tr} \mathbf{TX}, \quad K_3 = \operatorname{tr} \mathbf{TY}, \quad K_4 = \operatorname{tr} \mathbf{TX}^2, \\ K_5 = \operatorname{tr} \mathbf{TY}^2, \quad K_6 = \operatorname{tr} \mathbf{TXY}, \quad K_7 = \operatorname{tr} \mathbf{TX}^2\mathbf{Y}, \\ K_8 = \operatorname{tr} \mathbf{TXY}^2, \quad K_9 = \operatorname{tr} \mathbf{TX}^2\mathbf{Y}^2. \end{array}\right\} \qquad (12.57)$$

Damit ermittelt man nach der Rechenvorschrift (12.55) schließlich das *Tensorpolynom*

$$\left.\begin{array}{l} Z_{ij} = P_1 \delta_{ij} + P_2 X_{ij} + P_3 Y_{ij} + P_4 X_{ij}^{(2)} + P_5 Y_{ij}^{(2)} + \\ + \dfrac{1}{2}\Big[P_6(X_{ik}Y_{kj} + Y_{ik}X_{kj}) + P_7(X_{ik}^{(2)}Y_{kj} + Y_{ik}X_{kj}^{(2)}) + \\ + P_8(X_{ik}Y_{kj}^{(2)} + Y_{ik}^{(2)}X_{kj}) + P_9(X_{ik}^{(2)}Y_{kj}^{(2)} + Y_{ik}^{(2)}X_{kj}^{(2)})\Big], \end{array}\right\} \qquad (12.58)$$

das mit (12.49) übereinstimmt. In (12.58) sind die $P_1, P_2, ..., P_9$ skalare Polynome nur in den Invarianten der Tensoren **X** und **Y**, nicht jedoch in den Invarianten (12.57). Weitere Beispiele werden bei BETTEN (1987a) diskutiert.

Anmerkung: Die in diesem Kapitel 12 diskutierten Methoden zur Darstellung von Tensorfunktionen liefern *irreduzible Invariantensysteme* für Tensoren zweiter und höherer Stufe (Ziffer 12.1) und darüber hinaus auch *irreduzible* Systeme von *Tensorgeneratoren* (Ziffer 12.2). Zu den Hauptaufgaben der *Darstellungstheorie von Tensorfunktionen* gehört auch die Überprüfung der *Vollständigkeit* solcher Systeme. Wie im Anschluss an (4.126) und im Anhang weiter ausgeführt, versprechen eine Methode unter Benutzung der *Kombinatorik* und eigens entwickelte Computerprogramme das Auffinden *irreduzibler Invariantensysteme* und *Tensorgeneratoren*, die auch vollständig sind (Tabelle 4.3).

Damit wäre das Endziel dieser Fragestellung erreicht: Die am Lehr- und Forschungsgebiet *Mathematische Modelle in der Werkstoffkunde* entwickelten Computerprogramme sind imstande, vollständige Polynomdarstellungen von tensorwertigen Funktionen wie (12.22) oder von Stoffgleichungen wie (4.126) zu liefern. Allerdings fehlen heute noch leistungsfähige Computer, die diese Programme *vollständig* auswerten können (HELISCH, 1993; BETTEN/HELISCH, 1992, 1995a,b, 1996; BETTEN 1998).

F Lösungen der Übungsaufgaben

Ü 1.1.1
Zunächst stellt man fest, dass zum Zeitpunkt t = 0 die x_i und a_i zusammenfallen. Zu überprüfen ist, ob die JACOBIsche Determinante (1.3) der Abbildung (1.2a) und die JACOBIsche Determinante $J^{(-1)} := |\partial a_i / \partial x_j|$ der inversen Abbildung (1.2b) zu jedem Zeitpunkt positiv sind und ob $JJ^{(-1)} = 1$ gilt. Man erhält:

$$J = \begin{vmatrix} 1 & e^t - 1 & 0 \\ e^{-t} - 1 & 1 & 0 \\ 0 & 0 & 1 \end{vmatrix} = e^t + e^{-t} - 1 = 2\cosh t - 1 > 0.$$

Für t = 0 wird J = 1. Die Inversion (1.2b) ergibt sich zu:

$$a_1 = \left[x_1 - x_2(e^t - 1)\right]/J, \quad a_2 = \left[x_2 - x_1(e^{-t} - 1)\right]/J, \quad a_3 = x_3$$

und hat die JACOBIsche Determinante:

$$J^{(-1)} = \begin{vmatrix} 1/J & (1-e^t)/J & 0 \\ (1-e^{-t})/J & 1/J & 0 \\ 0 & 0 & 1 \end{vmatrix} = J^{-1} \quad \text{q.e.d.}$$

Bemerkung:
Als Argument der Exponentialfunktion muss t dimensionslos sein.

Ü 1.1.2
Analog zu Ü 1.1.1 ermittelt man $J = e^t > 0$ und $J^{(-1)} = J^{-1}$. Zum Zeitpunkt t = 0 fallen die x_i und a_i zusammen. Die gegebene Transformation ist „zulässig" und kann als Bewegung aufgefasst werden.

Ü 1.1.3

Aus der Erhaltung der Masse ergibt sich die Beziehung

$$\iiint_{V_0} \rho_0(a_i) dV = \iiint_V \rho(x_i, t) dV, \quad (*)$$

wobei V_0 die Konfiguration zum Zeitpunkt $t = 0$ ist und V dem Volumen entspricht, das im Augenblick $t > 0$ vom Material eingenommen wird. Durch Änderung der Integrationsvariablen kann das Integral auf der rechten Seite unter Berücksichtigung der Transformation (1.2a) gemäß

$$\iiint_V \rho(x_i, t) dV = \iiint_{V_0} \rho[x_i(a_p, t)] |J| dV_0 \quad (**)$$

ausgedrückt werden. Da die JACOBIsche (1.3) immer positiv ist, können in (**) die Absolutstriche fehlen, so dass man im Vergleich mit (*) erhält:

$$\iiint_{V_0} (\rho_0 - \rho J) dV_0 = 0. \quad (***)$$

Da das Anfangsvolumen V_0 beliebig vorgegeben sein kann, muss in (***) der Integrand selbst verschwinden. Ein entsprechendes Ergebnis würde man erhalten, wenn man in (*) das linke Integral unter Benutzung der Transformation (1.2b) und durch Änderung der Integrationsvariablen in ein Integral über die aktuelle Konfiguration V verwandelt. Die Lösung der Aufgabe kann also in zwei Formen angegeben werden:

$$\rho_0(a_i) = \rho(x_i, t) |\partial x_p / \partial a_q|, \quad \rho(x_i, t) = \rho_0(a_i) |\partial a_p / \partial x_q|.$$

Dabei ist das eine Ergebnis eine *duale Form* der zweiten Darstellung und umgekehrt, d.h., die eine Art geht durch Vertauschen von ($\rho \leftrightarrow \rho_0$) und ($x \leftrightarrow a$) aus der anderen hervor. Wegen $J J^{(-1)} = 1$ stimmen beide Ergebnisse überein.

Ü 1.1.4

a) Durch Einsetzen erhält man: $T = T_0[a_1 + (1+mt)a_2]$. **b)** Wendet man (1.6a) auf dieses Ergebnis an, so folgt: $\dot{T} = T_0 m a_2$. Die Koordinaten des Geschwindigkeitsvektors ermittelt man zu $\dot{x}_1 = m a_2$, $\dot{x}_2 = \dot{x}_3 = 0$, so dass man aus (1.6b) für das gegebene Temperaturfeld ebenfalls $\dot{T} = T_0 m a_2 = T_0 m x_2$ erhält. Als Besonderheit ist zu bemerken, dass die materielle Zeitableitung von null verschieden ist, obwohl das Temperaturfeld in der raumbezogenen Schreibweise zeitlich unabhängig, d.h. stationär ist. Die einzelnen Teilchen erfahren trotzdem eine zeitliche Temperaturänderung, da sie ihren Standort ändern.

Ü 1.1.5
Analog zu Ü 1.1.4 erhält man folgende Ergebnisse:

a) $T = T_0(a_2 e^t + a_1 e^{-t})$; **b)** $\dot{T} = T_0(a_2 e^t - a_1 e^{-t})$.

Ü 1.1.6
Unter Benutzung des ε-Tensors erhält man:

$$J := |\partial x_i / \partial a_j| = \varepsilon_{ijk} (\partial x_1 / \partial a_i)(\partial x_2 / \partial a_j)(\partial x_3 / \partial a_k) .$$

Daraus ermittelt man die Zeitableitung zu:

$$\dot{J} = \varepsilon_{ijk} \left(\frac{\partial \dot{x}_1}{\partial a_i} \frac{\partial x_2}{\partial a_j} \frac{\partial x_3}{\partial a_k} + \frac{\partial x_1}{\partial a_i} \frac{\partial \dot{x}_2}{\partial a_j} \frac{\partial x_3}{\partial a_k} + \frac{\partial x_1}{\partial a_i} \frac{\partial x_2}{\partial a_j} \frac{\partial \dot{x}_3}{\partial a_k} \right) .$$

Unter Berücksichtigung der Kettenregel $\partial \dot{x}_1 / \partial a_i = (\partial \dot{x}_1 / \partial x_p)(\partial x_p / \partial a_i)$ folgt weiter:

$$\dot{J} = \varepsilon_{ijk} \left(\frac{\partial \dot{x}_1}{\partial x_p} \frac{\partial x_p}{\partial a_i} \frac{\partial x_2}{\partial a_j} \frac{\partial x_3}{\partial a_k} + \frac{\partial \dot{x}_2}{\partial x_p} \frac{\partial x_p}{\partial a_j} \frac{\partial x_3}{\partial a_k} \frac{\partial x_1}{\partial a_i} + \frac{\partial \dot{x}_3}{\partial x_p} \frac{\partial x_p}{\partial a_k} \frac{\partial x_1}{\partial a_i} \frac{\partial x_2}{\partial a_j} \right) .$$

Führt man darin die Summation über den Summenindex p durch, so stellt man fest, dass von insgesamt neun Determinanten nur drei von null verschieden sind. Beispielsweise verschwindet die Determinante

$$(\partial \dot{x}_1 / \partial x_2) \varepsilon_{ijk} (\partial x_2 / \partial a_i)(\partial x_2 / \partial a_j)(\partial x_3 / \partial a_k) ,$$

die zwei übereinstimmende Zeilenvektoren besitzt. Mithin erhält man:

$$\underline{\underline{\dot{J}}} = (\partial \dot{x}_r / \partial x_r) \varepsilon_{ijk} (\partial x_1 / \partial a_i)(\partial x_2 / \partial a_j)(\partial x_3 / \partial a_k) \equiv \underline{\underline{J \dot{x}_{r,r}}} .$$

Darin bedeutet der Index nach dem Komma partielle Differentiationen nach den entsprechenden Koordinaten. Aus dem Ergebnis können die Zusammenhänge div $\mathbf{v} = \dot{J}/J = d(\ln J)/dt$ gefolgert werden.

Ü 1.1.7

Durch die Vektoren d**y** und d**z** werde ein Flächenelement aufgespannt, das durch den Flächenvektor $dA_i = \varepsilon_{ijk} dy_j dz_k$ in der aktuellen Konfiguration repräsentiert wird. Aufgrund der Bewegung (1.2a) gilt $dy_j = (\partial x_j/\partial a_q) dy_q^0$ etc. Mithin erhält man durch Überschiebung mit $\partial x_i/\partial a_p$ die Beziehung:

$$(\partial x_i/\partial a_p) dA_i = \varepsilon_{ijk} (\partial x_i/\partial a_p)(\partial x_j/\partial a_q)(\partial x_k/\partial a_r) dy_q^0 dz_r^0 .$$

Darin kann auf der rechten Seite die Determinante durch die Formel

$$\varepsilon_{ijk} (\partial x_i/\partial a_p)(\partial x_j/\partial a_q)(\partial x_k/\partial a_r) = |\partial x_i/\partial a_j| \varepsilon_{pqr} \equiv J \varepsilon_{pqr}$$

ausgedrückt werden (BETTEN, 1987a). Eine weitere Überschiebung mit $(\partial a_p/\partial x_j)$ führt zu:

$$\underbrace{(\partial x_i/\partial a_p)(\partial a_p/\partial x_j)}_{\delta_{ij}} dA_i = (\partial a_p/\partial x_j) \underbrace{J \varepsilon_{pqr} dy_q^0 dz_r^0}_{dA_p^0} .$$

Somit gilt $dA_j = (\partial a_p/\partial x_j) J dA_p^0$ bzw. $dA_i = (\partial a_p/\partial x_i) J dA_p^0$. Überschiebt man dieses Ergebnis mit $(\partial x_i/\partial a_q)$, so findet man die Umkehrung $dA_q^0 = (\partial x_i/\partial a_q) J^{-1} dA_i$. Wegen $J^{-1} = J^{(-1)}$ kann man schließlich die Lösung der Aufgabe folgendermaßen zusammenfassen:

$$dA_i = J (\partial a_p/\partial x_i) dA_p^0 \quad \Leftrightarrow \quad dA_i^0 = J^{(-1)} (\partial x_p/\partial a_i) dA_p .$$

Man erkennt wieder die „Dualität", d.h., durch Vertauschen der Kernbuchstaben (x, a) und (A, A^0) geht die eine Form in die andere über.

Ü 1.1.8

a) Unter Benutzung des Ergebnisses aus Ü 1.1.6 und wegen $dV = J dV_0$ erhält man die materielle Zeitableitung:

$$d(dV)/dt \equiv (dV)^{\cdot} = \dot{J} dV_0 = \dot{x}_{k,k} J dV_0 = \dot{x}_{k,k} dV .$$

Dieses Ergebnis kann auch durch $(dV)^{\cdot} = (\text{div } \mathbf{v}) dV$ ausgedrückt werden.

Ü 1.1.8-Ü 1.1.8

b) Mit dem Ergebnis aus Ü 1.1.7 erhält man die materielle Zeitableitung eines Oberflächenelementes dS_i zu:

$$(dS_i)^{\cdot} = \frac{d}{dt}\left(J\frac{\partial a_p}{\partial x_i}\right)dS_p^0 = \dot{J}\frac{\partial a_p}{\partial x_i}S_p^0 + J\frac{d}{dt}\left(\frac{\partial a_p}{\partial x_i}\right)dS_p^0 \ . \qquad (*)$$

Wegen $(\partial a_p/\partial x_i)(\partial x_i/\partial a_q) = \delta_{pq}$ wird:

$$\frac{d}{dt}\left(\frac{\partial a_p}{\partial x_i}\frac{\partial x_i}{\partial a_q}\right) = \frac{\partial x_i}{\partial a_q}\frac{d}{dt}\left(\frac{\partial a_p}{\partial x_i}\right) + \frac{\partial a_p}{\partial x_i}\underbrace{\frac{d}{dt}\left(\frac{\partial x_i}{\partial a_q}\right)}_{\partial \dot{x}_i/\partial a_q = (\partial \dot{x}_i/\partial x_r)(\partial x_r/\partial a_q)} = 0 \ .$$

Durch Überschieben mit $(\partial a_q/\partial x_j)$ folgt weiter:

$$\underbrace{\frac{\partial a_q}{\partial x_j}\frac{\partial x_i}{\partial a_q}}_{\delta_{ij}}\frac{d}{dt}\left(\frac{\partial a_p}{\partial x_i}\right) + \frac{\partial \dot{x}_i}{\partial x_r}\underbrace{\frac{\partial x_r}{\partial a_q}\frac{\partial a_q}{\partial x_j}}_{\delta_{ij}}\frac{\partial a_p}{\partial x_i} = 0$$

$$\Rightarrow \frac{d}{dt}\left(\frac{\partial a_p}{\partial x_j}\right) = -\frac{\partial \dot{x}_i}{\partial x_j}\frac{\partial a_p}{\partial x_i} \quad \text{bzw.} \quad \frac{d}{dt}\left(\frac{\partial a_p}{\partial x_i}\right) = -\frac{\partial \dot{x}_q}{\partial x_i}\frac{\partial a_p}{\partial x_q} \ .$$

Diese Beziehung und $\dot{J} = \dot{x}_{r,r} J$ setz man in (*) ein:

$$(dS_i)^{\cdot} = \dot{x}_{r,r} \underbrace{J(\partial a_p/\partial x_i)dS_p^0}_{dS_i} - \dot{x}_{q,i} \underbrace{J(\partial a_p/\partial x_q)dS_p^0}_{dS_q}$$

(aus Ü 1.1.7)

Das gesuchte Ergebnis lautet also:

$$(dS_i)^{\cdot} = \dot{x}_{r,r}\, dS_i - \dot{x}_{q,i}\, dS_q \ ,$$

das man auch in die symbolische Schreibweise übertragen möge.

c) Wegen $dx_i = (\partial x_i/\partial a_j)da_j$ folgt:

$$d(dx_i)/dt \equiv (dx_i)^{\cdot} = (\partial \dot{x}_i/\partial a_j)da_j = (\partial \dot{x}_i/\partial x_p)(\partial x_p/\partial a_j)da_j$$

und mit $(\partial x_p/\partial a_j)da_j = dx_p$ schließlich:

$$(dx_i)^{\cdot} = \left(\partial \dot{x}_i / \partial x_p\right) dx_p \equiv \left(\partial v_i / \partial x_p\right) dx_p \equiv v_{i,p} \, dx_p \ .$$

Ü 1.1.9
a) Mit dem Ergebnis aus Ü 1.1.8 a) erhält man:

$$\dot{\mathbf{P}}(t) = \iiint\limits_V \frac{d}{dt}[\mathbf{p}(\mathbf{x},t) dV] = \iiint\limits_V [\dot{\mathbf{p}}(\mathbf{x},t) + \mathbf{p}(\mathbf{x},t) \operatorname{div} \mathbf{v}] dV \ .$$

Dieser Zusammenhang wird als *REYNOLDSsches Transporttheorem* bezeichnet. Unter Berücksichtigung von (1.9) kann man weiter zerlegen:

$$\dot{\mathbf{P}}(t) = \iiint\limits_V \left(\frac{\partial \mathbf{p}}{\partial t} + \underbrace{\mathbf{v} \cdot \nabla \mathbf{p} + \mathbf{p} \operatorname{div} \mathbf{v}}_{\operatorname{div}(\mathbf{p}\,\mathbf{v})} \right) dV \ .$$

Nach dem *GAUSSschen Satz* gilt:

$$\iiint\limits_V \operatorname{div}(\mathbf{p}\,\mathbf{v}) dV = \iint\limits_S \mathbf{p}\,\mathbf{v} \cdot d\mathbf{S}$$

($d\mathbf{S} \,\hat{=}\,$ orientiertes Oberflächenelement), so dass man schließlich die Zerlegung

$$\dot{\mathbf{P}}(t) = \iiint\limits_V \frac{\partial \mathbf{p}}{\partial t} dV + \iint\limits_S \mathbf{p}\,\mathbf{v} \cdot d\mathbf{S}$$

erhält, die man in Indexschreibweise gemäß

$$\dot{P}_{ij\ldots}(t) = \iiint\limits_V \frac{\partial p_{ij\ldots}(\mathbf{x},t)}{\partial t} dV + \iint\limits_S [p_{ij\ldots}(\mathbf{x},t)] v_r \, dS_r$$

ausdrückt. In dieser Zerlegung wird durch das Volumenintegral die zeitliche Änderung der Feldgröße berücksichtigt, während das zweite Integral als „Fluß" des Tensorfeldes $[p_{ij\ldots}(\mathbf{x},t)] v_r$ durch die Oberfläche S des Volumens V gedeutet werden kann.

b) Mit dem Ergebnis aus Ü 1.1.8 b) erhält man die materielle Zeitableitung des tensoriellen Flusses zu:

$$\dot{\Phi}_{ij\ldots}(t) = \iint\limits_S [\dot{A}_{ij\ldots p}(\mathbf{x},t) dS_p + A_{ij\ldots p}(\mathbf{x},t) (dS_p)^{\cdot}] \ ,$$

$$\dot{\Phi}_{ij\ldots}(t) = \iint_S (\dot{A}_{i\ldots p} + \dot{x}_{r,r}A_{i\ldots p})dS_p - \iint_S A_{i\ldots p}\dot{x}_{r,p}\,dS_r \;.$$

c) Mit dem Ergebnis aus Ü 1.1.8 c) erhält man:

$$\dot{\Gamma}_{ij\ldots}(t) = \int_C [\dot{B}_{ij\ldots p}(\mathbf{x},t)dx_p + B_{ij\ldots p}(\mathbf{x},t)(dx_p)\dot{}] \;,$$

$$\dot{\Gamma}_{ij\ldots}(t) = \int_C \dot{B}_{ij\ldots p}(\mathbf{x},t)dx_p + \int_C B_{ij\ldots p}(\mathbf{x},t)\dot{x}_{p,r}\,dx_r \;.$$

Ü 1.1.10

a) Die Zeitliche Änderung des Volumens ist:

$$\dot{V} = \iiint_V (dV)\dot{} = \iiint_V \operatorname{div} \mathbf{v}\,dV = \iint_S \mathbf{v}\cdot\mathbf{n}\,dS \;.$$

Darin ist $\mathbf{n}\,dS$ ein orientiertes Oberflächenelement.

b) Die zeitliche Änderung des Flusses eines Vektorfeldes ergibt sich zu:

$$\dot{\Phi}(t) = \iint_S \left(\dot{A}_i + \dot{x}_{r,r}A_i\right)dS_i - \iint_S A_i\dot{x}_{r,i}\,dS_r \;.$$

Durch Vertauschen der stummen Indizes im zweiten Integranden und unter Berücksichtigung von (1.9) erhält man:

$$\dot{\Phi}(t) = \iint_S \left(\dot{A}_i + A_i\dot{x}_{r,r} - A_r\dot{x}_{i,r}\right)dS_i \;.$$

c) Für $x_1 = x$ entnimmt man aus Ü 1.1.9 c):

$$\dot{F}(t) = \int_{a(t)}^{b(t)} \dot{f}\,dx + \int_{a(t)}^{b(t)} f\frac{\partial \dot{x}}{\partial x}\,dx \;.$$

Darin wird im ersten Integral der Operator (1.9) berücksichtigt, während das zweite Integral durch partielle Integration umgeformt wird. Das führt auf das bekannte Ergebnis

$$\dot{F}(t) = \int_{a(t)}^{b(t)} \frac{\partial f(x,t)}{\partial t}\,dx + f[b(t),t]\dot{b}(t) - f[a(t),t]\dot{a}(t)$$

aus der Integralrechnung. Die beiden letzten Terme hängen von den zeitlichen Veränderungen der Integrationsgrenzen ab.

Die in Ü 1.1.9 und Ü 1.1.10 behandelten Integrale erstrecken sich über Volumina, Flächen und Linien, die zu allen Zeiten aus denselben Teilchen (*materiellen Punkten*) bestehen. Dabei sind aufgrund der Bewegung die Integrationsbereiche zeitlich veränderlich.

Ü 1.2.1

Unter Berücksichtigung der Ergebnisse von Ü 1.1.1 erhält man aus (1.10a,b) die Koordinaten des Verschiebungsvektors:

$$u_1 = (e^t - 1)a_2 = \frac{1}{J}\left[(J-1)x_1 + (e^t - 1)x_2\right],$$

$$u_2 = (e^{-t} - 1)a_1 = \frac{1}{J}\left[(e^{-t} - 1)x_1 + (J-1)x_2\right], \quad u_3 = 0$$

und damit den Verschiebungsgradienten (1.12a,b) zu:

$$(u_{i,j})_L = \begin{pmatrix} 0 & e^t - 1 & 0 \\ e^{-t} - 1 & 0 & 0 \\ 0 & 0 & 0 \end{pmatrix}, \quad u_{i,j} = \frac{1}{J}\begin{pmatrix} 0 & e^t - 1 & 0 \\ e^{-t} - 1 & J-1 & 0 \\ 0 & 0 & 0 \end{pmatrix}.$$

Wegen (1.15a,b) stimmen die Koordinaten der Deformationsgradienten F_{ij} und $F_{ij}^{(-1)}$ mit den Elementen der JACOBIschen Determinanten J und $J^{(-1)}$ überein, die in Ü 1.1.1 angegeben sind.

Legt man die Bewegung nach Ü 1.1.2 zugrunde, so folgt entsprechend aus (1.10a,b) der Verschiebungsvektor:

$$u_1 = (e^t - 1)(a_1 + a_3) = (1 - e^{-t})(x_1 + x_3),$$

$$u_2 = (e^t - e^{-t})a_3 = (e^t - e^{-t})x_3, \quad u_3 = 0,$$

aus (1.12a,b) die Verschiebungsgradienten

$$(u_{i,j})_L = \begin{pmatrix} e^t - 1 & 0 & e^t - 1 \\ 0 & 0 & e^t - e^{-t} \\ 0 & 0 & 0 \end{pmatrix}, \quad u_{i,j} = \begin{pmatrix} 1 - e^{-t} & 0 & 1 - e^{-t} \\ 0 & 0 & e^t - e^{-t} \\ 0 & 0 & 0 \end{pmatrix}$$

und damit aus (1.14a,b) die Deformationsgradienten:

$$F_{ij} = \begin{pmatrix} e^t & 0 & e^t-1 \\ 0 & 1 & e^t-e^{-t} \\ 0 & 0 & 1 \end{pmatrix}, \quad F_{ij}^{(-1)} = \begin{pmatrix} e^{-t} & 0 & e^{-t}-1 \\ 0 & 1 & e^t-e^{-t} \\ 0 & 0 & 1 \end{pmatrix}.$$

Man erkennt, dass in diesen Beispielen die Deformationsgradienten keine Ortsfunktionen sind, sondern nur von der Zeit abhängen. In solchen Fällen spricht man von *homogener Deformation*. Dieser Begriff wird nochmals in der nächsten Übungsaufgabe aufgegriffen.

Ü 1.2.2

a) Der Bewegungsvorgang stellt eine lineare Transformation $x_i = A_{ij}a_j \equiv (\delta_{ij} + T_{ij})a_j$ dar, die eine affine Abbildung des Vektors **a** auf den Vektor **x** vermittelt. Der Tensor $A_{ij} = \delta_{ij} + T_{ij}$ wird *Affinor* genannt. Eine *affine Abbildung* ist dadurch ausgezeichnet, dass Geraden gerade, Ebenen eben bleiben und Parallelitäten nicht verloren gehen. Eine materielle Ebene $\alpha + \lambda_i a_i = 0$ der Anfangskonfiguration geht in die Ebene $\alpha + \mu_j x_j = 0$ über mit den Koeffizienten $\mu_j = \lambda_i A_{ij}^{(-1)}$. Eine Gerade kann als Schnittgerade zweier Ebenen aufgefasst werden, die eben bleiben, so dass auch die Schnittgerade gerade bleibt. Die Einskugel $a_i a_i = 1$ geht über in das Ellipsoid $A_{ij}^{(-1)} A_{ik}^{(-1)} x_j x_k = 1$. In diesem Zusammenhang sei auch auf Ü 2.3.4 bei BETTEN (1987a) hingewiesen.

b) Der Deformationsgradient $F_{ij} := \partial x_i / \partial a_j$ stimmt mit dem Affinor $A_{ij} = \delta_{ij} + T_{ij}$ überein. Die Inversion $A_{ij}^{(-1)}$ ermittelt man über die CRAMERsche Regel aus dem linearen Gleichungssystem. So erhält man die einzelnen Koordinaten:

$$F_{11}^{(-1)} = \frac{(1+T_{22})(1+T_{33}) - T_{23}T_{32}}{\det(\delta_{ij} + T_{ij})}, \quad F_{12}^{(-1)} = \frac{T_{13}T_{32} - T_{12}(1+T_{33})}{\det(\delta_{ij} + T_{ij})} \quad \text{etc.}$$

Da der Deformationsgradient konstant ist, liegt eine homogene Deformation vor. Er ist nur symmetrisch, wenn auch T_{ij} symmetrisch ist, was ein weiterer Sonderfall wäre.

Ü 1.2.3

Wegen $x_i \equiv x_i'' = u_i'' + x_i''$ und $x_i' = u_i' + a_i$ folgt:

$$x_i = (\delta_{ik} + T_{ik})x'_k = (\delta_{ik} + T_{ik})(\delta_{kj} + S_{kj})a_j$$
$$x_i = A_{ij}a_j \quad \text{mit} \quad A_{ij} = \delta_{ij} + S_{ij} + T_{ij} + T_{ik}S_{kj} \ .$$

Die Gesamtverschiebung ist $u_i = C_{ij}a_j = u'_i + u''_i$. Darin ermittelt man die Verschiebungsdyade **C** zu:

$$C_{ij} = S_{ij} + T_{ij} + T_{ik}S_{kj} \ .$$

Für $T_{ik}S_{kj} \ll \delta_{ij}$ folgt: $C_{ij} \approx S_{ij} + T_{ij}$, so dass dann gilt: $u_i \approx S_{ij}a_j + T_{ij}a_j \equiv$
$\equiv u_i^{(1)} + u_i^{(2)}$ und somit $u'_i + u''_i \approx u_i^{(1)} + u_i^{(2)}$.

Ü 1.2.4

Unter Benutzung der Indexschreibweise weist man die Symmetrie nach:

$$\underline{\underline{C_{ij}}} = \{\mathbf{F^T F}\}_{ij} \equiv F^T_{ik}F_{kj} = F_{ki}F^T_{jk} = F^T_{jk}F_{ki} = \underline{\underline{C_{ji}}}$$

$$\underline{\underline{B_{ij}}} = \{\mathbf{F F^T}\}_{ij} \equiv F_{ik}F^T_{kj} = F^T_{ki}F_{jk} = F_{jk}F^T_{ki} = \underline{\underline{B_{ji}}} \ .$$

Ein symmetrischer Tensor zweiter Stufe heißt *positiv definit*, wenn die von ihm vermittelte *Tensorquadrik* positiv definit ist. Mithin muss

$$Q = C_{ij}n_in_j > 0 \quad \text{und} \quad P = B_{ij}n_in_j > 0$$

nachgewiesen werden:

$$Q = (F_{ki}n_i)(F_{kj}n_j) = y_k y_k = y^2 > 0$$

$$P = (F_{ik}n_i)(F_{jk}n_j) = z_k z_k = z^2 > 0 \ .$$

Darin sind $y_k = F_{kj}n_j$ und $z_k = F_{jk}n_j = F^T_{kj}n_j$ Bildvektoren, die durch den Deformationsgradienten $\mathbf{F}$ und seiner Transposition $\mathbf{F^T}$ dem Vektor **n** zugeordnet sind. Die quadratischen Formen Q und P stimmen mit den Längenquadraten y^2 und z^2 überein und sind somit stets positiv. Falls durch $n_i^{(\alpha)}$, $\alpha = I, II, III$, die normierten Eigenvektoren des Tensors **C** gegeben sind, so folgt wegen $C_{ij}n_j^{(\alpha)} = \lambda_{(\alpha)}n_i^{(\alpha)}$ und $Q = C_{ij}n_i^{(\alpha)}n_j^{(\alpha)} > 0$ schließlich auch $Q = \lambda_{(\alpha)}n_i^{(\alpha)}n_i^{(\alpha)} = \lambda_{(\alpha)} > 0$, d.h., die Eigenwerte $\lambda_{(\alpha)}$, $\alpha = I, II, III$, eines positiv definiten Tensors sind alle positiv. Es ist zu bemerken, dass im Skalarprodukt $n_i^{(\alpha)} n_i^{(\alpha)} = 1$ nur über den Stummen Index i summiert wird, während das eingeklammerte α eine Marke darstellt und keinen Summationsindex.

Ü 1.2.5

Zwei benachbarte materielle Teilchen, die in der Referenzkonfiguration infinitesimal entfernt liegen, $ds_0 \equiv d\mathbf{a}$, werden in der aktuellen Konfiguration (Bild 1.3) eine Distanz von $ds \equiv d\mathbf{x}$ haben, die durch

$$dx_i = x_i(a_p + da_p, t) - x_i(a_p, t)$$

gegeben ist. Darin kann der erste Term auf der rechten Seite wegen $|d\mathbf{a}| \to 0$ durch die TAYLOR-Entwicklung

$$x_i(a_p + da_p, t) = x_i(a_p, t) + \frac{\partial x_i}{\partial a_j} da_j$$

approximiert werden, so dass

$$dx_i = (\partial x_i / \partial a_j) da_j \equiv F_{ij} da_j \quad \text{bzw.} \quad d\mathbf{x} = \mathbf{F} d\mathbf{a}$$

folgt, was zu zeigen war. Der Deformationsgradient ist somit ein Tensor zweiter Stufe, der die unmittelbare Umgebung eines materiellen Teilchens linear auf die aktuelle Konfiguration abbildet. Die Linearität dieser Transformation kommt dadurch zum Ausdruck, dass für $da_i = \beta db_i + \gamma dc_i$ auch $dx_i = \beta dy_i + \gamma dz_i$ wird, wobei $dy_i = F_{ij} db_j$ und $dz_i = F_{ij} dc_j$ gilt:

$$\mathbf{F}(\beta d\mathbf{b} + \gamma d\mathbf{c}) = \beta \mathbf{F} d\mathbf{b} + \gamma \mathbf{F} d\mathbf{c}.$$

Der Deformationsgradient ist somit ein *linearer Operator*.

Durch Einsetzen der Inversion $da_i = F_{ij}^{(-1)} dx_j$ in die Gleichung einer differentiell kleinen Kugel erhält man das Bild:

$$ds_0^2 \equiv da_i da_i = F_{ij}^{(-1)} F_{ik}^{(-1)} dx_j dx_k = B_{jk}^{(-1)} dx_j dx_k. \qquad (*)$$

Darin ist ein Satz aus der Matrizenrechnung benutzt, wonach die inverse Matrix eines Produktes von nichtsingulären Matrizen gleich dem Produkt der inversen Matrizen ist, jedoch in umgekehrter Reihenfolge genommen:

$$(\mathbf{A}\mathbf{B}\mathbf{C}...\mathbf{Y}\mathbf{Z})^{-1} = \mathbf{Z}^{-1}\mathbf{Y}^{-1}...\mathbf{C}^{-1}\mathbf{B}^{-1}\mathbf{A}^{-1}.$$

Somit ergibt sich die Inversion des *linken CAUCHY-GREEN-Tensors* $\mathbf{B} = \mathbf{F}\mathbf{F}^T$ zu:

$$\mathbf{B}^{-1} = (\mathbf{F}^T)^{-1}\mathbf{F}^{-1} \quad \text{bzw.} \quad B^{(-1)}_{jk} = F^{T(-1)}_{ji} F^{(-1)}_{ik} = F^{(-1)}_{ij} F^{(-1)}_{ik} \, .$$

Im Hauptachsensystem nimmt (*) die Form

$$\boxed{\left(\frac{dx_I}{\sqrt{B_I}\,ds_0}\right)^2 + \left(\frac{dx_{II}}{\sqrt{B_{II}}\,ds_0}\right)^2 + \left(\frac{dx_{III}}{\sqrt{B_{III}}\,ds_0}\right)^2 = 1} \qquad (**)$$

an. Da der Tensor **B** nach Ü 1.2.4 positiv definit ist und somit nur positive Hauptwerte B_I, B_{II}, B_{III} besitzt, stellt die quadratische Form (**) immer ein Ellipsoid (affines Bild der differentiell kleinen Kugel) dar. In Bild F 1.1 ist die durch **F** vermittelte Abbildung veranschaulicht.

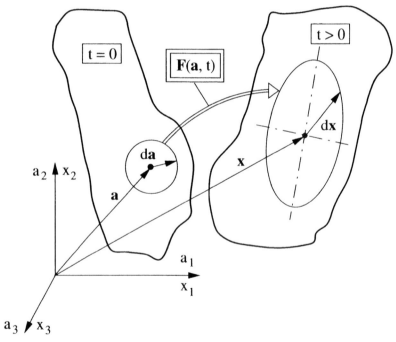

Bild F 1.1 Abbildung der unmittelbaren Nachbarschaft eines materiellen Punktes **a** durch den Deformationsgradienten **F**

Ü 1.2.6
Die gedrehten Koordinatensysteme sind durch „*" markiert:

$$\left.\begin{array}{l} dx_i^* = F_{ip}^* da_p^* \\ dx_i^* = b_{ij} dx_j \\ da_p^* = a_{pq} da_q \end{array}\right\} \Rightarrow \left.\begin{array}{l} b_{ij} dx_j = F_{ip}^* a_{pq} da_q \\ dx_j = F_{jq} da_q \end{array}\right\} \Rightarrow b_{ij} F_{jq} = F_{ip}^* a_{pq} .$$

Überschiebt man dieses Zwischenergebnis einmal mit a_{rq} und zum anderen mit b_{ik}, so erhält man:

$$F_{ip}^* \underbrace{a_{pq} a_{rq}}_{\delta_{pr}} = b_{ij} a_{rq} F_{jq} , \qquad \underbrace{b_{ij} b_{ik}}_{\delta_{jk}} F_{jq} = b_{ik} a_{pq} F_{ip}^* .$$
$\qquad\qquad$ (Orthonormierungsbed.)

Nach der Austauschregel gilt $F_{ip}^* \delta_{pr} = F_{ir}^*$ und $\delta_{jk} F_{jq} = F_{kq}$, so dass schließlich nach Umindizierung das gesuchte Gesetz folgt:

$$\boxed{F_{ip}^* = b_{ij} a_{pq} F_{jq}} \quad \Leftrightarrow \quad \boxed{F_{ip} = b_{ji} a_{qp} F_{jq}^*} ,$$

das einen *Doppelfeldtensor* kennzeichnet. Stimmen a_{ij} und b_{ij} überein, so folgt das Transformationsgesetz für einen gewöhnlichen Tensor zweiter Stufe. Für den inversen *Deformationsgradienten* erhält man entsprechend:

$$\boxed{F_{pi}^{(-1)*} = a_{pq} b_{ij} F_{qj}^{(-1)}} \quad \Leftrightarrow \quad \boxed{F_{pi}^{(-1)} = a_{qp} b_{ji} F_{qj}^{(-1)*}} .$$

Ü 1.2.7
Der Übergang von dV_0 nach dV ist in Bild F 1.2 veranschaulicht. Unter Benutzung des *Deformationsgradienten* **F** erhält man:

$$dx_i = F_{ij} da_j , \quad dy_i = F_{ij} db_j , \quad dz_i = F_{ij} dc_j .$$

Die Kantenvektoren des Quaders sind durch

$$da_i = (da, 0, 0), \quad db_i = (0, db, 0), \quad dc_i = (0, 0, dc)$$

gegeben, so dass $dV_0 = da\, db\, dc$ gilt. Das Volumen dV ermittelt man aus dem *Spatprodukt* $dV = \varepsilon_{ijk} dx_i\, dy_j\, dz_k$ zu:

$$dV = \varepsilon_{ijk} \underbrace{F_{ip}da_p}_{F_{i1}da} \underbrace{F_{jq}db_q}_{F_{j2}db} \underbrace{F_{kr}dc_r}_{F_{k3}dc} = \underbrace{\varepsilon_{ijk}F_{i1}F_{j2}F_{k3}}_{\det(\mathbf{F})}dV_0$$

Mithin: $\qquad dV = \det(\mathbf{F})dV_0 \equiv J\,dV_0 \qquad$ q.e.d.

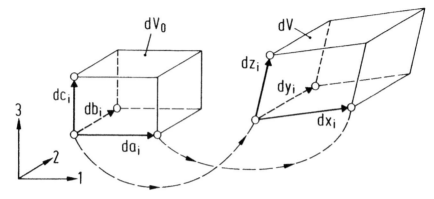

Bild F 1.2 Deformation eines Elementarquaders zu einem Spat

Ähnliche Übungsaufgaben wie Ü 1.2.7 zum Deformatiosgradienten findet bei BETTEN (1997/98, Ü4.1.4 und Ü4.1.5).

Ü 1.2.8

Setzt man in $ds^2 = dx_i dx_i$ die Beziehung $dx_i = F_{ip}da_p$ ein, so folgt: $ds^2 = F_{ip}F_{iq}da_p da_q$. Wegen $e_p \equiv da_p/ds_0$ erhält man das gesuchte Ergebnis:

$$\boxed{\lambda = \sqrt{F_{ip}F_{iq}e_p e_q} \equiv \sqrt{C_{pq}e_p e_q}}\quad .$$

Darin ist noch der „rechte" CAUCHY-GREEN-Tensor $\mathbf{C} = \mathbf{F}^T\mathbf{F}$ eingesetzt, der nach Ü 1.2.4 ein *positiver Tensor* ist, so dass auch $\mathbf{C}^{1/2}$ positiv definit ist. Der Tensor $\mathbf{C}^{1/2}$ besitzt die Hauptwerte $\sqrt{C_I}$, $\sqrt{C_{II}}$ und $\sqrt{C_{III}}$.

Ü 1.2.9

Die entsprechenden Linienelementvektoren sind durch $dx_i = F_{ip}da_p$ und $dy_i = F_{iq}db_q$ gegeben, so dass aus dem Skalarprodukt $dx_i dy_i = dx\,dy\,\cos\alpha$ die Beziehung $\cos\alpha = F_{ip}F_{iq}(da_p/dx)(db_q/dy)$ gefolgert werden kann. Darin kann man unter Berücksichtigung von Ü 1.2.8 die Umformungen

$da_p/dx = (da_p/da)(da/dx) = {}^a e_p \lambda_a^{-1}$ und entsprechend $db_q/dy = {}^b e_q \lambda_b^{-1}$ vornehmen, so dass man schließlich das Ergebnis

$$\cos \alpha = F_{ip} F_{iq} \, {}^a e_p \, {}^b e_q / (\lambda_a \lambda_b) = C_{pq} \, {}^a e_p \, {}^b e_q / (\lambda_a \lambda_b)$$

findet. Die Einsvektoren ${}^a e_i = da_i/da$ und ${}^b e_i$ geben die Richtungen der Linienelementvektoren der Referenzkonfiguration an, während $\lambda_a \equiv dx/da = \sqrt{C_{rs} \, {}^a e_r \, {}^a e_s}$ und $\lambda_b \equiv dy/db$ Längenverhältnisse gemäß Ü 1.2.8 sind. Für den Anfangswinkel α_0 gilt $\cos \alpha_0 = {}^a e_i \, {}^b e_i$.

Ü 1.2.10
Mit (1.10a), (1.12a), (1.13a) und (1.15a) erhält man:

$$(U_{ij})_L = \begin{pmatrix} 0 & -2\alpha a_2 & 0 \\ 2\beta a_1 & 0 & 0 \\ 0 & 0 & 0 \end{pmatrix}; \quad F_{ij} = \begin{pmatrix} 1 & -2\alpha a_2 & 0 \\ 2\beta a_1 & 1 & 0 \\ 0 & 0 & 1 \end{pmatrix}.$$

Die JACOBIsche Determinante ermittelt man zu $J = \det(F_{ij}) = 1 + 4\alpha(t)\beta(t)a_1 a_2$. Zum Zeitpunkt $t = 0$ nimmt sie den Wert eins an. Der Deformationsgradient F_{ij} ist wegen $\alpha = \alpha(t)$ und $\beta = \beta(t)$ zeitabhängig (*instationärer Fall*). Darüber hinaus ist er für jeden materiellen Punkt a_i verschieden (*inhomogene Deformation*).

Ü 1.2.11
Die Zerlegung $F_{ij} = F_{(ij)} + F_{[ij]}$ erfolgt zu:

$$F_{ij} = \begin{pmatrix} 1+a_2^2 & a_1 a_2 & a_1 a_3 \\ a_1 a_2 & 1+a_3^2 & a_2 a_3 \\ a_1 a_3 & a_2 a_3 & 1+a_1^2 \end{pmatrix} + \begin{pmatrix} 0 & a_1 a_2 & -a_1 a_3 \\ -a_1 a_2 & 0 & a_2 a_3 \\ a_1 a_3 & -a_2 a_3 & 0 \end{pmatrix}.$$

Die JACOBIsche Determinante nimmt den Wert

$$J = 1 + a_1^2 + a_2^2 + a_3^2 + a_1^2 a_2^2 + a_2^2 a_3^2 + a_3^2 a_1^2 + 9 a_1^2 a_2^2 a_3^2$$

an. Für dieses Beispiel ist der Deformationsgradient zwar für jedes Teilchen unterschiedlich, aber zeitlich konstant. Es findet also eine *stationäre, inhomogene Deformation* statt.

Ü 1.2.12

a) Unter Berücksichtigung von (1.10a) und (1.13a) findet man:

$$x_i = a_i + \alpha(t) a_i a_p a_p,$$

$$F_{ij} = \partial x_i / \partial a_j = \partial a_i / \partial a_j + \alpha(t)(a_p a_p \, \partial a_i / \partial a_j + 2 a_i a_p \, \partial a_p / \partial a_j),$$

$$\boxed{F_{ij} = \left[1 + \alpha(t) a^2\right] \delta_{ij} + 2\alpha(t) a_i a_j}\ .$$

Man erkennt, dass der *Deformationsgradient* symmetrisch ist.

b) Führt man die Rechnung formal wie unter a) durch, so erhält man wegen $\varepsilon_{jik} = -\varepsilon_{kij}$ nach kurzen Zwischenrechnungen:

$$F_{ij} = \delta_{ij} + \frac{1}{2}\beta(t)(\varepsilon_{jip} a_p + \varepsilon_{kij} a_k) = \delta_{ij}\ .$$

Das Ergebnis ist trivial und hätte auch unmittelbar angegeben werden können; denn der schiefsymmetrische Tensor $T_{ij}/\beta = -T_{ji}/\beta$, dessen *dualer Vektor* der Ortsvektor a_i ist, erzeugt kein Verschiebungsfeld:

$$u_i = \beta(t) \varepsilon_{kij} a_k a_j / 2 = 0_i\ .$$

Ü 1.3.1

Die LAGRANGEschen und EULERschen Koordinaten transformieren sich gemäß $a_i^* = a_{ij} a_j$ und $x_i^* = b_{ij} x_j$. Darin sind a_{ij} und b_{ij} *orthonormierte* Transformationsmatrizen ($a_{ik} a_{jk} = a_{ki} a_{kj} = \delta_{ij}$). Man erhält:

$$ds^{*2} = g_{ij}^* da_i^* da_j^* \equiv g_{pq} da_p da_q = ds^2$$

$$(g_{ij}^* a_{ip} a_{jq} - g_{pq}) da_p da_q = 0 \Rightarrow g_{ij} = a_{pi} a_{qj} g_{pq}^*\ .$$

Ebenso gilt $g_{ij}^* = a_{ip} a_{jq} g_{pq}$ und auch $\delta_{ij}^* = a_{ip} a_{jq} \delta_{pq}$. Somit erhält man:

$$\boxed{\lambda_{ij}^* = (g_{ij}^* - \delta_{ij}^*)/2 = a_{ip} a_{jq} \lambda_{pq}} \quad\Leftrightarrow\quad \boxed{\lambda_{ij} = a_{pi} a_{qj} \lambda_{pq}^*}\ .$$

Analog weist man

$$\boxed{\eta_{ij}^* = b_{ip}b_{jq}\eta_{pq}} \quad \Leftrightarrow \quad \boxed{\eta_{ij} = b_{pi}b_{qj}\eta_{pq}^*}$$

nach. Damit ist der *Tensorcharakter* bestätigt. Man vergleiche diese Übungsaufgabe mit Ü 1.2.6.

Ü 1.3.2

Aus der Definition (1.22) folgt:

$$ds^2/ds_0^2 = 1 + 2\lambda_{ij}(da_i/ds_0)(da_j/ds_0)$$

und somit:

$$\boxed{\varepsilon = \sqrt{1 + 2\lambda_{ij}e_i e_j} - 1} \quad . \tag{*}$$

Darin ist $e_i \equiv da_i/ds_0$ ein Einsvektor, der die Richtung des Linienelementes ds_0 in der Anfangslage angibt.

Aus der Definition (1.30) folgt:

$$ds_0^2/ds^2 = 1 - 2\eta_{ij}(dx_i/ds)(dx_j/ds)$$

und somit:

$$\boxed{\varepsilon = 1/\sqrt{1 - 2\eta_{ij}\tilde{e}_i\tilde{e}_j} - 1} \quad . \tag{**}$$

Darin ist $\tilde{e}_i \equiv dx_i/ds$ ein Einsvektor, der die Richtung des Linienelementes ds in der augenblicklichen Lage angibt.

Legt man für a_i und x_i dasselbe Koordinatensystem zugrunde, so gilt:

$$^1e_i = {}^1\tilde{e}_i = (1,0,0) \quad , \quad ^2e_i = {}^2\tilde{e}_i = (0,1,0) \quad , \quad ^3e_i = {}^3\tilde{e}_i = (0,0,1) \quad .$$

Mithin wird $\lambda_{ij}\,{}^1e_i\,{}^1e_j = \lambda_{11}\,{}^1e_1\,{}^1e_1 = \lambda_{11}$ etc., so dass folgt:

$$^1\lambda = \sqrt{1 + 2\lambda_{11}} - 1 \quad \text{bzw.} \quad ^1\eta = 1/\sqrt{1 - 2\eta_{11}} - 1 \quad .$$

Für $^2\lambda$, $^3\lambda$ und $^2\eta$, $^3\eta$ gelten entsprechende Beziehungen. Man beachte, dass $^1\lambda$ aus (*) ermittelt wurde und die *Nenndehnung* eines Linienelementes darstellt, dessen Anfangslage (t = 0) durch die Richtung $^1e_i = (1, 0, 0)$ der a_1-Achse bestimmt ist, während $^1\eta$ aus (**) ermittelt wurde und die *Nenndehnung* eines Linienelementes darstellt, das augenblicklich parallel zur x_1-Achse liegt, also dieselbe Richtung $\tilde{e}_i = (1,0,0)$ zu einem anderen Zeitpunkt hat. Mithin sind $^1\lambda$ und $^1\eta$ Nenndehnungen verschiedener materieller Linienelemente.

Bei kleinen Verzerrungen stimmen λ_{ij} und η_{ij} näherungsweise mit dem klassischen Verzerrungstensor (1.36b) überein. Dann folgt aus (*) oder (**) durch Reihenentwicklung:

$$\boxed{\varepsilon \approx \varepsilon_{ij} e_i e_j \approx \varepsilon_{ij} \tilde{e}_i \tilde{e}_j} \qquad (***)$$

mit $^1\varepsilon = \varepsilon_{11}$ für $e_i = {}^1e_i = (1, 0, 0)$ etc.

Das Ergebnis (***) sagt aus, dass bei kleinen Verzerrungen die Nenndehnung ε als eine quadratische Form in den Richtungskosinussen $e_i = da_i/ds_0$ bzw. $\tilde{e}_i = dx_i/ds$ des betrachteten Linienelementes gedeutet werden kann.

Ü 1.3.3

Wegen $s = \left[(ds/ds_0)^2 - 1\right]/2 = \varepsilon(1+\varepsilon/2)$ folgen unter Berücksichtigung der Ergebnisse (*) bzw. (**) aus Ü 1.3.2 die Beziehungen

$$\boxed{s = \lambda_{ij} e_i e_j} \quad \text{bzw.} \quad \boxed{s = \eta_{ij} \tilde{e}_i \tilde{e}_j / (1 - 2\eta_{pq} \tilde{e}_p \tilde{e}_q)} \quad .$$

Würde man als Streckung $\tilde{s} := \left[1 - (ds_0/ds)^2\right]/2$ definieren, d.h. $\tilde{s} = s/(1+\varepsilon)^2$, so bekäme man entsprechend:

$$\boxed{\tilde{s} = \lambda_{ij} e_i e_j / (1 + 2\lambda_{pq} e_p e_q)} \quad \text{bzw.} \quad \boxed{\tilde{s} = \eta_{ij} \tilde{e}_i \tilde{e}_j} \quad .$$

Bei kleinen Dehnungen ($\varepsilon \ll 1$) gilt: $\tilde{s} \approx s \approx \varepsilon \approx \varepsilon_{ij} e_i e_j$.

Ü 1.3.4

Man betrachte zwei Linienelemente, die im Ausgangszustand einen Winkel von $\pi/2$ und im verformten Zustand den Winkel ψ_{12} einschließen (Bild F 1.3). Das Skalarprodukt $d^1x_i d^2x_i = |d^1x_i||d^2x_i|\cos\psi_{12}$ kann wegen $d^1x_i = F_{ij} d^1a_j$ und $d^2x_i = F_{ik} d^2a_k$ auch durch

$$d^1x_i d^2x_i = F_{ij} F_{ik} d^1a_j d^2a_k \equiv g_{jk} d^1a_j d^2a_k = g_{12} d^1s_0 d^2s_0$$

ausgedrückt werden. Die Länge eines Linienelementvektors wird

$$\left|d^1 x_i\right| = \sqrt{d^1 x_i d^1 x_i} = \sqrt{g_{jk} d^1 a_j d^1 a_k} = \sqrt{g_{11}} d^1 s_0,$$

so dass man die fundamentale Beziehung

$$\boxed{\cos\psi_{12} = g_{12}/\sqrt{g_{11} g_{22}}}$$

erhält.

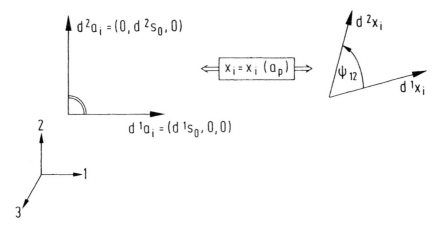

Bild F 1.3 Gleitung $\gamma := \pi/2 - \psi_{12}$

Wegen $\gamma_{12} := \pi/2 - \psi_{12}$ und $g_{ij} = \delta_{ij} + 2\lambda_{ij}$ folgt schließlich das gesuchte Ergebnis:

$$\boxed{\sin\gamma_{12} = 2\lambda_{12}/\sqrt{(1+2\lambda_{11})(1+2\lambda_{22})}} \ . \qquad (*)$$

In Bild F 1.4 sind zwei achsenparallele Linienelementvektoren der verformten Konfiguration dargestellt, die in der Anfangskonfiguration den Winkel $\tilde{\psi}_{12}$ einschlossen.

Das Skalarprodukt $d^1 a_i d^2 a_i = \left|d^1 a_i\right|\left|d^2 a_i\right|\cos\tilde{\psi}_{12}$ kann wegen $d^1 a_i = F_{ij}^{(-1)} d^1 x_j$ und $d^2 a_i = F_{ik}^{(-1)} d^2 x_k$ auch durch

$$d^1 a_i d^2 a_i = F_{ij}^{(-1)} F_{ik}^{(-1)} d^1 x_j d^2 x_k \equiv h_{jk} d^1 x_j d^2 x_k = h_{12} d^1 s d^2 s$$

ausgedrückt werden. Die Länge eines Linienelementvektors in der Anfangslage ist durch

$$\left|d^1 a_i\right| = \sqrt{d^1 a_i d^1 a_i} = \sqrt{h_{jk} d^1 x_j d^1 x_k} = \sqrt{h_{11}} d^1 s$$

gegeben, so dass man die Beziehung

$$\boxed{\cos\tilde{\psi}_{12} = h_{12}/\sqrt{h_{11} h_{22}}}$$

erhält.

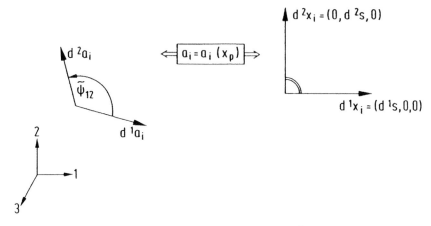

Bild F 1.4 Gleitung $\tilde{\gamma}_{12} := \tilde{\psi}_{12} - \pi/2$

Wegen $\tilde{\gamma}_{12} := \tilde{\psi}_{12} - \pi/2$ und $h_{ij} = \delta_{ij} - 2\eta_{ij}$ folgt schließlich das gesuchte Ergebnis:

$$\boxed{\sin\tilde{\gamma}_{12} = 2\eta_{12}/\sqrt{(1-2\eta_{11})(1-2\eta_{22})}} \quad . \tag{**}$$

Bei kleinen Verzerrungen erhält man aus (*) und (**) die Näherungen $\gamma_{12} \approx \tilde{\gamma}_{12} \approx 2\varepsilon_{12}$. Aus diesen Näherungen kann man **nicht** schließen, dass γ_{12} bzw. $\tilde{\gamma}_{12}$ Koordinaten eines Tensors γ_{ij} bzw. $\tilde{\gamma}_{ij}$ sind. Diese Größen stellen lediglich ein Maß für die mit einer Gleitung verbundene Winkeländerung dar. Hingegen ist ε_{12} eine Koordinate des klassischen Verzerrungstensors ε_{ij}, dessen *Tensorcharakter* in Ü 1.4.1 nachgewiesen wird. Zu beachten ist jedoch, dass ε_{ij} durch eine *Starrkörperbewegung* beeinflusst wird und dieser Einfluss nur bei kleinen Verzerrungen vernachlässigbar ist. Somit stellt ε_{ij} auch keinen Verzerrungstensor bei endlichen Verformungen dar, wie im Anschluss an (1.39a,b) betont wird.

Ü 1.3.5

Der Zugstab mit der Anfangslänge ℓ_0 hat zum Zeitpunkt t > 0 die Länge ℓ. Ein Punkt P(a) der Anfangskonfiguration nimmt augenblicklich eine um u verschobene Lage x ein (Bild F 1.5).

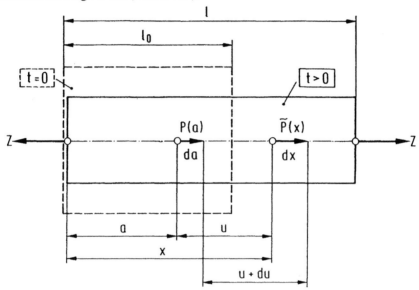

Bild F 1.5 Zugstab mit endlichen Verformungen

Mit den Bezeichnungen aus Ü 1.3.3 erhält man für die *relative Streckung* $s := (dx^2/da^2 - 1)/2$ in LAGRANGEschen bzw. EULERschen Koordinaten:

$$\boxed{s = \frac{du}{da} + \frac{1}{2}\left(\frac{du}{da}\right)^2 \equiv \lambda} \qquad \text{bzw.} \qquad \boxed{s = \eta/(1-2\eta)} \quad .$$

Definiert man als Streckung $\tilde{s} := (1 - da^2/dx^2)/2$, so findet man:

$$\boxed{\tilde{s} = \lambda/(1+2\lambda)} \qquad \text{bzw.} \qquad \boxed{\tilde{s} = \frac{du}{dx} - \frac{1}{2}\left(\frac{du}{dx}\right)^2 \equiv \eta} \quad .$$

Ein Linienelement da erfährt eine Nenndehnung $\varepsilon := (dx - da)/da$, die man ebenfalls in LAGRANGEschen bzw. EULERschen Koordinaten ausdrücken kann:

$$\boxed{\varepsilon = \frac{du}{da} \equiv \sqrt{1+2\lambda} - 1}\quad \text{bzw.} \quad \boxed{\varepsilon = \frac{du/dx}{1-du/dx} \equiv \frac{1}{\sqrt{1-2\eta}} - 1}.$$

Die lineare Dehnung $\tilde{\varepsilon} := (dx - da)/dx$ ergibt sich zu:

$$\boxed{\tilde{\varepsilon} = \frac{du/da}{1+du/da} \equiv 1 - \frac{1}{\sqrt{1+2\lambda}}} \quad \text{bzw.} \quad \boxed{\tilde{\varepsilon} = \frac{du}{dx} \equiv 1 - \sqrt{1-2\eta}}.$$

Zur Herleitung obiger Formeln wurden die Beziehungen $da/dx = 1 - du/dx$ und $dx/da = 1 + du/da$ benutzt. Bei kleinen Verzerrungen fallen alle acht Werte zusammen, wie man durch Reihenentwicklung feststellt.

Man vergleiche die linearen Dehnungen ε auch mit den Ergebnissen der Übungsaufgabe 1.3.2.

Ü 1.3.6

Aus Tabelle 1.1 liest man ab, dass die Kugel $da_i da_i = ds_0^2$ der Anfangskonfiguration auf $h_{ij} dx_i dx_j = ds_0^2$ abgebildet wird. Wegen $h_{ij} = \delta_{ij} - 2\eta_{ij}$ erhält man dann bezüglich einer *Hauptachsenorientierung* die Mittelpunktsfläche zweiter Ordnung:

$$\boxed{(1-2\eta_I)dx_I^2 + (1-2\eta_{II})dx_{II}^2 + (1-2\eta_{III})dx_{III}^2 = ds_0^2},$$

die immer ein Ellipsoid mit den Halbachsen $ds_0/\sqrt{1-2\eta_I}$ etc. darstellt, da h_{ij} positiv definit ist (Ü 1.2.4) und somit immer positive Hauptwerte besitzt.

Umgekehrt entsteht die „augenblickliche" Kugel $dx_i dx_i = ds^2$ aus der quadratischen Form $g_{ij} da_i da_j = ds^2$, die man wegen $g_{ij} = \delta_{ij} + 2\lambda_{ij}$ in Hauptachsen gemäß

$$\boxed{(1+2\lambda_I)da_I^2 + (1+2\lambda_{II})da_{II}^2 + (1+2\lambda_{III})da_{III}^2 = ds^2}$$

darstellen kann. Dieses Ellipsoid hat die Halbachsen $ds/\sqrt{1+2\lambda_I}$ etc.
Bei kleinen Verzerrungen können die Halbachsen näherungsweise durch

$$ds_0/\sqrt{1-2\eta_I} \approx ds_0(1+\eta_I) \quad \text{bzw.} \quad ds/\sqrt{1+2\lambda_I} \approx ds(1-\lambda_I)$$

etc. ausgedrückt werden. Weiterhin gilt bei kleinen Verzerrungen $\lambda_I \approx \eta_I \approx \varepsilon_I$, so dass man die Ellipsoide

$$\boxed{\left(\frac{dx_I/ds_0}{1+\varepsilon_I}\right)^2 + .. = 1} \quad \text{bzw.} \quad \boxed{\left(\frac{da_I/ds}{1-\varepsilon_I}\right)^2 + .. = 1}$$

erhält. Man vergleiche diese Übungsaufgabe mit Ü 1.2.5.

Ü 1.3.7

Bei kleinen Verformungen können die *geometrischen Nichtlinearitäten* in (1.24) und (1.32) vernachlässigt werden, so dass näherungsweise gilt:

$$\lambda_{ij} \approx \frac{1}{2}\left(\frac{\partial u_i}{\partial a_j} + \frac{\partial u_j}{\partial a_i}\right) \quad \text{bzw.} \quad \eta_{ij} \approx \frac{1}{2}\left(\frac{\partial u_i}{\partial x_j} + \frac{\partial u_j}{\partial x_i}\right) \equiv \varepsilon_{ij} \quad .$$

Weiterhin kann man folgende Umformung vornehmen:

$$\left.\begin{array}{l} \dfrac{\partial u_i}{\partial a_j} = \dfrac{\partial u_i}{\partial x_k}\dfrac{\partial x_k}{\partial a_j} \\[2mm] x_k = a_k + u_k \Rightarrow \dfrac{\partial x_k}{\partial a_j} = \delta_{kj} + \dfrac{\partial u_k}{\partial a_j} \end{array}\right\} \Rightarrow \boxed{\dfrac{\partial u_i}{\partial a_j} = \dfrac{\partial u_i}{\partial x_j} + \dfrac{\partial u_i}{\partial x_k}\dfrac{\partial u_k}{\partial a_j}} \quad .$$

Für kleine $\partial u_i/\partial x_k$ und $\partial u_k/\partial a_j$ kann darin der nichtlineare Term vernachlässigt werden: $\partial u_i/\partial a_j \approx \partial u_i/\partial x_j$. Mithin gilt:

$$\boxed{\lambda_{ij} \approx \eta_{ij} \approx \varepsilon_{ij}} \quad \text{q.e.d.}$$

Ü 1.3.8

Der Deformationsgradient (1.13a) wird:

$$F_{ij} = \begin{pmatrix} \kappa & -\gamma & \beta \\ \gamma & \kappa & -\alpha \\ -\beta & \alpha & \kappa \end{pmatrix} \Rightarrow J \equiv \det(F_{ij}) = \kappa(\kappa^2 + \alpha^2 + \beta^2 + \gamma^2).$$

Der Fall $\kappa = 0$ kann von vornherein ausgeschlossen werden, da die JACOBIsche Determinante sonst verschwindet. Der Deformationsgradient ist für $\kappa = 0$ ein schiefsymmetrischer Tensor. Durch Matrizenmultiplikation $\mathbf{g} = \mathbf{F}^T \mathbf{F}$ erhält man den Metriktensor und aus $\lambda = (\mathbf{g} - \delta)/2$ den LAGRANGEschen Verzerrungstensor, der sich für $\kappa = 1$ zu

$$\lambda_{ij} = \frac{1}{2}\begin{pmatrix} \beta^2 + \gamma^2 & -\alpha\beta & -\alpha\gamma \\ -\beta\alpha & \alpha^2 + \gamma^2 & -\beta\gamma \\ -\gamma\alpha & -\gamma\beta & \alpha^2 + \beta^2 \end{pmatrix}$$

ergibt. Man erkennt, dass für $\alpha^2 \ll 1$, $\alpha\beta \ll 1$ etc. die Verzerrungen λ_{ij} verschwinden. Dann liegt eine Starrkörperbewegung vor.

Ü 1.3.9

Man erhält im Einzelnen:

$$F_{ij} = \begin{pmatrix} \cos\varphi & -\sin\varphi & 0 \\ \sin\varphi & \cos\varphi & 0 \\ 0 & 0 & 1 \end{pmatrix} \quad \Rightarrow \quad J \equiv \det(F_{ij}) = 1.$$

Da der Deformationsgradient *orthonormiert* ist, stimmt der *transponierte* Tensor mit dem *inversen* überein: $F_{ij}^T = F_{ij}^{(-1)}$. Mithin vereinfacht sich der *Metriktensor* zu $g_{ij} = F_{ik}^T F_{kj} = F_{ik}^{(-1)} F_{kj} = \delta_{ij}$, so dass der LAGRANGEsche Verzerrungstensor $\lambda_{ij} = (g_{ij} - \delta_{ij})/2$ verschwindet. Es findet somit eine starre Drehung in der 1-2-Ebene um den Winkel φ statt. Alle Bewegungen, die durch einen orthonormierten Deformationsgradienten charakterisiert sind, stellen *Starrkörperbewegungen* dar. Die *Orthonormierungsbedingungen* sind durch $F_{ki}F_{kj} = F_{ik}F_{jk} = \delta_{ij}$ gegeben.

Ü 1.3.10

Wegen $\lambda_{ij} = (F_{ki}F_{kj} - \delta_{ij})/2$ und $\eta_{ij} = (\delta_{ij} - F_{ki}^{(-1)}F_{kj}^{(-1)})/2$ folgt für $\lambda_{ij} = 0_{ij}$ und $\eta_{ij} = 0_{ij}$ unmittelbar:

$$F_{ki}F_{kj} = \delta_{ij} \quad \text{und} \quad F_{ki}^{(-1)}F_{kj}^{(-1)} = \delta_{ij}. \qquad (*)$$

Diese Beziehungen sagen aus, dass die Spaltenvektoren des Deformationsgradienten **F** und der Inversion **F**$^{-1}$ orthonormiert sind. Aus den Beziehungen unter (*) erhält man durch Invertieren:

$$\delta_{ij}^{(-1)} = \{\mathbf{F}^T\mathbf{F}\}_{ij}^{(-1)} = \{\mathbf{F}^{-1}(\mathbf{F}^T)^{-1}\}_{ij} \equiv F_{ik}^{(-1)}F_{jk}^{(-1)}$$

$$\delta_{ij}^{(-1)} = \{(\mathbf{F}^T)^{-1}\mathbf{F}^{-1}\}_{ij}^{(-1)} = \{\mathbf{F}\mathbf{F}^T\}_{ij} \equiv F_{ik}F_{jk}$$

Diese Ergebnisse kann man wegen $\delta_{ij}^{(-1)} = \delta_{ij}$ mit (*) zusammenfassen:

$$\boxed{F_{ik}F_{jk} = F_{ki}F_{kj} = \delta_{ij}} \quad \text{und} \quad \boxed{F_{ik}^{(-1)}F_{jk}^{(-1)} = F_{ki}^{(-1)}F_{kj}^{(-1)} = \delta_{ij}} \quad .$$

Das sind die *Orthonormierungsbedingungen* für den *Deformationsgradienten* **F** und die Inversion **F**$^{-1}$, die besagen, dass Zeilenvektoren und Spaltenvektoren orthonormiert sind. Aus dem Verschwinden des LAGRANGEschen Verzerrungstensors folgt, dass die *Spaltenvektoren* des Deformationsgradienten orthonormiert sind, während bei verschwindendem EULERschen Verzerrungstensor die *Zeilenvektoren* orthonormiert sind. Umgekehrte Aussagen gelten für den inversen Deformationsgradienten.

Für die angegebene Bewegung erhält man im Einzelnen:

$$F_{ij} = \begin{pmatrix} A & B & 0 \\ C & D & 0 \\ 0 & 0 & 1 \end{pmatrix}, \quad F_{ij}^{(-1)} = \begin{pmatrix} D/J & -B/J & 0 \\ -C/J & A/J & 0 \\ 0 & 0 & 1 \end{pmatrix}$$

$$\lambda_{ij} = \frac{1}{2}\begin{pmatrix} A^2+C^2-1 & AB+CD \\ AB+CD & B^2+D^2-1 \end{pmatrix},$$

$$\eta_{ij} = \frac{1}{2J^2}\begin{pmatrix} J^2-D^2-C^2 & DB+AC \\ DB+AC & J^2-A^2-B^2 \end{pmatrix}.$$

Verschwinden die einzelnen Elemente λ_{ij}, so sind die *Spaltenvektoren* des Matrizenschemas (F_{ij}) orthonormiert, woraus sofort $J = \det(F_{ij}) = 1$ folgt. Mit $J = 1$ folgert man, dass bei verschwindenden Elementen η_{ij} die *Zeilen-*

vektoren des Matrizenschemas (F_{ij}) orthonormiert sind. Umgekehrte Aussagen können für $F_{ij}^{(-1)}$ gefolgert werden.

Ü 1.3.11
Die inverse Bewegung ist durch

$$a_1 = (x_1 - \alpha x_2 + \alpha\beta x_3)/J, \quad a_2 = (\beta\gamma x_1 + x_2 - \beta x_3)/J,$$
$$a_3 = (-\gamma x_1 + \alpha\gamma x_2 + x_3)/J$$

gegeben. Darin ist $J \equiv \det(F_{ij}) = 1 + \alpha\beta\gamma$. Die Deformationsgradienten ermittelt man zu:

$$F_{ij} = \begin{pmatrix} 1 & \alpha & 0 \\ 0 & 1 & \beta \\ \gamma & 0 & 1 \end{pmatrix}, \quad F_{ij}^{(-1)} = \frac{1}{J}\begin{pmatrix} 1 & -\alpha & \alpha\beta \\ \gamma\beta & 1 & -\beta \\ -\gamma & \alpha\gamma & 1 \end{pmatrix}$$

und daraus durch entsprechende Matrizenmultiplikationen (Tabelle 1.1) die Verzerrungstensoren zu:

$$\lambda_{ij} = \frac{1}{2}\begin{pmatrix} \gamma^2 & \alpha & \gamma \\ \alpha & \alpha^2 & \beta \\ \gamma & \beta & \beta^2 \end{pmatrix},$$

$$\eta_{ij} = \frac{1}{2J^2}\begin{pmatrix} J^2 - 1 - \gamma^2(1+\beta^2) & \alpha(1+\gamma^2) - \beta\gamma & \gamma(1+\beta^2) - \alpha\beta \\ & J^2 - 1 - \alpha^2(1+\gamma^2) & \beta(1+\alpha^2) - \alpha\gamma \\ \text{symmetrisch} & & J^2 - 1 - \beta^2(1+\alpha^2) \end{pmatrix}.$$

Das Verschiebungsfeld ergibt sich zu $u_1 = \alpha a_2 = \alpha(\beta\gamma x_1 + x_2 - \beta x_3)/J$, $u_2 = \beta a_3 = \beta(-\gamma x_1 + \alpha\gamma x_2 + x_3)/J$, $u_3 = \gamma a_1 = \gamma(x_1 - \alpha x_2 + \alpha\beta x_3)/J$. Damit ermittelt man die infinitesimalen Verzerrungstensoren (1.36a,b) zu:

$$\ell_{ij} = \frac{1}{2}\begin{pmatrix} 0 & \alpha & \gamma \\ \alpha & 0 & \beta \\ \gamma & \beta & 0 \end{pmatrix}, \quad \varepsilon_{ij} = \frac{1}{2J}\begin{pmatrix} 2\alpha\beta\gamma & \alpha - \beta\gamma & \gamma - \alpha\beta \\ & 2\alpha\beta\gamma & \beta - \gamma\alpha \\ \text{symm.} & & 2\alpha\beta\gamma \end{pmatrix}.$$

Im Falle $\alpha \neq 0$, $\beta = \gamma = 0$ liegt eine *einfache Scherung* vor, die wegen $\det(F_{ij}) = 1$ *volumentreu* ist (Ü 1.2.7).

Ü 1.3.12

Wegen $dV = \det(F_{ij}) dV_0$ nach Ü 1.2.7 ist eine *isochore Bewegung* durch $\det(F_{ij}) = 1$ charakterisiert. Für die gegebene Bewegung hat der Deformationsgradient Diagonalgestalt $\mathbf{F} = \text{diag}\{A, B, C\}$, so dass die isochore Forderung auf die Bedingung $ABC = 1$ führt. Die Verzerrungstensoren ermittelt man zu:

$$\lambda_{ij} = \frac{1}{2}\text{diag}\{A^2 - 1, \quad B^2 - 1, \quad C^2 - 1\},$$

$$\eta_{ij} = \frac{1}{2}\text{diag}\{1 - A^{-2}, \quad 1 - B^{-2}, \quad 1 - C^{-2}\}.$$

Für $A = B = C = \pm 1$ verschwinden die Verzerrungstensoren.

Ü 1.3.13

Da der Deformationsgradient *orthonormiert* ist, liegt eine *Starrkörperbewegung* vor.

Ü 1.3.14

Man erhält $\det(F_{ij}) = 1$, d.h., die Bewegung ist *isochor*.

Ü 1.3.15

Mit $u_i = T_{ij}a_j$ erhält man für konstante T_{ij} den *Deformationsgradienten* $F_{ij} = \delta_{ij} + T_{ij}$ und damit das Ergebnis $\lambda_{ij} = (T_{ij} + T_{ji})/2 + T_{ki}T_{kj}/2$. Bei kleinen Verschiebungen kann darin der nichtlineare Term vernachlässigt werden, so dass dann λ_{ij} mit ℓ_{ij} gemäß (1.36a) übereinstimmt.

Ü 1.3.16

Die linke Seite $\mathbf{L}$ von (1.34) kann in der Indexschreibweise gemäß

$$L_{ij} \equiv \{(\mathbf{F}^{-1})^T \mathbf{F}^{-1}\}_{ij} = (F_{ik}^{(-1)})^T F_{kj}^{(-1)} = F_{ki}^{(-1)} F_{kj}^{(-1)}$$

ausgedrückt werden. Eine Überschiebung mit F_{jp} führt auf die Beziehung

$$L_{ij}F_{jp} = F_{ki}^{(-1)} \underbrace{F_{kj}^{(-1)} F_{jp}}_{\delta_{kp}} = F_{pi}^{(-1)},$$

woraus man durch eine weitere Überschiebung mit F_{rp} das Zwischenergebnis

$$L_{ij}F_{jp}F_{rp} = \delta_{ir}$$

erhält. Darin kann $F_{jp}F_{rp} = F_{jp}F_{pr}^{T} \equiv B_{jr}$ berücksichtigt werden, so dass folgt:

$$L_{ij}B_{jr} = \delta_{ir} \Rightarrow L_{ij}\underbrace{B_{jr}B_{rk}^{(-1)}}_{\delta_{jk}} = \underbrace{\delta_{ir}B_{rk}^{(-1)}}_{B_{ik}^{(-1)}}$$

also: $L_{ik} \equiv B_{ik}^{(-1)}$ bzw. $\mathbf{L} \equiv \mathbf{B}^{-1}$ q.e.d.

Ü 1.4.1

Im gedrehten Koordinatensystem gilt:

$$\varepsilon_{ij}^{*} = (\partial_{j}^{*}u_{i}^{*} + \partial_{i}^{*}u_{j}^{*})/2 \equiv (\nabla_{j}^{*}u_{i}^{*} + \nabla_{i}^{*}u_{j}^{*})/2.$$

Mit $\nabla_{i}^{*} = a_{ip}\nabla_{p}$ und $u_{i}^{*} = a_{ip}u_{p}$ folgt:

$$\varepsilon_{ij}^{*} = (a_{jp}\nabla_{p}a_{iq}u_{q} + a_{ip}\nabla_{p}a_{jq}u_{q})/2.$$

Darin ändert sich der erste Term nicht, wenn man die stummen Indizes p und q vertauscht. Die *Transformationsmatrix* a_{ij} ist keine Ortsfunktion und kann vor den *Nabla-Operator* gesetzt werden. Mithin erhält man:

$$\boxed{\varepsilon_{ij}^{*} = a_{ip}a_{jq}\varepsilon_{pq}} \quad \Leftrightarrow \quad \boxed{\varepsilon_{ij} = a_{pi}a_{qj}\varepsilon_{pq}^{*}} \quad \text{q.e.d.}$$

Man vergleiche diese Übungsaufgabe mit Ü 1.3.1.

Ü 1.4.2

Die von $\tilde{P}_{0}$ ausgehenden Kantenvektoren haben die Koordinaten $A_{i} = (\Delta x_{1}, u_{2,1}\Delta a_{1})$, $B_{i} = (u_{1,2}\Delta a_{2}, \Delta x_{2})$. Bei kleinen Verzerrungen gilt die Näherung $\Delta a_{1} \approx (1 - \varepsilon_{11})\Delta x_{1}$, so dass man aus dem Skalarprodukt erhält:

$$A_{i}B_{i} = (u_{1,2} + u_{2,1})\Delta x_{1}\Delta x_{2}.$$

Andererseits kann das Skalarprodukt bei kleinen Verzerrungen durch

$$A_{i}B_{i} = \Delta\tilde{x}_{1}\Delta\tilde{x}_{2}\cos\psi_{12} = \Delta\tilde{x}_{1}\Delta\tilde{x}_{2}\sin\gamma_{12} \approx \Delta x_{1}\Delta x_{2}\gamma_{12}$$

angenähert werden. Der Vergleich führt unmittelbar auf (1.48).

Ü 1.4.3

In Bild F 1.6 erkennt man das verformte Quadrat mit $\overline{P_0A} = \overline{P_0A_0}$.

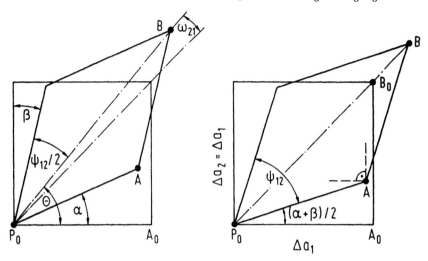

Bild F 1.6 Drehung und Verzerrung eines Quadrates

a) Aus dem linken Teil des Bildes liest man ab:

$$\left.\begin{array}{l}\beta + \psi_{12}/2 + \omega_{21} = \pi/4 \\ \psi_{12}/2 = \theta - \alpha = \pi/4 + \omega_{21} - \alpha\end{array}\right\} \Rightarrow \boxed{\omega_{21} = (\alpha - \beta)/2 = -\omega_{12}}.$$

b) Aus dem rechten Teil des Bildes liest man unter Benutzung des Kosinussatzes ab:

$$\overline{P_0B_0} = \sqrt{2}\Delta a_1 \quad \text{und} \quad \overline{P_0B} = \overline{P_0B_0}\sqrt{1 + \sin(\alpha + \beta)}.$$

Damit ermittelt man die Dehnung der Diagonalen zu:

$$\varepsilon_D := (\overline{P_0B} - \overline{P_0B_0})/\overline{P_0B_0} = \sqrt{1 + \sin(\alpha + \beta)} - 1.$$

Darin kann bei kleinen Winkeln die Wurzel durch $1 + (\alpha + \beta)/2$ genähert werden, so dass in Verbindung mit (1.47) und (1.48) das gesuchte Ergebnis $\boxed{\varepsilon_{12} = \varepsilon_D}$ folgt.

Ü 1.4.4

Nach Ü 1.3.2 gilt bei kleinen Verzerrungen, die wegen $K = 10^{-3}$ vorliegen, die Beziehung $\varepsilon = \varepsilon_{ij}e_ie_j$ für die Dehnung ε in Richtung e_i. Die Diagonale des Quadrates hat die Richtung $e_i = (1,1,0)/\sqrt{2}$. Aus dem gegebenen Verschiebungsfeld ermittelt man den klassischen Verzerrungstensor zu ε_{ij} = diag {K, 0, 0}, so dass für die Dehnung der Diagonalen ε_D = K/2 folgt. Geometrisch erhält man ε_D aus der Differenz der verzerrten und unverzerrten Diagonalen bezogen auf die unverzerrte Diagonale. Wie man einer einfachen Skizze entnimmt, gilt somit bei kleinem K-Wert:

$$\varepsilon_D = \sqrt{1 + K + K^2/2} - 1 \approx K/2 \quad \text{(wie oben)}.$$

Ü 1.4.5
Mit (1.14a) folgt die additive Zerlegung

$$F_{ij} = \delta_{ij} + (\partial u_i/\partial a_j + \partial u_j/\partial a_i)/2 + (\partial u_i/\partial a_j - \partial u_j/\partial a_i)/2,$$

die immer möglich ist. Sie kann jedoch nur bei kleinem Verschiebungsgradienten als Aufspaltung in *Starrkörperbewegung* und *Verzerrung* interpretiert werden:

$$F_{ij} = \delta_{ij} + \omega_{ij} + \varepsilon_{ij}.$$

Diese Aufspaltung geht auch näherungsweise aus der multiplikativen Zerlegung

$$F_{ij} = (\delta_{ik} + \omega_{ik})(\delta_{kj} + \varepsilon_{kj})$$

hervor, wie man durch Ausmultiplizieren leicht feststellt.

Ü 1.4.6
Setzt man den rechten Teil von (1.50) in den linken ein, so ergibt sich:

$$\left. \begin{array}{l} \omega_i = -\dfrac{1}{2}\varepsilon_{ijk}\omega_{jk} = \dfrac{1}{2}\varepsilon_{ijk}\varepsilon_{jkp}\omega_p \\[1em] \text{mit } \varepsilon_{ijk}\varepsilon_{jkp} = \begin{vmatrix} \delta_{ij} & \delta_{ik} & \delta_{ip} \\ \delta_{jj} & \delta_{jk} & \delta_{jp} \\ \delta_{kj} & \delta_{kk} & \delta_{kp} \end{vmatrix} = 2\,\delta_{ip} \end{array} \right\} \Rightarrow \underline{\underline{\omega_i = \delta_{ip}\omega_p = \omega_i}}.$$

Setzt man den linken Teil von (1.50) in den rechten ein, so findet man entsprechend:

$$\underline{\underline{\omega_{ij}}} = \frac{1}{2}\varepsilon_{ijk}\varepsilon_{kpq}\omega_{pq} = \frac{1}{2}(\delta_{ip}\delta_{jq} - \delta_{iq}\delta_{jp})\omega_{pq} = \underline{\underline{\omega_{ij}}}.$$

Im letzten Schritt ist berücksichtigt, dass der Tensor (1.38b) schiefsymmetrisch ist.

In (1.51) setze man die Zerlegung (1.37b) ein:

$$\omega_i = \frac{1}{2}\varepsilon_{ijk}u_{k,j} = \frac{1}{2}\varepsilon_{ijk}\varepsilon_{kj} + \frac{1}{2}\varepsilon_{ijk}\omega_{kj}.$$

Wegen $\varepsilon_{kj} = \varepsilon_{jk}$ verschwindet $\varepsilon_{ijk}\varepsilon_{kj}$, so dass mit $\omega_{kj} = -\omega_{jk}$ schließlich $\omega_i = -\varepsilon_{ijk}\omega_{jk}/2$ in Übereinstimmung mit (1.50) folgt.

Man vergleiche auch Ü 4.3.11 bei BETTEN (1987a).

Ü 1.4.7

Der relative Verschiebungsvektor

$$du_i = (u_i)_{Q_0} - (u_i)_{P_0} = dx_i - da_i$$

ist in Bild F 1.7 dargestellt. Eine TAYLOR-Reihe (1.44), d.h.,

$$(u_i)_{Q_0} = (u_i)_{P_0} + \left(\partial u_i/\partial a_j\right)_{P_0} da_j$$

führt auf $du_i = \left(\partial u_i/\partial a_j\right)_{P_0} da_j$.

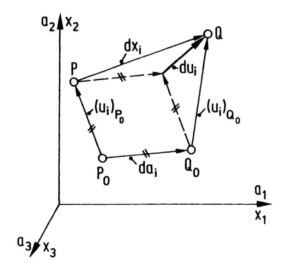

Bild F 1.7 Relativer Verschiebungsvektor

Mit (1.37a,b) erhält man den relativen Verschiebungsvektor in LAGRANGEscher und EULERscher Schreibweise:

$$du_i = \left(\partial u_i/\partial a_j\right) da_j = (\ell_{ij} + \alpha_{ij}) da_j,$$
$$du_i = \left(\partial u_i/\partial x_j\right) dx_j = (\varepsilon_{ij} + \omega_{ij}) dx_j.$$

In einem infinitesimalen Verschiebungsfeld entspricht diese Zerlegung einer additiven Aufspaltung in *Verzerrung* und *Rotation*. Falls in einem Punkt P der Verzerrungstensor verschwindet, ist der relative Verschiebungsvektor wegen (1.50) durch

$$du_i = \omega_{ij} dx_j = -\varepsilon_{ijk}\omega_k dx_j = \varepsilon_{ijk}\omega_j dx_k$$

gegeben und stellt dann als Kreuzprodukt einen Vektor dar, der auf den Vektoren ω und dx senkrecht steht. Der Vektor ω liegt in der Rotationsachse, die durch P läuft.

Ü 1.4.8
Aus dem gegebenen Verschiebungsfeld ermittelt man die Bewegung und ihre Inversion zu:

$$\left.\begin{array}{l}x_1 = (1+\varepsilon_{11})a_1 + \beta a_2 \\ x_1 = \alpha a_1 + (1+\varepsilon_{22})a_2\end{array}\right\} \Rightarrow \left\{\begin{array}{l}a_1 = [(1+\varepsilon_{22})x_1 - \beta x_2]/J \\ a_2 = [(1+\varepsilon_{11})x_2 - \alpha x_1]/J\end{array}\right.$$

mit $J = (1+\varepsilon_{11})(1+\varepsilon_{22}) - \alpha\beta$. Darin ist $\alpha\beta$ vernachlässigbar, so dass man mit dieser Voraussetzung zunächst

$$u_1 = \frac{\varepsilon_{11}}{1+\varepsilon_{11}}x_1 + \frac{\beta}{(1+\varepsilon_{11})(1+\varepsilon_{22})}x_2,$$
$$u_2 = \frac{\alpha}{(1+\varepsilon_{11})(1+\varepsilon_{22})}x_1 + \frac{\varepsilon_{22}}{1+\varepsilon_{22}}x_2$$

ermittelt. Darin können die Näherungen $\varepsilon_{11}/(1+\varepsilon_{11}) \approx \varepsilon_{11}(1-\varepsilon_{11}) \approx \varepsilon_{11}$ etc. benutzt werden, so dass schließlich folgt: $u_1 = \varepsilon_{11}x_1 + \beta x_2$, $u_2 = \alpha x_1 + \varepsilon_{22}x_2$, $u_3 = 0$. Mithin erhält man aus (1.36b), (1.38b) und (1.50):

$$\varepsilon_{ij} = \begin{pmatrix} \varepsilon_{11} & (\beta+\alpha)/2 \\ (\alpha+\beta)/2 & \varepsilon_{22} \end{pmatrix}, \quad \omega_{ij} = \begin{pmatrix} 0 & (\beta-\alpha)/2 \\ (\alpha-\beta)/2 & 0 \end{pmatrix},$$

$$\omega_1 = -\omega_{23} = 0, \quad \omega_2 = -\omega_{31} = 0, \quad \omega_3 = -\omega_{12} = (\alpha-\beta)/2.$$

Folgende Sonderfälle ergeben sich:

Ü 1.4.9-Ü 1.4.10

$\alpha = \beta = \varepsilon_{22} = 0$ $\Rightarrow$ einfache Dehnung in x_1-Richtung,

$\varepsilon_{11} = \varepsilon_{22} = \alpha = 0$ $\Rightarrow$ einfache Scherung parallel zur x_1-Achse (einfache Gleitung in x_2-Richtung),

$\varepsilon_{11} = \varepsilon_{22} = 0$ und $\alpha = \beta$ $\Rightarrow$ reiner Schub in x_1-x_2-Ebene (reine Gleitung)

Ü 1.4.9
Wegen $u_{i,j} = \varepsilon_{ij} + \omega_{ij}$ erhält man

$$u_{i,j} = \begin{pmatrix} 0 & -C & B \\ C & 0 & -A \\ -B & A & 0 \end{pmatrix} \equiv u_{[i,j]} = \omega_{ij} \Rightarrow \varepsilon_{ij} = 0_{ij}.$$

Den dualen Vektor ermittelt man nach (1.50) zu:

$$\omega_i = (-\omega_{23}, \quad -\omega_{31}, \quad -\omega_{12}) = (A, B, C).$$

Ü 1.4.10
Aus dem Verschiebungsfeld ermittelt man die Bewegung und ihre inverse Darstellung:

$$\left.\begin{aligned} x_1 &= (1-K)a_1 + Ka_2 \\ x_2 &= -Ka_1 + (1+K)a_2 \\ x_3 &= a_3 \end{aligned}\right\} \Leftrightarrow \begin{cases} a_1 = (1+K)x_1 - Kx_2 \\ a_2 = Kx_1 + (1-K)x_2 \\ a_3 = x_3 \end{cases}$$

Das gegebene Verschiebungsfeld kann somit auch durch $u_1 = u_2 = K(x_2 - x_1)$, $u_3 = 0$ ausgedrückt werden. Mit (1.13a) ermittelt man:

$$F_{ij} = \begin{pmatrix} 1-K & K & 0 \\ -K & 1+K & 0 \\ 0 & 0 & 1 \end{pmatrix} \Rightarrow J = \det(F_{ij}) = 1 \quad (volumentreu).$$

Aus (1.25a) und (1.36b) erhält man:

$$\lambda_{ij} = \begin{pmatrix} K^2 - K & -K^2 \\ -K^2 & K^2 + K \end{pmatrix}; \quad \varepsilon_{ij} = \begin{pmatrix} -K & 0 \\ 0 & K \end{pmatrix}.$$

Man erkennt, dass ε aus λ folgt, wenn man K^2 vernachlässigt. Für die infinitesimale Rotation sind (1.38b) und (1.50) maßgeblich:

$$\omega_{ij} = \begin{pmatrix} 0 & K \\ -K & 0 \end{pmatrix} \quad \Rightarrow \quad \omega_i = (0,\ 0,\ -K)\ .$$

Die additive Zerlegung des *Deformationsgradienten*

$$\begin{pmatrix} 1-K & K & 0 \\ -K & 1+K & 0 \\ 0 & 0 & 1 \end{pmatrix} = \begin{pmatrix} 1 & 0 & 0 \\ 0 & 1 & 0 \\ 0 & 0 & 1 \end{pmatrix} + \begin{pmatrix} 0 & K & 0 \\ -K & 0 & 0 \\ 0 & 0 & 0 \end{pmatrix} + \begin{pmatrix} -K & 0 & 0 \\ 0 & K & 0 \\ 0 & 0 & 0 \end{pmatrix}$$

kann bei kleinen K-Werten als Zerlegung in *Starrkörperbewegung* und *Verzerrung* gemäß

$$F_{ij} = \delta_{ij} + \omega_{ij} + \varepsilon_{ij}$$

gedeutet werden.

Nach der Beziehung (***) aus Ü 1.3.2 ermittelt man die Dehnung in der angegebenen Richtung zu:

$$\varepsilon = \varepsilon_{ij} e_i e_j = 7K/25\ .$$

Ü 1.5.1

Wie in Ziffer 1.1 vermerkt, wird die JACOBIsche Determinante $J \equiv |\mathbf{F}|$ stets positiv vorausgesetzt. Da die Tensoren (1.54a,b) positiv definit sind (Ü1.2.4), besitzen auch $\mathbf{U}$ und $\mathbf{V}$ nur positive Hauptwerte, so dass auch $\det(\mathbf{U}) > 0$ und $\det(\mathbf{V}) > 0$ gilt. Somit folgt aus den Zerlegungen (1.52a,b):

$$\left. \begin{aligned} |\mathbf{R}\mathbf{U}| &= |\mathbf{V}\mathbf{R}| > 0 \\ |\mathbf{U}| &= |\mathbf{V}| > 0 \end{aligned} \right\} \Rightarrow \left. \begin{aligned} |\mathbf{R}| &> 0 \\ \mathbf{R}^T \mathbf{R} &= \mathbf{R}\mathbf{R}^T = \delta \end{aligned} \right\} \Rightarrow |\mathbf{R}| = \pm 1\ . \quad \text{q.e.d.}$$

Folgerung: Spiegelungen werden nicht zugelassen.

Ü 1.5.2

In der *polaren* Darstellung $z = r \exp(i\varphi)$ ist r der Betrag der komplexen Zahl z und somit eine positive reelle Zahl, während $\exp(i\varphi)$ eine komplexe Zahl vom Betrage eins ist und eine Drehung beinhaltet.

Analog dazu besitzen die symmetrischen positiven Tensoren $\mathbf{U}$ und $\mathbf{V}$ des *polaren Zerlegungstheorems* $\mathbf{F} = \mathbf{R}\mathbf{U} = \mathbf{V}\mathbf{R}$ nur reelle positive Hauptwerte und bestimmen die Größe (Betrag, Norm) des Deformationsgradienten:

$$\|\mathbf{F}\| := \sqrt{\operatorname{tr}(\mathbf{F}^T \mathbf{F})} = \sqrt{\operatorname{tr}(\mathbf{F}\mathbf{F}^T)} = \sqrt{U_I^2 + \ldots} = \sqrt{V_I^2 + \ldots}.$$

Darin ist „tr" die Abkürzung für „trace" (Spur eines Tensors). Der Tensor **R** hat die Norm $\|\mathbf{R}\| = 1$ und bewirkt eine gegenseitige Verdrehung der Hauptachsen von **U** und **V** gemäß (1.56).

Ü 1.5.3

Definiert man $\mathbf{V}^2 = \mathbf{F}\mathbf{F}^T$, so folgt mit (1.52a):

$$\mathbf{V}^2 = (\mathbf{R}\mathbf{U})(\mathbf{R}\mathbf{U})^T = (\mathbf{R}\mathbf{U})(\mathbf{U}^T\mathbf{R}^T) = \mathbf{R}\mathbf{U}^2\mathbf{R}^T. \quad (*)$$

Es gilt:

$$(\mathbf{R}\mathbf{U}\mathbf{R}^T)^2 = (\mathbf{R}\mathbf{U}\mathbf{R}^T)(\mathbf{R}\mathbf{U}\mathbf{R}^T) = \mathbf{R}\mathbf{U}\mathbf{R}^T\mathbf{R}\mathbf{U}\mathbf{R}^T = \mathbf{R}\mathbf{U}^2\mathbf{R}^T,$$

so dass wegen (*) folgt:

$$\boxed{\mathbf{V} = \mathbf{R}\mathbf{U}\mathbf{R}^T} \quad \Rightarrow \quad \boxed{\mathbf{V}\mathbf{R} = \mathbf{R}\mathbf{U}} \quad \text{q.e.d.}$$

In der Indexschreibweise erhält man:

$$V_{ij}^{(2)} = R_{ip} U_{pq}^{(2)} R_{qj}^T = R_{ip} U_{pr} U_{rq} R_{qj}^T = R_{ip} U_{pr} \delta_{rs} U_{sq} R_{qj}^T.$$

Darin kann $\delta_{rs} = R_{tr} R_{ts} = R_{rt}^T R_{ts}$ berücksichtigt werden:

$$V_{ij}^{(2)} = (R_{ip} U_{pr} R_{rt}^T)(R_{ts} U_{sq} R_{qj}^T) \equiv (R_{ip} U_{pq} R_{qj}^T)^{(2)},$$

so dass folgt:

$$\boxed{V_{ij} = R_{ip} U_{pq} R_{qj}^T \equiv R_{ip} R_{jq} U_{pq}} \quad \Rightarrow \quad \boxed{V_{ij} R_{jk} = R_{ip} U_{pk}} \quad .$$

Den letzten Übergang erhält man durch Überschieben mit R_{jk} und unter Berücksichtigung von (1.53).

Ü 1.5.4

Zum Nachweis der Eindeutigkeit der Zerlegung (1.52a) nehme man an, dass eine weitere Zerlegung $\mathbf{R}_0 \mathbf{U}_0$ existiert, so dass $\mathbf{R}\mathbf{U} = \mathbf{R}_0 \mathbf{U}_0$ gilt. Die Transposition dazu ist wegen $\mathbf{U}^T = \mathbf{U}$ und $\mathbf{U}_0^T = \mathbf{U}_0$ durch $\mathbf{U}\mathbf{R}^T = \mathbf{U}_0 \mathbf{R}_0^T$ gegeben, so dass man aus beiden Beziehungen durch Matrizenmultiplikation unter Berücksichtigung von (1.53) erhält:

$$\mathbf{U}\mathbf{R}^T\mathbf{R}\mathbf{U} = \mathbf{U}_0\mathbf{R}_0^T\mathbf{R}_0\mathbf{U}_0 \quad \Rightarrow \quad \boxed{\mathbf{U}^2 = \mathbf{U}_0^2} \qquad \text{q.e.d.}$$

Mithin folgt $\mathbf{U}_0 = \mathbf{U}$ und damit auch $\mathbf{R}_0 = \mathbf{R}$, so dass die Zerlegung *eindeutig* ist.

Ü 1.5.5

Aus $\mathbf{V}\mathbf{R} = \mathbf{R}\mathbf{U}$ folgt: $\mathbf{V} = \mathbf{R}\mathbf{U}\mathbf{R}^T$. Damit wird in Verbindung mit (1.53):

$$\det(\mathbf{V} - \lambda\boldsymbol{\delta}) = \det(\mathbf{R}\mathbf{U}\mathbf{R}^T - \lambda\mathbf{R}\mathbf{R}^T) = \det\mathbf{R}(\mathbf{U} - \lambda\boldsymbol{\delta})\mathbf{R}^T .$$

Wendet man den Multiplikationssatz der Determinantenlehre an, so erhält man:

$$\underline{\underline{\det(\mathbf{V} - \lambda\boldsymbol{\delta})}} = \det(\mathbf{R})\det(\mathbf{R}^T)\det(\mathbf{U} - \lambda\boldsymbol{\delta}) = \underline{\underline{\det(\mathbf{U} - \lambda\boldsymbol{\delta})}} ,$$

d.h., die Tensoren haben dieselben charakteristischen Zahlen (Hauptwerte), wie man auch Bild 1.7 entnehmen kann.

Ü 1.5.6

Ein symmetrischer Tensor zweiter Stufe ($A_{ij} = A_{ji}$) ist eindeutig durch seine Hauptwerte und Hauptrichtungen in der Form

$$A_{ij} = A_I n_i^I n_j^I + A_{II} n_i^{II} n_j^{II} + A_{III} n_i^{III} n_j^{III} \qquad (*)$$

darstellbar (BETTEN, 1987a). Von dieser Beziehung wird im folgenden mehrmals Gebrauch gemacht.

Aus (1.52a,b) folgt: $V_{ij} = R_{ip} U_{pq} R_{qj}^T = R_{ip} R_{jq} U_{pq}$. Wendet man darauf die Beziehung (*) an, so erhält man:

$$V_I n_i^I n_j^I + \cdots = R_{ip} R_{jq} (U_I m_p^I m_q^I + \cdots) .$$

Daraus folgt wegen $V_I = U_I$ usw.: $\boxed{n_i^I = R_{ip} m_p^I \quad \text{usw.}}$.

Umgekehrt erhält man aus $R_{ik} U_{kj} = V_{ik} R_{kj}$ unter Berücksichtigung der Darstellung (*) zunächst:

$$R_{ik}(m_k^I m_j^I U_I + \cdots) = (V_I n_i^I n_k^I + \cdots) R_{kj} .$$

Darin werden auf der linken Seite die Beziehungen $R_{ik} m_k^I = n_i^I$ und $m_j^I = R_{jk}^{(-1)} n_k^I$ usw. gemäß (1.56) verwendet:

$$\left.\begin{array}{l} n_i^I n_k^I R_{jk}^{(-1)} U_I + \cdots = V_I n_i^I n_k^I R_{kj} + \cdots \\ R_{jk}^{(-1)} = R_{jk}^T = R_{kj} \end{array}\right\} \Rightarrow \boxed{U_I = V_I \quad \text{usw.}}$$

Ü 1.5.7

Man setze in (1.54a) die Zerlegung (1.52b) bzw. in (1.54b) die Zerlegung (1.52a) ein:

$$C_{ij} = F_{ki}F_{kj} = R_{pi}R_{qj}B_{pq} \quad \text{bzw.} \quad B_{ij} = F_{ik}F_{jk} = R_{ip}R_{jq}C_{pq}.$$

In Matrizenform kann das Ergebnis wegen $R_{pi} = R_{ip}^T = R_{ip}^{(-1)}$ durch

$$\mathbf{C} = \mathbf{R}^{-1}\mathbf{B}(\mathbf{R}^{-1})^T = \mathbf{R}^T\mathbf{B}\mathbf{R} \quad \text{bzw.} \quad \mathbf{B} = \mathbf{R}\mathbf{C}\mathbf{R}^T \qquad (*)$$

ausgedrückt werden. Man hätte auch die in Ü 1.5.5 angegebene Beziehung $\mathbf{V} = \mathbf{R}\mathbf{U}\mathbf{R}^T$ oder die Umkehrung $\mathbf{U} = \mathbf{R}^T\mathbf{V}\mathbf{R}$ quadrieren können, um das Ergebnis (*) zu erhalten. Wie $\mathbf{U}$ und $\mathbf{V}$ haben wegen (1.54a,b) auch die Tensoren $\mathbf{C}$ und $\mathbf{B}$ dieselben Hauptwerte.

Ü 1.5.8

Der *Deformationsgradient* wird:

$$\mathbf{F} = \begin{pmatrix} \sqrt{3} & 0 & 0 \\ 0 & 2 & 0 \\ 0 & -1 & \sqrt{3} \end{pmatrix} \Rightarrow J = \det(\mathbf{F}) = 6.$$

Die Tensoren (1.54a,b) ermittelt man zu:

$$\mathbf{U}^2 = \mathbf{F}^T\mathbf{F} = \begin{pmatrix} 3 & 0 & 0 \\ 0 & 5 & -\sqrt{3} \\ 0 & -\sqrt{3} & 3 \end{pmatrix}; \quad \mathbf{V}^2 = \mathbf{F}\mathbf{F}^T = \begin{pmatrix} 3 & 0 & 0 \\ 0 & 4 & -2 \\ 0 & -2 & 4 \end{pmatrix}.$$

Daraus ermittelt man die Hauptwerte zu:

$$U_I^2 = V_I^2 = 6, \quad U_{II}^2 = V_{II}^2 = 3, \quad U_{III}^2 = V_{III}^2 = 2$$

und die Eigenrichtungen zu:

$$m_i^I = (0,\ -\sqrt{3}/2,\ 1/2) \quad \vert \quad n_i^I = (0,\ -1/\sqrt{2},\ 1/\sqrt{2})$$
$$m_i^{II} = (1,\ 0,\ 0) \quad \vert \quad n_i^{II} = (1,\ 0,\ 0)$$
$$m_i^{III} = (0,\ 1/2,\ \sqrt{3}/2) \quad \vert \quad n_i^{III} = (0,\ 1/\sqrt{2},\ 1/\sqrt{2})\ .$$

Diese sind Zeilenvektoren der Transformationsmatrizen, die den Tensor $\mathbf{U}^2$ bzw. den Tensor $\mathbf{V}^2$ auf Diagonalgestalt bringen. Die Tensoren $\mathbf{U}$ und $\mathbf{V}$ erhält man durch folgende Matrizenoperationen (BETTEN, 1987a):

$$\mathbf{U} = \begin{pmatrix} 0 & 1 & 0 \\ -\sqrt{3}/2 & 0 & 1/2 \\ 1/2 & 0 & \sqrt{3}/2 \end{pmatrix} \begin{pmatrix} \sqrt{6} & 0 & 0 \\ 0 & \sqrt{3} & 0 \\ 0 & 0 & \sqrt{2} \end{pmatrix} \begin{pmatrix} 0 & -\sqrt{3}/2 & 1/2 \\ 1 & 0 & 0 \\ 0 & 1/2 & \sqrt{3}/2 \end{pmatrix},$$

$$\mathbf{V} = \begin{pmatrix} 0 & 1 & 0 \\ -1/\sqrt{2} & 0 & 1/\sqrt{2} \\ 1/\sqrt{2} & 0 & 1/\sqrt{2} \end{pmatrix} \begin{pmatrix} \sqrt{6} & 0 & 0 \\ 0 & \sqrt{3} & 0 \\ 0 & 0 & \sqrt{2} \end{pmatrix} \begin{pmatrix} 0 & -1/\sqrt{2} & 1/\sqrt{2} \\ 1 & 0 & 0 \\ 0 & 1/\sqrt{2} & 1/\sqrt{2} \end{pmatrix}.$$

Die Ergebnisse lauten:

$$\mathbf{U} = \frac{1}{4}\sqrt{6} \begin{pmatrix} 2\sqrt{2} & 0 & 0 \\ 0 & 3+1/\sqrt{3} & 1-\sqrt{3} \\ 0 & 1-\sqrt{3} & 1+\sqrt{3} \end{pmatrix},$$

$$\mathbf{V} = \frac{1}{2}\sqrt{2} \begin{pmatrix} \sqrt{6} & 0 & 0 \\ 0 & 1+\sqrt{3} & 1-\sqrt{3} \\ 0 & 1-\sqrt{3} & 1+\sqrt{3} \end{pmatrix}.$$

Den Rotationstensor $\mathbf{R}$ ermittelt man zu:

$$\mathbf{R} = \mathbf{F}\mathbf{U}^{-1} = \frac{1}{4}\sqrt{2} \begin{pmatrix} 2\sqrt{2} & 0 & 0 \\ 0 & 1+\sqrt{3} & \sqrt{3}-1 \\ 0 & 1-\sqrt{3} & 1+\sqrt{3} \end{pmatrix}.$$

Zur Kontrolle überprüfe man $\mathbf{R}\mathbf{U} = \mathbf{F}$ und $\mathbf{V}\mathbf{R} = \mathbf{F}$. Weiterhin überprüfe man $n_i^I = R_{ij} m_j^I$ gemäß (1.56).

Ü 1.5.9

Tabelle 1.1 entnimmt man unter Berücksichtigung von (1.54a,b):

$$U = \sqrt{\delta + 2\lambda} \approx \delta + \varepsilon \quad \text{und} \quad V = 1/\sqrt{\delta - 2\eta} \approx \delta + \varepsilon.$$

Darin ergeben sich die angedeuteten Näherungen bei kleinen Verzerrungen ($\varepsilon \approx \lambda \approx \eta$), so dass die Tensoren **U** und **V** näherungsweise gleichgesetzt werden können:

$$U_{ij} \approx V_{ij} \approx \delta_{ij} + \varepsilon_{ij}. \qquad (*)$$

Für $\mathbf{R} = \mathbf{F}\,\mathbf{U}^{-1} = \mathbf{V}^{-1}\,\mathbf{F}$ findet man mit (*) die Näherung:

$$R_{ij} = F_{ik} U_{kj}^{(-1)} \approx (\delta_{ik} + \varepsilon_{ik} + \omega_{ik})(\delta_{kj} + \varepsilon_{kj})^{(-1)} = \delta_{ij} + \omega_{ik}(\delta_{kj} + \varepsilon_{kj})^{(-1)}$$

wegen $(\delta_{kj} + \varepsilon_{kj})^{(-1)} \approx \delta_{kj} - \varepsilon_{kj}$ folgt weiter unter Berücksichtigung kleiner ω und ε:

$$R_{ij} \approx \delta_{ij} + \omega_{ij} - \omega_{ik}\varepsilon_{kj} \approx \delta_{ij} + \omega_{ij}, \qquad (**)$$

Mit (*) und (**) erhält man aus dem polaren Zerlegungstheorem $\mathbf{F} = \mathbf{R}\,\mathbf{U} = \mathbf{V}\,\mathbf{R}$ die additive Aufspaltung:

$$F_{ij} = \delta_{ij} + \varepsilon_{ij} + \omega_{ij} + \omega_{ik}\varepsilon_{kj}, \qquad (***)$$

die wegen $\omega_{ik}\varepsilon_{kj} \ll \delta_{ij}$ mit (1.12), (1.13), (1.37), (1.38) verträglich ist (Ü 1.4.5). Bei kleinen Verzerrungen und Rotationen erfüllen also die Näherungsansätze (*) und (**) das *polare Zerlegungstheorem*. Durch die Näherung (**) sind die Orthonormierungsbedingungen $R_{ik}R_{jk} = R_{ki}R_{kj} = \delta_{ij}$ verletzt und nur für $\omega_{ik}\omega_{jk} \ll \delta_{ij}$ erfüllt. Man erhält: $R_{ik}R_{jk} = \delta_{ij} + \omega_{ik}\omega_{jk} = R_{ki}R_{kj}$. Schließlich sei noch auf die Sonderfälle

$$R_{ij} = \delta_{ij} \quad \Rightarrow \quad F_{ij} = U_{ij} = V_{ij} = F_{ji} \quad (\text{reine } \textit{Verzerrung})$$

$$U_{ij} = V_{ij} = \delta_{ij} \quad \Rightarrow \quad F_{ij} = R_{ij} \qquad (\text{reine } \textit{Rotation})$$

hingewiesen. Man erkennt, dass bei reiner Verzerrung der *Deformationsgradient* symmetrisch ist.

Ü 1.5.10

Man geht wie in Ü 1.5.8 vor und erhält im Einzelnen folgende Ergebnisse:

$$F = \begin{pmatrix} 1 & K & 0 \\ K & 1 & 0 \\ 0 & 0 & 1 \end{pmatrix} \;\Rightarrow\; \det(F) = 1 - K^2 \;\Rightarrow\; \underline{\underline{K^2 < 1}}\,,$$

$$U^2 = F^T F = \begin{pmatrix} 1+K^2 & 2K & 0 \\ 2K & 1+K^2 & 0 \\ 0 & 0 & 1 \end{pmatrix} = F F^T = V^2\,.$$

Die Tensoren U^2 und V^2 stimmen überein, da F symmetrisch ist. Wurzelziehen $U = \sqrt{U^2}$ über Hauptachsentransformation (BETTEN, 1987a):

$$U_I^2 = V_I^2 = (1+K)^2\,, \quad U_{II}^2 = V_{II}^2 = 1\,, \quad U_{III}^2 = V_{III}^2 = (1-K)^2$$

$$m_i^I = \{1/\sqrt{2},\, 1/\sqrt{2},\, 0\},\; m_i^{II} = \{0,\, 0,\, 1\},\; m_i^{III} = \{1/\sqrt{2},\, -1/\sqrt{2},\, 0\}\,.$$

Bei dieser Aufgabe gilt $n_i^I = m_i^I$ usw. Das Wurzelziehen führt schließlich auf:

$$U = \begin{pmatrix} 1/\sqrt{2} & 0 & 1/\sqrt{2} \\ 1/\sqrt{2} & 0 & -1/\sqrt{2} \\ 0 & 1 & 0 \end{pmatrix} \begin{pmatrix} 1+K & 0 & 0 \\ 0 & 1 & 0 \\ 0 & 0 & 1-K \end{pmatrix} \begin{pmatrix} 1/\sqrt{2} & 1/\sqrt{2} & 0 \\ 0 & 0 & 1 \\ 1/\sqrt{2} & -1/\sqrt{2} & 0 \end{pmatrix}.$$

Wie man leicht nachprüfen kann, wird:

$$\boxed{U = V \equiv F} \quad\Rightarrow\quad \boxed{R = \delta}\,.$$

Das Ergebnis ist trivial, da der Deformationsgradient F für die gegebene Bewegung symmetrisch ist und daher mit den Tensoren U und V übereinstimmt. Umgekehrt kann man im Falle $R = \delta$, d.h. bei zusammenfallenden Hauptachsen (Bild 1.7), auf die Übereinstimmung der Tensoren U und V mit dem Deformationsgradienten F schließen.

Ü 1.6.1

Die Spurbildung Y_{kk} wird symbolisch durch das Zeichen tr (trace) angezeigt: $Y_{kk} \mathrel{\hat{=}} \operatorname{tr} Y$. Hat ein Matrizenschema X positiv reelle Eigenwerte, so ist $\ln X$ definiert, und es gilt:

$$\boxed{\operatorname{tr}(\ln X) = \ln(\det X)}\,, \qquad (*)$$

wie man unmittelbar nachprüfen kann, wenn man **X** im Hauptachsensystem betrachtet:

$$\text{tr}(\ln \mathbf{X}) \equiv \ln X_I + \ln X_{II} + \ln X_{II} = \ln(X_I X_{II} X_{III}) \equiv \ln(\det \mathbf{X}).$$

Die Tensoren $\mathbf{U} \equiv \sqrt{\mathbf{C}}$ und $\mathbf{V} \equiv \sqrt{\mathbf{B}}$ sind *positiv definit* (Ü 1.2.4). Sie besitzen dieselben Hauptwerte (Ü 1.5.5), so dass tr (ln **U**) = tr (ln **V**) gilt. Unter Benutzung der Beziehung (*) erhält man:

$$\text{tr}(\ln \mathbf{U}) \equiv \frac{1}{2}\text{tr}[\ln(\mathbf{F}^T \mathbf{F})] = \frac{1}{2}\ln[\det(\mathbf{F}^T \mathbf{F})] =$$
$$= \frac{1}{2}\ln(\det \mathbf{F}^T \det \mathbf{F}) = \ln(\det \mathbf{F}) \equiv \ln J.$$

Darin ist J die JACOBIsche Determinante (1.15a). Nach Ü 1.2.7 ist eine *isochore Bewegung* durch det **F** = 1 charakterisiert, so dass in diesem Fall die Spur der *logarithmischen Verzerrungstensoren* (1.58a,b) verschwinden würde. Mithin ist tr (ln **U**) = tr (ln **V**) für die *Volumendehnung* verantwortlich.

Ü 1.6.2

Die Aufweitung ist durch $r = r_0 + u(r_0)$ charakterisiert. Darin ist u die Verschiebung in radialer Richtung. Die Nenndehnung in radialer Richtung ergibt sich aus dem Grenzwert:

$$\varepsilon_r := \lim_{\Delta r_0 \to 0} \frac{u(r_0 + \Delta r_0) - u(r_0)}{\Delta r_0} = \frac{\partial u}{\partial r_0},$$

so dass die *effektive Dehnung* durch

$$\boxed{(\varepsilon_r)_{\text{eff}} = \ln(1 + \partial u/\partial r_0)}$$

gegeben ist.

In Umfangsrichtung ist die *Nenndehnung* gemäß

$$\varepsilon_\alpha := (2\pi r - 2\pi r_0)/(2\pi r_0) = u/r_0$$

definiert, so dass man als *effektive Dehnung*

$$\boxed{(\varepsilon_\alpha)_{\text{eff}} = \ln(1 + u/r_0)}$$

erhält.

Ü 1.6.3
Durch Gleichsetzen $U_I = V_I$ erhält man aus (1.59a,b):

$$\boxed{\lambda_I = \eta_I/(1 - 2\eta_I)} \quad \text{bzw.} \quad \boxed{\eta_I = \lambda_I/(1 + 2\lambda_I)}$$

in Übereinstimmung mit den in Ü 1.3.5 ermittelten *relativen Streckungen* s bzw. $\tilde{s}$ in einem Zugstab.

Ü 1.6.4
Der Tensor $\mathbf{U} \equiv \sqrt{\mathbf{C}}$ ist symmetrisch und positiv definit (Ü 1.2.4). Für ihn lässt sich immer eine orthonormierte Transformationsmatrix **b** finden, die ihn auf Diagonalform bringt:

$$\mathbf{U}^{**} = \mathbf{b}\mathbf{U}\mathbf{b}^T = \text{diag}\{U_I, U_{II}, U_{III}\} \, . \tag{*}$$

Die Hauptwerte U_I, U_{II}, U_{III} brauchen hierbei nicht unterschiedlich zu sein. Analog zum Potenzieren (Wurzelziehen eingeschlossen) bildet man den *Logarithmus eines Tensors*, indem man diese Operation in der Diagonalform (*) gemäß

$$\ln \mathbf{U}^{**} = \text{diag}\{\ln U_I, \ln U_{II}, \ln U_{III}\}$$

durchführt und anschließend die spezielle Koordinatentransformation **b** wieder rückgängig macht:

$$\ln \mathbf{U} = \mathbf{b}^T (\ln \mathbf{U}^{**})\mathbf{b} \, . \tag{**}$$

Unter Berücksichtigung der Orthonormierungsbedingungen $\mathbf{b}^T\mathbf{b} = \mathbf{b}\mathbf{b}^T = \boldsymbol{\delta}$ erhält man aus (*) den Zusammenhang $\mathbf{b}^T\mathbf{U}^{**}\mathbf{b} = \mathbf{U}$ und somit

$$\ln \mathbf{U} = \ln(\mathbf{b}^T \mathbf{U}^{**} \mathbf{b}) \, . \tag{***}$$

Der Vergleich von (**) und (***) führt auf

$$\ln(\mathbf{b}^T \mathbf{U}^{**} \mathbf{b}) = \mathbf{b}^T (\ln \mathbf{U}^{**})\mathbf{b} \, . \tag{****}$$

Es sei **a** im Gegensatz zu **b** irgendeine orthonormierte Transformationsmatrix. Bezüglich dieser Koordinatentransformation gilt: $U^*_{ij} = a_{ip}a_{jq}U_{pq}$ bzw. $\mathbf{U}^* = \mathbf{a}\mathbf{U}\mathbf{a}^T$, so dass in diesem Koordinatensystem die Beziehung (***) die Form

$$\ln \mathbf{U}^* = \ln(\mathbf{b}^T \mathbf{U}^{**} \mathbf{b})^*$$

annimmt, die man auch unter Berücksichtigung der Transpositionsregel $\mathbf{a}\mathbf{b}^T = (\mathbf{b}\mathbf{a}^T)^T$ durch

$$\ln(\mathbf{a}\mathbf{U}\mathbf{a}^T) = \ln(\mathbf{a}\mathbf{b}^T\mathbf{U}^{**}\mathbf{b}\mathbf{a}^T) = \ln[(\mathbf{b}\mathbf{a}^T)^T\mathbf{U}^{**}(\mathbf{b}\mathbf{a}^T)]$$

ausdrücken kann. Fasst man darin $\mathbf{c} = \mathbf{b}\,\mathbf{a}^T$ als Transformationsmatrix zusammen, die wie $\mathbf{a}$ und $\mathbf{b}$ orthonormiert ist, so gilt analog zu (****) der Zusammenhang:

$$\ln(\mathbf{c}^T\mathbf{U}^{**}\mathbf{c}) = \mathbf{c}^T(\ln\mathbf{U}^{**})\mathbf{c} = \mathbf{a}\mathbf{b}^T(\ln\mathbf{U}^{**})\mathbf{b}\mathbf{a}^T.$$

Mithin erhält man mit (**) die Beziehung

$$\boxed{\ln(\mathbf{a}\mathbf{U}\mathbf{a}^T) = \mathbf{a}(\ln\mathbf{U})\mathbf{a}^T}\quad,$$

die entsprechend (1.62) zum Ausdruck bringt, dass der Logarithmus $\ln\mathbf{U}$ eine *isotrope Tensorfunktion* ist.

Ü 1.6.5

Es sei $\mathbf{T}$ wie $\mathbf{Y}$ ein symmetrischer Tensor zweiter Stufe. Seine Koordinaten transformieren sich gemäß $T^*_{ij} = a_{ik}a_{jl}T_{kl}$. Aus der Bedingung (1.62) der *Form-Invarianz* unter der *Gruppe* $\mathbf{a}$, d.h. aus

$$f_{ij}(\mathbf{X}^*) = a_{ip}a_{jq}f_{pq}(\mathbf{X})$$

erhält man durch Überschieben mit T^*_{ji} eine skalare Funktion

$$\Pi(\mathbf{T}^*,\mathbf{X}^*) \equiv T^*_{ji}f_{ij}(\mathbf{X}^*) = T_{qp}f_{pq}(\mathbf{X}) \equiv \Pi(\mathbf{T},\mathbf{X}) \tag{*}$$

in den Argumenttensoren $\mathbf{T}$, $\mathbf{X}$, die in dem Tensor $\mathbf{T}$ linear ist. Mithin muss auch die *Integritätsbasis* für die skalare Funktion (*) linear in $\mathbf{T}$ sein, d.h., man kann (*) durch $\Pi = \sum_{\alpha=1}^{K} P_\alpha K_\alpha$ ausdrücken, wenn man unter K_1, K_2, ... , K_K die Elemente der *Integritätsbasis* versteht, die linear in $\mathbf{T}$ sind. Die P_α seien dann Polynome nur in den Invarianten des Tensors $\mathbf{X}$, d.h. unabhängig von $\mathbf{T}$, so dass man wegen (*) durch Differentiation nach dem Tensor $\mathbf{T}$ die Rechenregel

$$Y_{ij} = f_{ij}(\mathbf{X}) = \frac{1}{2}\left(\frac{\partial \Pi}{\partial T_{ij}} + \frac{\partial \Pi}{\partial T_{ji}}\right) = \frac{1}{2}\sum_{\alpha=1}^{\kappa} P_\alpha\left(\frac{\partial K_\alpha}{\partial T_{ij}} + \frac{\partial K_\alpha}{\partial T_{ji}}\right) \quad (**)$$

zur Aufstellung der tensorwertigen Funktion $\mathbf{Y} = \mathbf{f}(\mathbf{X})$ erhält. Dabei ist die Symmetrie $Y_{ij} = Y_{ji}$ gewährleistet.

Die Integritätsbasis für die skalare Funktion (*) besteht aus den zehn irreduziblen Invarianten der Tensoren $\mathbf{T}$ und $\mathbf{X}$:

$$\text{tr}\,\mathbf{T},\quad \text{tr}\,\mathbf{T}^2,\quad \text{tr}\,\mathbf{T}^3;\quad \text{tr}\,\mathbf{X},\quad \text{tr}\,\mathbf{X}^2,\quad \text{tr}\,\mathbf{X}^3;$$
$$\text{tr}\,\mathbf{T}\mathbf{X},\quad \text{tr}\,\mathbf{T}\mathbf{X}^2,\quad \text{tr}\,\mathbf{X}\mathbf{T}^2,\quad \text{tr}\,\mathbf{X}^2\mathbf{T}^2.$$

Aus dieser Liste werden in der Formel (**) nur die Elemente benötigt, die linear in $\mathbf{T}$ sind:

$$K_1 = \text{tr}\,\mathbf{T} \equiv T_{pp},\quad K_2 = \text{tr}\,\mathbf{T}\mathbf{X} \equiv T_{pq}X_{qp},\quad K_3 = \text{tr}\,\mathbf{T}\mathbf{X}^2 \equiv T_{pq}X_{qp}^{(2)}.$$

Die Differentiation dieser Elemente nach $\mathbf{T}$ führt auf:

$$\partial K_1/\partial T_{ij} = \delta_{ij},\quad \partial K_2/\partial T_{ij} = X_{ji},\quad \partial K_3/\partial T_{ij} = X_{ji}^{(2)},$$

so dass man aus der Formel (**) die Darstellung (1.61) mit $P_1 \equiv \varphi_0$, $P_2 \equiv \varphi_1$, $P_3 \equiv \varphi_2$ erhält.

Ü 1.6.6

Das Blech habe im Anfangszustand die Länge L_0 und die Dicke s_0, die gegenüber der Blechbreite sehr klein sei, so dass ein ebener Verzerrungszustand angenommen werden kann.

Die Nullinie L_0 geht über in L. Durch einen Punkt P verläuft im Abstand η von L eine Faser der Länge ℓ. Der Biegewinkel sei β, und r sei der Krümmungsradius der Nullfaser. Bild F 1.8 entnimmt man: $L = r\beta$, $r\varphi/a_1 = L/L_0$, so dass $\varphi = \beta a_1/L_0$ gilt. Die Lage des Punktes P kann durch

$$x_1 = (r+\eta)\sin\varphi,\quad x_2 = -r + (r+\eta)\cos\varphi,\quad x_3 = a_3$$

beschrieben werden mit $\varphi = \varphi(a_1)$ und $\eta = \eta(a_2)$, so dass der Deformationsgradient lautet:

$$\mathbf{F} = \begin{pmatrix} U_I\cos\varphi & U_{II}\sin\varphi & 0 \\ -U_I\sin\varphi & U_{II}\cos\varphi & 0 \\ 0 & 0 & 1 \end{pmatrix} \quad \text{mit}\quad J \equiv \det\mathbf{F} = U_I U_{II}. \quad (*)$$

Darin sind die Abkürzungen $U_I = \beta(r+\eta)/L_0$ und $U_{II} = \eta' \equiv d\eta/da_2$ benutzt. Der Tensor $\mathbf{U} = \sqrt{\mathbf{F}^T \mathbf{F}}$ hat Diagonalgestalt mit den Hauptwerten U_I, U_{II}, 1, so dass der logarithmische Verzerrungstensor durch

$$\boxed{\mathbf{G} = \ln \mathbf{U} = \text{diag}\{\ln U_I,\ \ln U_{II},\ 0\}}$$

gegeben ist. Den Hauptwert $U_I = \beta(r+\eta)/L_0$ kann man wegen $\ell = \beta(r+\eta)$ auch durch $U_I = \ell/L_0 \equiv \ell/\ell_0$ ausdrücken und somit als „Streckung" der durch P verlaufenden Faser deuten (Bild F1.8).

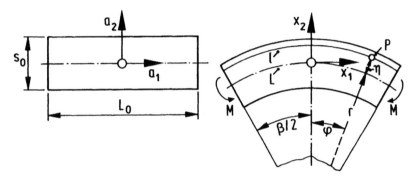

Bild F 1.8 Biegung eines Bleches

Bei *Inkompressibilität* muss $\det \mathbf{F} = 1$ gefordert werden. Dann erhält man wegen (*) den Zusammenhang $U_{II} = 1/U_I$, so dass wegen $U_{II} \equiv d\eta/da_2$ folgt:

$$\frac{\beta}{L_0}(r+\eta)d\eta = da_2 \quad \Rightarrow \quad \eta = -r + \sqrt{r^2 + 2L_0 a_2/\beta}.$$

Diese Beziehung gibt die Lage der Faser an, die im unverformten Zustand den Abstand a_2 von der Nullfaser hatte. Damit kann der Hauptwert U_I durch

$$\boxed{U_I = \sqrt{L^2/L_0^2 + 2\beta a_2/L_0}}$$

ausgedrückt werden. Darin ist nur noch die Länge L der Nullfaser im verformten Zustand unbekannt.

Ü 1.6.7
Unter Beachtung von (1.57) bis (1.60a,b) erhält man folgende Hauptdehnungen:

$m = 1 \quad \Rightarrow \quad (U_\alpha^2 - 1)/2 \equiv \lambda_\alpha$ \hfill (LAGRANGE),

$m = -1 \quad \Rightarrow \quad (1 - U_\alpha^{-2})/2 = (1 - V_\alpha^{-2})/2 \equiv \eta_\alpha$ \hfill (EULER),

$m = 1/2 \quad \Rightarrow \quad U_\alpha - 1 \equiv \varepsilon_\alpha$ \hfill (*Nenndehnungen*),

$m = 0 \quad \Rightarrow \quad \lim\limits_{m \to 0} \dfrac{U_\alpha^{2m} - 1}{2m} = \ln U_\alpha$ \hfill (LUDWIK/HENCKY).

Ü 1.7.1
Die *Alternierung* bezüglich der eingeklammerten Indizes führt auf (BETTEN, 1987a):

$$J_2 = (\varepsilon_{ij}\varepsilon_{ji} - \varepsilon_{ii}\varepsilon_{jj})/2, \quad J_3 = (\varepsilon_{ii}\varepsilon_{jj}\varepsilon_{kk} + 2\varepsilon_{ij}\varepsilon_{jk}\varepsilon_{ki} - 3\varepsilon_{ij}\varepsilon_{ji}\varepsilon_{kk})/6.$$

Symbolisch lässt sich das Ergebnis folgendermaßen ausdrücken:

$$J_2 = [\mathrm{tr}\,\varepsilon^2 - (\mathrm{tr}\,\varepsilon)^2]/2, \quad J_3 = [(\mathrm{tr}\,\varepsilon)^3 + 2\mathrm{tr}\,\varepsilon^3 - 3\mathrm{tr}\,\varepsilon^2\,\mathrm{tr}\,\varepsilon]/6.$$

Darin ist „tr" die Abkürzung für „trace" (Spur).

Ü 1.7.2
Die kubische Gleichung (1.75) besitzt nur reelle Wurzeln, da ε_{ij} in (1.74) symmetrisch ist (BETTEN, 1987a). Es sei ε_I eine reelle Wurzel und n_i^I, i = 1,2,3, die entsprechende Hauptrichtung. Dann wird (1.74) zu:

$$\left.\begin{array}{l}(\varepsilon_{11} - \varepsilon_I)n_1^I + \varepsilon_{12}n_2^I + \varepsilon_{13}n_3^I = 0 \\ \varepsilon_{12}n_1^I + (\varepsilon_{22} - \varepsilon_I)n_2^I + \varepsilon_{23}n_3^I = 0 \\ \varepsilon_{13}n_1^I + \varepsilon_{23}n_2^I + (\varepsilon_{33} - \varepsilon_I)n_3^I = 0\end{array}\right\} \quad (*)$$

und die Nebenbedingung (1.71) zu: $(n_1^I)^2 + (n_2^I)^2 + (n_3^I)^2 = 1$. Multipliziert man die erste, zweite und dritte Gleichung in (*) jeweils mit n_1^I, n_2^I und n_3^I, so erhält man unter Beachtung der Nebenbedingung nach Addition der drei Gleichungen: $\varepsilon_I = \varepsilon_{ij} n_i^I n_j^I$. Der Vergleich dieses Ergebnisses mit (1.70) zeigt: ε_I = Extremal (ε_{11}^*). In diesem Zusammenhang sei auch auf Ü 3.2.4 bei BETTEN (1987a) hingewiesen. Ferner beachte man die Bemerkungen zum *Hauptachsentheorem* in Ü 1.7.5 und die Erläuterungen zur *LAGRANGEschen Multiplikatorenmethode* im Anhang.

Ü 1.7.3

Der Reihe nach wird ε_{11}^* aus (1.70) mit den gegebenen Messwerten identifiziert, die den drei Richtungen $\varphi = 0$, $\varphi = 45°$, $\varphi = 90°$ zugeordnet sind, d.h., man führt in Gedanken in der Messebene eine ebene Drehung durch, die durch die Transformationsmatrix

$$a_{ij} = \begin{pmatrix} \cos\varphi & \sin\varphi & 0 \\ -\sin\varphi & \cos\varphi & 0 \\ 0 & 0 & 1 \end{pmatrix}$$

charakterisiert ist. Somit wird aus (1.70):

$$\varepsilon_{11}^* = \varepsilon_{11}\cos^2\varphi + \varepsilon_{22}\sin^2\varphi + 2\varepsilon_{12}\sin\varphi\cos\varphi. \qquad (*)$$

Nach der oben beschriebenen Vorgehensweise erhält man daraus:

$$\varepsilon_0 \equiv (\varepsilon_{11}^*)_{\varphi=0} = \varepsilon_{11}, \qquad \varepsilon_{90} \equiv (\varepsilon_{11}^*)_{\varphi=90°} = \varepsilon_{22},$$

$$\varepsilon_{45} \equiv (\varepsilon_{11}^*)_{\varphi=45°} = \frac{1}{2}\varepsilon_{11} + \frac{1}{2}\varepsilon_{22} + \varepsilon_{12}, \quad \text{bzw.:}$$

$$\varepsilon_{11} = \varepsilon_0, \quad \varepsilon_{22} = \varepsilon_{90}, \quad \varepsilon_{12} = (2\varepsilon_{45} - \varepsilon_{90} - \varepsilon_0)/2. \qquad (**)$$

Nach Ü 3.2.4 bei BETTEN (1987a) gilt für die Hauptwerte (*MOHRscher Kreis*):

$$\varepsilon_{I;II} = \frac{1}{2}(\varepsilon_{11} + \varepsilon_{22}) \pm \frac{1}{2}\sqrt{(\varepsilon_{11} - \varepsilon_{22})^2 + 4\varepsilon_{12}^2},$$

so dass mit (**) das gesuchte Ergebnis folgt:

$$\boxed{\varepsilon_{I;II} = \frac{1}{2}(\varepsilon_0 + \varepsilon_{90}) \pm \frac{1}{\sqrt{2}}\sqrt{(\varepsilon_{45} - \varepsilon_0)^2 + (\varepsilon_{45} - \varepsilon_{90})^2}} \quad .$$

Die Hauptrichtung I findet man unter einem Winkel φ_I gegenüber der Richtung x_1, in der „ε_0" gemessen wird. Für diesen Winkel gilt: $\tan 2\varphi_I = 2\varepsilon_{12}/(\varepsilon_{11} - \varepsilon_{22})$, so dass man mit (**) das Ergebnis

$$\tan 2\varphi_I = (2\varepsilon_{45} - \varepsilon_{90} - \varepsilon_0)/(\varepsilon_0 - \varepsilon_{90})$$

erhält. Aus den Ergebnissen sieht man, dass mit dieser Messmethode die Hauptdehnungen $\varepsilon_{I;II}$ und deren Richtungen $\varphi_{I;II}$ eindeutig ermittelt werden können, ohne eine Messung von Gleitungen durchführen zu müssen. Weitere Beispiele findet man bei HEARN (1977). Obige Formeln sind grundlegend für die *experimentelle Spannungsanalyse* (Ü 3.1.14), die bei BETTEN (1970a) auch für elastisch-plastische Beanspruchungen ausführlich behandelt wird.

Ü 1.7.4
Analog zu Ü 1.7.3 findet man:

$$\varepsilon_0 \equiv \varepsilon_{11}, \quad \varepsilon_{60} \equiv (\varepsilon_{11}^*)_{\varphi=60°} = (\varepsilon_{11} + 3\varepsilon_{22})/4 + \sqrt{3}\varepsilon_{12}/2,$$

$$\varepsilon_{120} \equiv (\varepsilon_{11}^*)_{\varphi=120°} = (\varepsilon_{11} + 3\varepsilon_{22})/4 - \sqrt{3}\varepsilon_{12}/2,$$

woraus man die gesuchten Ergebnisse

$$\varepsilon_{11} = \varepsilon_0, \quad \varepsilon_{22} = 2(\varepsilon_{60} + \varepsilon_{120})/3 - \varepsilon_0/3, \quad \varepsilon_{12} = (\varepsilon_{60} - \varepsilon_{120})/\sqrt{3}$$

erhält. Hinweis: $\sin 60° = \sin 120° = \sqrt{3}/2$, $\cos 60° = -\cos 120° = 1/2$.

Ü 1.7.5
Hauptachsentransformation:

$$A_{ij} = \begin{pmatrix} A_{11} & A_{12} & A_{13} \\ A_{21} & A_{22} & A_{23} \\ A_{31} & A_{32} & A_{33} \end{pmatrix} \underset{(a_{ij})}{\overset{}{\longrightarrow}} (A_{ij}^*)_{HS} = \begin{pmatrix} A_{11}^* = A_I & 0 & 0 \\ 0 & A_{22}^* = A_{II} & 0 \\ 0 & 0 & A_{33}^* = A_{III} \end{pmatrix}$$

Gesucht wird die *Transformationsmatrix* (a_{ij}), die den Tensor **A** auf *Hauptachsen* transformiert. Dazu geht man folgendermaßen vor:

Transformationsgesetz: $A^*_{ij} = a_{ip} a_{jq} A_{pq}$

$$\left. \begin{array}{l} \text{z.B.:}\ A^*_{11} = a^2_{11} A_{11} + a^2_{12} A_{22} + a^2_{13} A_{33} + a_{11} a_{12} (A_{12} + A_{21}) + \\ \qquad\qquad + a_{11} a_{13} (A_{13} + A_{31}) + a_{12} a_{13} (A_{23} + A_{32}) \end{array} \right\} \quad (*)$$

charakteristisches Gleichungssystem:

$$(A_{ij} - \lambda_{(\alpha)} \delta_{ij}) n^{(\alpha)}_j = 0_i \quad \text{mit} \quad n^{(\alpha)}_j n^{(\alpha)}_j = 1; \quad \alpha = I, II, III. \quad (**)$$

Man überschiebe (**) mit $n^{(\alpha)}_i$; dann erhält man:

$$\left. \begin{array}{l} A_{ij} n^{(\alpha)}_j n^{(\alpha)}_i = \lambda_{(\alpha)} \delta_{ij} n^{(\alpha)}_j n^{(\alpha)}_i = \lambda_{(\alpha)} n^{(\alpha)}_j n^{(\alpha)}_j = \lambda_{(\alpha)} \\ \text{z.B.:}\ \lambda_I = (n^I_1)^2 A_{11} + (n^I_2)^2 A_{22} + (n^I_3)^2 A_{33} + \\ \qquad + n^I_1 n^I_2 (A_{12} + A_{21}) + n^I_1 n^I_3 (A_{13} + A_{31}) + n^I_2 n^I_3 (A_{23} + A_{32}) \end{array} \right\} \quad (***)$$

Wegen $A^*_{11} = \lambda_I$ folgt aus (*) und (***) durch Koeffizientenvergleich der *Zeilenvektor:*

$$\{a_{11},\ a_{12},\ a_{13}\} = \{n^I_1,\ n^I_2,\ n^I_3\}$$

insgesamt also [Anhang (A.27)]:

$$a_{ij} = \begin{pmatrix} a_{11} & a_{12} & a_{13} \\ a_{21} & a_{22} & a_{23} \\ a_{31} & a_{32} & a_{33} \end{pmatrix} = \begin{pmatrix} n^I_1 & n^I_2 & n^I_3 \\ n^{II}_1 & n^{II}_2 & n^{II}_3 \\ n^{III}_1 & n^{III}_2 & n^{III}_3 \end{pmatrix}$$

Hauptachsentheorem (BETTEN, 1987a): Zu jedem symmetrischen Tensor zweiter Stufe **A** existiert eine spezielle orthonormierte (orthogonale) Matrix **a** , so dass gemäß

$$\mathbf{a\,A\,a}^T = \operatorname{diag}\{A_I,\ A_{II},\ A_{III}\}$$

die Diagonalgestalt von **A** entsteht mit sämtlich reellen Eigenwerten A_I, A_{II}, A_{III}. Die *Zeilenvektoren* dieser orthonormierten Matrix **a** bilden das System der orthonormierten Eigenvektoren. In der Literatur findet man häufig, dass die *Spaltenvektoren* dieses System bilden. Das liegt an den unterschiedlichen Definitionen der *Richtungskosinusse*, die hier durch

$$\cos \alpha_{ij} \equiv \cos(x^*_i, x_j) \coloneq a_{ij}$$

gegeben ist (BETTEN, 1987a), während man in den besagten Literaturstellen die Definition $a_{ij} := \cos(x_i, x_j^*)$ verwendet.

Bei unterschiedlichen Eigenwerten (Hauptwerten) ist jedem dieser Werte ein normierter Eigenvektor eindeutig zugeordnet, so dass bei mehrfachen Eigenwerten die spezielle Matrix **a** nicht eindeutig bestimmt ist. Die Eigenwerte können als reelle Lösungen einer Extremalaufgabe mit Nebenbedingung gefunden werden (**Anhang**). Sie sind invariant gegenüber einer *Ähnlichkeitstransformation* (BETTEN, 1987a), so dass man mit ihnen die drei *irreduziblen Invarianten* eines Tensors zweiter Stufe bilden kann, die mit den *elementaren symmetrischen Funktionen* (4.4a,b,c) von A_I, A_{II}, A_{III} identisch sind und als skalare Koeffizienten in dem *charakteristischen Polynom* (4.6) erkannt werden.

Ü 1.8.1

Aus der Diagonalgestalt $\varepsilon = \begin{pmatrix} \varepsilon_I & 0 & 0 \\ 0 & \varepsilon_{II} & 0 \\ 0 & 0 & \varepsilon_{III} \end{pmatrix}$ ermittelt man die Spur zu $\varepsilon_I + \varepsilon_{II} + \varepsilon_{III} \equiv J_1$, die negative Summe der Hauptminoren zu $-(\varepsilon_I \varepsilon_{II} + \varepsilon_{II} \varepsilon_{III} + \varepsilon_{III} \varepsilon_I) \equiv J_2$ und die Determinante zu $\varepsilon_I \varepsilon_{II} \varepsilon_{III} \equiv J_3$, so dass sich die *Volumendehnung*

$$\varepsilon_{Vol} = (1+\varepsilon_I)(1+\varepsilon_{II})(1+\varepsilon_{III}) - 1 = \varepsilon_I + \ldots + (\varepsilon_I \varepsilon_{II} + \ldots) + \varepsilon_I \varepsilon_{II} \varepsilon_{III}$$

durch (1.81) ausdrücken lässt.

Ü 1.8.2

In (1.82a) setzt man (1.60a,b) mit (1.59a,b) ein:

$$(\varepsilon_{Vol})_{eff} = \frac{1}{2} \sum_{\alpha=I}^{III} \ln(1 + 2\lambda_\alpha) = -\frac{1}{2} \sum_{\alpha=I}^{III} \ln(1 - 2\eta_\alpha).$$

Bei kleinen Verzerrungen erhält man daraus:

$$(\varepsilon_{Vol})_{eff} \approx \lambda_{kk} \approx \eta_{kk} \approx \varepsilon_{kk}.$$

Ü 1.8.3

Aus (1.59a) mit (1.60a) erhält man $\lambda_I = \varepsilon_I(1 + \varepsilon_I/2)$ etc. und somit: $\lambda_{kk} = \varepsilon_{kk} + \varepsilon_{kk}^2/2$. Im Vergleich mit (1.82a,b) findet man dann durch Reihenentwicklung:

$$\lambda_{kk} - (\varepsilon_{kk})_{eff} = \varepsilon_I^2 + \varepsilon_{II}^2 + \varepsilon_{III}^2 - \frac{1}{3}(\varepsilon_I^3 + ...) + \frac{1}{4}(\varepsilon_I^4 + ...) \mp ...$$

Man erkennt, dass nur bei kleinen Verzerrungen der Unterschied vernachlässigbar ist (wie auch der Unterschied zwischen λ_{kk} und ε_{kk}, der $\varepsilon_{kk}^2/2$ beträgt).

Ü 1.8.4

Den klassischen Verzerrungstensor im Punkte P = (1, 1, 1) ermittelt man näherungsweise wegen $\ell_{ij} \approx \varepsilon_{ij}$ nach (1.36a) zu:

$$\varepsilon_{ij} = K \begin{pmatrix} 2 & 3 & 0 \\ 3 & 2 & 0 \\ 0 & 0 & 2 \end{pmatrix} \quad \Rightarrow \quad (\varepsilon_{ij})_{HS} = K \begin{pmatrix} 5 & 0 & 0 \\ 0 & 2 & 0 \\ 0 & 0 & -1 \end{pmatrix}.$$

Die Invarianten ergeben sich hieraus zu: $J_1 = 6\,K$, $J_2 = -3\,K^2$, $J_3 = -10\,K^3$. Der Vergleich geht aus nachstehender Tabelle hervor.

K	10^{-1}	10^{-2}	10^{-3}	10^{-4}
ε_{Vol}	$6{,}2000 \cdot 10^{-1}$	$6{,}0290 \cdot 10^{-2}$	$6{,}003 \cdot 10^{-3}$	$6{,}0003 \cdot 10^{-4}$
$(\varepsilon_{Vol})_{eff}$	$4{,}8243 \cdot 10^{-1}$	$5{,}8542 \cdot 10^{-2}$	$5{,}9850 \cdot 10^{-3}$	$5{,}9985 \cdot 10^{-4}$
$\dfrac{\varepsilon_{Vol} - (\varepsilon_{Vol})_{eff}}{(\varepsilon_{Vol})_{eff}}$	28,5171 %	2,9851 %	0,2999 %	0,03 %

Benutzt man jedoch die Formel (1.36b), so erhält man nach langwieriger Rechnung, auf die hier nicht eingegangen werden soll, das Ergebnis:

$$\varepsilon_{ij} = K \begin{pmatrix} 2(1-2K)/N & 3/N & 0 \\ 3/N & 2(1-2K)/N & 0 \\ 0 & 0 & 2/(1+2K) \end{pmatrix}$$

mit der Abkürzung $N \equiv 1 + 4K - 4K^2$. Beispielsweise folgen für $K = 10^{-3}$ die Zahlenwerte

$$\varepsilon_{ij} = 10^{-3} \begin{pmatrix} 1{,}988 & 2{,}988 & 0 \\ 2{,}988 & 1{,}988 & 0 \\ 0 & 0 & 1{,}996 \end{pmatrix}.$$

Ü 1.9.1

Nach Ü 1.1.3 gilt $\rho J = \rho_0$. Durch zeitliche Ableitung findet man: $\dot{\rho}J + \rho\dot{J} = 0$, bzw. $\boxed{\dot{J}/J = -\dot{\rho}/\rho}$. Andererseits wurde in Ü 1.1.6 der Zusammenhang $\boxed{\dot{J}/J = \text{div } \mathbf{v}}$ hergeleitet, so dass durch Gleichsetzen unmittelbar die Kontinuitätsbedingung (1.88b) folgt.

Ü 1.9.2

Die Spur $D_{kk} = \partial_i v_i$ stimmt mit der Divergenz des Geschwindigkeitsvektors überein, die man über die Kontinuitätsbedingung eliminieren kann. Somit erhält man:

$$\dot{\rho}/\rho + D_{kk} = 0 \quad \text{bzw.} \quad d\rho/\rho + D_{kk}\, dt = 0$$

und daraus:

$$\int_0^t D_{kk}\, dt = -\ln(\rho/\rho_0) = \ln(V/V_0) = (\varepsilon_{\text{Vol}})_{\text{eff}} = (\varepsilon_{kk})_{\text{eff}}.$$

Mithin kann gefolgert werden:

$$(d\varepsilon_{kk})_{\text{eff}} = D_{kk}\, dt \quad \text{bzw.} \quad \boxed{(d\varepsilon_{ij})_{\text{eff}} = D_{ij}\, dt} \qquad \text{q.e.d.}$$

Bei *inkompressiblen Medien* (z.B. plastisch beanspruchter Werkstoff) ist $\rho = \text{const}$. Dann verschwindet die Spur D_{kk} und damit auch $(\varepsilon_{kk})_{\text{eff}}$ bzw. $(d\varepsilon_{kk})_{\text{eff}}$ (*plastische Volumenkonstanz*).

Ü 1.9.3

Nach (1.88b) gilt: $\dot{\rho}/\rho = -\partial_i v_i \equiv -v_{i,i}$. Aus dem gegebenen Geschwindigkeitsfeld erhält man:

$$\partial v_i/\partial x_j = K(r^n \delta_{ij} - n\, r^{n-1} x_i \partial r/\partial x_j)/r^{2n}.$$

Wegen $\partial r/\partial x_j = x_j/r$ folgt weiter:

$$\partial v_i/\partial x_j = K(\delta_{ij} - n\, x_i x_j/r^2)/r^n.$$

Durch Spurbildung (i = j) erhält man das gesuchte Ergebnis: $\boxed{\dot{\rho}/\rho = (n-3)/r^n}$. Für n = 3 liegt Inkompressibilität vor.

Ü 1.9.4
Nach (1.88) muss im inkompressiblen Fall die Divergenz verschwinden: $\partial v_1/\partial x_1 + \partial v_2/\partial x_2 = 0$. Im Einzelnen ermittelt man folgende Ableitungen:

$$\partial v_1/\partial x_1 = 2K x_1/r^n - K n x_1(x_1^2 - x_2^2)/r^{n+2},$$
$$\partial v_2/\partial x_2 = 2K x_1/r^n - 2K n x_1 x_2^2/r^{n+2},$$

und damit führt die angegebene Forderung auf **n = 4**.

Ü 1.10.1
Die *materielle Zeitableitung* einer tensoriellen Feldgröße beliebiger Stufenzahl, die in LAGRANGEschen Koordinaten gegeben ist, ermittelt man nach (1.8a). Somit wird:

$$\frac{d}{dt}\left(\frac{\partial u_i}{\partial a_j}\right) = \frac{\partial}{\partial t}\frac{\partial u_i}{\partial a_j} = \frac{\partial}{\partial a_j}\frac{\partial u_i}{\partial t} = \frac{\partial}{\partial a_j}\frac{du_i}{dt} = \frac{\partial v_i}{\partial a_j},$$

so dass aus (1.36a) unmittelbar

$$\dot{\ell}_{ij} = (\partial v_i/\partial a_j + \partial v_j/\partial a_i)/2$$

folgt. Der Vergleich mit (1.91) zeigt, dass $\dot{\ell}_{ij}$ nur bei kleinen Verzerrungen mit D_{ij} näherungsweise übereinstimmt, weil dann eine Unterscheidung zwischen LAGRANGEschen und EULERschen Koordinaten unerheblich ist.

Die *materielle Zeitableitung* einer tensoriellen Größe, die in EULERschen Koordinaten gegeben ist, ermittelt man nach (1.8b). Somit wird:

$$v_i \equiv \dot{u}_i = \partial u_i/\partial t + v_p u_{i,p},$$

d.h., die Geschwindigkeit ist hierdurch nicht explizit gegeben. Durch partielle Differentiation nach x_j folgt weiter:

$$v_{i,j} = \partial u_{i,j}/\partial t + v_{p,j} u_{i,p} + v_p u_{i,pj}.$$

Wegen $u_{i,pj} = u_{i,jp}$ und wegen (1.9) erhält man daraus:

$$v_{i,j} - u_{i,p} v_{p,j} = \left(\frac{\partial}{\partial t} + v_p \frac{\partial}{\partial x_p}\right) u_{i,j} = \frac{d}{dt}(u_{i,j}).$$

Mit diesem Ergebnis erhält man aus (1.36b) schließlich im Vergleich mit (1.91):

$$\dot{\varepsilon}_{ij} = D_{ij} - (u_{i,p}v_{p,j} + u_{j,p}v_{p,i})/2 \quad .$$

Man erkennt, dass nur bei genügend kleinem Verschiebungsgradienten (1.12b) und genügend kleinem Geschwindigkeitsgradiententensor $v_{i,j} \equiv L_{ij}$ die *materielle Zeitableitung* des klassischen Verzerrungstensors mit dem *Verzerrungsgeschwindigkeitstensor* näherungsweise übereinstimmt ($\dot{\varepsilon}_{ij} \approx D_{ij}$). Ebenso gilt für die Zeitableitung des antisymmetrischen Anteils ω_{ij} in (1.37b) die Näherung $\dot{\omega}_{ij} \approx W_{ij}$ nur bei genügend kleinen Verzerrungen und Verzerrungsgeschwindigkeiten.

Ü 1.10.2

Durch Addition und Subtraktion erhält man aus den gegebenen Beziehungen:

$$a_2 + a_3 = (x_2 + x_3)e^{-t}, \quad a_2 - a_3 = (x_2 - x_3)e^{t} \quad (*)$$

und damit die Inversion: $a_1 = x_1$, $a_2 = (x_2+x_3)e^{-t}/2 + (x_2-x_3)e^{t}/2$, $a_3 = (x_2+x_3)e^{-t}/2 - (x_2-x_3)e^{t}/2$. Die Koordinaten des Verschiebungsvektors $u_i = x_i - a_i$ ermittelt man in der LAGRANGEschen Form zu:

$$u_1 = 0$$
$$u_2 = [(a_2 + a_3)e^{t} + (a_2 - a_3)e^{-t}]/2 - a_2$$
$$u_3 = [(a_2 + a_3)e^{t} - (a_2 - a_3)e^{-t}]/2 - a_3$$

und in der EULERschen Form zu:

$$u_1 = 0$$
$$u_2 = x_2 - [(x_2 + x_3)e^{-t} + (x_2 - x_3)e^{t}]/2$$
$$u_3 = x_3 - [(x_2 + x_3)e^{-t} - (x_2 - x_3)e^{t}]/2 \quad .$$

Daraus ermittelt man die Koordinaten des Geschwindigkeitsvektors in der LAGRANGEschen Form nach (1.8a) zu:

$$\left.\begin{array}{l} v_1 = 0 \\ v_2 = [(a_2 + a_3)e^{t} - (a_2 - a_3)e^{-t}]/2 \\ v_3 = [(a_2 + a_3)e^{t} + (a_2 - a_3)e^{-t}]/2 \end{array}\right\} \quad (**)$$

und in der EULERschen Form (1.8b) zu:

$$v_1 = 0, \quad v_2 + v_3 = x_2 + x_3, \quad v_2 - v_3 = x_3 - x_2,$$

woraus

$$v_1 = 0, \quad v_2 = x_3, \quad v_3 = x_2 \qquad (***)$$

folgt. Durch Einsetzen von (*) in (**) kann man das Ergebnis auch unmittelbar finden, ohne die Rechenvorschrift (1.8b) benutzen zu müssen.

Der Unterschied zwischen $\dot{\varepsilon}_{ij}$ und D_{ij} ermittelt man nach Ü 1.10.1 gemäß

$$D_{ij} - \dot{\varepsilon}_{ij} = (u_{i,p} v_{p,j} + u_{j,p} v_{p,i})/2 \equiv (u_{i,p} L_{pj} + u_{j,p} L_{pi})/2 \;.$$

Er ist demnach der symmetrische Anteil des Matrizenproduktes aus Verschiebungsgradient (1.12b) und Geschwindigkeitsgradiententensor (1.89)/(1.90):

$$D_{ij} - \dot{\varepsilon}_{ij} = \begin{pmatrix} 0 & 0 & 0 \\ 0 & \sinh t & 1-\cosh t \\ 0 & 1-\cosh t & \sinh t \end{pmatrix}.$$

Für $t = 0$ ist kein Unterschied vorhanden.

Für die Bewegung nach Ü 1.1.2 geht man entsprechend vor und erhält im Einzelnen die Ergebnisse:

$$v_1 = (a_1 + a_3)e^t, \quad v_2 = 2a_3 \cosh t, \quad v_3 = 0,$$
$$v_1 = x_1 + x_3, \qquad v_2 = 2x_3 \cosh t, \quad v_3 = 0,$$

$$u_{i,j} = \begin{pmatrix} 1-e^{-t} & 0 & 1-e^{-t} \\ 0 & 0 & 2\sinh t \\ 0 & 0 & 0 \end{pmatrix}, \quad v_{i,j} = \begin{pmatrix} 1 & 0 & 1 \\ 0 & 0 & 2\cosh t \\ 0 & 0 & 0 \end{pmatrix}$$

und damit schließlich:

$$D_{ij} - \dot{\varepsilon}_{ij} = (1-e^{-t}) \begin{pmatrix} 1 & 0 & 1/2 \\ 0 & 0 & 0 \\ 1/2 & 0 & 0 \end{pmatrix}$$

bzw.

$$D_{ij} = \begin{pmatrix} 1 & 0 & 1/2 \\ 0 & 0 & \cosh t \\ 1/2 & \cosh t & 0 \end{pmatrix}, \quad \dot{\varepsilon}_{ij} = \begin{pmatrix} e^{-t} & 0 & \frac{1}{2}e^{-t} \\ 0 & 0 & \cosh t \\ \frac{1}{2}e^{-t} & \cosh t & 0 \end{pmatrix}.$$

Ü 1.10.3

Aus (1.22) und (1.30) erhält man:

$$(ds^2)^{\cdot} = 2\dot{\lambda}_{jk}\, da_j\, da_k \qquad (*)$$

$$(ds^2)^{\cdot} = 2(\dot{\eta}_{jk} dx_j dx_k + \eta_{jk} dv_j dx_k + \eta_{jk} dx_j dv_k)\;,$$

bzw. wegen (1.89):

$$(ds^2)^{\cdot} = 2(\dot{\eta}_{jk} + \eta_{pk} v_{p,j} + \eta_{jp} v_{p,k}) dx_j dx_k\;. \qquad (**)$$

Andererseits ermittelt man:

$$(ds^2)^{\cdot} = (dx_k dx_k)^{\cdot} = 2 dx_k\, dv_k = 2 v_{k,j} dx_k dx_j,$$

$$(ds^2)^{\cdot} = 2 L_{jk} dx_j dx_k = 2 D_{jk} dx_j dx_k + 2 W_{jk} dx_j dx_k\;.$$

Darin verschwindet der letzte Term, da der Spin-Tensor (1.92) schiefsymmetrisch ist, so dass verbleibt:

$$(ds^2)^{\cdot} = 2 D_{jk} dx_j dx_k\;. \qquad (***)$$

Der Vergleich von (*) mit (***) führt mit (1.16b) auf:

$$\boxed{D_{ij} = \dot{\lambda}_{pq}\left(\partial a_p/\partial x_i\right)\left(\partial a_q/\partial x_j\right) \equiv \dot{\lambda}_{pq} F_{pi}^{(-1)} F_{qj}^{(-1)}}\;,$$

während man aus (**) und (***) das Ergebnis

$$\boxed{D_{ij} = \dot{\eta}_{ij} + \eta_{pj} v_{p,i} + \eta_{ip} v_{p,j} \equiv \dot{\eta}_{ij} + \eta_{ip} L_{pj} + \eta_{jp} L_{pi}}$$

erhält. In symbolischer Schreibweise gilt:

$$\mathbf{D} = (\mathbf{F}^{-1})^T \dot{\boldsymbol{\lambda}}\ \mathbf{F}^{-1} \quad \Rightarrow \quad \boxed{\dot{\boldsymbol{\lambda}} = \mathbf{F}^T \mathbf{D} \mathbf{F}}$$

und

$$\mathbf{D} = \dot{\boldsymbol{\eta}} + \boldsymbol{\eta}\mathbf{L} + \mathbf{L}^T\boldsymbol{\eta} \quad \Rightarrow \quad \boxed{\dot{\boldsymbol{\eta}} = \mathbf{D} - (\boldsymbol{\eta}\ \mathbf{L} + \mathbf{L}^T\boldsymbol{\eta})}\;.$$

Man erkennt wegen (1.14a,b) und (1.89), dass für $\partial u_i/\partial a_j \ll \delta_{ij}$ näherungsweise $\dot{\boldsymbol{\lambda}} \approx \mathbf{D}$ gesetzt werden kann, während für $\partial v_i/\partial x_j \ll \delta_{ij}$ die Näherung $\dot{\boldsymbol{\eta}} \approx \mathbf{D}$ gilt.

Eine *Starrkörperbewegung* liegt nur dann vor, wenn der Abstand zwischen zwei benachbarten materiellen Punkten zeitlich konstant bleibt. Somit muss $(ds)^{\cdot} = 0$ gefordert werden, so dass man aus (*), (**), (***) schließen kann: Notwendige und hinreichende Bedingungen für eine *Starrkörperbewegung* sind $D_{ij} = 0_{ij}$ bzw. $\dot{\lambda}_{ij} = 0_{ij}$, während $\dot{\eta}_{ij} = 0_{ij}$ und auch $\dot{\varepsilon}_{ij} = 0_{ij}$ nicht unmittelbar eine *Starrkörperbewegung* bedingen.

Ü 1.10.4

Der Deformationsgradient sei in LAGRANGEschen Koordinaten gegeben. Dann folgt aus (1.13a) mit (1.8a):

$$\frac{d}{dt}\left(\frac{\partial x_i}{\partial a_j}\right) = \frac{\partial}{\partial t}\left(\frac{\partial x_i}{\partial a_j}\right) = \frac{\partial}{\partial a_j}\frac{\partial x_i}{\partial t} = \frac{\partial}{\partial a_j}\frac{dx_i}{dt} = \frac{\partial v_i}{\partial x_p}\frac{\partial x_p}{\partial a_j}$$

$$\dot{F}_{ij} \equiv \frac{d}{dt}\frac{\partial x_i}{\partial a_j} = v_{i,p}F_{pj} \equiv L_{ip}F_{pj} \quad \text{bzw.} \quad \boxed{\dot{\mathbf{F}} = \mathbf{L}\mathbf{F}} \quad .$$

Durch Überschieben mit $F_{jq}^{(-1)}$ erhält man:

$$\dot{F}_{ij}F_{jq}^{(-1)} = L_{ip}F_{pj}F_{jq}^{(-1)} = L_{ip}\delta_{pq} = L_{iq} \quad \text{bzw.} \quad \boxed{\mathbf{L} = \dot{\mathbf{F}}\mathbf{F}^{-1}} \quad .$$

Ü 1.10.5

In die Beziehung (***) aus Ü 1.10.3 setze man $dx_i = n_i \, ds$ ein, so dass man wegen $(ds^2)^{\cdot} = 2ds(ds)^{\cdot}$ erhält:

$$(ds)^{\cdot}/ds = D_{ij}n_i n_j \equiv D_{(n)} \quad . \tag{*}$$

Darin ist $D_{(n)}$ die *Streckgeschwindigkeit* eines materiellen Linienelementes in Richtung n_i. Für ein Linienelement in Richtung der x_1-Achse ist $n_i \equiv {}^1e_i$; dann wird $D_{(1)} \equiv D_{ij} {}^1e_i {}^1e_j = D_{11}$. Mithin können die Diagonalkomponenten D_{11}, D_{22}, D_{33} als „Streckgeschwindigkeiten" von materiellen Linienelementen in den Koordinatenrichtungen gedeutet werden. Die Summe D_{kk} (Spur) stimmt mit der Divergenz des Geschwindigkeitsvektors überein, wie aus (1.91) unmittelbar folgt. Weiterhin gilt $(dV)^{\cdot} = (\operatorname{div} \mathbf{v}) \, dV$, wie in Ü 1.1.8 hergeleitet wurde, so dass man die Spur $D_{kk} = (dV\dot{)}/dV$ auch als Volumenänderungsgeschwindigkeit pro Volumeneinheit deuten kann.

Zur weiteren Deutung betrachte man analog zu Ü 1.3.4 zwei Linienelementvektoren $d^1x_i = n_i \, d^1s$ und $d^2x_i = m_i \, d^2s$, die einen Winkel ψ_{12} einschließen. Die materielle Zeitableitung des Skalarproduktes ermittelt man unter Berücksichtigung von $(dx_i\dot{)} = v_{i,p} \, dx_p$ (gemäß Ü 1.1.8) zu:

$$(d^1x_i d^2x_i\dot{)} = v_{i,p} d^1x_p d^2x_i + v_{i,p} d^1x_i d^2x_p \ ,$$

woraus man durch Vertauschen von stummen Indizes erhält:

$$(d^1x_i d^2x_i\dot{)} = (v_{i,j} + v_{j,i}) d^1x_i d^2x_j \equiv 2 D_{ij} d^1x_i d^2x_j \ . \qquad (**)$$

Andererseits gilt für das Skalarprodukt $d^1x_i \, d^2x_i = d^1s \, d^2s \cos \psi_{12}$, woraus die zeitliche Ableitung folgt:

$$(d^1x_i \, d^2x_i\dot{)} = [d^2s(d^1s\dot{)} + d^1s(d^2s\dot{)}] \cos \psi_{12} - d^1s \, d^2s \, \dot{\psi}_{12} \sin \psi_{12} \ .$$

Der Vergleich mit (**) führt auf:

$$\boxed{[(d^1s\dot{)}/d^1s + (d^2s\dot{)}/d^2s] \cos \psi_{12} - \dot{\psi}_{12} \sin \psi_{12} = 2 D_{ij} n_i m_j} \ .$$

Aus dieser Beziehung folgt für $d^1x_i = d^2x_i$, d.h. für $\psi_{12} = 0$, unmittelbar das Ergebnis (*), während man für $d^1x_i \perp d^2x_i$, d.h. $n_i \equiv {}^1e_i$ und $m_i \equiv {}^2e_i$ den Zusammenhang $\boxed{D_{12} \equiv -\dot{\psi}_{12}/2}$ nachweist. Somit kann $2 D_{12}$ als „Abnahmegeschwindigkeit" gedeutet werden, die der rechte Winkel zwischen zwei Linienelementen der Koordinatenrichtungen ${}^1e_i$ und ${}^2e_i$ erfährt.

Ü 1.10.6

Bahnlinien erhält man durch Integration der Differentialgleichungen $dx_i/dt = v_i$, $i = 1, 2, 3$. Im gegebenen Fall ermittelt man:

$$dx_1/dt = x_1/(1+t) \quad \Rightarrow \quad \boxed{x_1 = A_1 (1+t)/(1+t_0)}$$

$$dx_2/dt = x_2 \quad \Rightarrow \quad \boxed{x_2 = A_2 \exp(t - t_0)}$$

Stromlinien hingegen stellen eine Momentaufnahme der Bewegung zu einem bestimmten Zeitpunkt $t = t_0$ dar. Ihre Richtung in jedem Punkt fällt mit der Richtung des Geschwindigkeitsvektors zusammen ($\mathbf{v} \times d\mathbf{x} = \mathbf{0}$):

$$\varepsilon_{ijk} v_j dx_k = 0_i \quad \Rightarrow \quad dx_3/dx_2 = v_3/v_2, \ldots, dx_2/dx_1 = v_2/v_1.$$

Für den vorliegenden ebenen Fall gilt zum Zeitpunkt $t = t_0$:

$$dx_2/dx_1 = (1+t_0) x_2/x_1 \quad \Rightarrow \quad \boxed{x_2 = \left(A_2 \big/ A_1^{(1+t_0)}\right) x_1^{(1+t_0)}}.$$

Zum Zeitpunkt $t = t_0$ haben beide Linien im Punkte (A_1, A_2, A_3) zusammenfallende Tangenten $dx_2/dx_1 = (1+t_0) A_2/A_1$, wie man zur Kontrolle leicht nachprüft. Bei einer *stationären Bewegung* können *Bahn-* und *Stromlinien* nicht unterschieden werden.

Ü 1.10.7

Aus der angegebenen Definitionsgleichung erhält man durch weitere Ableitung nach t:

$$d^{(\nu+1)}(ds^2)\big/dt^{(\nu+1)} = {}^{(\nu+1)}A_{ij} dx_i dx_j = ({}^{\nu}A_{ij} dx_i dx_j)^{\cdot} \quad (*)$$

$$(\ldots)^{\cdot} = {}^{\nu}\dot{A}_{ij} dx_i dx_j + {}^{\nu}A_{ij} (dx_i)^{\cdot} dx_j + {}^{\nu}A_{ij} dx_i (dx_j)^{\cdot}.$$

Darin wird $(dx_i)^{\cdot} = v_{i,p} dx_p \equiv L_{ip} dx_p$ gemäß Ü 1.1.8 berücksichtigt:

$$(\ldots)^{\cdot} = {}^{\nu}\dot{A}_{ij} dx_i dx_j + {}^{\nu}A_{ij} L_{ip} dx_p dx_j + {}^{\nu}A_{ij} dx_i L_{jp} dx_p.$$

Weiterhin werden stumme Indizes so vertauscht, dass $dx_i dx_j$ ausgeklammert werden kann:

$$(\ldots)^{\cdot} = ({}^{\nu}\dot{A}_{ij} + {}^{\nu}A_{ip} L_{pj} + {}^{\nu}A_{pj} L_{pi}) dx_i dx_j. \quad (**)$$

Der Vergleich von (**) mit (*) führt unmittelbar auf das gesuchte Ergebnis

$$\boxed{{}^{(\nu+1)}A_{ij} = {}^{\nu}\dot{A}_{ij} + {}^{\nu}A_{ip} L_{pj} + {}^{\nu}A_{pj} L_{pi}}, \quad (***)$$

das symbolisch durch

$$\boxed{{}^{(\nu+1)}\mathbf{A} = {}^{\nu}\dot{\mathbf{A}} + {}^{\nu}\mathbf{A}\,\mathbf{L} + \mathbf{L}^T\,{}^{\nu}\mathbf{A}}$$

ausgedrückt werden kann. Die Rechenvorschrift in (***), nach der man aus $^{\nu}A_{ij}$ die Tensorkoordinaten $^{(\nu+1)}A_{ij}$ ermittelt, wird *OLDROYDsche Zeitableitung* genannt. Benutzt man die *JAUMANNsche Zeitableitung* eines Tensors zweiter Stufe (BETTEN, 1987a),

$$\overset{\circ}{T}_{ij} := \dot{T}_{ij} - \varepsilon_{ipq} W_p T_{qj} - \varepsilon_{jpq} W_p T_{iq} ,$$

bzw. wegen (1.94) und $W_{ij} = -W_{ji}$ auch:

$$\overset{\circ}{T}_{ij} := \dot{T}_{ij} + T_{ik} W_{kj} - W_{ik} T_{kj} \quad \text{bzw.} \quad \overset{\circ}{T} = \dot{T} + T\ W - W\ T ,$$

so kann das Ergebnis (***) in der Form

$$\boxed{^{(\nu+1)}A_{ij} = {}^{\nu}\overset{\circ}{A}_{ij} + {}^{\nu}A_{ip} D_{pj} + D_{ip} {}^{\nu}A_{pj}} \qquad (****)$$

angegeben werden, wenn man noch zusätzlich (1.90) und $D_{ij} = D_{ji}$ berücksichtigt. Das Ergebnis (****) im Vergleich mit (***) stellt einen Zusammenhang zwischen *OLDROYDscher* und *JAUMANNscher Zeitableitung* dar.

Für $\nu = 0$ erhält man aus der Definitionsgleichung in der Aufgabenstellung unmittelbar: $^{0}A_{ij} \equiv \delta_{ij}$. Im Vergleich mit (1.93) erhält man für $\nu = 1$ den Tensor $^{1}A_{ij} \equiv 2 D_{ij}$, der auch aus der Formel (***) oder (****) folgt, wenn man $\nu = 0$ einsetzt. Schließlich erhält man aus (***) durch Einsetzen von $\nu = 1$ den Tensor

$$^{2}A_{ij} = 2(\dot{D}_{ij} + 2 D_{ij}^{(2)} + D_{ip} W_{pj} - W_{ip} D_{pj}) .$$

Ü 1.10.8

Nach (***) in Ü 1.10.7 ist die *OLDROYDsche Zeitableitung* eines symmetrischen Tensors zweiter Stufe gemäß

$$\overset{\triangledown}{T}_{ij} := \dot{T}_{ij} + T_{ip} L_{pj} + T_{pj} L_{pi}$$

definiert. Ersetzt man T_{ij} durch den EULERschen Verzerrungstensor η_{ij}, so stellt man im Vergleich mit Ü 1.10.3 unmittelbar fest, dass der *Verzerrungsgeschwindigkeitstensor als OLDROYDsche Zeitableitung des EULERschen Verzerrungstensors* gedeutet werden kann ($D_{ij} \equiv \overset{\triangledown}{\eta}_{ij}$).

Ü 1.11.1

Aus (1.36b) erhält man für i = 1, j = 2 die Gleitung $2\varepsilon_{12} = u_{1,2} + u_{2,1}$ gemäß (1.48) und daraus durch weitere Ableitungen:

$$2\varepsilon_{12,12} = u_{1,212} + u_{2,112} = u_{1,122} + u_{2,211}.$$

Darin ist im letzten Rechenschritt die Reihenfolge der Differentiationen vertauscht worden. Wegen (1.45) erhält man schließlich: $R_{33} = \varepsilon_{11,22} + \varepsilon_{22,11} - 2\varepsilon_{12,12} = 0$. Durch zyklische Vertauschung der Indizes erhält man weitere Bedingungen. Die Bedingung $R_{33} = 0$ besagt, dass die drei Verzerrungen ε_{11}, ε_{22}, ε_{12} aneinander gebunden sind und keine vollkommen willkürliche Funktionen sein dürfen, da sie sich aus zwei Verschiebungskoordinaten (u_1, u_2) ableiten.

Die allgemeine Herleitung von (1.97) kann man folgendermaßen durchführen. Aus (1.36b) folgt durch Ableiten und anschließenden Überschiebungen:

$$2\varepsilon_{pq,rs} = u_{p,qrs} + u_{q,prs}$$

$$2\varepsilon_{ipr}\varepsilon_{jqs}\varepsilon_{pq,rs} = \varepsilon_{ipr}\varepsilon_{jqs}u_{p,qrs} + \varepsilon_{ipr}\varepsilon_{jqs}u_{q,prs}. \qquad (*)$$

Darin verschwinden $\varepsilon_{jqs}u_{p,qrs}$ und $\varepsilon_{ipr}u_{q,prs}$ aufgrund der Symmetrien $u_{p,qrs} = u_{p,srq}$ und $u_{q,prs} = u_{q,rps}$. Somit folgen wegen (1.98) unmittelbar die Bedingungen $R_{ij} = 0_{ij}$ und damit (1.97).

Ü 1.11.2

Aus (1.98) folgt die Divergenz

$$R_{ij,j} = \varepsilon_{ipr}\varepsilon_{jqs}\varepsilon_{pq,rsj}.$$

Darin verschwindet $\varepsilon_{jqs}\varepsilon_{pq,rsj}$ aufgrund der Symmetrie $\varepsilon_{pq,rsj} = \varepsilon_{pq,rjs}$ (Vertauschbarkeit der Differentiationsreihenfolge):

$$\varepsilon_{jqs}\varepsilon_{pq,rsj} \begin{cases} = \varepsilon_{p1,r23} - \varepsilon_{p1,r32} = 0_{pr} & \text{für } q = 1 \\ = \varepsilon_{p2,r31} - \varepsilon_{p2,r13} = 0_{pr} & \text{für } q = 2 \\ = \varepsilon_{p3,r12} - \varepsilon_{p3,r21} = 0_{pr} & \text{für } q = 3 \end{cases}.$$

Mithin ist $R_{ij,j} = 0_i$ gemäß (1.99) bestätigt.

Ü 1.11.3

Die Verträglichkeitsbedingung $R_{33} = 0$ in (1.97) ist für $a = -b$ erfüllt. Damit erhält man unter Berücksichtigung von (1.36b):

$$\varepsilon_{11} = a(x_1^2 - x_2^2) \equiv \partial u_1 / \partial x_1, \quad \varepsilon_{22} = a x_1 x_2 \equiv \partial u_2 / \partial x_2,$$

$$\varepsilon_{12} = -a x_1 x_2 \equiv (\partial u_1 / \partial x_2 + \partial u_2 / \partial x_1)/2.$$

Die Integration führt auf:

$$u_1 = \frac{1}{3} a x_1^3 - a x_1 x_2^2 + f(x_2), \quad u_2 = \frac{1}{2} a x_1 x_2^2 + g(x_1).$$

Damit wird:

$$\varepsilon_{12} = -a x_1 x_2 \equiv (u_{1,2} + u_{2,1})/2 = -a x_1 x_2 + \frac{1}{2}\left(\frac{\partial f}{\partial x_2} + \frac{1}{2} a x_2^2 + \frac{\partial g}{\partial x_1}\right),$$

d.h., der Klammerausdruck muss verschwinden:

$$\underbrace{\partial f(x_2)/\partial x_2 + a x_2^2 / 2}_{= C} = \underbrace{-\partial g(x_1)/\partial x_1}_{= C}$$

$$\partial g / \partial x_1 = -C \quad \Rightarrow \quad \boxed{g = -C x_1 + D}$$

$$\frac{\partial f}{\partial x_2} + \frac{1}{2} a x_2^2 = C \quad \Rightarrow \quad \boxed{f = C x_2 - \frac{1}{6} a x_2^3 + B} \quad .$$

Mithin erhält man das Verschiebungsfeld:

$$\boxed{\begin{array}{l} u_1 = a\left(x_1^3 - x_2^3/2\right)/3 - a x_1 x_2^2 + C x_2 + B \\ u_2 = a x_1 x_2^2 / 2 - C x_1 + D \end{array}} \quad (*)$$

Darin drücken die Integrationskonstanten $B \equiv u_1(0,0)$, $D \equiv u_2(0,0)$ eine überlagerte *Translation* aus, während die *Rotation* nach (1.38b) zu

$$\omega_{ij} = \begin{pmatrix} 0 & \omega_{12} \\ -\omega_{12} & 0 \end{pmatrix} \text{ mit } \omega_{12} = C - a x_1 x_2 - a x_2^2 / 2 \text{ bestimmt wird. Man}$$

erkennt, dass für $a = B = D = 0$ nur eine Rotation vorliegt, die durch C bestimmt wird. Mithin wird durch die Integrationskonstanten B, C, D eine überlagerte *Starrkörperbewegung* festgelegt, die auf das Verzerrungsfeld mit dem Parameter a keinen Einfluss hat. In den Funktionen f und g sind die Konstanten C ($\to$ *Rotation*) und B, D ($\to$ *Translation*) enthalten. Somit beinhalten f und g die *Starrkörperbewegung*.

Ü 1.11.4
Durch Integration folgt:

$$\varepsilon_{11} = \frac{\partial u_1}{\partial x_1} = a(x_1^2 x_2 + x_2^3) \quad \Rightarrow \quad u_1 = a\left(\frac{1}{3}x_1^3 x_2 + x_1 x_2^3\right) + f(x_2)$$

$$\varepsilon_{22} = \frac{\partial u_2}{\partial x_2} = b x_1 x_2^2 \quad \Rightarrow \quad u_2 = \frac{1}{3} b x_1 x_2^3 + g(x_1)$$

Randbedingungen:

$$u_1(x_1 = 0, x_2) = u_1(x_1, x_2 = 0) \equiv 0 \quad \Rightarrow \quad f(x_2) = 0,$$

$$u_2(x_1 = 0, x_2) = u_2(x_1, x_2 = 0) \equiv 0 \quad \Rightarrow \quad g(x_1) = 0.$$

Damit ist das Verschiebungsfeld bis auf die Konstanten a und b ermittelt. Die Gleitung $\gamma_{12} = u_{1,2} + u_{2,1}$ ergibt sich zu

$$\gamma_{12} = a\left(x_1^3 + 9 x_1 x_2^2 + b x_2^3/a\right)/3.$$

Aus der *Kompatibilitätsbedingung* $\varepsilon_{11,22} + \varepsilon_{22,11} = \gamma_{12,12}$ folgt: a = a, d.h., sie ist a priori erfüllt.

Ü 1.11.5
Da die vorgegebenen Verzerrungen linear in den Koordinaten sind und jeder Term in den Verträglichkeitsbedingungen aus zweiten Ableitungen besteht, ist die *Kompatibilität* a priori gewährleistet.
Durch Integration erhält man das Verschiebungsfeld

$$u_1 = K\left(x_1^2 + x_2^2\right), \quad u_2 = K\left(2 x_1 x_2 + x_1^2\right), \quad u_3 = K x_3^2,$$

in dem eine überlagerte Starrkörperbewegung nicht berücksichtigt ist.

Ü 1.11.6
Die Verträglichkeitsbedingung $R_{33} = 0$ in (1.97) ist erfüllt. Man ermittelt:

$$u_{1,1} = \varepsilon_{11} = K\left(x_1^2 + x_2^2\right) \quad \Rightarrow \quad u_1 = K\left(\frac{1}{3}x_1^3 + x_1 x_2^2\right) + f(x_2)$$

$$u_{2,2} = \varepsilon_{22} = K x_2^2 \quad \Rightarrow \quad u_2 = K x_2^3/3 + g(x_1)$$

$$\left.\begin{array}{r}\underbrace{u_{1,2}+u_{2,1}}=2\varepsilon_{12}=2Kx_1x_2\\=K(2x_1x_2+f_{,2}+g_{,1})\end{array}\right\} \Rightarrow \frac{\partial f}{\partial x_2}=-\frac{\partial g}{\partial x_1}.$$

Somit wird:

$$u_1 = K\left(x_1^3/3 + x_1x_2^2\right) + Ax_2 + B$$
$$u_2 = Kx_2^3/3 - Ax_1 + C, \quad u_3 = 0.$$

Randbedingung: $u_1(0,0) = u_2(0,0) = 0 \Rightarrow B = C = 0$

Drehung: $\omega_{12} = (u_{1,2} - u_{2,1})/2 = Kx_1x_2 + A$

Randbedingung: $\omega_{12}(0,0) = 0 \Rightarrow A = 0$.

Ü 2.1.1

Die Summe der Quadrate ermittelt man wegen ${}^1p_i{}^1p_i = \sigma_{11}^2 + \sigma_{12}^2 + \sigma_{13}^2 \equiv$
$\equiv \sigma_{1i}\sigma_{1i}$ etc. zu:

$$S = {}^1p_i{}^1p_i + {}^2p_i{}^2p_i + {}^3p_i{}^3p_i = \sigma_{1i}\sigma_{1i} + \sigma_{2i}\sigma_{2i} + \sigma_{3i}\sigma_{3i} \equiv \sigma_{ki}\sigma_{ki}.$$

Diese Größe ist invariant.

Ü 2.1.2

Der Spannungsvektor bezüglich der Querschnittsfläche ist durch ${}^0\mathbf{p} = \mathbf{P}/F$ gegeben. Bezüglich der Schnittrichtung α gilt die Zerlegung ${}^\alpha\mathbf{p} = \sigma\mathbf{n} + \tau\mathbf{t}$ mit $\mathbf{n} = (\cos\alpha, \sin\alpha, 0)$ und $\mathbf{t} = (-\sin\alpha, \cos\alpha, 0)$. Der Betrag ist $|{}^\alpha\mathbf{p}| = (P/F)\cos\alpha$, so dass man erhält:

$$\boxed{\sigma = (P/F)\cos^2\alpha} \quad \text{und} \quad \boxed{\tau = (P/F)\cos\alpha\,\sin\alpha}.$$

Ü 2.2.1

Die drei Spannungsvektoren (2.1) können auch durch die Schreibweise ${}^\alpha p_i = \sigma_{\alpha k}{}^k e_i$, $\alpha = 1,2,3$, ausgedrückt werden. Da „e" eine orthonormierte Basis ist, gilt ${}^k e_i = \delta_{ki}$ und somit ${}^\alpha p_i = \sigma_{\alpha k}\delta_{ki} = \sigma_{\alpha i}$. Durch Überschieben mit n_α erhält man mit (2.2):

$$^1p_in_1 + {}^2p_in_2 + {}^3p_in_3 \equiv {}^\alpha p_i n_\alpha = \sigma_{\alpha i}n_\alpha \equiv \sigma_{ji}n_j = \underline{\underline{p_i}}.$$

Ü 2.2.2

a) Für die Diagonalform ermittelt man folgendermaßen die charakteristische Gleichung:

$$\sigma_{ij} = \begin{pmatrix} \sigma_I & 0 & 0 \\ 0 & \sigma_{II} & 0 \\ 0 & 0 & \sigma_{III} \end{pmatrix} \Rightarrow \begin{vmatrix} (\sigma_I - \sigma) & 0 & 0 \\ 0 & (\sigma_{II} - \sigma) & 0 \\ 0 & 0 & (\sigma_{III} - \sigma) \end{vmatrix} = 0.$$

Mithin wird $(\sigma_I - \sigma)(\sigma_{II} - \sigma)(\sigma_{III} - \sigma) = 0$ bzw.:

$$\sigma^3 - (\sigma_I + \ldots)\sigma^2 + (\sigma_I\sigma_{II} + \ldots)\sigma - \sigma_I\sigma_{II}\sigma_{III} = 0.$$

Im Vergleich mit (2.9) erhält man die Invarianten des Spannungstensors:

$$J_1 \equiv \sigma_I + \sigma_{II} + \sigma_{III}, \quad J_2 \equiv -(\sigma_I\sigma_{II} + \sigma_{II}\sigma_{III} + \sigma_{III}\sigma_I), \quad J_3 \equiv \sigma_I\sigma_{II}\sigma_{III},$$

die man analog (1.76a,b,c) als *Spur*, negative Summe der *Hauptminoren* und *Determinante* des Spannungstensors deuten kann.

b) Der Spannungsdeviator ist ein spurloser Tensor $(J_1' \equiv \sigma_{kk}' = 0)$, so dass die charakteristische Gleichung (2.9) für den Deviator die reduzierte Form $\sigma'^3 - J_2'\sigma'^2 - J_3' = 0$ mit $J_2' \equiv \sigma_{ij}'\sigma_{ji}'/2$ und $J_3' \equiv \sigma_{ij}'\sigma_{jk}'\sigma_{ki}'/3$ annimmt. Die quadratische Invariante J_2' kann auch folgendermaßen ausgedrückt werden:

$$J_2' = \frac{1}{6}\left[(\sigma_{11} - \sigma_{22})^2 + \ldots\right] + \sigma_{12}^2 + \sigma_{23}^2 + \sigma_{31}^2 = \frac{1}{2}\left(\sigma_I'^2 + \ldots\right),$$

$$\boxed{J_2' = \frac{1}{6}\left[(\sigma_I - \sigma_{II})^2 + (\sigma_{II} - \sigma_{III})^2 + (\sigma_{III} - \sigma_I)^2\right]} \quad (*)$$

Diese Beziehung kann nach folgendem Schema hergeleitet werden:

$$J_2' \equiv \frac{1}{2}\sigma_{ij}'\sigma_{ji}' = \frac{1}{2}\left(\sigma_I'^2 + \sigma_{II}'^2 + \sigma_{III}'^2\right) \quad (**)$$

andererseits gilt:

$$\sigma'_{ij} = \begin{pmatrix} \sigma'_I & 0 & 0 \\ 0 & \sigma'_{II} & 0 \\ 0 & 0 & \sigma'_{III} \end{pmatrix} \Rightarrow J'_2 = -(\sigma'_{II}\sigma'_{III} + \sigma'_{III}\sigma'_I + \sigma'_I\sigma'_{II}) \quad (***)$$

↑ negative Summe der Hauptminoren

aus (**) und (***) folgt:

$$(**) \Rightarrow 4J'_2 = 2\sigma'^2_I + 2\sigma'^2_{II} + 2\sigma'^2_{III}$$
$$(***) \Rightarrow 2J'_2 = -2\sigma'_{II}\sigma'_{III} - 2\sigma'_{III}\sigma'_I - 2\sigma'_I\sigma'_{II}$$

$$\Sigma \Rightarrow 6J'_2 = (\sigma'_I - \sigma'_{II})^2 + (\sigma'_{II} - \sigma'_{III})^2 + (\sigma'_{III} - \sigma'_I)^2$$

wegen $\begin{cases} \sigma'_I = \sigma_I - \dfrac{1}{3}(\sigma_I + \sigma_{II} + \sigma_{III}) \\ \sigma'_{II} = \sigma_{II} - \dfrac{1}{3}(\sigma_I + \sigma_{II} + \sigma_{III}) \end{cases}$ folgt $\underline{\underline{\sigma'_I - \sigma'_{II} = \sigma_I - \sigma_{II}}}$ usw.

Mithin gilt obige Beziehung (*), oder mit den *Hauptschubspannungen* (Radien der *MOHRschen Kreise*)

$$\tau_I := \frac{1}{2}(\sigma_{II} - \sigma_{III}), \quad \ldots, \quad \tau_{III} := \frac{1}{2}(\sigma_I - \sigma_{II})$$

folgt auch die Schreibweise (Ü 2.3.5):

$$\boxed{J'_2 = \frac{2}{3}\left(\tau_I^2 + \tau_{II}^2 + \tau_{III}^2\right)} \quad (****)$$

Das Ergebnis (*) besagt, dass J'_2 = konst. im *Hauptspannungsraum* einen Zylinder (*MISES-Zylinder* in Bild 4.10) darstellt mit der Raumdiagonalen ($\sigma_I = \sigma_{II} = \sigma_{III}$) als Zylinderachse (hydrostatische Achse). Man beachte auch die Bemerkungen zum *Fließort* für *plastisch inkompressible* Werkstoffe in Ziffer 4.2 vor (4.21). Die Darstellung (****) besagt, dass J'_2 = konst. auf eine Kugel im *Hauptschubspannungsraum* führt.

Man erkennt, dass J'_2 immer positiv ist. Daher ist die Definition (1.76b) als negative Summe der Hauptminoren sinnvoll. Weitere Bemerkungen findet man bei BETTEN (1987a) unter Ziffer 3.3 mit zusätzlichen gelösten Übungsaufgaben.

Ü 2.2.3-Ü 2.2.4

Die dritte Invariante des Spannungsdeviators kann der HAMILTON-CAYLEYschen Gleichung entnommen werden, die sich für den Spannungsdeviator wegen $J'_1 \equiv 0$ zu

$$\sigma'^{(3)}_{ij} - J'_2 \sigma'_{ij} - J'_3 \delta_{ij} = 0_{ij}$$

vereinfacht, so dass durch Spurbildung (i = j) wegen $\sigma'_{jj} \equiv 0$ unmittelbar $J'_3 = \sigma'_{ij} \sigma'_{jk} \sigma'_{ki}/3$ folgt.

Ü 2.2.3

Mit (2.2) erhält man wegen der Symmetrie (2.4):

$$\underline{\underline{p^*_i n_i}} = \sigma_{ji} n^*_j n_i = \sigma_{ji} n_i n^*_j = \sigma_{ij} n_i n^*_j = p_j n^*_j \equiv \underline{\underline{p_i n^*_i}} .$$

Wendet man diese Relation auf Bild 2.2 an, so gilt beispielsweise:

$$\left. \begin{array}{l} p_i {}^1 n_i = {}^1 p_i n_i \\ {}^1 n_i \equiv -{}^1 e_i = (-1,\ 0,\ 0) \end{array} \right\} \Rightarrow p_1 = \sigma_{11} n_1 + \sigma_{12} n_2 + \sigma_{13} n_3 .$$

Das Ergebnis ist mit der fundamentalen Beziehung (2.2) vereinbar, wenn $\sigma_{ij} = \sigma_{ji}$ gilt. Betrachtet man in Bild 2.2 die Flächen x_1 = const. und x_2 = const., so gilt:

$$\left. \begin{array}{l} {}^1 p_i {}^2 n_i = {}^2 p_i {}^1 n_i \\ {}^1 n_i = (-1,0,0),\quad {}^2 n_i = (0,\ -1,\ 0) \end{array} \right\} \Rightarrow -{}^1 p_2 = -{}^2 p_1,\quad \text{d.h.:}\quad \underline{\underline{\sigma_{12} = \sigma_{21}}} .$$

Ü 2.2.4

Der Gradientenvektor $\partial_i \Phi = \partial_i (x_1^2 + x_2^2 - 1) = (2 x_1,\ 2 x_2,\ 0)$ im gegebenen Punkt ist: $\partial_i \Phi = (\sqrt{3},\ 1,\ 0)$. Der Normaleneinsvektor ist $n_i = (\sqrt{3}/2,\ 1/2,\ 0)$, so dass für den gegebenen Spannungszustand aus (2.2) folgt:

$$\begin{pmatrix} 1 & 2 & 0 \\ 2 & 1 & 0 \\ 0 & 0 & 1 \end{pmatrix} \begin{pmatrix} \sqrt{3}/2 \\ 1/2 \\ 0 \end{pmatrix} = \begin{pmatrix} 1+\sqrt{3}/2 \\ 1/2+\sqrt{3} \\ 0 \end{pmatrix} = p_i/\sigma .$$

Ü 2.3.1

Man setze die dritte Gleichung von (2.16) in die erste und zweite ein:

$$(\sigma_I^2 - \sigma_{III}^2)n_I^2 + (\sigma_{II}^2 - \sigma_{III}^2)n_{II}^2 = \sigma^2 - \sigma_{III}^2 + \tau^2$$

$$(\sigma_I - \sigma_{III})n_I^2 + (\sigma_{II} - \sigma_{III})n_{II}^2 = \sigma - \sigma_{III} .$$

Darin ersetzt man $(\sigma_I^2 - \sigma_{III}^2) \equiv (\sigma_I - \sigma_{III})(\sigma_I + \sigma_{III})$ usw. Schließlich erhält man:

$$n_I^2 (\sigma_I - \sigma_{III})(\sigma_I - \sigma_{II}) = (\sigma - \sigma_{II})(\sigma - \sigma_{III}) + \tau^2 \quad \text{usw.}$$

in Übereinstimmung mit (2.17).

Ü 2.3.2

Der ebene Spannungszustand ist durch den Spannungstensor $\sigma_{ij} = \begin{pmatrix} \sigma_{11} & \sigma_{12} \\ \sigma_{12} & \sigma_{22} \end{pmatrix}$ charakterisiert. Damit erhält man aus (2.12):

$$\sigma = \sigma_{11} n_1^2 + 2\sigma_{12} n_1 n_2 + \sigma_{22} n_2^2 \qquad (*)$$

und aus (2.2), (2.14):

$$\sigma^2 + \tau^2 = \sigma_{11}^2 n_1^2 + \sigma_{22}^2 n_2^2 + \sigma_{12}^2 + 2\sigma_{12}(\sigma_{11} + \sigma_{22})n_1 n_2 . \qquad (**)$$

Wegen $n_3 = 0$ gilt $n_1^2 + n_2^2 = 1$, so dass aus (*) und (**) folgt:

$$n_1^2 = (\sigma - \sigma_{22} - 2\sigma_{12} n_1 n_2)/(\sigma_{11} - \sigma_{22})$$

$$n_2^2 = \left[(\sigma_{11}^2 + \sigma_{12}^2 - \sigma^2 - \tau^2)/(\sigma_{11} + \sigma_{22}) + 2\sigma_{12} n_1 n_2 \right] /(\sigma_{11} - \sigma_{22}) .$$

Durch Addition erhält man schließlich wegen $n_1^2 + n_2^2 = 1$ die Gleichung des *MOHRschen Kreises* (K$_3$)

$$\boxed{[\sigma - (\sigma_{11} + \sigma_{22})/2]^2 + \tau^2 = [(\sigma_{11} - \sigma_{22})/2]^2 + \sigma_{12}^2} ,$$

der in Bild F 2.1 dargestellt ist.

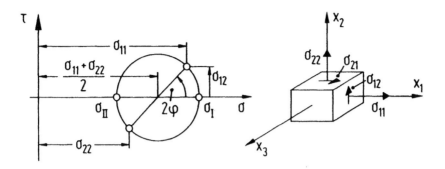

Bild F 2.1 *MOHRscher Kreis* für ebenen Spannungszustand

Ü 2.3.3

Zunächst wird (2.13) untersucht und die modifizierte Funktion $F = \sigma - \lambda n_k n_k$ mit dem *LAGRANGEschen Multiplikator* λ eingeführt, die eine Funktion der Richtungskosinusse n_i, $i = 1, 2, 3$, ist. Die Extremalwerte erhält man aus $\partial F/\partial n_i = 0_i$:

$$\partial F/\partial n_1 = 2(\sigma_I - \lambda)n_1 = 0, \quad \ldots, \quad \partial F/\partial n_3 = 2(\sigma_{III} - \lambda)n_3 = 0.$$

Unter Beachtung der *Nebenbedingung* $n_1^2 + n_2^2 + n_3^2 = 1$ folgt somit die triviale Lösung:

$$n_1 = \pm 1, \quad n_2 = 0, \quad n_3 = 0 \quad \text{für } \lambda = \sigma_I$$
$$n_1 = 0, \quad n_2 = \pm 1, \quad n_3 = 0 \quad \text{für } \lambda = \sigma_{II}$$
$$n_1 = 0, \quad n_2 = 0, \quad n_3 = \pm 1 \quad \text{für } \lambda = \sigma_{III}.$$

Man kann auch (2.13) in die modifizierte Form einsetzen, $F = \sigma_{kj} n_j n_k - \lambda n_k n_k$, und erhält dann aus der Forderung $\partial F/\partial n_i = 0_i$ unter Berücksichtigung von (2.4) unmittelbar (2.8), d.h., der *LAGRANGEsche Multiplikator* λ stimmt mit den Hauptwerten überein.

Zur Untersuchung von τ wird σ aus (2.13) bis (2.15) eliminiert und zunächst $n_I = n_1$ etc. gesetzt:

$$\tau^2 = \sigma_I^2 n_1^2 + \ldots - (\sigma_I n_1^2 + \ldots)^2$$

und die modifizierte Funktion

$$G = \tau^2 - \mu^2 n_k n_k$$

mit dem *LAGRANGEschen Multiplikator* μ^2 eingeführt. Sodann erhält man aus $\partial G/\partial n_i = 0_i$ die Bedingungen:

$$n_1\left[\sigma_I^2 - 2\sigma_I(\sigma_I n_1^2 + \sigma_{II} n_2^2 + \sigma_{III} n_3^2) - \mu^2\right] = 0$$

$$n_2\left[\sigma_{II}^2 - 2\sigma_{II}(\sigma_I n_1^2 + \sigma_{II} n_2^2 + \sigma_{III} n_3^2) - \mu^2\right] = 0$$

$$n_3\left[\sigma_{III}^2 - 2\sigma_{III}(\sigma_I n_1^2 + \sigma_{II} n_2^2 + \sigma_{III} n_3^2) - \mu^2\right] = 0 \ .$$

Damit ist unter Beachtung der Nebenbedingung $n_i n_i = 1$ folgende Lösungsmenge vereinbar:

$$n_1 = 0 \quad n_2 = \pm 1/\sqrt{2} \quad n_3 = \pm 1/\sqrt{2} \ \Rightarrow \tau = (\sigma_{II} - \sigma_{III})/2 \equiv \tau_I$$
$$n_1 = \pm 1/\sqrt{2} \quad n_2 = 0 \quad n_3 = \pm 1/\sqrt{2} \ \Rightarrow \tau = (\sigma_{III} - \sigma_I)/2 \equiv \tau_{II}$$
$$n_1 = \pm 1/\sqrt{2} \quad n_2 = \pm 1/\sqrt{2} \quad n_3 = 0 \quad \Rightarrow \tau = (\sigma_I - \sigma_{II})/2 \equiv \tau_{III} \ ,$$

die man auch mit den *MOHRschen Kreisen* in Bild 2.5 in Verbindung bringen kann.

Ü 2.3.4

In Verbindung mit der Nebenbedingung $n_i n_i = 1$ kann man aus (2.13) entnehmen:

$$\left.\begin{array}{l}\sigma \leq \sigma_I(n_I^2 + n_{II}^2 + n_{III}^2) = \sigma_I \\ \sigma \geq \sigma_{III}(n_I^2 + n_{II}^2 + n_{III}^2) = \sigma_{III}\end{array}\right\} \Rightarrow \underline{\underline{\sigma_I \geq \sigma \geq \sigma_{III}}} \qquad \text{q.e.d.}$$

Entsprechend folgert man aus (2.15):

$$\left.\begin{array}{l}p_i p_i \leq \sigma_I^2 \\ p_i p_i \geq \sigma_{III}^2\end{array}\right\} \Rightarrow \sigma_I^2 \geq p_i p_i \geq \sigma_{III}^2 \quad \text{bzw.} \quad \underline{\underline{|\sigma_I| \geq |\mathbf{p}| \geq |\sigma_{III}|}} \qquad \text{q.e.d.}$$

Ü 2.3.5

In Ü 2.2.2 ist J_2' durch Hauptspannungen ausgedrückt. Daraus findet man wegen (2.18):

$$\boxed{J_2' = 2(\tau_I^2 + \tau_{II}^2 + \tau_{III}^2)/3} \ ,$$

d.h., die zweite Deviatorinvariante stellt im *Hauptschubspannungsraum* eine Kugel dar (Ü 2.2.2b). Es sei auch auf Ü 3.3.3 bei BETTEN (1987a) hingewiesen.

Ü 2.3.6

Die Hauptwerte sind: $\sigma_I = 5$, $\sigma_{II} = 2$, $\sigma_{III} = -5$. Die Oktaederfläche ist durch $n_i = (1,1,1)/\sqrt{3}$ festgelegt. Aus den Formeln (2.11) bis (2.15) erhält man im Einzelnen:

$$\sigma_o = (\sigma_I + \sigma_{II} + \sigma_{III})/3 \equiv J_1/3 = 2/3 \quad (Oktaedernormalspannung)$$

$$p_i p_i = (\sigma_I^2 + \sigma_{II}^2 + \sigma_{III}^2)/3 = 18 \quad \Rightarrow \quad |\mathbf{p}| = 3\sqrt{2}.$$

Die Aussagen in Ü 2.3.4 sind damit zahlenmäßig bestätigt: $5 > 2/3 > -5$ und $5 > 3\sqrt{2} > 2$.

Aus (2.14) folgt die Oktaederschubspannung mit:

$$\tau_o^2 = p_i p_i - \sigma_o^2 = \left[(\sigma_I - \sigma_{II})^2 + (\sigma_{II} - \sigma_{III})^2 + (\sigma_{III} - \sigma_I)^2 \right]/9,$$

bzw. im Vergleich mit Ü 2.3.5 wegen $\tau_I := \sigma_{II} - \sigma_{III}$ etc. folgt:

$$\boxed{\tau^2 = 2J_2'/3}.$$

Diese Beziehung, die eine physikalische Interpretation der zweiten Deviatorinvarianten gestattet, wird auch von BETTEN (1987a) unter Ü 3.3.5 hergeleitet. Der Zahlenwert ergibt sich zu $\tau = \frac{1}{3}\sqrt{158} \approx 4{,}19$.

Die Neigung des Spannungsvektors zum Normalenvektor sei θ. Dann gilt:

$$\cos\theta = \sigma_o/|\mathbf{p}| = \sqrt{2}/9 \Rightarrow \theta \approx 81°.$$

Ü 2.3.7

Aus (2.7) bzw. aus $\sigma_{ij} n_i n_j = f = \text{const.}$ folgt der Gradient:

$\underline{\partial f/\partial n_i} = (\sigma_{ij} + \sigma_{ji})n_j = 2\sigma_{ji} n_j \equiv \underline{2 p_i}$. Dabei wurden die Symmetrie des Spannungstensors und die fundamentale Beziehung (2.2) berücksichtigt.

Ü 2.4.1

Neben den statischen Randbedingungen muss ein *statisch zulässiges Spannungsfeld* die Gleichgewichtsbedingungen (2.26) erfüllen. Daraus folgt: B = –2A, C = A. Somit sind nur noch zwei Ansatzfreiwerte (A, D) nach vorgeschriebenen Randbedingungen festzulegen.

Ü 2.4.2
Wegen $\sigma_{ij} = -p\delta_{ij}$ und $\sigma_{ji,j} = -\partial p/\partial x_i$ folgt aus (2.28): $f_i - \partial p/\partial x_i = \rho \ddot{x}_i$ bzw. $\mathbf{f} - \text{grad}\, p = \rho \mathbf{b}$. Darin ist **b** der Beschleunigungsvektor ($b_i \equiv \ddot{x}_i$). Man erhält die *EULERschen Bewegungsgleichungen* für ein *reibungsfreies Fluid*, in dem überall ein *hydrostatischer Spannungszustand* herrscht.

Ü 2.4.3
Aus $\sigma_{ji,j} = 0_i$ folgt: $\sigma_{12,2} = -1$ und $\sigma_{12,1} = 2$. Die Integration unter Berücksichtigung der Spannungsfreiheit im Nullpunkt führt auf: $\sigma_{12} = 2 x_1 - x_2$. Für $x_1 = $ const. folgt aus (2.2) der Spannungsvektor $p_i = \sigma_{1i}$ und somit in P (1, 1, 0) speziell: $p_i = (2, 1, 0)$. Für $x_2 = $ const. wird $p_i = \sigma_{2i}$ und damit $p_i = (1, -1, 0)$ in P.

Ü 2.4.4
Die Gleichgewichtsbedingungen (2.26) gehen bei ebenem Spannungszustand über in:

$$\sigma_{11,1} + \sigma_{12,2} = -f_1 \quad \text{und} \quad \sigma_{12,1} + \sigma_{22,2} = -f_2 \,.$$

Darin setze man die gegebenen Ansätze ein:

$$F_{,221} + \kappa_{,1} - F_{,122} = \kappa_{,1} \quad \text{und} \quad -F_{,121} + F_{,112} + \kappa_{,2} = \kappa_{,2} \,.$$

Man erkennt, dass die Gleichgewichtsbedingungen identisch erfüllt sind; denn aufgrund der Vertauschbarkeit der Differentiationsreihenfolge sind alle Indizes, die einem Komma folgen, vertauschbar.

Ü 2.4.5
Nach Voraussetzung gilt $f_{1,1} = f_{2,2} = 0$. Damit gilt auch $\kappa_{,11} = -f_{1,1} = \kappa_{,22} = -f_{2,2} = 0$, so dass aus den in Ü 2.4.4 gegebenen Ansätzen die gesuchte *Verträglichkeitsbedingung*

$$\boxed{\sigma_{11,11} + \sigma_{22,22} + 2\sigma_{12,12} = 0} \qquad (*)$$

gefolgert werden kann, womit die **zwei** Gleichgewichtsbedingungen des ebenen Spannungszustandes auf **eine** partielle Differentialgleichung zweiter Ordnung zurückgeführt sind.

Analog zum Ergebnis (*) erhält man für die Verzerrungen die *Verträglichkeitsbedingung*

$$\boxed{\varepsilon_{11,22} + \varepsilon_{22,11} - 2\varepsilon_{12,12} = 0}$$

wie in Ü 1.11.1 nachgewiesen wird.

Ü 2.4.6

Wegen $T_{pq,rs} = T_{qp,rs} = T_{pq,sr}$ ist auch σ_{ij} symmetrisch. Bei fehlenden Volumenkräften ($f_i = 0_i$) erfüllt der Ansatz die Gleichgewichtsbedingungen (2.26): $\sigma_{ij,j} = \varepsilon_{ipr}\varepsilon_{jqs}T_{pq,rsj} = 0_i$; denn $\varepsilon_{jqs}T_{pq,rsj}$ verschwindet, da die Indizes j und s nach dem Komma vertauscht werden können, aber $\varepsilon_{jqs} = -\varepsilon_{sqj}$ gilt.

Falls T_{33} allein von null verschieden ist, erhält man das *ebene Spannungsfeld*:

$$\sigma_{11} = T_{33,22}, \quad \sigma_{22} = T_{33,11}, \quad \sigma_{12} = -T_{33,12},$$

wobei $T_{33} = T_{33}(x_1, x_2)$ als *AIRYsche Spannungsfunktion* bekannt ist.

Weitere Bemerkungen zu dem gegebenen Ansatz findet man bei BETTEN (1987a) unter Ü 7.2.8. Darin wird auch gezeigt, dass zur eindeutigen Bestimmung der sechs unabhängigen Spannungskoordinaten ($\sigma_{ij} = \sigma_{ji}$) die drei *Hauptwerte* des symmetrischen Tensors T_{ij} ausreichen, d.h. nur drei skalare Funktionen

$$T_I \equiv \varphi = \varphi(x_p), \quad T_{II} \equiv \psi = \psi(x_p), \quad T_{III} \equiv \chi = \chi(x_p)$$

bekannt sein müssen.

Ü 2.4.7

Die materielle Zeitableitung der rechten Seite in (2.29) ergibt sich aus dem *REYNOLDSschen Transporttheorem* (Ü 1.1.9a) zu:

$$\frac{d}{dt}\iiint_V \rho v_i \, dV = \iiint_V \left[(\rho v_i)^{\cdot} + (\rho v_i)v_{k,k}\right] dV =$$

$$= \iiint_V \left[(\dot{\rho} + \rho v_{k,k})v_i + \rho \dot{v}_i\right] dV.$$

Mit der *Kontinuitätsbedingung* (1.88b) vereinfacht sich dieser Ausdruck zu:

$$\frac{d}{dt}\iiint_V \rho v_i \, dV = \iiint_V \rho \dot{v}_i \, dV .$$

Das erste Integral in (2.29) wird über den *GAUSSschen Satz* gemäß (2.24) als ein Volumenintegral ausgedrückt, so dass man (2.29) schließlich zu einem Integralausdruck zusammenfassen kann:

$$\iiint_V (\sigma_{ji,j} + f_i - \rho\dot{v}_i) \, dV = 0_i .$$

Der *Kontrollraum* (BETTEN, 1987a) kann auch beliebig klein sein und auf einen Punkt zusammengezogen werden. Mithin muss der Integrand verschwinden, wodurch (2.28) bestätigt ist.

Ü 2.5.1
Nach Ü 1.4.5 oder Ü 1.5.9 gilt bei kleinen Verzerrungen:
$F_{ij} \approx \delta_{ij} + + \varepsilon_{ij} + \omega_{ij}$. Damit erhält man aus (2.38) die Näherung:

$$\underline{\underline{T_{ji}}} \approx \tilde{T}_{ji} + \varepsilon_{ik}\tilde{T}_{jk} + \omega_{ik}\tilde{T}_{jk} \approx \underline{\underline{\tilde{T}_{ji}}} .$$

Entsprechend erhält man aus (2.39) nach einigen Zwischenrechnungen mit (1.37b) zunächst:

$$\sigma_{ij} \approx \frac{\rho}{\rho_0}\left[\tilde{T}_{ij} + \tilde{T}_{ip}u_{j,p} + u_{i,p}\tilde{T}_{pj} + (\varepsilon_{ip}\varepsilon_{jq} + \varepsilon_{ip}\omega_{jq} + \omega_{ip}\varepsilon_{jq} + \omega_{ip}\omega_{jq})\tilde{T}_{pq}\right]$$

$$\sigma_{ij} \approx \frac{\rho}{\rho_0}\tilde{T}_{ij} .$$

Bei genügend kleinen Verzerrungen kann weiterhin $\rho \approx \rho_0$ angenommen werden, so dass schließlich $\sigma_{ij} \approx \tilde{T}_{ij}$ gefolgert werden kann.

Ü 2.5.2
Man setze (2.38) in (2.34b) ein und überschiebe das Ergebnis mit $F_{rj}^{(-1)}$:

$$F_{rj}^{(-1)}F_{jk}\tilde{T}_{ik} = \frac{\rho_0}{\rho}K_{ijpq}F_{rj}^{(-1)}\sigma_{pq} .$$

Die linke Seite geht wegen $F_{rj}^{(-1)}F_{jk} = \delta_{rk}$ in $\tilde{T}_{ir}$ über. Dann kann nach Umindizierung ($r \leftrightarrow j$) geschrieben werden:

$$\tilde{T}_{ij} = \frac{\rho_0}{\rho} F^{(-1)}_{ijpq} \sigma_{pq},$$

wenn man definiert:

$$F^{(-1)}_{ijpq} := K_{irpq} F^{(-1)}_{jr} = \left(F^{(-1)}_{ip} F^{(-1)}_{jq} + F^{(-1)}_{iq} F^{(-1)}_{jp} \right)/2.$$

Aus (2.34a) mit (2.38) folgt unmittelbar:

$$\sigma_{ij} = \frac{\rho}{\rho_0} k_{ijpr} F_{rq} \tilde{T}_{pq} \equiv \frac{\rho}{\rho_0} F_{ijpq} \tilde{T}_{pq},$$

wenn man definiert:

$$F_{ijpq} := k_{ijpr} F_{rq} = (F_{ip} F_{jq} + F_{iq} F_{jp})/2.$$

Ü 2.5.3

Man kann wie in Ü 2.5.2 vorgehen, oder allgemein von der linearen Transformation $Y_{ij} = F_{ijpq} X_{pq}$ ausgehen, die man mit $F^{(-1)}_{ri} F^{(-1)}_{sj}$ überschiebt:

$$F^{(-1)}_{ri} F^{(-1)}_{sj} Y_{ij} = (X_{rs} + X_{sr})/2.$$

Sind **X** und **Y** symmetrisch, so kann nach entsprechender Umindizierung das Ergebnis

$$X_{ij} = \frac{1}{2} \left(F^{(-1)}_{ip} F^{(-1)}_{jq} + F^{(-1)}_{iq} F^{(-1)}_{jp} \right) Y_{pq}$$

gefolgert werden, das mit der inversen Transformation $X_{ij} = F^{(-1)}_{ijpq} Y_{pq}$ verglichen wird.

Allgemein kann für ganzzahlige v leicht gezeigt werden:

$$\boxed{F^{(v)}_{ijpq} = \left(F^{(v)}_{ip} F^{(v)}_{jq} + F^{(v)}_{iq} F^{(v)}_{jp} \right)/2}.$$

Ü 2.5.4

Mit den Ergebnissen aus Ü 1.2.6 erhält man aus (2.39):

$$\tilde{T}^*_{ij} = \frac{\rho_0}{\rho} F^{(-1)*}_{ip} F^{(-1)*}_{jq} \sigma^*_{pq}$$

$$\tilde{T}^*_{ij} = \frac{\rho_0}{\rho} a_{ir} b_{ps} F^{(-1)}_{rs} a_{jt} b_{qu} F^{(-1)}_{tu} b_{pv} b_{qw} \sigma_{vw}.$$

Mit den Orthonormierungsbedingungen folgt daraus:

$$\underline{\underline{\tilde{T}^*_{ij}}} = \frac{\rho_0}{\rho} a_{ir} a_{jt} F^{(-1)}_{rv} F^{(-1)}_{tw} \sigma_{vw} = a_{ir} a_{jt} \tilde{T}_{rt} \equiv \underline{\underline{a_{ip} a_{jq} \tilde{T}_{pq}}} \ .$$

Der „zweite" PIOLA-KIRCHHOFF-Tensor verhält sich wie ein gewöhnlicher Tensor zweiter Stufe bei einer orthogonalen Koordinatentransformation in der Anfangskonfiguration.

Geht man von (2.38) aus, so erhält man mit dem soeben gefundenen Ergebnis und den Ergebnissen aus Ü 1.2.6 die Transformation:

$$T^*_{ij} = F^*_{jk} \tilde{T}^*_{ik} = b_{jp} a_{kq} F_{pq} a_{ir} a_{ks} \tilde{T}_{rs} \ ,$$

und wegen $a_{kq} a_{ks} = \delta_{qs}$ folgt weiter:

$$\underline{\underline{T^*_{ij}}} = b_{jp} a_{ir} F_{pq} \tilde{T}_{rq} = a_{ir} b_{jp} T_{rp} \equiv \underline{\underline{a_{ip} b_{jq} T_{pq}}} \ .$$

Der „erste" PIOLA-KIRCHHOFF-Tensor ist somit ein *Doppelfeldtensor* zweiter Stufe und gehorcht demselben *Transformationsgesetz* wie der inverse Deformationsgradient.

Für den Tensor F_{ijkl} erhält man entsprechend:

$$\boxed{F^*_{ijkl} = b_{ip} b_{jq} a_{kr} a_{ls} F_{pqrs}} \ ,$$

d.h., F_{ijkl} ist ein *Doppelfeldtensor vierter Stufe* (BETTEN, 1987a). Man erkennt, dass sich die ersten zwei Indizes an F^* oder an F auf die Matrix **b** verteilen, die eine Drehung des Koordinatensystems in der aktuellen Konfiguration charakterisiert. Entsprechendes gilt für die zweiten Indexpaare kl und rs, die man sinnvollerweise auch durch Großbuchstaben oder griechische Buchstaben ersetzen könnte, um damit den Bezug zur Anfangskonfiguration zu verdeutlichen.

Ü 2.5.5

Für die Oberflächenkräfte gilt äquivalent:

$$\iint_S p_i \, dS = \iint_{S_0} {}^0 p_i \, dS_0 \quad \text{bzw. mit (2.2):} \quad \iint_S \sigma_{ji} \, dS_j = \iint_{S_0} {}^0 p_i \, dS_0 \ . \quad (*)$$

Aus (2.32) erhält man durch Überschieben mit $F^{(-1)}_{jq}$:

Ü 2.5.6-Ü 2.5.7

$$dS_q = \frac{\rho_0}{\rho} F_{jq}^{(-1)} d^0S_j \quad \text{bzw. nach Umindizieren:} \quad dS_j = \frac{\rho_0}{\rho} F_{kj}^{(-1)} \, ^0n_k \, dS_0,$$

so dass aus (*) unter Berücksichtigung von (2.33b) folgt:

$$\iint_{S_0} {}^0p_i \, dS_0 = \iint_{S_0} \frac{\rho_0}{\rho} F_{kj}^{(-1)} \sigma_{ji} \, ^0n_k \, dS_0 \equiv \iint_{S_0} T_{ki} \, ^0n_k \, dS_0 \, .$$

Mithin gilt analog zu (2.2): $\boxed{{}^0p_i = T_{ki} \, ^0n_k}$.

Ü 2.5.6

Es sei $\iiint_V f_i \, dV = \iiint_{V_0} {}^0f_i \, dV_0$ die resultierende Volumenkraft und

$\iint_S p_i \, dS = \iint_{S_0} {}^0p_i \, dS_0$ die resultierende Oberflächenkraft; dann ermittelt man in denselben Rechenschritten, die von (2.23) auf (2.26) führen, die gesuchten Gleichgewichtsbedingungen:

$$\boxed{\partial T_{ji}/\partial a_j + {}^0f_i = 0_i} \, .$$

Bei der Herleitung wurde das Ergebnis aus Ü 2.5.5 benutzt. Mit (2.38) kann man auch schreiben:

$$\boxed{\partial (F_{ik}\tilde{T}_{jk})/\partial a_j + {}^0f_i = 0_i} \, .$$

Zur Formulierung der Bewegungsgleichungen muss man (2.27) durch ${}^0T_i = -\iiint_{V_0} \rho_0 \ddot{x}_i \, dV_0$ ersetzen. Dann erhält man analog zu (2.28):

$$\boxed{\partial T_{ji}/\partial a_j + {}^0f_i = \rho_0 \ddot{x}_i} \, .$$

Ü 2.5.7

Durch Überschieben mit v_i und anschließender Integration über V erhält man wegen $\ddot{x}_i \equiv \dot{v}_i$ aus (2.28) zunächst:

$$\iiint_V (v_i \sigma_{ji,j} + v_i f_i - \rho v_i \dot{v}_i) \, dV = 0 \, . \tag{*}$$

Darin stellt der letzte Term wegen $(r\,dV)\dot{\,}(dm)\dot{\,} = 0$ *die materielle Zeitableitung* der *kinetischen Energie* dar:

$$\dot{E}_{kin} = \frac{d}{dt}\iiint_V \frac{1}{2}\rho v_i v_i \, dV = \iiint_V \rho v_i \dot{v}_i \, dV \ .$$

Weiterhin gilt:

$$v_i \sigma_{ji,j} = (v_i \sigma_{ji})_{,j} - v_{i,j}\sigma_{ji} \ .$$

Wegen (1.89), (1.90) wird: $v_{i,j}\sigma_{ji} = D_{ij}\sigma_{ji}$. Der Term $W_{ij}\sigma_{ji}$ verschwindet, da $W_{ij} = -W_{ji}$ und $\sigma_{ij} = \sigma_{ji}$ gilt. Das ist nicht der Fall in *polaren Medien* mit $\sigma_{ij} \neq \sigma_{ji}$. Fasst man die Zwischenergebnisse zusammen, so kann (*) durch

$$\dot{E}_{kin} + \iiint_V D_{ij}\sigma_{ji} \, dV = \iiint_V [(v_i\sigma_{ji})_{,j} + v_i f_i] \, dV$$

ausgedrückt werden. Mit dem GAUSSschen Satz und wegen (2.2) folgt die *Energiegleichung* für ein Kontinuum in der Form:

$$\dot{E}_{kin} + \iiint_V D_{ij}\sigma_{ji} \, dV = \iint_S v_i p_i \, dS + \iiint_V v_i f_i \, dV \ . \qquad (**)$$

Darin stellt die linke Seite die zeitliche Änderung der gesamten inneren mechanischen Energie dar, während sich die rechte Seite aus der Leistung infolge der Oberflächen- und Volumenkräfte zusammensetzt. Es sei betont, dass in (**) nur mechanische Größen enthalten sind. Um dem *ersten Hauptsatz* der Thermodynamik gerecht zu werden, müssen zusätzlich noch die zeitlich durch die Berandung S des Körpers zugeführte (geleitete) Wärme und innere Wärmequellen berücksichtigt werden.

Ü 2.5.8

Nach Ü 1.1.3 gilt $dV = J\,dV_0 = (\rho_0/\rho)\,dV_0$, so dass mit (2.3.9) und Ü 1.10.3 folgt:

$$\iiint_V D_{ij}\sigma_{ji} \, dV = \iiint_{V_0} F_{jp}F_{iq}D_{ij}\tilde{T}_{pq} \, dV_0 = \iiint_{V_0} \dot{\lambda}_{ij}\tilde{T}_{ji} \, dV_0 \ .$$

Im letzten Rechenschritt wurde das Ergebnis $\mathbf{F}^T \mathbf{D}\,\mathbf{F} = \dot{\boldsymbol{\lambda}}$ aus Ü 1.10.3 verwendet. Man sieht: Die mit den *konjugierten Variablen* D_{ij} und σ_{ij} der aktuellen Konfiguration formulierte *Spannungsleistung* kann über die *konjugierten Variablen* $\dot{\lambda}_{ij}$ und $\tilde{T}_{ij}$ in der Anfangskonfiguration ausgedrückt werden. Darin kann man eine mechanische Deutung des „zweiten" PIOLA-KIRCHHOFF-*Tensors* sehen.

Wegen $D_{ij}\sigma_{ji} = v_{i,j}\sigma_{ji}$ aus Ü 2.5.7 erhält man mit (2.33a) und (1.13a):

$$\iiint_V v_{i,j}\sigma_{ji} dV = \iiint_{V_0} (\partial v_i/\partial x_j) F_{jk} T_{ki} dV_0 = \iiint_{V_0} (\partial v_i/\partial a_k) T_{ki} dV_0 \; .$$

Mithin sind $\partial v_i/\partial a_j$ und T_{ij} weitere *konjugierte Variable*.

Ü 2.5.9

Ersetzt man in (2.32) den Deformationsgradienten $\mathbf{F} = \mathbf{V}\,\mathbf{R}$ durch die alleinige Streckung $\mathbf{V}$, so erhält man als Bezugsflächenelement $d^0\overline{S}_j = (\rho/\rho_0) V_{pj} dS_p$. Damit definiert man $dP_i = \overline{T}_{ji} d^0\overline{S}_j$, so dass man im Vergleich mit (2.30) erhält:

$$\sigma_{ij} = (\rho/\rho_0) V_{ik} \overline{T}_{kj} \quad\Rightarrow\quad \overline{T}_{ij} = (\rho_0/\rho) V_{ik}^{(-1)} \sigma_{kj} \; .$$

Betrachtet man ein Flächenelement, das durch reine Drehung $\mathbf{R}$ aus dS_0 hervorgeht, so ist in (2.32) $\rho = \rho_0$ und $F_{pj} = R_{pj}$ zu setzen: $d^0\overline{\overline{S}}_j = R_{pj} dS_p$. Damit definiert man $dP_i = \overline{\overline{T}}_{ji} d^0\overline{\overline{S}}_j$ und erhält im Vergleich mit (2.30):

$$\sigma_{pi} = R_{pj}\overline{\overline{T}}_{ji} \quad\text{bzw.}\quad \sigma_{ij} = R_{ik}\overline{\overline{T}}_{kj} \quad\Rightarrow\quad \overline{\overline{T}}_{ij} = R_{ik}^{(-1)} \sigma_{kj} \; .$$

Ü 2.5.10

Für den hydrostatischen Spannungszustand $\sigma_{ij} = -p\delta_{ij}$ erhält man mit (1.91) unter Berücksichtigung der Kontinuitätsbedingung (1.88b):

$$\underline{\underline{D_{ij}\sigma_{ji}}} = -pD_{ij}\delta_{ji} = -pD_{kk} = -pv_{k,k} = \underline{\underline{p\dot\rho/\rho}} \; .$$

Ü 2.6.1

Wegen $\varepsilon_{ijk}(dx_3)_j(dx_2)_k = -\varepsilon_{ijk}(dx_2)_j(dx_3)_k$ etc. und $\varepsilon_{ijk}(dx_3)_j(dx_3)_k \equiv 0_i$ führt die Aufsummierung von (2.46) unmittelbar auf (2.47).

Ü 2.6.2

Man setze die Transformation (2.62) in $\sigma_{ji,j} = 0_i$ ein:

$$\boxed{\hat{\sigma}_{ri}\psi_{jr,j} + \psi_{jr}\hat{\sigma}_{ri,j} = 0_i}\;.$$

Ü 2.6.3

Unter Benutzung der Transformation (2.62) erhält man aus der Symmetrie des CAUCHYschen Spannungstensors:

$$\sigma_{ij} = \sigma_{ji} \;\Rightarrow\; \psi_{ip}\hat{\sigma}_{pj} = \psi_{jp}\hat{\sigma}_{pi} \;\Rightarrow\; \hat{\sigma}_{ij} = \psi_{iq}^{(-1)}\psi_{jp}\hat{\sigma}_{pq}\;.$$

Dabei wurde auch die Symmetrie $\psi_{ij} = \psi_{ji}$ berücksichtigt. Benutzt man die Zerlegungen:

$$\psi_{iq}^{(-1)}\psi_{jp} = \left(\psi_{iq}^{(-1)}\psi_{jp} + \psi_{jq}^{(-1)}\psi_{ip}\right)/2 + \left(\psi_{iq}^{(-1)}\psi_{jp} - \psi_{jq}^{(-1)}\psi_{ip}\right)/2\;,$$

$$\psi_{iq}^{(-1)}\psi_{jp} = \left(\psi_{iq}^{(-1)}\psi_{jp} + \psi_{ip}^{(-1)}\psi_{jq}\right)/2 + \left(\psi_{iq}^{(-1)}\psi_{jp} - \psi_{ip}^{(-1)}\psi_{jq}\right)/2\;,$$

$$\hat{\sigma}_{pq} = (\hat{\sigma}_{pq} + \hat{\sigma}_{qp})/2 + (\hat{\sigma}_{pq} - \hat{\sigma}_{qp})/2\;,$$

so ergeben sich verschiedene Möglichkeiten, $\hat{\sigma}_{ij}$ zu zerlegen, z.B.:

$$\hat{\sigma}_{ij} = \left(\psi_{iq}^{(-1)}\psi_{jp} + \psi_{ip}^{(-1)}\psi_{jq}\right)(\hat{\sigma}_{pq} + \hat{\sigma}_{qp})/4 +$$
$$+ \left(\psi_{iq}^{(-1)}\psi_{jp} - \psi_{ip}^{(-1)}\psi_{jq}\right)(\hat{\sigma}_{pq} - \hat{\sigma}_{qp})/4\;.$$

Für den *isotropen Schadenszustand* ($\psi_{ij} = \psi\delta_{ij}$) folgt daraus: $\hat{\sigma}_{ij} = (\hat{\sigma}_{ji} + \hat{\sigma}_{ij})/2 + (\hat{\sigma}_{ji} - \hat{\sigma}_{ij})/2 = \hat{\sigma}_{ji}$, d.h., der *net-stress Tensor* ist im isotropen Schadensfall symmetrisch.

Ü 2.6.4

Mit (2.46), (2.48), (2.50) ermittelt man:

$$\left|d^1\hat{S}_i\right|^2 \equiv \left|d^1\hat{\hat{S}}_i\right|^2 = \frac{\alpha^2}{4}\varepsilon_{ipq}(dx_2)_p(dx_3)_q\varepsilon_{irs}(dx_2)_r(dx_3)_s\;.$$

Darin ist $\varepsilon_{ipq}\varepsilon_{irs} = \delta_{pr}\delta_{qs} - \delta_{ps}\delta_{qr}$, so dass folgt:

$$\left|d^1\hat{S}_i\right|^2 = \frac{\alpha^2}{4}[(dx_2)_p(dx_2)_p(dx_3)_q(dx_3)_q -$$
$$- (dx_2)_p(dx_3)_p(dx_2)_q(dx_3)_q]\;.$$

Bei der Aufsummierung ist zu beachten: $(dx_2)_2 \equiv dx_2$, $(dx_2)_1 \equiv 0$ usw. Mithin wird:

$$\left|d^1\hat{S}_i\right| = \alpha\, dx_2 dx_3/2.$$

Dasselbe Ergebnis (um den Faktor α verkleinerte Dreiecksfläche $x_1 = $ const. des Tetraeders in Bild 2.11b) erhält man aus $\alpha_{1jk}(dx_2)_j(dx_3)_k/2$ durch Summation über j und k mit $\alpha_{123} = \alpha$.

Ü 3.1.1

Aus der Einschränkung (3.5) folgt mit (3.1) zunächst:

$$Q_{ip}Q_{jq}\sigma_{pq} = f_{ij}(Q_{pr}F_{rq}).$$

Durch Überschieben mit $Q_{im}Q_{jn}$ und wegen $Q_{im}Q_{ip} = \delta_{mp}$ erhält man nach entsprechender Umindizierung die Stoffgleichung:

$$\sigma_{ij} = Q_{ki}Q_{lj}f_{kl}(Q_{pr}F_{rq}). \qquad (*)$$

Diese Beziehung gilt für beliebige Drehungen **Q** des Bezugssystems eines Beobachters, insbesondere auch für $Q_{ij} = R_{ji}$, d.h. eine Drehung, die der Drehbewegung des Kontinuums entgegengesetzt gleich groß ist. Dann nimmt (*) wegen (1.52a) die Form

$$\boxed{\sigma_{ij} = R_{ik}R_{jl}f_{kl}(U_{pq})} \qquad \text{an.}$$

Ü 3.1.2

a) Aus (3.2) erhält man:

$$\overline{v}_i \equiv \dot{\overline{x}}_i = Q_{ip}v_p + \dot{Q}_{ip}x_p + \dot{c}_i \neq Q_{ip}v_p,$$

d.h., der *Geschwindigkeitsvektor* ist **nicht** *objektiv*.

b) Für den Geschwindigkeitsgradiententensor $L_{ij} \equiv \partial v_i/\partial x_j$ erhält man mit dem Ergebnis aus „a)"

$$\overline{L}_{ij} \equiv \partial\overline{v}_i/\partial\overline{x}_j = \left(\partial\overline{v}_i/\partial x_q\right)\left(\partial x_q/\partial\overline{x}_j\right) = (Q_{ip}v_{p,q} + \dot{Q}_{iq})\left(\partial x_q/\partial\overline{x}_j\right).$$

Aus (3.2) erhält man durch Überschieben mit Q_{ik} und wegen $Q_{ik}Q_{ij} = \delta_{kj}$ die Inversion:

$$x_k = Q_{ik}(\overline{x}_i - c_i) \quad \text{bzw.} \quad x_i = Q_{ji}(\overline{x}_j - c_j) \;\Rightarrow\; \partial x_q/\partial\overline{x}_j = Q_{jq}.$$

Mithin wird: $\partial \overline{v}_i / \partial \overline{x}_j = Q_{ip} Q_{jq} v_{p,q} + \dot{Q}_{iq} Q_{jq}$ und damit:

$$\overline{D}_{ij} = \left(\partial \overline{v}_i / \partial \overline{x}_j + \partial \overline{v}_j / \partial \overline{x}_i\right)/2 = Q_{ip} Q_{jq} D_{pq} + (\dot{Q}_{iq} Q_{jq} + Q_{iq} \dot{Q}_{jq})/2 \;.$$

Darin wird: $(\dot{Q}_{iq} Q_{jq} + Q_{iq} \dot{Q}_{jq}) = (Q_{iq} Q_{jq})\dot{} = \dot{\delta}_{ij} \equiv 0_{ij}$, so dass die *Objektivität* gegeben ist:

$$\overline{D}_{ij} = Q_{ip} Q_{jq} D_{pq} \;.$$

Für den *Spintensor* (1.92) erhält man:

$$\overline{W}_{ij} = Q_{ip} Q_{jq} W_{pq} + \dot{Q}_{iq} Q_{jq} \neq Q_{ip} Q_{jq} W_{pq} \;,$$

d.h., der *Spintensor* ist **nicht** objektiv. Zur Ermittlung von $\overline{W}_{ij}$ wurde der Zusammenhang $Q_{iq} \dot{Q}_{jq} = -\dot{Q}_{iq} Q_{jq}$ benutzt, der aus den Orthonormierungsbedingungen wegen $\dot{\delta}_{ij} \equiv 0_{ij}$ folgt.

c) Vom *CAUCHYschen Spannungstensor* wird *Objektivität* vorausgesetzt: $\overline{\sigma}_{ij} = Q_{ip} Q_{jq} \sigma_{pq}$. Daraus folgt:

$$\dot{\overline{\sigma}}_{ij} = Q_{ip} Q_{jq} \dot{\sigma}_{pq} + (\dot{Q}_{ip} Q_{jq} + Q_{ip} \dot{Q}_{jq}) \sigma_{pq} \neq Q_{ip} Q_{jq} \dot{\sigma}_{pq} \;,$$

d.h., die *materielle Zeitableitung des CAUCHYschen Spannungstensors* ist **nicht** objektiv.

Hingegen ist die *JAUMANNsche Spannungsgeschwindigkeit*

$$\overset{\circ}{\sigma}_{ij} = \dot{\sigma}_{ij} - W_{ik} \sigma_{kj} + \sigma_{ik} W_{kj}$$

objektiv, wie man unter Benutzung obiger Ergebnisse leicht feststellt:

$$\overset{\circ}{\overline{\sigma}}_{ij} = \dot{\overline{\sigma}}_{ij} - \overline{W}_{ik} \overline{\sigma}_{kj} + \overline{\sigma}_{ik} \overline{W}_{kj}$$

$$\overset{\circ}{\overline{\sigma}}_{ij} = Q_{ip} Q_{jq} \overset{\circ}{\sigma}_{pq} + (\dot{Q}_{ip} Q_{jq} + Q_{ip} Q_{jr} Q_{kq} \dot{Q}_{kr}) \sigma_{pq} \;. \qquad (*)$$

Aufgrund des Zusammenhangs $Q_{kq} \dot{Q}_{kr} = -\dot{Q}_{kq} Q_{kr}$, der aus den Orthonormierungsbedingungen $Q_{kq} Q_{kr} = \delta_{qr}$ folgt, und wegen der Orthonormierungsbedingungen $Q_{jr} Q_{kr} = \delta_{jk}$ verschwindet in (*) der zweite Term, so dass die *Objektivität* der *JAUMANNschen Spannungsgeschwindigkeit* („co-rotational stress rate") nachgewiesen ist: $\overset{\circ}{\overline{\sigma}}_{ij} = Q_{ip} Q_{jq} \overset{\circ}{\sigma}_{pq}$. Die *JAU-*

MANNsche *Spannungsgeschwindigkeit* gibt die zeitliche Änderung des CAUCHYschen *Spannungstensors* im bewegten System an.

Addiert man zu $\overset{\circ}{\sigma}_{ij}$ die objektive Größe $D_{ik}\sigma_{kj} + \sigma_{ik}D_{kj}$, so erhält man die *konvektive Spannungsgeschwindigkeit*

$$\overset{\triangle}{\sigma}_{ij} = \overset{\circ}{\sigma}_{ij} + D_{ik}\sigma_{kj} + \sigma_{ik}D_{kj} = \dot{\sigma}_{ij} + \sigma_{ik}L_{kj} + L_{ki}\sigma_{kj} \; ,$$

die ebenfalls *objektiv* ist.

d) der LAGRANGEsche *Verzerrungstensor* ist gemäß $\lambda_{ij} = (F_{ki}F_{kj} - \delta_{ij})/2$ (1.25a) darstellbar. Damit wird unter Berücksichtigung von (3.3):

$$\left. \begin{array}{l} \overline{\lambda}_{ij} = \dfrac{1}{2}(\overline{F}_{ki}\overline{F}_{kj} - \overline{\delta}_{ij}) \\ \overline{F}_{ki} = Q_{kp}F_{pi} ; \overline{F}_{kj} = Q_{kq}F_{qj} \\ \overline{\delta}_{ij} = Q_{ip}Q_{jq}\delta_{pq} \end{array} \right\} \Rightarrow \overline{\lambda}_{ij} = \dfrac{1}{2}(Q_{kp}Q_{kq}F_{pi}F_{qj} - Q_{ip}Q_{jq}\delta_{pq}) \; .$$

Aufgrund der Orthonormierungsbedingungen und der Austauschregel folgt weiter:

$$\overline{\lambda}_{ij} = \dfrac{1}{2}(\delta_{pq}F_{pi}F_{qj} - \delta_{ij}) = \dfrac{1}{2}(F_{ri}F_{rj} - \delta_{ij}) \equiv \lambda_{ij} \; .$$

Das Ergebnis $\boxed{\overline{\lambda}_{ij} \equiv \lambda_{ij}}$ besagt, dass der *körperbezogene* Verzerrungstensor von einer überlagerten *Starrkörperbewegung* (3.2) nicht beeinflusst wird; er ist somit *objektiv*.

e) Die *materielle Zeitableitung* des LAGRANGEschen *Verzerrungstensors* kann nach Ü 1.10.3 durch

$$\dot{\boldsymbol{\lambda}} = \mathbf{F}^T \mathbf{D}\, \mathbf{F} \quad \text{bzw. durch} \quad \dot{\lambda}_{ij} = F^T_{ip}D_{pq}F_{qj} = F_{pi}F_{qj}D_{pq} \qquad (*)$$

ausgedrückt werden. Die Überlagerung einer *Starrkörperbewegung* (3.2) führt auf

$$\dot{\overline{\lambda}}_{ij} = \overline{F}_{pi}\overline{F}_{qj}\overline{D}_{pq} \; . \qquad (**)$$

Nach Ü 3.1.2b ist der *Verzerrungsgeschwindigkeitstensor objektiv*, d.h., es gilt $\overline{D}_{ij} = Q_{ip}Q_{jq}D_{pq}$, so dass mit (3.3) die Beziehung (**) zunächst in

$$\dot{\overline{\lambda}}_{ij} = Q_{pk}F_{ki}Q_{ql}F_{lj}Q_{pr}Q_{qs}D_{rs}$$

übergeht. Da **Q** ein *orthogonaler Tensor* ist, können die Bedingungen $Q_{pk}Q_{pr} = \delta_{kr}$ und $Q_{ql}Q_{qs} = \delta_{ls}$ benutzt werden, so dass man erhält:

$$\overline{\dot{\lambda}}_{ij} = \delta_{kr}\delta_{ls}F_{ki}F_{lj}D_{rs} = F_{ri}F_{sj}D_{rs} \quad . \qquad (***)$$

Der Vergleich (***)/(*) zeigt:

$$\boxed{\overline{\dot{\lambda}}_{ij} \equiv \dot{\lambda}_{ij}} \quad .$$

Damit ist gezeigt, dass $\dot{\lambda}$ ebenso wie λ *objektiv* ist.

f) Der *EULERsche Verzerrungstensor* kann durch den inversen Deformationsgradienten gemäß $\eta_{ip} = \left(\delta_{ip} - F_{ki}^{(-1)}F_{kp}^{(-1)}\right)/2$ (1.33a) ausgedrückt werden. Infolge einer überlagerten *Starrkörperbewegung* (3.2) wird formal daraus:

$$\overline{\eta}_{ip} = \frac{1}{2}\left(\overline{\delta}_{ip} - \overline{F}_{ki}^{(-1)}\overline{F}_{kp}^{(-1)}\right) \quad . \qquad (*)$$

Darin ermittelt man $\overline{F}_{ij}^{(-1)}$ folgendermaßen:

$$\overline{F}_{ij}^{(-1)} := \partial a_i/\partial \overline{x}_j = \left(\partial a_i/\partial x_p\right)\left(\partial x_p/\partial \overline{x}_j\right) = F_{ip}^{(-1)}\left(\partial x_p/\partial \overline{x}_j\right) \quad .$$

Aus (3.2) folgert man:

$$x_i = Q_{ij}^{(-1)}(\overline{x}_j - c_j) = Q_{ji}(\overline{x}_j - c_j) \quad \Rightarrow \quad \partial x_p/\partial \overline{x}_j = Q_{jp} = Q_{pj}^{(-1)} \quad ,$$

so dass man analog (3.3) die Beziehung

$$\overline{F}_{ij}^{(-1)} = F_{ip}^{(-1)}Q_{pj}^{(-1)} \qquad (**)$$

erhält, die man auch direkt durch Inversion von (3.3) hätte gewinnen können; denn die Inversion eines Zeilen-Spalten-Produktes [rechte Seite in (3.3)] überträgt sich auf die einzelnen Faktoren. Dabei müssen die invertierten Faktoren jedoch in umgekehrter Reihenfolge aufgeschrieben werden. Dieser Satz ist aus der Matrizenrechnung bekannt und beschränkt sich nicht auf zwei Faktoren:

$$(\mathbf{ABC...Z})^{-1} = \mathbf{Z}^{-1}...\mathbf{C}^{-1}\mathbf{B}^{-1}\mathbf{A}^{-1} \quad .$$

Setzt man (**) nach entsprechender Umindizierung in (*) ein, so folgt:

$$\overline{\eta}_{ip} = \frac{1}{2}\left(\delta_{ip} - F_{kr}^{(-1)}Q_{ri}^{(-1)}F_{ks}^{(-1)}Q_{sp}^{(-1)}\right).$$

Wegen $\bar{\delta}_{ip} = Q_{ir}Q_{ps}\delta_{rs}$ und da **Q** ein *orthogonaler Tensor* ist, $Q_{ij}^{(-1)} = Q_{ij}^T = Q_{ji}$, folgt weiter:

$$\bar{\eta}_{ip} = \frac{1}{2}Q_{ir}Q_{ps}\left(\delta_{rs} - F_{kr}^{(-1)}F_{ks}^{(-1)}\right). \qquad (***)$$

Vergleicht man (***) mit (1.33a), so erhält man analog (3.4) das Transformationsgesetz

$$\boxed{\bar{\eta}_{ip} = Q_{ir}Q_{ps}\eta_{rs}},$$

d.h., der *EULERsche Verzerrungstensor* ist ein *objektiver Tensor*.
g) Die materielle Zeitableitung des *EULERschen Verzerrungstensors* kann nach Ü 1.10.3 gemäß

$$\dot{\boldsymbol{\eta}} = \mathbf{D} - \boldsymbol{\eta}\,\mathbf{L} - \mathbf{L}^T\boldsymbol{\eta} \quad \text{bzw. durch} \quad \dot{\eta}_{ij} = D_{ij} - \eta_{ip}L_{pj} - \eta_{jp}L_{pi} \qquad (*)$$

ausgedrückt werden. Infolge einer überlagerten *Starrkörperbewegung* (3.2) wird daraus formal:

$$\dot{\bar{\eta}}_{ij} = \bar{D}_{ij} - \bar{\eta}_{ip}\bar{L}_{pj} - \bar{\eta}_{jp}\bar{L}_{pi}. \qquad (**)$$

Nach Ü 3.1.2b gilt für den *Geschwindigkeitsgradiententensor* **L** die Beziehung

$$\bar{L}_{ij} = (Q_{ip}v_{p,q} + \dot{Q}_{iq})(\partial x_q/\partial \bar{x}_j),$$

die wegen $v_{p,q} \equiv L_{pq}$ und $\partial x_p/\partial \bar{x}_j = Q_{qj}^{(-1)} = Q_{jq}$ auch in der Form

$$\boxed{\bar{L}_{ij} = Q_{ip}Q_{jq}L_{pq} + \dot{Q}_{iq}Q_{jq}} \qquad (***)$$

geschrieben werden kann. Daraus liest man ab, dass der *Geschwindigkeitsgradiententensor* **L kein** *objektiver Tensor* ist. Setzt man (***) nach entsprechender Umindizierung in (**) ein, so findet man unter Berücksichtigung von $\bar{D}_{ij} = Q_{ip}Q_{jq}D_{pq}$ und $\bar{\eta}_{ip} = Q_{ir}Q_{ps}\eta_{rs}$ den Zusammenhang

$$\boxed{\dot{\bar{\eta}}_{ij} = Q_{ik}Q_{jl}\dot{\eta}_{kl} - (Q_{ik}Q_{jl} + Q_{il}Q_{jk})Q_{ps}\dot{Q}_{pl}\eta_{ks}},$$

woraus geschlossen werden kann, dass die *materielle Zeitableitung* des *EULERschen Verzerrungstensors* **kein** objektiver Tensor ist.

h) In Ü 1.10.8 wird festgestellt, dass der *Verzerrungsgeschwindigkeitstensor* als OLDROYDsche *Zeitableitung* des EULERschen *Verzerrungstensors* gedeutet werden kann:

$$\boxed{D_{ij} \equiv \overset{v}{\eta}_{ij}}$$

Die *Objektivität* von D_{ij} wurde bereits in Ü 3.1.2b nachgewiesen.

i) Der zweite PIOLA-KIRCHHOFF-Tensor kann gemäß

$$\tilde{T}_{ij} = \frac{\rho_0}{\rho} F_{ip}^{(-1)} F_{jq}^{(-1)} \sigma_{pq}$$ (2.39) dargestellt werden. Infolge einer überlagerten *Starrkörperbewegung* (3.2) wird daraus formal:

$$\overline{\tilde{T}}_{ij} = \frac{\rho_0}{\rho} \overline{F}_{ip}^{(-1)} \overline{F}_{jq}^{(-1)} \overline{\sigma}_{pq} \;.$$

Darin kann (3.4) und die Inversion von (3.3) berücksichtigt werden,

$$\overline{\sigma}_{pq} = Q_{ps} Q_{qt} \sigma_{st} \quad \text{und} \quad \overline{F}_{ip}^{(-1)} = F_{ir}^{(-1)} Q_{rp}^{(-1)} = F_{ir}^{(-1)} Q_{pr} \;,$$

so dass man erhält:

$$\overline{\tilde{T}}_{ij} = \frac{\rho_0}{\rho} F_{ir}^{(-1)} F_{jk}^{(-1)} \underbrace{Q_{pr} Q_{ps}}_{\delta_{rs}} \underbrace{Q_{qk} Q_{qt}}_{\delta_{kt}} \sigma_{st}$$

$$\overline{\tilde{T}}_{ij} = \frac{\rho_0}{\rho} \overline{F}_{ir}^{(-1)} \overline{F}_{jk}^{(-1)} \sigma_{rk} \;. \tag{*}$$

Der Vergleich von (*) mit (2.39) führt auf

$$\boxed{\overline{\tilde{T}}_{ij} \equiv \tilde{T}_{ij}} \;.$$

Dieses Ergebnis besagt, dass der *körperbezogene* PIOLA-KIRCHHOFF-*Tensor* von einer überlagerten *Starrkörperbewegung* (3.2) nicht beeinflusst wird; er ist somit *objektiv*. Das gilt auch für den LAGRANGEschen *Verzerrungstensor*, der ebenfalls körperbezogen ist (Ü 3.1.2d).

j) Der *erste* PIOLA-KIRCHHOFF-*Tensor* kann gemäß (2.38) durch den zweiten PIOLA-KIRCHHOFF-Tensor ausgedrückt werden. Infolge einer *überlagerten Starrkörperbewegung* (3.2) erhält man aus (2.38) in Verbindung mit (3.3) und dem Ergebnis aus Ü 3.1.2i folgende Zusammenhänge:

$$\left.\begin{array}{l}\overline{T}_{ij} = \overline{\tilde{T}}_{ik}\overline{F}_{jk} \\ \overline{F}_{jk} = Q_{jr}F_{rk} \\ \overline{\tilde{T}}_{ik} = \tilde{T}_{ik}\end{array}\right\} \Rightarrow \overline{T}_{ij} = \underbrace{\tilde{T}_{ik}F_{rk}}_{T_{ir}}Q_{jr} \; .$$

Mithin gilt:

$$\boxed{\overline{T}_{ij} = T_{ir}Q_{jr}} \; .$$

Damit ist gezeigt, dass der *erste PIOLA-KIRCHHOFF-Tensor* **nicht** *objektiv* ist. Man vergleiche mit diesem Ergebnis den Zusammenhang (3.3).

In obigen Beispielen erkennt man, dass objektive Größen, die körperbezogen sind, bei einer überlagerten Starrkörperbewegung unverändert bleiben, z.B. der LAGRANGEsche Verzerrungstensor: $\overline{\lambda}_{ij} \equiv \lambda_{ij}$. Hingegen drückt sich die materielle Objektivität bei raumbezogenen Größen dadurch aus, dass sich ihre Koordinaten gemäß dem Transformationsgesetz eines Tensors ändern, z.B. der EULERsche Verzerrungstensor: $\overline{\eta}_{ij} = Q_{ip}Q_{jq}\eta_{pq}$ analog (3.4).

Die Ergebnisse dieser Übung (Ü 3.1.2) sind in nachstehender Tabelle kurz zusammengefasst.

Tensor	materielle Objektivität
Deformationsgradient	**nicht** erfüllt
Geschwindigkeitsvektor	**nicht** erfüllt
Geschwindigkeitsgradiententensor	**nicht** erfüllt
Verzerrungsgeschwindigkeitstensor	erfüllt
Spintensor	**nicht** erfüllt
CAUCHYscher Spannungstensor	erfüllt
materielle Zeitableitung des CAUCHYschen Spannungstensors	**nicht** erfüllt
JAUMANNsche Spannungsgeschwindigkeit	erfüllt

Tensor (Fortsetzung)	materielle Objektivität
konvektive Spannungsgeschwindigkeit	erfüllt
LAGRANGEscher Verzerrungstensor	erfüllt
materielle Zeitableitung des LAGRANGEschen Verzerrungstensors	erfüllt
EULERscher Verzerrungstensor	erfüllt
materielle Zeitableitung des EULERschen Verzerrungstensors	**nicht** erfüllt
OLDROYDsche Zeitableitung des EULERschen Verzerrungstensors	erfüllt
erster PIOLA-KIRCHHOFF-Tensor	**nicht** erfüllt
zweiter PIOLA-KIRCHHOFF-Tensor	erfüllt

Ü 3.1.3

Man setze $F_{ij} = \delta_{ij}$ in (3.5) ein:

$$Q_{ik}Q_{jl}f_{kl}(\delta_{pq}) = f_{ij}(Q_{pq}). \qquad (*)$$

Der spannungsfreie Anfangszustand ist durch $\sigma_{ij} = f_{ij}(\delta_{pq}) = 0_{ij}$ gekennzeichnet. Somit kann fij (Qpq) = 0ij aus (*) gefolgert werden, so dass mit (3.1) gilt:

$$\sigma_{ij} = f_{ij}(Q_{pq}) = 0_{ij} \qquad \text{q.e.d.}$$

Ü 3.1.4

Für kleine Verzerrungen (geometrische Linearität) gilt näherungsweise $V_{ij} \approx \delta_{ij} + \varepsilon_{ij}$ gemäß Ü 1.5.9. Physikalische Linearität ist durch $\varphi_2 = 0$ gegeben. Mithin vereinfacht sich (3.8) zu:

$$\sigma_{ij} = (\varphi_0 + \varphi_1)\delta_{ij} + \varphi_1 \varepsilon_{ij}.$$

Im Vergleich mit (3.26) findet man: $\varphi_0 \equiv \lambda \varepsilon_{kk} - 2\mu$, $\varphi_1 \equiv 2\mu$.

Ü 3.1.5

Mit (1.52a) und $Q_{ij} = R_{ji}$ und wegen $R_{pk}R_{qr}U_{kr} = V_{pq}$ gemäß Ü 1.5.3 geht die linke Seite von (3.6) über in:

$$f_{ij}(R_{pk}U_{kr}R_{qr}) = f_{ij}(V_{pq}),$$

so dass man mit (3.1) auf (3.7) schließen kann. Entsprechend setzt man (1.52b) ein und findet unter Berücksichtigung der Orthonormierungsbedingungen (1.53):

$$f_{ij}(V_{pk}R_{kr}R_{qr}) = f_{ij}(V_{pq}) \qquad \text{q.e.d.}$$

Ü 3.1.6

Aus dem elastischen Potential (3.10) kann gefolgert werden:

$$\left. \begin{array}{l} \partial^2 \Pi_\varepsilon / \partial\varepsilon_{ij}\partial\varepsilon_{kl} = \partial\sigma_{kl}/\partial\varepsilon_{ij} \\ \partial^2 \Pi_\varepsilon / \partial\varepsilon_{kl}\partial\varepsilon_{ij} = \partial\sigma_{ij}/\partial\varepsilon_{kl} \end{array} \right\} \Rightarrow \partial\sigma_{kl}/\partial\varepsilon_{ij} \equiv \partial\sigma_{ij}/\partial\varepsilon_{kl}.$$

Setzt man (3.9a) ein, so erhält man:

$$E_{klpq}(\partial\varepsilon_{pq}/\partial\varepsilon_{ij}) = E_{ijpq}(\partial\varepsilon_{pq}/\partial\varepsilon_{kl}) \Rightarrow E_{klij} = E_{ijkl}.$$

Dabei wurde $\partial\varepsilon_{pq}/\partial\varepsilon_{ij} = \delta_{pi}\delta_{qj}$ berücksichtigt. Durch die Existenz eines elastischen Potentials (3.10) wird somit die Anzahl der Konstanten von 36 auf 21 reduziert.

In diesem Zusammenhang sei auch auf die Übungsaufgaben Ü 4.1.2/ Ü 4.1.3/ Ü 4.4.2/ Ü 5.5.3/ Ü 5.5.4 bei BETTEN (1987a) hingewiesen.

Ü 3.1.7

Durch Differenzieren erhält man aus (3.20):

$$\sigma_{ij} = (\partial\Pi_\varepsilon/\partial S_1)(\partial S_1/\partial V_{ij}) + \ldots + (\partial\Pi_\varepsilon/\partial S_3)(\partial S_3/\partial V_{ij}).$$

Mit $\partial S_1/\partial V_{ij} = \delta_{ij}$, $\partial S_2/\partial V_{ij} = 2V_{ji}$, $\partial S_3/\partial V_{ij} = 3V_{ji}^{(2)}$ folgt wegen $V_{ij} = V_{ji}$ unmittelbar (3.8), wenn man die Identitäten (3.21a,b,c) berücksichtigt.

Ü 3.1.8

Aus (3.21a,b,c) folgt durch Differenzieren:

$$\partial^2\Pi_\varepsilon/\partial S_1\partial S_2 \equiv \partial^2\Pi_\varepsilon/\partial S_2\partial S_1 \Rightarrow 2\partial\varphi_0/\partial S_2 = \partial\varphi_1/\partial S_1$$
$$\partial^2\Pi_\varepsilon/\partial S_2\partial S_3 \equiv \partial^2\Pi_\varepsilon/\partial S_3\partial S_2 \Rightarrow 3\partial\varphi_1/\partial S_3 = 2\partial\varphi_2/\partial S_2$$
$$\partial^2\Pi_\varepsilon/\partial S_3\partial S_1 \equiv \partial^2\Pi_\varepsilon/\partial S_1\partial S_3 \Rightarrow \partial\varphi_2/\partial S_1 = 3\partial\varphi_0/\partial S_3 \ .$$

Damit ist (3.22) nachgewiesen.

Ü 3.1.9
Man wende (3.26) auf den Torsions- und Zugversuch an. Im Torsionsversuch (Bild F.3.1) (i = 1, j = 2) wird der *Gleitmodul* aus $\tau = G\gamma$ bestimmt:

$$\tau \equiv \sigma_{12} = 2\mu\varepsilon_{12} = \mu\gamma_{12} \equiv G\gamma \Rightarrow \boxed{\mu \equiv G} \ .$$

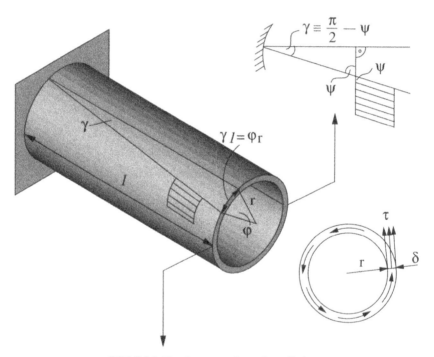

Bild F.3.1 Torsionsversuch an einem Rohr

Im (einachsigen) Zugversuch wird der *E-Modul* und die *Querkontraktionszahl* ν ermittelt. Dieser Grundversuch ist im isotropen Fall ($\varepsilon_{II} = \varepsilon_{III} = -\nu\,\varepsilon_I$) durch

$$\sigma_{ij} = \mathrm{diag}\{\sigma_I, 0, 0\} \quad \text{und} \quad \varepsilon_{ij} = \mathrm{diag}\{\varepsilon_I, -\nu\varepsilon_I, -\nu\varepsilon_I\}$$

Ü 3.1.10-Ü 3.1.11

gekennzeichnet. Damit erhält man aus (3.26):

$$2G + (1-2\nu)\lambda = \sigma_I/\varepsilon_I = E. \qquad (*)$$

Durch Verjüngung (i = j) folgt aus (3.26):

$$\sigma_{kk} = (2G + 3\lambda)\varepsilon_{kk},$$

bzw. im Zugversuch mit $\sigma_{kk} = \sigma_I$ und $\varepsilon_{kk} = (1-2\nu)\varepsilon_I$:

$$(2G + 3\lambda)(1-2\nu) = \sigma_I/\varepsilon_I = E, \qquad (**)$$

so dass zwei Gleichungen, (*) und (**), zur Bestimmung von G und λ aus den Versuchsdaten ν und E zur Verfügung stehen. Die Auflösung von (*) und (**) führt auf (3.27a,b). Mit (**) kann (3.32) auch gemäß

$$K \equiv E_{Vol} = \lambda + 2G/3$$

ausgedrückt werden.

Ü 3.1.10

Setzt man (3.9a) in $\sigma'_{ij} = \sigma_{ij} - \sigma_{kk}\delta_{ij}/3$ ein, so erhält man

$$\sigma'_{ij} = E_{\{ij\}pq}\varepsilon_{pq} \quad \text{mit} \quad E_{\{ij\}pq} = E_{ijpq} - \frac{1}{3}E_{rrpq}\delta_{ij}.$$

Der durch $E_{\{ij\}pq}$ gekennzeichnete Tensor 4-ter Stufe ist deviatorisch bezüglich der eingeklammerten Indizes $\{ij\}$. Durch Spurbildung erhält man ferner: $\sigma_{kk} = E_{kkpq}\varepsilon_{pq}$.

Entsprechend erhält man aus (3.26) unmittelbar:

$$\underline{\sigma'_{ij} = 2\mu(\varepsilon_{ij} - \varepsilon_{kk}\delta_{ij}/3) \equiv 2G\varepsilon'_{ij}} \quad \text{und} \quad \underline{\sigma_{kk} = (3\lambda + 2\mu)\varepsilon_{kk}}.$$

Wegen (3.27a,b) und (3.32) folgt auch: $\underline{\sigma_{kk} = 3K\varepsilon_{kk}}$.

Ü 3.1.11

Anstelle von Π_ε kann man auch von der simultanen Invarianten $\Pi = \sigma_{ij}\varepsilon_{ji}$ gemäß (3.13) ausgehen und eliminiert darin ε_{ij} über (3.28b) bzw. σ_{ij} über (3.28a), um eine Beziehung für die Vergleichsspannung bzw. Vergleichsdehnung zu bekommen:

$$\Pi = \sigma_{ij}\varepsilon_{ji} = (1+\nu)\sigma_{ij}\sigma_{ji}/E - \nu J_1^2/E \quad \text{mit} \quad J_1 \equiv \sigma_{kk}.$$

Darin kann $\sigma_{ij} = \sigma'_{ij} + \sigma_{kk}\delta_{ij}/3$ eingesetzt werden:

$$\Pi = 2(1+\nu)J'_2/E + (1-2\nu)J_1'^2/(3E) \quad \text{mit} \quad J'_2 \equiv \sigma'_{ij}\sigma'_{ji}/2.$$

Wegen (3.27b) und (3.32) kann man auch schreiben:

$$\Pi = J'_2/G + J_1'^2/(9K) \equiv \Pi' + \Pi_{Vol}. \tag{*}$$

Darin wird die Aufspaltung in *Gestaltänderung* (Π') und *Volumenänderung* (Π_{Vol}) deutlich. Über den einachsigen Vergleichszustand gleicher Werkstoffanstrengung mit $\Pi = \sigma_V \varepsilon_V = \sigma_V^2/E$ findet man Zugang zur Vergleichsspannung:

$$\boxed{\sigma_V^2 = (1+\nu)\sigma'_{ij}\sigma'_{ji} + (1-2\nu)\sigma_{kk}^2/3} \quad . \tag{**}$$

Im Grenzfall $\nu = 1/2$, der für elastische *inkompressible* Stoffe, wie z.B. Gummi, eintritt, erhält man die Beziehung $\sigma_V^2 = 3\sigma'_{ij}\sigma'_{ji}/2$, die für $\sigma_V \to \sigma_F$ in die *MISESsche Fließbedingung* (Ziffer 4.2) übergeht.

Durch Elimination von σ_{ij} über (3.28a) findet man:

$$\Pi = \sigma_{ij}\varepsilon_{ji} = E\left[\varepsilon_{ij}\varepsilon_{ji} + \nu I_1^2/(1-2\nu)\right]/(1+\nu) \quad \text{mit} \quad I_1 \equiv \varepsilon_{kk} \ .$$

Darin kann $\varepsilon_{ij} = \varepsilon'_{ij} + \varepsilon_{kk}\delta_{ij}/3$ eingesetzt werden, so dass man analog (*) die Aufspaltung

$$\Pi = 4GI'_2 + KI_1^2 \equiv \Pi' + \Pi_{Vol}$$

erhält ($I'_2 \equiv \varepsilon'_{ij}\varepsilon'_{ji}/2$). Wegen $\Pi = \sigma_V \varepsilon_V = E\varepsilon_V^2$ findet man analog (**) schließlich:

$$\boxed{\varepsilon_V^2 = \varepsilon'_{ij}\varepsilon'_{ji}/(1+\nu) + \varepsilon_{kk}^2/[3(1-2\nu)]}$$

mit dem Grenzwert $\varepsilon_V^2 = 2\varepsilon'_{ij}\varepsilon'_{ji}/3$ für $\nu \to 1/2$.

Weitere Bemerkungen zur Hypothese von der elastischen Formänderungsenergiedichte findet man z.B. bei BETTEN (1973c, 1977a).

Ü 3.1.12

Die *Gestaltänderungsenergiedichte* kann allgemein durch $A' = \int \sigma'_{ij} d\varepsilon'_{ij}$ formuliert werden. Setzt man darin das HOOKEsche Gesetz gemäß Ü 3.1.10 in der Form $d\varepsilon'_{ij} = d\sigma'_{ij}/2G$ ein, so erhält man:

$$A' = \frac{1}{2G}\int \sigma'_{ij} d\sigma'_{ij} = \sigma'_{ij}\sigma'_{ij}/4G \equiv J'_2/2G, \quad \text{d.h.} \quad A' \equiv \Pi'/2$$

im Vergleich mit (*) aus Ü 3.1.11. Für den einachsigen Vergleichszustand gilt:

$$\sigma_{ij} = \{\sigma_V, 0, 0\} \Rightarrow \sigma'_{ij} = \{2\sigma_V/3, -\sigma_V/3, -\sigma_V/3\}.$$

Mithin wird die negative Summe der Hauptminoren des Deviators: $J'_2 = \sigma_V^2/3 \Rightarrow A' = \sigma_V^2/6G$ im Vergleichszustand. Gleichsetzen mit A' aus dem allgemeinen Spannungszustand führt schließlich auf das gesuchte Ergebnis:

$$\boxed{\sigma_V^2 = 3\sigma'_{ij}\sigma'_{ij}/2}.$$

Diese Formel stimmt mit (**) aus Ü 3.1.11 für den Grenzfall $\nu \to 1/2$ überein.

Weitere Bemerkungen zur Hypothese von der elastischen Gestaltänderungsenergiedichte findet man z.B. bei BETTEN (1972a, 1976d).

Ü 3.1.13

Aufgrund der Symmetrieeigenschaften (3.11) können das elastische Potential (3.10) und die Stoffgleichung (3.9a) auch durch

$$\Pi_\varepsilon = E_{\alpha\beta}\varepsilon_\alpha\varepsilon_\beta/2 \Rightarrow \sigma_\alpha = E_{\alpha\beta}\varepsilon_\beta$$

mit $E_{\alpha\beta} = E_{\beta\alpha}$, $\alpha, \beta = 1,2,\ldots,6$ ausgedrückt werden, so dass von vornherein nur 21 unabhängige Stoffwerte existieren. Diese Zahl kann noch weiter reduziert werden, wenn **ortho**gonale Aniso**tropie** (*Orthotropie*) vorausgesetzt wird. In diesem Sonderfall ändern sich die Eigenschaften nicht bei Spiegelungen an 3 orthogonalen Ebenen:

$$a_{ij} = \begin{pmatrix} -1 & 0 & 0 \\ 0 & 1 & 0 \\ 0 & 0 & 1 \end{pmatrix}, \quad a_{ij} = \begin{pmatrix} 1 & 0 & 0 \\ 0 & -1 & 0 \\ 0 & 0 & 1 \end{pmatrix}, \quad a_{ij} = \begin{pmatrix} 1 & 0 & 0 \\ 0 & 1 & 0 \\ 0 & 0 & -1 \end{pmatrix}.$$

In Verbindung mit dem Transformationsgesetz (3.24) und der „isotropen" Forderung $E^*_{ijkl} \equiv E_{ijkl}$ führt diese Vorstellung auf einige verschwindende Anisotropieparameter, wie z.B. $E_{14} \equiv E_{1112} = 0$, $E_{15} \equiv E_{1123} = 0$ etc., so dass der *Elastizitätstensor* bei *Orthotropie* durch das Matrizenschema

$$E_{\alpha\beta} = \begin{pmatrix} E_{11} & E_{12} & E_{13} & 0 & 0 & 0 \\ E_{12} & E_{22} & E_{23} & 0 & 0 & 0 \\ E_{13} & E_{23} & E_{33} & 0 & 0 & 0 \\ 0 & 0 & 0 & E_{44} & 0 & 0 \\ 0 & 0 & 0 & 0 & E_{55} & 0 \\ 0 & 0 & 0 & 0 & 0 & E_{66} \end{pmatrix}$$

gekennzeichnet ist. Mithin verbleiben noch insgesamt 9 voneinander unabhängige Stoffwerte in einem quadratischen elastischen Potential (3.10).

Im isotropen Fall (3.26) geht das Schema über in:

$$E_{\alpha\beta} = \begin{pmatrix} 2\mu+\lambda & \lambda & \lambda & 0 & 0 & 0 \\ \lambda & 2\mu+\lambda & \lambda & 0 & 0 & 0 \\ \lambda & \lambda & 2\mu+\lambda & 0 & 0 & 0 \\ 0 & 0 & 0 & 2\mu & 0 & 0 \\ 0 & 0 & 0 & 0 & 2\mu & 0 \\ 0 & 0 & 0 & 0 & 0 & 2\mu \end{pmatrix}$$

mit nur 2 Parametern, den *LAMÉschen Konstanten* λ und μ. Obige 6×6 Matrizenschemata sind *quasidiagonal* von der Struktur {3, 1, 1, 1}. Die Inversion $E^{(-1)}_{\alpha\beta}$ ist von gleicher Struktur und besitzt wegen (3.28b) die Koordinaten:

$$E^{(-1)}_{11} = E^{(-1)}_{22} = E^{(-1)}_{33} \equiv 1/E \; , \quad E^{(-1)}_{44} = E^{(-1)}_{55} = E^{(-1)}_{66} \equiv (1+\nu)/E \; ,$$

$$E^{(-1)}_{12} = E^{(-1)}_{23} = E^{(-1)}_{31} \equiv -\nu/E \; .$$

Ü 3.1.14

Aus gemessenen Dehnungen (Ü 1.7.3) kann der Spannungszustand ermittelt und schließlich die Werkstoffanstrengung beurteilt werden (*experimentelle Spannungsanalyse*). Die Dehnungen werden an der Oberfläche des belasteten Bauteils gemessen. In der Umgebung der Messstelle ist die

Oberfläche lastfrei. Mithin liegt ein zweiachsiger Spannungszustand (σ_I, σ_{II}, 0) vor. Aus (3.29) mit $\sigma_{III} = 0$ folgt:

$$\sigma_{I;II} = E(\varepsilon_{I;II} + \nu\varepsilon_{II;I})/(1-\nu^2).$$

Darin werden die Hauptdehnungen ε_I, ε_{II} und ihre Richtungen aus experimentellen Daten ermittelt (Ü 1.7.3).

Für $\sigma_V^2 = 3\sigma'_{ij}\sigma'_{ji}/2$ gemäß Ü 3.1.12 erhält man wegen $\sigma_{III} = 0$ die Vereinfachung: $\sigma_V^2 = \sigma_I^2 + \sigma_{II}^2 - \sigma_I\sigma_{II}$.

Ü 3.1.15

Die Stoffeigenschaften dürfen sich bei einer Drehung um eine Vorzugsachse (z.B. x_3-Achse) mit einem Winkel φ nicht ändern (*hexagonale Symmetrie*), so dass in Verbindung mit dem orthotropen Schema aus Ü 3.1.13 folgt:

$$\left.\begin{array}{l} E_{ijkl} = a_{ip}a_{jq}a_{kr}a_{ls}E_{pqrs} \\[4pt] \text{mit } a_{ij} = \begin{pmatrix} \cos\varphi & \sin\varphi & 0 \\ -\sin\varphi & \cos\varphi & 0 \\ 0 & 0 & 1 \end{pmatrix} \end{array}\right\} \Rightarrow \begin{cases} E_{22} = E_{11}, & E_{23} = E_{13}, \\ E_{55} = E_{44}, \\ E_{66} = (E_{11} - E_{12})/2. \end{cases}$$

Mithin wird das orthotrope Schema in Ü 3.1.13 um 4 von 9 auf 5 voneinander unabhängige Stoffwerte reduziert. Die *quasidiagonale Struktur* {3, 1, 1, 1} bleibt jedoch erhalten.

Ü 3.1.16

Bei kleinen Verzerrungen drückt ε_{kk} die *Volumendehnung* aus, so dass im anisotropen Fall (3.9b) die Inkompressibilität durch $\varepsilon_{kk} = E^{(-1)}_{kkpq}\sigma_{pq} = 0$ ausgedrückt werden kann. Mithin sind die Stoffgleichungen (3.9a,b) gemäß

$$\sigma_{ij} = E_{ij\{kl\}}\varepsilon_{kl} \quad \text{mit} \quad E_{ij\{kl\}} \equiv E_{ijkl} - E_{ijrr}\delta_{kl}/3$$

$$\varepsilon_{ij} = E^{(-1)}_{\{ij\}kl}\sigma_{kl} \quad \text{mit} \quad E^{(-1)}_{\{ij\}kl} \equiv E^{(-1)}_{ijkl} - E^{(-1)}_{rrkl}\delta_{ij}/3$$

zu modifizieren.

Im isotropen Fall folgen bei *Inkompressibilität* wegen (3.30) und (3.32) die Grenzwerte: $\nu \to 1/2$ und $K \to \infty$. Es ist plausibel, dass ein hydrostatischer Druck ($\sigma_m \equiv -p$) keine Volumenvergrößerung ($\varepsilon_{kk} > 0$) zur Folge haben kann. Somit ist $\nu \to 1/2$ wegen (3.30) eine obere Grenze. Die meisten Stoffe verhalten sich im elastischen Bereich kompressibel (Aluminium: $\nu \approx 0{,}32$-$0{,}34$; Messing oder Kupfer: $\nu \approx 0{,}33$-$0{,}36$; Kohlenstoffstahl: $\nu \approx 0{,}26$-$0{,}29$; Titan: $\nu \approx 0{,}34$; Glas: $\nu \approx 0{,}21$-$0{,}27$; Blei: $\nu \approx 0{,}45$); eine Ausnahme ist beispielsweise Gummi mit $\nu = 0{,}5$. Die Stoffgleichungen (3.28a,b) gehen für $\nu \to 1/2$ in $\sigma'_{ij} = 2E\varepsilon_{ij}/3$ bzw. $\varepsilon_{ij} = 3\sigma'_{ij}/2E$ über.

Ü 3.2.1
Man überschiebe (3.40a) mit E_{pqij}:

$$E_{pqij}\varepsilon_{ij} = E_{pqij}E^{(-1)}_{ijkl}\sigma_{kl} + \theta E_{pqij}\alpha_{ij} \ .$$

Wegen $E_{pqij}E^{(-1)}_{ijkl} = (\delta_{pk}\delta_{ql} + \delta_{pl}\delta_{qk})/2$ folgt weiter:

$$\sigma_{pq} = E_{pqij}\varepsilon_{ij} - \theta E_{pqij}\alpha_{ij}$$

und nach entsprechender Umindizierung schließlich der gesuchte Zusammenhang (3.40b).

Ü 3.2.2
Bei unbehinderter anisotroper Wärmedehnung gilt (3.38), so dass die Kompatibilitätsbedingungen (1.96) bei Homogenität ($\partial\alpha_{ij}/\partial x_p = 0_{ijp}$) und bei gleichmäßig verteilter Anfangstemperatur T_0 durch

$$\alpha_{ij}T_{,kl} + \alpha_{kl}T_{,ij} - \alpha_{ik}T_{,jl} - \alpha_{jl}T_{,ik} = 0_{ijkl}$$

ausgedrückt werden können. Bei *orthotroper Wärmedehnung* kann ein rechtwinklig kartesisches Koordinatensystem so gefunden werden, dass der lineare Wärmeausdehnungstensor Diagonalform annimmt:

$$\alpha_{ij} = \mathrm{diag}\{\alpha_{11},\ \alpha_{22},\ \alpha_{33}\} \ .$$

Aus den *Kompatibilitätsbedingungen* (1.97) folgt dann unmittelbar:

$$\left.\begin{array}{l} \alpha_{22}T_{,33} + \alpha_{33}T_{,22} = 0,\quad \alpha_{33}T_{,11} + \alpha_{11}T_{,33} = 0, \\ \alpha_{11}T_{,22} + \alpha_{22}T_{,11} = 0,\quad \alpha_{33}T_{,12} = \alpha_{11}T_{,23} = \alpha_{22}T_{,31} = 0. \end{array}\right\} \quad (*)$$

Da α_{11}, α_{22} und α_{33} im Allgemeinen von null verschieden sind, muss man aus (*) folgern:

$$T_{,11} = T_{,22} = T_{,33} = T_{,12} = T_{,23} = T_{,31} = 0 \ .$$

Mithin ist die einzig mögliche Temperaturverteilung eine lineare Funktion in den Raumkoordinaten x_1, x_2 und x_3:

$$\boxed{T = A + B_i x_i} \quad . \tag{**}$$

Darin sind A und B_i konstante Parameter. Im *isotropen* Fall mit $\alpha_{11} = \alpha_{22} = \alpha_{33} \equiv \alpha$ erhält man aus (*) die „Kompatibilitätsbedingungen":

$$T_{,33} + T_{,22} = 0, \quad T_{,11} + T_{,33} = 0, \quad T_{,22} + T_{,11} = 0,$$
$$T_{,12} = 0, \quad T_{,23} = 0, \quad T_{,31} = 0,$$

aus denen man ebenfalls die Temperaturverteilung (**) folgert. Für sie gilt die LAPLACEsche Differentialgleichung $\Delta T = 0$, so dass wegen $\partial T/\partial t = a \Delta T$ (Wärmeleitung ohne Wärmequellen; $a \triangleq$ Temperaturleitzahl) auch $\partial T/\partial t = 0$ gilt und somit ein *stationäres Temperaturfeld* vorliegt. Das Ergebnis (**) zeigt: Ein *isotroper* oder *orthotroper* elastischer Körper, an dem keine äußeren Kräfte angreifen, ist *spannungsfrei*, wenn das Temperaturfeld in den kartesischen Koordinaten x_i linear ist.

Ü 3.2.3

Ein ebenes stationäres Temperaturfeld ist durch $\Delta T \equiv T_{,11} + T_{,22} = 0$ gekennzeichnet (Ü 3.2.2), so dass man wegen (3.45b) unmittelbar die *Bipotentialgleichung*

$$\boxed{\Delta\Delta\Phi \equiv \Phi_{,1111} + 2\Phi_{,1122} + \Phi_{,2222} = 0}$$

folgern kann.

Ü 3.2.4

Wegen ($\sigma_I = \sigma$, $\sigma_{II} = \sigma_{III} = 0$) folgt aus (3.42a) mit (3.27a,b):

$$\varepsilon_I = \sigma/E + \alpha\theta \quad \Rightarrow \quad \sigma = E(\varepsilon_I - \alpha\theta)$$

mit $\varepsilon_I = \varepsilon_N + \varepsilon_M = \varepsilon_N + x_2/r$.

Darin sind $\varepsilon_N = $ const. bzw. $\varepsilon_M = x_2/r$ die von der Normalkraft N bzw. vom Biegemoment M verursachten Dehnungsanteile. Der Krümmungsradius des gebogenen Stabes sei r. Es gilt:

$$N = \int_F \sigma \, dF = E \int_F (\varepsilon_N + x_2/r - \alpha\theta) \, dF = EF(\varepsilon_N - \alpha\theta_m)$$

mit $\theta_m := \frac{1}{F}\int_F \theta\, dF$. Weiterhin gilt:

$$M = \int_F \sigma x_2\, dF = EI_{x_3}(1/r - \alpha\zeta) \equiv EI_{x_3}(\kappa - \alpha\zeta)$$

mit $I_{x_3} := \int_F x_2^2\, dF$ und $\zeta := \frac{1}{I_{x_3}}\left(\int_F \theta x_2\, dF\right)$.

Mithin erhält man schließlich:

$$\boxed{\sigma = N/F + Mx_2/I_{x_3} + \alpha E(\theta_m - \theta + \zeta x_2)}\ .$$

Darin ist der dritte Term Spannungsanteil, der durch θ verursacht wird. Im *isothermen* Fall ($\theta = 0$) verschwindet dieser Einfluss.

Ü 3.2.5

Aus (3.42a) folgen die Hauptdehnungen:

$$E\varepsilon_I = \sigma_I - \nu(\sigma_{II} + \sigma_{III}) + E\alpha\theta \quad \text{etc.}$$

a) Mit den Bedingungen aus der Aufgabenstellung

$$\sigma_{33} \equiv \sigma_{III} = 0, \quad \varepsilon_{11} = \varepsilon_{22} = \varepsilon_{12} = \varepsilon_{23} = \varepsilon_{31} = 0, \quad \varepsilon_{33} = \varepsilon_{III} \neq 0$$

erhält man:

$$\boxed{\sigma_I = \sigma_{II} = -E\alpha\theta/(1-\nu) \ \Big|\ \varepsilon_{III} = \alpha\theta(1+\nu)/(1-\nu)}\ .$$

b) Die Bedingungen $\varepsilon_I = 0$, $\varepsilon_{II} \neq 0$, $\varepsilon_{III} \neq 0$, $\sigma_I \neq 0$, $\sigma_{II} = \sigma_{III} = 0$ haben zur Folge:

$$\boxed{\sigma_I = -E\alpha\theta \ \Big|\ \varepsilon_{II} = \varepsilon_{III} = (1+\nu)\alpha\theta}\ .$$

Ü 3.2.6

Aus (1.18) mit $dx_i = da_i + du_i$ folgt:

$$ds^2 - ds_0^2 = 2du_i\, da_i + du_i\, du_i\ .$$

Mit $du_i = \theta\,\alpha_{ij}\,da_j$ findet man analog (1.22):

$$ds^2 - ds_0^2 = 2\theta(\alpha_{ij} + \theta\alpha_{ik}\alpha_{kj}/2)da_i da_j \equiv 2(\varepsilon_{ij})_\theta da_i da_j$$

und somit:

$$\boxed{(\varepsilon_{ij})_\theta = \theta(\alpha_{ij} + \theta\alpha_{ij}^{(2)}/2)}\ .$$

Im isotropen Fall mit $\alpha_{ij} = \alpha\,\delta_{ij}$ erhält man:

$$(\varepsilon_{ij})_\theta = \alpha\theta(1 + \alpha\theta/2)\delta_{ij}\ .$$

Bei kleinen Wärmedehnungen erhält man (3.38) bzw. $(\varepsilon_{ij})_\theta \approx \alpha\,\theta\,\delta_{ij}$ als Näherungen.

Ü 3.2.7

Wegen $\sigma_{ji,j} = 0_i$ folgt aus (3.40b) bei Homogenität ($\partial E_{ijkl}/\partial x_p = 0_{ijklp}$ und $\partial\alpha_{ij}/\partial x_p = 0_{ijp}$):

$$E_{ijkl}\varepsilon_{kl,j} = \beta_{ij}\theta_{,j}\ .$$

Wegen (1.36b) und $E_{ijkl} = E_{ijlk}$ erhält man mit (3.41) schließlich die gesuchte Differentialgleichung

$$\boxed{E_{ijkl} u_{k,lj} = E_{ijkl}\alpha_{kl}\theta_{,j}}\ ,$$

die im isotropen Fall mit (3.25) und $\alpha_{ij} = \alpha\,\delta_{ij}$ in (3.43) übergeht, wenn man noch (3.27a,b) berücksichtigt.

Ü 3.2.8

Aufgrund der Homogenität gilt $\partial E_{ijkl}/\partial x_p = 0_{ijklp}$ und $\partial\alpha_{ij}/\partial x_p = 0_{ijp}$, so dass man durch Einsetzen von (3.42a) bzw. von

$$\varepsilon_{ij} = (1+\nu)\sigma_{ij}/E - \nu\delta_{ij}\sigma_{mm}/E + \alpha\theta\delta_{ij}$$

in (1.96) erhält:

$$\sigma_{ij,kl} + \sigma_{kl,ij} - \sigma_{ik,jl} - \sigma_{jl,ik} = \frac{\nu}{1+\nu}(\delta_{ij}\sigma_{mm,kl} + \delta_{kl}\sigma_{mm,ij} -$$
$$- \delta_{ik}\sigma_{mm,jl} - \delta_{jl}\sigma_{mm,ik}) -$$
$$- \frac{E\alpha}{1+\nu}(\delta_{ij}\theta_{,kl} + \delta_{kl}\theta_{,ij} - \delta_{ik}\theta_{,jl} - \delta_{jl}\theta_{,ik}).$$

Die Verjüngung l = k führt auf:

$$\sigma_{ij,kk} + \frac{1}{1+\nu}(\sigma_{mm,ij} - \nu\sigma_{mm,kk}\delta_{ij}) + \frac{E\alpha}{1+\nu}(\delta_{ij}\theta_{,kk} + \theta_{,ij}) =$$
$$= \sigma_{ik,kj} + \sigma_{jk,ki}.$$

Darin verschwindet die rechte Seite wegen $\sigma_{ij,j} = 0_i$. Durch weitere Verjüngung (i = j) erhält man $\sigma_{jj,kk} = -2E\alpha\theta_{,kk}/(1-\nu)$, und damit geht die vorige Gleichung über in:

$$\boxed{(1+\nu)\sigma_{ij,kk} + \sigma_{kk,ij} = -E\alpha[\theta_{,ij} + (1+\nu)\delta_{ij}\theta_{,kk}/(1-\nu)]}.$$

Ü 3.2.9

Nach Ü 3.2.4 gilt $\kappa = M/EI_{x_3} + \alpha\zeta$. Bei reiner *thermischer Belastung* (M = 0) erhält man wegen $\kappa = d^2x_2/dx_1^2$ die Differentialgleichung der Biegelinie:

$$\boxed{d^2x_2/dx_1^2 \equiv y'' = \alpha\zeta}.$$

Somit bestimmt analog zu $M = \int_F \sigma x_2 \, dF$ das *Temperaturmoment* $\int_F \theta x_2 \, dF \equiv \zeta I_{x_3}$ die Biegelinie bei reiner *thermischer Belastung* infolge θ. Analog der Normalkraft $N = \int_F \sigma \, dF$, die bei kleinen Durchbiegungen die Biegelinie nicht beeinflusst, ruft das Integral $\int_F \theta \, dF \equiv F\theta_m$ nur eine Streckung hervor.

Ü 3.2.10
Es gilt: $\theta = T - T_0 = (T_2 + T_1)/2 + (T_2 - T_1)x_2/h - T_0$. Somit wird:

$$\zeta h^3/12 = \int_{-h/2}^{+h/2} \theta x_2 dx_2 = (T_2 - T_1)h^2/12 \quad \Rightarrow \quad \zeta = (T_2 - T_1)/h,$$

und nach Ü 3.2.9 folgt:

$$y'' = \alpha\zeta \Rightarrow y = \alpha\zeta x_1^2 + C_1 x_1 + C_2 .$$

Wegen $y'(0) = 0$ und $y(0) = 0$ wird: $C_1 = C_2 = 0$. Man erhält also:

$$y = \alpha(T_2 - T_1)x_1^2/h \Rightarrow \boxed{y_{max} = \alpha(T_2 - T_1)\ell^2/h} .$$

Ü 3.3.1
Man wende auf (3.51) den LAPLACE-Operator an:

$$\mu u_{i,jjkk} + (\mu + \lambda)u_{k,kjji} = 0_i . \qquad (*)$$

Differenziert man (3.51) nach x_i, so erhält man

$$\mu u_{i,ikk} + (\mu + \lambda)u_{k,kii} = 0 \quad \Rightarrow \quad u_{k,kjj} = 0 ,$$

so dass aus (*) die *Bipotentialgleichung* (3.52) folgt.

Ü 3.3.2
Wegen $\Delta\varphi \equiv f_{k,k} = 0$ erhält man:

$$\sigma_{ij,kk} + \sigma_{kk,ij}/(1+\nu) = 2\varphi_{,ij} .$$

Die Spurbildung (i = j) führt wegen $\varphi_{,jj} \equiv \Delta\varphi = 0$ auf (3.55b)

Ü 3.3.3
Bei freier *Verwölbung* sind nur σ_{31} und σ_{32} von null verschieden. Die Gleichgewichtsbedingung $\sigma_{ji,j} = 0_i$ mit i = 3, d.h. $\sigma_{13,1} + \sigma_{23,2} = 0$ ist durch die Einführung der *Torsionsfunktion* a priori erfüllt. Wegen $\sigma_{kk} = 0$ folgt aus den BELTRAMI-*Gleichungen* (3.54):

$$\Delta\sigma_{31} = \Delta\sigma_{32} = 0 \quad \Rightarrow \quad (\Delta\Phi)_{,2} = (\Delta\Phi)_{,1} = 0 \quad \Rightarrow \quad \Delta\Phi = C .$$

Die Konstante C kann folgendermaßen bestimmt werden. Ein im tordierten Querschnitt liegender Punkt P (x_1, x_2) mit dem Abstand r vom Koordinatenursprung geht durch die Torsion (Verdrehwinkel ϑ im mathematisch positiven Sinn) in P^* über und erfährt eine Verschiebung $u_i = (-u_1, u_2)$, wie aus Bild F 3.2 ersichtlich.

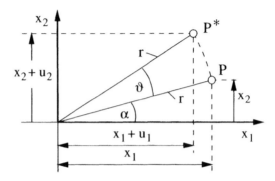

Bild F 3.2 Verschiebungen u_i eines Punktes $P \to P^*$ im tordierten Querschnitt

Unter Berücksichtigung der Additionstheoreme erhält man:

$$x_1 + u_1 = r\cos(\alpha + \vartheta) = r\cos\alpha\cos\vartheta - r\sin\alpha\sin\vartheta ,$$
$$x_2 + u_2 = r\sin(\alpha + \vartheta) = r\sin\alpha\cos\vartheta + r\cos\alpha\sin\vartheta .$$

Wegen $r\cos\alpha = x_1$ und $r\sin\alpha = x_2$ folgt daraus:

$$u_1 = -(1-\cos\vartheta)x_1 - x_2\sin\vartheta ,$$
$$u_2 = -(1-\cos\vartheta)x_2 + x_1\sin\vartheta \quad \text{mit} \quad \vartheta = \vartheta(x_3) .$$

Für kleine Verdrehwinkel ϑ gilt: $\cos\vartheta \approx 1$ und $\sin\vartheta \approx \vartheta = Dx_3$, so dass sich die Verschiebungen zu

$$\boxed{u_1 = -Dx_2x_3 \quad | \quad u_2 = Dx_1x_3}$$

ergeben. Damit erhält man wegen (1.36b):

$$2\varepsilon_{31} = u_{3,1} - Dx_2 \Rightarrow u_{3,1} = 2\varepsilon_{31} + Dx_2 ,$$
$$2\varepsilon_{32} = u_{3,2} + Dx_1 \Rightarrow u_{3,2} = 2\varepsilon_{32} - Dx_1 .$$

Die Elimination von u_3 gemäß $u_{3,12} \equiv u_{3,21}$ führt auf:

$$\varepsilon_{32,1} - \varepsilon_{31,2} = D ,$$

so dass mit (3.26) folgt:

$$\sigma_{32,1} - \sigma_{31,2} = 2GD \quad \Rightarrow \quad \boxed{\Phi_{,11} + \Phi_{,22} \equiv \Delta\Phi = -2GD}.$$

Auf dem Rande des Querschnitts muss der Spannungsvektor (2.2) verschwinden:

$$\sigma_{31}n_1 + \sigma_{32}n_2 = 0 \quad \text{mit} \quad n_1 = dx_2/ds, \quad n_2 = -dx_1/ds,$$

so dass folgt:

$$(\partial\Phi/\partial x_2)dx_2 + (\partial\Phi/\partial x_1)dx_1 = d\Phi = 0 \quad \Rightarrow \quad \Phi = \text{const.}$$

auf dem Rande. Da bei der Spannungsermittlung nur die Ableitungen von Φ benötigt werden, kann man auf dem Rande auch $\Phi = 0$ setzen.

Die *Verwölbung* muss in jedem Querschnitt gleich sein, d.h., die Axialverschiebung u_3 kann nicht von x_3 abhängen. Macht man den Ansatz $u_3 = \vartheta\varphi(x_1, x_2)$, so folgt mit den Verschiebungen $u_1 = -D x_2 x_3$, $u_2 = D x_1 x_3$ aus (3.50) für $i = 3$ unmittelbar $\Delta u_3 = 0$ und somit $\Delta\varphi = 0$. Die *Verwölbungsfunktion* $\varphi = \varphi(x_1, x_2)$ ist somit eine *harmonische Funktion*.

Ü 3.3.4

Da Φ am Rande verschwindet, können für Kreis- und Ellipsenquerschnitt die Ansätze

$$\Phi = A\left(x_1^2 + x_2^2 - R^2\right) \quad \text{und} \quad \Phi = B\left[(x_1/a)^2 + (x_2/b)^2 - 1\right]$$

gemacht werden. Die Ansatzfreiwerte A, B werden aus der *POISSONschen Differentialgleichung* $\Delta\Phi = -2\,G\,D$ bestimmt:

$$\boxed{A = -GD/2}, \quad \boxed{B = -GDa^2b^2/(a^2 + b^2)}.$$

Man lege den Koordinatenursprung in den Schwerpunkt eines gleichschenkligen Dreiecks (Grundlinie a, Höhe h). Die obere Spitze lege man auf die x_2-Achse. Der Rand wird durch die drei Geradengleichungen

$$\begin{aligned}
g_1 &= g_1(x_1, x_2) = x_2 - 2h/3 - 2h\,x_1/a = 0 \\
g_2 &= g_2(x_1, x_2) = x_2 - 2h/3 + 2h\,x_1/a = 0 \\
g_3 &= g_3(x_1, x_2) = x_2 + h/3 \qquad\qquad = 0
\end{aligned}$$

beschrieben. Eine Funktion, die am Rande verschwindet, ist somit durch $f(x_1, x_2) = g_1 g_2 g_3$ gegeben. Wendet man hierauf den LAPLACE-Operator an, so erhält man:

$$\Delta f = \left(6 - 8h^2/a^2\right)x_2 - 8h^3/(3a^2) - 2h \ .$$

Für Δf = const. folgt: $h/a = \sqrt{3}/2$, d.h., der Ansatz ist für ein gleichseitiges Dreieck geeignet. Für die Torsionsfunktion kann man also ansetzen:

$$\Phi = c f(x_1, x_2) \quad \Rightarrow \quad \Delta \Phi = -c 4h \ .$$

Im Vergleich mit $\Delta \Phi = -2$ G D erhält man c = G D/(2 h). Mithin lautet die gesuchte Torsionsfunktion:

$$\boxed{\Phi(x_1, x_2) = \frac{GD}{2h}\left(x_2^3 - h x_2^2 - 3 x_1^2 x_2 - h x_1^2 + \frac{4}{27} h^3\right)} \ .$$

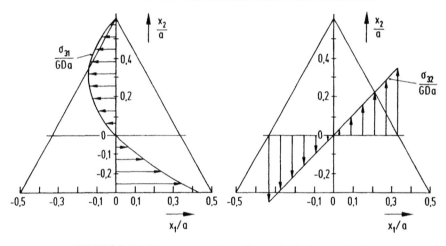

Bild F 3.3 Schubspannungen im tordierten Dreiecksquerschnitt

Aus dieser *Torsionsfunktion* erhält man durch Differentiation (Ü 3.3.3) die Schubspannungen im tordierten Querschnitt (gleichseitiges Dreieck) gemäß

$$\sigma_{31} \equiv \partial \Phi / \partial x_2 \ , \quad \sigma_{32} \equiv -\partial \Phi / \partial x_1$$

unter Berücksichtigung von $h/a = \sqrt{3}/2$ zu:

$$\frac{\sigma_{31}}{GDa} = \sqrt{3}(\eta^2 - \xi^2) - \eta \ , \quad \frac{\sigma_{32}}{GDa} = 2\sqrt{3}\xi\eta + \xi \ .$$

Darin sind dimensionslose Koordinaten $\xi \equiv x_1/a$, $\eta \equiv x_2/a$ verwendet. Die Schubspannungsverteilungen entlang der η-Achse ($\xi = 0$) und ξ-Achse ($\eta = 0$) sind in Bild F 3.3 dargestellt.

Die in dieser Übung gezeigten Beispiele führen auf geschlossene Lösungen. Diesen Vorteil bieten nur wenige Querschnittsformen. Für Rechteckquerschnitte findet man Lösungen über die Verwölbungsfunktion ($\Delta\varphi = 0$ mit entsprechenden Randbedingungen: *NEUMANNsches Randwertproblem der Potentialtheorie*) durch FOURIER-Reihenentwicklungen (LEIPHOLZ, 1968; HAHN, 1985). BETTEN (1997/98) vergleicht Lösungen nach der Finite-Elemente-Methode mit Näherungen nach dem klassischen RITZ-Verfahren.

Ü 3.3.5

Unter Benutzung der Torsionsfunktion erhält man:

$$M = - \iint_{\text{Querschnitt}} (\sigma_{31} x_2 - \sigma_{32} x_1) dx_1 dx_2 = - \iint_{\text{Querschnitt}} (\Phi_{,2} x_2 + \Phi_{,1} x_1) dx_1 dx_2 \ .$$

Partielle Integration unter Berücksichtigung der Randbedingung ($\Phi = 0$ am Rande) führt auf das Ergebnis:

$$\boxed{M = 2 \iint_{\text{Querschnitt}} \Phi(x_1, x_2) dx_1 dx_2 \equiv 2V} \quad . \tag{*}$$

Diese Formel gilt für *elastische* oder *plastische Torsion*, wenn man die elastische oder plastische Torsionsfunktion einsetzt. In (*) ist V das Volumen des über dem Querschnitt errichteten „Spannungshügels". PRANDTL hat die Gleichung $\Delta\Phi = C$ mit der Gleichung $\Delta w = -p/S$ für die Biegefläche $w = w(x_1, x_2)$ einer dünnen elastischen Membran (S $\hat{=}$ konstante Spannkraft je Längeneinheit) unter dem Druck p verglichen und vorgeschlagen, die Torsionsfunktion Φ als Oberfläche einer Membrane unter innerem Druck darzustellen (*Membrangleichnis*). Die *Schichttlinien* $\Phi(x_1, x_2)$ = const. entsprechen den *Trajektorien* der Schubspannung, und die Spannungswerte sind der Steigung der Membran proportional. Das Torsionsmoment beträgt das Doppelte des Volumens V des Membranhügels (Spannungshügels).

Anmerkung: Das Torsionsproblem ist nur für *kreisförmige Querschnitte* elementar lösbar. Die *elementare Theorie* ist für andere Querschnitte durch einen Korrekturfaktor κ gemäß

$$\boxed{M = GDI_t \quad \text{mit} \quad I_t = \kappa I_p \le I_p} \qquad (**)$$

zu modifizieren, für den stets $\kappa \le 1$ gilt, wie in (**) angedeutet. Nur für den kreisförmigen Querschnitt mit $\kappa = 1$ liefert die *elementare Theorie* exakte Ergebnisse. Für andere Querschnitte können die Abweichungen erheblich sein, wie BETTEN (1997/98) zeigt. Die in (**) definierte Größe $I_t = \kappa I_p$ wird *Torsionsträgheitsmoment* genannt.

Die Ermittlung des *Korrekturfaktors* κ erfolgt auf der Basis der POISSONschen Differentialgleichung $\Delta \Phi = -2\,G\,D$ über die *Torsionsfunktion* im Vergleich mit dem exakten Moment (*):

$$\boxed{\kappa := \frac{2}{GDI_p} \iint \Phi\, dx_1\, dx_2 \quad \text{mit} \quad I_p := \iint (x_1^2 + x_2^2)\, dx_1\, dx_2} \qquad (***)$$

Ursache für die Abweichung der *elementaren Theorie* von der Lösung der POISSONschen Differentialgleichung ist die *Verwölbung* $\varphi(x_1, x_2) \equiv u_3/D$ des Querschnitts; denn das *Torsionsmoment* (**) kann nach BETTEN (1997/98) gemäß

$$\boxed{M = GDI_p + GD \iint \left(x_1 \frac{\partial \varphi}{\partial x_2} - x_2 \frac{\partial \varphi}{\partial x_1} \right) dx_1\, dx_2}$$

dargestellt werden. Darin entspricht der integralfreie Term der *elementaren Theorie*, während das Integral als *Korrekturglied* durch die *Verwölbung* $\varphi(x_1, x_2)$ bestimmt ist und nur für kreisförmigen Querschnitt verschwindet, der **eben bleibt**.

Ü 3.3.6
Die Bewegungsgleichung in den Verschiebungen für $f_i = 0_i$ erhält man in Ergänzung zu (3.50):

$$\rho\, \partial^2 u_i / \partial t^2 = (\lambda + \mu) u_{k,ki} + \mu u_{i,kk}\,. \qquad (*)$$

Jede Funktion von $\xi \equiv x \pm ct$ genügt diesen Differentialgleichungen.
a) *Longitudinalwellen (Kompressionswellen;* $u_1 \ne 0$ mit $u_1 \parallel x_1$) Bewegung:
$u_1 = A \sin 2\pi (x_1 \pm \alpha t)/\ell$, $u_2 = u_3 = 0$. Damit erhält man aus (*) die Fortpflanzungsgeschwindigkeit (in Richtung der x_1-Achse):

$$\boxed{\alpha = \sqrt{(\lambda + 2\mu)/\rho}} \; .$$

Man nennt α auch Phasengeschwindigkeit der Wellenbewegung. Die Wellenlänge beträgt ℓ.

b) *Transversalwellen* (Schubwellen; $u_2 \neq 0$ mit $u_2 \perp u_1$) Bewegung: $u_1 = 0$, $u_2 = A \sin 2\pi (x_1 \pm \beta t)/\ell$, $u_3 = 0$. Damit erhält man aus (*) die Fortpflanzungsgeschwindigkeit der Wellenbewegung in Richtung der x_1-Achse:

$$\boxed{\beta = \sqrt{\mu/\rho}} \; .$$

Ebenso hätte man auch die Bewegung

$$u_1 = u_2 = 0, \quad u_3 = A \sin 2\pi (x_1 \pm \beta t)/\ell$$

betrachten können. Die x_1-x_2-Ebene bzw. x_1-x_3-Ebene wird *Polarisationsebene* genannt.

Vergleich: $\alpha/\beta = \sqrt{(\lambda + 2\mu)/\mu} > \sqrt{2}$.

Zahlenbeispiele: $\quad \nu = 0{,}2 \Rightarrow \alpha/\beta = \sqrt{3}\; ; \quad \nu = 0{,}3 \Rightarrow \alpha/\beta = \sqrt{3{,}5}\; ;$

$\quad\quad\quad\quad\quad\quad\;\; \nu = 0 \;\;\Rightarrow \alpha/\beta = \sqrt{2}\; ; \quad \nu = 0{,}5 \Rightarrow \alpha/\beta \to \infty \; .$

Mit α und β kann (*) auch gemäß

$$\partial^2 u_i / \partial t^2 = (\alpha^2 - \beta^2) u_{k,ki} + \beta^2 u_{i,kk}$$

ausgedrückt werden. Schließlich sei noch auf Ü 6.2.15 bei BETTEN (1987a) hingewiesen.

Ü 3.3.7

Wegen $\Delta \varphi = 0$ folgt weiter:

$$\Delta F = 4\Phi + 4 \left(x_1 \partial \Phi / \partial x_1 + x_2 \partial \Phi / \partial x_2 \right).$$

Wegen $\Delta \Phi = 0$ folgt weiter:

$$\Delta \Delta F = 4 \left(\partial^2 / \partial x_1^2 + \partial^2 / \partial x_2^2 \right) \left(x_1 \partial \Phi / \partial x_1 + x_2 \partial \Phi / \partial x_2 \right)$$

und nach Ausführung der Differentiation schließlich:

$$\underline{\underline{\Delta \Delta F}} = 4(x_1 \partial/\partial x_1 + x_2 \partial/\partial x_2) \Delta \Phi = \underline{0} \quad\quad \text{q.e.d.}$$

Ü 3.3.8

Die Ergebnisse kann man Bild F 3.4 entnehmen. So kann ein Katalog von Lösungen aufgestellt werden, die man auch je nach Aufgabenstellung als Teillösungen superponieren kann (Ü 3.3.9)

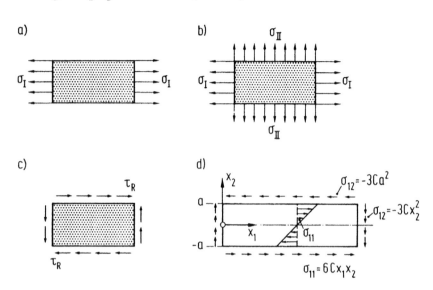

Bild F 3.4 Lösungsbeispiele zur AIRYschen Spannungsfunktion

Ü 3.3.9

Der Balken habe die Länge ℓ, die Höhe $h = 2a$ und die Breite b. Den Koordinatenursprung lege man unterhalb des Lastangriffs auf die neutrale Faser. Aufgrund der Biegung wird eine σ_{11}-Verteilung gemäß Bild F 3.4 zu erwarten sein. Da jedoch der Rand schubspannungsfrei ist, muss eine weitere Lösung superponiert werden. Hierzu ist die Lösung „c)" aus Bild F 3.4 geeignet. Mithin wird man die *AIRYsche Spannungsfunktion*

$$F = F(x_1, x_2) = Ax_1 x_2 + Bx_1 x_2^3$$

ansetzen. Darin werden die Ansatzfreiwerte A und B über Randbedingung und Gleichgewicht bestimmt. Randbedingung (schubspannungsfreier Rand):

$$\sigma_{12}(x_2 = \pm a) = -(F_{,12})_{x_2=\pm a} = 0 \quad \Rightarrow \quad A = -3Ba^2 = -3Bh^2/4$$

Gleichgewicht (Schnitt x_1 = const.):

$$P = \int_{-a}^{+a} \sigma_{12} \, b \, dx_2 = Bh^3 b/2 \quad \Rightarrow \quad B = 2P/(h^3 b) \ .$$

Wegen $I = bh^3/12$ kann man auch $A = -Ph^2/(8I)$ und $B = P/(6I)$ schreiben. Die *AIRYsche Spannungsfunktion* lautet:

$$\boxed{F = F(x_1, x_2) = -\frac{Ph^2}{8I} x_1 x_2 \left[1 - \frac{4}{3}\left(\frac{x_2}{h}\right)^2\right] \ .}$$

Damit ergibt sich das Spannungsfeld zu:

$$\sigma_{11} = F_{,22} = Px_1 x_2/I \ , \quad \sigma_{22} = F_{,11} = 0 \ ,$$

$$\sigma_{12} = -F_{,12} = P\left(h^2/4 - x_2^2\right)/(2I) \quad \text{mit} \quad (\sigma_{12})_{max} = 3P/(2bh) \ .$$

Die Lösung für die Schubspannungsverteilung $\sigma_{12} = \sigma_{12}(x_1, x_2)$ setzt voraus, dass an der Stirnfläche des Balkens ($x_1 = 0$) die Belastung (Resultierende P) gemäß einer parabolischen Schubbelastung eingeleitet wird. Bei Belastung durch eine Einzellast P (als Ersatzlast) gilt die Lösung daher nicht im Bereich des Lastangriffs (Störbereich). Sie kann jedoch in hinreichender Entfernung des Lastangriffspunktes als gültig angenommen werden (*Prinzip von DE SAINT-VENANT*).

Ü 3.3.10

Die Bipotentialgleichung (3.72) ist erfüllt. Problemstellung: Einseitig eingespannter Balken der Breite „1" mit Belastung P in Längs- und Q in Querrichtung am freien Balkenende.

Spannungen: $\quad \sigma_{11} = F_{,22} = \left(P - 3Qx_1 x_2/a^2\right)/(2a) \ ,$

$$\sigma_{22} = F_{,11} = 0 \ , \quad \sigma_{12} = -F_{,12} = -3Q(a^2 - x_2^2)/(4a^3) \ .$$

Ü 3.3.11

Über Kettenregel erhält man:

$$\partial/\partial x_1 = (\partial \xi^1/\partial x_1)\partial/\partial \xi^1 + (\partial \xi^2/\partial x_1)\partial/\partial \xi^2$$

$$\frac{\partial^2}{\partial x_1^2} = \left(\frac{\partial \xi^1}{\partial x_1}\right)^2 \frac{\partial^2}{\partial (\xi^1)^2} + 2\frac{\partial \xi^1}{\partial x_1}\frac{\partial \xi^2}{\partial x_1}\frac{\partial^2}{\partial \xi^1 \partial \xi^2} + \left(\frac{\partial \xi^2}{\partial x_1}\right)^2 \frac{\partial^2}{\partial (\xi^2)^2} +$$

$$+ \frac{\partial^2 \xi^1}{\partial x_1^2}\frac{\partial}{\partial \xi^1} + \frac{\partial^2 \xi^2}{\partial x_1^2}\frac{\partial}{\partial \xi^2} \quad .$$

Entsprechend findet man $\partial^2/\partial x_2^2$; nach Addition folgt:

$$\Delta = \left[\left(\xi_{,1}^1\right)^2 + \left(\xi_{,2}^1\right)^2\right]\frac{\partial^2}{\partial(\xi^1)^2} + 2\left(\xi_{,1}^1\xi_{,1}^2 + \xi_{,2}^1\xi_{,2}^2\right)\frac{\partial^2}{\partial\xi^1\partial\xi^2} +$$

$$+ \left[\left(\xi_{,1}^2\right)^2 + \left(\xi_{,2}^2\right)^2\right]\frac{\partial^2}{\partial(\xi^2)^2} + \left(\xi_{,11}^1 + \xi_{,22}^1\right)\frac{\partial}{\partial\xi^1} + \left(\xi_{,11}^2 + \xi_{,22}^2\right)\frac{\partial}{\partial\xi^2}$$

Darin bedeuten: $\xi_{,1}^1 \equiv \partial\xi^1/\partial x_1$, ..., $\xi_{,22}^2 \equiv \partial^2\xi^2/\partial x_2\partial x_2$. Für *Polarkoordinaten* $x_1 = \xi^1 \cos\xi^2$, $x_2 = \xi^1 \sin\xi^2$ mit der Umkehrung $\xi^1 = \sqrt{x_1^2 + x_2^2}$, $\xi^2 = \arctan(x_2/x_1)$ erhält man wegen $\xi^1 \equiv r$ und $\xi^2 \equiv \varphi$ zunächst:

$$\xi_{,1}^1 = \cos\varphi; \quad \xi_{,2}^1 = \sin\varphi; \quad \xi_{,1}^2 = -(1/r)\sin\varphi; \quad \xi_{,2}^2 = (1/r)\cos\varphi;$$

$$\xi_{,11}^1 = -(\partial\varphi/\partial x_1)\sin\varphi = (1/r)\sin^2\varphi; \quad \xi_{,22}^1 = (1/r)\cos^2\varphi;$$

$$\xi_{,11}^2 = (2/r^2)\sin\varphi\cos\varphi; \quad \xi_{,22}^2 = -(2/r^2)\sin\varphi\cos\varphi.$$

Mit diesen Ableitungen geht die allgemeine Beziehung für Δ in (3.83) über.

Bei Axialsymmetrie ist $F = F(r)$. Dann folgt aus (3.81): $\sigma_{rr} = (\partial F/\partial r)/r$, $\sigma_{\varphi\varphi} = \partial^2 F/\partial r^2$, $\sigma_{r\varphi} \equiv 0$, und aus (3.83): $\Delta = \partial^2/\partial r^2 + (1/r)\partial/\partial r$.

Wird die Koordinatentransformation durch eine *konforme Abbildung* vermittelt, so gelten die CAUCHY-RIEMANNschen *Differentialgleichungen* (Ziffer 11.2)

$$\partial\xi^1/\partial x_1 = \partial\xi^2/\partial x_2, \quad \partial\xi^1/\partial x_2 = -\partial\xi^2/\partial x_1.$$

Damit erhält man die Vereinfachung:

Ü 3.3.12-Ü 3.3.12

$$\boxed{\Delta = H^2 \left(\partial^2 / \partial (\xi^1)^2 + \partial^2 / \partial (\xi^2)^2 \right)}$$

mit $H^2 \equiv (\partial \xi^1 / \partial x_1)^2 + (\partial \xi^2 / \partial x_1)^2 = (\partial \xi^1 / \partial x_2)^2 + (\partial \xi^2 / \partial x_2)^2$.

Die *Funktionaldeterminante*

$$\frac{D(\xi^1, \xi^2)}{D(x_1, x_2)} = \begin{vmatrix} \partial \xi^1 / \partial x_1 & \partial \xi^1 / \partial x_2 \\ \partial \xi^2 / \partial x_1 & \partial \xi^2 / \partial x_2 \end{vmatrix} = \frac{\partial \xi^1}{\partial x_1} \frac{\partial \xi^2}{\partial x_2} - \frac{\partial \xi^1}{\partial x_2} \frac{\partial \xi^2}{\partial x_1}$$

stimmt unter Voraussetzung der CAUCHY-RIEMANNschen *Differentialgleichungen* mit H^2 überein, so dass man bei *konformen Abbildungen* auch

$$\boxed{\Delta = \frac{D(\xi^1, \xi^2)}{D(x_1, x_2)} \left(\frac{\partial^2}{\partial (\xi^1)^2} + \frac{\partial^2}{\partial (\xi^2)^2} \right)}$$

schreiben kann.

Ü 3.3.12
Mit (3.81) erhält man:

$$\sigma_{rr} = -(2C/r) \sin \varphi, \quad \sigma_{\varphi\varphi} = \sigma_{r\varphi} = 0.$$

Daraus folgt: $\Delta F = \sigma_{rr} + \sigma_{\varphi\varphi} = -(2C/r) \sin \varphi$. Wendet man darauf den Operator (3.83) an, so stellt man $\Delta\Delta F = 0$ fest, d.h., die in der Aufgabenstellung angegebene Funktion ist eine *AIRYsche Spannungsfunktion*.

Der Spannungszustand ist in Bild F 3.5 skizziert ($\sigma_{rr} \equiv \sigma_r$). Die Konstante C wird aus der Gleichgewichtsbedingung (Bild F 3.5) ermittelt:

$$P = 2 \int_0^{\pi/2} (-\sigma_r) r \sin \varphi \, d\varphi = 4C \int_0^{\pi/2} \sin^2 \varphi \, d\varphi = C\pi \quad \Rightarrow \quad C = P/\pi.$$

Mithin wird:

$$F = F(r, \varphi) = \frac{P}{\pi} r \varphi \cos \varphi \quad \Rightarrow \quad F = F(x_1, x_2) = \frac{P}{\pi} x_1 \arctan \frac{x_2}{x_1}.$$

Das Spannungsfeld in rechtwinklig kartesischen Koordinaten wird damit:

$$\sigma_{11} = -2C x_1^2 x_2 / r^4, \quad \sigma_{22} = -2C x_2^3 / r^4, \quad \sigma_{12} = -2C x_1 x_2^2 / r^4$$

mit $r^2 = x_1^2 + x_2^2$. Für $r \to \infty$ klingen die Spannungen ab. Im Lastangriffspunkt erhält man:

$$\lim_{x_2 \to 0} \sigma_{22}(x_1 = 0) = -2C \lim_{x_2 \to 0} (1/x_2) = \infty ,$$

d.h., im Lastangriffspunkt liegt eine *Singularität* vor. Nach dem SAINT-VENANTschen *Prinzip* gilt die Lösung erst in hinreichender Entfernung vom Lastangriffspunkt.

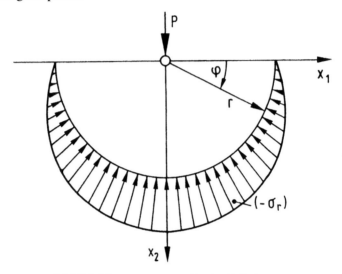

Bild F 3.5 Spannungszustand in der Halbebene

Das Spannungsfeld, das sich bei beliebiger Pressungsverteilung $p = p(x_1)$ ergibt, wird bei BETTEN (1963/64, 1971a) diskutiert.

Ü 3.3.13

Bei Rotationssymmetrie gilt $F = F(r)$. Dann entfällt in (3.83) der Operator $\partial^2/\partial\varphi^2$, so dass die *Bipotentialgleichung* $\Delta\Delta F = 0$ in eine gewöhnliche Differentialgleichung vom EULERschen Typ übergeht:

$$\boxed{r^3 F^{(4)} + 2r^2 F''' - r F'' + F' = 0} , \qquad (*)$$

die vermöge der Substitution $r = \exp(t)$ in eine lineare Differentialgleichung in t mit konstanten Koeffizienten reduziert werden kann. Man findet schließlich für (*) die allgemeine Lösung:

$$F = C_1 + C_2 r^2 + C_3 \ln r + C_4 r^2 \ln r \quad.$$

Beim *dickwandigen Hohlzylinder* kann man dem Verschiebungsfeld die Bedingung entnehmen, dass C_4 verschwinden muss. Dann folgt das Spannungsfeld zu:

$$\sigma_{rr} = F'/r = 2C_2 + C_3/r^2, \quad \sigma_{\varphi\varphi} = F'' = 2C_2 - C_3/r^2 \quad.$$

Mit den Randbedingungen $\sigma_{rr}(a) = -p$, $\sigma_{rr}(b) = -q$ bestimmt man die Konstanten:

$$2C_2 = (a^2 p - b^2 q)/(b^2 - a^2), \quad C_3 = a^2 b^2 (q - p)/(b^2 - a^2) \quad.$$

Ü 3.3.14

Benutzt man die komplexe Variable $z = x_1 + i x_2$ mit $\bar{z} = x_1 - i x_2$, so wird $x_1 = (z + \bar{z})/2$ und $x_2 = -i(z - \bar{z})/2$. Man erhält:

$$\partial/\partial x_1 = \partial/\partial z + \partial/\partial \bar{z} \quad \text{und} \quad \partial/\partial x_2 = i(\partial/\partial z - \partial/\partial \bar{z}),$$

so dass der LAPLACE-Operator Δ gemäß:

$$\Delta = \partial^2/\partial x_1^2 + \partial^2/\partial x_2^2 = 4 \partial^2/\partial z \partial \bar{z} \quad (*)$$

ausgedrückt werden kann. Damit geht $\Delta\Delta F = 0$ in $\partial^4 F/\partial z^2 \partial \bar{z}^2 = 0$ über, woraus unmittelbar die Lösung

$$F = f_1(z) + f_2(\bar{z}) + \bar{z} g_1(z) + z g_2(\bar{z}) \quad (**)$$

gefolgert werden kann. Da F eine reelle Funktion ist, muss man fordern:

$$f_2(\bar{z}) = \overline{f_1(z)} \quad \text{und} \quad g_2(\bar{z}) = \overline{g_1(z)},$$

so dass folgt:

$$F = f_1(z) + \overline{f_1(z)} + \bar{z} g_1(z) + z \overline{g_1(z)},$$

$$F = 2\,\text{Re}\{f_1(z)\} + 2x_1 \text{Re}\{g_1(z)\} - 2x_2 \text{Im}\{g_1(z)\},$$

$$\boxed{F = 2\,\text{Re}\{f_1(z) + \bar{z} g_1(z)\}} \quad.$$

Für $2 f_1(z) \equiv g(z)$ und $2 g_1(z) \equiv f(z)$ erhält man (3.79). Aus (3.66) folgert man $\sigma_{11} + \sigma_{22} = \Delta F$ für $\kappa = 0$. Mit (*) und (**) erhält man somit:

$$\sigma_{11}+\sigma_{22}=4\partial^2 F/\partial z\partial\overline{z}=4[g_1'(z)+\overline{g_1'(z)}]\equiv 8\operatorname{Re}\{g_1'(z)\}.$$

Dieses Ergebnis geht für 2 $g_1(z)$ = f(z) unmittelbar in (3.80a) über.

Multipliziert man bei fehlenden Volumenkräften (3.59b) mit i = $\sqrt{-1}$ und subtrahiert die so entstandene Gleichung von (3.59a), so erhält man:

$$\partial(\sigma_{11}-i\sigma_{12})/\partial x_1+\partial(\sigma_{12}-i\sigma_{22})/\partial x_2=0.$$

Darin wird $\partial/\partial x_1=\partial/\partial z+\partial/\partial\overline{z}$ und $\partial/\partial x_2=i(\partial/\partial z-\partial/\partial\overline{z})$ substitutiert:

$$\partial(\sigma_{11}+\sigma_{22})/\partial z=\partial(\sigma_{22}-\sigma_{11}+2i\sigma_{12})/\partial\overline{z}.$$

Mit $\sigma_{11}+\sigma_{22}=8\operatorname{Re}\{g_1'(z)\}$ und $\partial/\partial z=(\partial/\partial x_1-i\partial/\partial x_2)/2$ folgt daraus nach Integration:

$$\sigma_{22}-\sigma_{11}+2i\sigma_{12}=4[\overline{z}g_1''(z)+\psi(z)].$$

Für 2 $g_1(z)\equiv f(z)$ und 2 $\psi(z)\equiv g'(z)$ geht diese Formel unmittelbar in (3.80b) über.

Zu den in dieser Übungsaufgabe verwendeten *komplexen Differentialoperatoren* sei Folgendes ergänzt:

Analog zum „üblichen" *Nabla-Operator* gelten folgende *komplexe Operatoren*:

$$\nabla:=\frac{\partial}{\partial x_1}+i\frac{\partial}{\partial x_2}=2\frac{\partial}{\partial\overline{z}}\quad\text{und}\quad\overline{\nabla}:=\frac{\partial}{\partial x_1}-i\frac{\partial}{\partial x_2}=2\frac{\partial}{\partial z}. \quad(1a,b)$$

Es sei $\Phi=\Phi(z,\overline{z})$ mit $z=x_1+ix_2$ und $\overline{z}=x_1-ix_2$, bzw. $\Phi=\Phi(x_1,x_2)$ mit $x_1=(z+\overline{z})/2$ und $x_2=i(\overline{z}-z)/2$; dann gilt:

$$\frac{\partial\Phi}{\partial z}=\frac{\partial\Phi}{\partial x_1}\frac{\partial x_1}{\partial z}+\frac{\partial\Phi}{\partial x_2}\frac{\partial x_2}{\partial z}=\frac{1}{2}\left(\frac{\partial\Phi}{\partial x_1}-i\frac{\partial\Phi}{\partial x_2}\right).$$

Damit ist $2\frac{\partial}{\partial z}=\overline{\nabla}$ gemäß (1b) nachgewiesen. Entsprechend weist man (1a) nach.

Es sei F = F(x_1, x_2) eine reelle stetig differenzierbare Funktion. Wendet man darauf den komplexen Operator ∇ an, so erhält man:

$$\operatorname{grad}F=\nabla F=\frac{\partial F}{\partial x_1}+i\frac{\partial F}{\partial x_2}\equiv 2\frac{\partial G}{\partial\overline{z}}.$$

Darin gilt: $F = F(x_1, x_2) = F\left(\dfrac{z+\bar{z}}{2}, \dfrac{z-\bar{z}}{2}\right) \equiv G(z, \bar{z})$.

Eine *holomorphe Funktion* $w = g(z) = u_1 + i\, u_2$ hängt nur von z ab und nicht von $\bar{z}$. Dafür muss gelten: $\partial g / \partial \bar{z} = 0$, woraus $(\partial / \partial x_1 + i \partial / \partial x_2)(u_1 + i\, u_2)/2 = 0$ folgt. Nach Trennung von Real- und Imaginärteil erhält man daraus die CAUCHY-RIEMANNschen *Differentialgleichungen*:

$$\boxed{\dfrac{\partial u_1}{\partial x_1} = \dfrac{\partial u_2}{\partial x_2} \quad\bigg|\quad \dfrac{\partial u_1}{\partial x_2} = -\dfrac{\partial u_2}{\partial x_1}}.$$

Den *LAPLACE-Operator* erhält man folgendermaßen:

$$\boxed{\Delta = \nabla \bar{\nabla} = \dfrac{\partial^2}{\partial x_1^2} + \dfrac{\partial^2}{\partial x_2^2} = 4 \dfrac{\partial^2}{\partial z \partial \bar{z}}},$$

wenn man die Beziehung (1a,b) berücksichtigt.

Ü 3.3.15

Nach Ü 3.1.13 ist der Elastizitätstensor bei Orthotropie durch folgendes Schema gekennzeichnet:

E_{1111}	E_{1122}	E_{1133}	0	0	0
E_{1122}	E_{2222}	E_{2233}	0	0	0
E_{1133}	E_{2233}	E_{3333}	0	0	0
0	0	0	E_{1212}	0	0
0	0	0	0	E_{2323}	0
0	0	0	0	0	E_{3131}

Für *ebenen Spannungszustand* ($\sigma_{3j} = 0_j$) folgt somit aus (3.9b):

$$\varepsilon_{11} = E_{1111}^{(-1)} \sigma_{11} + E_{1122}^{(-1)} \sigma_{22}, \quad \varepsilon_{12} = 2 E_{1212}^{(-1)} \sigma_{12},$$

$$\varepsilon_{22} = E_{1122}^{(-1)} \sigma_{11} + E_{2222}^{(-1)} \sigma_{22}.$$

Setzt man diese Werte in die *Kompatibilitätsbedingung* $\varepsilon_{11,22} + \varepsilon_{22,11} = 2\varepsilon_{12,12}$ ein und beachtet $\sigma_{11} = F_{,22}$, $\sigma_{22} = F_{,11}$, $\sigma_{12} = -F_{,12}$, so erhält man die gesuchte Differentialgleichung

$$\boxed{E_{2222}^{(-1)}F_{,1111} + 2\left(E_{1122}^{(-1)} + 2E_{1212}^{(-1)}\right)F_{,1122} + E_{1111}^{(-1)}F_{,2222} = 0}\quad , \qquad (*)$$

die im isotropen Fall mit $E_{1111}^{(-1)} = E_{2222}^{(-1)} = 1/E$, $E_{1122}^{(-1)} = -\nu/E$, $2E_{1212}^{(-1)} = (1+\nu)/E$ unmittelbar in die *Bipotentialgleichung* $F_{,\alpha\alpha\beta\beta} = 0$ mit $\alpha, \beta = 1,2$, d.h. in (3.72) übergeht.

Für *ebenen Verzerrungszustand* ($\varepsilon_{3j} = 0_j$) folgt aus (3.9a):

$$\sigma_{11} = E_{1111}\varepsilon_{11} + E_{1122}\varepsilon_{22}\,,\quad \sigma_{12} = 2E_{1212}\varepsilon_{12}\,,$$

$$\sigma_{22} = E_{2211}\varepsilon_{11} + E_{2222}\varepsilon_{22}\,.$$

Löst man dieses Gleichungssystem nach $\varepsilon_{11}, \varepsilon_{12}, \varepsilon_{22}$ auf und setzt diese Werte in die Kompatibilitätsbedingung ein, so erhält man analog (*) die Differentialgleichung

$$\boxed{E_{1111}F_{,1111} + 2\left(\frac{D}{2E_{1212}} - E_{1122}\right)F_{,1122} + E_{2222}F_{,2222} = 0}\quad ,$$

die im isotropen Sonderfall mit $E_{1111} = E_{2222} = 2\mu + \lambda$, $E_{1122} = \lambda$, $E_{1212} = \mu$ und $D \equiv E_{1111}E_{2222} - E_{1122}^2 = 4\mu(\mu+\lambda)$ unmittelbar in die *Bipotentialgleichung* (3.72) übergeht.

Ü 3.3.16

In das Oberflächenintegral von (3.84) setze man die fundamentale Beziehung $p_i = \sigma_{ji}n_j$ ein und berücksichtige den GAUSSschen Satz:

$$\iint_S \sigma_{ji}u_i n_j dS = \iiint_V (\sigma_{ji}u_i)_{,j} dV = \iiint_V (u_i\sigma_{ji,j} + \sigma_{ji}u_{i,j})dV\,. \qquad (*)$$

Darin gilt aufgrund der Austauschregel und der Symmetrie des Spannungstensors:

$$\underbrace{\sigma_{ji}u_{i,j} \equiv \sigma_{ij}u_{j,i} = \sigma_{ji}u_{j,i}}$$

$$\Downarrow$$

$$\sigma_{ji}u_{i,j} = \frac{1}{2}\sigma_{ji}(u_{i,j} + u_{j,i}) \equiv \sigma_{ji}\varepsilon_{ij}\,.$$

Mithin geht das Oberflächenintegral über in:

$$\iint_S \sigma_{ji} u_i n_j dS = \iiint_V (u_i \sigma_{ji,j} + \sigma_{ji}\varepsilon_{ij}) dV,$$

so dass damit der *Satz von CLAPEYRON* (3.84) gemäß

$$2\iiint_V \Pi_\varepsilon dV = \iiint_V [u_i \underbrace{(f_i + \sigma_{ji,j})}_{\equiv 0_i \text{ wegen}(2.26)} + \sigma_{ji}\varepsilon_{ij}] dV$$

ausgedrückt werden kann. Somit folgt schließlich:

$$2\iiint_V \Pi_\varepsilon dV = \iiint_V \sigma_{ji}\varepsilon_{ij} dV = \iiint_V E_{ijkl}\varepsilon_{ij}\varepsilon_{kl} dV = 2\iiint_V \Pi_\varepsilon dV,$$

wenn man (3.9a), (3.10) und (3.11) berücksichtigt. Damit ist der Satz bewiesen.

Ü 3.3.17

Es seien $^1\sigma_{ij}$, ^1u_i und $^2\sigma_{ij}$, ^2u_i zwei Lösungen. Dann ist auch die Differenz $^1\sigma_{ij} - {}^2\sigma_{ij} \equiv \sigma_{ij}$, $^1u_i - {}^2u_i \equiv u_i$ aufgrund des *Superpositionsprinzip* der linearen Elastizitätstheorie eine Lösung. Für diese „Differenzlösung" gilt: $f_i = 0_i$, so dass sich der *Satz von CLAPEYRON* (3.84) zu

$$2\iiint_V \Pi_\varepsilon dV = \iint_S p_i u_i dS \qquad (*)$$

vereinfacht. Da die beiden angenommenen (zulässigen) Lösungen die Randbedingungen erfüllen, muss auf dem Rande sowohl $p_i \equiv {}^1p_i - {}^2p_i = 0_i$ als auch $u_i \equiv {}^1u_i - {}^2u_i = 0_i$ gelten, so dass sich (*) zu $\iiint_V \Pi_\varepsilon dV = 0$ vereinfacht. Da Π_ε nach (3.10) *positiv definit* ist, kann man daraus schließlich

$$\varepsilon_{ij} = {}^1\varepsilon_{ij} - {}^2\varepsilon_{ij} \equiv 0_{ij}, \quad \text{d.h.:} \quad \boxed{{}^1\varepsilon_{ij} = {}^2\varepsilon_{ij}}$$

folgern. Aufgrund des HOOKEschen Gesetzes gilt dann auch: $^1\sigma_{ij} = {}^2\sigma_{ij}$. Aus $^1\varepsilon_{ij} = {}^2\varepsilon_{ij}$ kann auch $^1u_i = {}^2u_i$ gefolgert werden, wenn man die Starrkörperbewegung nicht beachtet. Damit ist die Eindeutigkeit gezeigt.

Anmerkung: Es sei $y = f(x)$ mit $y_1 = f(x_1)$ und $y_2 = f(x_2)$. Nach dem *BOLTZMANNschen Superpositionsprinzip* wird $f(x_1 + x_2) = y_1 + y_2$. *Homogenität* von Grade n ist gegeben, falls $f(ax) = a^n y$ gilt. Für n = 1 folgt zusammenfassend die Linearkombination

$$\boxed{f(a_1 x_1 + a_2 x_2) = a_1 y_1 + a_2 y_2}\;.$$

Ein Tensor zweiter Stufe (T_{ij}) kann als *linearer Operator* gedeutet werden, der gemäß $A_i = T_{ij} B_j$ eine lineare Abbildung zwischen zwei Vektoren vermittelt. Er erzeugt durch Einwirken auf einen Argumentvektor **B** einen neuen Vektor **A**.

Linearität zwischen Funktionswert **A** und Argument **B** ist dann gegeben, wenn sich bei Addition von zwei Argumenten auch die entsprechenden Funktionswerte addieren, d.h. wenn das *Superpositionsprinzip* für die Zuordnung $A_i = T_{ij} B_j$ gilt:

$$\left. \begin{aligned} A_i &= f_i(B_j) \\ B_j &= {}^1 B_j + {}^2 B_j \end{aligned} \right\} \quad \Rightarrow \quad \boxed{A_i = {}^1 A_i + {}^2 A_i}\;.$$

Weiterhin muss gelten, dass bei einer Multiplikation des Argumentvektors mit einem Skalar μ sich auch der Funktionsvektor mit diesem Skalar multipliziert (*Homogenität*):

$$\left. \begin{aligned} A_i &= f_i(B_j) \\ B_j &= \mu \bar{B}_j \end{aligned} \right\} \quad \Rightarrow \quad \boxed{A_i = \mu \bar{A}_i}\;.$$

Für die Zuordnung $A_i = T_{ij} B_j$ sind beide Forderungen der *Linearität* erfüllt. Mithin ist der Operator *additiv* und *homogen* vom Grade 1, d.h., er ist *linear* (BETTEN, 1987a).

Ü 3.3.18

Im Grundkursus Mechanik (Festigkeitslehre) wird das *MAXWELLsche Reziprozitätstheorem* meistens an einem außermittig durch eine Einzellast belasteten Balken verdeutlicht. Eine formal einfachere Beweisführung wird im Folgenden vorgeschlagen.

Falls ein linear-elastischer Körper durch eine Einzelkraft **F** belastet wird, so ist die in Richtung der Kraft zu beobachtende Verschiebung u aufgrund der Linearität durch u = hF gegeben. Darin ist h die *Nachgiebigkeit*, deren Kehrwert k = 1/h als *Steifigkeit* bezeichnet wird. Wirken endlich viele Kräfte $F_1, F_2, \ldots, F_\nu$ auf den Körper, so können ihre Einflüsse auf eine Verschiebung u_α an einer Stelle „α" additiv überlagert werden:

$$u_\alpha = h_{\alpha 1} F_1 + h_{\alpha 2} F_2 + \ldots + h_{\alpha \nu} F_\nu \equiv h_{\alpha \beta} F_\beta\;.$$

Darin sind $h_{\alpha\beta}$ die *Einflusszahlen*, auch *Nachgiebigkeitskoeffizienten* genannt. Die Indizes $\alpha, \beta = 1, 2, \ldots, \nu$ sind als Marken zu verstehen, d.h., u_α

ist die Koordinate der *generalisierten Verschiebung* an der Stelle „α" in Richtung der dort wirkenden *generalisierten Kraft* $\mathbf{F}_\alpha$. Falls $\mathbf{F}_\alpha$ eine Kraft darstellt, ist u_α die Verschiebung in Richtung dieser Kraft. Ist $\mathbf{F}_\alpha$ hingegen ein Moment, muss u_α als Verdrehwinkel um die Achse mit der Richtung des Momentenvektors $\mathbf{F}_\alpha$ gedeutet werden.

Nach dem *ersten Satz von* CASTIGLIANO gilt:

$$u_\alpha = \partial W^*(F_1, F_2, \ldots, F_\nu)/\partial F_\alpha, \quad \alpha = 1, 2, \ldots, \nu,$$

mit W^* als *Ergänzungsenergie*. Somit erhält man aus den beiden Gleichungen:

$$\partial u_\alpha / \partial F_\beta = h_{\alpha\beta} = \partial^2 W^* / \partial F_\alpha \partial F_\beta \ .$$

Ebenso gilt:

$$\partial u_\beta / \partial F_\alpha = h_{\beta\alpha} = \partial^2 W^* / \partial F_\beta \partial F_\alpha \ .$$

Bei stetiger Abhängigkeit der *Ergänzungsenergie* von den unabhängigen Variablen ist die Differentiationsreihenfolge vertauschbar:

$$\partial^2 W^* / \partial F_\alpha \partial F_\beta = \partial^2 W^* / \partial F_\beta \partial F_\alpha \quad \Rightarrow \quad \boxed{h_{\alpha\beta} = h_{\beta\alpha}} \quad \Rightarrow \quad \boxed{k_{\alpha\beta} = k_{\beta\alpha}} \ .$$

Aus der Symmetrie der *Nachgiebigkeitsmatrix* folgt auch die Symmetrie der *Steifigkeitsmatrix*. Der *Satz von* MAXWELL beinhaltet, dass in der *Elastostatik* beide Matrizen stets symmetrisch sind.

Ü 3.3.19

Ein Federelement mit den Knotenpunkten ① und ② befinde sich im gespannten Zustand (aktuelle Verschiebungen u_1, u_2) im Gleichgewicht (Skizze). Die *virtuellen Verschiebungen* δ_1, δ_2 erfolgen aus der Gleichgewichtslage.

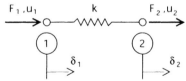

Es sind fiktive, differentiell kleine Verschiebungen, die mit der geometrischen Konfiguration vereinbar sein müssen. Darüber hinaus müssen sie auch mit den geometrischen Randbedingungen der Struktur oder des Körpers verträglich sein, d.h.: an Stellen, wo Oberflächenverschiebungen vorgegeben sind, können keine virtuellen Verschiebungen angesetzt werden.

Während der *virtuellen Verschiebungen* werden alle Kräfte und Spannungen als konstant angenommen.

Die „äußere" Arbeit infolge der *virtuellen Verschiebungen* δ_1 und δ_2 bei konstant angenommenen *Knotenkräften* F_1, F_2 ist:

$$\delta W_{außen} = F_1 \delta_1 + F_2 \delta_2 \,.$$

Die Federkraft im (vorausgegangenen, aktuellen) Gleichgewichtszustand ist $k(u_2 - u_1)$, wenn k die Federkonstante ist. Diese Kraft leistet eine innere virtuelle Arbeit:

$$\delta W_{innen} = (\delta_2 - \delta_1) k (u_2 - u_1) \,.$$

Nach dem *Prinzip der virtuellen Arbeiten* (oder Verschiebungen) muss im Gleichgewichtszustand (notwendig und hinreichend) gelten:

$$\delta W_{außen} = \delta W_{innen} \quad \Rightarrow \quad F_1 \delta_1 + F_1 \delta_2 = (\delta_1 - \delta_2) k (u_1 - u_2) \,.$$

Dieses Ergebnis kann man in der Matrizenform

$$\{\delta_1 \quad \delta_2\} \begin{Bmatrix} F_1 \\ F_2 \end{Bmatrix} = \{\delta_1 \quad \delta_2\} \begin{bmatrix} k & -k \\ -k & k \end{bmatrix} \begin{Bmatrix} u_1 \\ u_2 \end{Bmatrix}$$

ausdrücken. Hieraus kann man folgern:

$$\begin{Bmatrix} F_1 \\ F_2 \end{Bmatrix} = k \begin{bmatrix} 1 & -1 \\ -1 & 1 \end{bmatrix} \begin{Bmatrix} u_1 \\ u_2 \end{Bmatrix} \,.$$

Wegen $\{F\} = [K]\{\delta\}$ gilt somit: $[K] = k \begin{bmatrix} 1 & -1 \\ -1 & 1 \end{bmatrix}$.

Die *Steifigkeitsmatrix* ist *singulär*, weil beim betrachteten Federelement den Verschiebungen der Knoten ① und ② keine Beschränkungen auferlegt sind, d.h., das Element kann noch beliebige *Starrkörperbewegungen* ausführen, so dass eine Auflösung der obigen Matrizengleichung nach den *Knotenverschiebungen* u_1, u_2 **nicht** eindeutig möglich sein kann. Erst unter Vorgabe von Auflager- und Randbedingungen, durch die eine *Starrkörperbewegung* verhindert wird, kann eine eindeutige Bestimmung der *Knotenverschiebungen* erfolgen.

Ü 3.3.20

Der *erste Satz von* CASTIGLIANO lautet: $F_\alpha = \partial U / \partial u_\alpha$. Allgemein ist die *elastische Formänderungsenergie* eines linearelastischen Körpers in Matrizenschreibweise durch

$$U = \frac{1}{2}\int_V \{\varepsilon\}^t\{\sigma\}dV = \frac{1}{2}\int_V \{\varepsilon\}^t[E]\{\varepsilon\}dV$$

gegeben. Für den *isotropen* Stab ist $[E] \equiv E$; ferner gilt $dV = A\,dx$, so dass folgt:

$$U = \frac{1}{2}EA\int_0^\ell \{\varepsilon\}^t\{\varepsilon\}dx.$$

Beim finiten Stabelement mit zwei *Knotenpunkten* kann die Verschiebung an einer dazwischen liegenden Stelle x durch die *Knotenverschiebungen* gemäß einer linearen *Interpolationsfunktion* ausgedrückt werden:

$$u(x) = u_1 + (u_2 - u_1)\xi \quad \text{bzw.} \quad \{u(x)\} = [1-\xi \quad \xi]\begin{Bmatrix} u_1 \\ u_2 \end{Bmatrix}$$

mit $\xi \equiv x/\ell$. Darin ist $[N] = [\,1-\xi \quad \xi\,]$ die *Formfunktion* (*shape function, Interpolationsfunktion*).

Für kleine Dehnungen gilt: $\varepsilon = \partial u/\partial x$, so dass man erhält:

$$\varepsilon = \frac{\partial u}{\partial x} = \frac{\partial u}{\partial \xi}\frac{\partial \xi}{\partial x} = \frac{1}{\ell}\frac{\partial}{\partial \xi}[1-\xi \quad \xi]\begin{Bmatrix} u_1 \\ u_2 \end{Bmatrix} = \frac{1}{\ell}[-1 \quad 1]\begin{Bmatrix} u_1 \\ u_2 \end{Bmatrix}.$$

Damit geht die Formänderungsenergie über in:

$$U = \frac{1}{2}\frac{EA}{\ell}\int_0^1 \left([-1 \quad 1]\begin{Bmatrix} u_1 \\ u_2 \end{Bmatrix}\right)^t [-1 \quad 1]\begin{Bmatrix} u_1 \\ u_2 \end{Bmatrix}d\xi.$$

Wegen $\left([-1 \quad 1]\begin{Bmatrix} u_1 \\ u_2 \end{Bmatrix}\right)^t = \begin{Bmatrix} u_1 \\ u_2 \end{Bmatrix}^t [-1 \quad 1]^t = \{u_1 \quad u_2\}\begin{bmatrix} -1 \\ 1 \end{bmatrix}$ folgt weiter:

$$U = \frac{1}{2}\frac{EA}{\ell}\int_0^1 \{u_1 \quad u_2\}\begin{bmatrix} -1 \\ 1 \end{bmatrix}[-1 \quad 1]\begin{Bmatrix} u_1 \\ u_2 \end{Bmatrix}d\xi.$$

Darin wird: $\begin{bmatrix} -1 \\ 1 \end{bmatrix}[-1 \quad 1] = \begin{bmatrix} 1 & -1 \\ -1 & 1 \end{bmatrix}$. Die Matrizen $\{u_1 \quad u_2\}$ und $\{u_1 \quad u_2\}^t$ kann man außerhalb des Integrals schreiben, da sie nur *Knotenvariable* enthalten:

$$U = \frac{1}{2}\frac{EA}{\ell}\{u_1 \ \ u_2\}\int_0^1 \begin{bmatrix} 1 & -1 \\ -1 & 1 \end{bmatrix} d\xi \begin{Bmatrix} u_1 \\ u_2 \end{Bmatrix}$$

oder ausintegriert:

$$U = \frac{1}{2}\frac{EA}{\ell}\{u_1 \ \ u_2\}\begin{bmatrix} 1 & -1 \\ -1 & 1 \end{bmatrix}\begin{Bmatrix} u_1 \\ u_2 \end{Bmatrix} = \frac{1}{2}\frac{EA}{\ell}(u_1 - u_2)^2 .$$

Nach dem *ersten Satz von* CASTIGLIANO erhält man daraus schließlich:

$$\left.\begin{aligned}\begin{Bmatrix} F_1 \\ F_2 \end{Bmatrix} = \frac{\partial U}{\partial \begin{Bmatrix} u_1 \\ u_2 \end{Bmatrix}} = \frac{EA}{\ell}\begin{bmatrix} 1 & -1 \\ -1 & 1 \end{bmatrix}\begin{Bmatrix} u_1 \\ u_2 \end{Bmatrix} \\ \text{andererseits gilt}: \begin{pmatrix} F_1 \\ F_2 \end{pmatrix} = [K]\begin{Bmatrix} u_1 \\ u_2 \end{Bmatrix}\end{aligned}\right\} \quad [K] = \frac{EA}{\ell}\begin{bmatrix} 1 & -1 \\ -1 & 1 \end{bmatrix}$$

Für $EA/\ell \equiv k$ stimmt dieses Ergebnis mit Ü 3.3.19 überein.

Die Übungen Ü 3.1.18 bis Ü 3.1.20 sind Gegenstand der Finiten-Elemente-Methode. Eine Vielzahl von Übungsaufgaben mit vollständigen Lösungen zur F-E-Methode findet man in beiden Bänden zur FEM von BETTEN (1997/98). Darin werden beispielsweise in Band 1 Aufgaben aus der *Wärmeübertragung, elektrische* und *hydraulische Netzwerke, Schwingungsaufgaben, diskrete* und *kontinuierliche Systeme* ausführlich durchgerechnet.

Weiterhin werden an Übungsbeispielen verschiedene Verfahren gegenübergestellt, z.B.: *Finite-Elemente-Methode / Finite-Differenzen-Methode / Lumped-Mass-Methode / Übertragungsmatrizenverfahren.*

Im zweiten Band werden *Variationsaufgaben* mit und ohne *Nebenbedingungen* behandelt, die für die FEM grundlegend sind. Näherungslösungen nach RITZ, GALERKIN (*gewichtete Residuen*) werden mit FE-Lösungen verglichen.

Diskutiert werden u.a. *stationäre* und *instationäre, isotrope* und *anisotrope Wärmeleitung, Torsion von Stäben*. In diesem Zusammenhang werden *gewöhnliche lineare* und *nichtlineare Differentialgleichungen* sowie *partielle Differentialgleichungen* mit Hilfe der FEM behandelt. *Selbstadjungierte Operatoren* werden untersucht. Großer Wert wird auf Fehlerbetrachtungen gelegt.

In einigen Übungen wird hilfreich die Software „MAPLE V, Release 5" eingesetzt. MAPLE ist ein *mathematisches Formelmanipulations-Programm*, mit dem interaktiv gearbeitet werden kann. Mit Hilfe solcher „Formelmanipulationssysteme" (FMS) ist es möglich, Berechnungen mit unausgewerteten Ausdrücken (*Symbolen*) durchzuführen (→*Computer-Algebra*).

Ü 3.3.21

a) Aus der Bild F 3.6 geht hervor, dass die Momentenbelastung in einem Querschnitt φ = const. proportional P sin φ ist.

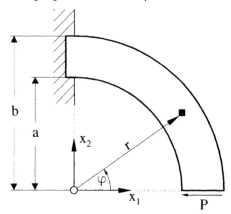

Bild F 3.6 kreisförmiger Kragbalken

Ähnlich wird auch das Profil der Tangentialspannung $\sigma_{\varphi\varphi}$ *proportional* von P sin φ abhängen, so dass im Hinblick auf (3.81) der Produktansatz

$$F = f(r) \sin \varphi \qquad (1)$$

geeignet ist. Damit geht die *Bipotentialgleichung* $\Delta\Delta F = 0$ unter Berücksichtigung von (3.82) und (3.83) in die gewöhnliche Differentialgleichung

$$\left(\frac{d^2}{dr^2} - \frac{1}{r^2} + \frac{1}{r}\frac{d}{dr} \right) \left[f''(r) - \frac{1}{r^2} f(r) + \frac{1}{r} f'(r) \right] = 0 \qquad (2a)$$

bzw.

$$r^4 f^{(IV)} + 2r^3 f''' - 3r^2 f'' + 3r f' - 3f = 0 \qquad (2b)$$

über, die vom EULERschen Typ ist und analog Ü 3.3.13 vermöge der Substitution r = exp (t) in eine lineare Differentialgleichung in t mit konstanten Koeffizienten reduziert werden kann, die geschlossen lösbar ist. Macht man darin die Substitution wieder rückgängig gemäß t = ln r , so erhält man schließlich die gesuchte Lösung für f(r) in (1) und somit die *AIRYsche Spannungsfunktion*

$$F(r,\varphi) = (A r^3 + B r + C/r + D r \ln r)\sin\varphi \quad . \tag{3}$$

Zur Kontrolle möge man $\Delta\Delta F = 0$ unter Berücksichtigung von (3.83) überprüfen.

b) Mit (3) gewinnt man aus (3.81) das *Spannungsfeld*:

$$\sigma_{rr} = (2A\,r + D/r - 2C/r^3)\sin\varphi \quad , \tag{4a}$$

$$\sigma_{\varphi\varphi} = (6A\,r + D/r + 2C/r^3)\sin\varphi \quad , \tag{4b}$$

$$\sigma_{\varphi r} = -(2A\,r + D/r - 2C/r^3)\cos\varphi \quad . \tag{4c}$$

Damit wird gemäß (3.82):

$$\Delta F = \sigma_{rr} + \sigma_{\varphi\varphi} = (8Ar + 2D/r)\sin\varphi \quad .$$

Wendet man hierauf den LAPLACE-*Operator* (3.83) an, so stellt man wiederum fest, dass die *Bipotentialgleichung* $\Delta\Delta F = 0$ erfüllt ist.

Zur Bestimmung der Ansatzfreiwerte A, C, D setze man folgende Randbedingungen in (4) ein.

Die innere (r = a) und äußere Randkontur (r = b) sind spannungsfreie Flächen:

$$\left.\begin{array}{l}\sigma_{rr}(a) = 0\\ \sigma_{\varphi r}(a) = 0\end{array}\right\} \Rightarrow \boxed{2aA + a^{-1}D - 2a^{-3}C = 0} \quad , \tag{5a}$$

$$\left.\begin{array}{l}\sigma_{rr}(b) = 0\\ \sigma_{\varphi r}(b) = 0\end{array}\right\} \Rightarrow \boxed{2bA + b^{-1}D - 2a^{-3}C = 0} \quad . \tag{5b}$$

Am freien Ende ($\varphi = 0$) wird die Kraft P eingeleitet, die *äquivalent* mit dem Integral über die Schubspannung an der Fläche $\varphi = 0$ sein muss:

$$\int_a^b (\sigma_{\varphi r})_{\varphi=0}\,dr \equiv P \Rightarrow \boxed{(b^2 - a^2)A + D\ln\frac{b}{a} - \frac{b^2 - a^2}{a^2 b^2}C = -P} \quad . \tag{5c}$$

Darin ist die *Vorzeichenregel* gemäß Bild 2.3 berücksichtigt, die besagt, dass Spannungen, die an einem negativen Schnittufer in negative Richtung wirken, positiv sind.

Als Alternative zu (5c) kann aus Gleichgewichtsgründen die Randbedingung

$$\int_a^b (\sigma_{\varphi\varphi})_{\varphi=\pi/2}\,dr = -P \Rightarrow \boxed{3(b^2-a^2)A + D\ln\frac{b}{a} + \frac{b^2-a^2}{a^2 b^2}C = -P} \quad . \tag{5c*}$$

berücksichtigt werden.

Mit (5a,b,c) bzw. (5a,b,c*) steht ein lineares Gleichungssystem zur Bestimmung der Ansatzfreiwerte A, C und D zur Verfügung, das bequem mit der Software MAPLE V, Release 5, gelöst wird:

$$\boxed{A = \frac{1}{2N}P \quad\Big|\quad D = -\frac{a^2+b^2}{N}P \quad\Big|\quad C = -\frac{a^2 b^2}{2N}P} \tag{6a,b,c}$$

Darin ist zur Abkürzung der Nenner

$$N = a^2 - b^2 + (a^2 + b^2)\ln(b/a) \tag{7}$$

eingeführt, der wegen $b \geq a$ nicht negativ sein kann ($N \geq 0$).

c) Zur *graphischen Darstellung* der Spannungsverteilungen führt man zweckmäßigerweise dimensionslose Spannungen gemäß σ_{ij}/τ mit dem Mittelwert der Schubbelastung

$$\tau := \frac{1}{b-a}\int_a^b (\sigma_{\varphi r})_{\varphi=0}\,dr \equiv \frac{P}{b-a} \tag{8}$$

ein und trägt diese Größen über den dimensionslosen Radius

$$\rho := (r-a)/(b-a) \tag{9}$$

auf. Einziger Parameter bei dieser Darstellung ist das Verhältnis b/a. Unabhängig von diesem Verhältnis ist die Innenfläche ($r = a$) nach (9) durch $\rho = 0$ und die Außenfläche ($r = b$) durch $\rho = 1$ gegeben. Mit den Abkürzungen (6) bis (9) erhält man aus (4a,b,c) das Ergebnis

$$\frac{\sigma_{rr}}{\tau} = \frac{b/a - 1}{N^*} G(\rho\,;b/a)\sin\varphi\,, \tag{10a}$$

$$\frac{\sigma_{\varphi\varphi}}{\tau} = \frac{b/a - 1}{N^*} H(\rho\,;b/a)\sin\varphi\,, \tag{10b}$$

$$\frac{\sigma_{\varphi r}}{\tau} = -\frac{b/a - 1}{N^*} G(\rho\,;b/a)\cos\varphi\,. \tag{10c}$$

Darin sind weitere Abkürzungen eingeführt:

$$N^* \equiv 1-(b/a)^2 + \left[1+(b/a)^2\right]\ln(b/a), \tag{11}$$

$$G(\rho\,;b/a) \equiv r/a - \left[1+(b/a)^2\right](r/a)^{-1} + (b/a)^2(r/a)^{-3}, \tag{12a}$$

$$H(\rho\,;b/a) \equiv 3r/a - \left[1+(b/a)^2\right](r/a)^{-1} - (b/a)^2(r/a)^{-3}. \tag{12b}$$

In (12a,b) ist wegen (9)

$$r/a = 1 + (b/a - 1)\rho \tag{13}$$

einzusetzen.

Die *Tangentialspannungsverteilung* $\sigma_{\varphi\varphi}/\tau$ gemäß (10b) über der eingespannten Querschnittsfläche $\varphi = \pi/2$ ist in Bild F 3.7 dargestellt.

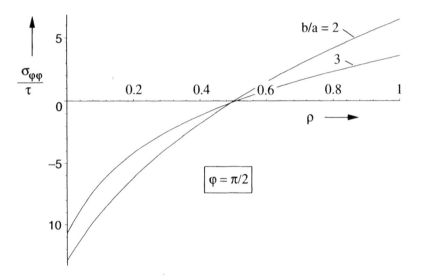

Bild F 3.7 Tangentialspannung in der Einspannfläche $\varphi = \pi/2$

Für geometrische Verhältnisse $b/a \to 1$ ist die Tangentialspannung *linear* über dem Querschnitt verteilt wie beim geraden Balken nach der elementaren Theorie.

Die Schubspannungsverteilung $\sigma_{\varphi r}/\tau$ gemäß (10c) über der Querschnittsfläche am freien Ende $\varphi = 0$ ist in Bild F 3.8 dargestellt.

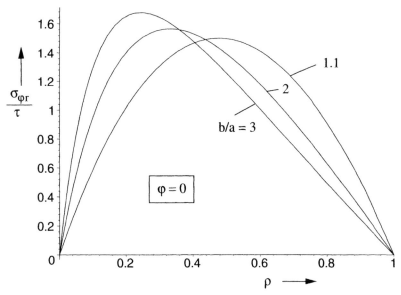

Bild F 3.8 Schubbelastung am freien Ende $\varphi = 0$

Für geometrische Verhältnisse $b/a \to 1$ nähert sich die Schubspannungsverteilung der Parabel mit einem Maximalwert von $\sigma_{\varphi r}/\tau = 1{,}5$ eines geraden Balkens (Ü 3.3.9). Dieses ist in Bild F 3.8 bereits bei einem Verhältnis von $b/a = 1{,}1$ deutlich erkennbar.

Anmerkung: Die gefundene Lösung für das Spannungsfeld (4a,b,c) bzw. (10a,b,c) ist **exakt**, falls am freien Ende ($\varphi = 0$) die Belastung (Resultierende P) gemäß einer Schubbelastung nach Bild F 3.8 bzw. Gleichung (10c) eingeleitet wird. Bei einer Belastung durch eine Einzellast P (als Ersatzlast) gilt die Lösung daher nicht in der Nähe des Lastangriffs (Störbereich). Sie kann jedoch in hinreichender Entfernung vom Lastangriffspunkt als gültig angenommen werden (*Prinzip von DE SAINT-VENANT*). Dieses Prinzip wird auch in Ü 3.3.9 und Ü 3.3.12 verwendet.

Ü 4.1.1

Die Fließregel (4.14) führt auf:

$$d^p \varepsilon_{ij} = \left[\partial F(\boldsymbol{\sigma}')/\partial \sigma'_{pq} \right] \left(\partial \sigma'_{pq}/\partial \sigma_{ij} \right) \, d\Lambda \ .$$

Darin ermittelt man:

$$\partial \sigma'_{pq}/\partial \sigma_{ij} = \partial(\sigma_{pq} - \tfrac{1}{3}\sigma_{rr}\delta_{pq})/\partial \sigma_{ij} = \frac{1}{2}(\delta_{pi}\delta_{qj} + \delta_{pj}\delta_{qi}) - \delta_{ij}\delta_{pq}/3,$$

so dass die Spur $d^p\varepsilon_{kk}$ verschwindet, was gezeigt werden sollte.

Ü 4.1.2

Die angegebenen Voraussetzungen werden von dem Ansatz $F = J'_2 = C_F$ erfüllt. Nach Ü 2.2.2 kann J'_2 durch Hauptnormalspannungen ausgedrückt werden, so dass man als *Fließbedingung* erhält:

$$(\sigma_I - \sigma_{II})^2 + (\sigma_{II} - \sigma_{III})^2 + (\sigma_{III} - \sigma_I)^2 = 6C_F.$$

Darin ermittelt man die Konstante C_F aus einem einachsigen Vergleichszustand bei Fließbeginn ($\sigma_I = \sigma_F$, $\sigma_{II} = \sigma_{III} = 0$) zu: $C_F = \sigma_F^2/3$. Mithin lautet die *Fließbedingung*:

$$\boxed{J'_2 = \sigma_F^2/3},$$

die für $\sigma_{III} = 0$ in die *MISES-Ellipse*

$$\sigma_I^2 - \sigma_I\sigma_{II} + \sigma_{II}^2 = \sigma_F^2$$

übergeht. Sie hat die Halbachsen $a = \sqrt{2}\,\sigma_F$, $b = \sqrt{2/3}\,\sigma_F$. Die große Halbachse ist um $\pi/4$ gegenüber der σ_I-Achse verdreht. Die äußersten Punkte im ersten Quadranten des σ_I-σ_{II}-Koordinatensystems sind $(2/\sqrt{3},\ 1/\sqrt{3})$ und $(1/\sqrt{3},\ 2/\sqrt{3})$, wenn man die Koordinaten auf σ_F bezieht.

Die Konstante C_F kann auch aus einem Scherversuch bzw. Torsionsversuch mit der *Schubfließgrenze* k bestimmt werden: $C_F = k^2$. Damit wird:

$$k/\sigma_F = 1/\sqrt{3}.$$

Ü 4.1.3

Die maximale Schubspannung τ_{max} stimmt mit dem Radius des größten MOHRschen Kreises eines beliebigen mehrachsigen Spannungszustandes $\sigma_I \neq \sigma_{II} \neq \sigma_{III} \neq \sigma_I$ überein, so dass man schreiben kann:

$$\tau_{max} = (\sigma_{max} - \sigma_{min})/2.$$

Für den einachsigen Vergleichszustand bei Fließbeginn ($\sigma_I = \sigma_F$, $\sigma_{II} = \sigma_{III} = 0$) sind $\sigma_{max} = \sigma_F$, $\sigma_{min} = 0$ und somit $\tau_{max} = \sigma_F/2$. Mithin kann die TRESCAsche Fließbedingung durch

$$\boxed{\sigma_{max} - \sigma_{min} = \pm \sigma_F}$$

ausgedrückt werden. Darin sind σ_{max} die algebraisch größte und σ_{min} die algebraisch kleinste Spannung.

Das Verhältnis aus *Schubfließgrenze* $\tau_{max} = k$ und *Zugfließgrenze* σ_F ergibt sich auf der Basis der *TRESCAschen Fließbedingung* zu $k/\sigma_F = 1/2$. Im Gegensatz dazu erhält man auf der Basis der *MISESschen Fließbedingung* $k/\sigma_F = 1/\sqrt{3}$ gemäß Ü 4.1.2.

In der σ_I-σ_{II}-Ebene stellt man wegen $\sigma_{III} = 0$ je nach Quadrant fest:

erster Quadrant (unterhalb der 45°-Linie):

$$\sigma_I > \sigma_{II} > \sigma_{III} = 0 \quad \Rightarrow \quad \sigma_{max} = \sigma_I, \quad \sigma_{min} = 0$$

mithin als Fließbedingung: $\boxed{\sigma_I = \sigma_F}$.

vierter Quadrant:

$$\sigma_I > \sigma_{III} > \sigma_{II} \quad \Rightarrow \quad \sigma_{max} = \sigma_I, \quad \sigma_{min} = \sigma_{II}$$

mithin als Fließbedingung: $\boxed{\sigma_{II} = -\sigma_F + \sigma_I}$.

Auf diese Weise erhält man das *TRESCA-Sec*hseck, dessen Eckpunkte auf der *MISES-Ellipse* liegen.

Ü 4.1.4

Je nach Spannungszustand und Kennzeichnung durch (σ_I, σ_{II}, σ_{III}) kann eine der Hauptschubspannungen (2.18) die maximale Schubspannung sein, so dass man das *TRESCAsche Fließkriterium* allgemein durch die sechs linearen Gleichungen $\tau_I = \pm k$, $\tau_{II} = \pm k$, $\tau_{III} = \pm k$ bzw. $\sigma_I - \sigma_{II} = \pm \sigma_F, \ldots,$ $\sigma_{III} - \sigma_I = \pm \sigma_F$ oder auch gemäß

$$\left[(\sigma_I - \sigma_{II})^2 - \sigma_F^2\right]\left[(\sigma_{II} - \sigma_{III})^2 - \sigma_F^2\right]\left[(\sigma_{III} - \sigma_I)^2 - \sigma_F^2\right] = 0$$

zum Ausdruck bringen kann. Diese Bedingung kann man auch durch die Deviatorspannungen ausdrücken. Da allgemein $\sigma_I - \sigma_{II} = \sigma_I' - \sigma_{II}'$ etc.

gilt und aus der TRESCAschen Vorstellung der Zusammenhang $k = \sigma_F/2$ folgt (im Gegensatz zu MISES: $k = \sigma_F/\sqrt{3}$), erhält man:

$$\left[(\sigma'_I - \sigma'_{II})^2 - 4k^2\right]\ldots\left[(\sigma'_{III} - \sigma'_I)^2 - 4k^2\right] = 0$$

und nach Ausmultiplizieren:

$$\boxed{J'^3_2 - 27 J'^2_3/4 - 9k^2 J'^2_2 + 24k^4 J'_2 = 16k^6}$$

mit den Deviatorinvarianten

$$J'_2 = (\sigma'^2_I + \sigma'^2_{II} + \sigma'^2_{III})/2, \quad J'_3 = (\sigma'^3_I + \sigma'^3_{II} + \sigma'^3_{III})/3.$$

Ü 4.1.5

Wegen $\sigma_{III} = 0$ und $\varepsilon_{II} = 0$ folgt aus (3.29): $\sigma_{II} = \nu\,\sigma_I$. Die *Gestaltänderungsenergiehypothese* (Ü 3.1.12) stimmt formal mit der *MISESschen Fließbedingung* überein ($\sigma_F \to \sigma_V$):

$$\sigma^2_V = \sigma^2_I + \sigma^2_{II} - \sigma_I \sigma_{II} = (1 + \nu^2 - \nu)\sigma^2_I.$$

Die *Inkompressibilität* bei Fließbeginn führt bei *isotropem* Verhalten auf eine *plastische Querzahl* $\nu_p = 1/2$, so dass man mit $\sigma_V \to \sigma_F$ die Spannungen $\sigma_I = 2\sigma_F/\sqrt{3} = 1{,}1547\,\sigma_F$, $\sigma_{II} = \sigma_I/2 = 0{,}5774\,\sigma_F$ erhält.

Wegen $F = J'_2$ folgt aus der Fließregel (4.14):

$$d^P\varepsilon_{ij} = \left[\partial(\sigma'_{pq}\sigma'_{pq})/\partial\sigma_{ij}\right]d\Lambda/2 = \sigma'_{pq}(\partial\sigma'_{pq}/\partial\sigma_{ij})d\Lambda.$$

Darin ist:

$$\partial\sigma'_{pq}/\partial\sigma_{ij} = (\delta_{pi}\delta_{qj} + \delta_{pj}\delta_{qi})/2 - \delta_{pq}\delta_{ij}/3,$$

so dass $d^P\varepsilon_{ij} = \sigma'_{ij}d\Lambda$ folgt. Für den obigen Spannungszustand bei Fließbeginn (Punkt auf der MISES-Ellipse) erhält man wegen $\sigma'_I = \sigma_I/2$, $\sigma'_{II} = 0$ und $\sigma'_{III} = -\sigma_I/2$ den „Vektor"

$$d^P\varepsilon_{ij} = d\Lambda\{1,\ 0,\ -1\}\sigma_F/\sqrt{3},$$

der im Spannungsbildpunkt $(2,1,0)\,\sigma_F/\sqrt{3}$ als „Gradientenvektor" senkrecht auf der Äquipotentialfläche (Fließfläche) steht (Bild F 4.1).

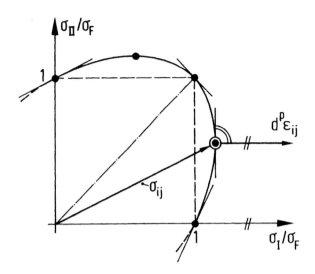

Bild F 4.1 Spannungsbildvektor σ_{ij} und „Vektor" $d^p\varepsilon_{ij}$
für das gemäß Ü 4.1.5 beanspruchte Blech

Ü 4.1.6
Mit den Voraussetzungen laut Aufgabenstellung erhält man aus (3.29) den Zusammenhang

$$\sigma_{II} = \frac{\nu}{1-\nu}\sigma_I \qquad (*)$$

und aus Ü 4.1.2 für $\sigma_F = \sigma_V$ die Beziehung

$$2\sigma_V^2 = (\sigma_I - \sigma_{II})^2 + (\sigma_{II} - \sigma_{III})^2 + (\sigma_{III} - \sigma_I)^2 \quad \Rightarrow \quad \sigma_V = \sigma_I - \sigma_{II},$$

so dass mit (*) folgt:

$$\boxed{\sigma_V = \frac{1-2\nu}{1-\nu}\sigma_I = \frac{1-2\nu}{\nu}\sigma_{II}}\,.$$

Für $\nu = 1/3$ wird $\sigma_V = \sigma_I/2 = \sigma_{II}$. Für $\nu = 1/2$ (*rubber-like-materials*) ist *Volumenkonstanz* ($\varepsilon_{kk} = 0$) gegeben. Im Gegensatz dazu gilt für den vorgegebenen Verformungszustand: $\varepsilon_{kk} = \varepsilon_I$. Mithin muss man $\nu = 1/2$ hier ausschließen.

Ü 4.1.7

Aus der MISESschen Fließbedingung $\sigma_F^2 = 3\sigma'_{ij}\sigma'_{ji}/2$ erhält man für $\sigma_F \to \sigma_V$ die Vergleichsspannung aus

$$\sigma_V^2 = \sigma_{11}^2 + \sigma_{22}^2 + \sigma_{33}^2 - \sigma_{11}\sigma_{22} - \sigma_{22}\sigma_{33} - \sigma_{33}\sigma_{11} + 3(\sigma_{12}^2 + \sigma_{23}^2 + \sigma_{31}^2).$$

Darin ersetzt man:

$$\left.\begin{array}{l} \sigma_{11} \equiv \sigma_b = M_b/W, \quad \sigma_{22} = \sigma_{33} = 0, \\ \sigma_{12} \equiv \tau_t = M_t/W_p, \quad \sigma_{23} = \sigma_{31} = 0 \end{array}\right\} \quad (*)$$

mit den Widerstandsmomenten $W = \pi d^3/32$ (äquatorial) und $W_p = \pi d^3/16 = 2W$ (polar), so dass man unter der Voraussetzung $M_t = M_b$ erhält:

$$\sigma_{VM}^2 = \sigma_b^2 + 3\tau_t^2 = \left[1 + 3\left(\frac{W}{W_p}\right)^2\right]\left(\frac{M_b}{W}\right)^2 \Rightarrow \boxed{\sigma_{VM} = \frac{16\sqrt{7}}{\pi}\frac{M_b}{d_M^3}} \quad (**)$$

Nach TRESCA gilt: $\sigma_{VT} = \sigma_{max} - \sigma_{min} = 2\tau_{max}$. Aus dem MOHRschen Kreis liest man ab:

$$2\tau_{max} = \sqrt{(\sigma_{11} - \sigma_{22})^2 + 4\sigma_{12}^2},$$

so dass man mit (*) und wegen $M_b = M_t$ die Vergleichsspannung σ_{VT} wie folgt erhält:

$$\sigma_{VT}^2 = \sigma_b^2 + 4\tau_t^2 = \left[1 + 4\left(\frac{W}{W_p}\right)^2\right]\left(\frac{M_b}{W}\right)^2 \Rightarrow \boxed{\sigma_{VT} = \frac{32\sqrt{2}}{\pi}\frac{M_b}{d_T^3}} \quad (***)$$

Bei gleicher Werkstoffanstrengung ($\sigma_{VM} \stackrel{!}{=} \sigma_{VT}$) folgt aus (**) und (***) das Ergebnis:

$$(d_T/d_M)^3 = \sqrt{8/7} \Rightarrow \boxed{d_T/d_M = 1{,}0225}.$$

Auf der Basis der TRESCAschen Hypothese würde man die Welle um 2,25% dicker auslegen.

Ü 4.2.1
Für die Fließfläche F = const. gilt:

$$dF = (\partial F/\partial \sigma_{ij})d\sigma_{ij} \equiv (\partial F/\partial \sigma_\alpha)(d\sigma_\alpha/ds)ds \equiv \mathbf{t} \cdot (\text{grad})_\sigma F \, ds.$$

Darin ist $\mathbf{t} \equiv d\sigma_\alpha/ds$ der Tangentenvektor an die Fließfläche. Wegen F = const. und somit dF = 0 folgt die Orthogonalität: $\mathbf{t} \perp (\text{grad})_\sigma F$, q.e.d.

Durch Differentiation und wegen $A_{\alpha\beta} = A_{\beta\alpha}$ erhält man:

$$\partial F/\partial \sigma_\alpha = A_{\alpha\beta}\sigma_\beta = \tau_\alpha \quad \Rightarrow \quad \boldsymbol{\tau} = (\text{grad})_\sigma F.$$

Ü 4.2.2
Zunächst wird die Konstante C_F aus dem einachsigen Vergleichszustand ($\sigma_I = \sigma_F$, $\sigma_{II} = \sigma_{III} = 0$) bei Fließbeginn bestimmt: $C_F = (1+\kappa)\sigma_F^2/3$. Mit $J_1 = -3p$ und (4.29a) erhält man dann die Fließbedingung

$$9\kappa(p/\sigma_F)^2 + 3(\xi^2 + \eta^2)/2 = 1 + \kappa,$$

die man auch durch $\xi^2 + \eta^2 = \rho^2$ ausdrücken kann, wenn man die Abkürzung (4.46) benutzt. Weiterhin wurden die dimensionslosen Koordinaten $\xi \equiv x/\sigma_F$ und $\eta \equiv y/\sigma_F$ verwendet.

Ü 4.2.3
Wegen $\sigma_I - \sigma_{II} = \sigma'_I - \sigma'_{II}$ etc. erhält man mit der Transformation (4.26) für die TRESCAsche *Fließbedingung* die Darstellung:

$$(2\xi^2 - 1)\left[(\xi - \sqrt{3}\eta)^2 - 2\right]\left[(\xi + \sqrt{3}\eta)^2 - 2\right] = 0.$$

Diese Form beinhaltet 6 lineare Gleichungen, die in Bild F 4.2 angegeben sind. Man beachte auch (4.23a,b).

Der MISES-Kreis in Bild F 4.2 ist durch $\xi^2 + \eta^2 = 2/3$ gegeben. Die Punkte P, Q, ... charakterisieren *Grundversuche* bei *Fließbeginn*:

$$P; \overline{P} \stackrel{\wedge}{=} (\sigma_I = \pm \sigma_F, \quad \sigma_{II} = \sigma_{III} = 0)$$

$$Q; \overline{Q} \stackrel{\wedge}{=} (\sigma_I = 0, \quad \sigma_{II} = \pm \sigma_F, \quad \sigma_{III} = 0)$$

$$R; \overline{R} \stackrel{\wedge}{=} (\sigma_I = \sigma_{II} = 0, \quad \sigma_{III} = \pm \sigma_F).$$

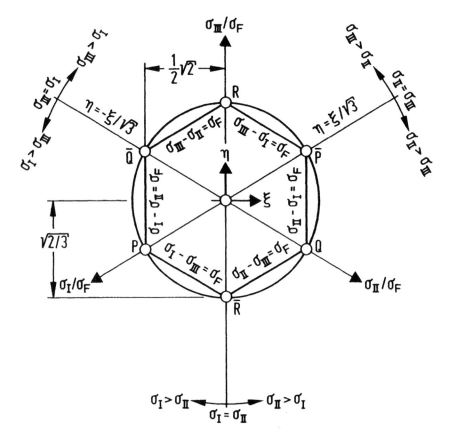

Bild F 4.2 *MISES-Kreis* und *TRESCA-Sechseck* in der *Oktaederebene*

Ü 4.2.4

Mit (4.26) erhält man aus (4.35a,b):

$$[(H_I + H_{II})/2 + 2H_{III}] x^2 + 3(H_I + H_{II}) y^2/2 + \sqrt{3}(H_{II} - H_I) x y = 1 .$$

Bei *transversaler Isotropie* stimmen die Werte für H_I und H_{II} überein, so dass mit (4.37a,b), (4.38), (4.41a), (4.43), d.h. mit $H_{III}/H_I = R$ und $1/H_I = (1 + R)\sigma_F^2$ die Ellipsengleichung

$$\boxed{(1 + 2R)\xi^2 + 3\eta^2 = 1 + R} \quad \text{mit } \xi \equiv x/\sigma_F \text{ und } \eta \equiv y/\sigma_F$$

folgt, die im isotropen Fall (R = 1) auf den MISES-Kreis $\xi^2 + \eta^2 = 2/3$ führt.

Zum Begriff der *Orthotropie* sei noch Folgendes ergänzt. Die Eigenschaften eines Werkstoffs ändern sich nur selten ganz regellos mit der Orientierung (→ *Isotropie*). Häufig lassen sich beispielsweise Spiegelebenen angeben, zu denen die Eigenschaftsänderungen symmetrisch verlaufen. Falls drei solcher Spiegelebenen existieren, die paarweise aufeinander senkrecht stehen, nennt man den Werkstoff **orthogonal aniso-*trop*** oder kurz *orthotrop*. Als typisches Beispiel sei ein gewalztes Blech (oder eine gewalzte Platte) erwähnt; die Spiegelebenen stehen hierbei senkrecht auf *Walzrichtung*, *Querrichtung* (Breitenrichtung) und *Blechnormale*.

Ein Spezialfall der Orthotropie liegt dann vor, wenn sich eine Ebene angeben lässt, in der die Eigenschaften nicht von der Richtung abhängen (→ transversal-isotrop), d.h., es gibt eine Vorzugsrichtung und senkrecht dazu eine Ebene, in der die Werkstoffeigenschaften isotrop sind (Autoblech, Tiefziehblech).

Ü 4.2.5

Mit dem Ansatz (4.31) vereinfacht sich (4.30) zu

$$1 + y'^2 = \sqrt{2/3}\,\alpha[\eta + (2\xi - y'\eta)y'].$$

An der „konvex-gefährdeten" Stelle ($x = 0$, $\eta = \sqrt{2/3}$) gilt $y' = 0$, so dass man erhält: $\boxed{\alpha = 3/2}$. Die Fließortkurven (Bild 4.7) schneiden die Gerade $y = x/\sqrt{3}$ orthogonal, so dass sie in diesen Schnittpunkten die Tangente $y' = -\sqrt{3}$ besitzen. Das innere „Grenzdreieck" wird im ersten Quadranten im Punkte ($\xi = \sqrt{2}/4$, $\eta = \sqrt{2/3}/4$) von der Geraden $y = x/\sqrt{3}$ bzw. $\eta = \xi/\sqrt{3}$ durchsetzt, so dass man erhält:

$$4 = \sqrt{2/3}\,\alpha\left[\sqrt{2/3}/4 - \left(\sqrt{2}/2 + \sqrt{2}/4\right)\sqrt{3}\right] \Rightarrow \boxed{\alpha = -3}.$$

In ähnlicher Weise weist man (4.34) für den Ansatz (4.33) nach. So ist im Punkt ($x = 0$, $y = \sqrt{2/3}\,\sigma_F$) die Tangente $y' = 0$. Somit folgt aus (4.30) für (4.33):

$$\partial F/\partial J_2' = (2/3)\sigma_F\,\partial F/\partial J_3' \Rightarrow 9J_2'^2 = 4\alpha\sigma_F J_3'.$$

Daraus erhält man unter Berücksichtigung von (4.29a,b) unmittelbar den Wert $\alpha = 27/8$.

Ü 4.2.6
In Verbindung mit der *Fließregel* (4.14) erhält man:

$$d^P A = \sigma_{ij} d^P \varepsilon_{ij} = \sigma_{ij} \left(\partial F / \partial \sigma_{ij} \right) d\Lambda \ . \qquad (*)$$

Falls das *plastische Potential* eine homogene Funktion vom Grade r ist,

$$F(\kappa\sigma_{11}, \kappa\sigma_{22}, \ldots) = \kappa^r F(\sigma_{11}, \sigma_{22}, \ldots), \text{ bzw. } F(\kappa\sigma_{ij}) = \kappa^r F(\sigma_{ij}),$$

kann die *EULERsche Differentialgleichung*

$$\sigma_{ij} \partial F(\sigma_{pq}) / \partial \sigma_{ij} = r F(\sigma_{ij})$$

benutzt werden, so dass man (*) gemäß

$$d^P A = r F(\sigma_{ij}) d\Lambda$$

ausdrücken kann. Als *Fließbedingung* vom Grade r kann allgemein $F(\sigma_{ij}) = k^r$ mit der *Schubfließgrenze* k angesetzt werden. Dann erhält man:

$$^P A = r \int k^r d\Lambda \ .$$

Beispielsweise ist das quadratische plastische Potential (r = 2) nach MISES durch $F = J'_2$ gegeben. Weiterhin ist dann $k = \sigma_V / \sqrt{3}$ (Ü 4.1.2) und $d\Lambda = 3 d^P \varepsilon_V / 2\sigma_V$, so dass folgt: $^P A = \int \sigma_V d^P \varepsilon$.

Ü 4.4.1
a) Für den einachsigen Vergleichszustand bei Fließbeginn ($\sigma_V = \sigma_F$) gilt: $J_1 = \sigma_F$ und $J'_2 = \sigma_F^2 / 3$, so dass man die Konstante C_F in der Fließbedingung $F = C_F$ zu $C_F = (1 + \kappa) \sigma_F^2 / 3$ erhält.

b) Man setze (4.45) in die Fließregel (4.14) ein:

$$d^P \varepsilon_{ij} = d\Lambda \left[(2\kappa J_1 / 3) \partial J_1 / \partial \sigma_{ij} + \partial J'_2 / \partial \sigma_{ij} \right] \ .$$

Wegen $\partial J_1 / \partial \sigma_{ij} = \delta_{ij}$ und $\partial J'_2 / \partial \sigma_{ij} = \sigma'_{pq} \partial \sigma'_{qp} / \partial \sigma_{ij} = \sigma'_{ij}$ folgt weiter:

$$d^P \varepsilon_{ij} = \left[(2\kappa J_1 / 3) \delta_{ij} + \sigma'_{ij} \right] d\Lambda \ .$$

Aus dem einachsigen Vergleichszustand ermittelt man:

$$d\Lambda = 3 d^P \varepsilon_F / [2(1 + \kappa) \sigma_F] \ .$$

Ü 4.4.2-Ü 4.4.3

c) Die Volumendehnung wird: $d^P\varepsilon_{kk} = 2\kappa J_1 d\Lambda$.

d) Die plastischen Querzahlen stimmen bei Isotropie überein:

$$^P\nu := -\left(d^P\varepsilon_{II}/d^P\varepsilon_I\right)_V = -\left(d^P\varepsilon_{III}/d^P\varepsilon_I\right)_V .$$

Man erhält aus den Stoffgleichungen: $\left(d^P\varepsilon_I\right)_V = d\Lambda 2(1+\kappa)\sigma_F/3$ und $\left(d^P\varepsilon_{II}\right)_V = \left(d^P\varepsilon_{III}\right)_V = -d\Lambda(1-2\kappa)\sigma_F/3$, so dass gilt:

$$\boxed{^P\nu = (1-2\kappa)/[2(1+\kappa)].}$$

Ü 4.4.2

Wegen $J'_3 = \sigma'_{ij}\sigma'_{jk}\sigma'_{ki}/3 \equiv \sigma'_{pq}\sigma'_{qr}\sigma'_{rp}/3$ folgt durch Differentiation nach der Produktregel:

$$\frac{\partial J'_3}{\partial \sigma_{ij}} = \frac{1}{3}\left(\sigma'_{qr}\sigma'_{rp}\frac{\partial \sigma'_{pq}}{\partial \sigma_{ij}} + \sigma'_{pq}\sigma'_{qr}\frac{\partial \sigma'_{rp}}{\partial \sigma_{ij}} + \sigma'_{rp}\sigma'_{pq}\frac{\partial \sigma'_{qr}}{\partial \sigma_{ij}}\right).$$

Darin sind aufgrund der Austauschregel alle Terme gleich, so dass mit (4.60a,b) folgt:

$$\boxed{\partial J'_3/\partial \sigma_{ij} = \sigma'_{pq}\sigma'_{qr}\partial \sigma'_{rp}/\partial \sigma_{ij} = \sigma'^{(2)}_{ij} - \sigma'^{(2)}_{rr}\delta_{ij}/3 .}$$

Das Ergebnis stimmt mit (4.77) überein.

Ü 4.4.3

Die Parameter α und β in der Fließbedingung $F = \beta$ ermittelt man aus einem Zugversuch ($\sigma_I = \sigma_{FZ}$, $\sigma_{II} = \sigma_{III} = 0$) und einem Druckversuch ($\sigma_I = -\sigma_{FD}$, $\sigma_{II} = \sigma_{III} = 0$) zu:

$$\alpha = (1/\sqrt{3})(\sigma_{FD} - \sigma_{FZ})/(\sigma_{FD} + \sigma_{FZ}),$$

$$\beta = (2/\sqrt{3})\sigma_{FD}\sigma_{FZ}/(\sigma_{FD} + \sigma_{FZ}).$$

Der Parameter α wird durch den *strength-differential effect* bestimmt („S-D effect") und verschwindet bei übereinstimmenden Zug- und Druckfließgrenzen. Die Stoffgleichungen ermittelt man über die Fließregel (4.14) zu:

$$d^P\varepsilon_{ij} = \left[\alpha\delta_{ij} + (1/2)\sigma'_{ij}/\sqrt{J'_2}\right]d\Lambda .$$

Daraus erhält man die plastische Querzahl wie in Ü 4.4.1 zu:

$$^P\nu = (1/2)(1 - 2\sqrt{3}\alpha)/(1 + \sqrt{3}\alpha).$$

Eine negative Querzahl ist mechanisch nicht vorstellbar, so dass für $\sigma_{FD} \geq \sigma_{FZ}$ die Einschränkung

$$0 \leq \alpha \leq 1/\sqrt{12} \quad \text{bzw.} \quad 1 \leq \sigma_{FD}/\sigma_{FZ} \leq 3$$

gilt. Weitere Beispiele, auch für anisotropes Verhalten, findet man bei BETTEN (1982d) und BETTEN et al. (1982).

Ü 4.4.4

Wegen $\partial F/\partial J_1 = 0$, $\partial F/\partial J'_2 = 1$, $\partial F/\partial J'_3 = \alpha/\sigma_F$ folgt aus (4.75):

$$d^P\varepsilon_{ij} = \left[\sigma'_{ij} + (\alpha/\sigma_F)\sigma''_{ij}\right]d\Lambda \ .$$

Für den einachsigen Vergleichszustand ermittelt man $\sigma'_{11} = 2\sigma_V/3$ und $\sigma''_{11} = 4\sigma_V^2/9 - 2\sigma_V^2/9 = 2\sigma_V^2/9$, so dass man für $\sigma_V = \sigma_F$ erhält:

$$d\Lambda = (3/2)d^P\varepsilon_F/[(1 + \alpha/3)\sigma_F].$$

Die plastische Querzahl wird:

$$^P\nu = -\left(d^P\varepsilon_{II}/d^P\varepsilon_I\right)_V = (1 + \alpha/3)/(2 + 2\alpha/3) = 1/2.$$

Allgemein folgt aus (4.75) wegen

$$(\sigma'_{ij})_V = (\sigma_V/3)\text{diag}\{2, -1, -1\}, \quad (\sigma''_{ij})_V = (\sigma_V^2/9)\text{diag}\{2, -1, -1\}$$

die plastische Querzahl zu:

$$^P\nu = \frac{-(\partial F/\partial J_1)_V + (\partial F/\partial J'_2)_V \sigma_V/3 + (\partial F/\partial J'_3)_V \sigma_V^2/9}{(\partial F/\partial J_1)_V + 2(\partial F/\partial J'_2)_V \sigma_V/3 + 2(\partial F/\partial J'_3)_V \sigma_V^2/9},$$

die im *inkompressiblen* Fall $(\partial F/\partial J_1 = 0)$ in $^P\nu = 1/2$ übergeht. Alle Größen und Klammerausdrücke, die mit V indiziert sind, beziehen sich auf den einachsigen Vergleichszustand.

Ü 4.4.5

Aus der Fließbedingung $F = k^2$ mit k als Schubfließgrenze erhält man für F gemäß (4.31) wegen $(J'_2)_F = \sigma_F^2/3$ und $(J'_3)_F = 2\sigma_F^3/27$ das gesuchte Verhältnis:

$$\boxed{\theta \equiv k/\sigma_F = \sqrt{(1+2\alpha/9)/3}}$$,

das wegen (4.32) durch $1/3 \leq k/\sigma_F \leq 2/3$ eingegabelt werden kann. Für $\alpha = 0$ folgt das „MISESsche Verhältnis" $\theta = 1/\sqrt{3}$ (Ü 4.1.2). Weitere Beispiele findet man bei BETTEN (1976b).

Ü 4.4.6

Die PRANDTL-REUSS-Gleichungen (4.71) kann man wegen (4.69), (3.28b) und (4.59) in der Form

$$E\,d\varepsilon_{ij} = (1+\nu)d\sigma_{ij} - \nu\,d\sigma_{kk}\delta_{ij} + E\sigma'_{ij}d\Lambda$$

angeben mit $d\Lambda$ nach (4.65). Mit (4.61) erhält man:

$$E(d\varepsilon_{22})_V = E(d\varepsilon_{33})_V = -\nu\,d\sigma_V - E\,d\sigma_V/(2T_p).$$

Führt man den *Tangentenmodul* $T := d\sigma_V/d\varepsilon_V$ ein, so folgt:

$$1/T = d\varepsilon_V/d\sigma_V = \left(d^e\varepsilon_V + d^p\varepsilon_V\right)/d\sigma_V = 1/E + 1/T_p,$$

und damit erhält man:

$$\boxed{\nu_{ep} = -(d\varepsilon_{22})_V/d\varepsilon_V = [1-(1-2\nu)T/E]/2}$$. (*)

Sonderfälle:

$T \to E \quad \Rightarrow \quad \nu_{ep} \to \nu \quad$ (*elastisches* Verhalten),

$T \to 0 \quad \Rightarrow \quad \nu_{ep} \to 1/2 \quad$ (*idealplastisches* Verhalten),

$E \to \infty \quad \Rightarrow \quad \nu_{ep} \to 1/2 \quad$ (*starrplastisches* Verhalten).

Als Beispiel zur Darstellung der *elastisch-plastischen Querzahl* (*) sei die von BETTEN (1989b) modifizierte Form

$$\boxed{\varepsilon_V = \sigma_V/E + k(\sigma_V/\sigma_F)^n}$$ (**)

der RAMBERG-OSGOOD-Beziehung gewählt, die sich als Werkstoffcharakteristik für die Aluminiumlegierung AA 7075 T 7351 gut bewährt hat, wie Bild A 5b zeigt. Aus (**) ermittelt man den *Tangentenmodul* zu

$$\boxed{\frac{T}{E} = \frac{1}{1 + nk(E/\sigma_F)(\sigma_V/\sigma_F)^{n-1}}}, \qquad (***)$$

der in (*) einzusetzen ist. Damit erhält man mit den Parametern aus Bild A 5b die Abhängigkeit der elastisch-plastischen Querzahl (*) von der Vergleichsspannung σ_V gemäß Bild F 4.3.

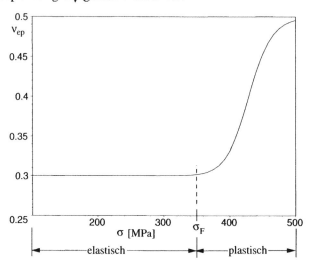

Bild F 4.3 Elastisch-plastische Querzahl als Funktion der Vergleichsspannung

Ü 4.4.7

Der *HILL-Bedingung* (4.35a) liegt das *plastische Potential*

$$F = H_I(\sigma_{II} - \sigma_{III})^2 + H_{II}(\sigma_{III} - \sigma_I)^2 + H_{III}(\sigma_I - \sigma_{II})^2$$

zugrunde. Aus der *Fließregel* (4.14) erhält man damit die Stoffgleichungen:

$$d^P\varepsilon_I = 2[H_{II}(\sigma_I - \sigma_{III}) + H_{III}(\sigma_I - \sigma_{II})]d\Lambda,$$

$$d^P\varepsilon_{II} = 2[H_{III}(\sigma_{II} - \sigma_I) + H_I(\sigma_{II} - \sigma_{III})]d\Lambda,$$

$$d^P\varepsilon_{III} = 2[H_I(\sigma_{III} - \sigma_{II}) + H_{II}(\sigma_{III} - \sigma_I)]d\Lambda,$$

mit verschwindender Spur: $d^P\varepsilon_{kk} = 0$, d.h. *plastischer Volumenkonstanz*.

Aufgrund der Anisotropie erhält man unterschiedliche plastische Querzahlen:

$$\nu_{pII} := -\left(d^p\varepsilon_{II}/d^p\varepsilon_I\right)_V = H_{III}/(H_{II} + H_{III}),$$

$$\nu_{pIII} := -\left(d^p\varepsilon_{III}/d^p\varepsilon_I\right)_V = H_{II}/(H_{II} + H_{III}),$$

die sich aufgrund der *Inkompressibilität* zu eins ergänzen.

Ü 4.4.8
Über die Fließregel (4.14) erhält man:

$$d^p\varepsilon_{ij} = d\Lambda\, C_{pqrs}\,(\sigma_{pq}\,\partial\sigma_{rs}/\partial\sigma_{ij} + \sigma_{rs}\,\partial\sigma_{pq}/\partial\sigma_{ij})/2.$$

Wegen

$$\partial\sigma_{pq}/\partial\sigma_{ij} = \delta_{pi}\delta_{qj} \quad \text{bzw.} \quad \partial\sigma_{pq}/\partial\sigma_{ij} = (\delta_{pi}\delta_{qj} + \delta_{pj}\delta_{qi})/2$$

folgt aufgrund der „üblichen" Symmetrieeigenschaften des Tensors C_{ijkl} weiter: $d^p\varepsilon_{ij} = C_{ijpq}\sigma_{pq}d\Lambda$. Wegen $d^p\varepsilon_{kk} = 0$ muss $C_{kkpq} \equiv 0_{pq}$ gefordert werden. Somit kann man die Stoffgleichungen auch gemäß

$$d^p\varepsilon_{ij} = C_{\{ij\}pq}\sigma_{pq}d\Lambda \quad \text{mit} \quad C_{\{ij\}pq} = C_{ijpq} - C_{kkpq}\delta_{ij}/3$$

formulieren, wobei hier $C_{\{ij\}pq} = C_{ijpq}$ gilt.

Ü 4.4.9
Für Bleche, die gewöhnlich nur in der Blechebene (I-II-Ebene) belastet werden ($\sigma_{III} = 0$), erhält man aus der *HILL-Bedingung* (4.35a):

$$(H_{II} + H_{III})\sigma_I^2 + (H_{III} + H_I)\sigma_{II}^2 - 2H_{III}\sigma_I\sigma_{II} = 1 \qquad (*)$$

Zugversuch in I – Richtung
$(\sigma_I = \sigma_{FI},\ \sigma_{II} = \sigma_{III} = 0)$ $\Rightarrow \sigma_{FI}^2 = 1/(H_{II} + H_{III})$,

Zugversuch in II – Richtung
$(\sigma_I = 0,\ \sigma_{II} = \sigma_{FII},\ \sigma_{III} = 0)$ $\Rightarrow \sigma_{FII}^2 = 1/(H_I + H_{III})$.

Zur Vermeidung der gefürchteten *Zipfelbildung* sollte sich ein *Tiefziehblech isotrop* in der Blechebene verhalten:

$$\sigma_{FI} \stackrel{!}{=} \sigma_{FII} \equiv \sigma_F \quad \Rightarrow \quad \boxed{H_I = H_{II}}.$$

Darin ist σ_F die Fließgrenze in der isotropen Blechebene.

Aus den Stoffgleichungen nach Ü 4.4.7 ermittelt man mit $H_I = H_{II}$ den R-Wert:

$$R := \left(d^P\varepsilon_{II}/d^P\varepsilon_{III}\right)_{(\sigma_I \neq 0, \sigma_{II} = \sigma_{III} = 0)} = H_{III}/H_{II} = H_{III}/H_I,$$

so dass man erhält:

$$\left.\begin{array}{l} H_{II} + H_{III} = 1/\sigma_F^2 \\ H_{III}/H_{II} = R \end{array}\right\} \Rightarrow \boxed{H_{II} = 1/[(1+R)\sigma_F^2]} \quad \boxed{H_{III} = R\,H_{II}}.$$

Damit vereinfachen sich die Stoffgleichungen aus Ü 4.4.7 zu:

$$d^P\varepsilon_I = 2H_{II}[(1+R)\sigma_I - R\sigma_{II}]d\Lambda,$$

$$d^P\varepsilon_{II} = 2H_{II}[(1+R)\sigma_{II} - R\sigma_I]d\Lambda,$$

$$d^P\varepsilon_{III} = -2H_{II}(\sigma_I + \sigma_{II})d\Lambda,$$

woraus man folgende Querzahlen ermittelt:

$$\nu_{pII} := -\left(d^P\varepsilon_{II}/d^P\varepsilon_I\right)_V = R/(1+R) \quad \text{und} \quad \nu_{pIII} = 1/(1+R).$$

Mithin gilt auch: $\nu_{pII}/\nu_{pIII} = R$.

Die *Fließbedingung* (*) kann mit den oben bestimmten Parametern H_I, H_{II}, H_{III} zu (4.44) vereinfacht werden. Bei *Isotropie* stimmen die Querzahlen überein. Dann ist auch $R = 1$.

Experimentell kann der *R-Wert* in (4.44) aus einem zweiachsigen Zugversuch ($\sigma_I = \sigma_{II} = \sigma_{45}$) ermittelt werden:

$$\boxed{R = 2(\sigma_{45}/\sigma_F)^2 - 1}.$$

Ü 4.4.10

Die *Konsistenzbedingung* (4.2) gewährleistet, dass plastische Verformung stattfindet, bzw. beinhaltet, dass eine Belastung aus einem plastischen Zustand zu einem anderen plastischen Zustand führt (*Belastungsbedingung*). Die Funktion $\Phi = \Phi(\sigma_{ij}, {}^P\varepsilon_{ij}, k)$ in (4.2) könnte man auch als *Belastungsfunktion* oder *Fließfunktion* bezeichnen. Sie spielt die Rolle des plastischen Potentials in der *Fließregel* (4.14) für *verfestigende Werkstoffe*. Aus (4.2) folgt das vollständige Differential:

$$d\Phi = \left(\partial\Phi/\partial\sigma_{ij}\right)d\sigma_{ij} + \left(\partial\Phi/\partial^P\varepsilon_{ij}\right)d^P\varepsilon_{ij} + \left(\partial\Phi/\partial k\right)dk = 0.$$

Setzt man (4.14) ein, so erhält man wegen $dk = \left(\partial k/\partial^P\varepsilon_{ij}\right)d^P\varepsilon_{ij}$ den Proportionalitätsfaktor zu:

$$d\Lambda = -\left(\partial\Phi/\partial\sigma_{ij}\right)d\sigma_{ij} \Big/ \left\{\left[\partial\Phi/\partial^P\varepsilon_{rs} + \left(\partial\Phi/\partial k\right)\left(\partial k/\partial^P\varepsilon_{rs}\right)\right]\left(\partial\Phi/\partial\sigma_{rs}\right)\right\} .$$

Ü 4.4.11

Für die Vergleichsspannung erhält man $\sigma_V^2 = 3J_2'$. Ersetzt man in (4.58) den Deviator σ_{ij}' durch (4.59), so findet man unter Berücksichtigung von (4.63) die gesuchte Beziehung:

$$\left.\begin{array}{l} \sigma_V^2 = 3\sigma_{ij}'\sigma_{ij}'/2 \\ \sigma_{ij}' = (2/3)\left(\sigma_V/d^P\varepsilon_V\right)d^P\varepsilon_{ij} \end{array}\right\} \Rightarrow \boxed{d^P\varepsilon_V = \sqrt{2d^P\varepsilon_{ij}d^P\varepsilon_{ij}/3}} .$$

Ü 4.4.12

Aufgrund der plastischen Volumenkonstanz, die aus (4.59) folgt, gilt $d^P\varepsilon_{ij} \equiv d^P\varepsilon_{ij}'$. Mithin erhält man aus (4.59) unmittelbar:

$$L_\varepsilon = 3\sigma_{II}'/(\sigma_I' - \sigma_{III}') \equiv L_\sigma \qquad \text{q.e.d.}$$

Weitere Bemerkungen und Übungen (z.B. Ü 3.3.6, Ü 3.3.7, Ü 3.3.8, Ü 3.3.10) findet man bei BETTEN (1987a). Dort werden u.a. zur Überprüfung der *Ähnlichkeit von Tensoren* die *LODE-Parameter* benutzt.

Ü 4.4.13

Der Spannungszustand $\sigma_{11} = \sigma$, $\sigma_{22} = \sigma_{33} = 0$, $\sigma_{12} = \tau$, $\sigma_{23} = \sigma_{31} = 0$ ist durch die Hauptspannungen

$$\sigma_I = \sigma/2 + \sqrt{\tau^2 + \sigma^2/4}, \quad \sigma_{II} = 0, \quad \sigma_{III} = \sigma/2 - \sqrt{\tau^2 + \sigma^2/4}$$

gekennzeichnet. Mit diesen Werten erhält man nach Ü 4.1.2 und Ü 4.1.3 die gesuchten *Fließbedingungen*

$$\text{MISES} \Rightarrow \boxed{\sigma^2 + 3\tau^2 = \sigma_F^2} \quad ; \quad \text{TRESCA} \Rightarrow \boxed{\sigma^2 + 4\tau^2 = \sigma_F^2} .$$

Ü 4.4.14

Aus der MISESschen Fließbedingung (Ü 4.1.2) erhält man formal für die Vergleichsspannung $\sigma_V^2 = 3J_2'$, die im elastischen Bereich ($\sigma_V < \sigma_F$) durch die elastische Gestaltänderungsenergiedichte ausgedrückt werden kann:

$$^eA' = \int \sigma_{ij}' d\,^e\varepsilon_{ij}' = \frac{1}{2G} \int \sigma_{ij}' d\sigma_{ij}' = \sigma_{ij}' \sigma_{ij}'/(4G) \;\Rightarrow\; \boxed{\sigma_V^2 = 6G\,^eA'}\,.$$

Ü 4.4.15

Man ermittelt zunächst die Hauptspannungen $\sigma_I = \tau - p$, $\sigma_{II} = -p$, $\sigma_{III} = -\tau - p$ und erhält analog zu Ü 4.4.13 aus der MISES-Fließbedingung $\tau = \sigma_F/\sqrt{3}$ und aus dem TRESCA-Kriterium $\tau = \sigma_F/2$, d.h., in beiden Fällen hat p keinen Einfluss.

Ü 4.4.16

Bei ebener Verformung ($d^p\varepsilon_{3j} = 0_j$) folgt aus (4.59):

$$\sigma_{ij}' = \begin{pmatrix} \sigma_{11}' & \sigma_{12}' & 0 \\ \sigma_{12}' & -\sigma_{11}' & 0 \\ 0 & 0 & 0 \end{pmatrix} \;\Rightarrow\; \sigma_{ij} = \begin{pmatrix} \sigma_{11} & \sigma_{12} & 0 \\ \sigma_{12} & \sigma_{22} & 0 \\ 0 & 0 & (\sigma_{11}+\sigma_{22})/2 \end{pmatrix}.$$

Man beachte auch Ü 3.3.3 und Ü 6.1.4 bei BETTEN (1987a).

Ü 4.4.17

Man gehe analog Ü 4.4.1/ Ü 4.4.3/ Ü 4.4.4 vor. Aus der *Fließregel* gewinnt man mit dem gegebenen *plastischen Potential*

$$F = \alpha J_1 + \frac{1}{3}\kappa J_1^2 + J_2' \tag{1}$$

die *Stoffgleichung*

$$d^p\varepsilon_{ij} = \frac{\partial F}{\partial \sigma_{ij}} d\lambda = \left(\alpha \delta_{ij} + \frac{2}{3}\kappa J_1 \delta_{ij} + \sigma_{ij}'\right) d\lambda, \tag{2}$$

aus der man für den einachsigen Vergleichszustand (4.61) den *LAGRANGEschen Multiplikator* zu

$$d\lambda = d^p\varepsilon_{ij} / [\alpha + 2(1+\kappa)\sigma_V/3] \tag{3}$$

bestimmt.

Für die weitere Rechnung wird das Postulat (bzw. die Hypothese)

$$dW = \sigma_{ji} d^P \varepsilon_{ij} \stackrel{!}{=} \sigma_V d^P \varepsilon_V \qquad (4)$$

zugrundegelegt. Darin ergibt sich die *plastische Arbeit* des allgemeinen Zustandes mit (2) zu:

$$dW = \sigma_{ji} d^P \varepsilon_{ij} = (\alpha J_1 + \frac{2}{3} \kappa J_1^2 + 2 J_2') d\lambda, \qquad (5)$$

so dass man aus (3), (4), (5) nach einigen Zwischenrechnungen folgende Formel für die durch (4) „definierte" *Vergleichsspannung* erhält:

$$\sigma_V = \frac{-3\alpha}{4(1+\kappa)} + \sqrt{\frac{9\alpha^2}{16(1+\kappa)^2} + \frac{3}{2(1+\kappa)} \left(\alpha J_1 + \frac{2}{3} \kappa J_1^2 + 2 J_2' \right)}. \qquad (6)$$

Zur Kontrolle setze man die Invarianten des einachsigen Vergleichszustandes $J_1 = \sigma_V$ und $J_2' = \sigma_V^2/3$ ein, was auf $\sigma_V = \sigma_V$ führt.

Die *Fließbedingung* $F = \beta$ wird mit (1) gemäß

$$\alpha J_1 + \frac{\kappa}{3} J_1^2 + J_2' = \beta \qquad (7)$$

angesetzt. Darin können die Parameter α und β analog Ü 4.4.3 aus zwei Grundversuchen bei Fließbeginn bestimmt werden:

Zugversuch ($\sigma_I = \sigma_{FZ}$, $\sigma_{II} = \sigma_{III} = 0$):

$$\alpha \sigma_{FZ} + \frac{1}{3}(1+\kappa) \sigma_{FZ}^2 = \beta \qquad (8a)$$

Druckversuch ($\sigma_I = -\sigma_{FD}$, $\sigma_{II} = \sigma_{III} = 0$):

$$-\alpha \sigma_{FD} + \frac{1}{3}(1+\kappa) \sigma_{FD}^2 = \beta. \qquad (8b)$$

Die Auflösung des linearen Gleichungssystems (8a,b) ergibt:

$$\alpha = \frac{1}{3}(1+\kappa)(\sigma_{FD} - \sigma_{FZ}), \quad \beta = \frac{1}{3}(1+\kappa) \sigma_{FD} \sigma_{FZ}. \qquad (9a,b)$$

Damit lautet die *Fließbedingung* (7):

$$\boxed{(\sigma_{FD} - \sigma_{FZ})J_1 + (\kappa J_1^2 + 3J_2')/(1+\kappa) = \sigma_{FD}\sigma_{FZ}} \quad . \tag{10}$$

Setzt man zur Kontrolle den einachsigen Vergleichszustand mit $J_1 = \sigma_V$ und $J_2' = \sigma_V^2/3$ in die Fließbedingung (10) ein, so erhält man in σ_V die quadratische Gleichung

$$\sigma_V^2 + (\sigma_{FD} - \sigma_{FZ})\sigma_V = \sigma_{FD}\sigma_{FZ} \tag{11}$$

mit den Lösungen: $\boxed{\sigma_{V1} = \sigma_{FZ}}$ und $\boxed{\sigma_{V2} = -\sigma_{FD}}$. Setzt man diese Lösungen in (6) ein, so erhält man die Identitäten $\sigma_{FZ} = \sigma_{FZ}$ und $\sigma_{FD} = \sigma_{FD}$. Die Formel (6) drückt eine Beziehung zwischen σ_V und einem allgemeinen Spannungszustand σ_{ij} aus; es gelten die Grenzwerte

$$\lim_{\sigma_{ij} \to \sigma_{FZ}} \sigma_V(\sigma_{ij}) = \sigma_{FZ} \quad \text{und} \quad \lim_{\sigma_{ij} \to -\sigma_{FD}} \sigma_V(\sigma_{ij}) = -\sigma_{FD} \quad .$$

Diese Grenzübergänge charakterisieren den *Fließbeginn*. Die Formel (6) für die Vergleichsspannung gilt auch unterhalb der *Fließgrenze*, d.h. im elastischen Bereich, und ist als Anstrengungsbedingung zu deuten. Insbesondere wird bei einer Nullspannung ($\sigma_{ij} \to 0_{ij}$) mit $J_1 = 0$, $J_2' = 0$ die Vergleichsspannung $\sigma_V = 0$. Somit ist das Vorzeichen vor der Wurzel in (6) richtig gewählt. Für $\alpha = 0$ und $\kappa = 0$ geht (6) in die Beziehung $\sigma_V^2 = 3J_2'$ über, die im Grenzfall ($\sigma_V \to \sigma_F$) der MISESschen *Fließbedingung* entspricht.

Ü 4.4.18

Zur Kennzeichnung des pulsierenden Charakters einer *Schwingbeanspruchung* kann bei einachsiger pulsierender Beanspruchung der Quotient $R = \sigma_u/\sigma_o$ eingeführt werden. Darin sind σ_u die Unterspannung und σ_o die Oberspannung. Beispielsweise gilt für *Wechselbeanspruchung* $R = -1$, für *Schwellbeanspruchung* $R = 0$ und für *statische Beanspruchung* $R = +1$, wie aus dem SMITH-*Diagramm* hervorgeht. Bei schwingender Beanspruchung verhalten sich metallische Werkstoffe im allgemeinen gegenüber gleich großen Zug- oder Druckmittelspannungen verschieden, d.h., die an der einachsigen Versagensgrenze (Dauer- oder Zeitbruch) ertragbaren Amplituden sind bei Druck- größer als bei Zugbeanspruchung. Damit versagen alle *Anstrengungshypothesen*, die dem Betrag nach gleich große

Zug- und Druckgrenzen voraussetzen, wie z.B. die *Schubspannungshypothese* nach TRESCA oder das quadratische *plastische Potential* nach MISES.

Bei allgemeiner *pulsierender Beanspruchung* schwingt jede Koordinate σ_{ij} des Spannungstensors σ nach einem anderen Zeitgesetz zwischen verschiedenen oberen und unteren Grenzen. Dieser unterschiedliche, pulsierende Charakter der Spannungskoordinaten ruft für die einzelnen Werkstofffasern bzw. Raumrichtungen verschiedene Schädigungen hervor, als ob im allgemeinen Fall in jeder Richtung eine andere einachsige *Schwingfestigkeit* zur Verfügung stünde („quasianisotrop"). Mithin sind im allgemeinen Fall die Werte für R = σ_u/σ_o für alle Richtungen verschieden.

Für den symmetrischen Fall der reinen *Wechselbeanspruchung* (R = −1) kann die *MISESsche Fließbedingung* formal übernommen werden: $\sigma_W^2 = 3J_2'$. Darin ist σ_W die *Wechselfestigkeit*. Diese formale Übertragungsmöglichkeit ist experimentell für isotrope metallische Werkstoffe bei zweiachsiger Beanspruchung bestätigt worden (BETTEN, 1970a). Bei Überlagerung von Biegung und Torsion stimmen die Messergebnisse wiederum mit MISES besser überein als mit TRESCA (BETTEN, 1970a). Für schwingende Beanspruchungen, die vom Wert R = −1 abweichen, kann die MISESsche Formel nicht mehr zum Ziele führen. Dieses Problem wird ausführlich in der Vorlesung (BETTEN, 1970a) behandelt und in dem entsprechenden Umdruck detailliert beschrieben.

Ü 4.4.19
Dieses Problem wird ausführlich im Umdruck zur Vorlesung (BETTEN, 1970a) beschrieben. Die zum Bruch führende Winkelgeschwindigkeit wird mit Experimenten verglichen. Darüber hinaus werden verschiedene Scheibenformen gegenübergestellt.

Ü 4.4.20
Auch dieses Problem wird ausführlich in der Vorlesung (BETTEN, 1970a) behandelt und im entsprechenden Umdruck Schritt für Schritt beschrieben, so dass auf eine Wiederholung an dieser Stelle verzichtet werden kann.

Ü 4.5.1
Mit den Abkürzungen

$$R_1 \equiv [2(\varphi_0)_{,2} - (\varphi_1)_{,1}]L, \quad \ldots, \quad R_3 \equiv [3(\varphi_1)_{,3} - 2(\varphi_2)_{,2}]L$$

für die rechten Seiten in (4.90) erhält man aus der CRAMERschen Regel wegen (4.91) die Bedingungen:

$$\begin{vmatrix} R_1 & -2\varphi_0 & 0 \\ R_2 & 0 & -3\varphi_0 \\ R_3 & 2\varphi_2 & -3\varphi_1 \end{vmatrix} = 0 \quad \Rightarrow \quad \boxed{R_3\varphi_0 - R_2\varphi_1 + R_1\varphi_2 = 0},$$

$$\begin{vmatrix} \varphi_1 & R_1 & 0 \\ \varphi_2 & R_2 & -3\varphi_0 \\ 0 & R_3 & -3\varphi_1 \end{vmatrix} = 0 \quad \Rightarrow \quad \boxed{R_3\varphi_0 - R_2\varphi_1 + R_1\varphi_2 = 0},$$

$$\begin{vmatrix} \varphi_1 & -2\varphi_0 & R_1 \\ \varphi_2 & 0 & R_2 \\ 0 & 2\varphi_2 & R_3 \end{vmatrix} = 0 \quad \Rightarrow \quad \boxed{R_3\varphi_0 - R_2\varphi_1 + R_1\varphi_2 = 0}.$$

Die drei Bedingungen sind identisch und stimmen mit (4.92) überein.

Ü 4.5.2

Wegen $\sigma_{pq} = \sigma_{qp}$ kann man für $\lambda = 1$ die Austauschregel

$$\sigma_{pq} = (\delta_{pi}\delta_{qj} + \delta_{pj}\delta_{qi})\sigma_{ij}/2$$

benutzen, woraus unmittelbar die Ableitung

$$\partial\sigma_{pq}/\partial\sigma_{ij} = (\delta_{pi}\delta_{qj} + \delta_{pj}\delta_{qi})/2 \qquad (*)$$

folgt, die man auch aus der Formel (4.99) für $\lambda = 1$ erhält. Man erkennt weiterhin, dass (*) mit (4.104) übereinstimmt: $Q_{ijkl}^{[1]} \equiv m_{ijkl}^{(0)}$.

Für $\lambda = 2$ bildet man die Ableitung:

$$\partial\sigma_{pq}^{(2)}/\partial\sigma_{ij} \equiv \partial(\sigma_{pr}\sigma_{rq})/\partial\sigma_{ij} = \sigma_{rq}\,\partial\sigma_{pr}/\partial\sigma_{ij} + \sigma_{pr}\,\partial\sigma_{rq}/\partial\sigma_{ij}.$$

In Verbindung mit (*) folgt weiter:

$$\partial\sigma_{pq}^{(2)}/\partial\sigma_{ij} \equiv (\sigma_{pi}\delta_{qj} + \sigma_{pj}\delta_{qi} + \delta_{pi}\sigma_{qj} + \delta_{pj}\sigma_{qi})/2.$$

Dieses Ergebnis erhält man auch unmittelbar aus der Formel (4.99) für $\lambda = 2$.

Ü 4.5.3

Aus (4.104) erhält man nach der Rechenvorschrift (4.114) das Ergebnis

$$m_{\{ij\}kl}^{(0)} = (\delta_{ik}\delta_{jl} + \delta_{il}\delta_{jk})/2 - \delta_{ij}\delta_{kl}/3,$$

das mit $\partial \sigma'_{ij}/\partial \sigma_{kl}$ gemäß (4.60b) übereinstimmt.

Ü 4.5.4

Das plastische Potential in (4.113) ist von der Form $F = F(\sigma'_{pq}, A_{pq})$, so dass die Fließregel (4.113) wegen $\partial F/\partial \sigma_{ij} = (\partial F/\partial \sigma'_{pq})\partial \sigma'_{pq}/\partial \sigma_{ij}$ unter Berücksichtigung von (4.60b) und Ü 4.5.3 auch in der Form

$$d^P\varepsilon_{ij} = \left(m^{(0)}_{\{ij\}kl}\, \partial F/\partial \sigma'_{kl} + \alpha\, m_{\{ij\}kl}\, \partial F/\partial A_{kl}\right)d\Lambda$$

geschrieben werden kann. Darin sind beide Terme der rechten Seite *deviatorisch* bezüglich der eingeklammerten freien Indizes {ij}, so dass die *plastische Volumenkonstanz* ($d^P\varepsilon_{jj} = 0$) gegeben ist.

Ü 4.5.5

Die Lösung dieser Aufgabe wird bei BETTEN (1988) ausführlich diskutiert. Darüber hinaus wird bei BETTEN (1988) gezeigt, dass ohne Einschränkung der Allgemeinheit eine Reduzierung auf die fünf Invarianten

$$S_\nu \equiv \mathrm{tr}\,\boldsymbol{\sigma}^\nu, \quad \nu = 1, 2, 3, \quad \Omega_1 \equiv \mathrm{tr}\,\boldsymbol{\sigma}\mathbf{A}, \quad \Omega_3 \equiv \mathrm{tr}\,\mathbf{A}\boldsymbol{\sigma}^2$$

möglich ist, wenn man das *dyadische Produkt* $\mathbf{A} = \mathbf{v} \otimes \mathbf{v}$ aus dem Einsvektor $\mathbf{v}$ bildet, der in die Vorzugsrichtung (*oriented material*) weist.

Ü 4.6.1

Aus den *LEVY-MISES-Gleichungen* (4.59) folgert man bei ebener Verzerrung ($d^P\varepsilon_{3j} \equiv 0_j$):

$$\sigma_{31} = \sigma_{32} = 0 \quad \text{und} \quad \sigma'_{33} = 0 \quad \Rightarrow \quad \sigma_{33} = (\sigma_{11} + \sigma_{22})/2.$$

Die quadratische Deviatorinvariante ermittelt man für diesen Spannungszustand zu:

$$J'_2 = (\sigma_{11} - \sigma_{22})^2/4 + \sigma_{12}^2,$$

so dass die Fließbedingung $J'_2 = \sigma_F^2/3 = k^2$ durch

$$(\sigma_{11} - \sigma_{22})^2 + 4\sigma_{12}^2 = 4k^2$$

ausgedrückt werden kann. Die Auflösung nach σ_{22} führt unmittelbar auf (4.134).

Ü 4.6.2

Die *LEVY-MISES-Gleichungen* (4.59) können auch in der Form $^p\dot{\varepsilon}_{ij} = \sigma'_{ij}\dot{\Lambda}$ geschrieben werden, woraus durch Überschieben die skalare Beziehung $^p\dot{\varepsilon}_{ij}\,^p\dot{\varepsilon}_{ij} = \sigma'_{ij}\sigma'_{ij}\dot{\Lambda}^2$ folgt. Darin setzt man die *MISESsche Fließbedingung* $\sigma'_{ij}\sigma'_{ij} = 2\sigma_F^2/3$ und den Proportionalitätsfaktor $\dot{\Lambda} = 3\,^p\dot{\varepsilon}_F/(2\sigma_F)$ ein, der bei Fließbeginn aus (4.63) gefolgert werden kann. Man erhält auf diese Weise die gesuchte Beziehung (4.139).

Ü 4.6.3

Unter den gegebenen Voraussetzungen legt man die Fließbedingung (4.134) zugrunde, die man auch durch

$$(\sigma_{11} - \sigma_{22})^2 + 4\sigma_{12}^2 = 4k^2 \qquad (*)$$

ausdrücken kann. Ferner gilt nach Ü 4.6.1 bei ebener plastischer Verformung: $\sigma_{33} = (\sigma_{11} + \sigma_{22})/2 \equiv -p$. Damit erhält man die gesuchten Hauptwerte:

$$\begin{vmatrix} \sigma_{11}-\sigma & \sigma_{12} & 0 \\ \sigma_{12} & \sigma_{22}-\sigma & 0 \\ 0 & 0 & -p-\sigma \end{vmatrix} = 0 \quad \Rightarrow \quad \begin{cases} \sigma_I = -p+k \\ \sigma_{II} = -p \\ \sigma_{III} = -p-k \end{cases}.$$

Ü 4.6.4

Man stellt fest, dass der gegebene Ansatz für das Spannungsfeld die Fließbedingung (*) aus Ü 4.6.3 identisch erfüllt. Mit der Beziehung $\sigma_{33} = (\sigma_{11} + \sigma_{22})/2$, die bei ebenem plastischem Fließen aus den LEVY-MISES-Gleichungen folgt (Ü 4.6.1), erhält man:

$$\sigma_{11} + \sigma_{22} + \sigma_{33} = -3p \quad \Rightarrow \quad p = -\sigma_{kk}/3,$$

d.h., der Parameter p im gegebenen Ansatz ist der hydrostatische Anteil des Spannungstensors, wenn $\sigma_{33} = (\sigma_{11} + \sigma_{22})/2$ gilt. Die Hauptrichtung φ_I ermittelt man aus $\tan 2\varphi = 2\sigma_{12}/(\sigma_{11} - \sigma_{22}) = -1/\tan 2\Phi_I$. Daraus entnimmt man: $\varphi_I = \Phi_I - \pi/4$, d.h., der Winkel Φ bzw. Φ_I im gegebenen Ansatz gibt die Gleitlinienrichtung an (Bild 4.12).

Setzt man die in der Aufgabenstellung angegebenen Spannungen in die Gleichgewichtsbedingungen (4.127a,b) ein, so erhält man bei konstantem k die partiellen Differentialgleichungen:

$$\left.\begin{array}{l}\partial p/\partial x_1 - 2k\cos 2\Phi\,(\partial\Phi/\partial x_1) - 2k\sin 2\Phi\,(\partial\Phi/\partial x_2) = 0\\ \partial p/\partial x_2 - 2k\sin 2\Phi\,(\partial\Phi/\partial x_1) + 2k\cos 2\Phi\,(\partial\Phi/\partial x_2) = 0,\end{array}\right\} \quad (*)$$

die vom *hyperbolischen Typ* sind.

Falls in einem Punkt eines betrachteten Gebietes x_1 entlang einer Linie c_I = const. und x_2 entlang einer Linie c_{II} = const. liegt, hat man $\Phi = 0$ zu setzen. Damit folgen aus (*) die Bedingungen:

$$\partial(p - 2k\Phi)/\partial x_1 = 0 \Rightarrow p - 2k\Phi = C_1 \text{ entlang einer } c_I \text{ - Linie}$$

$$\partial(p + 2k\Phi)/\partial x_2 = 0 \Rightarrow p + 2k\Phi = C_2 \text{ entlang einer } c_{II} \text{ - Linie}.$$

Diese Beziehungen sind äquivalent zu den Gleichgewichtsbedingungen.

Ü 4.6.5

Der Plattenabstand sei $h = 2a$. Dann gilt nach Voraussetzung: $\sigma_{12}(x_1, a) = k$ = const. Zur Ermittlung der Spannungen σ_{11}, σ_{22}, σ_{12} stehen unter den gegebenen Voraussetzungen die Gleichungen (4.127a,b) und (4.134) zur Verfügung. Aufgrund der Voraussetzung, dass die Randschubspannung unabhängig von x_1 ist, wird angenommen, dass σ_{12} überall im Werkstück nur eine Funktion von x_2 ist: $\sigma_{12} = k\,g(x_2)$ mit $g(0) = 0$ und $g(x_2 = a) = 1$. Damit erhält man aus (4.127a,b):

$$\partial\sigma_{11}/\partial x_1 = -k\,dg/dx_2 \quad \text{und} \quad \partial\sigma_{22}/\partial x_2 = 0 \Rightarrow \sigma_{22} = \sigma_{22}(x_1)$$

und aus der Fließbedingung (4.134): $\partial\sigma_{11}/\partial x_1 = \partial\sigma_{22}/\partial x_1$, so dass mit diesen Zwischenergebnissen weiter folgt:

$$\frac{d\sigma_{22}}{dx_1} = -k\frac{dg}{dx_2} \Rightarrow \begin{cases} \dfrac{d\sigma_{22}}{dx_1} = \text{const.} \Rightarrow \sigma_{22} = \alpha_0 + \alpha_1 x_1 \\[6pt] \dfrac{dg}{dx_2} = \text{const.} \Rightarrow g(x_2) = \beta_0 + \beta_1 x_2 \end{cases}.$$

Wegen $g(0) = 0$ und $g(a) = 1$ erhält man somit $\beta_0 = 0$ und $\beta_1 = 1/a$. Weiterhin ermittelt man mit den obigen Zwischenergebnissen: $\alpha_1 = -k\beta_1$. Damit ist σ_{22} bis auf den Ansatzfreiwert α_0 bestimmt. Die Normalspannung σ_{11} erhält man aus (4.134). Fasst man diese Zwischenergebnisse zusammen, so findet man das Spannungsfeld:

$$\sigma_{11} = \alpha_0 - k\xi + 2k\sqrt{1-\eta^2}, \quad \sigma_{22} = \alpha_0 - k\xi, \quad \sigma_{12} = k\eta \qquad (*)$$

mit den dimensionslosen Koordinaten $\xi \equiv x_1/a$ und $\eta \equiv x_2/a$.

Den Ansatzfreiwert α_0 kann man aus der gegebenen Belastung der Seitenfläche $x_1 = 0$ ermitteln. Bei kräftefreier Seitenfläche erhält man:

$$X = \int_{-a}^{+a} \sigma_{11}(0, x_2)\,dx_2 = 0 \quad \Rightarrow \quad \alpha_0 = -2k\int_0^1 \sqrt{1-\eta^2}\,d\eta = -\frac{\pi}{2}k.$$

Aus dem ermittelten Spannungsfeld erhält man im Vergleich mit dem Spannungsfeld nach Ü 4.6.4 zunächst:

$$\left.\begin{array}{l}\sigma_{12} = k\eta = -k\cos 2\Phi \Rightarrow \eta = -\cos 2\Phi \\ p = -\sigma_{kk}/3 = -(\sigma_{11} + \sigma_{22})/2\end{array}\right\} \Rightarrow k(\pi/2 + \xi) = p + k\sin 2\Phi.$$

Setzt man diesen Zusammenhang in (*) mit $\alpha_0 = -\pi k/2$ ein, so erhält man die Spannungen

$$\sigma_{11} = -p + k\sin 2\Phi \quad \text{und} \quad \sigma_{22} = -p - k\sin 2\Phi,$$

die mit den Ansätzen in Ü 4.6.4 übereinstimmen. Obige Zusammenhänge in Verbindung mit Bild 4.12 können auch am MOHRschen Kreis abgelesen werden.

Ü 4.7.1

Für den Rechteckquerschnitt ermittelt man aus (4.147) mit $y = a\eta$, $y_F = a\eta_F$, $b = \text{const.}$, $W = 2ba^2/3$ unter Berücksichtigung der Spannungsverteilung gemäß Bild 4.13 die *Biegefließkurve* zu:

$$\underline{\underline{\sigma_b/\sigma_F = 3\int_0^{\eta_F} \eta^2/\eta_F\,d\eta + 3\int_{\eta_F}^1 \eta\,d\eta = 3(1 - \eta_F^2/3)/2}}.$$

Die *Biegefließkurve* für Biegebalken mit Kreisquerschnitt wird folgendermaßen berechnet. Das Widerstandsmoment ist $W = \pi a^3/4$, die Breite ist von y abhängig:

$$b = 2\sqrt{a^2 - y^2}.$$

Die Bezeichnungen entnimmt man Bild F 4.3.

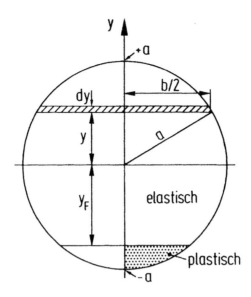

Bild F 4.4 Elastische und plastische Zone im Biegebalken mit Kreisquerschnitt

Mit $M^* = M = W\sigma_b$ ermittelt man aus (4.147):

$$\sigma_b = 16/(\pi a^3) \int_0^a \sigma(y) y \sqrt{a^2 - y^2} \, dy \equiv (16/\pi) \int_0^1 \sigma(\eta) \eta \sqrt{1-\eta^2} \, d\eta,$$

elastischer Kern: $\quad 0 \leq \eta \leq \eta_F \Rightarrow \sigma(\eta) = \sigma_F \eta/\eta_F,$

Fließzone: $\quad \eta_F \leq \eta \leq 1 \Rightarrow \sigma = \sigma_F = \text{const.}$

Mithin wird:

$$\sigma_b/\sigma_F = (16/\pi)\left[(1/\eta_F)\int_0^{\eta_F} \eta^2\sqrt{1-\eta^2} \, d\eta + \int_{\eta_F}^1 \eta\sqrt{1-\eta^2} \, d\eta\right]$$

und nach Integration der Grundintegrale:

$$\boxed{\sigma_b/\sigma_F = (2/\pi)\left[(1/\eta_F)\arcsin\eta_F + \sqrt{1-\eta_F^2}\,(5-2\eta_F^2)/3\right]}.$$

Ü 4.7.2

Durch Grenzübergang ($\eta_F \to 0$) erhält man für die Beispiele in Tabelle 4.3 die Werte: **a)** $m_T = 1{,}5$; **b)** $m_T = 16/(3\pi) \approx 1{,}7$; **c)** $m_T = 1{,}6$; **d)** $m_T = 2$.

Ü 4.7.3

Für die *elastische Torsionsfunktion* kann gemäß Ü 3.3.4 der Ansatz $\Phi_{el} = -GDr_F^2/2 + C$ gemacht werden. Mit (4.155) folgt aus den Stetigkeitsbedingungen:

$$\Phi_{el}(r_F) = \Phi_{pl}(r_F) \Rightarrow C = k(r_a - r_F) + G\ D\ r_F^2/2,$$

$$\left(\frac{d\Phi_{el}}{dr}\right)_{r=r_F} = \left(\frac{d\Phi_{pl}}{dr}\right)_{r=r_F} \Rightarrow k = GDr_F.$$

Das *Torsionsmoment* erhält man aus:

$$M = 2\iint \Phi(r) r\, d\varphi\, dr \quad \text{mit} \quad 0 \le \varphi \le 2\pi \quad \text{und} \quad 0 \le r \le r_a$$

oder:

$$M = 4\pi \left[\int_0^{r_F} \Phi_{el}\, r\, dr + \int_{r_F}^{r_a} \Phi_{pl}\, r\, dr \right].$$

Die Integration führt auf:

$$M = (2/3)\pi G D r_F \left(r_a^3 - r_F^3/4\right) = (2/3)\pi k \left(r_a^3 - r_F^3/4\right).$$

Daraus ergibt sich für $r_F \to r_a$ das *Fließmoment* $M_F = \pi k r_a^3/2$, so dass schließlich $m \equiv M/M_F$ gemäß (4.152) gefolgert werden kann.

Ü 4.7.4

Für $r_a/r_i = e$ folgt aus (4.172): $p_T/\sigma_F = 2/\sqrt{3} \approx 1{,}15$. Für das dünnwandige Rohr mit der Wandstärke $s \ll r_a$ erhält man wegen $\ln(r_a/r_i) = \ln(1 + s/r_i) \approx s/r_i \approx s/r_m$ die *plastische Kesselformel*: $p_T = 2ks/r_m$, während man von der elastischen Lösung (4.159) für $s \ll r_a$ auf die *elastische Kesselformel* $p = \sigma_\alpha s/r_m$ schließen kann. Aus (4.173) folgert man: $\lim_{r_i \to r_a} m_T = 1$

G Literaturverzeichnis

Hinsichtlich des Literaturverzeichnisse wird kein Anspruch auf Vollständigkeit erhoben. Im Folgenden werden lediglich Aufsätze und Bücher aufgeführt, denen der Verfasser Anregungen entnommen hat.

ALTENBACH, J. und ALTENBACH, H., 1994: *Einführung in die Kontinuumsmechanik*, Teubner-Verlag, Stuttgart.

ALTENBACH, H., ALTENBACH, J. und RIKARDS, R., 1996: *Einführung in die Mechanik der Laminat- und Sandwichtragwerke*, Deutscher Verlag für Grundstoffindustrie, Stuttgart.

ALTENBACH, H., ALTENBACH, J. und ZOLOCHEVSKY, A., 1995: *Erweiterte Deformationsmodelle und Versagenskriterien der Werkstoffmechanik*, Deutscher Verlag für Grundstoffindustrie, Stuttgart.

ANAND, L., 1982: Constitutive Equations for the Rate-Dependent Deformation of Metals at Elevated Temperatures, *Transactions of the ASME* **104**, 12-17.

ANAND, L., 1985: Constitutive Equations for Hot-Working of Metals, *Intern. J. of Plasticity* **1**, 213-231.

ASHARE, E., 1968: Rheological properties of narrow distribution polystyrene solutions, *Trans. Soc. Rheol.* **12**, 535-557.

ASTARITA, G., 1979: „*Why do we search for Constitutive Equations?*", vorgetragen auf dem Golden Jubilee Meeting of the Society of Rheology, Boston (Mass.), U.S.A., 28.10.-2.11.1979.

ASTARITA, G., MARRUCCI, G., 1974: *Principles of Non-Newtonian Fluid Mechanics*, McGraw-Hill Book Company, Berkshire.

ATKIN, R. J. und FOX, N., 1980: *An Introduction to the Theory of Elasticity*, Longman, London/ New York.

AVULA, X. J. R., 1987: *Mathematical Modelling*, Encyclopedia of Physical Science and Technology **7**, 719-728.

BACKOFEN, W. A., HOSFORD, W. F. und BURKE, J. J., 1962: Texture Hardening, *Trans. ASM* **55**, 264-267.

BAILEY, R.W., 1935: The utilization of creep test data in engineering design, Proceedings, *Inst. Mech. Eng.* **131**, 131-349.

BALLMANN, R.L., 1965: Extensional Flow of Polystyrene Melt, *Rheologia Acta* **4**, 137-140.

BALTOW, A. und SAWCZUK, A., 1965: A Rule of Anisotropic Hardening, *Acta Mechanica* **1**, 81-92.

BASAR, Y. und WEICHERT, D., 2000: *Nonlinear Continuum Mechanics of Solids*, Springer-Verlag, Berlin/ Heidelberg/ New York.

BAUSCHINGER, J., 1886: Über die Veränderung der Elastizitätsgrenze und der Festigkeit des Eisens und Stahls durch Strecken und Quetschen, durch Erwärmen und Abkühlen und durch oftmals wiederholte Beanspruchung, Mitt. Mech.-Techn. Lab. K. Techn. Hochsch. München **13**, 1-116.

BECKER, E., 1982: Galilei und das Kopernikanische Weltsystem, in: *Mitteilungen der Gesellschaft für Angewandte Mathematik und Mechanik*, Heft **2**, 17-46.
BECKER, E. und BÜRGER, W., 1975: *Kontinuumsmechanik, Leitfäden der angewandten Mathematik und Mechanik*, Bd. **20**, Teubner Studienbücher, Stuttgart.
BELTZER, A.I., 1995: *Engineering Analysis with MAPLE / MATHEMATICA*, Academic Press, London/ .../ Toronto.
BERTRAM, A., 1989: *Axiomatische Einführung in die Kontinuumsmechanik*, B.I. Wissenschaftsverlag, Mannheim.
BERTRAM, A., 1999: An Alternative Approach to Finite Plasticity based on Material Isomorphisms, *Int. J. Plasticity* **15**, 353-374.
BESDO, D., 1969: *Haupt- und Gleitlinienverfahren bei axialsymmetrischer starrplastischer Umformung*, Dissertation, TU Braunschweig.
BESSELING, J.F. und GIESSEN v.d., E., 1994: *Mathematical Modelling of Inelastic Deformation*, Chapman & Hall, London/ .../ Madras.
BETTEN, J., 1963/64: *Spannungszustand in der elastischen Halbebene und in elastischen kreiszylindrischen Walzen unter verschiedenen Randbedingungen*, Diplomarbeit, RWTH Aachen WS.
BETTEN, J., 1968: *Spannungsfelder bei ebenem plastischen Fließen als Lösungen von Randwertaufgaben*, Dissertation, RWTH Aachen.
BETTEN, J., 1969: *Mathematische Modelle in der Werkstoffkunde*, Vorlesung an der RWTH Aachen seit SS 1969.
BETTEN, J., 1970a: *Plastizitätstheorie der Werkstoffe*, Vorlesung an der RWTH Aachen seit SS 1970.
BETTEN, J., 1970b: *Festigkeit der Werkstoffe und Bauteile*, Vorlesung an der RWTH Aachen seit WS 1970/71.
BETTEN, J., 1971a: Beitrag zur Ermittlung AIRYscher Spannungsfunktionen als Grundlage zur Berechnung der Walzenabplattung, *Archiv Eisenhüttenwes.* **42**, 9-11.
BETTEN, J., 1971b: *Lösung von Festigkeitsproblemen unter Berücksichtigung des Kriechens*, Habilitationsschrift, RWTH Aachen 1971.
BETTEN, J., 1972a: Eine Bemerkung zum Potentialbegriff in der Plastomechanik, *Archiv Eisenhüttenwes.* **43**, 471-473.
BETTEN, J., 1972b: Zur Ermittlung der mechanischen Hysterese rheologischer Körper, *Zeitschrift für Naturforschung* **27a**, 718-719.
BETTEN, J., 1973a: Die Traglasttheorie der Statik als mathematisches Modell, *Schweizerische Bauzeitung* **91**, 6-9, Habilitationsvortrag am 30.11.1971.
BETTEN, J., 1973b: Fließgelenkhypothese zur Beschreibung des funktionellen Versagens von Tragwerken, *Konstruktion* **25**, 135-142.
BETTEN, J., 1973c: Zur Formulierung der Hypothese von der elastischen Formänderungsenergiedichte mit einer Erweiterung auf den elastisch-plastischen Bereich, *Z. Naturforsch.* **28a**, 35-37.
BETTEN, J., 1974: *Tensorrechnung für Ingenieure II*, Vorlesung an der RWTH Aachen Seit SS 1974.
BETTEN, J., 1975a: Beitrag zum isotropen kompressiblen plastischen Fließen, *Archiv Eisenhüttenwes.* **46**, 317-323.

BETTEN, J., 1975b: Bemerkungen zum Versuch von Hohenemser, Z. angew. Math. Mech. 55, 149-158.

BETTEN, J., 1975c: Zum Traglastverfahren bei nichtlinearem Stoffgesetz, *Ingenieur-Archiv* **44**, 199-207.

BETTEN, J., 1975d: Zur Verallgemeinerung der Invariantentheorie in der Kriechmechanik, *Rheologica Acta* **14**, 715-720.

BETTEN, J., 1976a: Ein Beitrag zur Invariantentheorie in der Plastomechanik anisotroper Stoffe, *Z. angew. Math. Mech. (ZAMM)* **56**, 557-559.

BETTEN, J., 1976b: Ein Beitrag zur Invariantentheorie in der Plastomechanik inkompressibler isotroper Werkstoffe, *Der Stahlbau* **5**, 147-151.

BETTEN, J., 1976c: Plastische Anisotropie und Bauschinger-Effekt; allgemeine Formulierung und Vergleich mit experimentell ermittelten Fließortkurven, *Acta Mechanica* **25**, 79-94.

BETTEN, J., 1976d: Zur physikalischen Deutung der HILL-Bedingung, *Z. Naturforsch.* **31a**, 639-641.

BETTEN, J., 1977a: Analogie zwischen elastischem und plastischem Potential anisotroper Stoffe, *Z. Naturforsch.*, Teil A, **32**, 432-436.

BETTEN, J., 1977b: Plastische Stoffgleichungen inkompressibler anisotroper Werkstoffe, *Z. angew. Mat. Mech.* **57**, 671-673.

BETTEN, J., 1977c: Zur Modifikation des Spannungsdeviators, *Acta Mechanica* **27**, 173-184, vorgetragen auf dem Workshop „Plastizitätstheorie" in Bad Honnef, Sept. 1977.

BETTEN, J., 1978: Elementarer Ansatz zur Beschreibung des orthotropen kompressiblen plastischen Fließens unter Berücksichtigung des Bauschinger-Effekts, *Archiv Eisenhüttenwes.* **49**, 179-182.

BETTEN, J., 1979a: Über die Konvexität von Fließkörpern isotroper und anisotroper Stoffe, *Acta Mechanica* **32**, 233-247.

BETTEN, J., 1979b: Zum plastischen Potential isotroper und anisotroper Werkstoffe, *Mater. Sci. And Engng.* **41**, 183-192.

BETTEN, J., 1980: Zur Kriechaufweitung zylindrischer Hochdruckbehälter, *Rheol. Acta* **19**, 517-524, vorgetragen auf der Jahrestagung d. Deutschen Rheologischen Gesellschaft in Aachen, März 1979.

BETTEN, J., 1981a: Creep Theory of Anisotropic Solids, *Journal of Rheology* **25**, 565-581, vorgetragen auf dem „Golden Jubilee Meeting of the Society of Rheology" in Boston (Mass.) U.S.A, 28.10.-2.11.1979.

BETTEN, J., 1981b: Representation of Constitutive Equations in Creep Mechanics of Isotropic and Anisotropic Materials, in: PONTER, A. R. S. and HAYHURST, D. R. (Hrsg.), *Creep in Structures*, Springer-Verlag, Berlin, 179-201, vorgetragen auf dem dritten IUTAM Symposium on Creep in Structures in Leicester, September 1980.

BETTEN, J., 1981c: Zur Aufstellung von Stoffgleichungen in der Kriechmechanik anisotroper Körper, *Rheologica Acta* **20**, 527-535.

BETTEN, J., 1982a: Integrity Basis for a Second-Order and a Fourth-Order Tensor, *Int. J. Math. and Math. Sci.* **5**, 87-96.

BETTEN, J., 1982b: Net-Stress Analysis in Creep Mechanics, *Ingenieur-Archiv* **52**, 405-419, vorgetragen auf dem „Second Symposium on Inelastic Solids and Structures" in Bad Honnef am 24.9.1981.

BETTEN, J., 1982c: On the Creep Behaviour of an Elastic-Plastic Thick-Walled Circular Cylindrical Tube subjected to internal Pressure,
in: MAHRENHOLTZ, O. and SAWCZUK, A. (Hrsg.), *Mechanics of inelastic Media and Structures*, Polish Academy of Sciences, Warszawa, Poznán, 51-72, vorgetragen auf dem internationalen Symposium on Mechanics of Inelastic Media and Structures in Warschau, September 1978.

BETTEN, J., 1982d: Pressure-dependent Yield Behaviour of Isotropic and Anisotropic Materials, in: VERMEER, P. V. und LUGER, H. J. (Hrsg.), *Deformation and Failure of Granular Materials*, A. A. Balkema, Rotterdam, 81-89, vorgetragen auf dem IUTAM Symposium „Deformation and Failure of Granular Materials" in Delft, Sept. 1982.

BETTEN, J., 1982e: Theory of Invariants in Creep Mechanics of Anisotropic Materials, in: BOEHLER, J. P. (Hrsg.), *Mechanical Behaviour of Anisotropic Materials*, Martinus Nijhoff Publishers, The Hague/ Boston/ London, 65-80, vorgetragen auf dem EUROMECH Colloquium 115 in Grenoble, Juni 1979.

BETTEN, J., 1982f: Zur Aufstellung einer Integritätsbasis für Tensoren zweiter und vierter Stufe, *Z. angew. Math. Mech. (ZAMM)* **62**, T274-T275, vorgetragen auf der GAMM-Tagung in Würzburg, April 1981.

BETTEN, J., 1983a: Damage Tensors in Continuum Mechanics, *Journal de Mécanique théorique et appliquée* **2**, 13-32, vorgetragen auf dem EUROMECH Colloquium 147 in Cachan/Paris am 22.9.1981.

BETTEN, J., 1983b: Formulation of Failure Criteria for Anisotropic Materials under Multi-Axial States of Stress, Colloque International du CNRS n° 351 on FAILURE CRITERIA OF STRUCTURED MEDIA, Grenoble, 21.6.-24.6.1983, erschienen in den Proceedings.

BETTEN, J., 1984a: Constitutive Equations of Isotropic and Anisotropic Materials in the Secondary and Tertiary Creep Stage, in: WILSHIRE, B. und OWEN, D. R. J. (Hrsg.), *Creep and Fracture of Engineering Materials and Structures*, Pineridge Press, Swansea, Part II, 1291-1305, Proceedings of the Second International Conference on Creep in Swansea, April 1984.

BETTEN, J., 1984b: Interpolation Methods for Tensor Functions,
in: AVULA, X. J. R. et al. (Hrsg.), *Mathematical Modelling in Science and Technology*, Pergamon Press, New York/ ... / Frankfurt, 52-57, vorgetragen auf der „Fourth International Conference on Mathematical Modelling" in Zürich, August 1983.

BETTEN, J., 1984c: Materialgleichungen zur Beschreibung des sekundären und tertiären Kriechverhaltens anisotroper Stoffe, *Z. angew. Math. Mech. (ZAMM)* **64**, 211-220.

BETTEN, J., 1985a: *Elastizitäts- und Plastizitätslehre*, Vieweg-Verlag, Braunschweig/ Wiesbaden, zweite Auflage 1986.

BETTEN, J., 1985b: *On the Representation of the Plastic Potential of Anisotropic Solids*, vorgetragen auf dem „Colloque Intern. du CNRS n° 319 on Plastic Behaviour of Anisotropic Solids", Grenoble, Juni 1981, erschienen in den Proc. (BOEHLER, J. P., Hrsg.), 213-228.

BETTEN, J., 1985c: The Classical Plastic Potential Theory in Comparison with the Tensor Function Theory, vorgetragen auf dem internationalen Symposium PLASTICITY TODAY; Udine, 27.-30. Juni 1983, erschienen in: *Engineering Fracture Mechanics* (OLSZAK Memorial Volume) **21**, 641-652.

BETTEN, J., 1986a: Applications of Tensor Functions to the Formulation of Constitutive Equations Involving Damage and Initial Anisotropy, *Engineering Fracture Mechanics* **25**, 573-584, vorgetragen auf dem IUTAM-Symposium on Mechanics of Damage and Fatigue, Haifa and Tel Aviv, Israel, 1985.

BETTEN, J., 1986b: Tensorielle Verallgemeinerung einachsiger Stoffgesetze, Z. angew. Math. Mech. (ZAMM) **66**, 577-581.

BETTEN, J., 1986c: *Theory and Applications of Tensor Functions*, Sommerschule, Bad Honnef, Juli, teilweise veröffentlicht in BETTEN (1987c).

BETTEN, J., 1987a: *Tensorrechnung für Ingenieure*, Teubner-Verlag, Stuttgart. Elementare Tensorrechnung für Ingenieure, Vieweg-Verlag, Braunschweig 1977, Nachdruck 1985.

BETTEN, J., 1987b: *Irreducible Invariants of Fourth-Order Tensors*, „Fifth Intern. Conf. on Mathematical Modelling" in Berkeley, U.S.A., Juli 1985, erschienen in den Proceedings wie BETTEN (1984b), 29-33.

BETTEN, J., 1987c: Tensor Functions involving Second-Order and Fourth-Order Argument Tensors, wissenschaftliche Veranstaltung am „Centre International des Sciences Mécaniques" CISM in Udine, Juli 1984, erschienen in: BOEHLER, J. P. und SAWCZUK, A. (Hrsg.), *Applications of Tensor Functions in Solid Mechanics*, Springer-Verlag, 203-299.

BETTEN, J., 1988: Applications of Tensor Functions to the Formulation of Yield Criteria for Anisotropic Materials, *Intern. J. of Plasticity* **4**, 29-46.

BETTEN, J., 1989a: Representation of Initial and Deformation Induced Anisotropy in Creep Mechanics, in: KHAN, A. S. und TOKUDA, M. (eds.), „*Advances in Plasticity*", Pergamon Press, Oxford, 677-681, Proceedings of the Second International Symposium on Plasticity and its Current Applications, Mie University, TSU (Japan), July 31-August 4, 1989.

BETTEN, J., 1989b: Generalization of Nonlinear Material Laws Found in Experiments to Multi-Axial States of Stress, *European Journal of Mechanics*, A/Solids, **8**, 325-339, vorgetragen auf dem EUROMECH Colloquium 244 on „Experimental Analysis of Nonlinear Problems in Solid Mechanics", Poznan, Poland, July 4-8, 1988.

BETTEN, J., 1990: Recent Advances in Mathematical Modelling of Materials Behaviour, General Lecture auf der „Seventh Intern. Conf. on Mathematical and Computer Modelling", Chicago, August 1989, veröffentlicht in *Mathem. Computer Modelling* **14**, 37-51.

BETTEN, J., 1991a: Application of Tensor Functions in Creep Mechanics, „general lecture" auf dem IUTAM Symposium on „Creep in Structures", Krakau, 10.-14. Sept. 1990, veröffentlicht in: „*Creep in Structures*" (Ed.: M. ZYCZKOWSKI), Springer-Verlag, Berlin/ Heidelberg, 3-22.

BETTEN, J., 1991b: Recent Advances in Applications of Tensor Functions in Solid Mechanics, *Advances in Mechanics* **14**, 79-109, Übersichtsartikel.
BETTEN, J., 1991C: Anwendungen von Tensorfunktionen in der Festkörper- und Fluidmechanik, Gastvorlesungen, herausgegeben von D. M. KLIMOV (Moskau) und A. DUDA (Berlin) in russischer Sprache in der Reihe „Uspekhy Mekhaniki", Moskau 1991, verkürzte deutsche Fassung beim Autor.
BETTEN, J., 1992: Applications of Tensor Functions in Continuum Damage Mechanics, *Intern. J. of Damage Mechanics* **1**, 47-59.
BETTEN, J., 1997/98: *Finite-Elemente-Methode für Ingenieure 1*, Springer-Verlag, Berlin/Heidelberg, 1997. *Finite-Elemente-Methode für Ingenieure 2*, Springer-Verlag, Berlin/Heidelberg, 1998.
BETTEN, J., 1998: Anwendungen von Tensorfunktionen in der Kontinuumsmechanik anisotroper Materialien, *Zeitschrift für Angew. Math. Mech. (ZAMM)* **78**, 507-521, Hauptvortrag auf der 75. GAMM-Tagung in Regensburg, 24.-27. März 1997.
BETTEN, J., 2000: Mathematische Modellierung in der Materialtheorie, *Forschung im Ingenieurwesen* **65**, 287-294.
BETTEN, J., 2001a: Mathematical Modelling of Materials Behaviour under Creep Conditions, *Applied Mechanics Reviews*, **54**, 107-132.
BETTEN, J., 2001b: Zum Eigenwertproblem für Tensoren vierter Stufe, *ZAMM*, in Vorbereitung.
BETTEN, J., 2001C: Recent Advances in Applications of Tensor Functions in Continuum Mechanics, in: *Advances in Applied Mechanics* (Editors: GIESSEN v.d., E. und WU, TH.Y.), Vol. **37**, 277-363.
BETTEN, J. und BORRMANN, M., 1988: Der POYNTING-Effekt als Ursache einer werkstoffbedingten Anisotropie, *Forschung im Ingenieurwesen* **54**, 16-18.
BETTEN, J., BORRMANN, M. und BUTTERS, T., 1989: Materialgleichungen zur Beschreibung des primären Kriechverhaltens innendruckbeanspruchter Zylinderschalen aus isotropem Werkstoff, *Ing.-Archiv* **60**, 99-109.
BETTEN, J., BORRMANN, M. und KNÖRZER, D., 1984: Berechnung des Kriechverhaltens druckbeanspruchter dickwandiger Kugelbehälter aus anisotropem Material, *Forsch. Ing.-Wes.* **50**, 117-122.
BETTEN, J., BREITBACH, G. und WANIEWSKI, M., 1990: Multiaxial Anisotropic Creep Behaviour of Rolled Sheet-Metals, *Z. angew. Math. Mech. (ZAMM)* **70**, 371-379.
BETTEN, J. und BUTTERS, T., 1990: Rotationssymmetrisches Kriechbeulen dünnwanndiger Kreiszylinderschalen im primären Kriechbereich, *Forschung im Ingenieurwesen* **56**, 84-89.
BETTEN, J. und EL-MAGD, E., 1977: Zum Kriechverhalten dünnwandiger Behälter, *Konstruktion* **29**, 19-24.
BETTEN, J., EL-MAGD, E.MEYDANLI, S. C., und P. PALMEN 1995: Bestimmung der Materialkennwerte einer drei-dimensionalen Theorie zur Beschreibung des tertiären Kriechverhaltens austenitischer Stähle auf Basis der Experimente, *Archive of Applied Mechanics* **65**, 110-120. Untersuchung des anisotropen Kriechverhaltens vorgeschädigter Werkstoffe am austenitischen Stahl X8 CrNiMoNb 16, *Archive of Applied Mechanics* **65**, 121-132.

BETTEN, J. und FROSCH, H.-G., 1983: Zur numerischen Lösung elastisch-plastisch beanspruchter dickwandiger Behälter unter Berücksichtigung der plastischen Kompressibilität, *Forsch. Ing.-Wes.* **49**, 95-99.

BETTEN, J., FROSCH, H.-G. und BORRMANN, M., 1982: Pressure-dependent Yield Behaviour of Metals and Polymers, *Mater. Sci. and Engng.* **56**, 233-246.

BETTEN, J. und HELISCH, W., 1992: Irreduzible Invarianten eines Tensors vierter Stufe, *Z. angew. Math. Mech. (ZAMM)* **72**, 45-57.

BETTEN, J. und HELISCH, W., 1995a: Integrity Basis for a Fourth-Rank Tensor, presented at the IUTAM Symposium on Anisotropy, Inhomogenity and Nonlinearity in Solid Mechanics (Eds.: PARKER, D.F. und ENGLAND, A.H.), Kluwer Academic Publishers, Dordrecht/ Boston/ London, 37-42.

BETTEN, J. und HELISCH, W., 1995b: Simultaninvarianten bei Systemen zwei- und vierstufiger Tensoren, *Z. angew. Math. und Mech. (ZAMM)* **75**, 753-759.

BETTEN, J. und HELISCH, W., 1996: Tensorgeneratoren bei Systemen von Tensoren zweiter und vierter Stufe, *Z. angew. Math. und Mech. (ZAMM)* **76** (1996), 87-92.

BETTEN, J. und KRIEGER, J., 1999: Bestimmung des Aufhärtungseinflusses bei FVK-Bauteilen mittels FEA, *Z. angew. Math. und Mech. (ZAMM)* **79** (S3), 856-857.

BETTEN, J., KRIEGER, J. und NAVRATH, U., 1998a: Numerische Simulation von Hochdruckbehältern zur Gasspeicherung in Fahrzeugen, *RWTH-Themen*, Heft 2, 54-56, Aachen.

BETTEN, J. und MEYDANLI, S. C., 1995: Untersuchung des anisotropen Kriechverhaltens vorgeschädigter austenitischer Stähle. *Z. angew. Math. und Mech. (ZAMM)* **75**, 181-182.

BETTEN, J. und SCHUMACHER, R., 2000: Contribution to Numerical Treatment of Forming Processes and Consideration of Plastic Compressibility, *Z. angew. Math. und Mech. (ZAMM)* **80**, 233-244.

BETTEN, J. und SHIN, C. H., 1991: Inelastisches Verhalten rotierender Scheiben unter Berücksichtigung der werkstoffbedingten Anisotropie und der tensoriellen Nichtlinearität, *Forschung im Ingenieurwesen* **57**, 137-147.

BETTEN, J. und SHIN, C. H., 1993: Inelastic Analysis of Plastic Compressible Materials Using the Viscoplastic Model, *Intern. J. Plasticity* **9**.

BETTEN, J., SKLEPUS, S. und ZOLOCHEVSKY, A., 1998b: A creep damage model for initially isotropic materials with different properties in tension and compression. *Engng. Fracture Mechanics* **59**, 623-641.

BETTEN, J., SKLEPUS, S. und ZOLOCHEVSKY, A., 1999: A microcrack description of creep damage in crystalline solids with different behaviour in tension and compression. *Int. J. Damage Mechanics* **8**, 197-232.

BETTEN, J. und WANIEWSKI, M., 1986: Einfluß der plastischen Anisotropie auf das sekundäre Kriechverhalten inkompressibler Werkstoffe, *Rheol. Acta* **25**, 166-174.

BETTEN, J. und WANIEWSKI, M., 1989a: Formulation and Identification of Creep Constitutive Equations for Orthotropic Materials, Proceedings of the Intern.

Conf. on Constitutive Laws for Eng. Materials (Editors: JINGHONG, F. und MURAKAMI, S.), August 1989, Chongqing, China, Pergamon Press, Oxford/ ... / Toronto, 349-354.

BETTEN, J. und WANIEWSKI, M., 1989b: Multiaxial secondary creep behaviour of anisotropic materials, *Arch. Mech.* **41**, 679-695, vorgetragen auf dem „Fourth Polish-German Symposium on Mechanics of Inelastic Solids and Structures" in Mogilany, Polen, September 1987.

BETTEN, J. und WANIEWSKI, M., 1990: Stress-Path Influence on Multiaxial Creep Behaviour due to Multiple Load Changes, presented at the 4th Intern. Conf. on Creep and Fracture, Swansea, published in the proceedings (edited by WILSHIRE, B.).

BETTEN, J. und WANIEWSKI, M., 1991: Biaxial Tension Creep Test of Rolled Sheet-Metals, *Arch. Mech.* **43**, in press, presented at III. Sympozjum nt. Zagadnién Pelzania Materialow, Bialystok (Polska) 1989.

BETTEN, J. und WANIEWSKI, M., 1995: Tensorielle Stoffgleichungen zur Beschreibung des anisotropen Kriechverhaltens isotroper Stoffe nach plastischer Vorverformung, *Z. angew. Math. Mech. (ZAMM)* **75**, 831-845

BETTEN, J. und WANIEWSKI, M., 1995: The strain path dependence of multiaxial cyclic hardening behaviour, *Forsch. Ingenieurwes.* **64**, 231-244.

BETTEN, J., ZEILINGER, H. und LOURES da COSTA, L.E., 1997: Untersuchung von Höchstdruckbehältern aus Faserverbundwerkstoffen unter Vorspannung, *Forschung im Ingenieurwesen* **63**, 285-291.

BÉZIER, P., 1972: *Numerical Control, Mathematics and Applications*, London/ New York/ Toronto.

BHATNAGAR, N.S. and ARYA, V.K., 1974: Large strain creep analysis of thick-walled cylinders, *Int. J. Non-Linear Mechanics* **9**, 127-140.

BINGHAM, E. C., 1922: *Fluidity and Plasticity*, McGraw-Hill Book Comp., New York.

BINGHAM, E. C., 1925: Plasticity Symposium held at Lafayette College 1924, *J. Phys. Chem.* **29**, 1201-1204.

BIRD, R.B., ARMSTRONG, R.C., HASSAGER, O., 1977: *Dynamics of Polymeric Liquids*, Volume 1: Fluid Mechanics, John Wiley & Sons, New York/ ... / Toronto.

BLECHMANN, I. I., MYSKIS, A. D. und PANOVKO, J. G., 1984: *Angewandte Mathematik-Gegenstand, Logik, Besonderheiten*, VEB Deutscher Verlag der Wissenschaften, Berlin, Übersetzung aus dem Russischen von A. DUDA und U. KESSEL.

BODNER, S. R. und PARTOM, Y., 1975: Constitutive Equations for Elastic-Viscoplastic Strain-Hardening Materials, *J. Appl. Mech.* **42**, 385-389.

BOEHLER, J. P., 1985: On a Rational Formulation of Isotropic and Anisotropic Hardening, vorgetragen auf dem Symposium PLASTICITY TODAY, Udine, 27.6.-30.6.1983, Veröffentlichung in den Proceedings (edited by SAWCZUK, A. und BIANCHI, G., 483-502, Elsevier Sci. Publ., London/ New York).

BOEHLER, J. P. und SAWCZUK, A., 1976: Application of Representation Theorems to describe Yielding of transversely isotropic Solids, *Mech. Res. Comm.* **3**, 277-283.
BOEHLER, J. P. und SAWCZUK, A., 1977: On Yielding of Oriented Solids, Acta *Mechanica* **27**, 185-206.
BÖHME, G., 1981: *Strömungsmechanik nicht-newtonscher Fluide*, Teubner-Verlag, Stuttgart.
de BOER, R., 2000: *Theory of Porous Media*, Springer-Verlag, Berlin/ Heidelberg/ New York.
BOLEY, B. A. und WEINER, J. H., 1960: *Theory of Thermal Stresses*, J. Wiley, New York.
BORRMANN, M., 1986: *Zur mehraxialen Kriechbeanspruchung von anisotropen Werkstoffen und Bauteilen*, Dissertation, RWTH Aachen.
BROWN, S. G. R., EVANS, R. W. und WILSHIRE, B., 1986: Exponential Descriptions of normal Creep Curves, *Script Metallurgica* **20**, 855-860.
BROWN, S.B., KIM, K.H. und ANAND, L., 1989: An Internal Variable Constitutive Model for Hot-Working of Metals, *Intern. J. of Plasticity* **5**, 95-130.
BRUHNS, O., 1973: Zur Theorie elastoplastischer Schalentragwerke, *Ingenieur-Archiv* **42**, 234-244.
BRUHNS, O., 1978: Grundlagen der Plastizitätstheorie und ihrer Anwendungen, *VDI-Z.* **120**, 381-387.
BUCHTER, H., 1967: *Apparate und Armaturen der Chemischen Hochdrucktechnik*, Springer-Verlag, Berlin/ Heidelberg/ New York.
BUGGISCH, H., GROSS, D. und KRÜGER, K.-H., 1981: Einige Erhaltungssätze der Kontinuumsmechanik vom J-Integral-Typ, *Ingenieur-Archiv* **50**, 103-111.
CARLSON, D. E. und SHIELD, R. T., 1982: *Finite Elasticity*, Martinus Nijhoff Publishers, The Hague/ Boston/ London.
CHABOCHE, J. L., 1977: Viscoplastic Constitutive Equations for the Description of Cyclic and Anisotropic Behaviour of Metals, *Bullet. De L´Academie Polonaise des Sciences* **25**, 33-43.
CHAKRABARTY, J., 1987: *Theory of Plasticity*, McGraw-Hill Book Comp., New York/ ... / Toronto.
CHAKRABARTY, J., 2000: *Applied Plasticity*, Springer-Verlag, Berlin/ Heidelberg/ New York.
CHAWLA, K.K., 1998: *Composite Materials: Science and Engineering*, Springer-Verlag, Berlin/ Heidelberg/ New York.
CHOW, C.L. und LU, T.J., 1992: An analytical and experimental study of mixed-mode ductile fracture under nonproportional loading, *J. Damage Mechanics* **1**, 191-236.
CHRZANOWSKI, M., 1973: *The Description of Metallic Creep in the Light of Damage Hypothesis and Strain Hardening*, Diss. hab., Politechnika Krakowska, Krakau.
CLAUSIUS, R., 1854: Über eine veränderte Form des zweiten Hauptsatzes der mechanischen Wärmetheorie, *Ann. Phys.* **93**, 481-506.

COLEMAN, B.D., 1962: Kinematical concepts with applications in the mechanics and thermodynamics of incompressible fluids, *Arch. Rational Mech. Anal.* **9**, 273-300.

COLEMAN, B.D., MARKOVITZ, H. und NOLL, W., 1965: *Viscometric Flows of Non-Newtonian Fluids*, Springer-Verlag, New York.

COOK, R. D., MALKUS, D. S. und PLESHA, M. E., 1989: *Concepts and Applications of Finite Element Analysis*, third edition, John Wiley, New York/ ... / Singapore.

CRISTENSEN, R.M., 1982: *Theory of Viscoelasticity*, second edition, Academic Press, New York/ London/ Toronto.

CRISTESCU, N. und SULICIU, I., 1982: *Viscoplasticity*, Martinus Nijhoff Publishers, The Hague/ Boston/ London.

DAFALIAS, Y. F., 1983: Corotational Rates of Kinematic Hardening at Large Plastic Deformations, *J. Appl. Mech.* **50**, 561-565.

DAHL, W., KOPP, R. und PAWELSKI, O., 1993: *Umformtechnik, Plastomechanik und Werkstoffkunde*, Springer-Verlag, Berlin/ Heidelberg/ New York.

DANIEL, I.M. und ISHAI, O., 1994: *Engineering mechanics of composite materials*, Oxford University Press, Oxford/ New York/ .../ Madrid.

DAVIS, Ph. J., 1975: *Interpolation and Approximation*, Dover Publication, New York 1975.

DAVIS, Ph. J. und HERSH, R., 1985: *Erfahrung Mathematik*, Birkhäuser Verlag, Basel/ Boston/ Stuttgart.

DIRAC, P.-A. M., 1930: *Die Prinzipien der Quantenmechanik* (deutsche Übersetzung von W. BLOCH), Verlag von S. Hirzel, Leipzig.

DOEGE, E., MEYER-NOLKEMPER, H. und SAEED, I., 1986: *Fließkurvenatlas metallischer Werkstoffe*, Hanser Verlag, München/ Wien.

DORN, J. E., 1961: *Mechanical Behaviour of Materials at Elevated Temperatures*, McGraw-Hill Book Company, New York.

DRUCKER, D. C., 1949a: Some Implications of Work Hardening and Ideal Plasticity, *Q. Appl. Math.* **7**, 411-418.

DRUCKER, D. C., 1949b: Stress-Strain Relations for Strain Hardening Materials: Discussions and Proposed Experiments. Proc. 1st Annual Symposium for Appl. Math., *Am. Math. Soc.*, 181-187.

DRUCKER, D. C., 1951: A more fundamental Approach to Plastic Stress Strain Relations, Proc. 1st U.S. Nat. Congr. on Applied Mechanics, *American Society of Mechanical Engineers*, Chicago, 487-491.

DRUCKER, D. C., 1959: A Definition of Stable Inelastic Material, *J. Appl. Mech.* **26**, 101-106.

DUSCHEK, A. und HOCHRAINER, A., 1961: *Tensorrechnung in analytischer Darstellung*, Band II, Springer-Verlag, Wien.

EBERT, F., 1980: *Strömung nicht-newtonscher Medien*, Vieweg-Verlag, Braunschweig/ Wiesbaden.

EDWARD, G. H. und ASHBY, M. F., 1979: Intergranular Fracture during Power-Law Creep, *Acta Metallurgica* **27**, 1505-1518.

EHRENSTEIN, G.W., 1992: *Faserverbund-Kunststoffe*, Carl Hanser Verlag, München/ Wien.
EINSTEIN, A., 1916: Die Grundlagen der allgemeinen Relativitätstheorie, *Annalen der Physik* **49**, 769-822.
EISENBERG, M. A. und YEN, C. F., 1981: A Theory of Multiaxial Anisotropic Viscoplasticity, *J. Appl. Mech.* **48**, 276-284.
EL-MAGD, E., 1972: *Auswirkung von Kriechdehnungen bei 700 °C auf das Verfestigungsverhalten des Stahls X 8 CrNiMoNb 1616 bei Raumtemperatur*, Dissertation, RWTH Aachen.
ENGELN-MÜLLGES, G. und REUTTER, F., 1993: *Numerik-Algorithmen mit FORTRAN 77-Programmen*, 7. Auflage, B.I. Wissenschaftsverlag, Mannheim.
ERINGEN, A. C., 1971: Tensor Analysis, in: ERINGEN, A. C. (Hrsg.), Continuum Physics, Vol. I, Academic Press, New York/ London, 1-155.
ERINGEN, A. C., 1975: Constitutive Equations for Simple Materials, in: ERINGEN, A. C. (Hrsg.), Continuum Physics, Vol. II, Academic Press, New York/ San Fransisco/ London, 131-172.
ESCHENAUER, H., OLHOFF, N. und SCHNELL, W., 1997: *Applied Structural Mechanics*, Springer-Verlag, Berlin/ Heidelberg/ New York.
ESCHENAUER, H. und SCHNELL, W., 1981: *Elastizitätstheorie I* (Grundlagen, Scheiben und Platten), B.I.-Wissenschaftsverlag, Mannheim/ Wien/ Zürich.
ESTRIN, J., 1986: *Stoffgesetze der plastischen Verformung und Instabilitäten des plastischen Fließens*, Habilitationsschrift, TU Hamburg-Harburg.
EVANS, H. E., 1984: *Mechanisms of Creep Rupture*, Elsevier Appl. Sci. Publishers, London/ New York.
FEYNMAN, R., 1965: *The Character of Physical Law*, Cox and Wyman Ltd., London.
FÖPPL, L., 1931: Konforme Abbildung ebener Spannungszustände, *Z. angew. Math. Mech. (ZAMM)* **11**, 81-92.
FÖPPL, L., 1960: Zur konformen Abbildung ebener elastischer Spannungszustände, *Forschung auf dem Gebiete des Ingenieurwesens* **26**, 173-178.
FREUDENTHAL, A. M., 1955: *Inelastisches Verhalten von Werkstoffen*, VEB-Verlag, Berlin.
FREUDENTHAL, A. M., BOLEY, B. A. und LIEBOWITZ, H., 1964: *High Temperature Structures and Materials*, Pergamon Press, Oxford/ ... / Paris.
FREUDENTHAL, A. M. und GOU, P. F., 1969: Second Order Effects in the Theory of Plasticity, *Acta Mechanica* **8**, 34-52.
FREUND, L. B., 1970: Constitutive Equations for Elastic-Plastic Materials at Finite Strain, *Int. J. Solids Structures* **6**, 1193-1209.
FRITSCH, G. und SIEGEL, R., 1965: *Kalt- und Warmfließkurven von Baustählen*, Mitt. aus Karl-Marx-Stadt.
FRITSCHE, J., 1931: Arbeitsgesetze bei elastisch-plastischer Balkenbiegung, *Z. angew. Math. Mech.* **11**, 176-191.
FROSCH, H.-G., 1982: *Zur Theorie plastisch kompressibler Werkstoffe mit Anwendung auf dickwandige Behälter*, Dissertation, RWTH Aachen.
FUNG, Y. C., 1965: *Foundations of Solid Mechanics*, Prentice-Hall, New Jersey.

GALLAGHER, R. H., 1976: *Finite-Element-Analysis*, Springer-Verlag, Berlin/ Heidelberg/ New York.
GELEJI, A., 1962: Deformationsarbeit bei bleibender Verdrehung von Stäben mit einfachem Querschnitt, *Z. angew. Math. und Mech.* **42**, 221-230.
GOEL, R. P., 1975: On the Creep Rupture of a Tube and a Sphere, *J. Appl. Mech. Trans. ASME* **43**, 625-629.
GREEN, A. E. und ADKINS, J. E., 1970: *Large Elastic Deformation*, Oxford University Press, Second Edition.
GREEN, A. E. und NAGHDI, P. M., 1971: Some Remarks on Elastic-Plastic Deformation at Finite Strain, *Int. J. Engng. Sci.* **9**, 1219-1229.
GREEN, A. E. und ZERNA, W., 1968: *Theoretical Elasticity*, Oxford University Press, Second Edition.
GROSS, D., 1996: *Bruchmechanik*, 2. Aufl., Springer-Verlag, Berlin/ Heidelberg/ New York.
GUREVICH, G. B., 1964: *Foundations of the Theory of Algebraic Invariants*, P. Noordhoff, Groningen.
HAHN, H.-G., 1975: *Methode der finiten Elemente in der Festigkeitslehre*, Frankfurt.
HAHN, H. G., 1985: *Elastizitätstheorie*, Teubner-Verlag, Stuttgart.
HAN, W. und REDDY, B.D., 1999: *Plasticity – Mathematical Theory and Numerical Analysis*, Springer-Verlag, Berlin/ Heidelberg/ New York.
HAN, C.D., KIM, K. U., SISKOVIIC, N. & HUANG, C.R., 1975: An appraisal of rheological models as applied to polymer melt flow, *Rheol. Acta* **14**, 533-549.
HART, E. W., 1976: Constitutive Equations for the Non-elastic Deformation of Metals, *J. Eng. Mat. Tech.* **98**, 193-202.
HAUPT, P., 1992: Mathematische Modellierung von Materialeigenschaften im Rahmen der Kontinuumsmechanik, vorgetragen auf der ersten Sitzung des GAMM-Fachausschusses „Materialtheorie", Stuttgart, 28. Februar.
HAUPT, P., 1995: On the thermodynamic representation of viscoplastic material behavior, *Proc. ASME Materials Division* Vol. 1 (MD-Vol.69-1), 503-519.
HAUPT, P., 1996: Konzepte der Materialtheorie, *Tech. Mech.* **16**, 13-22.
HAUPT, P., 2000: *Continuum Mechanics and Theory of Materials*, Springer-Verlag, Berlin/ Heidelberg/ New York.
HAUPT, P., KAMLAH, M. und TSAKMAKIS, Ch., 1991: On the Thermodynamics of Rate-Independent Plasticity as an Asymptotic Limit of Viscoplasticity for Slow Processes, IUTAM-Symposium „Finite Inelastic Deformation- Theory and Applications", Hannover, August 19-23, erscheint in den Proceedings (ed. D. BESDO).
HAYHURST, D. R. und LECKIE, F. A., 1973: The Effect of Creep Constitutive and Damage Relationships upon the Rupture Time of a Solid Circular Torsion Bar, *J. Mech. Phys. Solids* **21**, 431-446.
HAYHURST, D. R., TRAMPCZYNSKI, W. A. und LECKIE, F. A., 1980: Creep Rupture under Non-Proportional Loading, *Acta Metallurgica* **28**, 1171-1183.
HEARN, E. J., 1977: *Mechanics of Materials*, Pergamon Press, Oxford/ ... / Frankfurt.

HELISCH, W., 1993: *Invariantensysteme und Tensorgeneratoren bei Materialtensoren zweiter und vierter Stufe*, Dissertation, RWTH Aachen.

HENSGER, K. E., 1982: Dynamische Realstrukturprozesse bei Warmumformung, *Freiberger Forschungsheft* B **232**, VEB-Verlag, Leipzig.

HERRMANN, K.P., 1997: Rißausbreitungsvorgänge in thermomechanisch belasteten Zweikomponentenmedien: Analysis und Experiment, *Z. angew. Math. und Mech. (ZAMM)* **77**, 163-188.

HERRMANN, K.P., DONG, M. und HAUCK, T., 1997: Modeling of Thermal Cracking in Elastic and Elastoplastic Two-Phase Solids, *Journal of Thermal Stresses* **20**, 853-904.

HILL, R., 1950: *The Mathematical Theory of Plasticity*, Clarendon Press, Oxford.

HOHENEMSER, K. und PRAGER, W., 1932: Über die Ansätze der Mechanik isotroper Kontinua, *Z. Ang. Math. Mech. (ZAMM)* **12**, 216-226.

HOLSAPPLE, K. A., 1973: A Finite Elastic-Plastic Theory and Invariance Requirements, *Acta Mechanica* **17**, 277-290.

HUEBNER, K. H. und THORNTON, E. A., 1982: *The Finite Element Method for Engineers*, second edition, John Wiley, New York/ ... / Singapore.

HULT, J., 1974: Creep in Continua and Structures, in: *Topics in Applied Continuum Mechanics* (eds.: J.L. ZEMAN and F. ZIEGLER), Springer-Verlag, New York/ Wien, 137-155.

HUMMEL, A., WESCHE, K. und BRAND, W., 1962: Versuche über das Kriechen unbewehrten Betons, *Deutscher Ausschuss für Stahlbeton* Heft **146**, Verlag Wilhelm Ernst & Sohn, Berlin.

HUTTER, K., 1995: *Fluid- und Thermodynamik*, Springer-Verlag, Berlin/ Heidelberg/ New York.

IBEN, H.K., 1995: *Tensorrechnung*, Teubner-Verlag, Stuttgart/ Leipzig.

IKEGAMI, K., 1975: A Historical Perspective of the Experimental Study of Subsequent Yield Surfaces for Metal, *J. Soc. Mat. Sci.* **24**, Part 1: 491-505, Part 2: 709-719.

ILSCHNER, B., 1973: *Hochtemperatur-Plastizität*, Springer-Verlag, Berlin/ Heidelberg/ New York.

ISMAR, H. und MAHRENHOLTZ, O., 1979: *Technische Plastomechanik*, Vieweg-Verlag, Braunschweig/ Wiesbaden.

JAUZEMIS, W., 1967: *Continuum Mechanics*, The Macmillan Company, New York.

JISCHA, M., 1982: *Konvektiver Impuls-, Wärme- und Stoffaustausch*, Vieweg-Verlag, Braunschweig/ Wiesbaden.

JOHNSON, A. E., 1960: Complex-Stress Creep of Metals, *Metallurgical Reviews* **5**, 447-506.

JOHNSON, W. und MELLOR, P. B., 1973: *Engineering Plasticity*, Van Nostrand, London/ ... / Melbourne.

JOHNSON, W., SOWERBY, R. und HADDOW, J. B., 1970: *Plane-Strain Slip-Line Fields*, Arnold, London.

JONES, R.M., 1999: *Mechanics of Composite Materials*, Taylor & Francis, London/ Philadelphia, 2nd ed..

JORDAN-ENGELN, G. und REUTTER, F., 1972: *Numerische Mathematik für Ingenieure*, B.I.-Hochschultaschenbuch, Band 104, Bibliographisches Institut, Mannheim/ Wien/ Zürich.

JUNG, H., 1950: Über eine Anwendung der Fouriertransformation in der Elastizitätstheorie, *Ing.-Archiv* **18**, 263-271.

KACHANOV, L. M., 1958: On the Time to Failure under Creep Conditions (in Russisch), Izv. Akad. Nauk USSR Otd. Tekh. Nauk 8, 26-31.

KACHANOV, L. M., 1960: *The Theory of Creep*, Nauka, Moskau, englische Übersetzung von A. J. KENNEDY (Ed.), National Lending Library, Boston Spa, England, 1967.

KACHANOV, L. M., 1986: *Intoduction to Continuum Damage Mechanics*, Martinus Nijhoff Publishers, Dordrecht/ Boston/ Lancaster.

KNÖRZER, D., 1985: *Isotropes und anisotropies Kriechverhalten elastischplastisch beanspruchter Druckbehälter*, Dissertation, RWTH Aachen.

KOBAYASHI, S., OH, S.-I. und ALTAN, T., 1989: *Metal Forming and the Finite-Element-Method,* Oxford University Press, New York/ Oxford.

KOITER, W. T., 1973: On the Principle of Stationary Complementary Energy in the Nonlinear Theory of Elasticity, *SIAM J. Appl. Math.* **25**, 424-434.

KRAJCINOVIC, D., 1996: *Damage Mechanics*, North-Holland, Elsevier, Amsterdam/ New York/ Tokio.

KRAWIETZ, A., 1986: *Materialtheorie*, Springer-Verlag, Berlin/ ... / Tokyo.

KREIBIG, R., 1992: *Einführung in die Plastizitätstheorie*, Fachbuchverlag, Leipzig/ Köln.

KREMPL, E., 1987: Viscoplasticity, Some Comments on Equilibrium Stress and Drag Stress, *Acta Mechanica* **69**, 25-42.

LAME, G., 1852: *Lecons sur la théorie mathématique de l'élasticité des corps solides*, Paris.

LANGHAAR, H. L., 1962: *Energy Methods in Applied Mechanics*, John Wiley & Sohn Inc., New York/ London.

LAUN, H.M., 1978: Description of the non-linear shear behaviour of a low density polyethylene melt by means of an experimentally determined strain dependent memory function, *Rheologica Acta* **17**, 1-15.

LAUN, H. M., 1979: Das viskoelastische Verhalten von Polyamid-6-Schmelzen, *Rheol. Acta* **18**, 478-491.

LAUN, H.M. und MÜNSTEDT, M., 1978: Elongational behaviour of a low density polyethylene melt, *Rheol. Acta* **17**, 415-425.

LECKIE, F. A. und HAYHURST, D. R., 1975: The Damage Concept in Creep Mechanics, *Mech. Res. Comm.* **2**, 23-26.

LECKIE, F. A. und HAYHURST, D. R., 1977: Constitutive Equations for Creep Rupture, *Acta Metallurgica* **25**, 1059-1070.

LECKIE, F. A. und PONTER, A. R. , 1974: On the State Variable Description of Creeping Materials, *Ing.-Archiv* **43**, 158-167.

LEE, E. H., 1967: Finite-Strain Elastic-Plastic Theory with Application to Plane-Wave Analysis, *J. Appl. Phys.* **38**, 19-27.

LEE, E. H., 1969: Elastic-Plastic Deformation at Finite-Strains, *J. Appl. Mech.*, March, 1–6.
LEE, E. H., 1981: Some Comments on Elastic-Plastic Analysis, *Int. J. Solids Structures* **17**, 859-872.
LEHMANN, Th., 1972: Einige Bemerkungen zu einer allgemeinen Klasse von Stoffgesetzen für große elasto-plastische Formänderungen, *Ingenieur-Archiv* **41**, 297-310.
LEHMANN, Th., 1974: Einige Betrachtungen zur Thermodynamik großer elastoplastischer Formänderungen, *Acta Mechanica* **20**, 187-207.
LEHMANN, Th., 1982: On the Concept of the Stress-Strain Relations in Plasticity, *Acta Mechanica* **42**, 263-275.
LEIPHOLZ, H., 1968: *Einführung in die Elastizitätstheorie*, G. Braun, Karlsruhe.
LEMAITRE, J., 1981: So many Definitions of Damage, Presentation of Euromech Colloquium 147 on „Damage Mechanics", Paris VI/ Cachan, Sept. 22-25.
LEMAITRE, J., 1992: *A Course on Damage Mechanics*, Springer-Verlag, Berlin/ ... / Budapest.
LEMAITRE, J. und CHABOCHE, J.-L., 1998: *Mechanics of Solid Materials*, Cambridge University Press, Melbourne/ New York.
LIPPMANN, H., 1972: *Extremum and Variational Principles in Mechanics*, Udine (CISM), Springer-Verlag, Berlin/ New York.
LIPPMANN, H., 1981: *Mechanik des plastischen Fließens*, Springer-Verlag, Berlin/ Heidelberg/ New York.
LIPPMANN, H., 1993: *Angewandte Tensorrechnung*, Springer-Verlag, Berlin/ Heidelberg/ New York.
LIPPMANN, H. und MAHRENHOLTZ, O., 1967: *Plastomechanik der Umformung metallischer Werkstoffe*, Springer-Verlag, Berlin/ Heidelberg/ New York.
LITEWKA, A. und SAWCZUK, A., 1981: A Yield Criterion for Perforated Sheets, *Ingenieur-Archiv* **50**, 393-400.
LIU, M. C. M. und KREMPL, E., 1979: A Uniaxial Viscoplastic Model based on Total Strain and Overstress, *J. Mech. Phys. Solids* **27**, 377-391.
LOURES da COSTA, L.E., 1997: *Zur Berechnung eines Hochdruckbehälters aus Faserverbundwerkstoff mit einem mittragenden Liner unter Vorspannung*, Dissertation, RWTH Aachen.
LUBAHN, J. D. und FELGAR, R. P., 1961: *Plasticity and Creep of Metals*, John Wiley & Sons, New York.
LUBARDA, V. A. und LEE, E. H., 1981: A Correct Definition of Elastic and Plastic Deformation and its Computational Significance, *J. Appl. Mech.* **48**, 35-40.
LUBLINER, J., 1990: *Plasticity Theory*, Macmillan Publishing Comp., New York/ London.
LUDWIK, P., 1909: *Elemente der technologischen Mechanik*, Springer-Verlag, Berlin.
LUNG, M. und MAHRENHOLTZ, O., 1973: A Finite Element Procedure for Analysis of Metal Forming Processes, *Trans. CSME J. Appl. Mech.* **2** (1973-74), 31-36.

MACVEAN, D. B., 1968: Die Elementararbeit in einem Kontinuum und die Zuordnung von Spannungs- und Verzerrungstensoren, *Z. angew. Math. u. Phys.* **19**, 157-185.

MAHRENHOLTZ, O., 1982: Different Finite Element Approaches to Large Plastic Deformations, *Computer Methods in Applied Mechanics and Engineering* **33**, 453-468.

MÂLMEISTERS, A., TAMUZS, V. und TETERS, G., 1977: *Mechanik der Polymerwerkstoffe*, bearbeitet und herausgegeben von A. DUDA, Berlin, Akademie-Verlag Berlin.

MALVERN, L. E., 1969: *Introduction to the Mechanics of a Continuous Medium*, Prentice-Hall, Englewood Cliffs, New Jersey.

MARTIN, J. B. und LECKIE, F. A., 1972: On the Creep Rupture of Structures, *J. Mech. Phys. Solids* **20**, 223-238.

MASSONET, CH., OLSZAK, W. und PHILLIPS, A., 1979: *Plasticity in Structural Engineering- Fundamentals and Applications*, Springer-Verlag, Wien/ New York.

MATSCHINSKI, M., 1959: Beweis des SAINT-VENANTschen Prinzips, *Z. angew. Math. Mech. (ZAMM)* **39**, 418-419 und **40** (1960), 287.

MEISSNER, J., 1971: Dehnungsverhalten von Polyäthylen-Schmelzen, *Rheologica Acta* **10**, 230-241.

MEISSNER, J., 1972: Modification of the WEISSENBERG Rheogoniometer for Measurement of Transient Rheological Properties of Molten Polyethylene under Shear-Comparison with Tensile Data, *Journal of Applied Polymer Science* **16**, 2877-2899.

MEISSNER, J. 1975: Basis parameters melt rheology processing and end-use properties of free similar low density polyethylene samples, *Pure and Applied Chemistry* **42**, 551-612.

MEISSNER, U. und MENZEL, A., 1989: *Die Methode der finiten Elemente*, Springer-Verlag, Berlin/ ... / Hong Kong.

MELAN, E. und PARKUS, H., 1953: *Wärmespannungen*, Springer-Verlag, Wien.

MIDDLEMAN, ST., 1977: *Fundamentals of Polymer Processing*, McGraw-Hill Book Company, New York/ ... / Toronto.

MILLER, A. K., 1976: An Inelastic Constitutive Model for Monotonic, Cyclic and Creep Deformation, *J. Eng. Mat. Tech.* **98**, 97-113.

MISES, R. v., 1913: Mechanik der festen Körper im plastisch-deformablen Zustand, *Nachr. Königl. Ges. Wiss. Göttingen, math. phys. Kl.*, 582-592.

MISES, R. v., 1928: Mechanik der plastischen Formänderung von Kristallen , *Z. angew. Math. Mech.* **8**, 161-185.

MONKMAN, F. C. und GRANT, N. J., 1956: An Empirical Relationship between Rupture Life and Minimum Creep Rate in Creep-Rupture Tests, *Proc. ASTM* **56**, 593-620.

MÜLLER, I., 1973: *Thermodynamik*, Bertelsmann Universitätsverlag, Düsseldorf.

MURAKAMI, S., 1983: Notion of Continuum Damage Mechanics and its Application to Anisotropic Creep Damage Theory, J. of Engineering Materials and Technology, *Transaction of the ASME* **105**, 99-105.

MURAKAMI, S., 1987a: Anisotropic Aspects of Material Damage and Application of Continuum Damage Mechanics, in: KRAJCINOVIC, D. und LEMAITRE, J. (Hrsg.), *Continuum Damage Mechanics*, Springer-Verlag, Wien/ New York.

MURAKAMI, S., 1987b: Progress of Continuum Damage Mechanics, Review, *JSME International Journal* **30**, No. 263, 701-710.

MURAKAMI, S. und KAMIYA, K., 1997: Constitutive and damage evolution equations of elastic-brittle materials based on irreversible thermodynamics, *Int. J. Solids Struct.* **39**, 473-486.

MURAKAMI, S. und OHNO, N., 1981: A Continuum Theory of Creep and Creep Damage, in: PONTER, A. R. S. und HAYHURST, D. R. (Hrsg.), *Creep in Structures*, Springer-Verlag, Berlin, 422-444.

MURAKAMI, S. und SAWCZUK, A., 1979: On Description of rate-independent Behaviour for prestrained Solids, *Archives of Mechanics* **31**, 251-264.

MUSKHELISHVILI, N. I., 1953: *Some Basic Problems of the Mathematical Theory of Elasticity*, P. Noordhoff Ltd., Groningen (deutsche Übersetzung, Hanser-Verlag, München 1971).

NAGHDI, P. M. und TRAPP, J. A., 1974: On Finite Elastic-Plastic Deformation of Metals, *J. Appl. Mech.*, March, 255-260.

NEMAT-NASSER, S., 1979: Decomposition of Strain Measures and their Rates in Finite Deformation Elastoplasticity, *Int. J. Solids Structures* **15**, 155-166.

NEMAT-NASSER, S., 1982: On Finite Deformation Elasto-Plasticity, *Int. J. Solids Structures* **18**, 857-872.

NEOU, C. Y., 1957: A Direct Method to Determining AIRY Polynomial Stress Functions, *J. Appl. Mech.* **24**, 387-390.

NORTON, F. N., 1929: *Creep of high Temperatures*, McGraw-Hill Book Comp., New York.

NOWACKI, W., 1962: *Thermoelasticity*, Addison-Wesley.

NOWACKI, W., 1971: *Trends in Elasticity and Thermoelasticity*, Wolters-Noordhoff, Groningen.

ODEN, J. T. und REDDY, J. N., 1976: *An Introduction to the Mathematical Theory of Finite Elements*, John Wiley, New York/ ... / Toronto.

ODQUIST, F.K.G., 1966: *Mathematical Theory of Creep and Creep Rupture*, Oxford.

ODQUIST, F. K. G. und HULT, J., 1962: *Kriechfestigkeit metallischer Werkstoffe*, Springer-Verlag, Berlin.

OLSZAK, W., 1976: Gedanken zur Entwicklung der Plastizitätstheorie, *Z. Flugwiss.* **24**, 123-139.

OSCHATZ, A., 1968: Bestimmung der Traglast von Kreis- und Kreisringplatten mit Berücksichtigung der Querkraftschubspannungen, *Z. angew. Math. und Mech.* **48**, 325-332.

OSIAS, J. R. und SNEDDON, J. L., 1974: Finite Elato-Plastic Deformation I, Theory and Numerical Examples, *Int. J. Solids Structures* **10**, 321-339.

OWEN, D. R. J. und HINTON, E., 1980: *Finite Elements in Plasticity: Theory and Practice*, Pineridge Press, Swansea.

PAPASTAVRIDIS, J.G., 1999: *Tensor Calculus and Analytical Dynamics*, CRC-Press, Boca Raton/ London/ New York/ Washington D.C..

PARKUS, H., 1959: *Instationäre Wärmespannungen*, Springer-Verlag, Wien.

PARKUS, H., 1976: *Thermoelasticity* (second revised and enlarged edition), Springer-Verlag, Wien/ New York.

PARKUS, H. und SEDOV, L. I. (Hrsg.), 1968: *Irreversible Aspects of Continuum Mechanics*, Springer-Verlag, Wien/ New York.

PARMA, A. und MELLOR, P. B., 1980: Growth of Voids in Biaxial Stress Field, *Int. J. Mech. Sci.* **22**, 133-150.

PAWELSKI, H. und PAWELSKI, O., 2000: *Technische Plastomechanik*, Verlag Stahleisen, Düsseldorf.

PERZYNA, P., 1966: Fundamental Problems in Viscoplasticity, in: *Advances in Appl. Mech.*, Academic Press, New York.

PHILLIPS, A., 1974: Foundations of Thermoplasticity-Experiments and Theory, in: ZEMAN, J. L. und ZIEGLER, F. (Hrsg.), *Topics in Applied Continuum Mechanics*, Springer-Verlag, Wien/ New York, 1-21.

PHILLIPS, A. und LEE, C. W., 1979: Yield Surfaces and Loading Surfaces-Experiments and Recommendations, *Int. J. Solids Structures* **15**, 715-729.

PHILLIPS, A., TANG, J.-L. und RICCIUTI, M., 1974: Some new Observations on Yield Surfaces, *Acta Mechanica* **20**, 23-39.

PHILLIPS, A. und WU, H. C., 1973: A Theory of Viscoplasticity, *Int. J. Solids Structures* **9**, 15-30.

PRAGER, W. und HODGE, P. G., 1954: *Theorie idealplastischer Körper*, Springer-Verlag, Wien.

RABOTNOV, Y. N., 1968: Creep Rupture, in: HETENYI, M. und VINCENTI, H. (Hrsg.), Proceedings Applied Mechanics Conference, Stanford University, 342-349.

RABOTNOV, Yu. N., 1969: *Creep Problems in Structural Members* (engl. Übersetzung, herausgegeben von LECKIE, F. A.), North Holland, Amsterdam.

RAMBERG, W. und OSGOOD, W. R., 1943: Description of Stress-Strain Curves by three Parameters, *NACA Technical Note* No. **902**, July.

RECKLING, K.-A., 1967: *Plastizitätstheorie und ihre Anwendung auf Festigkeitsprobleme*, Springer-Verlag, Berlin/ Heidelberg/ New York.

REDDY, J. N., 1984: *An Introduction to the Finite Element Method*, McGraw-Hill Book Comp., New York/ ... / Toronto 1984, und: *Energy and Variational Methods in Applied Mechanics*, John Wiley & Sons, New York/ ... /Singapore 1984.

REYNOLDS, O., 1885: On the Dilatancy of Media composed of Rigid Particles in Contact, *Philosophical Magazine* **20**, 469-481.

RICE, J. R., 1970: On the Structure of Stress-Strain Relations for Time-Dependent Plastic Deformations in Metals, Trans. ASME, *J. Appl. Mech.* **37**, 728-737.

RIEDEL, H., 1987: *Fracture at High Temperatures*, Springer-Verlag, Berlin/ ... / Tokyo.

RIENÄCKER, A., 1995: *Instationäre Elastohydrodynamik von Gleitlagern mit rauen Oberflächen und inverse Bestimmung der Warmkonturen*, Dissertation, RWTH Aachen.

RIMROTT, F., 1959: Versagenszeit beim Kriechen, *Ing.-Arch.* **27**, 169-178.

RIVLIN, R. S., 1970: *Non-Linear Continuum Theories in Mechanics and Physics and their Applications*, Centro Internazionale Mathematico Estivo (C.I.M.E.), Edizione Cremonese, Roma.

RIVLIN, R. S., 1977: Some Research Directions in Finite Elasticity Theory, *Rheol. Acta* **16**, 101-112.

RIVLIN, R.S., ERICKSEN, J.L., 1955: Stress-deformation relations for isotropic materials, *J. Rational Mech. Anal.* **4**, 323-425.

SAUER, R., 1958: *Anfangswertprobleme bei partiellen Differentialgleichungen*, 2. Auflage, Springer-Verlag, Berlin/ Göttingen/ Heidelberg.

SAUER, R. und SZABÓ, I., 1968: *Mathematische Hilfsmittel des Ingenieurs*, Teil III, Springer-Verlag, Berlin/ Heidelberg/ New York.

SAWCZUK, A. und JAEGER, Th., 1963: *Grenztragfähigkeitstheorie der Platten*, Springer-Verlag, Berlin/ Göttingen/ Heidelberg.

SAYIR, M., 1970: Zur Fließbedingung der Plastizitätstheorie, *Ing. Archiv* **39**, 414-432.

SCHADE, H., 1997: *Tensoranalysis*, Walter de Gruyter, Berlin/ New York.

SCHADE, H., KUNZ, E., 1980: *Strömungslehre*, Walter de Gruyter, Berlin/ New York.

SCHERER, G.W., 1986: *Relaxation in Glass and Composites*, John Wiley & Sohn, New York/ ... / Singapore.

SCHOLZ, H., 1953: Der klassische und moderne Begriff einer mathematischen Theorie, *Math.-Phys. Semesterberichte* **3**, 30-47.

SCHOWALTER, W.R., 1978: *Mechanics of Non-NEWTONIAN Fluids*, Pergamon Press, Oxford/ ... / Frankfurt.

SCHUMACHER, R., 1995: *Einsatz numerischer Methoden zur Berechnungvon Umformprozessen kompressibler Stoffe*, Dissertation, RWTH Aachen.

SCHUR, I., 1968: Vorlesungen über Invariantentheorie; Die Grundlehren der mathematischen Wissenschaften in Einzeldarstellungen, Band 143 (herausgegeben v. H. GRUNSKY), Springer-Verlag, Berlin/ Heidelberg/ New York.

SCHWARZ, H. R., 1980: *Methode der finiten Elemente*, Teubner, Stuttgart, dritte Aufl. 1991.

SEDOV, L. I., 1966: *Foundations of the Non-Linear Mechanics of Continua*, Pergamon Press, Oxford/ ... / Frankfurt.

SHAMES, I. H. und DYM, C. L., 1985: *Energy and Finite Element Methods in Structural Mechanics*, Hemisphere Publ. Comp., Washington.

SHIN, C. H., 1990: *Inelastisches Verhalten anisotroper Werkstoffe*, Dissertation, RWTH Aachen.

SKRZYPEK, J., 1993: *Plasticity and Creep*, CRC-Press, Boca Raton/ Ann Arbor/ London/ Tokyo.

SKRZYPEK, J. und GANCZARSKI, A., 1999: *Modeling of Material Damage and Failure of Structures*, Springer-Verlag, Berlin.

SMITH, G. F., 1962: On the Yield Condition for Anisotropic Materials, *Quart. Appl. Math.* **20**, 241-247.
SMITH, G. F., SMITH, M. M. und RIVLIN, R. S., 1963: Integrity Bases for a Symmetric Tensor and a Vector- The Crystal Classes, *Arch. Rational Mech. Anal.* **12**, 93-133.
SNEDDON, I. N., 1951: *Fourier Transforms*, New York.
SOBOTKA, Z., 1969: Theorie des plastischen Fließens von anisotropen Körpern, *Z. angew. Math. Mech.* **49**, 25-32.
SOBOTKA, Z., 1984: *Rheology of Materials and Engineering Structures*, Vydala Academia vêd, Praha.
SOKOLNIKOFF, I. S., 1956: *Mathematical Theory of Elasticity* (second edition), McGraw-Hill, New York/ Toronto/ London.
SOKOLNIKOFF, I. S., 1964: *Tensor Analysis, Theory and Applications to Geometry and Mechanics of Continua*, John Wiley, New York/ London/ Sydney, Second Edition.
SOKOLNIKOFF, I. S. und REDHEFFER, R. M., 1966/1982: *Mathematics of Physics and Modern Engineering*, second Edition, McGraw-Hill Book Company, Auckland/ ... / Tokyo.
SOKOLOVSKIJ, V. V., 1955: *Theorie der Plastizität*, VEB-Verlag, Berlin.
SPENCER, A. J. M., 1970: The Static Theory of Finite Elasticity, *J. Inst. Maths. Applics.* **6**, 164-200.
SPENCER, A. J. M., 1971: Theory of Invariants, in: ERINGEN, A. C. (Hrsg.), *Continuum Physics*, Vol. I; Academic Press, New York/ London, 239-353.
STANLEY, P. (Hrsg.), 1976: *Computing Developments in Experimental and Numerical Stress Analysis*, Appl. Sci. Publishers. London.
STECK, E., 1971: *Numerische Behandlung von Verfahren der Umformtechnik*, Verlag W. Giradet, Essen.
STEIN, E. und WUNDERLICH, W., 1973: Finite-Elemente-Methoden als direkte Variationsverfahren der Elastostatik, in: BUCK, K. E. et al. (Hrsg.), *Finite Elemente in der Statik*, Verlag Ernst & Sohn, Berlin/ München/ Düsseldorf.
STEVENSON, J.F., 1972: Elongational Flow of Polymer Melts, *A.I.Ch.E. Journal* **18**, 540-547.
STÜSSI, F., 1962: Gegen das Traglastverfahren, *Schweizerische Bauzeitung* **80**, 53-57.
SWIDA, W., 1949a: Die elastisch-plastische Biegung des krummen Stabes unter Berücksichtigung der Materialverfestigung, *Ingenieur-Archiv* **17**, 343-352.
SWIDA, W., 1949b: Über die Formänderungen der Balken im elastisch-plastischen Zustand, *Ingenieur-Archiv* **17**, 71-87.
SZABO, I., 1964: *Höhere Technische Mechanik*, 4. Aufl., Springer-Verlag, Berlin/ Göttingen/ Heidelberg.
SZABÓ, I., 1976: Die Entwicklung der Elastizitätstheorie im 19. Jahrhundert nach CAUCHY, *Die Bautechnik* **53**, 106-116.
SZABÓ, I., 1977: *Geschichte der mechanischen Prinzipien*, Birkhäuser Verlag, Basel/ Stuttgart.
TARSKI, A., 1936: Über den Begriff der logischen Folgerung, *Actual. scient. ind.* Nr. **394**, 1-11, Paris.

TAUCHERT, T. R., 1975: A Review: Quasistatic Thermal Stresses in Anisotropic Elastic Bodies, with Applications to Composite Materials, *Acta Mechanica* **23**, 113-135.

THÜRLIMANN, B., 1962: Richtigstellungen zum Aufsatz „Gegen das Traglastverfahren" von F. STÜSSI, *Schweizerische Bauzeitung* **80**, 123-126 und 136.

TIMOSHENKO, S., 1934: *Theory of Elasticity*, Mc Graw-Hill, New York/ London.

TIMOSHENKO, S. P., 1953: *History of Strength of Materials*, McGraw-Hill Book Comp., New York/ Toronto/ London.

TIMOSHENKO, S. P. und GERE, J. M., 1972: *Mechanics of Materials*, D. Van Nostrand, New York/ ... / Melbourne.

TIMOSHENKO, S. P. und GOODIER, J. N., 1970: *Theory of Elasticity*, McGraw-Hill Book Comp., New York, 3. Aufl..

TROOST, A., BETTEN, J. und EL-MAGD, E., 1973: Einschnürvorgang eines Zugstabes unter konstanter Last bei Raumtemperatur, *Materialprüfung* **15**, 113-116.

TROUTON, F.T., 1906: *Proc. Roy. Soc. A* **77**, 426.

TRUESDELL, C., 1953: The Physical Components of Vektors and Tensors, *Z. angew. Math. Mech. (ZAMM)* **33**, 345-356.

TRUESDELL, C. A., 1968: *Essays in the History of Mechanics*, Springer-Verlag, Berlin/ Heidelberg/ New York.

TRUESDELL, C. A., 1977: *A first Course in Rational Continuum Mechanics*, Volume 1 General Concepts, Academic Press, New York/ San Fransisco/ London.

TRUESDELL, C., 1980: Sketch for a History of Constitutive Relations, in: ASTARITA, G., MARRUCCI, G. und NICOLAIS, L. (Hrsg.), *Proceedings Rheology*, Vol. 1 (Principles), Plenum Press, New York/ London, 1-27.

TRUESDELL, C. A. und NOLL, W., 1965: The Non-Linear Field Theories of Mechanics, in: FLÜGGE, S. (Hrsg.), *Handbuch der Physik*, Band III/3, Springer-Verlag, Berlin/ Heidelberg/ New York.

TSCHOEGL, N.W., 1989: *The Phenomenological Theory of Linear Viscoelastic Behavior*, Springer-Verlag, Berlin/ ... / Tokyo.

TURNER, L.B., 1969: The stress in a thick hollow cylinder subjected to internal pressure, *Trans. Camb. Phil. Soc.* **21**, 377-396.

VOCE, E., 1955: A Practical Strain-Hardening Function, *Metallurgia* **51**, 219-226.

VOGEL, U., 1969: Über die Anwendung des Traglastverfahrens im Stahlbau, *Der Stahlbau* **11**, 329-338.

VOIGT, W., 1928: *Lehrbuch der Kristallphysik*, B.G. Teubner, Leipzig/ Berlin 1910, Nachdruck.

VOLLMER, J., 1969: *Messung der Formänderungsgeschwindigkeit metallischer Werkstoffe vornehmlich bei großen Formänderungsgeschwindigkeiten*, Diss. TU Hannover.

WALKER, J., 1978: The Amateur Scientist, Serious fun with Polyox, Silly Putty, Slime and other non-NEWTONian fluids, *Sci. Am.* **239**, 142-149.

WALTERS, K., 1975: *Rheometry*, Chapman and Hall, London.

WANG, C. C. und TRUESDELL, C. A., 1973: *Introduction to Rational Elasticity*, Noordhof International Publishing, Leyden.

WASHIZU, K., 1957: A Note on the Conditions of Compatibility, *J. Math. Phys.* **36**, 306-312.

WEISSENBERG, K., 1947: A Continuum Theory of Rheological Phenomena, *Nature* **159**, 310-311.

WASHIZU, K., 1975: *Variational Methods in Elasticity and Plasticity* (sec. ed.), Pergamon Press, Oxford/ ... / Braunschweig.

WEMPNER, G., 1981: *Mechanics of Solids with Applications to Thin Bodies*, Sijthoff und Noordhoff, Alphen aan den Rijn, The Netherlands, Rockville, Maryland, U.S.A..

WEYL, H., 1939/1946: *The Classical Groups*, Princeton Uni. Press, Princeton/ New Jersey.

WINEMAN, A. S. und PIPKIN, A. C., 1964: Material Restrictions on Constitutive Equations, *Arch. Rational Mech. Anal.* **17**, 184-214.

ZENER, C. und HOLLOMON, J. H., 1946: Problems in non-elastic deformation of metals, *J. Appl. Phys.* **17**, 69-82.

ZHENG, Q.-S. und BETTEN, J., 1996: On Damage Effective Stress and Equivalence Hypothesis, *Int. J. of Damage Mechanics* **5**, 219-240.

ZIEGLER, H., 1961: Zwei Extremalprinzipien der irreversiblen Thermodynamik, *Ing.-Archiv* **30**, 410-416.

ZIEGLER, H., 1962: Die statistischen Grundlagen der irreversiblen Thermodynamik, *Ing.-Archiv* **31**, 317-342.

ZIEGLER, H., 1966: Thermodynamik der Deformation, in: GÖRTLER, H. (Hrsg.): *Applied Mechanics*, Proc. 11th Int. Congr. on Applied Mechanics, Munich 1964, Springer-Verlag, Berlin, 99-108.

ZIEGLER, H., 1970: Plastizität ohne Thermodynamik?, *Z. angew. Math. Phys.* **21**, 798-805.

ZIEGLER, H., 1977: *An Introduction to Thermodynamics*, North-Holland, Amsterdam/ New York/ Oxford.

ZIEGLER, H., NÄNNI, J. und WEHRLI, Ch., 1973: Zur Konvexität der Fließfläche, *Z. f. angew. Math. und Phys.* **24**, 140-144: dto.: Zur Konvexität der Dissipationsflächen, *Z. f. angew. Math. und Phys.* **25** (1974), 76-82.

ZIENKIEWICZ, O. C., 1975: *Methode der finiten Elemente*, Carl Hanser Verlag, München/ Wien.

ZIENKIEWICZ, O. C., 1979: Numerical Methods in Stress Analysis- The Basis and some recent Paths of Development, in: HOLISTER, G. S. (Hrsg.): *Developments in Stress Analysis-1*, Appl. Sci. Publishers, London.

ZYCZKOWSKY, M., 1981: *Combined Loadings in the Theory of Plasticity*, PWN-Polish Scientific Publishers.

ZYCZKOWSKY, M. and SKRZYPEK, J., 1972: Stationary creep an creep rupture of a thick-walled tube under combined loading, IUTAM Symposium on Creep in Structures, Gothenburg 1970, Springer-Verlag Berlin/ Heidelberg/ New York, 315-329.

H Sachverzeichnis

A

Abstimmung 284
additive Zerlegung kinematischer
  Größen 41, 48, 65f., 160f.
affin 45
affine Abbildung 361
affine Deformation 34
Affinor 35, 361
Ähnlichkeit
  -im Kleinen 317
  -von Tensoren 495
Ähnlichkeitstransformation 402
AIRYsche Spannungsfunktion 125f.,
  128, 311, 425, 460f., 463
Aktivierungsenergie 271
  -der Selbstdiffusion 8
  -des Kriechens 8, 271
aktueller net-stress Tensor 98ff.
allgemeine Funktionale 255
allgemeine Gaskonstante 233
Alternierung 336, 398
Alternierungsvorschrift 60
Anfangskonfiguration 28
anisotrop 77, 110, 115, 137, 145
  153, 171, 199, 201, 292, 294
anisotrope Verfestigung 136
anisotrope viskoplastische
  Festkörper 291
Anisotropie 138, 144, 172, 175,
  201, 232
  -,werkstoffbedingte 23
Anisotropieeinflüsse 160
Anisotropietensor 171, 214
Anstrengungshypothesen 2, 498
APOLLONIsche Kreise 321
Äquipotentiallinien 320f., 328
Argumenttensor 336

ARRHENIUS-Funktion 11, 154, 271
Auftrieb 324f.,
Austauschregel 338
Austenit 294
Ausweichströmung 324, 328
Axiom der Kontinuität 28
axiomatisierten Theorie 185

B

Bahnlinien 28, 67, 410f.
Basis
  -,kontravariante 303
  -,kovariante 303
Basisvektoren 308
  -,kontravariante 304
  -,kovariante 300, 304
BAUSCHINGER-Effekt 4, 135
BELTRAMI-Gleichungen 453
Betonkriechen 267
Bewegungsgleichungen 85, 234
BIANCHI-Formeln 69f.
Biegefließkurve 504
Biegenennspannung 189f.
biharmonisch 133
biharmonische Differentialgleichung
  121
biharmonische Funktion 122, 126,
  128
Bilanzgleichung 86, 233
BINGHAM-Körper 20f., 104,
  289,291
Bipolarkoordinaten 322
Bipotentialfunktion 120, 128
Bipotentialgleichung 121, 126, 449,
  453, 464, 468
Bivektor 93ff.
BOLTZMANN-Axiom 76

BOLTZMANNsches
   Superpositionsprinzip 19, 243, 249, 251
bulk viscosity 240

C

CAUCHY-GREEN-Tensor 107, 246
  -,"linker" 40, 364
  -,"rechter" 38
CAUCHY-RIEMANNsche
   Differentialgleichungen 128, 313f., 318ff.
CAUCHYsche Spannungsquadrik 76, 78, 81
CAUCHYscher Spannungstensor 76f., 88, 90, 106f., 200f., 215, 255, 335, 434f.
Charakteristiken 178, 180, 311
Charakteristikentheorie 179
charakteristische Gleichung 60, 77, 339
charakteristische Zahlen 60, 77
charakteristisches Gleichungssystem 401
charakteristisches Polynom 137, 336, 402
Chi-Quadrat-Verteilung 265
CHRISTOFFEL-Symbole 305, 308
   -erster Art 306
   -zweiter Art 305
constitutive equations 103
convolution 253
COUETTE-Strömung 247
creep damage 7

D

Damage Mechanics 210
Darstellungstheorie 201
   -isotroper Tensorfunktionen 110, 165
   -tensorwertiger Funktionen 207
Deformationsgeschichte 243
Deformationsgeschwindig-
   keitstensor 201, 234
Deformationsgradient 33ff., 40, 51, 89, 91, 105, 221, 255, 365, 367f., 375, 377, 379, 386, 389, 391

Deformationsgradiententensor 91
Deformationstheorie 160
Deformationsvorgeschichte 244
Deformationszuwachstheorie 160
Dehnrateneinfluss 294
Dehnsteifigkeiten 257
Dehnströmung 237f.
Dehnung 45
  -,effektive 55f., 393
  -,logarithmische 55
  -,natürliche 55
  -,wahre 55
Dehnungsrate 238
Dehnungsverfestigungshypothese 199
Dehnviskosität 237f., 256
Deviator 58, 61f., 76
Deviatorinvariante 84
deviatorisch 172, 501, 296
Deviatorraum 143
Diagonalform 78, 93, 96
dickwandiger Kugelbehälter 232
dickwandiger Zylinder 196, 465
Differentialgleichung
  -,hyperbolische 179
  -,lineare 178
  -,quasilineare 178
Diffusion 271
diffusionsgesteuerter Vorgang 271
Diffusionsgleichung 271
Diffusionsweg 273
dilatant 18
Dilatanz-Effekt 19
Dilatation 61
Dilatationsrate 236
DIRACsche Deltafunktion 251
diskretes Relaxationsspektrum 278
diskretes Retardationsspektrum 258
Dissipationsarbeit 156f.
Dissipationsleistung 138, 155f., 200, 206, 236f.
dissipative Energie 284
dissipative Kraft 284
dissipative plastische Arbeit 138
dissipative Spannung 284
dissipierte Energie 4, 159

Distorsion 61
Divergenz 305ff.
Divergenz des Spannungstensors 85
Doppelfeldtensor
 -zweiter Stufe 34, 221, 365, 428
 -vierter Stufe 428
Drehgeschwindigkeit 66, 240
Drehgeschwindigkeitstensor 66, 240
Druckviskosität 239
duale Basis 300
duale Form 29, 93, 96, 254, 354
dualer Vektor 48, 66, 368
dünnwandige Behälter 232
Dyade 96
dynamische Erholung 294f.
dynamische Rekristallisation 294f.
dynamische Viskosität 286
dynamisches Verhalten 282
dynamischer Gleitmodul 286

E

ebener Spannungszustand 83f., 125f., 467
ebener Verzerrungszustand 125f., 468
effektive Dehnung 55f., 393
effektive Volumendehnung 62
Eigenrichtungen 77, 179f., 389
Eigenspannungen 109, 160
eigentlich orthogonal 54
eigentlich orthogonaler Tensor 50
Eigenvektoren 77
Eigenwerte 180, 339
Eigenwertproblems für den Tensor vierter Stufe 176
einfache Scherströmung 242
einfache Scherung 378
Einflusszahlen 470
Einstensor 40, 169, 177, 336
Einsvektor 171
elastisch 107, 286, 492
elastische Formänderungsenergie 472
elastische Formänderungs- energiedichte 114

elastische Gestaltänderungs- energiedichte 114
elastische Kesselformel 506
elastische Querzahl 111
elastische Torsion 457
elastische Torsionsfunktion 506
elastischer Grenzzustand 189
elastischer Verzerrungsanteil 157
elastisches Potential 108, 110, 335
elastisch-plastische
 -Balkenbiegung 187
 -Beanspruchung dickwandiger Behälter 187
 -Torsion 187, 190ff.
elastisch-plastischer Übergang 190, 351
elastisch-thermisches Verschiebungspotential 117, 123
Elastizität 2
Elastizitätsgrenze 2f.
Elastizitätsmodul 5, 111, 256, 442
Elastizitätstensor 108, 446, 467
 -,isotroper 111
Elastizitätstheorie 1
 -,lineare 107
 -endlicher Verzerrungen 107
Elastomechanik 1, 3, 311
Elastostatik 471
Elementararbeit 88
Elementare Plastizitätstheorie 186
elementare symmetrische Funktionen 137, 164, 402
endliche Verzerrungen 38
Energiedissipation 285
Energiegleichung 430
Energiemethoden 129
Entropieproduktion 155f.
Entropiezufuhr 155f.
Entropiezunahme 156
Entspannungswirbel 248
Ergänzungsenergie 471
error function 272
erste Randwertaufgabe 120
erster Hauptsatz der Thermodynamik 10, 430

erster PIOLA-KIRCHHOFF-Tensor 88, 90, 438f.
erster Satz von CASTIGLIANO 134, 472, 474
EULERsche Bewegungsgleichungen 424
EULERsche Differentialgleichung 488
EULERsche Koordinaten 29
EULERscher Spannungstensor 88
EULERscher Verzerrungstensor 37, 39, 67, 412, 436ff.
Evolutionsgleichungen 211, 214, 216
experimentelle Spannungsanalyse 400, 446

F
fading memory 19f., 243f., 247
Faltung 253
Faltungssatz 252ff.
Fehlernorm 275
Feldgrößen 25
Feldtensoren 113
Finite-Differenzen-Methode 186
Finite-Elemente-Methode 23, 129, 186
Flächenvektor 93, 95
Fließbedingung 135, 141, 143, 148, 153, 155, 159, 178, 195, 480, 488, 494f., 497
Fließbeginn 135, 140, 142, 191, 197, 291, 485, 498
Fließdruck 194f., 197
Fließen von Festkörpern 3, 21
Fließfläche 135, 142, 152, 154, 156
Fließfunktion 290ff., 494
Fließgrenze 4, 22, 135, 289, 498
Fließkörper 142f., 156, 158
Fließkriterium 137
Fließkurve 9, 153
Fließmoment 189f.
Fließort 143, 418
Fließortkurve 9, 144ff., 153
Fließpunkt 4

Fließregel 139ff., 159, 161f., 164, 166, 168, 171f., 175, 200f., 488, 492, 494, 496
Fließspannung 3, 22, 135, 159, 189
Fluid 21, 234, 256
-,reibungsfreies 424
Fluide mit Gedächtnis 243
Formänderung 153
Formänderungsenergiedichte 108f.
-,elastische 114
Formänderungsfestigkeit 153
Formänderungsgeschwindigkeit 154
Formfaktor 189f.
Formfunktion 473
Form-Invarianz 56, 103, 106, 172f., 240, 342, 395
freie gedämpfte Schwingung 285
frequenzabhängiger komplexer Gleitmodul 285
Fundamentalgrößen erster Art 37
Funktionaldeterminante 28, 318, 463
funktionelles Versagen 228

G
GAMMA-Funktion 259
GAMMA-Verteilung 259, 265
GAUSSsches Fehlerintegral 272
GAUSSscher Satz 63, 358, 426
gemischte Tensorkoordinaten 311
gemischter Metriktensor 300
generalisierte Kraft 471
generalisierte Verschiebung 471
geometrische Linearität 122
geometrische Nichtlinearität 38, 40, 108, 113, 375
geschädigte Materialien 172
Geschwindigkeitsgradiententensor 65, 67, 240, 407, 433, 437
Geschwindigkeitspotential 320
geschwindigkeitsunabhängig 3
Geschwindigkeitsvektor 30, 433
Gestaltänderung 58, 61f., 76f., 161, 221f., 237, 444

Gestaltänderungsenergiedichte 114, 445
Gestaltänderungsenergiehypothese 1, 114, 140, 482
GIBBS-DUHEM-Ungleichung 156
Gleichgewichtsbedingungen 85, 178, 195, 307, 309
Gleitlinien 178ff., 311
Gleitmodul 111, 256, 442
Gleitung 45, 47
Gradient
 -eines Vektors 307
Gradientendyade 33, 307
Grenzstromlinie 331, 333
Grundinvarianten 109, 168, 337

H

HAMILTON-CAYLEYsches Theorem 168, 173, 205, 337, 339f.
harmonisch 320
harmonische Funktion 122, 126, 128, 133, 319f.
harmonische Belastung 287
harmonische Scherung 287
Hauptachsen 83, 400
Hauptachsenorientierung 374
Hauptachsenproblem 59
Hauptachsensystem 76, 79, 112
Hauptachsentheorem 399, 401
Hauptachsentransformation 77f., 400
Hauptinvarianten 109, 337, 339, 341
Hauptminoren 60, 336, 417
Hauptrichtungen 77, 124
Hauptschubspannungen 80f., 84, 418
Hauptschubspannungsraum 418, 423
Hauptspannungen 83
Hauptspannungsebene 80f.
Hauptspannungsraum 144, 418
Hauptspannungstrajektorien 78
Hauptwerte 77, 425
 -des Argumenttensors 350
 -des Maßtensors 37

HENCKY-Gleichung 160, 296
HENCKYscher Verzerrungstensor 58, 221
Hereditary-Integral 20, 243, 249, 251f.
hexagonale Symmetrie 447
Hilfstensor 351
HILL-Bedingung 147, 154, 492f.
hochwarmfester Stahl 230
holomorph 313, 320, 325
holomorphe Funktion 127f., 313, 316, 319, 321
homogen 34, 110, 115
homogene Deformation 361
homologe Temperatur 8, 11, 271, 294
Homöomorphismus 28
HOOKE-Element 257, 277
HOOKEscher Festkörper 2, 12, 104
HOOKEsches Gesetz 1, 111, 157
hydrodynamisches Paradoxon 324
hydrostatische Beanspruchung 61, 112
hydrostatischer Druck 76, 152, 144
hydrostatischer Spannungszustand 76f., 424
hyperbolische Differentialgleichung 179, 503
Hyperfläche 142
Hypervektoren 143
Hypothese von der Äquivalenz der Dissipationsleistung 291
Hystereseeigenschaft 2, 3
Hysteresisschleife 4, 282, 284

I

idealplastisch 190
idealplastischer Werkstoff 135, 159
Impulsbilanz 86f.
Impulsdichte 86
Impulsfluss 86
Impulsfunktion 251
indirekte Lösungsmethoden 119
inelastisches Verhalten 3
inhomogen 116
inhomogene Deformation 367

Inkompatibilitätstensor 69
inkompressibel 114, 153, 198, 205ff., 209, 223, 320, 444, 490
Inkompressibilität 6, 146, 158, 222, 397, 447, 482, 493
inkompressible Medien 404
inkompressible Strömung 329
inkompressibles NEWTONsches Fluid 236
instationärer Fall 25, 367
instationäres Temperaturfeld 27
Integrabilitätsbedingungen 68, 110, 165
Integraltransformationen 129
integrierender Faktor 274, 276
Integritätsbasis 56, 137f., 165, 167, 202, 207ff., 215, 310, 335f., 343f., 346f., 351f., 395f.
interne Variable 295
Interpolationsfunktion 350, 473
Interpolationsmethode 349
Interpolationspolynom 350
Invarianten des Spannungsdeviators 145
Invariantensysteme 176, 337
Invariantentheorie 223, 336
Invarianz-Bedingung 138, 336
inverse LAPLACE-Transformation 252, 267
irreduzible Invarianten 56, 106, 109, 164, 170, 173f., 176, 204f., 207, 310f.,335ff., 342, 346, 351, 396, 402
irreversibel 6, 156
irreversible Vorgänge 2
irreversible Thermodynamik 155
isochor 44, 379
isochore Bewegung 379, 393
isogonal 316
isotherm 6, 156, 450
Isothermennetz 318f., 320, 323
isotrop 1, 56, 76, 95, 106f., 110f., 114f., 136, 150, 153, 162, 164, 199, 201, 449, 473, 482, 487, 493

isotrope Tensorfunktion 56, 106, 138, 204f., 207, 242, 336, 348ff., 395
isotrope Verfestigung 136
isotrope Wärmedehnung 115
isotroper Elastizitätstensor 111
isotroper Körper 111
isotroper Schadenszustand 432
isotroper Tensor vierter Stufe 148
Isotropie 107, 120, 135, 145f., 152, 158, 201, 487, 494
-,transversale 202, 486
JACOBIsche Determinante 28, 31, 34, 222, 318
JAUMANNsche Spannungsgeschwindigkeit 78, 434f.
JAUMANNsche Zeitableitung 214, 412
JOHNSONs scheinbare Elastizitätsgrenze 4

K

Kaltfließkurve 153
kanonische Form 168ff., 177, 215, 342, 346f.
Kapillarströmung 247
KELVIN-Körper 2, 21, 104, 249ff., 253, 256ff., 282ff., 287f.
Kernfunktion 20, 244, 247
Kesselformel
-,elastische 506
-,plastische 506
kinematische Randbedingungen 119
kinematische Verfestigung 136
kinematische Zulässigkeit 120
kinetische Energie 430
kinetische Gleichung 212
klassischer Verzerrungstensor 40, 68, 107, 406
klassisches Kontinuum 76
Knotenkräfte 472
Knotenpunkte 473
Knotenvariable 473
Knotenverschiebungen 472f.
Koaxialität 107, 178

Kofaktor 301
KOHLRAUSCH-Funktion 281
Kollinearität 77
kommutativ 253, 300
Kompatibilität 70, 415
Kompatibilitätsbedingung 125, 415, 448, 467
komplexe Funktion 313
komplexe Komplianz 286ff.
komplexe Moduli 287
komplexe Stoffgleichung 287
komplexe Viskosität 285ff.
komplexer Gleitmodul 285
komplexes Strömungspotential 319, 323f., 328, 330
kompressibel 153
Kompressibilität 146, 200
Kompressionsmodul 112
Kompressionswellen 458
Konfiguration 28, 113
konforme Abbildung 134, 311, 318, 322, 462f.
konform-invariant 311
konjugiert 320
konjugierte Variable 92, 113, 430f.
konkave Fließhyperfläche 141, 143
Konsistenzbedingung 163, 494
kontinuierliche Kriech- und Relaxationsspektren 258, 278
Kontinuitätsbedingung 63f., 320, 329, 425
Kontinuitätsparameter 211
Kontinuitätstensor 93, 96f., 100
Kontinuumsmechanik 1
kontravariant 299, 302
kontravariante Basis 300, 303
kontravariante Basisvektoren 304
kontravariante Komponenten 52
kontravariante Koordinaten 304
kontravariante Metriktensoren 300f.
kontravariante Tensorkoordinaten 311
kontravariante Vektorkoordinaten 298
Kontrollraum 63, 85
konvektive Änderung 30

konvektive Spannungsgeschwindigkeit 435
Konvexität von Fließkörpern 141ff., 152f., 293
Konvexitätsgrenze 147
Koordinaten
-,kontravariante 304
-,kovariante 304
Koordinatennetz
-,orthogonales krummliniges 312
-,rechtwinkliges CARTESIsches 312
körperbezogen 27, 29, 220f., 435, 438
körperbezogener PIOLA-KIRCHHOFF-Tensor 438
kovariant 302
kovariante Ableitung 306f.
kovariante Basis 300, 303
kovariante Basisvektoren 300, 304
kovariante Komponenten 52
kovariante Koordinaten 304
kovariante Metriktensoren 300f.
kovariante Tensorkoordinaten 311
kovariante Vektorkoordinaten 298
Kreisprozess 155, 157
Kriechbedingung 200
Kriechbeginn 230
Kriechbruch 210, 212
Kriechdehnung 7, 271
Kriechen 3, 271
-,mehraxiales 200
-,primäres 6
-,sekundäres 6, 201, 214
-,tertiäres 6, 92, 99
Kriechexponent 206
Kriechfaktor 206
Kriechfunktion 250ff., 261, 263, 274f.
Kriechkurven 273
Kriechmechanik 1, 3, 25, 205
Kriechpotential 200f.
Kriechpotentialhypothese 199, 201
Kriechprobleme 227
Kriechschädigung 210f., 213, 216

Kriechverhalten eines Biegebalkens 228
Kriechvorgänge 3
Kristallklasse 138
krummlinige Koordinaten 52, 300, 322
Kugelbehälter 197
Kugelkoordinaten 297
Kugeltensor 58, 61f., 76
KUTTA-JUKOWSKIscher Satz 324

L
LAGRANGEsche Interpolationsformel 57
LAGRANGEsche Koordinaten 27
LAGRANGEsche Multiplikatorenmethode 59, 84, 139, 176, 200, 399
LAGRANGEscher Multiplikator 59, 139, 165, 421f., 496
LAGRANGEscher Spannungstensor 89
LAGRANGEscher Verzerrungstensor 37ff., 107, 113, 161, 376, 435, 438
LAMÉsche Konstanten 446
LAPLACE-Operator 307, 309
LAPLACE-Parameter 288
LAPLACEsche Differentialgleichung 319
LAPLACE-Transformation 252ff., 259, 261, 278f., 287
-,einseitige 252
LAPLACE-Transformierte 252, 259, 279
latente Energie 6
LEGENDRE-Transformation 178
LEHRsches (natürliches) Dämpfungsmaß 284f.
LEVY-MISES-Gleichungen 158, 194, 501f.
lineares viskoelastisches Verhalten 252
lineare Elastizitätstheorie 107
lineare Funktionale 20, 255, 243
linearelastisch-idealplastisch 190

lineare Viskoelastizitätstheorie 249, 255
linearer Operator 363
linearisierter Werkstoffschwinger 284
Linearität
-,geometrische 122
-,physikalische 108, 122
linear-viskoplastisch 289
Linienquelle 329
Liniensenke 329
Links-Streck-Tensor 50
LODE-Parameter 163, 495
logarithmische Dehnung 55
logarithmischer Verzerrungstensor 58, 62, 221f., 232, 393
Logarithmus eines Tensors 394
lokale Beschreibungsweise 29
lokale Zeitableitung 30
Longitudinalwellen 458
LÜDERS-Dehnung 3
LUDWIK-Dehnung 56

M
MAGNUS-Effekt 325
mapped stress tensor 203
MARQUART-LEVENBERG-Algorithmus 267
Massenbilanz 63
Maßstabstreue 312, 317
Maßtensor 37, 39
Materialgleichungen 99, 103, 185f., 233
Materialschädigung 350
Materialtensor 137
Materialtheorie 2, 185
Materialverhalten
-,geschwindigkeitsabhängiges 2, 3
-,geschwindigkeitsunabhängiges 2, 3
materielle Koordinaten 27
materielle Objektivität 106, 234, 242, 255
materielle Punkte 2, 360

materielle Zeitableitung 29ff., 67, 405f., 430, 435, 437
-des EULERschen Verzerrungstensors 437
mathematisches Modell 185
MAXWELL-Fluid 19, 21, 104, 243, 249ff., 253ff., 276ff., 281, 288
MAXWELL-Kette 280
MAXWELLsche Verteilungsfunktion 262ff., 268
MAXWELLsches Reziprozitätstheorem 470
mechanische Arbeit 155, 159
mechanische Dämpfung 286
mechanische Energie 157
mechanische Hysterese 2
mechanische Prinzipien 186
mechanische Zustandsgleichung 8f., 11, 153, 200
mehraxiale Werkstoffbeanspruchung 135, 190, 199, 204
mehraxiales Kriechen 200, 249
Membrangleichnis 192, 457
Memory-Fluid 19, 243
Memory-Effekt 255
Metrik 37
Metriktensoren 40, 376
-,kontravariante 300f.
-,kovariante 300f.
Minimalpolynom 350
MISES-Ellipse 194, 480f.
MISES-Kreis 152, 486
MISESsche Fließbedingung 1, 150, 191, 194, 444, 481f., 498f., 502
MISES-Zylinder 418
modifizierte Relaxationsfunktion 281
MOHRsche Dehnungskreise 83
MOHRsche Kreise 80, 180, 399, 418, 420ff.
MOHRsche Spannungskreise 79
MOHRsches Verfahren 84
molare Gaskonstante 233
Momentengleichgewicht 86
Momentenspannungen 71, 86

MONKMAN-GRANT-Beziehung 213
multiplikative (polare) Zerlegung 42, 48f.

N

Nabla-Operator 305, 380
Nachgiebigkeit 257, 470
Nachgiebigkeitskoeffizienten 470
Nachgiebigkeitsmatrix 471
natürliche Dehnungen 55, 140
natürliches Verzerrungsinkrement 64
negatives Schnittufer 75
Nenndehnung 55, 369, 393
Nennspannung 73
Nennspannungstensor 89
net-stress concept 212f.
net-stress Tensor 92f., 101, 432
NEWTONsche Fluide 12, 104, 233f. 237, 242, 248, 291
NEWTONscher Körper 2
nicht objektiv 105
nichtlinear 107, 273, 292
nichtlineare viskose Fluide 240
nichtlinearer Dämpfungszylinder 274
nichtlinearer Regressions-Algorithmus 295
nichtlineares Verhalten 109
Nichtlinearität
-,geometrische 38, 40, 44, 108, 113, 375
-,physikalische 107, 113
-,tensorielle 23, 199
nicht-NEWTONsche Fluide 18f. 233, 238, 242f.
normalisierte Kriechspektren 258
normalisierte Relaxationsspektren 278
Normalspannung 75
Normalspannungsdifferenz 238
Normalspannungseffekt 248
normierte Relaxationsfunktion 281
NORTON-BAILEYsches Kriechgesetz 8, 11, 201, 204f., 211ff., 350
Nulltensor 338

Nullvektor 69
numerische Methoden 129

O

Oberflächenkräfte 84
objektiv 433ff., 438f.
objektiver Tensor 106, 234, 437
Objektivität 105, 434, 438
Oktaederebene 144, 151, 486
Oktaeder-Gleitung 180
Oktaedernormalspannung 423
Oktaederschubspannung 423
Oktaederspannungen 78
OLDROYDsche Zeitableitung 67, 412, 438
oriented material 501
orthogonal anisotrop 487
orthogonale Transformation 56
orthogonaler Tensor 436f.
orthogonales Kurvennetz 318f.
Orthogonalität krummliniger Koordinaten 303
orthonormiert 368, 376, 379
orthonormierte Basis 299
orthonormierte Transformation 172
Orthonormierungsbedingungen 51, 59, 376f.
orthotrop 114, 134, 449, 487
Orthotropie 147, 149, 445f., 467, 487
ortsunabhängig 111

P

Parallelströmung 334
Parameteridentifikation 185
Perforationstensor 172
Permutationstensor 48, 338
phänomenologische Beziehung 295
physikalische Komponente 307f.
physikalische Linearität 108, 122
physikalische Nichtlinearität 107, 113
PIOLA-KIRCHHOFF-Tensor 88, 101, 107, 113, 428, 431
-,erster 88, 90, 438f.
-,körperbezogener 438
-,zweiter 90f., 438

Plangröße 93
plastisch 3
plastisch inkompressibel 140, 144f., 172, 418
plastisch kompressibel 6, 222
plastische Arbeit 497
plastische Dehnung 157
plastische Dissipationsarbeit 159
plastische Kesselformel 506
plastische Kompressibilität 152
plastische Querzahl 159, 482
plastische Torsion 457
plastische Verzerrungsinkremente 164
plastische Viskosität 290
plastische Volumenkonstanz 158f., 162, 172, 296, 404, 492, 501
plastische Vorverformung 202
plastischer Tangentenmodul 159
plastisches Gebiet 311
plastisches Potential 139, 153, 158, 161f., 164f., 168, 170ff., 175, 335, 488, 492, 496, 499
plastisches Rückfließen 156
Plastizität 2
Plastizitätsbedingung 139, 155
Plastizitätstheorie 1, 155
-,Elementare 181, 186
Plastomechanik 1, 3, 291
POISEUILLE-Strömung 247
POISSONsche Differentialgleichung 133
POISSON-Verteilung 259, 279
polar 54, 386
polare Medien 430
polares Zerlegungstheorem 42, 49, 51, 386, 391
Polarisationsebene 459
Polarisationsprozess 341
Polarkoordinaten 462
Polymerlösung 288
Polymerschmelze 181, 238, 288
positiv definit 50, 55, 362, 393, 469
positive Definitheit 50
positiver Tensor 366
positives Schnittufer 75

Potential 120
-,elastisches 108, 110, 335
-,plastisches 139,153, 158, 161f., 164f., 168, 170ff., 175, 335, 488, 492, 496, 499
Potentialfunktion 128
Potentialströmung 320, 325
POYNTING-Effekt 203
POYNTING-THOMSON-Modell 277, 280
PRANDTL-REUSS-Gleichungen 160
PRANDTL-REUSS-Körper 190
PRANDTLsche Lösung 181, 311
primäres Kriechen 6f., 199,
primäres Kriechverhalten zylindrischer Hochdruckbehälter 232
principle of material frame-indifference 103, 240
Prinzip der größten spezifischen Dissipationsleistung 155f.
Prinzip der materiellen Objektivität 103, 105, 240, 245
Prinzip der virtuellen Arbeiten 472
Prinzip der virtuellen Verschiebungen 130
Prinzip vom Maximum der spezifischen Entropieproduktion 156
Prinzip vom Minimum der potentiellen Energie 130
Prinzip von DE SAINT-VENANT 461
Proportionalitätsgrenze 4
Pseudo-Kraftvektor 101, 214
Pseudo-net-stress Tensor 100f., 214ff.
pseudoplastisch 19
pulsierende Beanspruchung 499

Q
quasidiagonal 446f.
quasilineare Differentialgleichung 178
Quelle 328f., 334
Quell-Effekt 248
quellenfrei 329

Quellen-Senkenströmung 321,323
Quellenströmung 330
Quellfreiheit 329
Quellstärke 329
Querkontraktion 206
Querkontraktionszahl 237, 442
Querzahl
-,elastische 111
-,plastische 482

R
Randbedingungen
-,kinematische 119
-,statische 119
Randwertaufgabe
-,dritte 122
-,erste 120
-,zweite 121
Randwertprobleme 2
raumbezogen 27, 29, 220
räumlicher Spannungszustand 79
Raumzähigkeit 240
rechter CAUCHY-GREEN Tensor 255
Rechts-Streck-Tensor 50
Regel vom Heben und Senken der Indizes 301, 304
reguläre Funktion 313
reibungsfrei 320
REINER-RIVLIN Fluid 242
relative Streckung 43, 373, 394
relativer Deformationsgradient 245
relativer rechter CAUCHY-GREEN-Tensor 245
relativer Verschiebungsvektor 49
Relativgeschwindigkeit 65
Relaxationsfunktion 250, 252f., 255, 276ff., 281, 286
Relaxationsmodul 278
Relaxationsverhalten von Glas 273
Relaxationsvorgänge 3
Relaxationszeit 19, 243, 276ff., 288
relaxieren 251
Restgliedtensor 349
Retardationszeit 256ff., 288
reversible 155
reversible Verformung 2

REYNOLDSsches Transporttheorem 358, 425
reziproke Basis 300
Reziprozitätsbeziehung 78
rheologischer Körper 21
richtungsabhängig 110
RIVLIN-ERICKSEN-Tensoren 67
Rotation 32, 34, 51, 384, 391, 414f.
Rotationsströmung 247
Rotationstensor 390
Rotor des Geschwindigkeitsfeldes 66
Rotor des Verschiebungsfeldes 48
rubber-like-materials 6, 483
Rücktransformation 252f.
R-Wert 494
SAINT-VENANTsches Prinzip 122, 464
Sandhügelgleichnis 192
Sandstrandeffekt 19
Satz von CLAPEYRON 129, 469
Satz von MAXWELL 471
Schadenstensor 93, 97, 172, 175, 213f.
Schadenswachstum 214
Schadenszustand 211
Schädigungsmechanik 210
schadloser Zustand 95
scherfreie Strömungen 238
Scherströmung 234, 243f., 248
Scherung 244
Scherviskosität 243, 256, 291
Schichttlinien 457
Schiefsymmetrie 66
schiefsymmetrisch 96
Schrankenmethode 185f.
Schraubenströmung im Ringspalt 247
Schubfließgrenze 147, 190, 290f., 480f., 488
Schubspannung 75
Schubspannungshypothese 1, 140, 159, 499
Schwellbeanspruchung 498
Schwerkraft 85
Schwingbeanspruchung 498

Schwingfestigkeit 499
second-order-Effekt 160, 171, 292f.
sekundäres Kriechen 6f., 199ff., 214
Senke 329, 334
Senkenströmung 330
shape function 473
shear thickening 18
shear thinning 19
Simultaninvarianten 138, 168, 336, 339ff.
singulär 472
Singularität 328f., 464
Singularitätenmethode 334
181f.
Sinterwerkstoffe 181f.
skalare Stoffgrößen 200
SMITH-Diagramm 498
Spannung
-,wahre 73
Spannungsdeviator 78, 140, 235, 290
Spannungsfeld 120
-,ebenes 425
-,statisch zulässiges 423
spannungsfrei 449
Spannungsfunktion 87, 123
-,AIRYsche 125f., 128, 311, 425, 460f., 463
Spannungsleistung 430
Spannungsrelaxation 252, 280f.
Spannungstensor 71f., 74f., 77, 119
-,CAUCHYscher 76f.,88 , 90, 106f., 200f., 215, 335, 434f.
-,EULERscher 88
-,LAGRANGEscher 89
-,wahrer 73
Spannungsvektor 71, 74
Spannungszustand 2, 71, 73
-,ebener 125f., 467
Speicherkomplianz 286
Speichermodul 286
spezielle Gaskonstante 233
spezifische Ergänzungsarbeit 108
spezifische Entropie 155
Spintensor 66, 240, 242, 434

spurlose Tensoren 162, 205
ST. VENANTsche
    Kompatibilitätsbedingungen 69
stabilisiertes Glas 282
Stabilitätskriterium 139, 141ff.
Standard-Solid-Modell 257, 275f.,
    280
Starrkörperbewegung 40, 48, 67,
    372, 376, 379, 382, 386, 409,
    414f., 435ff., 472
stationär 30, 65, 320
stationäre Bewegung 411
stationäre Deformation 367
stationärer Wärmestrom 319
statisch zulässig 86f.
statische Beanspruchung 498
statische Randbedingungen 119
Staupunkt 325, 332
Steifigkeit 278, 470
Steifigkeitsmatrix 471f.
Stoffgesetz
    -,nichtlineares 104
Stoffgleichungen 1, 103, 107, 158f.,
    161, 168, 171, 175, 201, 216, 496
Stoffgrößen
    -,skalare 200
    -,tensorielle 200
Stofftensoren 201, 335f.
STOKESsche Bedingung 236, 239
STOKESsches Fluid 236
Strahlverbreiterung 248
Streckgeschwindigkeit 409
Streckgeschwindigkeitstensor 65
Streckgrenze 3
Streckgrenzeneffekt 3
Streckung 34, 51f.
strength-differential effect 489
Stromfunktion 124, 320, 324, 328,
    330, 333
Stromlinien 67, 319, 320f., 328,
    330, 332, 411
Strömungsanomalie 248
Strömungspotential 332
strukturell stabil 8
Strukturrelaxation 280
strukturviskos 19

strukturviskoses Fluid 238
Stützstellen 350
    -,konfluente 350
substantielle Betrachtungsweise 29
substantielle Koordinaten 27
Summationsvereinbarung 30
superponiert 117
Superposition 344f.
Superpositionsprinzip 115f., 122,
    129, 251, 469
Symmetrie
    -,des CAUCHYschen
        Spannungstensors 78, 86
    -,hexagonale 447
symmetrischer Pseudo-net-stress
    Tensor 99
symmetrisches Verhalten gegenüber
    Zug- und Druckbeanspruchung
    158

T

Tangentenmodul 491
Temperaturfeld 30
    -,stationäres 449
Temperaturmoment 452
Tensor vierter Stufe 162, 172
Tensorcharakter 78, 369, 372
Tensorfunktionen
    -,skalarwertige 335
Tensorgenerator 167ff., 170, 172,
    176, 202, 204, 215, 341f., 344ff.
tensorielle Feldgrößen 30
tensorielle Interpolationsmethode
    296, 351
tensorielle Nichtlinearität 23, 199,
    296
tensorielle Stoffgrößen 200
Tensorkoordinaten
    -,gemischte 311
    -,kontravariante 311
    -,kovariante 311
Tensorpolynom 167, 352
Tensorquadrik 362
tensorwertig 335
tensorwertige Funktionale 20, 244

tensorwertige Funktionen 170f., 175, 335
tertiäres Kriechen 6f., 92, 99, 199, 212
Tetraeder 73
Theorie des plastischen Potentials 154, 222
Theorie endlicher Verzerrungen 49, 232
Theorie tensorwertiger Funktionen 293
thermische Belastung 452
thermische Zustandsgleichung 233
thermodynamischer Druck 236
thermodynamische Forderungen 186
thermodynamischer Vorgang 155
theta-projection-concept 8, 205
Tiefziehblech 487, 493
Tiefziehen 150
time to rupture 212
Titan-Bleche 153
Torsion
  -,elastische 457
  -,plastische 457
Torsionsfunktion 133, 191, 453, 456
Torsionskriechen 228
Torsionskriechversuch 207
Torsionsmoment 133
Torsionsnennspannung 190
Tragdruck 196, 197
Tragfähigkeit 189f.
Tragfähigkeitsreserve 189f., 193
Trägheitskräfte 85
Traglasttheorie der Statik 185
Traglastverfahren 186
Tragmoment 189f., 192
Trajektorien 180, 457
Transformation
  -,orthonormierte 172
Transformationsgesetz 428
Transformationsmatrix 144, 380, 400
Translation 32, 34, 51, 414f.
transponiert 376

Transporttheoreme 32
transversale Isotropie 150, 154, 167, 202, 486
transversal-isotrop 114, 487
Transversalwellen 459
TRESCAsche Fließbedingung 1, 140, 153f., 194, 481, 485
TRESCA-Sechseck 481, 486
TROUTON-Verhältnis 237
TROUTON-Viskosität 238

U
Überlastungsfaktor 191
unstabilisiertes Glas 282
Umströmung eines Halbkörpers 331

V
Variationsmethoden 186
Vektorkoordinaten
  -,kontravariante 298
  -,kovariante 298
Verbundwerkstoffe 182
Verfestigung 135, 159, 294, 350
Verfestigungsfläche 135
Verfestigungsgeschichte 136
Verfestigungshypothesen 199
Verfestigungskriterium 140
Vergleichsdehnung 114, 222
Vergleichsdehnungsgeschwindigkeit 180
Vergleichsformänderungs-
  geschwindigkeit 231
Vergleichskriech-
  geschwindigkeit 199
Vergleichsspannung 114, 158f., 206, 231, 497
Vergrößerungsfunktion 285
Verlustfaktor 286
Verlustkomplianz 286
Verlustmodul 286
Verlustwinkel 283
Versagensgrenze 189, 196f.
Versagenszeit 212, 228
Versagenszustand 230
Verschiebung 2, 32
  -,generalisierte 471
Verschiebungsdyade 33

Verschiebungsfeld
 -,homogenes 35
Verschiebungsfunktion 123
Verschiebungsgradient 33, 41, 407
Verschiebungsvektor 27, 32, 119
Verträglichkeitsbedingungen 68,
 70, 110, 165, 171, 424f.
Verwölbung 453, 455
Verwölbungsfunktion 455
Verzerrung 32, 47f., 382, 384, 386,
 391
 -,endliche 38
Verzerrungsenergie 157
Verzerrungsfeld 120
Verzerrungsgeschwindigkeit 66,
 240
Verzerrungsgeschwindigkeits
 -,deviator 235
 -,tensor 64f., 67, 201, 233f., 240,
 290, 406, 412, 435, 438
Verzerrungsmaß 37
Verzerrungstensor 27, 37, 40, 119
 -,EULERscher 37, 39, 67, 412,
 436ff.
 -,HENCKYscher 58
 -,klassischer 40, 44, 67f., 107,
 406
 -,LAGRANGEscher 37ff., 107,
 113, 376, 435, 438
 -,infinitesimaler 40, 67
 -,logarithmischer 58, 62, 393
Verzerrungszustand 2
 -,ebener 125f., 468
virtuelle Verschiebungen 471f.
viscous stress tensor 233
viskoelastisches Fluid 248
Viskoelastizität 2, 3
viskometrische Strömungen 247
viskoplastisch 20, 22
viskoplastische Modelle 289
viskoplastische Stoffe 289
Viskoplastizität 3
Viskoplastizitätstheorie 22f., 289
viskose Anteile 251, 286
viskoser Spannungstensor 234
Viskosimeter 247

Viskositätskurve 19
Viskositätstensor 234
VOICE-Gleichung 296
vollplastischer Zustand 189, 191
volume viscosity 240
Volumenänderung 6, 58, 61f.,
 221f., 237
Volumendehnung 61, 112, 161f.,
 208, 393, 402, 447
 -,effektive 62
Volumenelastizitätsmodul 112, 235,
 238
Volumenkonstanz 483
Volumenkraftdichte 85
Volumenkräfte 84
Volumenspannung 112
Volumenstrom 329f.
volumentreu 378, 385
Volumenviskosität 235f., 238ff.
Volumenzähigkeit 240
vorticity tensor 240
Vorverformung 109
 -,plastische 202
Vorzugsrichtung 487

W

wahre Dehnung 55
wahre Spannung 73, 140
wahrer Spannungstensor 73
Wärmeausdehnungskoeffizient 114
Wärmeausdehnungstensor 115
Wärmedehnung 115
 -,orthotrope 448
Wärmespannung 10, 115
Wärmestrom 319
Warmfließkurve 294
Warmzugversuch 294
Wechselbeanspruchung 498f.
Wechselfestigkeit 499
WEISSENBERG-Effekt 248
Werkstoffanstrengung 231
Werkstoffdämpfung 2, 282, 284f.,
Werkstoffschwinger 285
Werkstoffstabilität 139, 155
Werkstoffverfestigung 5
winkeltreue Abbildung 312, 316

wirbelfrei 329

Z

zeitabhängig 3, 282
zeitunabhängig 3
Zeitverfestigungshypothese 199
Zipfelbildung 150, 493
Zirkulation 324f., 328
Zugfließgrenze 3, 148, 293, 481
Zugkriechversuch 207
zulässige Verteilungsfunktion 262
Zustandsgleichung 233
zweite Randwertaufgabe 121
zweiter Hauptsatze der
 Thermodynamik 155, 157, 237
zweiter PIOLA-KIRCHHOFF-Tensor
 90f., 438
Zykloiden 179
Zylinderkoordinaten 221, 297, 308

I Anhang

Im Anhang sollen einige Ergänzungen zusammengestellt werden, die u.a. für die Konstruktion *irreduzibler Invarianten* eines *Tensors vierter Stufe* von grundlegender Bedeutung sind (BETTEN, 1982a,1985a, 1986c, 1987a,b, 1988, 1998,2001b; BETTEN / HELISCH, 1992, 1995a,b; HELISCH, 1993).

Um einen systematischen Zugang zu einem Invariantensystem für einen Tensor vierter Stufe zu finden, das *irreduzibel* und möglichst *vollständig* ist, sollen in Ergänzung zu Ziffer 12.1 drei Methoden benutzt werden.

Die erste Methode soll den Zugang zu einem Invariantensystem über die Formulierung eines *Eigenwertproblemes* für den Tensor vierter Stufe gewähren. Als zweite Methode soll die *LAGRANGEsche Multiplikatorenmethode* benutzt werden. Schließlich eröffnet eine dritte Methode unter Benutzung der *Kombinatorik* den weitesten Spielraum und verspricht das Auffinden eines *irreduziblen Invariantensystems*, das auch *vollständig* ist. Damit wäre das Endziel dieser Fragestellung erreicht.

A.1 Eigenwertproblem

Ein Tensor vierter Stufe mit den Symmetrieeigenschaften (12.5a) kann als linearer Operator aufgefasst werden, der zwei symmetrische Dyaden ($X_{ij} = X_{ji}$ und $Y_{ij} = Y_{ji}$) miteinander verknüpft, d.h. gemäß der linearen Transformation

$$Y_{ij} = A_{ijkl} X_{kl} \qquad (A.1)$$

durch Einwirken auf einen symmetrischen Tensor zweiter Stufe **X** eine symmetrische Bilddyade **Y** erzeugt. Aufgrund der Symmetrieeigenschaften der Dyaden **X** und **Y** kann (A.1) durch folgende „Matrizendarstellungen" ausgedrückt werden (BETTEN, 1987a):

$$\begin{pmatrix} Y_{11} \\ Y_{22} \\ Y_{33} \\ Y_{12} \\ Y_{23} \\ Y_{31} \end{pmatrix} = \begin{pmatrix} A_{1111} & A_{1122} & A_{1133} & 2A_{1112} & 2A_{1123} & 2A_{1131} \\ & A_{2222} & A_{2233} & 2A_{2212} & 2A_{2223} & 2A_{2231} \\ \text{symm.} & & A_{3333} & 2A_{3312} & 2A_{3323} & 2A_{3331} \\ \hline A_{1211} & A_{1222} & A_{1233} & 2A_{1212} & 2A_{1223} & 2A_{1231} \\ A_{2311} & A_{2322} & A_{2333} & & 2A_{2323} & 2A_{2331} \\ A_{3111} & A_{3122} & A_{3133} & \text{symm.} & & 2A_{3131} \end{pmatrix} \begin{pmatrix} X_{11} \\ X_{22} \\ X_{33} \\ X_{12} \\ X_{23} \\ X_{31} \end{pmatrix} \quad (A.2a)$$

$$\begin{pmatrix} Y_{11} \\ Y_{22} \\ Y_{33} \\ Y_{12} \\ Y_{23} \\ Y_{31} \end{pmatrix} = \begin{pmatrix} A_{1111} & A_{1122} & A_{1133} & A_{1112} & A_{1123} & A_{1131} \\ & A_{2222} & A_{2233} & A_{2212} & A_{2223} & A_{2231} \\ & & A_{3333} & A_{3312} & A_{3323} & A_{3331} \\ & & & A_{1212} & A_{1223} & A_{1231} \\ & & & & A_{2323} & A_{2331} \\ \text{symm.} & & & & & A_{3131} \end{pmatrix} \begin{pmatrix} X_{11} \\ X_{22} \\ X_{33} \\ 2X_{12} \\ 2X_{23} \\ 2X_{31} \end{pmatrix} \quad (A.2b)$$

Beschränkt man sich zur besseren Übersicht zunächst mal auf den zweidimensionalen Fall (i, j, k, l = 1, 2), so vereinfachen sich die Darstellungen (A.2a,b) zu:

$$\begin{pmatrix} Y_{11} \\ Y_{22} \\ Y_{12} \end{pmatrix} = \begin{pmatrix} A_{1111} & A_{1122} & 2A_{1112} \\ A_{2211} & A_{2222} & 2A_{2212} \\ A_{1211} & A_{1222} & 2A_{1212} \end{pmatrix} \begin{pmatrix} X_{11} \\ X_{22} \\ X_{12} \end{pmatrix} \quad (A.3a)$$

$$\begin{pmatrix} Y_{11} \\ Y_{22} \\ Y_{12} \end{pmatrix} = \begin{pmatrix} A_{1111} & A_{1122} & A_{1112} \\ & A_{2222} & A_{2212} \\ \text{symm.} & & A_{1212} \end{pmatrix} \begin{pmatrix} X_{11} \\ X_{22} \\ 2X_{12} \end{pmatrix} \quad (A.3b)$$

Man erkennt, dass in den Darstellungen (A.2a) und (A.3a) die Koeffizientenmatrizen trotz der Symmetrie (12.5a) nicht symmetrisch sind. In der Elastizitätstheorie bevorzugt man deshalb (fast ausschließlich) die Darstellung (A.2b) mit

$$X_{11} \equiv \varepsilon_{11}, \ldots, X_{33} \equiv \varepsilon_{33}, \quad 2X_{12} \equiv \gamma_{12}, \ldots, 2X_{31} \equiv \gamma_{31}, \quad (A.4)$$

die auf VOIGT (1928) zurückgeht. In (A.4) sind $\varepsilon_{11}, \varepsilon_{22}, \varepsilon_{33}$ Koordinaten des klassischen Verzerrungstensors, während $\gamma_{12}, \gamma_{23}, \gamma_{31}$ als Gleitungen definiert sind. Es muss jedoch betont werden, dass letztere Größen nicht als Koordinaten eines Tensors gedeutet werden können, sondern lediglich ein Maß für die mit einer Gleitung verbundenen Winkeländerungen dastel-

A.1 Eigenwertproblem

len (BETTEN, 1985a). Hingegen sind ε_{12}, ε_{23}, ε_{31} Tensorkoordinaten (Ziffer 1.4). Aufgrund dieser Tatsache soll im Folgenden die Darstellung (A.2a) bzw. (A.3a) bevorzugt werden.

Zur Formulierung des *Eigenwertproblems* für einen *Tensor vierter Stufe* kann man die nullte Potenz (12.6) benutzen und erhält analog (2.8):

$$A_{ijkl}X_{kl} = \bar{\mu} A^{(0)}_{ijkl} X_{kl} \Rightarrow \boxed{\left(A_{ijkl} - \bar{\mu} A^{(0)}_{ijkl}\right) X_{kl} = 0_{ij}} \qquad (A.5)$$

und somit das *charakteristische Polynom*

$$P_n(\bar{\mu}) = \det\left(A_{ijkl} - \bar{\mu} A^{(0)}_{ijkl}\right) = 0 , \qquad (A.6a)$$

das mit (12.3) identisch ist und im zweidimensionalen Fall unter Berücksichtigung von (A.3a) und

$$A^{(0)}_{ijkl} = \begin{pmatrix} 1 & 0 & 0 \\ 0 & 1 & 0 \\ 0 & 0 & 1/2 \end{pmatrix} \qquad (A.7)$$

durch

$$\begin{vmatrix} A_{1111} - \bar{\mu} & A_{1122} & 2A_{1112} \\ A_{2211} & A_{2222} - \bar{\mu} & 2A_{2212} \\ A_{1211} & A_{1222} & 2A_{1212} - \bar{\mu} \end{vmatrix} \equiv \det(\boldsymbol{\alpha} - \bar{\mu}\boldsymbol{\delta}) = 0 \qquad (A.6b)$$

oder durch

$$\boxed{\bar{\mu}^3 - J_1(\boldsymbol{\alpha})\bar{\mu}^2 - J_2(\boldsymbol{\alpha})\bar{\mu} - J_3(\boldsymbol{\alpha}) = 0} \qquad (A.6c)$$

ausgedrückt werden kann. In (A.6b,c) ist $\boldsymbol{\alpha}$ die **nicht** symmetrische Koeffizientenmatrix des linearen Gleichungssystems (A.3a). Die *irreduziblen Invarianten* $J_1(\boldsymbol{\alpha})$, ..., $J_3(\boldsymbol{\alpha})$ in (A.6c) beziehen sich auf das Matrizenschema $\boldsymbol{\alpha}$ in (A.3a) und können formal nach der Rechenvorschrift (1.76 / 4.7a,b,c) ermittelt werden:

$$J_1(\boldsymbol{\alpha}) \equiv \operatorname{tr}\boldsymbol{\alpha} = A_{1111} + A_{2222} + 2A_{1212} , \qquad (A.8a)$$

$$J_2(\boldsymbol{\alpha}) \equiv \left[\operatorname{tr}\boldsymbol{\alpha}^2 - (\operatorname{tr}\boldsymbol{\alpha})^2\right]/2 , \qquad (A.8b)$$

$$J_3(\boldsymbol{\alpha}) \equiv \det(\boldsymbol{\alpha}) . \qquad (A.8c)$$

Man erkennt: Über das *Eigenwertproblem* (A.5) bzw. *charakteristische Polynom* (A.6a,b,c) erhält man im zweidimensionalen Fall (i, j, k, l = 1, 2) **drei** irreduzible Invarianten (A.8a,b,c) eines Tensors **vierter Stufe**. Im Gegensatz dazu besitzt ein Tensor **zweiter Stufe** im zweidimensionalen Fall nur die **zwei** Invarianten:

$$J_1(\mathbf{X}) \equiv \text{tr}\,\mathbf{X} = X_{11} + X_{22}\,, \tag{A.9a}$$

$$\left.\begin{array}{l} J_2(\mathbf{X}) \equiv -X_{i[i]}X_{j[j]} \equiv -\det(\mathbf{X}) \\ J_2(\mathbf{X}) = X_{12}^2 - X_{11}X_{22}\,. \end{array}\right\} \tag{A.9b}$$

Eine „Vervollständigung" des Invariantensystems (A.8a,b,c) kann erreicht werden, wenn man das *Eigenwertproblem* im Gegensatz zu (A.5) mit dem *isotropen Tensor* (3.25)

$$I_{ijkl} := \lambda \delta_{ij}\delta_{kl} + \mu(\delta_{ik}\delta_{jl} + \delta_{il}\delta_{jk}) \tag{A.10}$$

formuliert:

$$A_{ijkl}X_{kl} = I_{ijkl}X_{kl} \;\Rightarrow\; \boxed{(A_{ijkl} - I_{ijkl})X_{kl} = 0_{ij}} \tag{A.11}$$

Der Tensor (A.10) ist [im Gegensatz zu (12.6)] der „allgemeinste" *isotrope Tensor vierter Stufe*, der die Symmetrieeigenschaften (12.5a) erfüllt. In der Elastizitätstheorie wird (A.10) als *isotroper Elastizitätstensor* (3.25) benutzt, um das isotrope Stoffverhalten zu beschreiben (Ziffer 3.1). Die skalaren Größen λ und μ sind dann die *LAMÉschen Konstanten* (3.27a,b). Im isotropen Fall besteht zwischen den Dyaden **X** und **Y** der Zusammenhang:

$$Y_{ij} = I_{ijkl}X_{kl} = \lambda X_{rr}\delta_{ij} + 2\mu X_{ij}\,. \tag{A.12}$$

Dann sind die Dyaden **X** und **Y** *koaxial*. Die *Koaxialität* von Spannungstensor ($Y_{ij} \equiv \sigma_{ij}$) und Verzerrungstensor ($X_{ij} \equiv \varepsilon_{ij}$) gehört zum Wesen der *Isotropie*.

Bei BETTEN (2001b) wird das *Eigenwertproblem* (A.11) für einen *Tensor vierter Stufe* betrachtet. Der wesentliche Unterschied zum Eigenwertproblem für einen Tensor zweiter Stufe (2.8) besteht also darin, dass in $p_i = \sigma n_i$ bzw. in $Y_i = \mu X_i = \mu \delta_{ij}X_j$ die beiden Vektoren **X** und **Y** *kollinear*, während in der „entsprechenden" Beziehung (A.12) die beiden Dyaden **X** und **Y** *koaxial* sind!

Aus (A.11) kann in Verallgemeinerung von (A.6a) das *charakteristische Polynom*

$$P(\lambda,\mu) = \det(A_{ijkl} - I_{ijkl}) = 0 \tag{A.13a}$$

A.1 Eigenwertproblem

für einen *Tensor vierter Stufe* gewonnen werden, das man im zweidimensionalen Fall durch

$$P(\lambda,\mu) = \begin{vmatrix} A_{1111}-(\lambda+2\mu) & A_{1122}-\lambda & 2A_{1112} \\ A_{2211}-\lambda & A_{2222}-(\lambda+2\mu) & 2A_{2212} \\ A_{1211} & A_{1222} & 2A_{1212}-2\mu \end{vmatrix} = 0 \quad (A.13b)$$

oder durch

$$\boxed{8\mu^3 - 4J_1(\boldsymbol{\alpha})\mu^2 - 2J_2(\boldsymbol{\alpha})\mu - J_3(\boldsymbol{\alpha}) - 2K_1\lambda - 2K_2\lambda\mu + 8\lambda\mu^2 = 0} \quad (A.13c)$$

ausdrücken kann. Die Koeffizienten in (A.13c) sind die 5 irreduziblen Invarianten

$$\left. \begin{array}{l} J_1(\boldsymbol{\alpha}),\ J_2(\boldsymbol{\alpha}),\ J_3(\boldsymbol{\alpha}), \\ K_1 \equiv (A_{1112} - A_{2211})^2 - A_{1212}(A_{1111} + A_{2222} - 2A_{1122}), \\ K_2 \equiv J_1(\boldsymbol{\alpha}) + 2(A_{1212} - A_{1122}). \end{array} \right\} \quad (A.14)$$

Für $\lambda = 0$ und $\mu = \overline{\mu}/2$ geht (A.13c) zwanglos in die Vereinfachung (A.6c) über. Somit ist das irreduzible Invariantensystem (A.14) mit **5** Elementen auch vollständiger als das System (A.8a,b,c) mit nur **3** irreduziblen Invarianten.

Von BETTEN (1986c, 1987a,b, 2001b) wird die oben geschilderte Vorgehensweise aufgegriffen, um ein *irreduzibles Invariantensystem für einen Tensor vierter Stufe* im dreidimensionalen Fall (i, j, k, l = 1, 2, 3) zu finden, das vollständiger ist, als alle bisher gefundenen Ergebnisse (Ziffer 12.1). Die Verallgemeinerung des Systems (A.14) auf den dreidimensionalen Fall ist sehr aufwendig und führt auf ein Invariantensystem mit 11 irreduziblen Elementen (BETTEN, 1986c, 1987a,b, 2001b).

Der Zugang zur *Integritätsbasis* eines Tensors zweiter Stufe kann auch wie in Ü 2.2.2 (Teil a) erfolgen, was auf die *elementaren symmetrischen Funktionen* (4.4a,b,c) führt, die mit den *irreduziblen Invarianten* (4.7a,b,c) übereinstimmen. In ähnlicher Weise könnte man für den *Tensor vierter Stufe* vom *orthotropen* Fall ($A_{1112} = A_{1222} = 0$) ausgehen, der wie der isotrope Fall durch *Koaxialität* und ein symmetrisches Matrizenschema $\boldsymbol{\alpha}$ in (A.3a) gekennzeichnet ist. Im zweidimensionalen Fall (i, j, k, l = 1, 2) erhält man dann die charakteristische Gleichung

$$P(\lambda,\mu) = \begin{vmatrix} A_I - (\lambda+2\mu) & B_I - \lambda & 0 \\ B_I - \lambda & A_{II} - (\lambda+2\mu) & 0 \\ 0 & 0 & A_{III} - 2\mu \end{vmatrix} = 0, \quad (A.15)$$

deren Koeffizienten als elementare symmetrische Funktionen gedeutet werden können, die mit den Invarianten (A.14) übereinstimmen. Dieser Sachverhalt wird ebenfalls von BETTEN (1986c, 1987a,b, 2001b) für den dreidimensionalen Fall genauer untersucht.

A.2 LAGRANGEsche Multiplikatorenmethode

Es sei

$$F = F(x,y,z) \quad (A.16)$$

eine stetige und stetig differenzierbare Funktion von mehreren Veränderlichen (z.B. drei: x, y, z). Gesucht ist das Maximum (Minimum) oder der stationäre Wert unter Berücksichtigung der Nebenbedingungen

$$L = L(x,y,z) = 0 \quad \text{und} \quad M = M(x,y,z) = 0, \quad (A.17a,b)$$

d.h., die Veränderlichen, von denen die Funktion abhängt, sind nicht voneinander unabhängig, sondern durch (A.17a,b) miteinander verknüpft (bedingte Extremwerte). Man findet die Extremwerte, wenn man das vollständige Differential der Funktion (A.16) null setzt: dF = 0. Ebenso gilt wegen (A.17a,b) aber auch: dL = dM = 0 und somit die Kombination

$$\boxed{dF \pm \lambda\, dL \pm \mu\, dM = 0} \quad (\text{bzw.: } d\Phi = 0). \quad (A.18)$$

Daraus folgt:

$$\left(\frac{\partial F}{\partial x} \pm \lambda \frac{\partial L}{\partial x} \pm \mu \frac{\partial M}{\partial x}\right) dx + \ldots + \left(\frac{\partial F}{\partial z} \pm \lambda \frac{\partial L}{\partial z} \pm \mu \frac{\partial M}{\partial z}\right) dz = 0. \quad (A.19)$$

Darin werden *LAGRANGEsche Multiplikatoren* λ, μ so bestimmt, dass die Koeffizienten der Differentiale dx, dy und dz verschwinden:

$$\boxed{\frac{\partial \Phi}{\partial x} = \frac{\partial \Phi}{\partial y} = \frac{\partial \Phi}{\partial z} \stackrel{!}{=} 0 \quad \text{mit} \quad \Phi := F \pm \lambda L \pm \mu M}. \quad (A.20)$$

Mithin braucht man bekanntlich nur die partiellen Ableitungen von Φ nach allen Veränderlichen gleich null zu setzen, wobei man λ, μ als konstant

A.2 Lagrangesche Multiplikatorenmethode

ansieht. Ebenso gilt auch:

$$\partial \Phi / \partial \lambda = 0 \quad \text{und} \quad \partial \Phi / \partial \mu = 0 \ , \tag{A.21a,b}$$

was den Bedingungen (A.17a,b) entspricht.

Die *LAGRANGEsche Multiplikatorenmethode* kann bei der *Hauptachsentransformation* eines Tensors zweiter und vierter Stufe benutzt werden, wie im Folgenden gezeigt wird.

Die Koordinaten eines Tensors zweiter Stufe transformieren sich bei der Drehung eines rechtwinkligen kartesischen Koordinatensystems gemäß

$$A_{ij}^* = a_{ip} a_{jq} A_{pq} \ . \tag{A.22}$$

Darin sind a_{ij} die Elemente einer *orthonormierten* Transformationsmatrix

$$a_{ip} a_{jp} = \delta_{ij} = a_{pi} a_{pj} \ . \tag{A.23}$$

Gesucht sind die a_{ij} so, dass A_{11}^*, A_{22}^* und A_{33}^* extremal werden. Dabei ist die *Nebenbedingung* [Orthonormierungsbedingung (A.23)]

$$L_{ij} = a_{ip} a_{jp} - \delta_{ij} = 0_{ij} \tag{A.24}$$

zu erfüllen. Im Sinne der *Multiplikatorenmethode* geht man von der modifizierten Grundfunktion (hier eine tensorwertige Funktion)

$$\Phi_{ij} = a_{ip} a_{jq} A_{pq} - \lambda (a_{ip} a_{jp} - \delta_{ij}) \tag{A.25}$$

aus und bildet: $\partial \Phi_{11} / \partial a_{1k} = \ldots = \partial \Phi_{33} / \partial a_{3k} = 0_k$, d.h.:

$$\frac{\partial \Phi_{(rr)}}{\partial a_{(r)k}} \overset{!}{=} 0_{kr} \quad \Rightarrow \quad \boxed{(A_{ij} - \lambda_{(r)} \delta_{ij}) a_{(r)j} = 0_{ri}} \ . \tag{A.26}$$

Über den eingeklammerten Index r in (A.26) ist **nicht** zu summieren. Aus (A.26) erhält man zu den drei charakteristischen Zahlen $\lambda_{(1)} \equiv \lambda_I, \ldots,$ $\lambda_{(3)} \equiv \lambda_{III}$ die entsprechenden Eigenvektoren $n_i^{(1)} \equiv n_i^I, \ldots, n_i^{(3)} \equiv n_i^{III}$, wobei

$$n_i^{(r)} = (a_{r1}, a_{r2}, a_{r3}) \tag{A.27}$$

der r-te Zeilenvektor in der Matrix (a_{ij}) ist. Da in einer orthonormierten Matrix Zeilen- (oder Spalten-)vektoren paarweise orthogonal sind, stehen die Eigenvektoren paarweise aufeinander senkrecht.

Man erhält das *charakteristische Gleichungssystem* (A.26) auch, wenn man in (A.25) die Elemente Φ_{12}, Φ_{23} und Φ_{31} null setzt.

Obige Vorgehensweise [Gln. (A.22) bis (A.27)] kann man auf den *Tensor vierter Stufe* verallgemeinern. Analog (A.22) geht man von

$$A^*_{ijkl} = a_{ip}a_{jq}a_{kr}a_{ls}A_{pqrs} \tag{A.28}$$

aus. Mit den **zwei** Nebenbedingungen

$$L_{ijkl} = a_{ip}a_{jp}a_{kq}a_{lq} - \delta_{ij}\delta_{kl} = 0_{ijkl} \, , \tag{A.29a}$$

$$M_{ijkl} = a_{ip}a_{kp}a_{jq}a_{lq} + a_{ip}a_{lp}a_{jq}a_{kq} - \delta_{ik}\delta_{jl} - \delta_{il}\delta_{jk} = 0_{ijkl} \tag{A.29b}$$

wird somit in Erweiterung von (A.25) der modifizierte Tensor vierter Stufe

$$\Phi_{ijkl} = A^*_{ijkl} - \lambda L_{ijkl} - \mu M_{ijkl} \tag{A.30}$$

im Sinne der *LAGRANGEschen Multiplikatorenmethode* als (tensorwertige) Grundfunktion angesehen. Analog (A.26) wird dann gefordert:

$$\partial \Phi_{(iiii)} / \partial a_{(i)n} \stackrel{!}{=} 0_{in} \quad \text{oder:} \quad \partial \Phi_{(ijij)} / \partial a_{(i)n} \stackrel{!}{=} 0_{ijn} \, . \tag{A.31}$$

Eine andere Möglichkeit ist folgende. Es sei

$$F = F(\mathbf{x}) = A_{ij}x_i x_j \tag{A.32}$$

eine *Tensorquadrik* [wie (2.7)]. Darin sind $A_{ij} = A_{ji}$ die Koordinaten eines symmetrischen Tensors zweiter Stufe, während $\mathbf{x}$ ein Vektor ist, dessen einzige Invariante sein Betrag bzw. $x^2 = x_i x_i$ ist. Gesucht sind Bedingungen für das „stationäre Verhalten" der Tensorquadrik unter der „Nebenbedingung"

$$L = \delta_{ij}x_i x_j - x^2 = 0 \, . \tag{A.33}$$

Nach der *LAGRANGEschen Multiplikatorenmethode* geht man von der modifizierten Grundfunktion

$$\Phi = F - \lambda L = A_{ij}x_i x_j - \lambda(\delta_{ij}x_i x_j - x^2) \tag{A.34}$$

und erhält das bekannte Ergebnis:

$$\frac{\partial \Phi}{\partial x_i} = 0_i \; \Rightarrow \; \boxed{(A_{ij} - \lambda \delta_{ij})x_j = 0_i} \, , \tag{A.35}$$

A.2 Lagrangesche Multiplikatorenmethode

das gemäß (2.8) auf den Spannungstensor angewendet wird.

Analog (A.32) kann man die skalare Funktion

$$F = F(\mathbf{X}) = A_{ijkl} X_{ij} X_{kl} \ , \tag{A.36}$$

als quadratische Form der Dyade **X** auffassen. Darin sind A_{ijkl} die Koordinaten eines symmetrischen Tensors vierter Stufe. Zu untersuchen ist das „stationäre Verhalten" der skalaren Funktion (A.36) unter gewissen „Nebenbedingungen". Welche Bedingungen sind jetzt zu beachten? Im Gegensatz zum Vektor **x** in (A.32) mit nur **einer** Invarianten besitzt die Dyade **X** in (A.36) jedoch **drei** irreduzible Invarianten:

$$S_1 = X_{ii} \equiv \mathrm{tr}\,\mathbf{X}, \quad S_2 = X_{ij} X_{ji} \equiv \mathrm{tr}\,\mathbf{X}^2 \ , \tag{A.37a,b}$$

$$S_3 = X_{ij} X_{jk} X_{ki} \equiv \mathrm{tr}\,\mathbf{X}^3 \ , \tag{A.37c}$$

welche die *Integritätsbasis* der Dyade **X** bilden. Mithin müssen im Gegensatz zu (A.33) auch **drei** „Nebenbedingungen" erfüllt werden:

$$L = \delta_{ij} \delta_{kl} X_{ij} X_{kl} - S_1^2 = 0 \ , \tag{A.38a}$$

$$M = (\delta_{ik} \delta_{jl} + \delta_{il} \delta_{jk}) X_{ij} X_{kl} - 2 S_2 = 0 \ , \tag{A.38b}$$

$$N = (\delta_{jk} \delta_{pl} + \delta_{jl} \delta_{pk}) X_{ip} X_{ij} X_{kl} - 2 S_3 = 0 \ . \tag{A.38c}$$

Somit ist die modifizierte Grundfunktion

$$\boxed{\Phi = F - \lambda L - \mu M - \nu N} \tag{A.39}$$

auf ihren „stationären Charakter" hin zu untersuchen. Man kann zeigen, dass im zweidimensionalen Fall $(i, j, k, l = 1, 2)$ die oben beschriebene LAGRANGEsche Multiplikatorenmethode unmittelbar auf das Ergebnis (A.13) führt (BETTEN, 1987a). In diesem Sonderfall hat die kubische Invariante (A.37c) und damit auch die dritte „Nebenbedingung" (A.38c) keine Bedeutung, so dass in (A.39) auch $\nu = 0$ gesetzt werden kann. Im dreidimensionalen Fall $(i, j, k, l = 1, 2, 3)$ führt die Forderung

$$\partial \Phi / \partial X_{rs} \stackrel{!}{=} 0_{rs} \tag{A.40}$$

auf das nichtlineare Gleichungssystem

$$(A_{ijkl} - I_{ijkl}) X_{kl} = 3 \nu X_{ij}^{(2)} \ , \tag{A.41}$$

das allerdings nur für $v = 0$ auf (A.11) führt. Weitere Untersuchungen zu diesem Problem können aus Platzgründen hier nicht diskutiert werden. Dazu sei auf BETTEN (2001b) verwiesen.

A.3 Kombinatorik

Man kann leicht zeigen, dass im n-dimensionalen Raum polynomiale Invarianten von Tensoren gerader Stufenzahl durch Überschiebungen der Koordinaten der Tensoren mit KRONECKER-Symbolen δ und maximal einem Permutationstensor ε der Stufe n+1 darstellbar sind. Aufgrund der Beziehung

$$\varepsilon_{i_1 \ldots i_r} \varepsilon_{j_1 \ldots j_r} \equiv \begin{vmatrix} \delta_{i_1 j_1} & \cdots & \delta_{i_1 j_r} \\ \vdots & \ddots & \vdots \\ \delta_{i_r j_1} & \cdots & \delta_{i_r j_r} \end{vmatrix} \text{ mit } (r \geq 2) \qquad (A.42)$$

reicht es in ungerade-dimensionalen Räumen aus, nur Überschiebungen mit KRONECKER-Symbolen zu betrachten.

Solche Größen haben etwa die Gestalt A_{iijj} (Grad 1), $A_{ijkl}A_{ijkl}$ (Grad 2) oder $A_{mnpq}A_{pqrs}A_{rsmn}$ (Grad 3). Mit Hilfe eines eigens entwickelten Computerprogramms kann die Anzahl $q(v)$ solcher voneinander verschiedener Größen bei vorgewähltem Grad v der Invarianten ermittelt werden. Unter der Voraussetzung der Symmetrie des Tensors $\mathbf{A}$,

$$A_{ijkl} = A_{jikl} = A_{ijlk} = A_{klij},$$

ergeben sich diese Zahlen (unabhängig von der Dimension des Raumes), wie in nachstehender Tabelle aufgelistet.

Grad v	1	2	3	4	5
Anzahl $q(v)$	2	5	19	88	553
Rechenzeit $t(v)$	< 1 Sek.	< 1 Sek.	12 Sek.	ca. 110 Min.	ca. 3 Std.

Die in der Tabelle aufgeführten Rechenzeiten beziehen sich auf einen PC-486 (33 MHz) mit dem Compiler Turbo-Pascal 5.0. Eine Vergleichsrechnung auf der IBM-Großrechenanlage 3090-600 S/VF des Rechenzentrums der RWTH Aachen unter Verwendung des Compilers VS-Pascal, Release 2.0, ergab Rechenzeiten, die lediglich um den Faktor 5 kürzer waren, da das Computerprogramm die spezielle Parallel- und Vektorrechnerstruktur des IBM-Großrechners nicht ausnutzen kann. Polynomgrade

A.3 Kombinatorik

$v \geq 6$ konnten aus Kapazitätsgründen bisher noch nicht behandelt werden, bereiten aber grundsätzlich keine Schwierigkeiten.
Die Zahlen q(v) in obiger Tabelle beinhalten auch redundante Elemente, die über die Beziehung

$$D_{i_1...i_r j_1...j_r} := \varepsilon_{i_1...i_r} \varepsilon_{j_1...j_r} \equiv \begin{vmatrix} \delta_{i_1 j_1} & \cdots & \delta_{i_1 j_r} \\ \vdots & \ddots & \vdots \\ \delta_{i_r j_1} & \cdots & \delta_{i_r j_r} \end{vmatrix} \equiv 0_{i_1...j_r} \quad (A.43)$$

($r \geq n+1$) im n-dimensionalen Raum eliminiert werden können. Diese Beziehung beruht auf dem identischen Verschwinden der Permutationstensoren ε höherer Stufe als n. Mit (A.43) stellt z.B. im 2-dimensionalen Raum die Überschiebung

$$D_{ijkpqr} A_{nnir} A_{pjqk} = 0$$

($r \geq n+1$) im n-dimensionalen Raum eliminiert werden können. Diese Beziehung beruht auf dem identischen Verschwinden der Permutationstensoren ε höherer Stufe als n. Mit (A.43) stellt z.B. im 2-dimensionalen Raum die Überschiebung

$$D_{ijkpqr} A_{nnir} A_{pjqk} = 0$$

eine Beziehung zwischen Invarianten zweiten Grades des vierstufigen Tensors **A** her, durch die eine der Größen durch andere ausgedrückt werden kann.

Werden alle möglichen Überschiebungen dieser Art aufgestellt und ausgewertet, so erhält man die Zahlen $r_n(v)$ der *irreduziblen Elemente*, die ebenfalls mit Hilfe eines Computerprogramms ermittelt worden sind und in nachstehende Tabelle eingetragen sind.

Grad v	1	2	3	4	5
$r_2(v)$ (2-dim.)	2	2	1	0	0
$r_3(v)$ (3-dim.)	2	4	10	16	33

Auch hierbei wurden aus Kapazitätsgründen Polynomgrade $v \geq 6$ nicht behandelt.
Im 2-dimensionalen Raum kann mit Hilfe des entwickelten Computerprogramms gezeigt werden, dass alle Überschiebungen mit *KRONECKER-*

Tensoren δ_{ij} und **einem** *Permutationstensor* ε_{ij} bis auf eine Größe dritten Grades redundant sind.

Somit legen die Ergebnisse dieser kombinatorischen Betrachtungsweise die Vermutung nahe, dass eine *Integritätsbasis eines symmetrischen Tensors vierter Stufe*

❑ im 2-dimensionalen Fall aus genau 6 Elementen und

❑ im 3-dimensionalen Fall aus mindestens 65 Elementen

besteht, wobei der Höchstgrad dieser irreduziblen Elemente 3 bzw. 6 ist, wie von BETTEN /HELISCH (1992) ausführlicher erläutert wird.

Die kombinatorische Methode ist ebenfalls zur Erzeugung von *irreduziblen Simultaninvarianten* (BETTEN / HELISCH, 1995b) und *Tensorgeneratoren* (BETTEN / HELISCH, 1996) geeignet, die vollständig sind (Tabelle 4.3). Damit wäre das Endziel dieser Fragestellung erreicht: Die am Lehr- und Forschungsgebiet „Mathematische Modelle in der Werkstoffkunde" entwickelten Computerprogramme sind imstande, vollständige Polynomdarstellungen von *tensoriellen Stoffgleichungen* wie (4.126) zu liefern. Allerdings gibt es heute noch keine leistungsfähigen Computer, die diese Programme vollständig auswerten können (HELISCH, 1993; BETTEN, 1998).

Druck: Mercedes-Druck, Berlin
Verarbeitung: Buchbinderei Lüderitz & Bauer, Berlin

Printed by Printforce, the Netherlands